Schriftenreihe für Landschaftspflege und Naturschutz
Heft 53

Das europäische Schutzgebietssystem NATURA 2000

BfN-Handbuch zur Umsetzung der
Fauna-Flora-Habitat-Richtlinie (92/43/EWG)
und der Vogelschutzrichtlinie (79/409/EWG)

von
Axel Ssymank, Ulf Hauke, Christoph Rückriem & Eckhard Schröder
unter Mitarbeit von Doris Messer

Bundesamt für Naturschutz
Bonn-Bad Godesberg 1998

Titelgraphik: Natura 2000 – Die Umsetzung des Naturschutzrechtes der Europäischen Union in Deutschland (Ulf Hauke, Uwe Riecken, Eckhard Schröder & Axel Ssymank).

Herausgeber: Bundesamt für Naturschutz (BfN)
Konstantinstraße 110, 53179 Bonn

Druck: LV Druck im Landwirtschaftsverlag GmbH, Münster-Hiltrup

Bezug über: BfN-Schriftenvertrieb im Landwirtschaftsverlag
48084 Münster
Telefon 0 25 01/8 01-3 00, Telefax: 0 25 01/8 01-3 51
Preis: DM 59,80

ISBN 3-89624-113-3

Gedruckt auf chlorfrei gebleichtem Papier

Bonn-Bad Godesberg 1998

Inhalt

Vorwort

Mit der Einführung der „Fauna-Flora-Habitat-Richtlinie" im Jahr 1992 ist die Verwirklichung des Wunschtraums von einer einheitlichen europäischen Naturschutzpolitik ein Stück näher gerückt. Diese Richtlinie kann – zusammen mit der Vogelschutz-Richtlinie – als erste umfassende gesetzliche Grundlage der Europäischen Union im Arten- und Biotopschutz gelten. Das weitgesteckte Ziel ist der europaweite Aufbau eines „kohärenten ökologischen Schutzgebietssystems" mit dem Namen Natura 2000, welches in repräsentativer Weise die aus gemeinschaftlicher Sicht besonders schutzwürdigen Lebensräume und Arten erhalten und ggf. entwickeln soll. Die bestehenden Vogelschutzgebiete der Europäischen Union sind bereits Bestandteil dieses Systems.

Erstmals wird der Lebensraumschutz mit über 80 für Deutschland aufgelisteten Biotoptypen und Biotopkomplexen in den Vordergrund der Betrachtungen gestellt. Auch viele Aspekte eines modernen Naturschutzes werden in der Richtlinie aufgegriffen, wie z.B. regelmäßige Erfolgskontrollen und an den Schutzobjekten orientierte Verträglichkeitsprüfungen im Falle von Eingriffen. In Deutschland, als einem föderal organisierten Mitgliedsstaat der Europäischen Union, werden EU-Richtlinien im Naturschutz primär durch die Länder umgesetzt. Dennoch verlangt die Umsetzung der Richtlinie ein koordiniertes Verfahren und darüber hinaus eine Bewertung aller Gebietsmeldungen auf nationaler Ebene.

Das Bundesamt für Naturschutz unterstützt und begleitet die Einrichtung dieses europäischen Schutzgebietssystems in Zusammenarbeit mit den Bundesländern. Das vorliegende Buch soll die Umsetzung dieser zunächst abstrakten Richtlinie in die Naturschutz- und Planungspraxis erleichtern. Für Behörden, Planungsträger und Naturschutzverbände ist hier Wissenswertes über die Fauna-Flora-Habitat-Richtlinie zusammengetragen – angefangen von den Fördermöglichkeiten bis hin zu Definitionen der Lebensraumtypen.

Die Umsetzung der Fauna-Flora-Habitat-Richtlinie in den Mitgliedsstaaten ist ein komplizierter Prozeß. An diesem Prozeß sind in Deutschland – von der Bundesregierung über die Bundesländer bis zu den Kommunen – viele Akteure beteiligt. Die Verfasser, wie auch das Bundesamt für Naturschutz, verstehen dieses Handbuch als Hilfe bei der Umsetzung der EU-Richtlinien. Rechtliche Auslegungen, zu denen hier Stellung genommen wird, oder fachliche Bewertungen werden unter Umständen von anderer Seite anders beurteilt. Die persönlichen Ansichten der Verfasser dieses Werks sind deshalb nicht notwendigerweise mit dem Standpunkt anderer Stellen gleichzusetzen.

Die Recherchen zum vorliegenden Band gehen weit zurück. Dies gilt nicht in demselben Ausmaß für aktuelle Daten, obwohl durch das Kapitel 11 versucht wurde, im Wettlauf mit der Aktualität Schritt zu halten. Es zeigt sich, daß wir uns bei der Umsetzung der Richtlinien in einem fortschreitenden Prozeß befinden. Aktuelle Meldedaten können im Internet abgefragt werden (http://europa.eu.int/en/comm/dg11/news/natura/index.htm).

Den Verfassern sei an dieser Stelle ausdrücklich gedankt. Möge das Handbuch die Erhaltung des europäischen Naturerbes fördern!

Prof. Dr. Martin Uppenbrink
Präsident des Bundesamtes für Naturschutz

Dank

Dieses Buch ist im vorliegenden Umfang nur in enger Zusammenarbeit und durch die Unterstützung der Kollegen/-innen der Abteilung für Biotopschutz und Landschaftsökologie unter Leitung von Dr. Blab möglich gewesen. Insbesondere sind Teilergebnisse des LIFE-Projektes „Beurteilung des Erhaltungszustandes natürlicher Lebensräume gemäß der FFH-Richtlinie“ eingeflossen, welches mit finanzieller Unterstützung durch die Europäische Gemeinschaft[1] im Bundesamt für Naturschutz durchgeführt wird.

Der Arbeitskreis „FFH-Richtlinie der Landesanstalten und -ämter für Naturschutz und des Bundesamts für Naturschutz“ wurde in die Erarbeitung der Verbreitungsübersichtskarten mit einbezogen. Beiträge zur Erstellung der Karten haben dankenswerter Weise zur Verfügung gestellt: Umweltbehörde Hamburg (Herr Michalczyk), Landesamt für Umweltschutz Saarland, Saarbrücken (Herr Gerstner), Niedersächsisches Landesamt für Ökologie, Hannover (Herr v. Drachenfels), Senatsverwaltung für Stadtentwicklung, Umweltschutz und Technologie, Berlin (Herr Ludwig), Thüringer Landesanstalt für Umwelt, Jena (Herr Dr. Westhus), Bayerisches Landesamt für Umweltschutz, München (Herr Mayer).

Zusätzliche Angaben zu Tierarten verdanken wir zahlreichen Kollegen, insbesondere Herrn Dr. Bless (Fische), Herrn Dr. Finck (Benthos), Frau Petersen (Vögel, Libellen, Schmetterlinge), Herrn Riecken (Laufkäfer und Spinnen), zu Armleuchteralgen Herrn Dr. Van de Weyer und Herrn Krause. Für wertvolle Hinweise, die kritische Durchsicht und Formatierungen des Manuskripts danken wir Frau Hartmann, Frau Miethke, Frau Petersen und Frau Wurthmann. Frau Beulshausen hat dankenswerterweise die wissenschaftlichen Artnamen auf Konsistenz mit den taxonomischen Referenzwerken geprüft. Frau Euler danken wir für die Erstellung von Karten in Arc-Info.

[1] LIFE-Projekt Nr. LIFE95/D/A22/D/00093/MLTRG, Vertrag Nr.: B4-3200/95/845

1 Einführung

Der Naturschutz im europäischen Rahmen gewinnt zunehmend an Bedeutung und wird im wesentlichen von den Aktivitäten des Europarates einerseits und der **E**uropäischen **U**nion (EU) andererseits bestimmt. Konventionen des Europarates zum Schutz der Lebensräume sind z.B. die Berner Konvention, bekannte Schutzgebietsprädikate, die Europadiplomgebiete (jeweils für 5 Jahre vergeben) und das System der Biogenetischen Reservate. In der EU sind darüber hinaus Richtlinien als in nationales Recht der Mitgliedsstaaten umzusetzende gesetzliche Bestimmungen zum Arten- und Lebensraumschutz verabschiedet worden. Bereits 1979 regelte die sogenannte Vogelschutzrichtlinie, bezogen auf eine Tierartengruppe, den Arten- und Lebensraumschutz verbindlich. Umfassend für den gesamten Umwelt- und Naturschutz wurde zunächst ein mehrjähriges Pilotprojekt mit dem Namen „CORINE" initiiert, welches in einem Teilprojekt ein unverbindliches Kataster von schützenswerten Biotopen auf europäischer Ebene (CORINE biotopes) und in einem weiteren Teilprojekt zur Flächennutzungskartierung (CORINE landcover) die Grundlagen für den Biotopschutz in der Europäischen Union legte.

Heute baut das Naturschutzrecht in der Europäischen Union für den Gebiets- und Lebensraumschutz von Arten im wesentlichen auf zwei Richtlinien auf: der Richtlinie 79/409/EWG (DER RAT DER EUROPÄISCHEN GEMEINSCHAFTEN 1979) über die Erhaltung der wildlebenden Vogelarten (**V**ogel**sch**utz**r**icht**l**inie) und der Richtlinie 92/43/EWG (DER RAT DER EUROPÄISCHEN GEMEINSCHAFTEN 1992a) zur Erhaltung der natürlichen Lebensräume sowie der wildlebenden Tiere und Pflanzen (**F**auna-**F**lora-**H**abitat-Richtlinie). Letztere kann als „das erste umfassende europäische Rahmengesetz zum Lebensraum- und Artenschutz" angesehen werden (SSYMANK 1994). Gemeinsam bilden die beiden Richtlinien den gesetzlichen Rahmen zum Schutze des europäischen Naturerbes. Neben konkreten Artenschutzbestimmungen liegt das wesentliche Ziel der Richtlinien in der Ausweisung und dauerhaften Sicherung eines europäischen kohärenten ökologischen Netzes von besonderen Schutzgebieten (Art. 3 Abs. 1, FFH-Richtlinie). Dieses Schutzgebietssystem mit dem Namen „Natura 2000" begründet sich auf naturschutzfachlichen Auswahlkriterien und wird gebildet aus den:

- **B**esonderen **S**chutz**g**ebieten (BSG bzw. SPA, **S**pecial **P**rotected **A**reas), die zum Schutz der 182 Vogelarten und Unterarten des Anhangs I der Vogelschutzrichtlinie und der wandernden Vogelarten ausgewiesen werden müssen.
- Besonderen Schutzgebieten, den **G**ebieten von **G**emeinschaftlicher **B**edeutung (GGB bzw. SAC **S**pecial **A**rea of **C**onservation) zum Schutz der in den Anhängen der FFH-Richtlinie aufgeführten 254 Lebensraumtypen, 200 Tierarten und 434 Pflanzenarten.

Während in der Vogelschutzrichtlinie zunächst nur eine Artengruppe betrachtet wird, aber bereits nicht nur die Arten als solche, sondern auch ihre Lebensräume in Schutzgebieten geschützt werden sollen, legt die FFH-Richtlinie zumindest für den europäischen Bereich nördlich der Alpen einen klaren Schwerpunkt auf den Biotopschutz (Lebensraumschutz).

Die Vogelschutzrichtlinie blieb zunächst viele Jahre in Deutschland ein „Stiefkind" des Naturschutzes, einerseits wegen der ausschließlichen Landeszuständigkeit bei der Meldung, andererseits aufgrund mangelnder Kontrolle der Umsetzung seitens der EU. Mit Inkrafttreten der FFH-Richtlinie gelten auch für die bereits ausgewiesenen Vogelschutzrichtliniengebiete als Bestandteil des Schutzgebietssystems Natura 2000 einheitlich die Schutzbestimmungen der neuen FFH-Richtlinie.

Das Übereinkommen über die biologische Vielfalt von Rio de Janeiro 1992 hat den europäischen Schutzbemühungen im Naturschutz zusätzliche Impulse verliehen. Die Europäische Union ist diesem Übereinkommen 1993 beigetreten (DER RAT DER EUROPÄISCHEN

GEMEINSCHAFTEN 1993). Die Umsetzung erfolgt durch die Umweltverträglichkeitsrichtlinie (85/337/EWG), die Richtlinien über den Umgang mit genetisch veränderten Organismen (90/219/EWG, 90/220/EWG) und ganz wesentlich durch die Vogelschutzrichtlinie und die FFH-Richtlinie und den damit verknüpften Finanzierungsmöglichkeiten im Natur- und Umweltschutz (LIFE).

Gerade in Deutschland als einem föderativ organisierten Mitgliedsstaat ist „Europa" mit den gesetzlichen Bestimmungen der Europäischen Union manchmal „recht fern", da die Umsetzung in die Praxis stufenweise über die Bundes- und Landesgesetzgebung erfolgen muß. Andererseits gelten manche EU-Richtlinien sofort oder nach Ablauf bestimmter Fristen unmittelbar. Im Naturschutz sind gerade durch die FFH-Richtlinie einige grundlegende Änderungen eingetreten, die unmittelbar in andere rechtliche Bestimmungen eingreifen, aber auch bis hinein in die Planungspraxis und Raumordnung wirken.

So soll das vorliegende Werk als Leitfaden und Handbuch für die Naturschutzbestimmungen der Europäischen Union mit Schwerpunkt im Lebensraumschutz dienen und in der Praxis die Umsetzung der Richtlinien erleichtern. Gleichzeitig ist es ein wesentliches Ziel, zur Vereinheitlichung der Anwendung der Richtlinien durch die Bundesländer beizutragen und einen aktuellen Überblick über den Stand des Gebietsschutzes der Europäischen Union in Deutschland zu geben. Der Zeitpunkt für ein solches Handbuch ist günstig, da einerseits nach dem Beitritt von Österreich, Finnland und Schweden und zahlreichen weiteren Zusatzdokumenten nunmehr eine gewisse Konsolidierung der Umsetzungsbestimmungen für die FFH-Richtlinie seitens der EU erreicht ist, andererseits Deutschland an der Schwelle substantieller Gebietsmeldungen durch die Bundesländer steht.

Das Handbuch wendet sich einerseits an Behörden des Natur- und Umweltschutzes, der Raumordnung, der Verkehrsplanung etc., andererseits an Planungsträger und -büros und nicht zuletzt auch an die Naturschutzverbände und an naturschutzfachlich Interessierte.

Zunächst werden die Grundlagen des europäischen Schutzgebietssystems Natura 2000 ausführlich behandelt, mit einem Überblick über die Richtlinientexte, dem Herausstellen von Besonderheiten und speziellen naturschutzfachlichen Anforderungen und einer Erläuterung des Verfahrens zur Gebietsauswahl und Bewertung. Die Schutzbestimmungen und die Umweltverträglichkeitsprüfungen werden mit Beispielen erläutert, die Form und das Verfahren der Gebietsmeldung besprochen und weitergehende Bestimmungen der Berichtspflichten sowie Finanzierungsmöglichkeiten diskutiert.

Ein weiterer Teil ist der Dokumentation des Schutzgebietssystems von Natura 2000 gewidmet. Darin wird der Stand der Umsetzung der Vogelschutzrichtlinie und der FFH-Richtlinie im Reigen der Mitgliedsstaaten der Europäischen Union und im Detail in Deutschland dargestellt. Mit einer kritischen Analyse zur Umsetzung werden auch fachliche Vorschlagslisten und Umsetzungsdefizite angesprochen.

Eine aktuelle Übersicht über alle in Deutschland vorkommenden Arten der Anhänge beider Richtlinien soll als Hilfe bei Schutzwürdigkeitsgutachten, der Gebietsauswahl für Natura 2000 und bei der Bewertung von Eingriffen dienen. Das Nachschlagen der bisherigen Änderungen in den EU-Richtlinien und das Herausfiltern der in Deutschland vorkommenden Arten aus den europäischen Gesamtlisten wird damit überflüssig.

Ein wesentlicher Hauptteil des Buches dient der Präzisierung und Vereinheitlichung des Lebensraumschutzes gemäß Anhang I der FFH-Richtlinie. Alle in Deutschland vorkommenden Lebensraumtypen, die unter diese EU-weiten Schutzbestimmungen fallen, werden detailliert beschrieben mit ihren Definitionen, Übersichtskarten zur Verbreitung, charakteristischen Arten, Biotoptypen mit Gefährdungsgrad nach den deutschen Roten Listen, Zuordnung der Pflanzengesellschaften, Hinweisen zur Kartierung, zu Nutzung und Pflege etc.

Abschließend werden Empfehlungen zur Verbesserung des Lebensraumschutzes in Europa gegeben und Perspektiven zur Weiterentwicklung des europäischen Schutzgebietssystems aufgezeigt.

2 Grundlagen des europäischen Schutzgebietssystems Natura 2000

2.1 Die Richtlinientexte im Überblick

2.1.1 FFH-Richtlinie

Der Beschluß der „**F**auna-**F**lora-**H**abitat-Richtlinie" (FFH) im Jahr 1992 als „Richtlinie 92/43/EWG des Rates vom 21. Mai 1992 zur Erhaltung der natürlichen Lebensräume sowie der wildlebenden Tiere und Pflanzen" (DER RAT DER EUROPÄISCHEN GEMEINSCHAFTEN 1992a) legte den Grundstein für einen umfassenden europaweiten Lebensraumschutz. Vor der Diskussion von Einzelheiten über die Schutzbestimmungen in den folgenden Kapiteln wird zunächst ein allgemeiner Überblick über den Richtlinientext und die wesentlichen Ziele der FFH-Richtlinie gegeben (vgl. SSYMANK 1994, Tab. 1).

Die wesentlichen Ziele der FFH-Richtlinie sind in einer Präambel und in Art. 2 dargestellt und können mit dem Erhalt der biologischen Vielfalt auf der europäischen Ebene subsummiert werden. Im Art. 2 Abs. 2 wird als generelles Ziel formuliert: „... einen günstigen Erhaltungszustand der natürlichen Lebensräume und der wildlebenden Tier- und Pflanzenarten von gemeinschaftlichem Interesse zu bewahren oder wiederherzustellen". Die Richtlinie umfaßt einerseits den klassischen konservierenden Arten- und Biotopschutz, andererseits zumindestens in den Zielformulierungen ganz klar auch einen dynamischen Entwicklungsaspekt. Letzterer kommt in den Detailbestimmungen und Einzelregelungen aber nicht mit der vielleicht heute gewünschten Deutlichkeit zum Ausdruck. Dies liegt wohl an der langen Vorverhandlungszeit bis zur Unterzeichnung der Richtlinie.

Die Ziele der Richtlinie sollen mittels eines „kohärenten europäischen ökologischen Netzes besonderer Schutzgebiete mit der Bezeichnung ‚Natura 2000'" erreicht werden. Auf der Basis umfangreicher Anhänge mit Lebensräumen und Arten wird ein detailliertes Auswahlverfahren für die „**G**ebiete **g**emeinschaftlicher **B**edeutung" (GGB bzw. SCI) festgelegt, welches zur Ausweisung der „**B**esonderen **S**chutz**g**ebiete" (BSG bzw. SAC) führt. Eingeschlossen in dieses Gebietssystem sind ausdrücklich auch die Gebiete, die nach der Vogelschutzrichtlinie der Europäischen Union (79/409/EWG) ausgewiesen worden sind.

Der Geltungsbereich der Richtlinie umfaßt die gesamte Europäische Union mit derzeit 15 Mitgliedsstaaten. Dabei ist für die FFH-Richtlinie eine Gliederung in sechs „biogeographische Regionen" vorgenommen worden, die als Bezugsrahmen für die Auswahl der Gebiete von gemeinschaftlicher Bedeutung dienen (Abb. 1, vgl. Kap. 2.3).

Die Richtlinie läßt sich in einen einleitenden Teil mit Ziel- und Begriffsbestimmungen (Präambel, Art. 1–3), in einen Teil zum Gebietsschutz (Art. 4–10) und einen Teil Artenschutzbestimmungen (Art. 12–16) sowie Durchführungsbestimmungen (Änderungsverfahren, Gremien und Zuständigkeiten, rechtliche Umsetzung) gliedern (Tab. 1).

Zur Richtlinie gehören insgesamt sechs Anhänge, von denen die beiden Anhänge I (Lebensräume) und II (Arten) der Ausweisung des Schutzgebietssystems unmittelbar dienen. Im Anhang III sind Kriterien für das zweistufige Auswahlverfahren der Schutzgebiete festgelegt. Die Anhänge IV und V enthalten Artenschutzregelungen bzw. führen wirtschaftlich genutzte und gefährdete Arten auf, für die Nutzungsbeschränkungen oder Managementpläne festgelegt werden sollen.

Grundlegende Intention bei den Verhandlungen zur Richtlinie war eine europaweite Vereinheitlichung der Schutzbestimmungen. Dazu wurde eine Annäherung an die Naturschutzpolitik des Europarates versucht und die Vogelschutzgebiete in das Schutzgebietssystem integriert. Auch der Angleich der Artenschutzbestimmungen v. a. der mediterranen Länder an das „mitteleuropäische Niveau" war sicher beabsichtigt: So sind die Artenanhänge mit zahl-

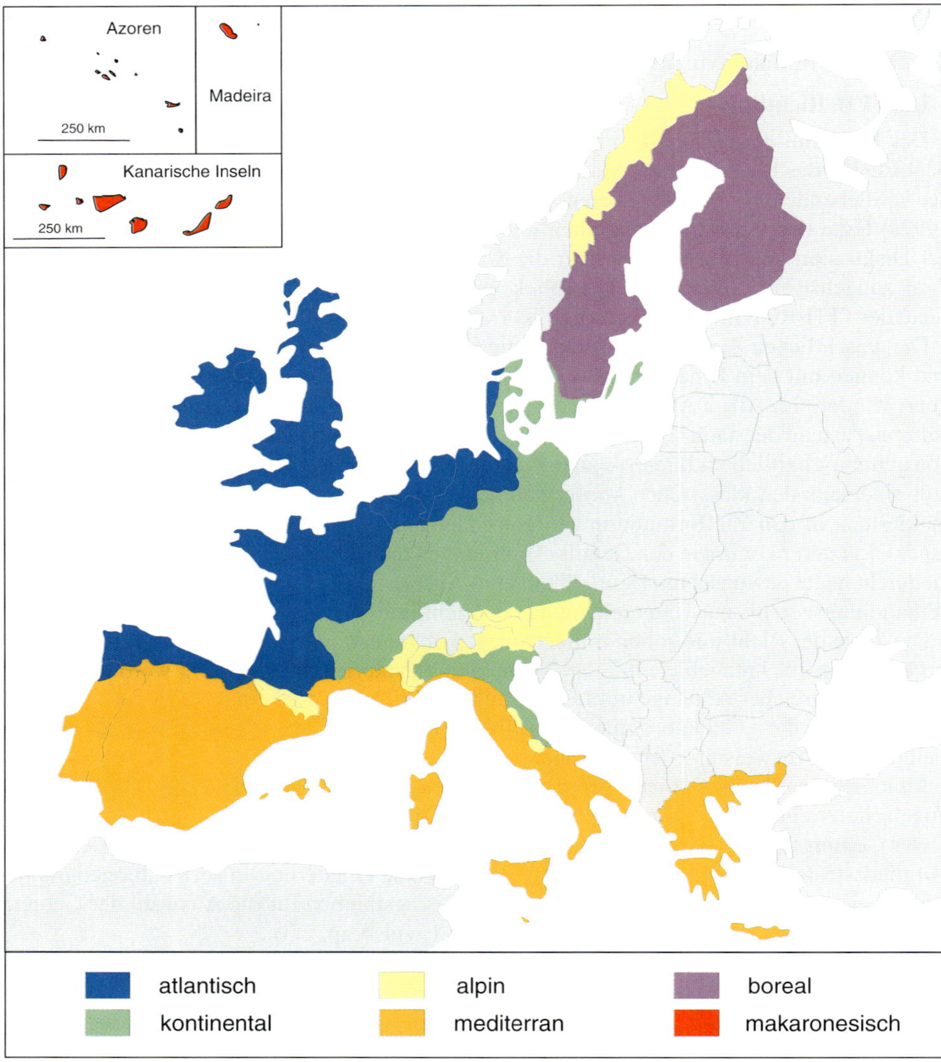

Abb. 1: Geltungsbereich der FFH-Richtlinie (92/43/EWG) und Biogeographische Regionen.

Tab. 1: Inhaltlicher Überblick über den Gesetzestext der Fauna-Flora-Habitat-Richtlinie (92/43/EWG) mit ihren Anhängen.

Richtlinientext	
Artikel 1-3	Begriffsbestimmungen, Allgemeine Ziele, „Natura 2000“ als „kohärentes europäisches ökologisches Netz“ von Schutzgebieten
Artikel 4	Verfahren zur Schutzgebietsausweisung (Kriterien des Anhangs III)
Artikel 5	Konzertierungsverfahren bei strittigen Fällen
Artikel 6	Schutzmaßnahmen einschließlich Managementpläne und Verfahren der Verträglichkeitsprüfung
Artikel 7	Einschluß und Anpassung der Vogelschutzrichtlinie
Artikel 8	Finanzielle Regelungen - Beteiligung der Europäischen Union
Artikel 9	Regelmäßige Ergänzung des Schutzgebietssystems und ggf. Auflösung eines Schutzgebiets
Artikel 10	Förderung von Landschaftselementen
Artikel 11	Überwachungsgebot (Monitoring)
Artikel 12, 13	Strenger Artenschutz (Anhang IV)
Artikel 14-16	Maßnahmen zur Erhaltung, Verbote und Ausnahmeregelungen
Artikel 17, 18	Informationspflicht (Durchführungsberichte), Forschungsförderung
Artikel 19	Verfahren zur Änderung der Anhänge
Artikel 20, 21	„Habitat“-Ausschuß der Kommission, beigeordnetes Fachgremium
Artikel 22	Wiederansiedlung einheimischer Arten u.a.
Artikel 23, 24	Rechtliche Umsetzung/Schlußbestimmungen
Anhänge der Richtlinie	
Anhang I	Natürliche Lebensräume zur Ausweisung von Schutzgebieten
Anhang II	Tier- und Pflanzenarten zur Ausweisung von Schutzgebieten
Anhang III	Kriterien zur Auswahl der Gebiete für Natura 2000
Anhang IV	Streng zu schützende Tier- und Pflanzenarten
Anhang V	Tier- und Pflanzenarten unter kontrollierter Nutzung
Anhang VI	Verbotene Methoden und Mittel des Fangs, der Tötung und Beförderung

reichen seltenen und endemischen Arten v. a. der makaronesischen Region (Azoren, Kanaren und Madeira) und der mediterranen Region gut repräsentiert, während in Mitteleuropa vorkommende seltene und stark gefährdete Arten kaum vertreten sind. Bei den Höheren Pflanzen beispielsweise kommen nur 4% der im Anhang II genannten Arten in Deutschland vor (vgl. Abb. 2).

In Relation zum tatsächlichen Vorkommen der Artengruppen und ihrer Gefährdung in Deutschland sind die Fische, Säugetiere, Amphibien und Reptilien in der FFH-Richtlinie am besten abgedeckt. Die wenigen für Deutschland genannten Pflanzenarten tragen sicher kaum zur Verbesserung des Schutzes bei, zumal die Bundesartenschutzverordnung bei Pflanzen und auch bei den Insekten wesentlich mehr Arten enthält. Allerdings ist die Aufnahme von Arten in den Anhang II zur Ausweisung von Schutzgebieten als ergänzender Anhang zu den Lebensräumen restriktiv gehandhabt worden, wobei weitgehend folgende Vorgaben galten:

- Arten, deren Lebensräume durch den Schutz der Lebensraumtypen des Anhangs I „abgedeckt" sind, wurden nicht extra in Anhang II aufgenommen,
- ein Teil der Arten des Anhangs II sind als Indikatorarten für bestimmte Biotopqualitäten aufgenommen worden, die durch die einfache Unterschutzstellung der Lebensräume nicht ausreichend in einem Schutzgebietssystem berücksichtigt würden. Ein Beispiel sind die an bestimmte Totholzqualitäten gebundenen Käferarten, wie Heldbock (*Cerambyx cerdo*) und Hirschkäfer (*Lucanus cervus*).

Von den Kryptogamen wurden bisher ausschließlich Moose berücksichtigt. Die Frage der Aufnahme von Flechten in den Anhang II ist von den im Januar 1995 neu beigetretenen Mitgliedsstaaten Schweden und Finnland aufgeworfen worden, aber seitens der EU-Kommission zunächst unter Hinweis auf das nächste grundlegende Novellierungsverfahren der Anhänge zurückgestellt worden. Pilze und Algen fehlen ebenfalls bisher in der Richtlinie.

Für Deutschland liegt daher der Schwerpunkt der Umsetzung der FFH-Richtlinie ganz eindeutig auf den Lebensraumtypen. Von den rund 250 im Anhang I aufgeführten Lebensraumtypen, die europaweit zu schützen sind, kommen etwa ein Drittel (87 Typen) in Deutschland vor. Das Spektrum reicht von natürlichen über halbnatürliche Lebensräume bis zu typischen Kulturformationen. Dabei umfassen die Definitionen teilweise präzise abgegrenzte Biotoptypen (z.B. Eichen-Hainbuchenwald, Quellerwatt, Kalktuffquellen), teilweise Biotopkomplexe oder gar Landschaftsteile (z.B. Ästuare, Flache Meeresbuchten). Die Auflistung der Lebensraumtypen im Anhang I ist nach Formationen geordnet und umfaßt marine, limnische und terrestrische Lebensraumtypen aller Höhenstufen. Die naturnahen Lebensräume von Sonder- und Extremstandorten sind in vielen Fällen in Deutschland bereits durch den Typenschutz als besonders geschützte Biotope des BNatSchG (§ 20 c) abgedeckt. Der Anhang I umfaßt darüber hinaus erstmals auch in großem Umfang für Mitteleuropa typische und weit verbreitete Lebensraumtypen mittlerer Standorte, deren Gefährdung nicht so sehr im quantitativen Flächenverlust als vielmehr in der qualitativen Verschlechterung bzw. Degradierung liegt.

Dazu gehören z.B. die meisten Buchenwaldtypen, von den bodensauren (Luzulo-Fagetum i.w.S.) bis zu den kalkreichen Buchenwäldern (Asperulo-Fagetum inklusive Hordelymo-Fagetum, Carici-Fagetum). Die FFH-Richtlinie kann hier einen wesentlichen Anstoß zum Einrichten von Buchenwald-Nationalparken in Deutschland geben. Insgesamt nennt der Anhang 15 Waldtypen, die in Deutschland vorkommen, so daß neben den Sonderstandorten der Moor-, Schlucht-, Auen- und Trockenwälder auch die großflächig an der potentiell natürlichen Vegetation beteiligten Waldtypen abgedeckt sind. Gerade für die Wälder ist der europäische Blickwinkel für den Gebietsschutz von großer Bedeutung, da hier Defizite im nationalen Schutzgebietssystem bestehen, weil viele Biotoptypen als „selbstverständlich oder

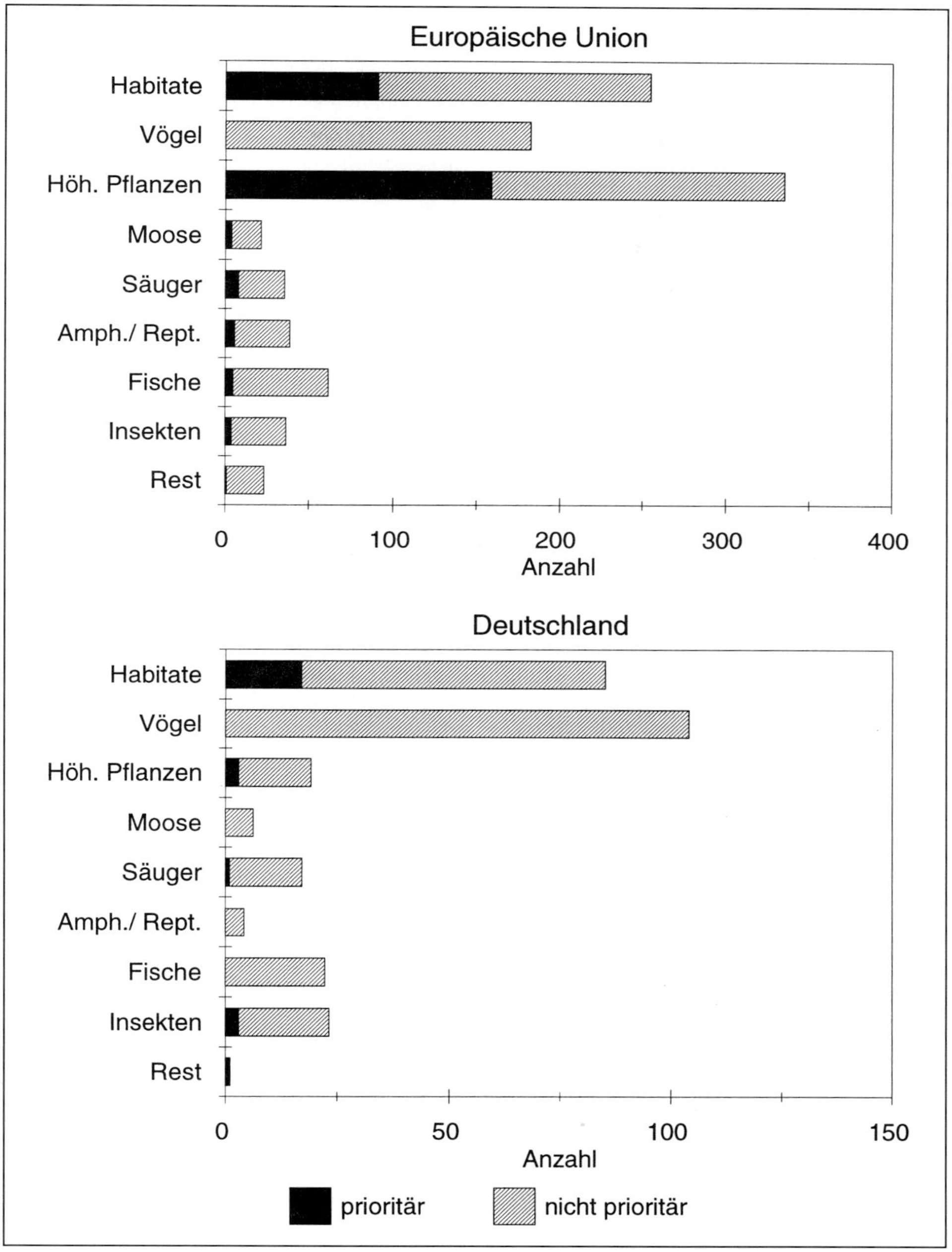

Abb. 2: Anzahl der Lebensräume (Habitate) und Arten, die in der Europäischen Union (oben) bzw. in Deutschland (unten) im Schutzgebietssystem Natura 2000 geschützt werden müssen. Schwarz ist der Anteil sogenannter prioritärer Arten und Lebensräume dargestellt. (Habitate nach Anhang I der FFH-Richtlinie, Vögel nach Anhang I der Vogelschutzrichtlinie, übrige Tier- und Pflanzenarten nach Anhang II der FFH-Richtlinie.

kommun“ erachtet werden, die aber im europäischen Raum ihren eindeutigen Verbreitungsschwerpunkt in Deutschland oder Mitteleuropa haben.

Auch magere Flachlandmähwiesen und Bergmähwiesen, die in Deutschland noch im Zuge der Novellierung des BNatSchG für die Aufnahme in den § 20 c (BNatSchG) vorgesehen sind, wurden in der FFH-Richtlinie bereits berücksichtigt.

Für das Verständnis der FFH-Richtlinie sind die Begriffsdefinitionen des Art. 1 von grundlegender Bedeutung. Hier sollen zunächst einige Konzepte erläutert werden, die in der Interpretation und Anwendung der FFH-Richtlinie eine wichtige Rolle spielen und nicht aus dem Wortlaut direkt abgeleitet werden können. Begriffe im Zusammenhang mit dem Gebietsauswahl- und -ausweisungsverfahren werden in Kap. 2.3 erläutert. Zusätzlich befindet sich im Anhang ein Glossar.

Unter **„natürlichem Lebensraum“** werden Biotoptypen oder Typen von Biotopkomplexen zusammengefaßt, die sich durch bestimmte „geographische und biotische Merkmale“ auszeichnen. Im Anhang I sind die sogenannten „natürlichen Lebensräume gemeinschaftlicher Bedeutung“ aufgelistet. Die Definition dieses Begriffs in Art. 1c enthält damit gleichzeitig die Kriterien für die Erarbeitung des Anhangs I und bildet den Rahmen für künftige Novellierungen:

1. „im Bereich ihres natürlichen Vorkommen vom Verschwinden bedroht“ oder
2. „infolge ihres Rückgangs oder aufgrund ihres schon begrenzten Vorkommens ein geringes natürliches Verbreitungsgebiet haben“ oder
3. „typische Merkmale einer oder mehrerer der ... biogeographischen Regionen ....“ aufweisen.

Damit qualifizieren sich für ein Novellierungsverfahren aus deutscher Sicht grundsätzlich mindestens die Biotoptypen der Kategorien 1 und 2 der Roten Liste (RIECKEN et al. 1994), sowie die Kategorie P (potentiell gefährdet durch geographisch stark eingeschränktes Vorkommen). Für die Arten von gemeinschaftlicher Bedeutung gilt dies sinngemäß ebenfalls, wobei hier den Endemiten offensichtlich eine besondere Bedeutung zugemessen wurde.

In den Anhängen werden zusätzlich sogenannte **„prioritäre Arten/Lebensräume“** gesondert behandelt: Dies sind Arten bzw. natürliche Lebensraumtypen, deren „Erhaltung“ im Gebiet der Europäischen Union eine besondere Bedeutung zukommt. Diese sind in den Anhängen I bzw. II mit Sternchen (*) gekennzeichnet. Beim Vorhandensein prioritärer Arten oder Lebensraumtypen in einem Gebiet ergeben sich folgende Konsequenzen:

- bei der Gebietsauswahl die unmittelbare Anerkennung der entsprechenden Gebiete der nationalen Vorschlagslisten durch die Europäische Union,
- bessere finanzielle Unterstützungsmöglichkeiten im Rahmen von LIFE (vgl. Kap. 2.7) und
- strengere Vorschriften für Ausnahmeregelungen bei Eingriffsplanungen (vgl. Kap. 2.4).

Die **„Erhaltung“** umfaßt dabei im Sinne der FFH-Richtlinie immer sowohl Maßnahmen des konservierenden Schutzes und der Wiederherstellung als auch Maßnahmen der Entwicklung und Renaturierung bzw. Wiederansiedlung ausgestorbener Tier- und Pflanzenarten.

Die Umsetzung der Richtlinie unterliegt einem strikten Zeitplan, der in der Richtlinie selbst festgelegt ist (Tab. 2). Die Fristen für die Umsetzung in nationales Recht und die Fristen für die Gebietsmeldungen sind voneinander unabhängig. Nach Ablauf der Frist für die rechtliche Umsetzung, die in Deutschland noch nicht erfolgt ist, gilt die FFH-Richtlinie als unmittelbar anzuwendendes Recht (vgl. Kap. 3).

Für die Umsetzung der Richtlinie sind von der Europäischen Kommission bis zum Mitgliedsstaat verschiedene Gremien verantwortlich, die z.T. eigens für die FFH-Richtlinie bzw.

Tab. 2: Zeitplan für die Umsetzung der FFH-Richtlinie mit den Fristen für die Umsetzung in nationales Recht, für die Gebietsmeldungen, für die Ausweisung der Gebiete und für die ersten Berichtspflichten.

21. Mai 1992	Beschluß der Richtlinie 92/43/EWG
05. Juni 1992	Bekanntgabe der Richtlinie
22. Juli 1992	Veröffentlichung im Amtsblatt der Europäischen Gemeinschaften (L 206)
Juni 1994	Frist für die Umsetzung in nationales Recht (Art. 23)
Juni 1995	Die Gebietsvorschlagsliste der Mitgliedsstaaten muß der EU vorliegen (Phase 1, Art. 4 Abs. 1). Beginn der Sicherungspflicht
Juni 1996	Erstes Protokoll über Ausnahmeregelungen der Mitgliedsstaaten (danach alle 2 Jahre, Art. 16)
Juni 1998	Auswahl der Gebiete von gemeinschaftlicher Bedeutung (Phase 2, Anhang III) muß abgeschlossen sein. Zweites Protokoll über Ausnahmeregelungen
Juni 2000	Erster Durchführungsbericht der Mitgliedsstaaten (Art. 17). Drittes Protokoll über Ausnahmeregelungen
Juni 2002	Die EU-Kommission muß einen vollständigen Bericht über die EU-weite Durchführung der Richtlinie vorlegen. Viertes Protokoll über Ausnahmeregelungen
Juni 2004	Die Ausweisung als „besondere Schutzgebiete" im Sinne der FFH-Richtlinie muß abgeschlossen sein. Fünftes Protokoll über Ausnahmeregelungen

die Vogelschutzrichtlinie eingerichtet worden sind. In Tab. 3 sind die Zuständigkeiten dargestellt, wobei die föderative Struktur in Deutschland mit den Landeszuständigkeiten ebenso wie in Österreich eine Ausnahme bedeutet.

2.1.2 Vogelschutzrichtlinie (VSchRL)

Die Vogelschutzrichtlinie (Richtlinie 79/409/EWG) vom 2. April 1979 regelt den Schutz, die Nutzung und die Bewirtschaftung aller im Gebiet der Mitgliedsstaaten (außer Grönland) einheimischen Vogelarten. Sie findet dabei gemäß Art. 1 auf alle Stadien und ihre Lebensräume (inklusive Eier und Nester) Anwendung und soll dem eklatanten Artenrückgang heimischer Vogelarten und Zugvogelarten entgegenwirken. Zur Verwirklichung dieser Ziele wurden die Ausweisung von Schutzgebieten, Einschränkungen von Jagd, Handel und Nutzungen der Lebensräume der Vogelarten festgeschrieben. Die Vogelschutzrichtlinie bezieht sich dabei ausdrücklich auf alle bei uns einheimischen Vogelarten. Für die in Anhang I der Richtlinie genannten Arten sind darüber hinaus besondere Schutzmaßnahmen zu ergreifen. So soll durch die Schaffung von **B**esonderen **S**chutz**g**ebieten (BSG bzw. SPA) die Erhaltung

Tab. 3: Ausschüsse und Gremien zur Umsetzung der FFH-Richtlinie und der Vogelschutzrichtlinie mit ihren Zuständigkeiten und Aufgabenbereichen.

EU	**E**uropäische **U**nion, früher EG bzw. EWG (**E**uropäische (**W**irtschafts-)**G**emeinschaft)
DG XI	Generaldirektion XI (**D**irectorat **G**énéral; Umwelt, Reaktorsicherheit und Bürgerschutz), Abteilung Naturschutz der Europäischen Union
Habitat-Ausschuß	Ausschuß, der zur Durchführung der Umsetzung der FFH-Richtlinie eingesetzt ist (Artikel 20, 21) und die Kommission unterstützt. 2 Mitglieder für Deutschland: ein Vertreter des BMU und ein Repräsentant der Bundesländer.
Wissenschaftliche Arbeitsgruppe (SWG)	**S**cientific **W**orking **G**roup: Expertengruppe zur Erarbeitung der naturschutzfachlichen Voraussetzungen zur Umsetzung der FFH-Richtlinie, Beratung des Habitat-Ausschusses
Ornis-Ausschuß	Ausschuß, der die Kommission bei der Umsetzung der Vogelschutzrichtlinie unterstützt.
LIFE-Ausschuß	Ausschuß, der über die Vergabe von Fördermitteln (LIFE, DER RAT DER EUROPÄISCHEN GEMEINSCHAFTEN 1996) der Europäischen Union im Natur- und Umweltschutz entscheidet.
ETC/NC	Europäisches Thematisches Zentrum für Naturschutz (**E**uropean **T**hematic **C**enter for **N**ature **C**onservation) in Paris am Naturhistorischen Museum: begleitet unter Leitung der Europäischen Umweltagentur in Kopenhagen und der EU-Kommission die Umsetzung der FFH-Richtlinie. Es wird als Fachgremium die Phase 2 der Auswahl der Gebiete gemeinschaftlicher Bedeutung in Zusammenarbeit mit der Generaldirektion XI der Kommission durchführen.
BMU	Bundesministerium für Umwelt, Naturschutz und Reaktorsicherheit: politische Verantwortung und rechtliche Umsetzung der FFH-Richtlinie auf Bundesebene
BfN	**B**undesamt **f**ür **N**aturschutz (früher: BFANL, **B**undes**f**orschungs**a**nstalt für **N**aturschutz und **L**andschaftsökologie): nationale naturschutzfachliche Koordination für die Umsetzung der FFH-Richtlinie; Durchführung der in Art. 4 Abs. 1 und Anhang III vorgeschriebenen nationalen Bewertung
Länder	Gebietsauswahl und konkrete Gebietsabgrenzung, Erarbeiten der Datenbögen und später Unterschutzstellung sowie Management der Gebiete

oder Wiederherstellung einer ausreichenden Artenvielfalt und einer ausreichenden Lebensraumgröße gewährleistet sein.

Einen kurzen Überblick über den Richtlinientext gibt die folgende Zusammmenstellung (Tab. 4), für den Wortlaut der Richtlinie sei auf den Anhang (Kap. 10.3) verwiesen.

Die Umsetzung der Vogelschutzrichtlinie wird durch einen „Ornis-Ausschuß" begleitet, der aus Vertretern der Mitgliedsstaaten unter Vorsitz der Kommission besteht. Zu den wesent-

Tab. 4: Übersicht über die Vogelschutzrichtlinie (79/409/EWG) mit ihren Anhängen.

Richtlinientext	
Artikel 1	Geltungsbereich (EU ohne Grönland), alle einheimischen Arten
Artikel 2	Maßnahmen zum Bestandsschutz und der Bestandsregulierung
Artikel 3	Maßnahmen zur Erhaltung und Wiederherstellung der Lebensräume
Artikel 4 Abs. 1	Ausweisung von Schutzgebieten für die Arten des Anhangs I
Artikel 4 Abs. 2	Maßnahmen zum Schutz von Zugvogelarten, insbesondere durch verstärkten Schutz z.B. der international bedeutsamen Feuchtgebiete (Ramsar-Übereinkommen)
Artikel 5	Direkte Artenschutzregelungen (Verbot von Haltung, Fang, Störung etc. der in Anhang I genannten Arten)
Artikel 6	Handelsverbot für lebende und tote Vögel und Handelserzeugnisse mit möglichen Ausnahmeregelungen für die in Anhang III, Teil 2 geführten Arten; dabei diente Teil 3 des Anhangs als "Kandidatenliste" für den Teil 2 der nutzbaren Arten. Hier sollten die Auswirkungen einer Vermarktung vor einer endgültigen Entscheidung untersucht werden (Frist 2 Jahre).
Artikel 7	Jagdbare Arten sind in Anhang II (generell in Teil 1 und für bestimmte Mitgliedsstaaten in Teil 2) aufgelistet. Schutzerfordernis während der Brutzeit
Artikel 8	Verbot des Massenfangs und der Verwendung bestimmter Methoden des Fangs (Anhang IVa, b)
Artikel 9	Ausnahmen von Handels- und Jagdeinschränkungen der Art. 5-8 mit jährlicher Berichtspflicht an die Kommission
Artikel 10	Forschungsförderung
Artikel 11	Sorgfaltspflicht zum Schutz einheimischer Tier- und Pflanzenarten im Falle einer Wiederansiedlung einheimischer Vogelarten
Artikel 12	Durchführungsberichte zur Vogelschutzrichtlinie alle 3 Jahre
Artikel 13	Verbot der Verschlechterung des Gebietszustandes
Artikel 14	Zulässigkeit strengerer Schutzbestimmungen
Artikel 15-17	Änderungsverfahren, Einrichtung eines Ausschusses zur Durchführung (Ornis-Ausschuß)
Artikel 18	Fristen für die nationale Umsetzung (2 Jahre)
Anhänge	
Anhang I	Streng geschützte Vogelarten, für die Schutzgebiete ausgewiesen werden müssen
Anhang II.1	Jagdbare Vogelarten
Anhang II.2	Jagdbare Vogelarten für bestimmte Mitgliedsstaaten
Anhang III.1	Vom Handelsverbot (Art. 6 Abs. 1) ausgenommene Arten
Anhang III.2	Vogelarten mit eingeschränkter Nutzungsmöglichkeit
Anhang IV	Verbotene Methoden des Fangs, der Tötung und des Transports

lichen Aufgaben dieses Ausschusses gehören die Aktualisierung der Anhänge, die Kontrolle der Berichtspflichten und die Diskussion von Novellierungs- und Anpassungsvorschlägen.

Die Vogelschutzrichtlinie ist bisher im wesentlichen durch Überarbeitung der Anhänge verändert worden als eine Anpassung an den Stand der Wissenschaft und der Bedrohung der Vogelarten in der Europäischen Gemeinschaft:

- Richtlinie 91/244/EWG vom 6. März 1991 (DIE KOMMISSION DER EUROPÄISCHEN GEMEINSCHAFTEN 1991): zur Änderung von Anhang I.
- Richtlinie 94/24/EG des Rates vom 8. Juni 1994 (EUROPÄISCHE GEMEINSCHAFT 1994): zur Änderung Anhang II, Teil 2,

Für die neuen Bundesländer galt vorübergehend eine Überleitungsbestimmung (90/656/EWG), die in Art. 5 auch die Einführung der Vorschriften der Vogelschutzrichtlinie bis Dezember 1992 forderte (DIE EUROPÄISCHEN GEMEINSCHAFTEN 1990).

Ferner sind Änderungen durch den Beitritt von neuen Mitgliedsstaaten, zuletzt im Januar 1995 durch die Aufnahme von Österreich, Finnland und Schweden notwendig geworden (OJ L1, 01.01.95: 135–137).

Mit Einführung der FFH-Richtlinie sind die Schutzbestimmungen für die bestehenden (Art. 7) und für die neu auszuweisenden Vogelschutzrichtliniengebiete geändert worden: Art. 6 der FFH-Richtlinie regelt die Schutzbestimmungen für alle Gebiete des Netzes Natura 2000 einheitlich. Damit sind auch die Verträglichkeitsprüfungen der FFH-Richtlinie und das Verfahren im Falle von Eingriffen vorgegeben. Desgleichen gibt es künftig nur noch ein einheitliches Meldeformular für beide Gebietskategorien. Das ursprünglich für Vogelschutzrichtliniengebiete verwendete „SFF4"- bzw. „SFF3"-Formular entfällt damit. Vereinfacht wurde gegenüber dem alten Meldebogen die allgemeine Gebietsbeschreibung in Form einer reduzierten Anzahl sogenannter „Habitat-Klassen" (habitat classes) im Vergleich zu den früher verwendeten Oberkategorien nach der Klassifizierung von CORINE biotopes.

Bei den Vogelschutzgebieten wurden die folgenden drei Kategorien unterschieden, die sich aus Art. 4 der Richtlinie ableiten lassen:

A nach Art. 4 (1) der Richtlinie 79/409/EWG ausgewiesene, **B**esondere **S**chutz**g**ebiete (BSG): **S**pecial **P**rotected **A**reas (SPA). Angesprochen sind die Lebensräume der Vogelarten, die in Anhang I VSchRL genannt sind:
   a) vom Aussterben bedrohte Vogelarten
   b) gegen Lebensraumveränderungen empfindliche Vogelarten
   c) wegen ihres geringen Bestandes oder ihrer beschränkten Verbreitung als selten geltende Vogelarten
   d) andere Vogelarten, deren spezielle Lebensraumansprüche einer besonderen Aufmerksamkeit bedürfen

B **F**euchtgebiete **I**nternationaler **B**edeutung (FIB) gemäß der Ramsar-Konvention. Angesprochen sind vor allem die Lebensräume von Zugvogelarten aber auch heimische Vogelarten, die durch ihre Lebensraumansprüche besonders an Gewässer oder andere Feuchtgebiete gebunden sind

C sonstige Gebiete, die nicht oder nicht unbedingt für Arten des Anhang I VSchRL bedeutsam und keine Feuchtgebiete internationaler Bedeutung sind.

Die Gebiete aller Kategorien waren bis ca. 1992 in der offiziellen Meldeliste der Kommission der Europäischen Gemeinschaft enthalten.

Nach einer Prüfung durch den juristischen Dienst der Kommission der Europäischen Gemeinschaften wurden nur noch die Gebiete der Kategorie A formal als den Schutzbestimmungen der Vogelschutzrichtlinie unterliegende Gebiete betrachtet. In den offiziellen Listen der Europäischen Union werden seither nur noch diese Gebiete geführt.

Die Ramsar-Gebiete (Kategorie B) unterliegen damit nicht mehr automatisch der Vogelschutzrichtlinie, sondern müssen ebenso wie die übrigen Gebiete der Kategorie C explizit unter Bezug auf Art. 4 (1), d. h. als Kategorie „A", gemeldet werden. Der Art. 4 (2) wird dabei so verstanden, daß die Vogelschutzrichtlinie eine weitgehend vollständige Meldung der Ramsar-Gebiete erwartet. Die meisten Mitgliedsstaaten haben auf diese Änderung durch die Kommission so reagiert, daß sie erklärt haben, daß alle bereits gemeldeten Ramsar-Gebiete dem Art. 4 (1) unterliegen sollen. Für Deutschland ist dies wegen der Landeszuständigkeit nicht pauschal möglich gewesen, so daß hier eine Klärung im Einzelfall notwendig ist.

In der Kategorie C finden sich alle Gebiete, die keine Ramsar-Gebiete sind (eindeutiges Unterscheidungskriterium) und noch nicht oder nicht mehr offiziell als Vogelschutzgebiet (BSG) notifiziert sind (Schattenlisten und IBA-Gebiete s. Kap. 3.5.1). Eine offizielle Liste von Gebieten der Kategorie C existiert nicht.

2.2 Naturschutzfachliche Anforderungen und Herausforderungen

Für die Lebensraumtypen des Anhangs I und für die Arten des Anhangs II müssen Schutzgebiete ausgewiesen werden. Die FFH-Richtlinie selbst legt nicht fest, welche Art von Schutzstatus im jeweiligen Mitgliedsstaat für die Umsetzung erforderlich ist. Vielmehr soll sich der nationale Schutzstatus bzw. der Schutzstatus der einzelnen Gebiete an den Erfordernissen der Schutzobjekte selbst orientieren. Dabei ermöglicht die FFH-Richtlinie auch eine Absicherung des Schutzes in Form von Vertragsnaturschutz. Auch eine Beschränkung auf Naturschutzrecht (BNatSchG und Landesnaturschutzgesetze) ist nicht zwingend vorgegeben. Im Rahmen der nationalen rechtlichen Umsetzung, die bis Juni 1994 erfolgen mußte, ist eine Verschärfung bzw. Konkretisierung des Schutzstatus möglich. Für Deutschland kommen für die Umsetzung der Richtlinie im wesentlichen folgende Gesetze in Betracht:

- das Bundesnaturschutzgesetz (vgl. Kap. 11)
- das Bundeswaldgesetz

Ferner betrifft die FFH-Richtlinie eine Reihe von weiteren Gesetzen, z.B. das Umweltverträglichkeitsprüfungsgesetz, Jagdgesetz, Regelungen und Gesetze zu den Bundeswasserstraßen, die Investitionsmaßnahmengesetze der Verkehrsprojekte Deutsche Einheit, das Baugesetzbuch. Für die nationale rechtliche Umsetzung wird eine Lösung im Rahmen der geplanten Novelle des Bundesnaturschutzgesetzes angestrebt, die es erlaubt, alle dort bereits definierten Schutzkategorien für die FFH-Richtlinie zu verwenden, soweit den besonderen Erfordernissen des Schutzguts damit Rechnung getragen wird.

Durch die Ausrichtung der Schutzmaßnahmen am Schutzobjekt ist ein „Schutz" auch außerhalb gemeldeter Gebiete erforderlich, der zumindest negative Einwirkungen von außen, d.h. Fernwirkungen wie Verdriftung von Pestiziden, atmogene Schadstoffeinträge, Nährstoffeinträge, Licht- oder Lärmbeeinträchtigungen etc. unterbindet, wenn sie den Erhaltungszustand der Lebensräume und Arten im Schutzgebiet negativ beeinflussen (können).

Der Lebensraumschutz ist in seiner ganzen Komplexität (Funktionsgefüge, Struktur) gefordert, ebenso wie der Erhalt der Biodiversität insgesamt die Berücksichtigung der regionalen Variabilität der Lebensraumtypen und Populationen von Arten einschließt. Dabei umfaßt der Begriff „Erhaltungszustand" eines Lebensraumtyps per Definition alle Faktoren, die „sich langfristig auf seine natürliche Verbreitung, seine Struktur und seine Funktionen, sowie das Überleben seiner charakteristischen Arten" auswirken können. Auch die artbezogenen Schutzbestimmungen betreffen alle Einflüsse, die sich auf die „Verbreitung und die Größe von Populationen auswirken können".

Die FFH-Richtlinie führt eine konsequente Erfolgskontrolle im Naturschutzmanagement ein. Darin eingeschlossen sind ein Überwachungsgebot (Monitoring) und Berichtspflichten zum Artenschutz (alle zwei Jahre) und öffentliche Durchführungsberichte mit Kontrollen des Erhaltungszustandes der Gebiete alle sechs Jahre (vgl. Kap 2.6).

Die Richtlinie enthält einerseits ein Entwicklungsgebot, andererseits in Anhang I zahlreiche kulturbedingte Biotoptypen. Spezielle Vorgaben zur Erarbeitung von Entwicklungszielen oder die Einbindung in regionalisierte Landschaftsleitbilder aus Naturschutzsicht existieren in der Richtlinie nicht. Wohl aber müssen für jedes Gebiet die „Erhaltungsmaßnahmen" (also auch die Entwicklungsziele) festgelegt werden nach den ökologischen Erfordernissen der im Gebiet vorhandenen Arten und Lebensraumtypen. Dies kann und sollte bei allen Gebieten einen Pflege- und Entwicklungsplan erfordern, der ggf. im Zuge der Monitoring-Verpflichtungen jeweils angepaßt werden muß.

Der Biotopverbundgedanke schlägt sich in der FFH-Richtlinie an mehreren Stellen nieder (vgl. SSYMANK 1995):

- Das Schutzgebietssystem soll nicht aus isolierten Einzelvorkommen von Arten oder Lebensräumen bestehen, sondern ein „kohärentes ökologisches Netz" zusammen mit den Vogelschutzrichtliniengebieten bilden. Dies umfaßt räumlich-funktionale Aspekte, angefangen von Rast-, Mauser- oder Überwinterungsplätzen wandernder Vogelarten bis hin zu Fließgewässersystemen, die das Überleben von Fisch-, Biber- und Fischotterpopulationen dauerhaft sichern. Auf die Kohärenz wird auch im Zusammenhang mit der Verpflichtung zur Verträglichkeitsprüfung und eventuell entstehenden Ausgleichsverpflichtungen (Art. 6 Abs. 4 „globale Kohärenz") ausdrücklich verwiesen.
- Zusätzlich zu den auszuweisenden Schutzgebieten wird konsequenterweise in Art. 10 die Erhaltung sogenannter „Landschaftselemente" verlangt. Damit sind einerseits lineare Strukturen (Fließgewässer, Heckensysteme, Feldraine), andererseits aber auch alle Landschaftselemente gemeint, die eine „Vernetzungsfunktion" für die Schutzgebiete bzw. für die darin lebenden Arten erfüllen können (Trittsteine, Ausbreitungswege, Teilpopulationen von Metapopulationen, Wanderstrecken usw.).

Die FFH-Richtlinie verlangt eine umfassende Verträglichkeitsprüfung (Art. 6 Abs. 3), die objektbezogen durchzuführen ist und in der auch „Pläne und Projekte" einzubeziehen sind. Sie wird wegen ihrer planerischen Bedeutung in Kap. 2.4.2 ausführlich dargestellt (vgl. auch RIECKEN & SSYMANK 1996).

Die Gebietsauswahl und der Aufbau des Schutzgebietssystems orientiert sich nicht an den administrativen Gegebenheiten und Grenzen, sondern stützt sich auf die Biogeographischen Regionen als Bewertungsrahmen unter Berücksichtigung der regionalen Variabilität, d. h. vom Ansatz her ein rein naturschutzfachliches Vorgehen. Danach muß eine repräsentative Auswahl der Lebensraumtypen des Anhangs I und der Lebensräume der Arten des Anhangs II in das Schutzgebietssystem eingehen.

2.3 Gebietsauswahl und Gebietsbewertung

2.3.1 Auswahlverfahren der Gebiete

Die Auswahl der Gebiete für Natura 2000 ist in der FFH-Richtlinie in Art. 4 geregelt. Bemerkenswert ist hierbei, daß relativ präzise naturschutzfachliche Kriterien als Ausweisungsgrund vorgegeben werden. Allein sie spielen bei der Auswahl und Abgrenzung von Gebieten eine Rolle. Die ständige Rechtssprechung des Europäischen Gerichtshofs

(EuGH) zu dieser Problematik bekräftigt diese Vorgehensweise. Nachfolgend werden deshalb die Leitsätze aus dem Lappel-Bank-Urteil (vom 11. Juli 1996, benannt nach einem Gebiet im Medway Estuary, Kent, Großbritannien) aufgeführt (vgl. auch Kap. 2.4).

1. Ein Mitgliedsstaat ist nicht berechtigt, die in Art. 2 der Richtlinie 79/409/EWG des Rates vom 2. April 1979 über die Erhaltung der wildlebenden Vogelarten genannten wirtschaftlichen Erfordernisse bei der Auswahl und Abgrenzung eines besonderen Schutzgebiets gemäß Art. 4 Absätze 1 oder 2 dieser Richtlinie zu berücksichtigen.
2. Ein Mitgliedsstaat darf bei der Auswahl und Abgrenzung eines besonderen Schutzgebiets gemäß Art. 4 Absätze 1 oder 2 der Richtlinie 79/409 wirtschaftliche Erfordernisse nicht als Gründe des Allgemeinwohls, die Vorrang vor den mit dieser Richtlinie verfolgten Umweltbelangen haben, berücksichtigen.
3. Ein Mitgliedsstaat darf bei der Auswahl und Abgrenzung eines besonderen Schutzgebiets gemäß Art. 4 Absätze 1 oder 2 der Richtlinie 79/409 wirtschaftliche Erfordernisse nicht berücksichtigen, die zwingende Gründe des überwiegenden öffentlichen Interesses, wie sie in Art. 6 Abs. 4 der Richtlinie 92/43/EWG des Rates vom 21. Mai 1992 zur Erhaltung der natürlichen Lebensräume sowie der wildlebenden Tiere und Pflanzen genannt sind, darstellen.

Trotz der Vorgaben aus ornithologischer Sicht und der FFH-Richtlinie besteht ein gewisser Ermessensspielraum bei der Auswahl und Abgrenzung, der aber ausschließlich im naturschutzfachlichen Bereich liegt. Die intensive Einflußnahme anderer Ressorts, die häufig selbst die Verursacher des Arten- und Lebensraumrückgangs sind, ist entsprechend der Richtlinie bei der Erstellung der nationalen Listen (z.B. Abwägung mit politischen und wirtschaftlichen Interessen auf Landes- oder Bundesebene) nicht zulässig. Auch die Abwägung der Schutzinteressen mit beliebigen anderen Interessen ist im Zuge der Gebietsmeldung nicht erlaubt.

Das Verfahren zur Auswahl der Gebiete für die FFH-Richtlinie verläuft in zwei Stufen: Zunächst soll auf der Ebene der Mitgliedsstaaten eine nationale Bewertung durchgeführt werden, deren Ergebnis als Gebietsliste mit umfangreichen Meldebögen und genauen Kartenabgrenzungen als nationale Meldeliste (Vorschlagsliste oder **p**roposed **S**ites of **C**ommunity **I**nterest bzw. pSCI) an die EU-Kommission weitergeleitet wird. In einer zweiten Phase findet eine Bewertung auf der Ebene der EU statt, die zu einer definitiven Liste der „**G**ebiete **g**emeinschaftlicher **B**edeutung“ (GGB oder **S**ites of **C**ommunity **I**nterest bzw. SCI) führt, die dann nach den jeweiligen nationalen Bestimmungen in den Mitgliedsstaaten endgültig unter Schutz gestellt werden müssen (**B**esondere **S**chutz**g**ebiete bzw. BSG oder **S**pecial **A**rea of **C**onservation bzw. SAC). Die Kriterien für die einzelnen Bewertungsschritte sind im Anhang III der Richtlinie spezifiziert und die Ergebnisse der nationalen Bewertung müssen zusammen mit der Gebietsmeldung gemäß Art. 4 nach Brüssel weitergemeldet werden. Damit ergibt sich für Deutschland wegen der grundgesetzlich festgeschriebenen allgemeinen Zuständigkeit der Länder für den Aufbau des Schutzgebietssystems Natura 2000 das in Abb. 3 dargestellte Ablaufschema.

Die Bewertungskriterien des Anhangs III sind in Tab. 5 kurz zusammengestellt.

Für die Phase 1 (nationale Bewertung) gelten als Bezugsräume für die Bewertung der Mitgliedsstaat selbst, die Biogeographischen Regionen (Anteile im jeweiligen Mitgliedsstaat) und zur Berücksichtigung der regionalen Ausbildungen (Erfassung der gesamten Biodiversität, d. h. Lebensraum- und Artendiversität) die naturräumlichen Haupteinheiten (vgl. Abb. 4, S. 28).

Bei der Gebietsmeldung durch die Mitgliedsstaaten kann auf Antrag bei der Kommission eine flexiblere Anwendung der Auswahlkriterien des Anhangs III gewährt werden, wenn die Gebiete mit prioritären Arten oder Lebensräumen mehr als 5 % der Gesamtfläche des Mitgliedsstaates überschreiten (Art. 4 Abs. 2).

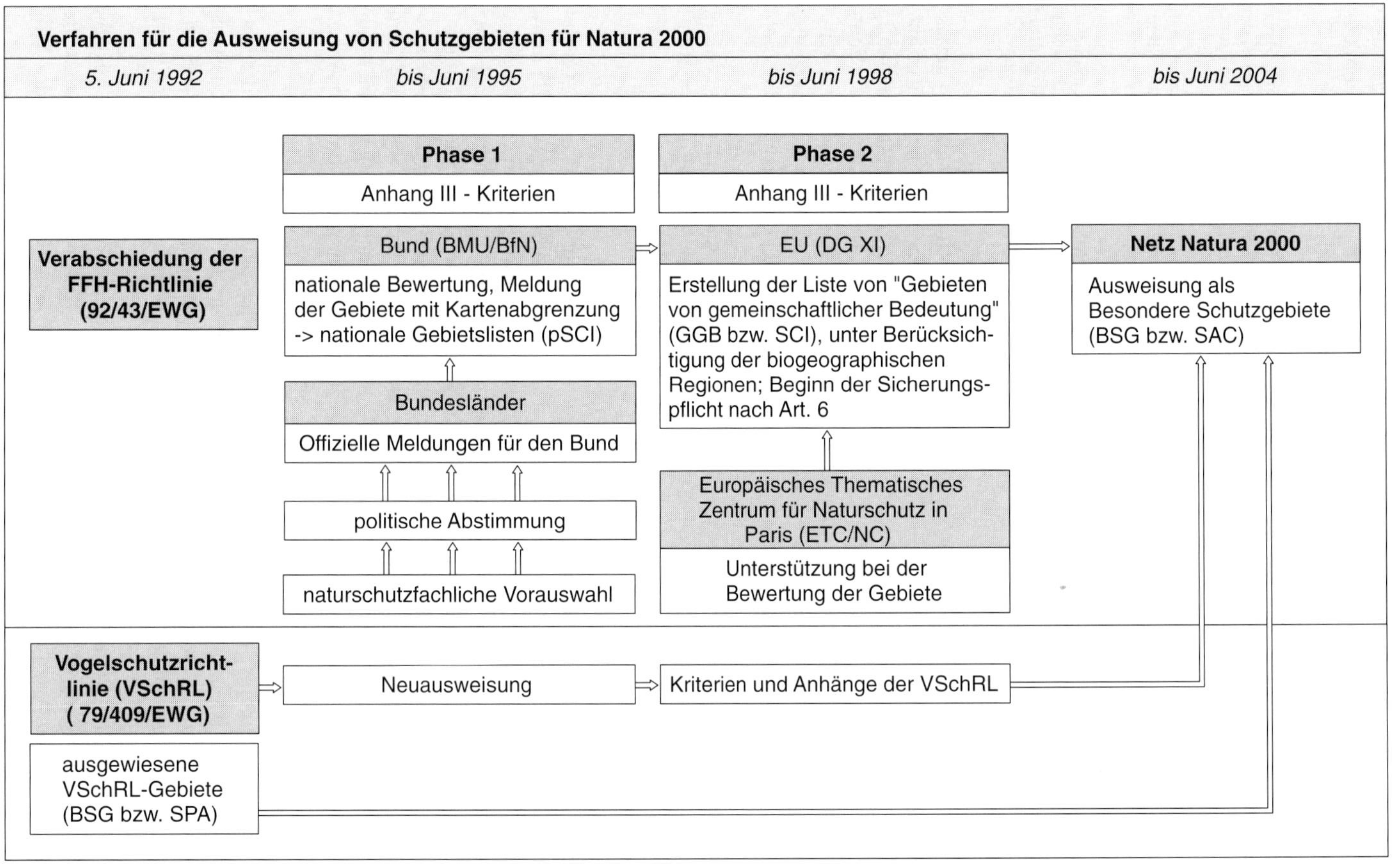

Abb. 3: Das Verfahren der Schutzgebietsausweisung für Natura 2000 verläuft für die Gebietsmeldungen nach der FFH-Richtlinie in zwei Phasen. Zusätzlich gehören die Gebiete der Vogelschutzrichtlinie zu diesem Schutzgebietssystem. Dargestellt sind die wichtigsten Verfahrensschritte und die an der Ausweisung beteiligten Gremien. Die EU verfügt darüber hinaus über einen Habitat-Ausschuß mit einer wissenschaftlichen Arbeitsgruppe, die die Umsetzung der FFH-Richtlinie begleiten.

Tab. 5: Bewertungskriterien für die nationale Bewertung zur Erstellung der Vorschlagslisten für die Gebiete gemeinschaftlicher Bedeutung durch die Mitgliedsstaaten. Die Kriterien sind im Anhang III (s. Anhang, Kap. 10.2) der FFH-Richtlinie festgelegt.

Kriterium	Lebensräume	Arten
Relative Populationsgröße		+
Biogeographische Bedeutung		+
Erhaltungszustand und Wiederherstellbarkeit des Lebensraums	+	+
Repräsentativität	+	
Relative Fläche	+	
Gesamtwert	+	+

Auswahl der Gebiete gemeinschaftlicher Bedeutung (Phase 2)

Für diese zweite Bewertung auf EU-Ebene gilt zunächst der Grundsatz, daß alle Gebietsvorschläge der Mitgliedsstaaten, die prioritäre Arten oder Lebensräume enthalten, a priori als Gebiete von gemeinschaftlicher Bedeutung betrachtet werden (Anhang II, Phase 2, Punkt 1). Das heißt im Umkehrschluß, daß der Mitgliedsstaat einen gewissen Ermessensspielraum hat, durch geschickte Gebietsabgrenzungen einen hohen Anteil von „prioritären" Gebieten zu erreichen, der keiner weiteren Bewertung unterzogen wird.

In der Praxis der Gebietsmeldung spielte dies jedoch bisher keine Rolle.

Als Bezugsraum gelten hier v.a. die Biogeographischen Regionen und das gesamte Gebiet der Europäischen Union.

Für die Bewertung in der Phase 2 werden im Anhang III die folgenden Teilkriterien genannt:

- relativer Wert des Gebiets auf der nationalen Ebene (Mitgliedsstaat)
- geographische Lage:
  Wanderstrecken
  Ausbreitungswege
  funktionale Zusammenhänge über die Grenzen der Mitgliedsstaaten hinweg
- Gesamtfläche des Gebiets
- Zahl der vorkommenden Lebensraumtypen (nach Anhang I)
- Zahl der vorkommenden Arten (nach Anhang II)
- „ökologischer Gesamtwert", Eigenart und Einzigartigkeit mit Bezug auf
  die Biogeographischen Regionen
  die gesamte Europäische Union

Eine verfahrensmäßige Festlegung für die Phase 2 der Bewertung liegt bisher nicht vor, wenngleich das Europäische Thematische Zentrum für Natur (ETC/NC) in Zusammenarbeit mit der Generaldirektion XI der EU-Kommission derzeit anhand der bereits vorliegenden Meldungen der makaronesischen biogeographischen Region einen Verfahrenstest durchführt (vgl. Kap. 3.1.2).

2.3.2 Die Biogeographischen Regionen in der FFH-Richtlinie

Die FFH-Richtlinie unterscheidet fünf Biogeographische Regionen, erweitert auf sechs Regionen im Zuge des Beitritts von Österreich, Finnland und Schweden zur Europäischen Union im Januar 1995: alpin, atlantisch, kontinental, mediterran, makaronesisch und boreal (vgl. Abb.1).

Die „Biogeographischen Regionen“ dienen als das Grundraster für die Bewertung und Flächenauswahl der Schutzgebiete der FFH-Richtlinie (Natura 2000). Damit soll sichergestellt werden, daß z.B. Trockenrasen im mitteleuropäischen Bereich nicht den Trockenrasen des Mediterrangebietes gleichgestellt und damit – zu Unrecht – direkt verglichen oder gar abgewertet werden. Es soll also eine zumindest in groben Zügen an „biogeographischen“ Regionen orientierte Flächenauswahl erfolgen.

Einschränkend muß man sagen, daß eine rein biogeographische Untergliederung im streng wissenschaftlichen Sinne in bezug auf den Artenschutz zwar möglich ist, die Grenzziehung jedoch von den betrachteten Artengruppen abhängt.

Aus verschiedenen Gesichtspunkten des Lebensraumschutzes (Anhang I), aber auch der Gebietsauswahl und unter Arten- und Biotopschutzgesichtspunkten ist eine an den prägenden Landschaftsfaktoren (historische Entwicklung und aktuelle Verbreitungs- und Gefährdungssituation) orientierte Untergliederung unter pragmatischen Gesichtspunkten besser.

Nach der FFH-Richtlinie, Art. 1c) iii) sind bei den biogeographischen Regionen für Deutschland als übergeordnete Kategorien nur „alpin“, „atlantisch“ und „kontinental“ zutreffend; eine mittel- bzw. zentraleuropäische Region wurde nicht extra unterschieden. Daraus folgt, daß „kontinental“ im Sinne von mittel- bzw. zentraleuropäisch zu interpretieren und für Deutschland folgende Gliederungsübersicht zugrunde zu legen ist (vgl. auch EUROPEAN COMMISSION 1995 a):

I Meere und Küsten (marine und Küstenlebensräume ohne genaue räumliche Abgrenzung)
  Ia Nordsee
  Ib Ostsee

„atlantisch“ im Sinne der FFH-Richtlinie:
II Nordwestdeutsches Tiefland

„kontinental“ im Sinne der FFH-Richtlinie:
III Nordostdeutsches Tiefland
IVa Zentraleuropäische Mittelgebirge, westlicher Teil
IVb Zentraleuropäische Mittelgebirge, östlicher Teil
V Süddeutsches Schichtstufenland (mit Oberrheinebene und Schwarzwald)
VI Alpenvorland (i.w.S.)

„alpin“ im Sinne der FFH-Richtlinie (Gebirgsregionen der Alpen):
VII Alpen

Eine kartographische Abgrenzung der Regionen innerhalb Deutschlands mit ihrer Unterteilung gibt Abb. 4 (S. 28). Für die Phase 1 (nationale Bewertung) ist unter der allgemeinen Zielsetzung des Erhalts der gesamten Arten- und Lebensraumvielfalt, insbesondere der regionalen Variabilität, ein naturräumliches Bezugssystem erforderlich (vgl. auch Repräsentativitätskriterium Anhang III). Daher wurde das im Bundesamt für Naturschutz für die

Erarbeitung naturräumlicher Leitbilder (FINCK et al. 1997) und für die Erarbeitung nationaler Vorrangflächen für den Naturschutz bereits bewährte Gliederungssystem von 69 naturräumlichen Haupteinheiten auch für die FFH-Richtlinie zugrundegelegt (vgl. Abb. 4). Die Gliederung basiert auf der naturräumlichen Gliederung von MEYNEN & SCHMIDTHÜSEN (1953–1962) und der Landschaftsgliederung des INSTITUTS FÜR ANGEWANDTE GEODÄSIE (1979) und ist im Bundesamt für Naturschutz erarbeitet worden (SSYMANK & HAUKE in SSYMANK 1994). Die grobe Untergliederung in die oben genannten Landschaftsräume stimmt weitgehend mit den Großregionen überein, die für die Rote Liste der Biotoptypen Deutschlands zugrundegelegt wurde (RIECKEN et al. 1994). Für die erste Vorauswahl der Bundesländer zur Erstellung der nationalen Vorschlagsliste dürften die Biogeographischen Regionen zunächst ohne Belang sein. Im Rahmen der Meldung mit Bezug auf Anhang III ist jedoch eine Einschätzung der relativen Bedeutung der Lebensräume/Populationen auf der Basis der naturräumlichen Haupteinheiten sinnvoll (vgl. Vorschlag für das Datenerhebungsblatt).

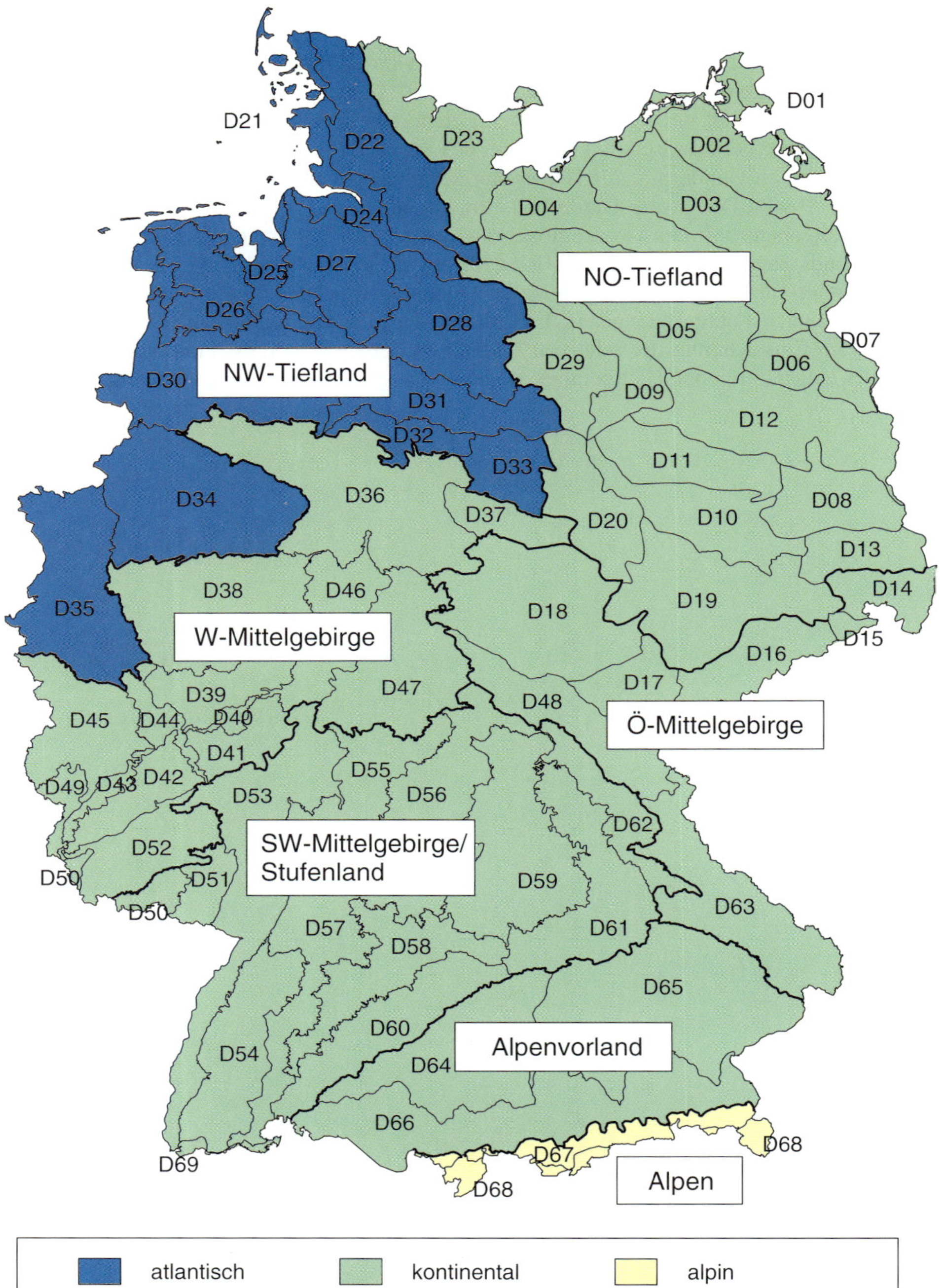

Abb. 4: Karte der naturräumlichen Gliederung Deutschlands (Naturräumliche Haupteinheiten) mit den biogeographischen Regionen der FFH-Richtlinie und den landschaftlichen Großräumen (Bearbeiter: A. Ssymank & U. Hauke, Bundesamt für Naturschutz, Institut für Biotopschutz und Landschaftsökologie).

Naturräumliche Haupteinheiten:

D01 Mecklenburgisch-Vorpommersches Küstengebiet
D02 Nordost-Mecklenburgisches Flachland mit Oderhaffgebiet
D03 Rückland der Mecklenburg.-Brandenburger Seenplatte
D04 Mecklenburgische Seenplatte
D05 Mecklenburg.-Brandenburgisches Platten- u. Hügelland
D06 Ostbrandenburgische Platte
D07 Odertal
D08 Lausitzer Becken und Spreewald
D09 Elbtalniederung
D10 Elbe-Mulde-Tiefland
D11 Fläming
D12 Brandenburgisches Heide- u. Seengebiet
D13 Oberlausitzer Heideland
D14 Oberlausitz
D15 Sächsisch-Böhmisches Kreidesandsteingebiet
D16 Erzgebirge
D17 Vogtland
D18 Thüringer Becken mit Randplatten
D19 Sächsisches Hügelland und Erzgebirgsvorland
D20 Östliches Harzvorland u. Börden
D21 Schleswig-Holsteinische Marschen
D22 Schleswig-Holsteinische Geest (Altmoränenlandschaft)
D23 Schleswig-Holsteinisches Hügelland (Jungmoränenlandschaft)
D24 Untere Elbeniederung (Elbmarsch)
D25 Ems- u. Wesermarschen
D26 Ostfriesische Geest
D27 Stader Geest
D28 Lüneburger Heide
D29 Wendland (Altmark)
D30 Dümmer Geestniederung u. Ems-Hunte Geest
D31 Weser-Aller-Flachland
D32 Niedersächsische Börden
D33 Nördliches Harzvorland
D34 Münsterländische (westfälische) Tieflandsbucht
D35 Niederrheinisches Tiefland u. Kölner Bucht
D36 Weser- u. Weser-Leine-Bergland (Niedersächsisches Bergland)
D37 Harz
D38 Bergisches Land, Sauerland
D39 Westerwald
D40 Lahntal u. Limburger Becken
D41 Taunus
D42 Hunsrück
D43 Moseltal
D44 Mittelrheingebiet (mit Siebengebirge)
D45 Eifel (mit Vennvorland)
D46 Westhessisches Bergland
D47 Osthessisches Bergland, Vogelsberg u. Rhön
D48 Thüringisch-Fränkisches Mittelgebirge
D49 Gutland (Bitburger Land)
D50 Pfälzisch-Saarländisches Muschelkalkgebiet
D51 Pfälzer Wald (Haardtgebirge)
D52 Saar-Nahe-Bergland
D53 Oberrheinisches Tiefland
D54 Schwarzwald
D55 Odenwald, Spessart u. Südrhön
D56 Mainfränkische Platten
D57 Gäuplatten, Neckar- u. Tauberland
D58 Schwäbisches Keuper-Liasland
D59 Fränkisches Keuper-Liasland
D60 Schwäbische Alb
D61 Fränkische Alb
D62 Oberpfälz.-Obermain.-Hügelland
D63 Oberpfälzisch-Bayerischer Wald
D64 Donau-Iller-Lech-Platte
D65 Unterbayerisches Hügelland u. Isar-Inn-Schotterplatten
D66 Südliches Alpenvorland
D67 Schwäbisch-Bayerische Voralpen
D68 Nördliche Kalkalpen
D69 Dinkelberg und Hochrheintal

2.3.3 Voraussetzungen für die Gebietsbewertung und -auswahl

Grundvoraussetzungen für die Gebietsauswahl und später für die nationale Gebietsbewertung sind detaillierte Kenntnisse über die Verbreitung und die Qualität bzw. Ausbildungen der Lebensraumtypen, sowie die Populationen der Arten.

In Deutschland werden diese Daten in den Bundesländern im Rahmen ihrer Naturschutzarbeit erhoben, allerdings findet keine spezifisch auf die FFH-Richtlinie zugeschnittene Kartierung statt, wie dies in Spanien im Maßstab 1 : 50 000 flächendeckend erfolgte. Daher muß in Deutschland auf bereits vorhandene Daten zurückgegriffen werden. Für die Umsetzung der FFH-Richtlinie verwertbare, allerdings oft weit gestreute Daten liegen vor allem vor in

1. den Biotopkartierungen der Länder mit zwei wesentlichen Einschränkungen:
   - es handelt sich meist um selektive, d. h. nicht flächendeckende Kartierungen mit a priori definierten (gefährdeten) Typen
   - Wälder sind oft ausgeklammert oder nur auf Sonderstandorten kartiert
2. den Arten- und Biotopschutzprogrammen der Länder
3. den forstlichen Standortskarten und Inventuren
4. Schutzgebietsgutachten bei bestehenden Schutzgebieten
5. wissenschaftlicher Literatur zu Verbreitung, Biologie etc. von Arten und Biotoptypen
6. in floristischen und faunistischen Kartierungen
7. in Form von pflanzensoziologischen Aufnahmen in der Literatur.

Die Daten der Biotop- und der forstlichen Standortskartierungen, ebenso wie die Schutzgebietsgutachten unterscheiden sich in Methodik und Begriffsdefinitionen von Bundesland zu Bundesland und sind mit unterschiedlicher Präzision und zeitlichem Bezug verfügbar. Dies erschwert einheitliche Auswertungen auf Bundesebene. Gezielte umfangreichere Literaturauswertungen zu einzelnen Artengruppen sind teilweise bereits durch die Europäische Kommission in Auftrag gegeben worden, insbesondere für die Invertebraten (HELSDINGEN & WILLEMSE 1995) und die Fische (MAITLAND 1995) des Anhangs II der FFH-Richtlinie. Diese Studien sind aus europäischer Sicht ein erster Ansatzpunkt, um die Verbreitung der Arten zu präzisieren, umfassen aber bei weitem noch nicht das ganze Spektrum verfügbarer Daten zu den Arten in den jeweiligen Mitgliedsstaaten (z.B. keine quantitativen Daten).

Umfangreichere Daten zur Verbreitung einzelner Artengruppen liegen vor allem bei den Höheren Pflanzen in Form der Floristischen Kartierungen vor: Für die westlichen Bundesländer als Atlas von HAEUPLER & SCHÖNFELDER (1989) auf der Basis des Rasters der TK 1 : 25 000, im Osten Deutschlands (BENKERT et al. 1996) und in einigen anderen Bundesländern und Regionen bereits auf Quadrantenbasis (z.B. Bayern: SCHÖNFELDER et al. 1990, Baden-Württemberg: SEBALD et al. 1992 a, b, 1993 a, b, 1996 a, b oder das Rheinland: SCHUMACHER 1995). Diese Angaben sind für Verbreitungsübersichten gut geeignet, stellen aber im Sinne von Rasterfrequenzen nur einen groben Ersatz für die Bewertung auf Naturraumebene dar – verglichen mit der geforderten Abschätzung von relativen Populationsgrößen. Als Beispiele für Karten seien die beiden Orchideenarten *Cypripedium calceolus* (Abb. 5) und *Liparis loeselii* (Abb. 6) aus dem Anhang der FFH-Richtlinie dargestellt.

Allenfalls für Punktendemiten, d. h. Arten mit sehr stark eingeschränktem Areal, wie z.B. das Bayerische Federgras (*Stipa bavarica*; nur ein Fundpunkt in einem NSG in Bayern) oder den Schierlings-Wasserfenchel (*Oenanthe conioides*; im Gezeitenbereich der Unterelbe und ihrer Nebenflüsse) lassen sich konkrete Populationsabschätzungen angeben.

Bei den Tieren ist die Situation sehr unterschiedlich. Die Vögel sind die am besten dokumentierte Gruppe mit verfügbaren Populationsschätzungen des Gesamtbestands und Gefährdungseinschätzungen für Deutschland (WITT et al. 1996). Von den übrigen Tiergruppen bestehen im Zuge der Erarbeitung der Roten Listen zum Teil umfangreichere Daten zur Gefährdung insbesondere bei ausgewählten Wirbeltiergruppen (NOWAK et al. 1994) oder gar Handbücher mit sehr sorgfältig ausgearbeiteten Angaben zur Verbreitung und Ökologie der Arten. Zum Beispiel liegt mit GÜNTHER (1996) eine wichtige Arbeitsgrundlage für die Amphibien und Reptilien vor. So läßt sich z.B. das Verbreitungsbild der nahe verwandten Arten

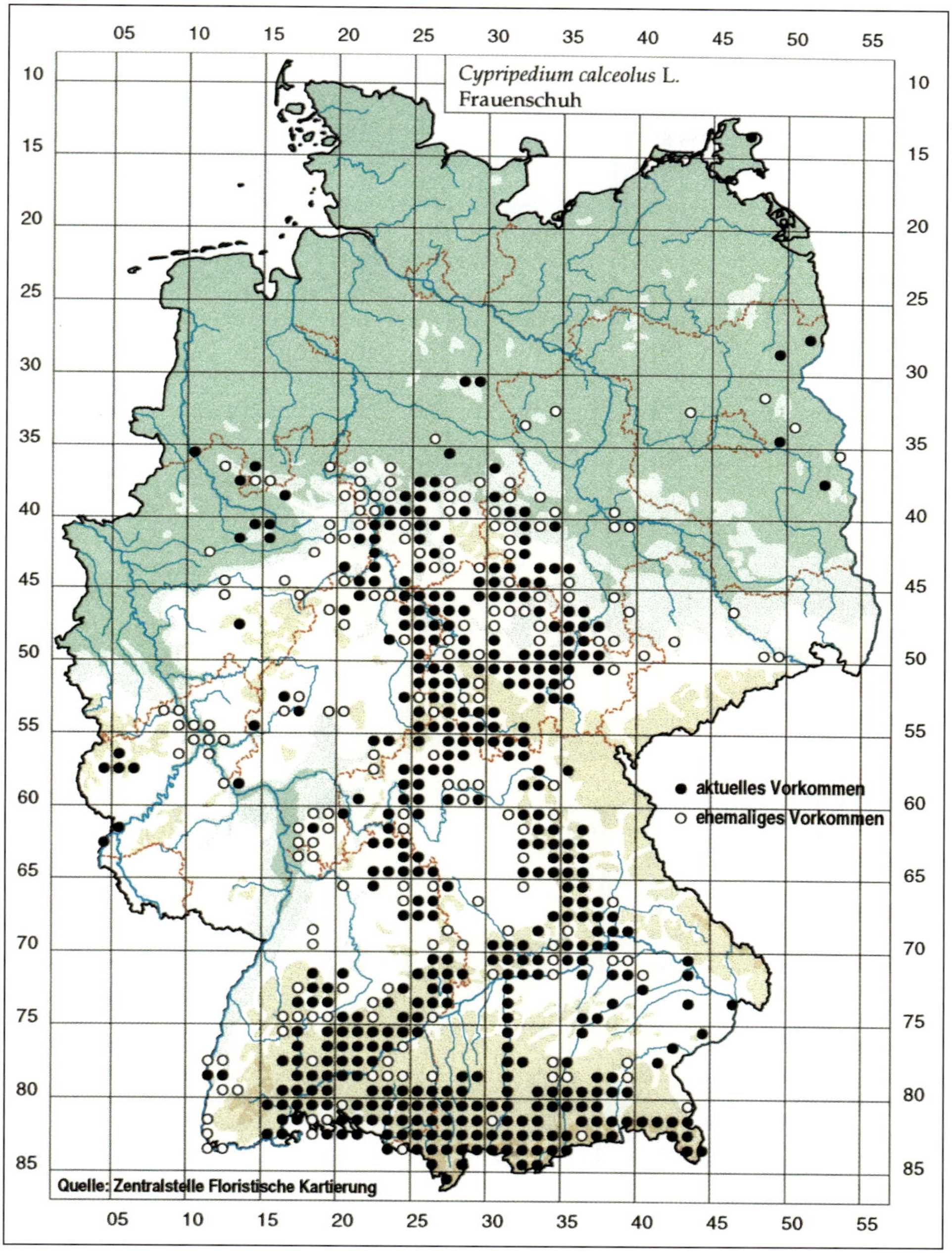

Abb. 5: Verbreitungskarte für den Frauenschuh (*Cypripedium calceolus*) in Deutschland auf der Basis des Rasters der topografischen Karten 1 : 25 000 (ca. 10 x 11 km²; Quelle: Zentralstelle Floristische Kartierung Deutschlands, Datenbank Gefäßpflanzen Stand 1/1997, Bundesamt für Naturschutz).

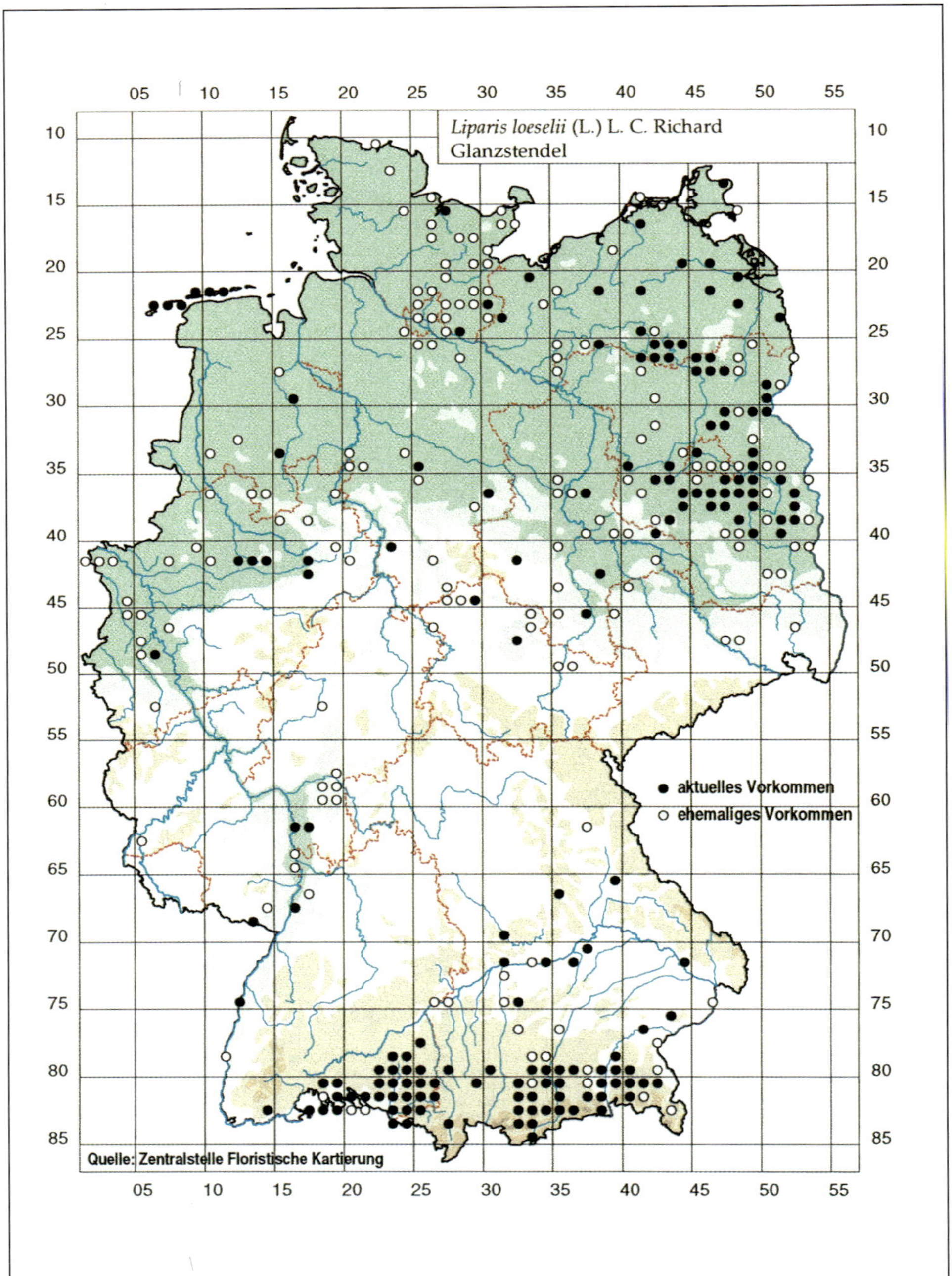

Abb. 6: Verbreitungskarte für den Glanzstendel (*Liparis loeselii*) in Deutschland auf der Basis des Rasters der topografischen Karten 1 : 25 000 (ca. 10 x 11 km²; Quelle: Zentralstelle Floristische Kartierung Deutschlands, Datenbank Gefäßpflanzen Stand 1/1997, Bundesamt für Naturschutz).

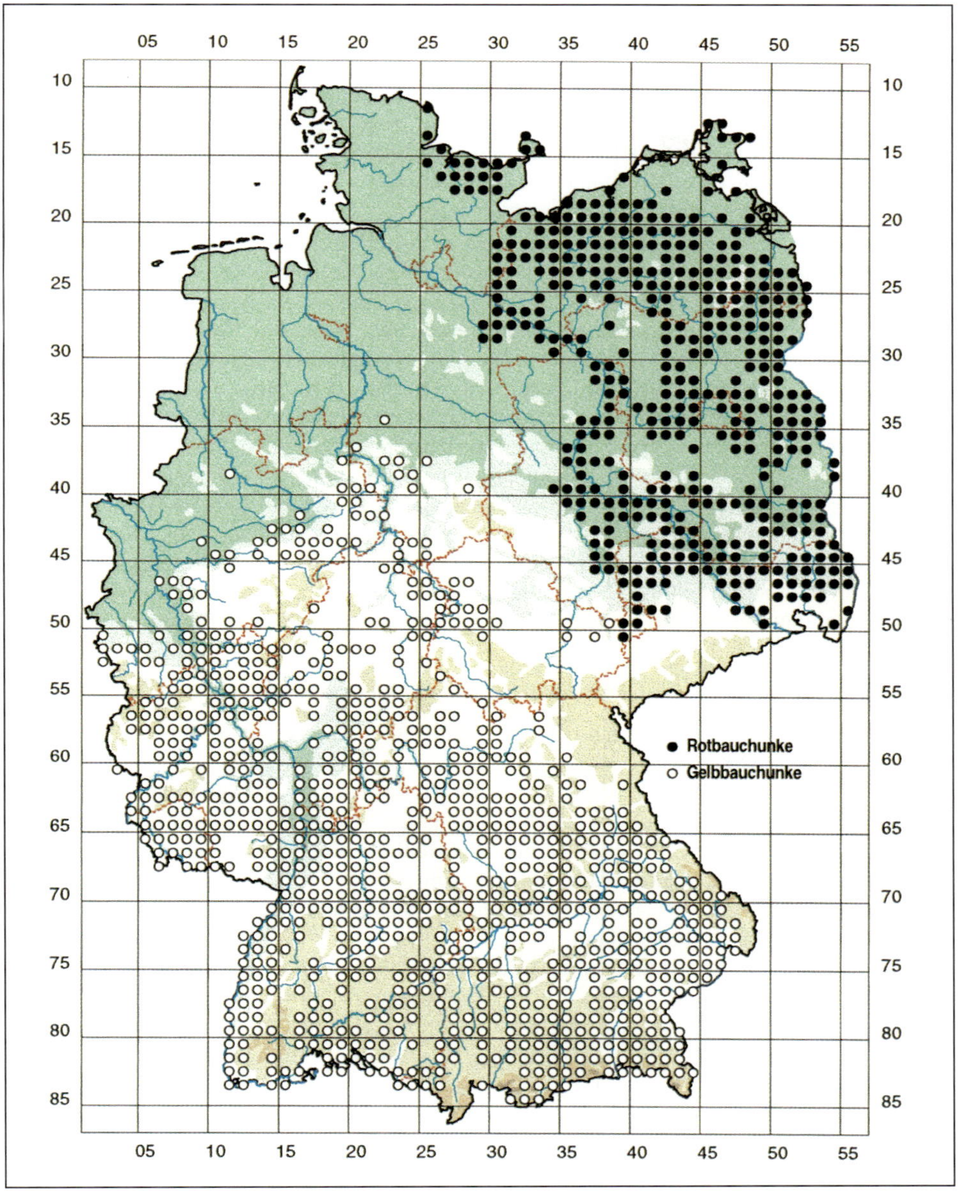

Abb. 7: Verbreitungskarte von Gelbbauchunke (*Bombina bombina*, leere Kreise) und Rotbauchunke (*Bombina variegata,* gefüllte Kreise) nach Daten von GÜNTHER (1996). Bearbeitet im Bundesamt für Naturschutz, Abteilung für Biotopschutz und Landschaftsökologie.

Gelbbauchunke (*Bombina bombina*) und Rotbauchunke (*Bombina variegata*) mit ihren arealgeographischen Grenzen in Deutschland klar herausarbeiten und für die Schutzgebietsauswahl von Natura 2000 auswerten (Abb. 7).

Schwieriger ist die Situation schon bei den Fischen, wo Verbreitungsangaben zum Teil noch sehr lückenhaft sind und Kartierungen erst in einigen Bundesländern vorliegen oder begonnen wurden. Auch bei vielen Wirbellosengruppen ist der Datenstand eher spärlich, oft sind kaum mehr als zerstreute Fundpunkte aus Einzeluntersuchungen bekannt, und systematische Erhebungen fehlen. Trotz aller Bemühungen in floristischen und faunistischen Kartierungen bleibt die Tatsache, daß ein erheblicher Forschungsbedarf über Populationsgrößen von Zielartengruppen im Naturschutz besteht, so wie hier im Falle der Arten der Anhänge II, IV und V der FFH-Richtlinie. Bei dieser Richtlinie ist das um so gravierender, weil die Arten des Anhangs II zur Auswahl rechtsverbindlich zu schützender Gebiete dienen sollen.

Während manche Lebensraumtypen zu unspezifisch definiert sind, um die zwingende Nennung eines bestimmten Gebietes für das Schutzgebietssystem Natura 2000 zu begründen, ist dies im Falle von Endemiten eindeutig der Fall. Auch bei Arten mit nur wenigen Fundpunkten und disperser Verbreitung sollten alle wesentlichen Populationen (nicht jedes Einzelindividuum) geschützt werden. Allerdings unterliegen die meisten Arten des Anhangs II ohnehin gleichzeitig den strengen Artenschutzbestimmungen des Anhangs IV.

Für die Verbreitung der Lebensraumtypen in Deutschland ist hier in diesem Handbuch ein erster Anfang mit Verbreitungsübersichtskarten gemacht worden. Auf Dauer ist sicher die Ausnutzung des großen Bestands an vorhandenem pflanzensoziologischem Aufnahmematerial eine Möglichkeit, um genauere Angaben zur Verbreitung, zum Stand der Gefährdung und zur Dokumentation bestimmter Ausbildungen zu bekommen. Eine vegetationskundliche Datenbank mit dem Anspruch, möglichst alle in Deutschland vorliegenden pflanzensoziologischen Aufnahmen für Auswertungen verfügbar zu machen, existiert allerdings derzeit nicht.

2.3.4 Naturschutzfachliche Grundsätze für die Gebietsauswahl

Aus der FFH-Richtlinie selbst sind mittelbar einige Grundsätze für die Gebietsauswahl ableitbar (vgl. SSYMANK 1994):

- Jeder Lebensraumtyp des Anhangs I bzw. jede Art des Anhangs II muß mindestens einmal in jeder biogeographischen Region gemeldet werden, soweit er/sie dort vorkommt.
- Für jeden Lebensraum mit weiter Verbreitung muß die biogeographische und genetische Variabilität berücksichtigt werden, d.h. es sollten Gebiete aus allen naturräumlichen Haupteinheiten (vgl. Abb. 4) gemeldet werden. Dies gilt sinngemäß auch für Arten mit weiter Verbreitung in Deutschland.
- Für jede naturräumliche Haupteinheit sollten je nach Vielfalt der vorhandenen Biotope und Landschaften mindestens zwei bis drei Gebiete so ausgewählt werden, daß alle für den Naturraum typischen Biotoptypen möglichst in ihren regionalen landschaftstypischen Biotopkomplexen (Mosaiken oder Zonierungen z.B. an Ufern) repräsentiert sind.
- Die paläo-historische Ausgangssituation der jeweiligen naturräumlichen Haupteinheit, einschließlich des kulturhistorischen Zusammenhangs, muß berücksichtigt werden.
- Bevorzugung bzw. Berücksichtigung reichstrukturierter und funktionell zusammenhängender Einheiten:
  - ➔ Biotopkomplexe bevorzugen
  - ➔ höchstmögliche Biodiversität anstreben (ohne Berücksichtigung stark gestörter Bereiche)
- Bevorzugung der am wenigsten anthropozoogen überformten Gebiete oder der Gebiete, bei denen eine „Wiederherstellungsmöglichkeit“ über mittlere Zeiträume (< 15 Jahre bzw. bei Lebensräumen langer Entwicklungsdauer < 150 Jahre) besteht.
- Einschluß ganzer Vegetationskomplexe (funktioneller Zusammenhang) etc. unter Berücksichtigung von Minimumarealen für typische Pflanzen- und Tierartenpopulationen (Mini-

mum-Viable-Population-Konzept) oder unter Berücksichtigung ökologisch-funktionaler Zusammenhänge. So sollten z.B. bei Hoch- und Übergangsmooren die Wassereinzugsgebiete ins Schutzgebiet mit eingeschlossen werden.

- Auswahl einer größeren Anzahl von Gebieten bei allen Artengruppen, bei denen eine reiche taxonomische Aufsplitterung vorliegt (Artengruppen mit Unterarten und Varietäten) etc.
- Die Gebietsauswahl sollte möglichst durch Einschluß aller endemischen Sippen bzw. regional einmaliger Biotopkomplexe/Biotope optimiert werden.

Aufgrund der oben geschilderten Situation zum Datenbestand in Deutschland wurde in Abstimmung mit den Bundesländern ein zweistufiges Verfahren gewählt, um möglichst rasch wenigstens einen Teil der naturschutzfachlich geeigneten Gebiete für Natura 2000 auch tatsächlich benennen zu können: In einem ersten Schritt werden möglichst alle bestehenden Schutzgebiete mit einem „strengen" Schutzstatus (Nationalparke, Naturschutzgebiete, Biosphärenreservate) abgeprüft, ob sie den Anforderungen der FFH-Richtlinie genügen. Nun kann man – zu Recht – fragen, wozu ein neues Prädikat für ein bestehendes Schutzgebiet, etwa ein Naturschutzgebiet? Die Antwort ist im Falle der FFH-Richtlinie zum Glück nicht nur die pflichtgemäße Erfüllung einer internationalen Richtlinie, sondern erhöht die Sicherheit des Schutzes und fordert zwingend eine regelmäßige Zustandsüberprüfung. In gewissem Sinne ist auch Bundesplanungen ein naturschutzfachliches Instrument – auf der Ebene der EU – entgegengesetzt worden (vgl. Kap. 2.4).

Folgende „pragmatische" Vorgehensweise wurde für Deutschland im Arbeitskreis der Landesanstalten und -ämter für Naturschutz zusammen mit dem Bundesamt für Naturschutz zur FFH-Richtlinie festgelegt:

1. ohne Einzelprüfung geeignete Gebiete:
   - Nationalparke
   - Biosphärenreservate (Kernzonen und ggf. weitere Teile der anderen Zonen)
   - Gebiete gesamtstaatlich repräsentativer Bedeutung (abgeschlossene und laufende Naturschutzgroßprojekte des Bundes: Mindestens die jeweiligen Kernzonen)
2. Abprüfen der bereits geschützten Gebiete:
   - Vogelschutzrichtliniengebiete (ggf. Meldung auch im Sinne der FFH-Richtlinie)
   - Feuchtgebiete internationaler Bedeutung (Ramsar)
   - Naturschutzgebiete (> 75 ha Flächengröße, kleinere nur soweit erforderlich und ggf. mit Flächenarrondierung)
3. Abprüfen von einstweilig sichergestellten oder geplanten Schutzgebieten, sowie von naturschutzfachlichen sektoralen Gebietslisten:
   - geplante Naturschutzgebiete
   - Offene Liste Naturschutzgroßprojekte, Vorrangflächen für den Naturschutz
   - Shadow-(Schatten-)Listen zu Ramsar
   - IBA-Gebiete (Internationaler Rat für Vogelschutz)
   - CORINE biotopes-Projekt der EG
   - ggf. weitere naturschutzfachliche Gebietslisten und Verbandsvorschläge
4. Abprüfen der naturräumlichen Repräsentanz und Berücksichtigen der Entwicklungs- und Biotopverbundansätze:
   - Sind alle Lebensraumtypen des Anhangs I in allen Naturräumen (Bezugsbasis naturräumliche Haupteinheit vgl. Abb. 4 oder ggf. auch die naturräumlichen Einheiten nach MEYNEN & SCHMIDTHÜSEN [1953–1962] auf der 3. Ebene) abgedeckt, in denen sie vorkommen?
   - Welche Entwicklungsgebiete oder Korridore sind zusätzlich zur Sicherstellung der Kohärenz von Natura 2000 erforderlich?

- Ergänzungen insbesondere um die Wälder mittlerer Standorte, da diese mit den oben genannten Stufen der Überprüfung voraussichtlich nicht ausreichend berücksichtigt werden.

5. Abprüfen auf Vollständigkeit der Meldungen in bezug auf die Arten des Anhangs I.

Leider sind bei den bisherigen Gebietsvorschlägen der Bundesländer meist nur die Punkte 1–3 teilweise im Zuge der ersten Meldungen berücksichtigt worden. Grundsätzlich sollte dieser Verfahrensvorschlag jedoch nur einer möglichst schnellen Erarbeitung von Vorschlagslisten für geeignete FFH-Gebiete dienen. Er entbindet jedoch nicht von der Verpflichtung, eine weitgehend vollständige nationale Gebietsmeldeliste nach Art. 4 der FFH-Richtlinie unter Berücksichtigung der Kriterien des Anhangs III fristgerecht an die EU weiterzuleiten.

2.4 Besonderheiten des Schutzes und der Umweltverträglichkeitsprüfung

2.4.1 Der Schutzstatus von Natura 2000-Gebieten

Mit den Richtlinien 79/409/EWG (Vogelschutzrichtlinie) und 92/43/EWG (FFH-Richtlinie) der EU liegen Rechtswerke vor, die sich auf die naturschutzrechtliche Situation in der Europäischen Union und damit in der Bundesrepublik Deutschland erheblich auswirken.

Der Rat der Europäischen Gemeinschaften verfolgt mit diesen Richtlinien das Ziel, in seinem Geltungsbereich einen Verbund von Schutzgebieten nach mehr oder weniger einheitlichen Kriterien zu schaffen und für diese Schutzgebiete einen gemeinschaftsweit einheitlichen Mindestschutzstandard einzuführen (GELLERMANN 1996).

Art. 3 Abs. 2 der FFH-Richtlinie verpflichtet die Mitgliedsstaaten für das Netz „Natura 2000“ nach den Bestimmungen des Art. 4 Gebiete als Besondere Schutzgebiete auszuweisen. Diese Ausweisung hat dabei so schnell wie möglich – spätestens aber binnen sechs Jahren nach Aufnahme des Gebietes in die Liste der „**G**ebiete von **g**emeinschaftlicher **B**edeutung“ (GGB) – stattzufinden. Art und Weise der Ausweisung ist den Mitgliedsstaaten überlassen worden (FREYTAG & IVEN 1995). Dabei ist jedoch zu beachten, daß vertragliche Vereinbarungen nur zwischen den jeweiligen Vertragspartnern wirken können. Nach FREYTAG & IVEN (1995) sind die Rechtsfolgen einer Benennung als Natura 2000-Gebiet derart, daß in jedem Fall eine förmliche Schutzgebietsausweisung notwendig wird.

Beide Naturschutz-Richtlinien sind bisher nicht entsprechend den Vorgaben der EU ordnungsgemäß in nationales Recht umgesetzt worden. Für diese Fälle gilt, daß die Richtlinien bestimmten normstrukturellen Anforderungen genügen müssen, um unmittelbar wirksam zu sein. Die Voraussetzung, um von den nationalen Behörden von Amts wegen angewendet zu werden, ist ihre inhaltliche Unbedingtheit und hinreichende Bestimmtheit (GELLERMANN 1996). Diese Grundbedingungen werden von beiden Richtlinien erfüllt. Demzufolge besteht für die zuständigen Verwaltungen die Notwendigkeit, sich die Aussagen und Konsequenzen der Richtlinien für ihre Arbeit mehr oder weniger eigenständig (aufgrund des Fehlens der nationalen Umsetzung) zu erarbeiten. Die bisher vorliegenden gültigen Urteile und Stellungnahmen der Kommission und des **Eu**ropäischen **G**erichts**h**ofs (EuGH) geben hierzu aber bestimmte Anhaltspunkte. Dies betrifft sowohl die Ausweisung von Gebieten und deren Abgrenzung (siehe oben) als auch die Umsetzung der mit der Umweltverträglichkeitsprüfung im weiteren Sinne verbundenen Artikel beider Richtlinien. Dabei sind die zuständigen Behörden der Mitgliedsstaaten besonders durch die FFH-Richtlinie in ihrem Ermessensspielraum eingeschränkt.

Die Umsetzung der bisher unmittelbar geltenden Richtlinien wird besonders durch das vielfach mißverstandene Verhältnis der Vogelschutzrichtlinie zur FFH-Richtlinie erschwert.

Dies gilt auch für die Verwendung von Rechtsbegriffen, die nicht in der in den Richtlinien verwendeten Bedeutung im nationalen Recht benutzt werden. Zuerst soll deshalb auf das Verhältnis der Umweltverträglichkeitsprüfung beider Richtlinien zueinander eingegangen werden. In der Vogelschutzrichtlinie ist dies im Art. 4 Abs. 4 geregelt. Der in der Praxis weit verbreiteten Ansicht, wonach die Schutzbestimmungen dieses Absatzes erst nach erfolgter Unterschutzstellung eines Gebietes angewendet werden können, wurde vom EuGH mit seinem „Santoña-Urteil" (EUROPÄISCHER GERICHTSHOF 1994) nicht gefolgt. Er begründete dies damit, daß das Erreichen des Schutzzieles der Richtlinie nicht möglich wäre, wenn die Mitgliedsstaaten die Verpflichtungen aus Art. 4 Abs. 4 der Vogelschutzrichtlinie nur dann erfüllen müßten, wenn vorher ein Schutzgebiet ausgewiesen worden wäre. Das bedeutet, daß alle Gebiete, die nach Vogelschutzrichtlinie Art. 4 Abs. 1 ausgewiesen werden müßten, dem Art. 4 Abs. 4 unterliegen (zu den Kriterien vgl. Kapitel 2.1.2).

Mit Inkrafttreten der FFH-Richtlinie hat sich die rechtliche Situation für die ausgewiesenen Vogelschutzgebiete (Besonderen Schutzgebiete bzw. BSG oder Special Protected Areas bzw. SPA) verändert. In Art. 3 Abs. 1 der FFH-Richtlinie ist festgelegt, daß ein kohärentes europäisches ökologisches Netz besonderer Schutzgebiete mit der Bezeichnung „Natura 2000" errichtet wird. Durch Art. 3 Abs. 1 UAbs. 2 werden alle bisher ausgewiesenen Vogelschutzgebiete (BSG bzw. SPA) Bestandteil von „Natura 2000". Der Art. 7 der FFH-Richtlinie besagt, daß mit Inkrafttreten der FFH-Richtlinie (5. Juni 1994) die Art. 6 Abs. 2, 3 und 4 auch für die bereits ausgewiesenen Vogelschutzgebiete gelten sollen bzw. auch für die künftig auszuweisenden Vogelschutzgebiete ab dem Datum, zu dem das Gebiet durch den Mitgliedsstaat zu einem besonderen Schutzgebiet entsprechend der Vogelschutzrichtlinie erklärt oder als solches anerkannt wird. Damit gilt für diese Vogelschutzgebiete nicht wie bisher der Art. 4 Abs. 4 der Vogelschutzrichtlinie, sondern der Art. 6 Abs. 2 bis 4 der FFH-Richtlinie. Wesentlich ist aber auch, daß der Art. 4 der Vogelschutzrichtlinie nicht aufgehoben wurde. Er bleibt also für alle den Kriterien der Vogelschutzrichtlinie genügenden, aber nicht ausgewiesenen Gebiete weiterhin gültig. Erst die förmliche Unterschutzstellung als Vogelschutzgebiet bedeutet, daß die FFH-Richtlinie anzuwenden ist (GELLERMANN 1996).

Es bleibt also festzustellen, daß die ausgewiesenen Vogelschutzgebiete gleichrangig wie ausgewiesene FFH-Gebiete (zusammen nachfolgend als Natura 2000-Gebiete bezeichnet) hinsichtlich Art. 6 Abs. 2–4 der FFH-Richtlinie zu behandeln sind.

In Art. 6 Abs. 2–4 der FFH-Richtlinie sind einige Begriffe verwendet worden, deren Bedeutung sich von den gleichlautenden Begriffen im deutschen Umweltrecht unterscheidet oder die bisher in dieser Form nicht auftreten. Es soll deshalb versucht werden, die in der Richtlinie verwendeten Begriffe, die zu Mißverständnissen führen können, in den Kontext des deutschen Umweltrechts zu stellen. Die Interpretation stützt sich dabei auf die bisher vorliegenden Erfahrungen und wenigen Publikationen zu dieser Problematik. Deshalb kann die Diskussion dazu nur als Anregung und nicht als eine abschließende Darstellung betrachtet werden. Die weitere Ausgestaltung und Umsetzung muß daher der künftigen Rechtssprechung vorbehalten bleiben.

In Art. 6 Abs. 2 ist ein Verschlechterungsverbot für den Erhaltungszustand der natürlichen Lebensräume des Anhangs I und für die Habitate der Arten des Anhangs II sowie ein Störungsverbot für die Arten, für die die Gebiete ausgewiesen sind, festgelegt. Damit besteht nicht für das gesamte Gebiet das Verschlechterungs- und Störungsverbot, sondern Gegenstand und damit Ziel dieser Verbote sind nur die für die Ausweisung verantwortlichen Schutzgüter gemäß den Anhängen der Richtlinie. Bei einer Meldung eines Schutzgebietsvorschlages sind die Lebensräume und Arten entsprechend zu benennen und im offiziellen Datenbogen qualifiziert aufzuführen (vgl. Kap. 2.5). Daraus folgt, daß für jedes Gebiet individuell, entsprechend seiner Ausstattung und dem festgelegten Schutzziel, die Verbote nach Art. 6 Abs. 2 spezifisch wirken. Der fachlichen Beurteilung der Möglichkeit einer Verschlechterung der ökologisch wesentlichen Funktionalität für die Schutzobjekte kann dabei eine wesentliche Bedeutung zukommen.

2.4.2 Verträglichkeitsprüfung und Eingriffsbewertung

Der Art. 6 Abs. 3 regelt die Prüfung auf Verträglichkeit mit den für dieses Gebiet festgelegten Erhaltungszielen.

Diese Prüfung muß dabei für alle „Pläne oder Projekte, die nicht unmittelbar mit der Verwaltung des Gebietes in Verbindung stehen oder hierfür nicht notwendig sind[1], die ein solches Gebiet jedoch einzeln oder im Zusammenhang beeinträchtigen könnten...“ vorgenommen werden.

Die in Art. 6 Abs. 3 enthaltene Formulierung der Prüfung auf Verträglichkeit kann nicht ohne weiteres mit den in Deutschland damit verbundenen gängigen inhaltlichen Vorstellungen gleichgesetzt werden. Eine derartige Prüfungspflicht ist im Naturschutzrecht bisher nicht verankert. Die „Prüfung auf Verträglichkeit“ unterscheidet sich wesentlich von der in Deutschland gebräuchlichen „**U**mwelt**v**erträglichkeits**p**rüfung“ (UVP) und darf auch nicht im Sinne von Art. 3 der UVP-Richtlinie verstanden werden. Dies soll im nachfolgenden etwas erläutert werden.

Die Pflicht zur Prüfung auf Verträglichkeit nach der FFH-Richtlinie ist auf alle Pläne und Projekte, die ein Natura 2000-Gebiet erheblich beeinträchtigen könnten, anzuwenden. Dabei ist es unerheblich, ob es sich um Einzelprojekte oder -pläne handelt oder ob im Zusammenhang mit anderen Projekten Summationseffekte zu erwarten sind. Dies gilt sowohl für bereits vorhandene Vorbelastungen (beispielsweise eine Autobahn, die das Gebiet zerschneidet, in Verbindung mit einem Neubau eines Verkehrsweges) als auch für andere geplante und schon konkret absehbare Vorhaben (beispielsweise den Ausbau einer Wasserstraße in Verbindung mit dem geplanten neuen Grenzübergang im Bereich des Nationalparkes „Unteres Odertal“). Der Begriff „Pläne“ ist insofern schwer abzugrenzen, als der Konkretheitsgrad von Plänen sehr unterschiedlich sein kann. Der Zuständigkeitsbereich von Art. 6 der FFH-Richtlinie kann zumindest nicht enger gefaßt werden als der in der UVP-Richtlinie. Darüber hinaus können sich z.B. auch nicht-UVP-pflichtige Eingriffe im Sinne des § 8 BNatSchG nachteilig auswirken. Das Stadium, in dem sich diese „Pläne und Projekte“ befinden müssen, ist in der Richtlinie nicht geregelt. Nach der Auffassung von GELLERMANN (1996) ist ein Plan oder Vorhaben dann hinreichend konkret, wenn das Stadium der Einleitung des öffentlichen Zulassungsverfahrens erreicht wird. Damit sind auch bestimmte Bundesgesetze (vgl. auch FREYTAG & IVEN 1995 und IVEN 1996), wie das Bundeswasserstraßengesetz oder der Bundesverkehrswegeplan zu diesen Plänen zu zählen. Besonders ersteres ist durch die enge Bindung der hier zu verabschiedenden Vorhaben an bestimmte räumliche Strukturen (Flüsse etc.) schon sehr konkret.

Diese Prüfung auf Verträglichkeit soll die Entscheidung über das Verhältnis der Pläne oder Vorhaben mit dem Schutzziel und -grund (Erhaltungsziele) des Gebietes vorbereiten und ermöglichen. Dabei spielt es keine Rolle, ob das jeweilige Vorhaben oder der Planungsgegen-

[1] Der Art. 6 Abs. 3 enthält in der deutschen Übersetzung (Amtsblatt der Europäischen Gemeinschaften Nr. L 206, S. 11) folgende Formulierung: „Pläne oder Projekte, die nicht unmittelbar mit der Verwaltung des Gebietes...“. Diese Textstelle ist mißverständlich und enthält offensichtlich eine Ungenauigkeit in der Übersetzung. Die engliche Ausgabe (Official Journal of the European Communities No L 206. p. 11, Article 6 part 3) formuliert dagegen: „Any plan or project not directly connected with or necessary to the management of the site...“. Es wäre also sinnvoller, die Richtlinie hier so zu interpretieren, daß hierunter die Pflege- und Entwicklungsmaßnahmen entsprechend Art. 6 Abs. 1 und 2 zu verstehen sind.

stand innerhalb oder außerhalb des Natura 2000-Gebietes angesiedelt ist. Darüber hinaus sind auch eventuelle Ferneinwirkungen mit zu berücksichtigen.

Die für das einzelne Gebiet festgelegten Erhaltungsziele können oftmals erst durch bestimmte Maßnahmen erreicht werden (Entwicklungsgebot). Entsprechend Art. 6 Abs. 3 sind diese Entwicklungsmaßnahmen nach Art. 6 Abs. 1 bei der Prüfung auf Verträglichkeit ebenfalls zu berücksichtigen. Es ist somit auch zu prüfen, ob die vorhandenen Entwicklungspotentiale des Gebietes (unter Berücksichtigung des Schutzzieles) beeinträchtigt werden können. Den Aussagen von FREYTAG & IVEN (1995), daß die Auswirkungen auf die Erhaltung von FFH-Schutzgebieten schon durch die UVP im Sinne der UVP-Richtlinie auf der Grundlage von Bundes- oder Landesrecht abgedeckt werden, kann deshalb nicht zugestimmt werden. Auch GELLERMANN (1996) stellt dies fest und begründet es mit den unterschiedlichen Prüfungsinhalten der einzelnen UVP.

Die deshalb dringend erforderliche Anpassung der entsprechenden nationalen Gesetzgebung an die FFH-Richtlinie wird durch die fehlende Harmonisierung mit der UVP-Richtlinie nicht unbedingt erleichtert.

In Art. 6 Abs. 4 sind Ausnahmen formuliert, bei denen trotz negativer Ergebnisse der Verträglichkeitsprüfung (im Sinne der FFH-Richtlinie) die geprüften Pläne oder Vorhaben realisiert werden können. Ein Vorhaben, das für die gebietsspezifisch festgelegten Erhaltungsziele negative Auswirkungen haben kann, darf nur durchgeführt werden, wenn zuvor Alternativmöglichkeiten geprüft wurden oder „zwingende Gründe des überwiegenden öffentlichen Interesses einschließlich solcher sozialer oder wirtschaftlicher Art" vorliegen. Der Mitgliedsstaat hat dazu nachzuweisen, daß zumutbare Alternativen zu den Plänen oder Vorhaben fehlen bzw. nicht auf anderem Wege erreicht werden können (z.B. Bau einer Trinkwassertalsperre gegenüber der Möglichkeit, landwirtschaftliche Flächen in der Umgebung so zu extensivieren und zu bewirtschaften, daß der Trinkwasserbedarf durch Grundwasseranreicherung hier gedeckt werden könnte bzw. durch Einsparungsmaßnahmen beim Verbrauch durch Umstellen auf anderen Technologien). Das Vermeidungsgebot ist hier insgesamt strenger zu interpretieren als im bundesdeutschen Recht (GELLERMANN 1996).

In Art. 6 Abs. 4 UAbs. 1 wird auch gefordert, daß der Mitgliedsstaat alle notwendigen Ausgleichsmaßnahmen ergreifen muß, um sicherzustellen, daß die globale Kohärenz von Natura 2000 geschützt ist.

Der Inhalt des Begriffs „Ausgleichsmaßnahme" in diesem Unterabsatz ist in enger Verbindung mit seinem Kontext zu sehen und ist nicht identisch mit dem gleichlautenden Begriff im deutschen Umweltrecht. Die globale Kohärenz von Natura 2000 kann beispielsweise auch gewahrt werden, wenn für das durch den Eingriff betroffene Gebiet ein anderes bezüglich der Schutzgüter und Erhaltungsziele gleichwertiges Gebiet für Natura 2000 benannt wird. Dabei ist jedoch zu berücksichtigen, daß dafür nur solche Gebiete in Betracht kommen, die nicht schon vorher als Natura 2000-Gebiete benannt hätten werden müssen. Die Kohärenz von Natura 2000 ist nur gewahrt, wenn die getroffenen Ausgleichsmaßnahmen zum Zeitpunkt des Eingriffs bereits wirksam sind (z.B. Benennung eines Gebietes für Natura 2000, bevor der Eingriff durchgeführt wird). Es ist auch zu berücksichtigen, daß die für das Schutzgebiet erforderlichen Erhaltungs- und Entwicklungsmaßnahmen nicht als Ausgleich für einen Eingriff genutzt werden können.

Im UAbs. 2 wird eine Einschränkung der Anwendung der Ausnahmetatbestände gegenüber Art. 6 Abs. 4 UAbs. 1 vorgenommen. Diese trifft für alle Gebiete zu, die sich durch das Vorkommen eines prioritären natürlichen Lebensraumtyps oder/und einer prioritären Art auszeichnen (diese sind in den Anhängen I und II der Richtlinie mit „*" gekennzeichnet, vgl. Kap. 4.2 und Kap. 5.2). Das Projekt oder der Plan darf nur dann realisiert werden, wenn „Erwägungen im Zusammenhang mit der Gesundheit des Menschen und der öffentlichen Sicherheit oder im Zusammenhang mit maßgeblichen günstigen Auswirkungen für die Umwelt oder, nach Stellungnahme der Kommission, andere zwingende Gründe des überwiegenden Interesses geltend gemacht werden". Treffen die ersten beiden Tatbestände nicht zu, ist die Kommission zu beteiligen und eine Stellungnahme einzuholen. Danach ist die Realisierung ebenfalls möglich, wenn ein überwiegendes öffentliches Interesse vorliegt. Da hier gegenüber dem Art. 6 Abs. 4 UAbs. 1 nicht ausdrücklich von „überwiegenden öffentlichen Interesses einschließlich solcher sozialer oder wirtschaftlicher Art" gesprochen wird, fallen derartige soziale oder wirtschaftliche Interessen nicht hierunter. Der durch den Gesetzgeber bewußt gewollte strengere Schutz von Gebieten mit prioritären Lebensräumen und/oder prioritären Arten manifestiert sich in der unterschiedlichen Regelung gegenüber UAbs. 1 (ausführlicher hierzu GELLERMANN 1996).

Durch die Ablösung des Art. 4 Abs. 4 der Vogelschutzrichtlinie durch den Art. 6 Abs. 2–4 der FFH-Richtlinie und die differenzierte Handhabung der Ausnahmeregelungen in den Unterabsätzen von Abs. 4 können gewisse Unsicherheiten bezüglich der Beurteilung von ausgewiesenen Vogelschutzgebieten entstehen. Im Gegensatz zu den Anhängen der FFH-Richtlinie mit ihren prioritären Lebensräumen und Arten existiert derartiges für die Anhänge der Vogelschutzrichtlinie nicht. Durch die Ausweisung eines Schutzgebietes (BSG bzw. SPA) entsprechend der Vogelschutzrichtlinie würde sich der Schutzstatus gegenüber einem nicht ausgewiesenen, aber den Kriterien genügenden Gebiet verschlechtern, da ersteres dem Art. 6 der FFH-Richtlinie und letzteres dem Art. 4 Abs. 4 der Vogelschutzrichtlinie unterliegt. Dies hat seine Ursache darin, daß im Art. 4 Abs. 4 der Vogelschutzrichtlinie die Ausnahmen enger gefaßt sind als im Art. 6 Abs. 4 der FFH-Richtlinie. Es ist auch nicht einsichtig und nachvollziehbar, daß sich mit Inkrafttreten der FFH-Richtlinie der Schutz für die Vogelschutzgebiete verschlechtern sollte.

Daraus läßt sich nur die Konsequenz ableiten, daß alle ausgewiesenen Vogelschutzgebiete wie ein Gebiet mit Vorkommen von prioritären Lebensräumen und/oder Arten zu betrachten sind.

2.4.3 Fallbeispiel: Bundesautobahnprojekt A 20

Am Beispiel des Neubaus einer Bundesautobahn A 20, der sogenannten „Ostseeautobahn", soll die oben dargestellte Problematik einmal erläutert und illustriert werden.

Das Vorhaben des Neubaus einer Autobahn zwischen Lübeck und der Ostgrenze der Bundesrepublik ist als Projekt Nr. 10 Bestandteil des Vorhabens „Verkehrsprojekte Deutsche Einheit". Diese Projekte sollten als Vorgriff auf den ersten gesamtdeutschen Verkehrswegeplan schnellstmöglichst verwirklicht werden und wurden 1991 mit Hilfe von Investitionsmaßnahmengesetzen umgesetzt. Die nachfolgende Suche nach den aus verkehrspolitischer Sicht günstigsten Varianten und Trassen ergab, daß es zu Konflikten mit den zu diesem Zeitpunkt bereits ausgewiesenen Vogelschutzgebieten „Peenetal vom Kummerower See bis Schadefähre" und „Mecklenburgische Schweiz, Recknitz- und Trebeltal" kommen würde. Durch das zwischenzeitliche Inkrafttreten der FFH-Richtlinie am 5. Juni 1994 mußte das Vorhaben entsprechend dieser Richtlinie einer Prüfung auf Verträglichkeit unterzogen werden. Zu diesem Zeitpunkt lag eine Umweltverträglichkeitsstudie zu den Varianten vor, eine Entscheidung war aber noch nicht getroffen worden. Die nachfolgenden Ausführungen werden auf das Vogelschutzgebiet „Peenetal vom Kummerower See bis Schadefähre" beschränkt.

Die Untersuchungen hatten ergeben, daß dieses Gebiet naturschutzfachlich den Kriterien für ein Schutzgebiet im Sinne der Vogelschutzrichtlinie genügt. Eine Diskussion über Abgrenzungen und/oder die Größe des Gebietes (ca. 278 km^2) fand nicht statt, wohl weil die geplante Autobahn das Gebiet sehr zentral zerschneiden sollte. Die weitere Vorgehensweise erfolgte entsprechend Art. 6 Abs. 4 UAbs. 2 der FFH-Richtlinie, da im betroffenen Gebiet prioritäre Lebensräume des Anhangs I und Arten des Anhangs II auftreten und Lebensräume von Vogelarten des Anhangs I der Vogelschutzrichtlinie betroffen sind. Daraufhin wurde die Kommission durch den Projektträger um Stellungnahme zu dem geplanten Vorhaben gebeten. Dabei zeigte sich, daß für die Stellungnahme sehr präzise Angaben zur Art des Vorhabens sowie zu den betroffenen Arten und Lebensräumen vorliegen müssen, da sonst eine Beurteilung im Sinne der FFH-Richtlinie und der damit verbundenen Prüfung auf Verträglichkeit nicht möglich ist oder zu falschen Interpretationen führen kann. Der Identifizierung und Abgrenzung der Vorkommen der Lebensräume und der Arten kommt dabei wiederum eine Schlüsselstellung zu. Dies gilt um so mehr, da durch die Kommission eigene Gutachter herangezogen werden, die nicht in dem Maße wie die zuständigen Behörden der Länder oder des Bundes über umfangreiches „Insiderwissen" und spezielle Gebietskenntnisse verfügen. In der Stellungnahme der Kommission wurden nur die Vorkommen berücksichtigt, die innerhalb des ausgewiesenen Vogelschutzgebietes lokalisiert sind. Zur besseren Koordinierung der Maßnahmen zur Umsetzung der Anforderungen aus der FFH-Richtlinie wurde eine spezielle Arbeitsgruppe eingerichtet. Sie hatte auch zu prüfen, ob die zu ergreifenden Ausgleichsmaßnahmen den Kriterien dieser Richtlinie genügen. Es bleibt hier festzustellen, daß sich die zeitlich begrenzte Einrichtung einer derartigen Arbeitsgruppe bewährt hat und auch für ähnlich gelagerte Fälle in der Zukunft empfohlen werden kann.

Die Stellungnahme der Kommission wurde in die weitere Planung mit einbezogen und weitestgehend berücksichtigt. Dies führte zu einer Verlegung der Trasse aus einer hochsensiblen Fläche in einen Bereich, der bereits Vorbelastungen durch eine Bundestraße aufweist. Nicht unproblematisch ist jedoch, daß die Kommission mit ihrer Stellungnahme wirtschaftliche Gründe offensichtlich zu den „anderen zwingenden Gründen des überwiegenden öffentlichen Interesses" gezählt hat und damit de facto den Schutzstatus eines ausgewiesenen Vogelschutzgebietes, das seit dem 5. Juni 1994 dem Art. 6 der FFH-Richtlinie unterliegt, gegenüber der vorherigen Regelung verschlechtert hat.

Da das Bauvorhaben zum gegenwärtigen Zeitpunkt noch nicht abgeschlossen ist, kann zum Ausgang und zum Erfolg der getroffenen Maßnahmen derzeit keine abschließende Aussage getroffen werden. Es erscheint aber auf jeden Fall sinnvoll und naturschutzfachlich notwendig, eine Effizienzkontrolle der Maßnahmen zur Minimierung des Eingriffs und den vorgenommenen Ausgleichsmaßnahmen durchzuführen (vgl. auch Kap. 2.6 Berichtspflichten).

2.5 Datenerfassung: Datenerfassungsblatt und Eingabeprogramm

Ein zentrales Anliegen der Europäischen Kommission zur Erfüllung der FFH-Richtlinie ist eine einheitliche verbindliche Datenerfassung für alle gemeldeten Natura 2000-Gebiete. Die gemäß Art. 4 (1) im Zuge der Vorschlagslisten der Mitgliedsstaaten zu meldenden Daten sind daher in einem „Natura 2000 Netz-Standarddatenbogen" spezifiziert worden. Dieser Standard-Datenbogen ist vom Habitatausschuß im Mai 1994 erstmals verbindlich festgelegt worden und später als EUR15-Version im März 1995 für die am 1. Januar 1995 neu beigetretenen Mitgliedsstaaten Österreich, Finnland und Schweden erweitert bzw. ergänzt worden (EUROPEAN COMMISSION 1995b). Der Datenbogen ist aus den Erfahrungen der CORINE biotopes-Datenbanken und den Notwendigkeiten der FFH-Richtlinie heraus entstanden und soll den Aufbau eines europäischen Datenbanksystems zur Verwaltung von Natura 2000 sicherstellen. Gleichzeitig ist die im Anhang III der Richtlinie festgeschriebene, sehr detaillierte Gebietsbewertung sowohl auf der Ebene der Mitgliedsstaaten (Phase 1) als auch auf der EU-Ebene (Phase 2) nur mit EDV-Unterstützung zu leisten. Die Datenverwaltung wird darüber hinaus auch ein Geographisches Informationssystem umfassen, das als Planungsgrundlage auch für andere Ressorts der Europäischen Kommission, wie z.B. der Verkehrsplanung, Raumordnung, Land- und Forstwirtschaft zur Verfügung stehen soll. Insbesondere für die finanziellen Förderinstrumente wie z.B. LIFE, perspektivisch auch des Agrar-Strukturfonds soll ein naturschutzfachliches Informationssystem zur Verfügung stehen, um gezieltere Entscheidungen treffen zu können.

Die Kommission erwartet, daß alle Daten entsprechend dem Standard-Datenbogen für die Gebiete bei der Meldung ausgefüllt werden, insbesondere aber ein sorgfältiges Ausfüllen aller Datenfelder, die eine naturschutzfachliche Bewertung bzw. Begründung der Gebietsauswahl beinhalten (Kurzcharakteristik, Populations- und Bestandsgrößen etc.). Daher sei hier ein kurzer Überblick über das 14seitige Meldeformular des Standard-Erhebungsbogens gegeben (Tab. 6, vgl. auch Formular im Anhang, Kap. 10.4).

Ohne im Detail auf die einzelnen Datenfelder einzugehen (vgl. hierzu Erläuterungen und Anhänge des Standard-Datenbogens (EUROPEAN COMMISSION 1995), stellt das vollständige Ausfüllen einen erheblichen Aufwand dar und die Europäische Kommission hat im Zuge der Erstmeldung der Gebiete vor dem Ablauf der nationalen Meldefrist im Juni 1995 den Mitgliedsstaaten zugestanden, zunächst nur die essentiellen Daten (geographische Lage, Größe und Begründung der Wertigkeit mit den dazugehörenden Angaben zu Arten und Lebensräumen der Anhänge) auszufüllen. Mit Ablauf dieser Frist, spätestens aber mit Aufnahme der Gebiete in das Natura 2000-Netz, müssen die Datenfelder vollständig ausgefüllt werden, wobei vor allem hinsichtlich der Populationsangaben der neueste Erkenntnisstand erwartet wird. So ist für den Zweck einer Gebietsmeldung nicht unbedingt für alle darin vorkommenden Arten des Anhangs eine vollständige Populationserhebung neu durchzuführen. Insbesondere ist auf Anraten der Wissenschaftlichen Arbeitsgruppe des Habitatausschusses die Möglichkeit gegeben, das Auftreten einzelner Individuen von Arten oder Restbeständen von Lebensräu-

Tab. 6: Überblick über den Standard-Datenbogen für Natura 2000-Gebiete (Formular mit kurzen Erläuterungen siehe Anhang).

Art der Daten	Seiten-Nr.
Verwaltungsdaten (Kennziffer, Meldedatum...)	1
Lage (Geographische Koordinaten, Höhe, Landkreise...)	2
Lebensräume nach Anhang I (Größe und Bewertung)	3
Arten der Anhänge (Vogelschutzrichtlinie und FFH-Richtlinie Anhang II)	5-8
Weitere Arten (z.B. Rote Liste-Arten, Indikatoren und Zielarten für das Management, weitere Anhänge)	9
Gebietscharakteristik (Kurzbeschreibung, Begründung der Wertigkeit, Eigentumsverhältnisse...)	10-11
Schutzstatus (Liste der Schutzgebiete, einschließlich CORINE und internationale Übereinkommen)	12
Nutzungen, Gefährdungen und Gebietsmanagement	13
Karten, Luftbilder und Dias	14

men als „nicht signifikant“ (Kategorie „D”) zu kennzeichnen, um unnötige Detailbewertungen zu vermeiden.

Ein „nicht signifikantes“ Vorkommen ist dabei so zu werten, daß die entsprechende Art bzw. der Lebensraumtyp in geringen Dichten, Größen bzw. nur als Einzelindividuum nachgewiesen ist und für die Ausweisung des Gebietes als FFH-Gebiet unerheblich ist.

Andererseits ist ein weiterer wichtiger Aspekt des Standard-Datenbogens der verbindliche Hinweis in den Erläuterungen, daß das Ausfüllen der Gebietsdatenfelder allein nicht für die Bewertungen gemäß Art. 4 und Anhang III ausreicht. Vielmehr fordert die Kommission von den Mitgliedsstaaten für die Gebietsbewertung eine Übersicht zu erarbeiten, aus der bezogen auf das Territorium des jeweiligen Staates

1. die Gesamtgröße des Bestandes jedes Lebensraumtyps des Anhangs I und
2. die Gesamtpopulationsgröße aller Arten von Anhang I der Vogelschutzrichtlinie und von Anhang II der FFH-Richtlinie

hervorgeht.

Abgesehen von den Schwierigkeiten der föderalen Struktur im Naturschutz in Deutschland besteht für diese Verbreitungsübersicht ein erheblicher Forschungsbedarf, sowohl für die Lebensräume als auch für die Arten. Dies schließt z.B. ein:

- Vereinheitlichung der Biotopkartierungen der Länder bzw. Anpassung an die Erfordernisse der FFH-Richtlinie
- Vervollständigung von aktuellen Luftbildbefliegungen (CIR [Colour-Infra-Red] und Schwarz-Weiß)
- Angaben über Waldflächen nach Waldtypen gemäß Anhang I (Forstliche Erhebungen)
- Gezielte Forschungsprojekte zur Abschätzung von Populationsgrößen aller Arten der Anhänge, zumal bei manchen Artengruppen kaum Daten oder höchstens einzelne, eher zufällige, faunistische Fundmeldungen vorliegen.

Selbst bei relativ gut untersuchten Artengruppen, wie z.B. den höheren Pflanzen, sind in den einzelnen Ländern meistens „nur“ Frequenzangaben in Form von Rasterkartierungen der floristischen Kartierungsprogramme, in der Regel aber keine Populationsangaben, verfügbar. Für viele Artengruppen stellt diese Aufgabe auch neue methodische Anforderungen oder macht die Entwicklung neuer Methoden für die Abschätzung von Gesamtpopulationen in größeren Gebieten erforderlich.

Sehr ausführlich sind auch die Angaben über Nutzungen, Pflegemaßnahmen und negative Fremdeinflüsse im Standard-Datenbogen auszufüllen: Es liegt ein umfangreicher Anhang aller möglichen Einflüsse auf das Gebiet als EDV-taugliche Referenzliste vor, wobei beim Dateneintrag jeweils anzugeben ist, ob bezogen auf das/die Schutzobjekt/e der Einfluß positiv neutral oder negativ zu werten ist. Darüber hinaus sind auch vor allem negative Einflüsse von außerhalb des abgegrenzten Schutzgebietes zu melden, um den „Erhaltungszustand“ des Gebiets zu dokumentieren und, falls notwendig, die Verträglichkeitsprüfungen gemäß Art. 6 durchführen zu können.

Erfassungsprogramme

Für das Ausfüllen des Standard-Datenbogens ist eine spezielle Eingabesoftware entwickelt worden, die auch den Ausdruck des vorgeschriebenen Meldeformulars ermöglicht. Seitens der EU-Kommission ist allerdings erst 1995 ein Natura 2000-Erfassungsprogramm in einer ersten Version vorgelegt worden. Für die Gebietsmeldungen ist die EDV-Benutzung nicht ausdrücklich vorgeschrieben, wohl aber gewünscht.

Das Bundesamt für Naturschutz hat schon früh die Notwendigkeit eines Eingabeprogramms erkannt und bereits 1994 eine erste Version eines deutschen FFH-Eingabeprogramms in seiner Funktion als nationale Koordinationsstelle für die Umsetzung der FFH-Richtlinie in Deutschland vorgelegt. Auf Wunsch der Länder basiert dieses Programm, welches mittlerweile in mehreren Versionen vervollständigt und verbessert wurde, auf dbase-kompatiblen Datenbanken (BUNDESAMT FÜR NATURSCHUTZ 1997). Die Verwendung einer eigenen deutschen Eingabesoftware ist aus folgenden Gründen notwendig:

1. Das Eingabeprogramm der EU lag erst 1995 vor.
2. Das Eingabegrogramm der EU ist bisher erst in Englisch und Französisch erhältlich.
3. Die Dateneingabe wird beim Programm der EU sehr restriktiv gehandhabt, so daß eine genaue Reihenfolge der Eingabe eingehalten werden muß, was in der Regel beim Aufarbeiten von Archiv- und Geländedaten nur mit zusätzlich hohem Arbeitsaufwand möglich ist.
4. Es gibt vor allem auf Grund der föderalen Struktur Besonderheiten der Datenverwaltung und Bewertung in Deutschland, die spezifische Eingaben erforderlich machen.
5. Die Referenzlisten für Arten, Lebensräume, Verwaltungsregionen etc. der EU haben sich wiederholt geändert (einschließlich der Kodierungen) und sind nicht „stabil" genug.

Daher unterscheidet sich das vom Bundesamt für Naturschutz zur Verfügung gestellte Eingabeprogramm von demjenigen der EU vor allem in folgenden Punkten und wird auch künftig in Deutschland als Eingabesoftware benutzt:

1. Verwendung eigenständiger Referenzlisten, die jeweils soweit möglich für Deutschland vollständig sind: Taxonomische Referenzlisten für die Tier- und Pflanzenarten, Einbindung einer vollständigen Biotoptypenliste (Rote Liste Biotope, RIECKEN et al. 1994). Die für den Ausdruck des Standard-Datenbogens der EU notwendigen Kodierungen werden als zusätzliches Feld in den Referenzen mitgeführt und automatisch eingetragen. Dies verhindert auch den versehentlichen Fehleintrag von Arten und Lebensräumen, die in Deutschland überhaupt nicht vorkommen.
2. Von einer zentralen Hauptmaske sind alle notwendigen Einzelangaben durch Funktionstasten leicht erreichbar. Listeneingaben von Arten, Biotoptypen etc. von mehreren FFH-Gebieten sind jederzeit möglich, sobald die Gebiete einmal mit Kennziffer und Name eingetragen worden sind.
3. Länderspezifische Angaben sind möglich: Beispielsweise Benutzung von Naturschutzgebiets-Archivnummern, eigenen Aktenzeichen bzw. Kennummern für die Gebiete.
4. Die Bewertung muß in Deutschland in mehreren Stufen durchgeführt werden. Aufgrund der Landeszuständigkeit für den Naturschutz und weil auch die Daten z.B. der Biotopkartierungen länderweise unterschiedlich geführt werden, ist bei der Bewertung der Arten und Lebensräume die Vorgabe einer nationalen Bewertung nicht ausreichend. Daher ist im deutschen Erfassungsprogramm die Bewertung sowohl auf Landesebene (administrativer Bezugsraum) als auch unter naturschutzfachlichen Gesichtspunkten auf der Ebene von 69 naturräumlichen Haupteinheiten (vgl. Abb. 4) möglich. Die nationale Bewertung wird anschließend zentral im Bundesamt für Naturschutz durchgeführt, wenn Gebietsmeldungen jeweils einer biogeographischen Region (alpin, kontinental oder atlantisch) weitgehend vollständig für Deutschland vorliegen.
5. Die Angabe der Lebensraumtypen des Anhangs I ist durch die Biotoptypenliste Deutschlands unterlegt worden. Damit steht ein besseres Referenzsystem zur Verfügung, welches bei konsequenter Nutzung ohne großen Mehraufwand automatische Neuzuordnungen bei einer künftigen Novellierung des Anhangs I ermöglicht. Viel wichtiger ist dies aber auch

als Grundlage für die Bewertung des Erhaltungszustandes der Gebiete im Rahmen der sechsjährigen Berichtspflichten und für das Gebietsmanagement.
6. Ferner ist eine Reihe von fakultativen Einträgen zusätzlich möglich (im Programm hellblau unterlegt) und die Datenstruktur in einigen Punkten konsequenter auf einen leichter auswertbaren Datenbestand optimiert.

2.6 Berichtspflichten und Monitoring

Die Verpflichtung zum Monitoring sowie zu regelmäßigen Berichten ist in der FFH-Richtlinie an drei Stellen verankert (vgl. Tab. 7):

Tab. 7: Berichtspflichten nach der FFH-Richtlinie.

Artikel	Inhalt	Zeitraum (Jahre)
11	Überwachung des Erhaltungszustandes von Arten und Lebensraumtypen gemeinschaftlichen Interesses	laufend
16	Protokoll über Ausnahmeregelungen zum Schutz der Arten des Anhangs IV und V	2
17	Bericht über • die Durchführung von Maßnahmen im Sinne der Richtlinie • die Bewertung der Auswirkungen dieser Maßnahmen auf den Erhaltungszustand der Arten und Lebensraumtypen gemeinschaftlichen Interesses • die Ergebnisse der allgemeinen Überwachung gemäß Artikel 11	6

Dabei befaßt sich Art. 16 mit den im Rahmen der Artenschutzbestimmungen der Richtlinie möglichen Ausnahmegenehmigungen und deren regelmäßiger Dokumentation gegenüber der Europäischen Kommission im Abstand von zwei Jahren. Ausnahmen vom Artenschutz sind demnach nur dann möglich, wenn die betroffenen Arten bei Erteilung von Ausnahmegenehmigungen innerhalb ihres natürlichen Verbreitungsgebietes in einem günstigen Erhaltungszustand verweilen. In Art. 11 ist ein allgemeines Überwachungsgebot für alle Arten und Lebensraumtypen gemeinschaftlichen Interesses verankert, wobei die prioritären Arten und Lebensraumtypen besonders hervorgehoben sind.

In Art. 17 schließlich ist festgelegt, daß die Ergebnisse dieser Überwachung, zusammen mit einer Dokumentation der in den Natura 2000-Gebieten durchgeführten Maßnahmen, einschließlich einer Bewertung ihrer Auswirkungen auf den Erhaltungszustand, in einem alle sechs Jahre von den Mitgliedsstaaten zu erstellenden Bericht an die Kommission übermittelt werden sollen.

Der Begriff „günstiger Erhaltungszustand" nimmt für die Umsetzung der Monitoring- und Berichtspflichten eine zentrale Rolle ein. Daher sind im folgenden kurz die in Art. 1 der FFH-Richtlinie angegebenen Definitionen dieses Begriffs dargestellt:

„Der Erhaltungszustand eines *natürlichen Lebensraumes* ist die Gesamtheit der Einwirkungen, die den betreffenden Lebensraum und die darin vorkommenden charakteristischen Arten beeinflussen und die sich langfristig auf seine natürliche Verbreitung, seine Struktur und seine Funktionen sowie das Überleben seiner charakteristischen Arten auf dem Gebiet der Europäischen Union auswirken können.

Der Erhaltungszustand einer *Art* ist die Gesamtheit der Einflüsse, die sich langfristig auf die Verbreitung und die Größe der Populationen der betreffenden Arten auf dem Gebiet der Europäischen Union auswirken können."

Gleichzeitig gibt Art. 1 auch Kriterien an, wann der Erhaltungszustand einer Art oder eines Lebensraumes als günstig zu betrachten ist:

„Der Erhaltungszustand eines *Lebensraums* wird als günstig betrachtet,
- wenn sein natürliches Verbreitungsgebiet sowie die Flächen, die er in diesem Gebiet einnimmt, beständig sind oder sich ausdehnen,
- wenn die für seinen langfristigen Fortbestand notwendige Struktur und spezifischen Funktionen bestehen und in absehbarer Zukunft wahrscheinlich weiterbestehen werden und
- wenn der Erhaltungszustand der für ihn charakteristischen Arten günstig ist."

„Der Erhaltungszustand einer *Art* wird als günstig betrachtet,
- wenn aufgrund der Daten über die Populationsdynamik der Art anzunehmen ist, daß sie ein lebensfähiges Element des natürlichen Lebensraumes, dem sie angehört, bildet und langfristig weiter bilden wird,
- wenn das natürliche Verbreitungsgebiet der Art weder abnimmt noch in absehbarer Zeit vermutlich abnehmen wird und
- wenn ein genügend großer Lebensraum vorhanden ist und wahrscheinlich weiterhin vorhanden sein wird, um langfristig ein Überleben der Populationen dieser Art zu sichern."

Weitere Bewertungskriterien, die sich vor allem auf die natürliche Verbreitung einer Art oder eines Lebensraumes beziehen, sind in Anhang III der Richtlinie genannt, der die bei der Gebietsauswahl zu berücksichtigenden Kriterien vorgibt.

Zur Zeit (Stand Mai 1988) werden von der Europäischen Union im Rahmen des LIFE-Förderinstrumentes (vgl. Kap. 2.7) zwei Projekte gefördert, die sich mit der Umsetzung der in Art. 11 und 17 festgelegten Monitoring- und Berichtspflicht befassen:

Von September 1995 bis März 1999 wird in Großbritannien ein Projekt mit dem Titel „Integrated monitoring with management planning: a demonstration of good practice on Natura 2000 sites in Wales" (Integriertes Monitoring durch Management-Planung: ein Beispiel für eine gute Praxis in Natura 2000-Gebieten in Wales) durchgeführt. Anhand von 20 Untersuchungsgebieten in Wales wird für 7 prioritäre und 18 weitere Lebensraumtypen eine standardisierte Monitoring-Methodik entwickelt, die die Bewertung des Erhaltungszustandes für die bearbeiteten Lebensraumtypen nach einem einheitlichen Schema erlaubt.

Von Januar 1996 bis Juli 1998 wird in Deutschland vom Bundesamt für Naturschutz ein Projekt mit dem Titel „Bewertung des Erhaltungszustandes natürlicher Lebensräume der Kontinentalen Biogeographischen Region gemäß FFH-Richtlinie" durchgeführt. Für 15 über Deutschland verteilte Untersuchungsgebiete (Abb. 8) wird zunächst eine Inventarisierung und Zustandsbewertung der vorkommenden Lebensraumtypen und Anhang II-Arten durchgeführt. Auf dieser Basis werden Kriterien und Erhebungsmethoden zur Bewertung des Erhaltungszustandes entwickelt und beispielhaft im Gelände erprobt, um schließlich in einem Methodenhandbuch in eine standardisierte Methodik für die Berichtspflichten einzufließen. Bei den oben genannten Untersuchungsgebieten handelt es sich lediglich um Testgebiete, die im Prinzip den Kriterien der FFH-Richtlinie genügen, die aber (noch) nicht als Gebiete für die FFH-Richtlinie benannt worden sind.

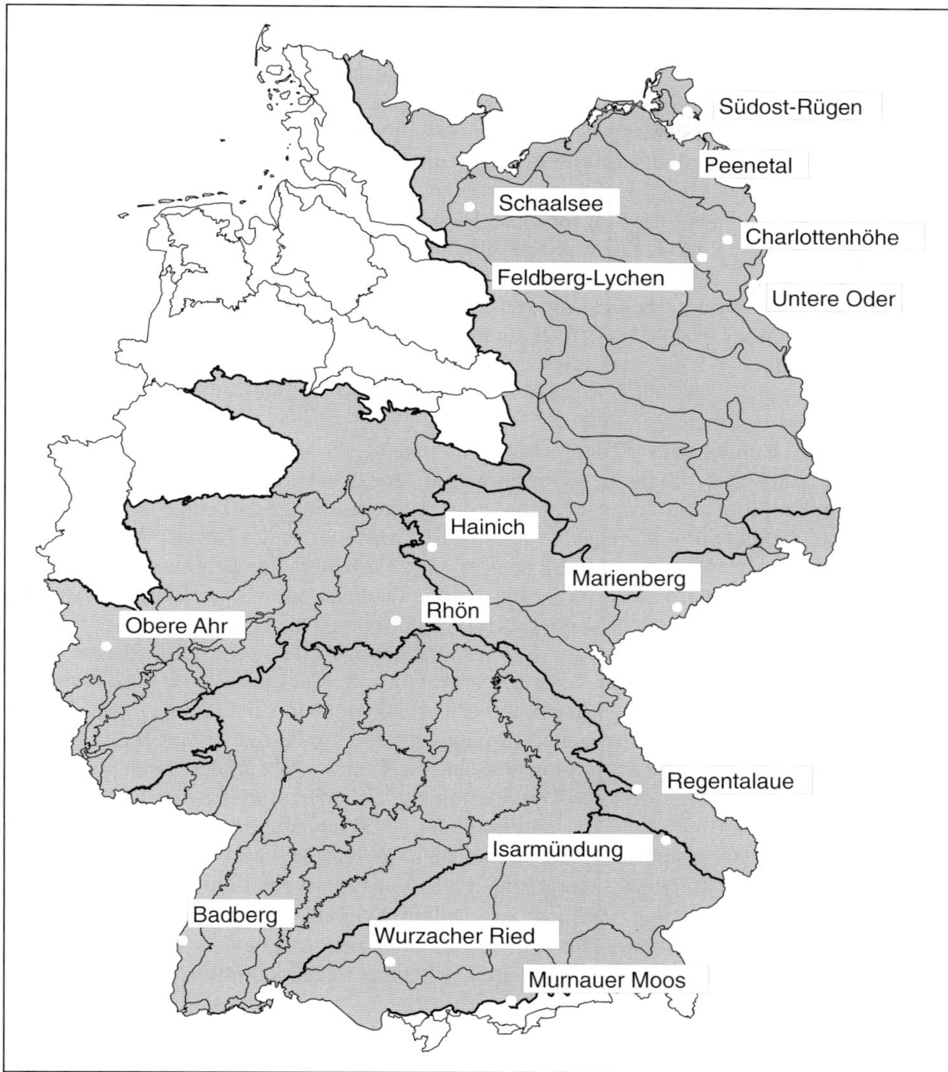

Abb. 8: Untersuchungsgebiete für das LIFE-Projekt des Bundesamts für Naturschutz zur „Bewertung des Erhaltungszustandes natürlicher Lebensräume der Kontinentalen Biogeographischen Region gemäß FFH-Richtlinie".

Die in diesen Projekten zu entwickelnde Monitoring-Methodik muß, um breite Anwendung innerhalb der EU finden zu können, einerseits in der zu erwartenden Vielzahl an Natura 2000-Gebieten mit einem vertretbaren Aufwand durchzuführen sein, andererseits aber auch eine entsprechende Aussagesicherheit in ihren Ergebnissen garantieren.

Die Gebietsüberprüfung mit den in der Richtlinie genannten Kriterien für einen günstigen Erhaltungszustand muß in der Regel für jeden Lebensraumtyp und jede Anhang II-Art jeweils spezifisch angepaßt erfolgen.

Dazu müssen in einem ersten Schritt für die Lebensraumtypen wesentliche Typmerkmale, abiotische Faktorenkombinationen, wertbestimmende Struktur- und Funktionsmerkmale, charakteristische Tier- und Pflanzenarten sowie wichtige mögliche Gefährdungsursachen zusammengestellt werden. Für die Arten ist dementsprechend die Zusammenstellung von Populationsmerkmalen, Habitatansprüchen, wichtigen möglichen Gefährdungsursachen sowie eine Abschätzung der Qualitätsanforderungen an die von ihnen besiedelten Biotope notwendig.

In einem zweiten Schritt müssen für diese Merkmale Parameter ausgewählt werden, die sich für eine routinemäßige Erfassung im Rahmen des Monitorings bzw. der Berichtspflicht eignen und Aussagen über die im vorigen Schritt zusammengestellten Merkmale erlauben.

Darauf aufbauend ist die Entwicklung standardisierter Erfassungsmethoden für die ausgewählten Untersuchungsparameter erforderlich. Schließlich muß, um die Ergebnisse der Erfassungen beurteilen zu können, ein Bewertungsmaßstab aufgestellt werden, der den jeweils in einer Untersuchung erhobenen Zustand der Parameter im Hinblick auf den Erhaltungszustand bewertbar macht.

Zur Zeit ist im Bundesamt für Naturschutz ein zweistufiges Modell in der Diskussion. Um den Erhebungsaufwand möglichst zu minimieren, wird diskutiert, in einer ersten routinemäßig durchzuführenden Untersuchungsstufe im wesentlichen bekannte mögliche Gefährdungsursachen sowie grundlegende abiotische Parameter und z.B. das Vorhandensein oder Fehlen geeigneter Bewirtschaftung oder Pflege zu erheben. Für die Bewertung der Untersuchungsergebnisse wird die Festsetzung von Schwellenwerten vorgeschlagen. Wird in einem der Parameter der ersten Stufe dieser Schwellenwert nicht eingehalten, so ist die Durchführung einer detaillierteren zweiten Untersuchungsstufe notwendig, die im Sinne einer Kausalanalyse die möglichen Ursachen ermitteln soll. Auf diese Weise wird einerseits der Aufwand der Routineuntersuchungen minimiert, andererseits die Grundlage für die Ableitung entsprechender Maßnahmen zur Abwendung der Gefährdung zur Verfügung gestellt.

Durch die zum Teil drastischen regionalen Unterschiede sowohl in der Artenzusammensetzung und der abiotischen Faktorenkombination von Lebensraumtypen als auch der Habitatansprüche der Arten im Nord-Süd- und im Kontinentalitätsgradienten in Deutschland ist die im ersten Schritt erforderliche Zusammenstellung von Typ-Merkmalen und Gefährdungsursachen erschwert. Hinzu kommt, daß die Lebensraumtypen in der Regel aus mehreren unterscheidbaren Einheiten bestehen (z.B. Bulten, Schlenken, Moorseen und Moorwald beim Lebensraumtyp Hochmoor), die ggf. separat untersucht und bewertet werden müssen. Auch die Kombination dieser Untereinheiten in einem Lebensraumtyp ist damit bewertungsrelevant.

Die Genauigkeit der zu verwendenden Untersuchungsmethoden befindet sich zur Zeit noch in der Diskussion. So ist aus dem Blickwinkel der Zuverlässigkeit der erzielten Ergebnisse eine statistisch repräsentative Erhebung sinnvoll, angesichts des damit verbundenen hohen Aufwandes aber nicht grundsätzlich möglich. Auch macht eine statistisch repräsentative Erhebung der Populationsgröße z.B. bei einigen Wirbellosen wenig Sinn angesichts der Tatsache, daß natürliche Populationsschwankungen um den Faktor 100 bis 10 000 bekannt sind.

Vom 27. Februar bis 1. März 1997 fand in Bonn als Bestandteil des LIFE-Projektes ein Workshop mit dem Titel „Umsetzung der Berichtspflicht gemäß Art. 17 der FFH-Richtlinie – Ansätze und Perspektiven“ statt (Natur und Landschaft, Heft 11, 1997). Ziel des Workshops war es, Methoden zur Erfassung und Bewertung des Erhaltungszustandes im Rahmen der zukünftigen Berichtspflichten zu diskutieren. Neben Vertretern der Landesanstalten und -ämter für Naturschutz der Bundesländer nahmen unter anderem Vertreter von Mitgliedsstaaten aus der Kontinentalen Region der Europäischen Union (Dänemark, Österreich, Italien, Schweden) an der Veranstaltung teil.

Die Diskussion zeigte, daß die Umsetzung der Berichtspflicht im Spannungsfeld zwischen fachlich notwendiger Genauigkeit und politisch bzw. ökonomisch vertretbarem Arbeitsaufwand steht. Aus fachlicher Sicht fand das im Rahmen des LIFE-Projektes entwickelte Verfahren breite Zustimmung. Die regelmäßige Bewertung des Erhaltungszustandes soll demnach in einem zweistufigen Verfahren erfolgen, das aus einem möglichst einfachen Grundprogramm und einem bei Bedarf durchzuführenden umfangreicheren Zusatzprogramm besteht. Der „angemessene" Umfang von Aktivitäten im Rahmen der Berichtspflichten wurde aus politischer und ökonomischer Sicht dagegen kontrovers diskutiert. Eine ausführliche Dokumentation des Workshops ist als Schwerpunktheft in der Zeitschrift „Natur und Landschaft" im November 1997 erschienen.

2.7 Finanzierungsmöglichkeiten auf Ebene der Europäischen Union (LIFE-Verordnung)

Für den Umweltbereich ist mit der LIFE-Verordnung (DER RAT DER EUROPÄISCHEN GEMEINSCHAFTEN 1992 b) im Jahr 1992 ein Finanzierungsinstrument für die Europäische Union geschaffen worden, welches sowohl Maßnahmen im technischen Umweltschutz als auch im Arten- und Biotopschutz fördert. Die Unterstützung der Umsetzung der FFH-Richtlinie und der Vogelschutzrichtlinie stehen im Zentrum der naturschutzbezogenen förderwürdigen Maßnahmen. LIFE-Projekte mit Bezug zu diesen Richtlinien müssen nach genauem Muster (LIFE-Antragsunterlagen) beantragt und von den zuständigen Landes- bzw. Bundesbehörden befürwortet werden. In Deutschland sind bisher die in Tab. 8 zusammengestellten Naturschutz-Projekte mit Mitteln der Europäischen Kommission gefördert worden.

Im Jahr 1996 sind von den in LIFE-Natur zur Verfügung stehenden Mitteln in Höhe von 86,8 Mio. für Deutschland 5,2 Mio. DM bewilligt worden: Neu gefördert werden ab 1997 unter Aspekten des Gebietsschutzes die Elzwiesen im Rheintal (Baden-Württemberg), die Federseelandschaft (Baden-Württemberg), das Untere Isartal (Bayern) und das Obere Donautal (Bayern). Mit Artenschutzzielen wurden zwei Vorhaben neu in die Förderung aufgenommen: Das Benninger Ried in Bayern mit dem letzten Reliktvorkommen der Grasnelke *Armeria purpurea* und ein Projekt in Niedersachsen zum Biber- und Fischotterschutz.

LIFE war zunächst zeitlich befristet bis Ende 1995, eine Folge-Verordnung (DER RAT DER EUROPÄISCHEN GEMEINSCHAFTEN 1996) ist am 15. Juli 1996 verabschiedet worden, die die LIFE-Förderung bis 1999 regelt. Dabei steht ein Gesamtvolumen von 450 Mio. ECU (ca. 900 Mio. DM) zur Verfügung, welches prozentual zu 46 % auf Maßnahmen des Naturschutzes im Sinne der FFH-Richtlinie, der Vogelschutzrichtlinie und der Schaffung des Natura 2000-Schutzgebietssystems festgelegt ist. Die übrigen Mittel stehen für den technischen Umweltschutz zur Verfügung.

Die Förderung setzt eine Eigenbeteiligung voraus. Im Regelfall trägt die Europäische Union 50 % der förderfähigen Kosten, in Ausnahmefällen ist maximal eine Unterstützung bis zu 75 % möglich, wenn

1. Maßnahmen zum Schutz prioritärer Lebensräume nach Anhang I der FFH- Richtlinie,
2. Maßnahmen zum Schutz prioritärer Arten nach Anhang II der FFH-Richtlinie oder
3. Maßnahmen zum Schutz von „vom Aussterben bedrohten" Vogelarten des Anhangs I der Vogelschutzrichtlinie

Gegenstand der Förderung sind.

Tab. 8: Mit LIFE-Mitteln der EU in Deutschland geförderte Naturschutzvorhaben (Stand 11/1996) mit Angabe der Laufzeiten der Projekte und der Bundesländer bzw. Mitgliedsstaaten, die Antragsteller sind. In der Spalte Typ ist zusätzlich angegeben, ob es sich überwiegend um Projekte des Gebietsschutzes (G), des Artenschutzes (A) oder um Modellprojekte (M) handelt.

Land	Name	Laufzeit	Typ
BW	Elzwiesen	1985-1989	G
BY	Donauauen bei Pfatter	1986-1990	G
BY	Weißstorchprogramm Bayern	1988-1994	A
BY	Südlicher Chiemgau	1994-1996	G
BB	Erhaltung von Großtrappenlebensräumen	1992-1994	A
BB	Schutz und Biotopverbesserung der Niederung der Unteren Havel	1991-1995	G
BB	Aufbau und Sicherung des Nationalparks Unteres Odertal	1992-1995 1996-1997	G
BB	Brandenburgische Elbtalaue	1994-1997	G
MV	Aufbau und Sicherung des Nationalparks Vorpommersche Boddenlandschaft und des Müritz-Nationalparks	1991-1996	G
MV	Erhaltung und Wiederherstellung von Flußtalmooren	1994-1996	G
MV	Erhaltung und Sicherung von Biotopen gemeinschaftlichen Interesses im Naturpark Nossentiner/Schwinzer Heide	1996-1998	G
NI	Biotopentwicklung und -neubildung im Riddagshausen-Weddeler Teichgebiet	1986-1990	G
NI	Untere Mittelelbeniederung	1996-1998	G
NW	Weißstorchprogramm Minden-Lübbecke	1991-1994	A
SH	Sanierung des Hohner Sees und Umgebung	1986-1990	G
ST	Erhalt der Kulturlandschaft Fiener Bruch	1994-1996	G
SN	Doberschützer Wasser	1994-1997	G
TH	Biosphärenreservat Rhön	1993-1996	G
TH	Hainich	1995-1998	G
SL, RP, NW (F, Lx, B)	Grenzüberschreitendes Programm zum Schutz der Fledermäuse im westlichen Mitteleuropa	1996-1998	A
HH, NI, SH (NL, DK)	DEMOWAD (Wattenmeer-Monitoring)	1995-1998	M
Bund/BfN	Beurteilung des Erhaltungszustands natürlicher Lebensräume der FFH-Richtlinie	1996-1998	M

Hier werden für finanzielle Unterstützungen die vom Aussterben bedrohten Vogelarten den prioritären Arten der FFH-Richtlinie gleichgesetzt (vgl. Kennzeichnung in den Artenauszugslisten Kap. 5.1). Die besonders geförderten Vogelarten sind in der LIFE-Broschüre 1996 (EUROPEAN COMMISSION 1996a) im Anhang dokumentiert und vom LIFE-Ausschuß bzw. ORNIS-Ausschuß festgelegt worden.

Projektanträge müssen jeweils bis Ende Januar bei der Kommission vorliegen und werden vom Habitat-Ausschuß fachlich und vom LIFE-Ausschuß abschließend begutachtet. Die Formulare zur Projektbeantragung sind in den jeweiligen aktuellen LIFE-Informationsbroschüren der EU-Kommission abgedruckt.

Die Antragstellung verläuft in Deutschland über die zuständigen obersten Landesnaturschutzstellen und das BMU in Bonn an die EU-Kommission.

Unabhängig von den vorhandenen Finanzierungsmöglichkeiten besteht in der FFH-Richtlinie auch die Verpflichtung der Mitgliedsstaaten, den finanziellen Aufwand für die Pflege und Erhaltung der Schutzgebiete des Systems Natura 2000 der Europäischen Kommission mitzuteilen. Hierzu sind derzeit umfangreiche Methodendiskussionen im Gange, die sich mit einer möglichst genauen und effektiven Kostenabschätzung beschäftigen.

3 Stand der Umsetzung in Deutschland und in der Europäischen Union

3.1 Natura 2000 im Vergleich der Mitgliedsstaaten der Europäischen Union

3.1.1 Vogelschutzrichtlinie

Die Vogelschutzrichtlinie ist in mehreren Mitgliedsstaaten der Europäischen Union nur teilweise umgesetzt worden. Dadurch bestehen sowohl hinsichtlich der Gebietsgrößen als auch der gemeldeten Gesamtfläche große Unterschiede bei den Meldungen, die nur ansatzweise inhaltlich den Stand der Umsetzung wiederspiegeln. Einen Überblick über die mit Stand Januar 1996 gemeldeten Vogelschutzgebiete gemäß dem „Natura 2000 Infoblatt" der GD XI der Europäischen Union (Naturschutzinfoblatt der GENERALDIREKTION XI, 1. Ausgabe, Mai 1996) gibt die nachfolgende Tabelle.

Tab. 9: Umsetzung der Vogelschutzrichtlinie (79/409/EWG) in der Europäischen Union: Anzahl, Fläche und relative Flächenanteile der Vogelschutzgebiete (SPA) in % der Fläche des Mitgliedsstaats sowie Angaben zum Stand der Umsetzung.

Mitgliedsstaat	Gesamtfläche [km²]	Anzahl SPA's	Fläche der SPA's [km²]	Anteil der SPA's [%]	Fortschritt
Belgien	30.519	36	4.313	14,1	• • •
Dänemark	43.093	111	9.601	22,3	• • •
Deutschland	356.978	503 (233)*	8.914 (8.525)* (11.158)**	2,5 (3,1)**	• •
England	244.139	126	4.396	1,8	• •
Finnland	337.009	15	n.v.	n.v.	•
Frankreich	549.086	99	7.069	1,3	•
Griechenland	131.957	26	1.916	1,5	•
Irland	70.283	75	1.579	2,2	• •
Italien	301.281	80	3.164	1,1	•
Luxemburg	2.586	6	14	0,5	•
Niederlande	41.478	23	3.276	7,9	• •
Österreich	83.850	n.v.	n.v.	n.v.	•
Portugal	92.071	36	3.323	3,6	• •
Schweden	449.750	75	1.460	0,3	•
Spanien	504.765	149	25.338	5,0	• •
Europäische Union	3.238.845	>1.359	>74.363	>64	

Es bedeuten in der Spalte Fortschritt: • Umsetzung mangelhaft; • • Umsetzung teilweise erfolgt; • • • Stand der Umsetzung weit fortgeschritten, gemeldete Daten weitgehend vollständig. Außerdem: * ohne die Gebiete mit allgemeiner Bedeutung für den Naturschutz in Baden-Württemberg, die für den Vogelschutz nicht relevant sind; ** inkl. noch nicht gemeldeter Flächengrößen der Gebiete von Brandenburg; n.v. Daten nicht verfügbar.

An die Küsten der Nordsee angrenzende Staaten, insbesondere Dänemark und die Niederlande, haben große Teile ihrer Küstengewässer (Wasserflächen) ausgewiesen. In Deutschland (Baden-Württemberg) wurden 270 Vogelschutzgebiete nicht aufgrund ihrer Bedeutung für die Vogelwelt, sondern aufgrund ihrer „allgemeinen Bedeutung für den Naturschutz" ausgewiesen. Deshalb ist die Anzahl der speziell für den Vogelschutz bedeutsamen Gebiete für Deutschland in Klammern zusätzlich aufgeführt. Diese Benennung war nach den Kriterien der damaligen Vogelschutzrichtlinie nicht gerechtfertigt. Mit der Einführung der FFH-Richtlinie können sich ein Teil dieser Gebiete als FFH-Gebiete für den Schutz bestimmter Lebensraumtypen des Anhangs I, so z.B. orchideenreiche Halbtrockenrasen, Borstgrasrasen etc. qualifizieren. Sie sollten daher, allerdings nach Überprüfung der Abgrenzungen, im Rahmen der Umsetzung der FFH-Richtlinie gemeldet werden. Insgesamt sind die bisherigen Datenbögen der Vogelschutzrichtlinie (SFF3 bzw. SFF4-Formulare) bei einigen Mitgliedsstaaten sehr unvollständig ausgefüllt worden (so auch in Deutschland) oder es fehlen Karten der Gebietsabgrenzungen bei den Erstmeldungen.

3.1.2 FFH-Richtlinie

Die Umsetzung der FFH-Richtlinie ist in den Mitgliedsstaaten ebenfalls sehr unterschiedlich erfolgt. In einzelnen Staaten, z.B. in Spanien, sind vollständige flächendeckende Kartierungen aller Lebensräume des Anhangs I und der Arten des Anhangs II durchgeführt worden. In anderen Staaten ist man von bestehenden Biotopkartierungen und Artenerfassungen ausgegangen, mit dem Risiko bestimmte Lücken in der Erfassung bzw. später bei der Gebietsauswahl zu erhalten und damit das Ziel der Richtlinie teilweise zu verfehlen. Auch hinsichtlich des nationalen Schutzstatus bestehen große Unterschiede in den Verfahrensweisen: Einerseits wurde die Gebietsauswahl nach rein fachlichen Kriterien durchgeführt – andererseits die Gebietsmeldungen bewußt in zwei Tranchen aufgeteilt, wobei die erste Tranche entweder nur unstrittige Gebiete oder nur bestehende Schutzgebiete umfassen sollte. Eine Übersicht über den Stand der bisherigen Meldung und Umsetzung der FFH-Richtlinie gibt die Tabelle 10 wieder.

Damit sind jetzt bereits über 5 200 (!) Gebiete von den Mitgliedsstaaten an die Europäische Kommission in Form nationaler Meldelisten, mit erheblichen Flächenanteilen von in der Regel 5 bis weit über 10% der Hoheitsfläche, gesandt worden. Danach haben bisher Belgien, Dänemark, Griechenland, Österreich, Italien, Portugal, Schweden, Finnland und Großbritannien weitgehend vollständige nationale Gebietsmeldelisten an die Europäische Kommission geschickt, die in die Phase 2 der Bewertung der Gebiete gemeinschaftlicher Bedeutung eingehen können. Die EDV-mäßige Erfassung der Gebietsmeldebögen und vor allem der Karten ist noch nicht in allen Fällen erfolgt, die meisten Mitgliedsstaaten sehen sich aber relativ kurzfristig in der Lage, noch fehlende Erfassungen nachzuholen. Eine Reihe weiterer Gebietsmeldungen sind bereits bei der Kommission angekündigt worden.

Bezüglich der rechtlichen Umsetzung in das jeweilige nationale Recht des Mitgliedsstaates ist bis auf die Mitgliedsstaaten Deutschland, Frankreich, Italien und Portugal ein weitgehender Abschluß zu verzeichnen (vgl. auch Kap. 11). Die Kommission hat deshalb im Juni 1996 entschieden, ein Verfahren wegen der Nicht-Einhaltung der Umsetzungsfrist zum 5. Juni 1994 vor dem Europäischen Gerichtshof gegen die o.g. Mitgliedsstaaten einzuleiten (Natura 2000, GD XI, 2/1996).

Durch den feststehenden Termin für das Auswahlverfahren der Gebiete gemeinschaftlicher Bedeutung in der Phase 2 mit Bezug auf die Biogeographischen Regionen entsteht ein erheblicher Terminzwang für diejenigen Mitgliedsstaaten, die noch keine vollständigen Gebietsmeldelisten abgegeben haben.

Tab. 10: Stand der Gebietsmeldungen (pSCI) für die FFH-Richtlinie (92/43/EWG) in der Europäischen Union als sogenanntes „Natura 2000-Barometer".

Mitgliedsstaat	Umsetzung in nationales Recht	nationale Meldeliste (pSCI): Anzahl	Fläche [km^2]	Anteil in % terr./marin	Gebiets-karten	Daten-bögen
Belgien	+	102 (ohne Wallonien)	903	2,4/0,6	+ (GIS)	teilw.
Dänemark	+	175	ca. 11.000	7/ca. 18	+, GIS	+
Deutschland	–	80 (Bayern, Sachsen-Anhalt)	–		+	teilw.
Finnland	+	415	25.599	7,6/0	+, –	teilw.
Frankreich	–	keine (96 angekündigt)	–		(GIS)	–
Griechenland	+	245	26.590	17/3	+	+
Großbritannien	+	255	13.322	2,3/3,2	+, –	+
Irland	+	keine	–			–
Italien	–	2800 (ohne Sizilien)	33.250	12/1	–, (GIS)	+
Luxemburg	+	keine			–, (GIS)	–
Niederlande	+	27	2.810		(+)	+
Österreich	+	97	3.620 (7 Geb. fehlend)	4/0	+, GIS	teilw.
Portugal	–	30	414	0,5/0	+, GIS	+
Schweden	+	1047	43.736	9,7/0	+, (GIS)	teilw.
Spanien	+	122 (nur Makaronesien)	3.078	0,4/0,1	+, GIS	teilw.
EU		ca. 5.240	> 156.000			

Legende: Recht: + Umsetzung in nationales Recht ist erfolgt; – Umsetzung in nationales Recht steht noch aus; Gebietskarten: + Karte vorhanden; GIS digitale Abgrenzung wird geliefert; – teilweise digitalisiert; (GIS) digitale Abgrenzungen sind angekündigt. Datenbögen: + obligatorische Daten weitgehend vorhanden; (+) obligatorische Daten nur teilweise vorhanden; ‚teilw.' Karten fehlen für einen Teil der Gebiete. Zusammengestellt nach Angaben der Kommission (DG XI), Umfragen der Sitzung der wissenschaftlichen Arbeitsgruppe (SWG) des Habitatausschusses am 24. 4. 1997 und dem Infoblatt Natura 2000 Nr. 2/1997.

Die Kommission hat inzwischen verfahrensmäßige Vorgaben für die Durchführung der Phase 2 der Bewertung gemacht. Diese beinhalten die Durchführung von jeweils zwei Bewertungsseminaren für jede der sechs biogeographischen Regionen, wobei das erste Seminar für die makaronesische Region als kleinste Modellregion bereits stattgefunden hat, das zweite abschließende Seminar im Juli 1997 stattfinden soll. Deutschland hat drei biogeographische Regionen, wobei der erste Durchgang der Bewertungsseminare in der Reihenfolge alpine Region (September 1997), atlantische Region (November 1997) und kontinentale Region (Januar 1998) geplant ist. Seitens der Kommission ist folgender Zeitplan vorgelegt worden, der auch das verfahrensmäßige Vorgehen verdeutlicht (Tab. 11):

Tab. 11: Termine und Vorgehensweise für die Phase 2 der Bewertung der FFH-Gebietsmeldungen der Mitgliedsstaaten.

Durchzuführende Arbeiten	Termin
Frist für die Abgabe der EDV-, bzw. GIS-Daten der Mitgliedsstaaten ETC/NC: Datenanalyse der nationalen Gebietsmeldungen	J – 90
ETC/NC: Technischer Fehlerbericht zu den Gebietsmeldungen Aufforderung der Kommission, die Lücken zu schließen	J – 70
Abgabefrist für Fehlerkorrekturen und Datennachträge	J – 30
ETC/NC: Entwurf einer Referenzliste aller in der biogeographischen Region vorkommenden Arten und Lebensräume der Anhänge I bzw. II; Analyse der Repräsentanz in den Gebietsmeldungen	J – 10
1. Bewertungsseminar der biogeographischen Region	J
ETC/NC: Abschließende Referenzliste aller in der biogeographischen Region vorkommenden Arten und Lebensräume der Anhänge I bzw. II; Abschließende Analyse der Repräsentanz; Liste mit Einstufung in unstrittige und einer Einzelprüfung zu unterziehende Gebiete für die Liste gemeinschaftlicher Bedeutung. KOM: offizielle Aufforderung an die Mitgliedsstaaten, unterrepräsentierte/fehlende Arten und Lebensräume nachzumelden	J + 30
Frist für Nachmeldungen der Mitgliedsstaaten	J + 120
ETC/NC: Abschließendes Bewertungsdokument aller Gebiete	K – 30
2. Bewertungsseminar der biogeographischen Region	K
Vorschlagsliste der Gebiete gemeinschaftlicher Bedeutung	K + 30
Vorlage an den Habitatausschuß zur Beschlußfassung	

Legende: J bedeutet das Datum des ersten und K das des zweiten biogeographischen Bewertungsseminars als Bezugsdatum, alle anderen Termine sind mit - (Anzahl Tage davor) bzw. + (Anzahl Tage danach) gekennzeichnet (in Anlehnung an Doc. A/97/03); ETC/NC Europäisches Thematisches Zentrum für Naturschutz in Paris; KOM Europäische Kommission.

Als Bewertungskriterien sind folgende Teilkriterien in Ausgestaltung von Anhang III, Phase 2, in der Diskussion, die in sequentieller Folge angewendet werden sollen:

1. Vorhandensein prioritärer Arten bzw. Lebensräume im Gebiet,
2. Einzigartigkeit (auf der Ebene des Mitgliedsstaates),
3. Hohe Qualität der Schutzobjekte (nach den Einzelbewertungen der Mitgliedsstaaten im Datenbogen),
4. Hohe Diversität (bezogen auf die biogeographische Region),
5. Kohärenzkriterium des Schutzgebietsnetzes (Wanderstrecken, ökologische Korridore, wesentliche Pufferzonen für andere Gebiete, grenzüberschreitende Gebiete innerhalb der EU und nach aussen, unabdingbare Gebiete für die Entwicklung geeigneter Lebensräume für stark bedrohte Arten).

Die endgültige Festlegung der Bewertungskriterien ist im Detail noch nicht erfolgt. Es stellt sich die Frage, ob das Kriteriensystem und das entwickelte Verfahren auch bei den anderen biogeographischen Regionen unter Beteiligung vieler Mitgliedsstaaten unverändert anwendbar ist, oder ob die makaronesische Region hier nicht einen besonders einfachen Sonderfall darstellt.

3.2 Überblick über den Stand der Umsetzung von Natura 2000 in Deutschland

Vogelschutzrichtlinie

Auch innerhalb von Deutschland ist der Stand der Umsetzung der Vogelschutzrichtlinie von Bundesland zu Bundesland sehr heterogen und deshalb unterschiedlich zu bewerten. Bezogen auf die Gebietsmeldungen ergibt sich folgendes Bild (Abb. 9):

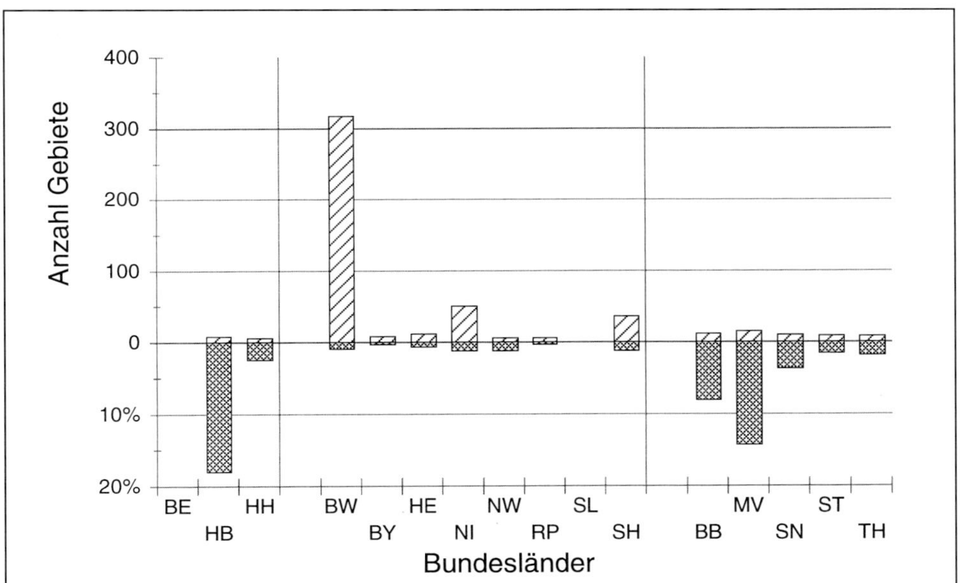

Abb. 9: Anzahl und Fläche der Vogelschutzgebiete (SPA) in Deutschland nach Bundesländern. Die Bundesländer sind in 3 Gruppen sortiert von links nach rechts: Städte, westliche Bundesländer, östliche Bundesländer. Die Kürzel der Bundesländer richten sich nach dem Statistischem Jahrbuch. Die Gesamtzahl der gemeldeten Vogelschutzgebiete ist nach oben aufgetragen (schraffierte Balken). Nach unten ist der prozentuale Flächenanteil an der Landesfläche aufgetragen (Stand Ende 1996).

Genaue Angaben lassen sich der folgenden Tabelle entnehmen (Tab. 12):

Tab. 12: Stand der Ausweisung von EU-Vogelschutzgebieten in Deutschland im August 1996 und nachgemeldete Gebiete im November 1996. (Quelle Fläche Bundesländer: STATISTISCHES BUNDESAMT, Stand 31. 12. 1994).

Bundesland	Landesfläche [km²]	Anzahl SPA	Fläche SPA [km²]	Anteil SPA [%]
Baden-Württemberg	35.751,56	317 (47)	233,84 (148,68)	0,65 (0,42)
Bayern	70.545,78	8	35,60	0,05
Berlin	889,12	–	–	–
Brandenburg	29.480,53	12	(ca. 2.244,11)**	(ca. 7,61)**
Bremen	404,23	8	71,95	17,80
Hamburg	755,33	6	16,15	2,14
Hessen	21.114,28	12	40,40	0,19
Mecklenburg-Vorpommern[1)]	23.170,09	15	4.235,10	ca. 14 [18,28]
Niedersachsen[1)]	47.609,24	50	2.677,45	ca. 1 [5,62]
Nordrhein-Westfalen	34.075,17	6	326,65	0,96
Rheinland-Pfalz	19.845,73	6	4,20	0,02
Saarland	2.570,00	–	–	–
Sachsen	18.411,65	10	622,64	3,38
Sachsen-Anhalt	20.445,99	9	277,19	1,36
Schleswig-Holstein	15.738,62	36	135,18	0,86
Thüringen	16.171,17		234,70	1,45
Deutschland	356.978,49	503	8.911,05* (ca. 11.155,26)**	Ø 2,5* (ca. Ø 3,1)**

Legende: () bei Baden-Württemberg nur die für den Vogelschutz eigentlich bedeutsamen Flächen; * mit allen gemeldeten Gebieten von Baden-Württemberg. Die Abgrenzungen eines Gebiets in Nordrhein-Westfalen sind noch nicht nach Brüssel weitergemeldet. ** die Flächengrößen der 12 Gebiete in Brandenburg sind noch nicht gemeldet; [1)] Bundesländer, die große Teile ihrer Küstengewässer gemeldet haben. Die Flächenangaben der Vogelschutzgebiete beziehen marine Flächen mit ein, daher sind genaue Prozentangaben der terrestrischen Anteile nicht möglich (in eckigen Klammern Bezug der gesamten SPA-Fläche auf die Landfläche).

Dabei ist einerseits auffällig, daß manche Bundesländer überhaupt keine Gebiete gemeldet haben oder allenfalls Einzelgebiete (z.B. Saarland, Nordrhein-Westfalen, Bayern oder Rheinland-Pfalz), andererseits offensichtlich in anderen Bundesländern der gesamte Bestand an Naturschutzgebieten zum damaligen Zeitpunkt (Baden-Württemberg). Während die Gebiete in den alten Bundesländern in der Regel auf Meldungen kurz nach Inkrafttreten der Richtlinie bis ca. 1982 basieren und meistens sehr kleinflächige Gebiete umfassen, ist nach der Wiedervereinigung in den neuen Bundesländern z.T. umfassender gemeldet worden. So erreicht der Anteil der rechtskräftig gemeldeten Vogelschutzrichtliniengebiete in Mecklenburg-Vorpommern ca. 14 % der Landesfläche, in Sachsen-Anhalt immerhin 3,4 % der Landesfläche.

Das Land Brandenburg hat bisher eine Gebietsliste ohne konkrete Abgrenzungen gemeldet, so daß Flächenangaben gegenwärtig nicht möglich sind.

Anmerkungen zur rechtlichen Umsetzung der Vogelschutzrichtlinie

Die Vogelschutzrichtlinie hätte bis zum 6. April 1981 vollständig in nationales Recht umgesetzt werden müssen. Am 17. September 1987 wurde Deutschland vom Europäischen Gerichtshof (EUROPÄISCHER GERICHTSHOF 1988) verurteilt, weil die zur Umsetzung der Richtlinie notwendigen Rechts- und Verwaltungsvorschriften nicht verabschiedet wurden (vgl. MAYR 1993). Neben dieser Unterlassung werden in dem Urteil auch mehrere Passagen verschiedener bundesdeutscher Gesetzeswerke als nicht rechtskonform mit der Vogelschutzrichtlinie angemahnt:

- Die nach deutschem Zivilrecht (§§958 und 960 BGB) geltende Auffassung, daß Tiere als „bewegliche Sachen" zu behandeln sind, die von jedermann in Besitz genommen werden dürfen.
- Die sogenannte „Landwirtschaftsklausel" (§20f Abs. 3 BNatSchG), deretwegen die BRD am 23. März 1993 bereits zum zweiten Mal verurteilt wurde (EUROPÄISCHER GERICHTSHOF 1993).
- Die Sicherung der wildlebenden Vogelbestände vor jagdlichen Einflüssen. Nach der Verordnung zum Bundesjagdgesetz (BJG) über die Jagdzeiten ist die Jagd von Vogelarten in einem bestimmten Zeitintervall zulässig, obwohl in einem solchen Zeitraum häufig eine Brut beobachtet wird. Sowohl §22 Abs. 4 BJG als auch Art. 4 Abs. 4 VSchRL verbieten jedoch eine Bejagung während der Brut.
- Versäumnisse hinsichtlich der vorgeschriebenen jährlichen Berichte gemäß den Bestimmungen von Art. 18 Abs. 1 und 2 der Vogelschutzrichtlinie.

Die Vogelschutzrichtlinie ist insgesamt besonders in den ersten Jahren nach Inkrafttreten in Deutschland kaum beachtet worden; viele rechtliche und naturschutzfachliche Mängel der Umsetzung sind bis heute bestehen geblieben. Eine Vollzugskontrolle (Maßnahmen- und Wirkungskontrolle) findet in der Regel auch auf Landesebene nicht statt. Da die naturschutzfachliche Kompetenz der Gebietsausweisung in Deutschland bei den Bundesländern liegt, hat der Bund – trotz der prinzipiellen Zuständigkeiten für internationale Naturschutzabkommen und EU-weite Bestimmungen – die Meldungen der Vogelschutzrichtlinie nicht naturschutzfachlich geprüft oder koordiniert, sondern im Regelfall als „Postbote" an die EU-Kommission weitergeleitet. So sind ein großer Teil der deutschen Meldungen sowohl hinsichtlich der notwendigen Karten für die Gebietsabgrenzungen als auch hinsichtlich der naturschutzfachlichen Angaben im Meldebogen unvollständig. Bei den meisten Meldungen der alten Bundesländer (damals noch unter der Zuständigkeit des Landwirtschaftsministeriums) stellt das Fehlen von Karten bei der Meldung die Gebietsabgrenzung nicht grundsätzlich in Frage, weil es sich fast ausschließlich um bestehende Naturschutzgebiete handelte. Damit läßt sich die genaue Lage und Abgrenzung über die jeweilige Naturschutzgebietsverordnung auch nachträglich feststellen. Allerdings sind seither viele Veränderungen von Naturschutzgebieten erfolgt, so daß jeweils die zur Zeit der Meldung als Vogelschutzrichtliniengebiet gültige NSG-Verordnung zugrunde gelegt werden muß. Beispiele dafür sind die Auflösung von als Vogelschutzrichtliniengebiete gemeldeten Naturschutzgebieten, die in die

Wattenmeer-Nationalparke eingegangen sind und viele Fälle, in denen durch eine Folgeverordnung eine Gebietserweiterung des Naturschutzgebiets erfolgt ist. Im letzteren Fall ist davon auszugehen, daß die neuen Schutzgebietsgrenzen zur Erfüllung der Vogelschutzrichtlinie nachgemeldet werden müssen, da eine Teilmeldung eines funktional zusammenhängenden Gebietes für den Vogelschutz nach der EU-Richtlinie nicht möglich ist (vgl. hierzu das „Santoña-Urteil", EUROPÄISCHER GERICHTSHOF 1994, Kap. 2.4.1)

Durch die Integration in das Schutzgebietssystem Natura 2000 sind die Schutzvorschriften der FFH-Richtlinie (DER RAT DER EUROPÄISCHEN GEMEINSCHAFTEN 1992a) nun auch auf die Vogelschutzgebiete anzuwenden (vgl. Art. 3 Abs. 1, Art. 7 RL 43/92/EWG). Die Sicherungs- und Schutzverpflichtungen nach Art. 6 Abs. 2, 3 und 4 der FFH-Richtlinie treten für die bestehenden und neu gemeldeten Vogelschutzrichtliniengebiete an die Stelle des Art. 4 der Vogelschutzrichtlinie.

Mit diesen Neuregelungen haben auch die bestehenden Vogelschutzrichtliniengebiete in Deutschland neue Beachtung gefunden, v.a. im Zusammenhang mit den Verträglichkeitsprüfungen, die im Zusammenhang mit den Verkehrsprojekten Deutsche Einheit notwendig wurden bzw. werden (vgl. Kap. 2.4 und RIECKEN & SSYMANK 1996).

Feuchtgebiete Internationaler Bedeutung gemäß der Ramsar-Konvention

Da die **F**euchtgebiete **I**nternationaler **B**edeutung (FIB, auch Ramsar-Gebiete genannt) eine besondere Bedeutung für die Vogelschutzrichtlinie haben, wird hier ein kurzer Überblick gegeben.

Am 2. Februar 1971 wurde in Ramsar/Iran das Übereinkommen über Feuchtgebiete von Internationaler Bedeutung, insbesondere als Lebensraum für Wasser- und Watvögel, in Form eines Vertrages der Teilnehmerstaaten getroffen.

Die Ramsar-Gebiete müssen zahlreichen im Übereinkommen genau definierten Kriterien entsprechen, um in die Liste aufgenommen zu werden (ZENTRALE FÜR WASSERVOGELFORSCHUNG UND FEUCHTGEBIETSSCHUTZ IN DEUTSCHLAND 1993). Die Aufnahmekriterien auf der Basis von Bestandsdaten von Wasservögeln bestimmen z.B., daß ein Feuchtgebiet internationale Bedeutung hat, wenn es:

- regelmäßig 20.000 Wasservögel ernährt **oder**
- regelmäßig eine beträchtliche Anzahl von Vögeln bestimmter Wasservogelgruppen, die ein Zeichen für den Wert der Feuchtgebiete, ihrer Produktivität oder die Vielfalt sind, ernährt **oder**
- regelmäßig 1% der Einzeltiere der Population einer Wasservogelart oder -unterart ernährt (nur anzuwenden, wenn Daten über die Population vorhanden sind).

Jeder Vertragspartner hat das Recht zu entscheiden, ob ein den Kriterien entsprechendes Feuchtgebiet notifiziert wird oder nicht. Die Vertragsparteien müssen zwar ihre Verpflichtungen einhalten, die Verträge sind jedoch kündbar. Für die Gebiete besteht unmittelbar kein rechtlicher Schutz. In Deutschland ist inzwischen ein großer Anteil der Ramsar-Gebiete als Nationalpark, Naturschutzgebiet, Landschaftsschutzgebiet, Biosphärenreservat oder in Form von freiwilligen Vereinbarungen wie Pacht, Pflegeverträge o. ä. unter mehr oder weniger ausreichenden Schutz gestellt.

Laut Art. 4 Abs. 2 der VSchRL werden die EU-Mitgliedsstaaten aufgefordert, dem Schutz der Feuchtgebiete und ganz besonders den international bedeutsamen Feuchtgebieten (gemeint sind hier die Ramsar-Gebiete der Ramsar-Konvention) besondere Bedeutung beizumessen. Diese Bestimmung wurde in Deutschland weder direkt in nationales Recht umgesetzt, noch sind die Ramsar-Gebiete durchgängig als Vogelschutzrichtliniengebiete gemeldet worden.

In den Anhängen der FFH-Richtlinie werden zahlreiche Typen von Feuchtlebensräumen sowie die dort lebenden Tier- und Pflanzenarten aufgeführt. Somit trägt diese Richtlinie auch zu einer Verbesserung im internationalen Feuchtgebietsschutz bei.

In Deutschland bestehen heute 32 Ramsar-Gebiete mit einer Gesamtfläche von 671 185 ha (vgl. Tab. 13).

Tab. 13: Ramsar-Gebiete mit Angabe des Umsetzungsstandes nach Art. 4 VschRL. Legende: SPA-Gebietsnr.: Nummer der Vogelschutzgebiete nach der offiziellen Liste der **S**pecial **P**rotection **A**reas (August 1994). Die offiziell nach der Vogelschutz-Richtlinie notifizierten Ramsar-Gebiete sind in der Tabelle an der SPA-Nummer ohne Klammern zu erkennen und gehören somit formal der Kategorie A an. Bei Ramsar-Gebieten ohne EU-Notifizierung (Kategorie B) steht die SPA-Gebietsnr. in eckigen Klammern []. Diese Gebiete sind nach heutigem Stand nicht gemeldet. Mit Sternchen gekennzeichnet (*): gemeldete Flächen von Brandenburg, bei denen eine Flächenabgrenzung der Vogelschutzrichtliniengebiete noch nicht offiziell in Brüssel vorliegt.

Bundesland	Ramsar-Gebiet	Fläche [km²]	SPA-Gebietsnr.	Fläche SPA [km²]
Baden-Württemberg	Wollmatinger Ried-Giehrenmoos	7,67	211	7,57
	Mindelsee bei Radolfzell	3,10	210	3,01
Bayern	Donauauen und Donaumoos	80,00	414	4,09
	Lech-Donau-Winkel	2,30	[415]	n.v.
	Ismaninger Speichersee mit Fischteichen	9,55	[397]	n.v.
	Ammersee	65,17	[398]	n.v.
	Starnberger See	57,20	[399]	n.v.
	Chiemsee	86,60	[400]	n.v.
	Unterer Inn zwischen Haiming und Neuhaus	19,55	410	12,79
Brandenburg	Unteres Odertal bei Schwedt	54,00	441	(120,17)*
	Teichgebiet Peitz	10,60	448	(15,56)*
Brandenburg/ Sachsen-Anhalt	Niederung der Unteren Havel/ Gülper See	57,92	444 und 454	(110,5 und 28,5)*
Hamburg	Hamburgisches Wattenmeer (NTP)	117,00	7 und 8	5,80
	Mühlenberger Loch	6,75	–	–
Hessen/ Rheinland-Pfalz	Rhein zwischen Eltville und Bingen	4,75	72	2,25
Mecklenburg-Vorpommern	Ostseeboddengewässer Zingst-Westrügen-Hiddensee	258,00	427	805,00
	Krakower Obersee	8,68	424	320,50
	Ostufer der Müritz	48,32	426	310,00
	Galenbecker See	10,15	428	13,75
Niedersachsen	Wattenmeer: Elbe-Weser-Dreieck	384,60	9	325,00
	Wattenmeer: Jadebusen und westliche Wesermündung	494,90	31	500,00

Fortsetzung Tab. 13 auf Seite 62

Erster Teil von Tab. 13 auf Seite 61

Bundesland	**Ramsar-Gebiet**	**Fläche [km²]**	**SPA-Gebietsnr.**	**Fläche SPA [km²]**
	Wattenmeer: Ostfriesisches Wattenmeer mit Dollart	1.216,20	32 und 33	1.000,00
	Niederelbe zwischen Barnkrug und Otterndorf	117,60	10	105,00
	Elbaue zwischen Schnackenburg und Lauenburg	75,60	11	75,00
	Dümmer	36,00	44	38,00
	Diepholzer Moorniederung	150,60	45	159,00
	Steinhuder Meer	57,30	46	58,00
Nordrhein-Westfalen	Unterer Niederrhein	250,00	60	272,37
	Rieselfelder Münster	2,33	63	2,33
	Weserstaustufe Schlüsselburg	16,00	67	16,53
Sachsen-Anhalt/ Thüringen	Helmestausee Berga-Kelbra	13,60	455	13,59
Schleswig-Holstein	Schleswig-Holsteinisches Wattenmeer und angrenzende Gebiete	2.990,00	001, 479, 480, 481, 482 u. 483	36,57
Deutschland	Ramsar-Gebiete	6.711,85		>4.086 (>4.342)*

Stand: Ende 1997

In Niedersachsen liegen mit 253 820 ha nicht nur 37,8 % der gesamten als Ramsar-Gebiete gemeldeten Fläche der BRD, das Land hat auch alle diese Gebiete zahlenmäßig vollständig und flächenmäßig fast übereinstimmend nach Art. 4 VSchRL als Vogelschutzgebiete (Kategorie A) gemeldet.

Baden-Württemberg hat seine beiden Ramsar-Gebiete mit insgesamt 1 077 ha weitgehend vollständig gemeldet. Nordrhein-Westfalen (26 833 ha) hat seine drei Ramsar-Gebiete am 5. 11. 1996 gemäß der VSchRL gemeldet. Auch der hessische Anteil des Gebiets „Rhein zwischen Eltville und Bingen“ (224,75 ha) wurde mittlerweile nachgemeldet.

In Rheinland-Pfalz und Bayern gehören die Gebiete zur Kategorie B, d.h. die offizielle Meldeliste der EU beinhaltet zur Zeit keine Ramsar-Gebiete aus diesen Bundesländern.

Hamburg und Schleswig-Holstein haben bis heute mit wenigen kleineren NSG´s nur Bruchteile ihrer Ramsar-Gebiete im Wattenmeer zur Anmeldung gebracht. Die Nachmeldung des „Nationalparks Schleswig-Holsteinisches Wattenmeer“ ist bereits angekündigt.

Mecklenburg-Vorpommern hat nicht nur alle seine Ramsar-Gebiete gemeldet, sondern darüber hinaus große angrenzende bzw. umgebende Flächen, die insgesamt ein Vielfaches der Ramsar-Gebiete umfassen.

Von Brandenburg liegen derzeit noch keine Abgrenzungen vor.

3.3 Die Vogelschutzrichtliniengebiete Deutschlands im Überblick

Gemäß der EU-Meldeliste vom August 1994 (EUROPEAN COMMISSION 1994)[1] sind 494 Vogelschutzgebiete aus Deutschland in Brüssel notifiziert, d.h. 494 gemeldete Gebiete gehören der Kategorie A an. Entsprechend dem Schreiben der Ständigen Vertretung der BRD bei der EU vom 5. 11. 1996 sind inzwischen weitere Gebiete in die Liste aufgenommen worden, so daß sich bis heute (Stand: März 1997) eine Gesamtzahl von 503 Vogelschutzgebieten ergibt (Tab. 14).

Durch die nachträgliche Eingruppierung einzelner Gebiete in die Kategorien B und C, die vorher bereits in den Meldelisten geführt wurden, und noch nicht bestätigte Neumeldungen ergibt sich eine vorläufige Gesamtanzahl von 524 numerierten Gebieten.

Der Schutzstatus der gemeldeten Vogelschutzrichtliniengebiete nach Bundes- bzw. Landesnaturschutzgesetzen variiert erheblich. So gibt es fallweise auch „ungeschützte" Bereiche, die nur nach EU-Recht geschützt, aber nicht einmal als Landschaftsschutzgebiet ausgewiesen sind (vgl. Abb. 10 und Tab. 15).

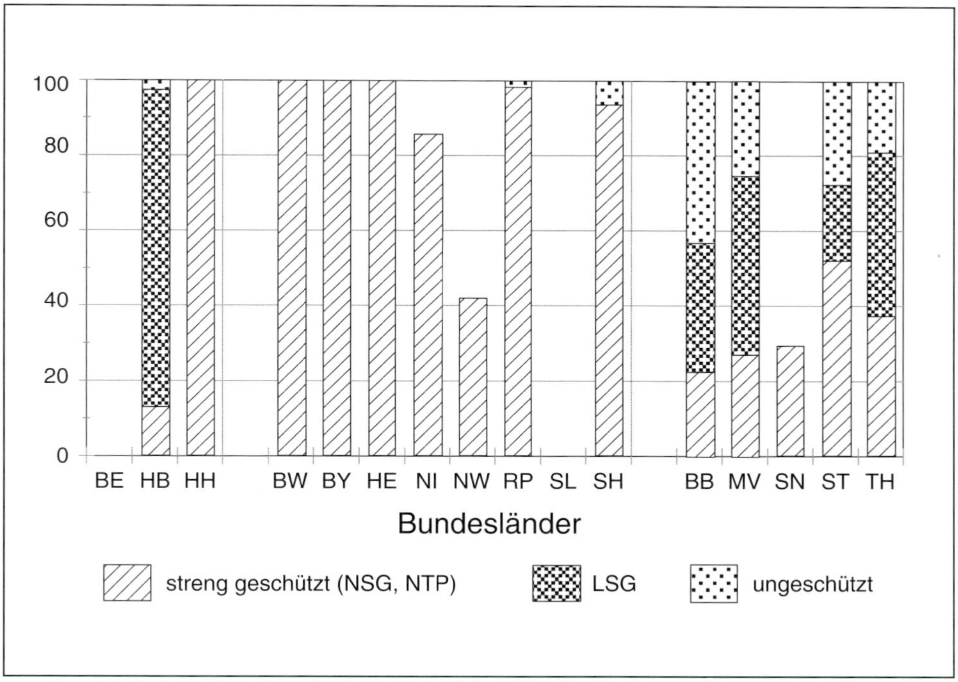

Abb. 10: Schutzstatus der gemeldeten Vogelschutzgebiete nach Bundesländern getrennt in drei Kategorien: a) streng geschützt umfaßt Naturschutzgebiete (NSG) und Nationalparke (NTP), b) Landschaftsschutzgebiete (LSG) und c) ungeschützt einschließlich aller bisher einstweilig gesicherten Schutzgebiete. Fehlende Balken: keine Angaben vorhanden.

[1]) Die Numerierung der Vogelschutzgebiete in dieser Liste ist fortlaufend von Nummer 1 bis 515. Nr. 315 ist nicht vergeben und die Nummern 450 bis 459 sind jeweils doppelt vergeben worden! Künftig wird auch für die Vogelschutzrichtliniengebiete eine einheitliche Gebietsnummer gemäß den Vorgaben im Natura 2000-Datenbogen verwendet werden.

Tab. 14: Fläche und Anzahl der Vogelschutzgebiete nach Bundesländern (Stand März 1997).

Bundesland	Vogelschutzgebiete Anzahl			Fläche [km²]		
	A	B	C	A	B	C
Baden-Württemberg	318	2	–	233,84	10,77	–
Bayern	8	7	13	35,60	320,37	905,66
Berlin	–	–	–	–	–	–
Brandenburg	12	3	–	(ca. 2.244,21) (inkl. Anteile von MV und NI)	122,52 (inkl. Anteil von ST)	
Bremen	8	–	–	71,95	–	–
Hamburg	6	2	–	16,15	123,75	–
Hessen	12 (11)[4])	–	–	40,40	–	–
Mecklenburg-Vorpommern[1])	15	4 –	–	4235,10 (inkl. Anteil von NI)	325,15	–
Niedersachsen[1])	50	8	–	2.677,45	2.532,80	–
Nordrhein-Westfalen	6	3	4	326,65*	268,33	k. A.
Rheinland-Pfalz	6 –	1	–	4,20	4,75 (inkl. Anteil von HE)	–
Saarland	–	–	–	–	–	–
Sachsen	10	–	–	622,64	–	–
Sachsen-Anhalt	9 –	1	–	277,19	13,60 (inkl. Anteil von TH)	–
Schleswig-Holstein[1])	36 (72)***	1	–	135,18 (3.111,00)***	2.990,00	–
Thüringen	8	–	–	234,70	–	–
Deutschland	503 (539)***	32	17	8.911,05** (11.886,87)***	6.711,85	>905,66

Legende: In der Tabelle handelt es sich immer um die absolute Anzahl an Gebieten einer Kategorie. Einige Gebiete sind mehreren Kategorien zugeordnet, so daß eine horizontale Summierung von Flächengrößen nicht bei allen Ländern möglich ist. Es bedeuten:* inkl. Niederrhein (ca. 27 237 ha) mit bisher noch keiner nach Brüssel gemeldeten Flächenabgrenzung; ** ohne Brandenburg; *** Schleswig-Holstein beabsichtigt, in Kürze weitere 36 Vogelschutzgebiete im Zuge der Erstmeldung für die FFH-Richtlinie zu melden (300 000 ha). Damit wäre Schleswig-Holstein nach Mecklenburg-Vorpommern das Bundesland mit der zweitgrößten SPA-Fläche; k.A. keine Angaben; [1]) Bundesländer, die große Teile ihrer Küstengewässer gemeldet haben; () noch nicht gemeldete Flächen von Brandenburg, [4]) Hessen hat ursprünglich 11 Gebiete gemeldet, von denen eines nachträglich als 2 getrennte Gebiete geführt werden soll.

Tab. 15: Prozentualer Anteil der nach den Kategorien des BNatSchG geschützten Teilflächen der gemeldeten Vogelschutzrichtliniengebiete (Stand Ende 1997).

Bundesland	Anteil SPA in % der Landesfläche	NSG/NTP in %	LSG in %	ohne Schutz in %
Baden-Württemberg	0,7	100	–	–
Bayern	0,05	100	–	–
Brandenburg	(ca. 7,6)	(ca. 23,0)	(ca. 34,7)	(ca. 42,4)
Bremen	17,8	13,5	84,9	1,6
Hamburg	2,1	100	–	–
Hessen	0,2	100	–	–
Mecklenburg-Vorpommern[1)]	ca. 14	ca. 31	ca. 41	ca. 28*
Niedersachsen[1)]	ca. 1	85,6	k. A.	k. A.
Nordrhein-Westfalen	ca. 1	ca. 42	k. A.	k. A.
Rheinland-Pfalz	0,02	99	–	1,0
Sachsen	3,4	29,4	k. A.	k. A.
Sachsen-Anhalt	1,4	52,7	20,6	26,7
Schleswig-Holstein	0,9	93,9	–	6,1
Thüringen	1,5	37,9	43,6	18,5

Legende: * inkl. 2 Feuchtgebiete nationaler Bedeutung (FnB, nationaler Schutzstatus vor 1989, ehem. DDR); [1)] Bundesländer, die große Teile ihrer Küstengewässer gemeldet haben; k.A. keine Angaben; SPA Vogelschutzrichtliniengebiete; NSG Naturschutzgebiet; NTP Nationalpark; LSG Landschaftsschutzgebiet (inkl. Naturparke).

Die folgende Dokumentation gibt zusammen mit einer Übersichtskarte (s. Anhang) einen Überblick über alle anerkannten Vogelschutzrichtliniengebiete in Deutschland. Diese Tabelle listet alle Gebiete mit Nummer in der Meldeliste, Natura 2000-Nummer, Gebietsname, Flächengröße nach Bundesländern und Meldenummer sortiert auf (Anhang, Kap. 10.5).

Die weiteren, nicht offiziell notifizierten Gebiete der Kategorien B und C sind in der folgenden Tabelle aufgelistet (vgl. Tab. 16), d.h. Ramsar-Gebiete, insoweit sie noch nicht flächengleich als Vogelschutzrichtliniengebiete (Kat. A) gemeldet wurden:

Tab. 16: Gebiete der Kategorie B und C der Vogelschutzrichtlinie (Schattenliste).
Mit * gekennzeichnet: Gebiete wurden bereits in Teilen oder ohne eine Flächenabgrenzung festzulegen gemeldet.

Natura 2000-Nr.	SPA-Nr.	Kat.	Name
Bayern			
8431–401	408	C	Ammergauer Berge
7932–401	398	B	Ammersee
8628–401	416	C	Bärgründle, Oytal mit Höfats (Allgäuer Alpen)
8140–401	400	B	Chiemsee
8242–401	406	C	Hochkienberg, Dürnbachhorn, Sonntagshorn, Innzeller Kienberg und Staufen i.d. Chiemgauer Alpen
8034–401	404	C	Isarauen zwischen Schäftlarn und Bad Tölz (= Flußbett der Isar und Isarauen bei Wolfratshofen)
7736–401	397	B	Ismaninger Speichersee mit Fischteichen
8433–401	402	C	Karwendel und Karwendelvorgebirge
7232–401	415	B	Lech–Donau–Winkel
8033–402	403	C	Maisinger See
8332–401	407	C	Murnauer Moos
8443–401	401	C	Nationalpark Berchtesgaden
7329–401	417	C	Naturwaldreservat Neugeschüttwörth
7046–401	411	C	Rachel mit Rachelsee
8532–401	405	C	Schachen und Reintal
8033–401	399	B	Starnberger See
6236–401	418	C	Vogelfreistätte Großer Russweiher
6028–401	413	C	Vogelschutzgebiet Alt- und Neusee
Hamburg			
2424–401	–	B	Mühlenberger Loch
Nordrhein–Westfalen			
3812–401	065	C	Feuchtgebiet Saerbeck
4015–401	068	C	Feuchtgebiet Versmold
4413–401	062	C	Ruhrstausee zwischen Echthausen und Kettwig
3808–401	066	C	Strönfeld bei Metelen
Bayern*			
7527–401	414	(B)	Donauauen und Donaumoos (z.T. als SPA gemeldet)
7744–401	410	(B)	Unterer Inn zwischen Haiming und Neuhaus (z.T. als SPA gemeldet)
Brandenburg*			
3239–401	444	(B)	Niederung der Unteren Havel/Gülper See (als SPA gemeldet, noch ohne Abgrenzung und Größenangabe)
4252–402	448	(B)	Teichgebiet Peitz (als SPA gemeldet, noch ohne Abgrenzung und Größenangabe)
2954–401	441	(B)	Unteres Odertal bei Schwedt (als SPA gemeldet, noch ohne Abgrenzung und Größenangabe)
Hamburg*			
2016–401	7 u. 8	(B)	Wattenmeer, Nationalpark Hamburgisches (z.T. als SPA gemeldet)
Niedersachsen*			
2210–401	9, 31, 32 u. 33	(B)	Wattenmeer, Niedersächsisches (z.T. als SPA gemeldet)

3.4 Neumeldungen nach der FFH-Richtlinie

Die Meldungen zur Umsetzung der FFH-Richtlinie in Deutschland gehen sehr zögernd voran. Dies hat mehrere Gründe: Die föderale Struktur erschwert die Umsetzung, zumal die Länder sich auf den Standpunkt gestellt haben, daß vor Beginn der Gebietsmeldungen eine Umsetzung in nationales Recht (Bundesnaturschutzgesetz) erfolgt sein müsse (vgl. Kap. 11). In der Hoffnung, die allermeisten Daten für die Umsetzung der FFH-Richtlinie seien über Biotopkartierungen und weiterführende Unterlagen in den Landesanstalten und -ämtern für Naturschutz vorhanden, sind keine Nacherhebungen oder Neuerhebungen zu den Arten und Lebensräumen der Anhänge durchgeführt worden. Der politische Wille, die Meldungen der FFH-Richtlinie schon vor Weitergabe an den Bund in den Ländern jeweils im Kabinett abzustimmen, und der Wunsch der Bundesressorts, zumindest die Gelegenheit zu einer Stellungnahme zu bekommen, hat das Verfahren weiter verlangsamt.

So ist auch die Gebietsmeldefrist ohne Meldungen von Deutschland im Juni 1995 verstrichen, obwohl die Richtlinie nach Ablauf der Frist für die nationale rechtliche Umsetzung unmittelbar anzuwenden ist. Seitens der EU-Kommission werden bereits entsprechende Mahnverfahren durchgeführt. Erst die Notwendigkeit, für die Beantragung von Naturschutzmitteln aus dem LIFE-Titel der EU künftig die Gebiete als Natura 2000-Gebiete gemeldet haben zu müssen, hat die zurückhaltende Position der Länder abgemildert. Bayern hat als erstes Bundesland 79 Gebiete (rund 1,7 % der Landesfläche) mit Datenbögen und Kartenabgrenzungen in Brüssel gemeldet. Die beiden Länder Schleswig-Holstein und Sachsen-Anhalt haben Gebietslisten und weitgehend vollständig Karten vorgelegt. Eine Weitermeldung nach Brüssel ist noch nicht erfolgt, da die Datenbögen noch nicht vorliegen (vgl. Anhang 10.6).

Insgesamt ist aber auch aufgrund von Beschlüssen der Länder erkennbar, daß die Gebietsmeldungen in Deutschland nicht vollständig erfolgen werden. Vielmehr werden in einer ersten Tranche fast ausschließlich bestehende Schutzgebiete, im wesentlichen Naturschutzgebiete und Nationalparke, gemeldet. Wann und in welchem Umfang die „restlichen" Gebiete, die zur Erfüllung der FFH-Richtlinie unbedingt erforderlich sind, nachgemeldet werden sollen, ist unklar (für weitere Angaben vgl. Kap. 11 Nachträge).

3.5 Fachliche Vorschlagslisten, Defizite der Umsetzung

3.5.1 Vorschlagslisten und Schattenlisten für die Vogelschutzrichtlinie

Feuchtgebiete internationaler Bedeutung (Ramsar-Gebiete)

Für die Umsetzung der Vogelschutz-Richtlinie besteht die Verpflichtung, die Ramsar-Gebiete bei der Meldung besonders zu berücksichtigen, d.h. die nicht bereits offiziell gemeldeten oder notifizierten Ramsar-Gebiete sind als „Schattenliste" oder als Kandidaten für Gebietsmeldungen zur Erfüllung der Vogelschutzrichtlinie anzusehen (vgl. Kap. 3.2 und Tab. 13).

Important Bird Areas (IBA, vgl. Abb. 11)

Seitens der NGO's (**N**on-**G**overnmental **O**rganisations; Naturschutzverbände) gibt es eine speziell mit Bezug auf die Vogelschutzrichtlinie erarbeitete naturschutzfachliche Vorschlagsliste sogenannter „IBA-Gebiete" (**I**mportant **B**ird **A**reas). Nach MAYR (1993) waren selbst mehrere Jahre nach Inkrafttreten der Vogelschutzrichtlinie keine Bemühungen der Mitgliedsstaaten erkennbar, entsprechende Gebiete auszuweisen. Daher erarbeiteten bis Mitte der 80er Jahre der Internationale Rat für Vogelschutz (bzw. der ICBP, **I**nternational **C**ouncil for **B**ird **P**reservation), ab März 1993 „Bird Life International", und das Internationale Wasservogel- und Feuchtgebietsforschungsbüro (IWRB) ein Inventar der „Important Bird Areas" (GRIMMETT & JONES 1989), das sich als unverbindliche Vorschlagsliste für die von den EU-Mitgliedsstaaten auszuweisenden SPA's (**S**pecial **P**rotected **A**reas) versteht (vgl. LANGE-

Legende: Kleine Kreise: Gebiete unter 5 000 ha, große Kreise: mit mindestens 5 000 ha Größe, gestreckte Ovale: Gebiete ohne genaue Flächenangabe (mit Angaben in km Küstenlinie).

Abb. 11: Karte der IBA-Gebiete (Important Bird Areas) für Deutschland von Birdlife International (WALICZKY 1994) ergänzt nach Angaben der NABU-Geschäftsstelle (Stand September 1997).

VELD (1991). In Westdeutschland erfolgte die Erarbeitung des nationalen IBA-Inventars durch die DS/IRV (**D**eutsche **S**ektion des **I**nternationalen **R**ats für **V**ogelschutz), in der ehemaligen DDR durch das ILN (**I**nstitut für **L**andschaftsforschung und **N**aturschutz) sowie der Zentrale für Wasservogelforschung. 1989 übernahm der NABU (**Na**turschutz**bu**nd Deutschland) von der DS/IRV die Verantwortung für die Datenpflege und Aktualisierung des nationalen IBA-Inventars sowie zur Überwachung der sich aus der VSchRL abzuleitenden Schutzmaßnahmen. 1990 veranlaßte der NABU die Erarbeitung einer aktualisierten IBA-Liste für die neuen Bundesländer. In Deutschland wurden bis heute insgesamt 169 IBA-Gebiete mit einer Gesamtfläche von ca. 2 153 379 ha benannt (vgl. RHEINWALD 1990 und NATURSCHUTZBUND DEUTSCHLAND 1991, WALICZKY 1994). Neben dem mangelhaften Schutz vieler anerkannter IBA-Gebiete ist bis heute ein enormes Defizit bei der Notifizierung als SPA, d.h. deren verbindliche Meldung an die EU-Kommission in Brüssel zu bemerken. Erst 37,6 % der fachlich als Vogelschutzrichtliniengebiete geeigneten IBA-Flächen sind bis heute benannt oder gesichert.

Beleuchtet man den Stand der Umsetzung der Vogelschutzrichtlinie in bezug auf die naturschutzfachliche Vorschlagsliste der IBA-Gebiete, so ergibt sich folgender Überblick (Tab. 17):

Tab. 17: Flächenbilanzierung der Vogelschutzrichtliniengebiete (SPA) im Verhältnis zur Schattenliste der vorgeschlagenen IBA-Gebiete (Stand Ende 1996).

Bundesland	**Anzahl IBA-Gebiete**	**Fläche der IBA´s [km²]**	**davon SPA´s Anzahl***	**Fläche der IBA-Gebiete, die als SPA gemeldet sind [km²]***	**Flächenverhältnis Gesamtfläche SPA zur Gesamtfläche IBA [%]***	**Anteil der als SPA ausgewiesenen IBA-Gebiete, bezogen auf die Gesamtfläche SPA [%]**
Baden-Württemberg	17	499,67	3	29,47	5,9	12,6
Bayern	24	2.329,71	2 (11)	16,88 (320,37)	0,7 (13,8)	47,4
Berlin	–	–	–	–	–	–
Brandenburg	14	2.932,10	10	ca. 1.168,57**	ca. 76,5**	ca. 52,1**
Bremen	–	–	–	–	–	–
Hamburg¹)	3	96,50	3	13,60	14,1	84,2
Hessen	3	31,55	3	31,19	98,9	77,2
Mecklenburg-Vorpommern¹)	15	4.324,47	15	4.235,10	97,9	100
Niedersachsen¹)	21	2.992,80	27	2.598,63	86,8	97,6
Nordrhein-Westfalen	11	2.033,50	5	313,96	15,4	96,1
Rheinland-Pfalz	3	16,80	1	1,12	6,7	26,6
Saarland	–	–	–	–	–	–
Sachsen	10	673,10	10	622,64	92,5	100
Sachsen-Anhalt	11	583,90	9	277,19	50,0	100
Schleswig-Holstein¹)	29	4.836,77	14	39,82	0,8	29,5
Thüringen	8	182,92	8	234,70	128,0	100
Deutschland	**169**	**21.533,79**	**111 (122)**	**ca. 9.582,87****	**ca. 51,8****	**ca. 85,9****

Legende: * die in Klammern gesetzte Angabe beinhaltet zusätzlich die noch nicht notifizierten Gebiete der Kategorien B und C, die nur in Nordrhein-Westfalen (Flächengröße nicht bekannt) und Bayern vorkommen (RHEINWALD 1990); ** beinhaltet bereits namentlich, aber noch nicht mit Karte gemeldeten Flächen in Brandenburg; ¹) Bundesländer, die große Teile ihrer Küstengewässer gemeldet haben.

Das Gesamtflächenverhältnis SPA/IBA ist als „Gradmesser" einer erfolgreichen Umsetzung der Vogelschutzrichtlinie geeignet, zumal neben den naturschutzfachlichen auf die Vogelschutzrichtlinie abgestimmten Kriterien in der IBA-Liste auch die Ramsar-Gebiete enthalten sind. Danach ist die Umsetzung der Vogelschutzrichtlinie in Niedersachsen, Hessen und den neuen Bundesländern (ohne Brandenburg) durchweg positiv zu sehen. Eine fast vollständige Meldung der IBA-Vorschläge als Vogelschutzrichtliniengebiete liegt vor (vgl. Anhang 10.7).

Neben den Ramsar-Gebieten und der IBA-Vorschlagsliste existieren in einigen Bundesländern von den Landesanstalten und -ämtern für Naturschutz im Rahmen ihrer Fachplanungen im Naturschutz „offizielle" Kandidatenlisten für die Vogelschutzrichtlinie.

3.5.2 Fachliche Vorschlagslisten für die Umsetzung der FFH-Richtlinie

Anders als bei der Vogelschutzrichtlinie gibt es bei der FFH-Richtlinie ein in Artikel 5 festgelegtes Vorschlagsrecht der Kommission für nicht durch den Mitgliedsstaat benannte Gebiete. Dieses „Konzertierungsverfahren" kann für Gebiete mit prioritären Arten oder Lebensraumtypen eingeleitet werden und muß innerhalb von sechs Monaten entschieden sein, ggf. mit einem einstimmigen Entschluß des Rates der Europäischen Kommission. Diese Möglichkeit stärkt die Position der Kommission und verleiht bestehenden Vorschlagslisten eine besondere Bedeutung. Sie können ggf. von der Kommission als Argumentationshilfe im Konzertierungsverfahren genutzt werden. Andererseits steht der Kommission nach wie vor der Weg der Klage vor dem Europäischen Gerichtshof bei Nicht-Einhaltung der Umsetzungsvorschriften der Richtlinie offen. Mit veränderten Rahmenbedingungen des EU-Rechts durch die Maastricht-Verträge ist hier erstmals auch mit finanziellen Sanktionen zu rechnen.

In einem Arbeitskreis der Fachbehörden des Bundes und der Länder (Arbeitskreis FFH-Richtlinie der Landesämter und -anstalten für Naturschutz mit dem BfN) sind erste Vorauswahllisten möglicher FFH-Gebiete für Deutschland erarbeitet worden (ca. 1 600 Gebiete). Diese erste Vorauswahl diente landesintern zur weiteren Abprüfung nach den Kriterien der FFH-Richtlinie und damit der Erarbeitung von Landesvorschlagslisten als Teile der nationalen Gebietsmeldeliste.

Andererseits haben die Naturschutzverbände in Deutschland seit 1995 eigene Vorschlagslisten für die FFH-Richtlinie erarbeitet, wie z.B. der Aufruf der GNOR (**G**esellschaft für **N**aturschutz und **O**rnithologie **R**heinland-Pfalz, BITZ & FISCHER 1995) zur Meldung von geeigneten Gebieten belegt. Unter Leitung des NABU (**Na**turschutz**bu**nd Deutschland) ist eine Bundesliste von Vorschlagsgebieten als „Schattenliste" zusammengetragen worden, die in einer ersten Fassung mit 1 017 Gebieten (Fläche von 32 134 km², Stand 4. 12. 1996) im Dezember 1996 vorgelegt wurde (NATURSCHUTZBUND DEUTSCHLAND 1996). Die endgültige Liste der Verbände soll rund 1 500 Gebiete umfassen, die insgesamt ca. 15 % der Fläche der Bundesrepublik beinhalten soll (Pressemitteilung des NABU). Die Liste beinhaltet Gebietsname, Flächengröße, Schutzstatus, Nummer des IBA- bzw. Vogelschutzrichtliniengebietes und in einigen Fällen weitergehende Angaben zu den Lebensraumtypen. Darüber hinaus liegt bei den jeweiligen Landesverbänden eine Fülle von zusätzlichen Informationen vor.

Aber auch aus dem universitären wissenschaftlichen Bereich gibt es bereits erste Reaktionen, wie die sehr gut ausgearbeitete Vorschlagsliste für FFH-Gebiete aus Rheinland-Pfalz (REICHERT et al. 1996) zeigt. Dort sind knapp 30 Gebietsvorschläge mit den wichtigsten Vorkommen von Arten und Lebensraumtypen der Anhänge der FFH-Richtlinie mit Angaben zu den örtlichen Verhältnissen aufgelistet.

Die Erfahrungen der Naturschutzverbände, der zahlreichen ehrenamtlichen Mitarbeiter von Biotopkartierungen, floristischen oder faunistischen Kartierungen und der Universitäten können eine sehr wertvolle Ergänzung zu dem in den Naturschutzbehörden verfügbaren Wissen sein und sollten vor allem bei den Gebietsbewertungen und in der fachlichen Vorauswahl verstärkt bereits auf Landesebene mit einbezogen werden. Auch bei den Forstbehörden und deren forstlichen Versuchsanstalten besteht die Möglichkeit für den Waldschutz, wichtige Beiträge zur Umsetzung der FFH-Richtlinie zu erhalten.

4 Lebensraumschutz nach der FFH-Richtlinie: Definitionshandbuch der Lebensraumtypen des Anhangs I

4.1 Probleme der Interpretation und Biotoptypenklassifizierungen auf europäischer Ebene

4.1.1 Das CORINE-Projekt der EU

Historisch ist die FFH-Richtlinie eng mit dem sogenannten CORINE-Projekt der Europäischen Union verknüpft. Das **CORINE-Projekt** (Community-wide **Co**ordination of **In**formation on the **E**nvironment) ist ein europaweites Pilotprojekt, initiiert im Jahr 1985, welches eine umfangreiche Sammlung umweltrelevanter Daten zum Ziel hat. Die beiden wichtigsten Teilprojekte für den Arten- und Biotopschutz sind CORINE landcover und CORINE biotopes.

– CORINE landcover

ist eine Landnutzungstypenkartierung im Maßstab 1:100 000, basierend auf einer Satellitenbildinterpretation mit 44 Landnutzungstypen (3. Ebene, vgl. Tab. 18). Die Auswertung erfolgt in Deutschland unter Leitung des Statistischen Bundesamts und ist für die neuen Bundesländer abgeschlossen, für die Altbundesländer kurz vor der Vollendung.

Für CORINE landcover ist ein eigenes Thematisches Zentrum der Europäischen Umweltagentur verantwortlich. Derzeit sind die Erfassungseinheiten in 3 Hierarchieebenen gegliedert. Eine Weiterentwicklung der Erfassungseinheiten ist in Zusammenarbeit mit dem Thematischen Zentrum für Naturschutz in Paris in Vorbereitung, wobei insgesamt 5 Hierarchieebenen vorgesehen sind. Anwendungstests werden bereits in Frankreich durchgeführt.

– CORINE biotopes

ist ein EU-weites Gebietskataster mit folgenden Kriterien für die Aufnahme von Gebieten:
- Vorkommen gefährdeter Arten
- Artenreichtum eines Taxons
- Vorkommen sensibler Lebensräume (in Deutschland z.B. die besonders geschützten Biotope gem. § 20 c Bundesnaturschutzgesetz)
- besondere geologische oder geomorphologische Bedeutung
- landschaftsbildprägend
- eins der 100 bedeutendsten Gebiete der Europäischen Union (oder eins der 5 bedeutendsten Gebiete der „Region“)
- großflächig, typisch und repräsentativ

Das CORINE biotopes-Projekt (Projektberichte vgl. MOSS & WYATT, 1994 und für Deutschland NONNEN et al. 1994) hatte zum Ziel, die bedeutendsten Gebiete für den Naturschutz in der EU zu dokumentieren und ist inzwischen abgeschlossen. In Deutschland ist die Erfassung sehr heterogen und z.T. sehr nachrangig bei den Bundesländern behandelt worden, da es sich nicht um eine Meldeverpflichtung handelte. Das CORINE biotopes-Projekt ist 1995 in Deutschland abgeschlossen worden mit einem Abschlußbericht aus dem Jahr 1996. Danach sind für die gesamte Europäische Union weit über 6 000 Gebiete gemeldet worden. In Deutschland sind 1 800 Gebiete mit ca. 8,6 % der Bundesfläche gemeldet, wobei große Flächenanteile Schutzgebiete umfassen (ca. 76 % der Fläche sind Schutzgebiete, einschließlich Nationalparke, Naturschutzgebiete und Landschaftsschutzgebiete). Für das CORINE-Projekt ist ein standardisierter Erhebungsbogen verwendet worden, allerdings ist ein inhaltlich inhomogener Datenbestand entstanden, da alle Arten

Tab. 18: Corine-Landcover Einheiten für die Landnutzungstypenkartierung nach Satellitenbild. Die Einheiten sind hierarchisch strukturiert in 3 Ebenen. In der Übersicht sind nur die in Deutschland vorhandenen Einheiten aufgenommen.

Ebene			Flächennutzungstyp
1	2	3	
1	**Bebaute Flächen**		
	1.1		Städtisch geprägte Flächen
		1.1.1	Durchgängig städtische Prägung
		1.1.2	Nicht durchgängig städtische Prägung
	1.2		Wirtschafts- und Verkehrsflächen
		1.2.1	Industrie- und Gewerbeflächen
		1.2.2	Straßen- und Eisenbahnnetze
		1.2.3	Hafengebiete
		1.2.4	Flughäfen
	1.3		Abbauflächen, Deponien und Baustellen
		1.3.1	Abbauflächen
		1.3.2	Deponien und Abraumhalden
		1.3.3	Baustellen
	1.4		Künstlich angelegte Grünflächen
		1.4.1	Städtische Grünflächen
		1.4.2	Sport- und Freizeitanlagen
2	**Landwirtschaftliche Flächen**		
	2.1		Ackerflächen
		2.1.1	nicht bewässertes Ackerland
	2.2		Dauerkulturen
		2.2.1	Weinbauflächen
		2.2.2	Obst- und Beerenobstbestände
	2.3		Grünland
		2.3.1	Wiesen und Weiden
	2.4		Heterogene landwirtschaftliche Flächen
		2.4.2	Komplexe Parzellenstrukturen
		2.4.3	Landwirtschaftliche Kulturen und natürliche Bodenbedeckung
3	**Wälder und naturnahe Flächen**		
	3.1		Wälder

Ebene			Flächennutzungstyp
1	2	3	
		3.1.1	Laubwälder
		3.1.2	Nadelwälder
		3.1.3	Mischwälder
	3.2		Strauch- und Krautvegetation
		3.2.1	Natürliches Grünland
		3.2.2	Heiden und Moorheiden
		3.2.4	Wald-Strauch-Übergangsstadien
	3.3		Offene Flächen mit geringer Vegetation(sbedeckung)
		3.3.1	Strände, Dünen und Sandflächen
		3.3.2	Felsflächen ohne Vegetation
		3.3.3	Flächen mit spärlicher Vegetation
		3.3.5	Gletscher
4	**Feuchtflächen**		
	4.1		Feuchtflächen im Landesinneren
		4.1.1	Sümpfe
		4.1.2	Torfmoore
	4.2		Feuchtflächen der Küsten
		4.2.1	Salzgrünland
		4.2.3	Watt
5	**Wasserflächen**		
	5.1		Wasserflächen im Landesinneren
		5.1.1	Gewässerläufe
		5.1.2	Wasserflächen
	5.2		Meeresgewässer
		5.2.1	Lagunen
		5.2.2	Ästuare
		5.2.3	Meere und Ozeane
0			**- Flächen ausserhalb des Bearbeitungsgebietes -**

gemeldet werden konnten, aber keine Verpflichtung zur Meldung bestimmter Angaben bestand. So enthalten ca. 70 % der Gebietsbeschreibungen Angaben zu bestimmten Arten der Vögel und der höheren Pflanzen, aber nur knapp ein Drittel der Gebietsbeschreibungen Angaben über Säuger, Amphibien, Reptilien oder Arthropoden. In aller Regel sind immer nur bestimmte Tier- oder Pflanzengruppen bei einem Gebiet gemeldet worden, je nach Kenntnisstand und „Interessenslage“ des jeweiligen Bearbeiters. Für die Biotoptypen wurden in einem Handbuch (Erstauflage 1989) letztendlich ca. 3 500 Typen (CORINE biotopes Manual: COMMISSION OF THE EUROPEAN COMMUNITIES 1991) unterschieden, wobei tatsächlich nur Angaben für ca. 20 % der Gebiete vorliegen.

Die Bedeutung von CORINE für die FFH-Richtlinie ist doppelter Natur:

Als Pilot-Projekt hat CORINE das Grundschema der Datenverarbeitung und -abfrage für die FFH-Richtlinie gestellt, wenngleich inzwischen deutlich verbesserte und auf den rechtlichen Verwendungszweck angepaßte Anwendungen existieren.

CORINE biotopes war in der Fassung von 1989 Grundlage für die Erstellung des Anhangs I. Die Codierungen im Richtlinientext verweisen noch auf diese längst überholte Fassung. Mit der Überarbeitung der Biotoptypendefinitionen im CORINE-Handbuch 1991 entstand eine Diskrepanz zwischen Richtlinie und ursprünglich zugrundeliegenden CORINE-Definitionen, die eine eigene Definition der Lebensraumtypen des Anhangs I erforderlich machte. Diese Definitionen sind in einem Interpretation Manual für die FFH-Richtlinie für alle prioritären und einen Teil der nicht prioritären Lebensraumtypen neu bearbeitet worden (EUROPEAN COMMISSION 1995c). Für die restlichen nicht-prioritären Lebensraumtypen sind die Definitionen des CORINE-Handbuches von 1991 übernommen worden, mit dem ausdrücklichen Hinweis, daß diese als „indikativ“ zu verstehen sind und keine verbindliche Definition für die Umsetzung der FFH-Richtlinie darstellen. CORINE ist teilweise bereits auf EU-Ebene für die Beurteilung von Forschungsprojekten oder für die Mittelvergabe und -planung bei europaweiten Projekten (z.B. Verkehrsplanung) verwendet worden. Hier ist inzwischen die FFH-Richtlinie an die Stelle von CORINE getreten.

4.1.2 Paläarktische Lebensraumklassifizierung

Wesentliche Nachteile von CORINE liegen im Zusammentragen von „Biotoptypen“ aus verschiedenen Ländern und Regionen, ohne daß eine klare Systematik in der Einordnung oder Neuaufnahme von Biotoptypen besteht. So sind zahlreiche Subtypen durch geographische Termini oder regionale Begriffe eingeführt, ohne daß geprüft wurde, ob es sich berechtigter Weise um geographische Rassen oder einfach nur um verschiedene Lokalbezeichnungen desselben Typs handelt (vgl. z.B. die sehr feine, auch vegetationskundlich nicht mehr nachvollziehbare Aufgliederung von Trocken- und Halbtrockenrasen). Durch die Ausdehnung des Projekts auf die Paläarktis „Paläarktische Klassifizierung der Lebensräume“ (DEVILLIERS & DEVILLIERS-TERSCHUREN 1996) und die Fortführung als Physis-Datenbank beim ITE (**I**nstitute of **T**errestrial **E**cology, Monks Wood, UK) sind noch umfangreichere Kataloge mit weit über 5 000 Einheiten entstanden, die eine praktische Anwendung erheblich erschweren.

Ein weiterer Nachteil von CORINE ist die starke vegetationskundliche Ausrichtung der Einheiten, mit entsprechenden Mängeln vor allen in solchen Lebensraumtypen, die nicht oder kaum von höheren Pflanzen besiedelt werden: Rohbodenbereiche, alle limnischen und marinen Lebensräume etc.

Eine Expertentagung als Abschluß zum CORINE-Projekt in Paris im Herbst 1995 ist zu ähnlichen Ergebnissen gekommen, und in mehreren Workshops sind Grundanforderungen für den konsequenten Aufbau eines paläarktischen Biotoptypensystems ausgearbeitet worden. Auch die Erfahrungen des BioMar-Projekts müssen in dieses neue System einfließen (HISCOCK 1995). BioMar ist ein Forschungsprojekt mit LIFE-Unterstützung, das u.a. eine Klassifizierung der benthischen marinen Biotoptypen für den Nordost-Atlantik erarbeitet hat.

Als Hauptforderungen für dieses neue System paläarktischer Lebensraumtypen gelten:

- hierarchische Gliederung
- festgelegte Gliederungsprinzipien auf jeder Ebene
- ein Expertengremium fungiert als „Nomenklaturkommission"
- Festlegung von Typenbeschreibungen und Beispiellokalitäten in allen Mitgliedsstaaten.
- parametrisierte Beschreibung der Typen (Standortsfaktoren, Vegetation, Fauna usw.), um eine vielseitige interdisziplinäre Verwendbarkeit zu garantieren
- eine begrenzte Zahl von Typen auf der mittleren Ebene wird angestrebt, um für den Naturschutz in Europa ein praktikables und überschaubares Instrument zu erhalten. Diese Ebene soll im Differenzierungsgrad vergleichbar sein mit den Verbänden in der Vegetationskunde
- verschiedene Ebenen der Komplexität bzw. Organisation von Biotoptypen sollen getrennt werden: Biotoptypen, Biotopkomplexe bzw. Landschaftskomplexe
- eine Grundkompatibilität zu CORINE und BioMar soll gewährleistet sein, soweit dies möglich ist
- das System soll als Grundlage für spätere Novellierungen von Anhang I der FFH-Richtlinie und für die Berner Konvention Verwendung finden.

4.1.3 Interpretationsprobleme der Lebensraumtypen

Trotz des bereits erwähnten offiziellen „Interpretation Manuals" (EUROPEAN COMMISSION 1995c) für die Lebensraumtypen des Anhangs I sind manche Fälle der Interpretation offen geblieben.

Die wesentlichen Probleme sind begründet in:

- sprachlichen Übersetzungen und unterschiedlichem Begriffverständnis: z.B. wird „kontinental" sowohl für die biogeographische Region verwendet als auch im Sinne von Binnenland (vom engl. continental, Festland) wie bei der Bezeichnung von Binnendünen
- einer fehlenden einheitlichen europäischen Terminologie bzw. Methodik der Vegetationskunde (verschiedene pflanzensoziologische Schulen, auf Dominanz, oder auf Charakterarten und Differentialarten aufbauende Gliederungssysteme)
- fehlenden Begriffsfestlegungen
- unklaren Einschränkungen der Gültigkeit der Lebensraumtypen durch Begriffe, die nicht operabel sind („artenreich" etc.)
- geographischen Zusätzen, bei denen nicht eindeutig festgelegt ist, ob es sich um eine Einschränkung der Gültigkeit für einen bestimmten geographischen Raum handelt, oder ob dies nur das Hauptverbreitungsgebiet des Lebensraumtyps angibt; so ist im Interpretation Manual festgelegt worden, daß alle Termini der biogeographischen Regionen bei den Lebensraumtypen als indikativ für das Hauptvorkommen zu verstehen sind, daß aber grundsätzlich auch die Vorkommen in anderen Regionen zu schützen sind. So können z.B. die „alpinen Pionierformationen des Caricion bicoloris atrofuscae (7240)" auch außerhalb der Alpinen Biogeographischen Region und außerhalb der alpinen Höhenstufe vorkommen (z.B. in Schottland, Finnland und Schweden)
- der Nennung charakteristischer Arten in allgemeingültiger Form für die ganze Europäische Union. Diese ist nicht auf die Vorkommen innerhalb eines Mitgliedsstaates mit vielleicht regionalen leicht erkennbaren oder häufigen Charakterarten ausgelegt.

Die EU-Kommission läßt insgesamt auch bewußt einen gewissen Spielraum für eine nationale operationale Definition der Lebensraumtypen, soweit die Festlegungen auf EU-Ebene respektiert werden.

4.2 Übersichtsliste der in Deutschland vorkommenden Lebensraumtypen nach Anhang I

Die folgende Übersicht listet alle in Deutschland vorkommenden Lebensraumtypen des Anhangs I der FFH-Richtlinie auf. Alle Typen sind im folgenden Teil in derselben Reihenfolge genauer beschrieben.

Erläuterungen:

Typ: Mit „K" sind Biotop- oder Landschaftskomplexe gekennzeichnet, die sich gebietsspezifisch aus unterschiedlichen Biotoptypen zusammensetzen können. Mit „S" für Subtypen sind nur diejenigen Typen gekennzeichnet, die im offiziellen Interpretation Mannual (EUROPEAN COMMISSION 1995c) aufgeführt sind. Diese wurden nicht verbindlich definiert; wenn eine zwanglose Einordnung in diese Subtypen nicht möglich ist, ist der Lebensraumtyp in die Obergruppe einzuordnen.

Natura: Von der EU benutzte Natura 2000-Codierung für die Lebensräume laut Datenerfassungsbogen.
Anmerkung für die Dateneingabe bei den Bundesländern: Die Codierung der EU hat sich zwischenzeitlich einmal geändert, sollten bereits Erfassungen auf der Basis der alten EU-Codes erfolgt sein, kann eine Konvertierung im BfN erfolgen oder eine Referenzdatei zur Verfügung gestellt werden.

Cd_rl: Lebensraumcode im Richtlinientext (CORINE biotopes 1989).

COR_91: Codierung gemäß Technischem Handbuch CORINE 1991.

Name: Bezeichnung laut Richtlinie 92/43/EWG, Anhang I.

P: Kennzeichnung prioritärer Lebensräume mit *.

[ ] Die Inhalte in eckigen Klammern sind Erläuterungen, die nicht im Richtlinientext stehen.

Typ	Natura	Cd rl	COR 91	P	Name
Marine und Küstenlebensräume (inkl. Binnendünen)					
	1110	11.25	11.125, 11.22		Sandbänke mit nur schwacher ständiger Überspülung durch Meerwasser
K	1130	13.2	13		Ästuarien
K	1140	14	14		Vegetationsfreies Schlick-, Sand- und Mischwatt
K	1150	21	21, 23.21	*	Lagunen (Strandseen)
K	1160	-	11.121, 11.22-25, 11.3, 11.4		Flache große Meeresarme und -buchten (Flachwasserzonen und Seegraswiesen)
	1170	-	11.24, 11.25		Riffe
	1210	17.2	17.2, 16.12		Einjährige Spülsäume
	1220	17.3	17.3		Mehrjährige Vegetation der Kiesstrände
K	1230	18.21	18		Atlantik-Felsküsten und Ostsee-Fels- und -steilküsten mit Vegetation
	1310	15.11	15.11		Einjährige Vegetation mit *Salicornia* und sonstiger Vegetation auf Schlamm und Sand (Quellerwatt)
	1320	15.12	15.2		Schlickgrasbestände (Spartinion)
	1330	15.13	15.3		Atlantische Salzwiesen (Glauco-Puccinellietalia)
	1340	15.14	15.4	*	Salzwiesen im Binnenland (Puccinellietalia distantis)

	2110	16.211	16.211		Primärdünen
	2120	16.212	16.212		Weißdünen mit Strandhafer (*Ammophila arenaria*)
	2130	16.221-227	16.22	*	Graudünen mit krautiger Vegetation
S	2131	16.221	16.221	*	Galio-Koelerion albescentis
S	2135	16.225	16.225	*	Mesobromion
S	2136	16.226	16.226	*	Trifolio-Geranietea sanguinei, Galio maritimi-Geranion sanguinei
S	2137	16.227	16.227	*	Thero-Airion, Botrychio-Polygaletum, Tuberarion guttatae
	2140	16.23	16.23	*	Entkalkte Dünen mit *Empetrum nigrum* (Braundünen)
	2150	16.24	16.24	*	Feste entkalkte Dünen der eu-atlantischen Zone (Calluno-Ulicetea)
	2160	16.25	16.251		Dünengebüsche mit *Hippophaë rhamnoides*
	2170	16.26	16.26		Dünen mit *Salix arenaria*
	2180	16.29	16.29		Bewaldete Bereiche der Atlantikküste
	2190	16.31-35	16.3		Feuchte Dünentäler
S	2191		16.32		Feuchtes Dünental, stehende Gewässer
S	2192		16.32		Feuchtes Dünental, Pioniervegetation (Nanocyperetalia)
S	2193		16.33		Feuchtes Dünental, Vermoorungen
S	2194		16.34		Feuchtes Dünental, feuchtes Grünland (Molinion, Nardion u.a.)
S	2195		16.35		Feuchtes Dünental, Röhrichte und Großseggenrieder
	2310	64.1 x 31.223	64.132		Sandheiden mit *Calluna* und *Genista* [Dünen im Binnenland]
	2320	64.1 x 31.227	64.131		Sandheiden mit *Calluna* und *Empetrum nigrum* [Dünen im Binnenland]
	2330	64.1 x 35.2	64.12		Offene Grasflächen mit *Corynephorus* und *Agrostis* auf Binnendünen

Süßwasserlebensräume

	3110	22.11 x 22.31	22.11 x 22.31		Oligotrophe und sehr schwach mineralische Gewässer der Sandebenen des Atlantiks mit amphibischer Vegetation mit *Lobelia*, *Littorellia* und *Isoëtes*
	3130	22.12 x (22.31 u. 22.32)	22.12 x (22.31 u. 22.32)		Mesotrophe Gewässer des mitteleuropäischen und perialpinen Raumes mit Zwergbinsen-Fluren oder zeitweilige Vegetation trockenfallender Ufer (Nanocyperetalia)
S	3131				[mit] Littorelletalia-Arten
S	3132				[mit] Isoëto-Nanojuncetea-Arten
	3140	22.12 x 22.44	22.15 x 22.44		Oligo- bis mesotrophe kalkhaltige Gewässer mit benthischer Vegetation mit Armleuchteralgenbeständen Characeae
	3150	22.13	22.13 x 22.41, 22.421		Natürliche eutrophe Seen mit einer Vegetation vom Typ Magnopotamion oder Hydrocharition
	3160	22.14	22.14		Dystrophe Seen
	3180	-	22.5	*	Turloughs (Irland) [temporäre Karstseen]
	3220	24.221, 24.222	24.221, 24.222		Alpine Flüsse und ihre krautige Ufervegetation
S	3221		24.221		Schotterbänke alpiner Flüsse mit Epilobion fleischeri-Vegetation
S	3222		24.222		Schotterbänke alpiner Flüsse mit *Chondrilla chondrilloides*
	3230	24.223	24.223		Alpine Flüsse und ihre Ufervegetation mit *Myricaria germanica*
	3240	24.224	24.224		Alpine Flüsse und ihre Ufergehölze mit *Salix eleagnos*
	3260	24.4	24.4		Unterwasservegetation in Fließgewässern der Submontanstufe und der Ebene

	3270	24.52	24.52		Chenopodietum rubri von submontanen Fließgewässern

Heiden und Gebüschformationen

	4010	31.11	31.11		Feuchte Heidegebiete des nordatlantischen Raums mit *Erica tetralix*
	4030	31.2	31.2		Trockene Heidegebiete (alle Untertypen)
	4060	31.4	31.4		Alpine und subalpine Heidegebiete
	4070	31.5	31.5	*	Gebüschvegetation [und Krummholz] mit *Pinus mugo* und *Rhododendron hirsutum* (Mugo-Rhododendretum hirsuti)
	5110	31.82	31.82		Stabile Formationen von *Buxus sempervirens* an kalkreichen Felsabhängen (Berberidion p.p.)
	5130	31.88	31.88		Formationen von *Juniperus communis* auf Kalkheiden und -rasen

Naturnahes, halbnatürliches Grasland und Hochstauden

	6110	34.11	34.11	*	Lückige Kalk-Pionierrasen (Alysso-Sedion albi)
	6120	34.12	34.12	*	Subkontinentale Blauschillergrasrasen (Koelerion glaucae)
	6130	34.2	34.2, 36.44		Schwermetallrasen (Violetea calaminariae)
	6150	36.32	36.31		Boreo-alpines Grasland auf Silikatsubstraten
	6170	36.41-45	36.41-43		Alpine Kalkrasen
S	6171		36.41		Rostseggenrasen und -halden
S	6172		36.42		Nacktriedrasen (an windexponierten Stellen)
S	6173		36.43		Blaugrashalden und *Festuca* dominierte Kalkrasen
	6210	34.31-34	34.31-34	(*)	Trespen-Schwingel Kalk-Trockenrasen (Festuco-Brometalia) (* besondere Bestände mit bemerkenswerten Orchideen)
S	6211[1]		34.31	(*)	Subkontinentale Steppenrasen
S	6212		34.32	(*)	Halb-Trockenrasen auf Kalk
S	6213		34.33	(*)	Trockenrasen (Xerobromion) auf Kalk
S	6214		34.34	(*)	Halbtrockenrasen sandig-lehmiger basenreicher Böden (Koelerio-Phleion phleoides)
	6230	35.1	35.1, 36.31	*	Borstgrasrasen montan (und submontan auf dem europäischen Festland) (Eu-Nardion)
	6410	37.31	37.311		Pfeifengraswiesen auf kalkreichem Boden und Lehmboden (Eu-Molinion)
	6430	37.7, 37.8 [ohne: 37.88, 37.72]	37.7-37.8 [ohne: 37.88, 37.72]		Feuchte Hochstaudenfluren
S	6431		37.7 pp		Feuchte Hochstaudenfluren (planar bis montan)
S	6432		37.8		Subalpine und alpine Hochstaudenfluren
	6440	-	37.23		Brenndolden-Auenwiesen (Cnidion venosae)
	6510	38.2	38.2		Magere Flachland-Mähwiesen (*Alopecurus pratensis*, *Sanguisorba officinalis*)
	6520	38.3	38.3		Berg-Mähwiesen (Typen britischer Ausprägung mit *Geranium sylvaticum*)

Hoch-, Übergangs- und Niedermoore

K	7110	51.1	51.1	*	Naturnahe lebende Hochmoore
K	7120	51.2	52.2		Geschädigte Hochmoore (die möglicherweise noch auf natürlichem Wege regenerierbar sind)
K	7140	54.5	54.5		Übergangs- und Schwingrasenmoore
	7150	54.6	54.6		Niederungen mit Torfmoorsubstraten (Rhynchosporion)

[1]) Bei der Novellierung ist der folgende Lebensraumtyp neu eingefügt worden: 6240 Pal. Code: 34.315.
* Subpannonische Steppenrasen (*Festucetalia vallesiacae*). Vorbehaltlich einer Klärung durch die EU-Kommission muß evtl. eine Umcodierung des Subtyps 6211 auf diesen Typ erfolgen.

	7210	53.3	53.31	*	Kalkreiche Sümpfe mit *Cladium mariscus* und *Carex davalliana*
	7220	54.12	54.12	*	Kalktuff-Quellen (Cratoneurion)
	7230	54.2	54.2		Kalkreiche Niedermoore
	7240	54.3	54.3	*	Alpine Pionierformationen des Caricion bicoloris – atrofuscae

Felsen, Schutthalden und vegetationsfreie (-arme) Lebensräume

	8110	61.1	61.1		[Alpine] Silikatschutthalden
	8120	61.2	61.2		[Alpine] Kalk- und Schieferschutthalden
	8150	61.5	61.5		Kieselhaltige Schutthalden in Mitteleuropa
	8160	61.6	61.6	*	Kalkhaltige Schutthalden in Mitteleuropa
	8210	62.1, 62.1A	62.1		Kalkhaltige Untertypen [Felsen und ihre Felsspaltenvegetation]
S	8215				[eurosibirischer bzw. mitteleuropäischer Subtyp; einziger Subtyp in Deutschland]
	8220	62.2	62.2		Kieselhaltige Untertypen [Felsen und ihre Felsspaltenvegetation]
	8230	62.3	62.21		Pionierrasen auf Felsenkuppen
	8310	65	65		Nicht touristisch erschlossene Höhlen
	8330	–	11.26		Unter oder teilweise unter Wasser liegende Meereshöhlen
	8340	–	63.3		Permanente Gletscher

Wälder

	9110	41.11	41.11		Hainsimsen-Buchenwald (Luzulo-Fagetum)
	9120	41.12	41.12		Epiphytenreicher Buchenwald mit Stechpalme u. Eibe (Ilici-Fagion)
	9130	41.13	41.131		Waldmeister-Buchenwald (Asperulo-Fagetum)
	9140	41.15	41.15		Subalpiner Buchenwald mit Ahorn und Bergampfer
	9150	41.16	41.16		Orchideen-Buchenwald (Cephalanthero-Fagion)
	9160	41.24	41.24, 41.25?		Sternmieren-Eichen-Hainbuchenwald (Stellario-Carpinetum)
	9170	41.26	41.26		Labkraut-Eichen-Hainbuchenwald (Galio-Carpinetum)
	9180	41.4	41.4	*	Schlucht- und Hangmischwälder (Tilio-Acerion)
	9190	41.51	41.51		Alte bodensaure Eichenwälder mit *Quercus robur* auf Sandebenen
	91D0	44.A1-A4	44.A	*	Moorwälder
S	91D1		44.A1	*	Birken-Moorwald
S	91D2		44.A2	*	Waldkiefern-Moorwald
S	91D3		44.A3	*	Bergkiefern-Moorwald
S	91D4		44.A4	*	Fichten-Moorwald
	91E0	44.3	44.1-44.32	*	Restbestände von Erlen- und Eschenwäldern an Fließgewässern (Alnion glutinoso-incanae) [inkl. Weichholzauen]
	91F0	44.4	44.33, 44.4		Eichen-, Ulmen-, Eschen-Mischwälder am Ufer großer Flüsse [Hartholzauenwälder]
	91G0			*	Pannonische Wälder mit *Quercus petraea* und *Carpinus betulus* [Novellierung]
	9410	42.21-23	42.21-23/25		Bodensaure Fichtenwälder (Vaccinio-Piceetea)
S	9411		42.21		subalpine Fichtenwälder der Alpen
S	9413		42.23		subalpine herzynische Fichtenwälder
	9420	42.31, 42.32	42.31, 42.32		Alpiner Lärchen-Arvenwald
S	9421				silikatischer alpiner Lärchen-Arvenwald
S	9422				Alpiner Lärchen-Arvenwald auf Kalk
	9430	42.4	42.4, 42.54?	*	Bergkiefern- (oder Spirken-)Wälder (*auf Gips- oder Kalksubstrat)

4.3 Definitionen, Kartierungshinweise und Verbreitungsübersichten der Lebensraumtypen

Die Beschreibungen der einzelnen Lebensraumtypen erfolgen in der Reihenfolge der Anordnung im Anhang I der FFH-Richtlinie jeweils in standardisierter Form:

Name (Titel): Offizielle Bezeichnung des Lebensraumtyps nach dem „Interpretation Manual of European Union Habitats" der EU vom 25. 4. 1996, Doc. Hab. 96'/2 Final-EN, Version EUR 15 (EUROPEAN COMMISSION 1995c).

***:** Prioritäre Lebensraumtypen sind mit * gekennzeichnet.

D, F, E: Deutsche, französische und englische Bezeichnung laut Anhang I im Richtlinientext (92/43/EWG).

Natura 2000-Code: Codierung zur Dateneingabe bei der Gebietsmeldung gemäß dem offiziellen Datenerfassungsblatt (Natura 2000 Network Standard Data Form, EUR 15 Version, Final, 27. 5. 1994, updated to include amendments in Accession Act of Austria, Finland and Sweden & March 1995 version of Eurostat NUTS Regions, (EUROPEAN COMMISSION 1995b)).

Code nach Anhang I: Wie im Anhang I der FFH-Richtlinie im Amtsblatt der Europäischen Gemeinschaften publiziert, auf der Basis von CORINE 1989.

Pal. Code: Codierung gemäß der Klassifizierung der paläarktischen Lebensräume, mit Stand vom Mai 1995 (Institute of Terrestrical Ecology, Monks Wood).

Definition: Kurze textliche Beschreibung des Lebensraumtyps mit den wesentlichen differenzierenden Kriterien.

Standort: Wesentliche abiotische Grundvoraussetzungen für den Lebensraumtyp.

Subtypen: Wenn für die Bewertung und Erfassung eine Differenzierung erforderlich ist, werden Subtypen eingeführt. Im Anhang I der FFH-Richtlinie sind zum Teil Subtypen angegeben worden, die sich auf CORINE stützen. Diese sollen in einer geplanten Revision der Richtlinie einheitlich nicht mehr im Richtlinientext aufgeführt werden. Bei der Erfassung der Lebensraumtypen für einzelne Gebiete ist eine Präzisierung durch die Angabe der Biotoptypen nach der Rote Liste Biotope (RIECKEN et al. 1994) sinnvoll und auch im deutschen FFH-Eingabeprogramm vorgesehen. Die im offiziellen Interpretationshandbuch verwendeten Codierungen für die Subtypen sind auch bei der Zuordnung der Biotoptypen (Spalte „Sub") und bei der Zuordnung der Vegetation (1. Spalte) angegeben. Verbreitungskarten zu den in der FFH-Richtlinie genannten Subtypen stehen am Ende des Textes zu den jeweiligen Lebensraumtypen.

Pflanzen- und Tierarten: Angabe der wichtigsten Artengruppen unter zwei Gesichtspunkten:
– dominante Arten (strukturbestimmend, Angabe nur bei Pflanzenarten)
– typische Arten (Schwerpunkt des Artvorkommens liegt im betrachteten Lebensraumtyp) und charakteristische Arten i.e.S. (Arten, die fast ausschließlich auf den betrachteten Lebensraumtyp beschränkt sind).

Eine Zuordnung von Tierarten zu den Lebensraumtypen des Anhang I der FFH-Richtlinie ist nur begrenzt möglich bzw. sinnvoll (vgl. RIECKEN & BLAB 1989, BLAB 1993, PLACHTER 1991 u.a.). Tiere haben – insbesondere wenn sie so mobil sind wie Vögel, Schmetterlinge und Libellen – meist vielfältigere Lebensraumansprüche als sie durch einen überwiegend vegetationskundlich oder pflanzensoziologisch charakterisierten Lebensraumtyp abgedeckt werden können. Viele Tierarten benötigen funktionsspezifisch (Nahrungshabitat, Bruthabitat etc.) oder stadienspezifisch (Larve, Imago etc.) eine bestimmte räumliche Anordnung von Biotopen bzw. (Teil)lebensräumen.

Dennoch wurde – soweit dies als sinnvoll erachtet wurde – versucht, einige typische bzw.

charakteristische Tierarten den einzelnen Lebensraumtypen zuzuordnen. Die Arten haben dort zumindest zeitweise oder in bestimmten Stadien einen Schwerpunkt ihres Vorkommens, wobei ein Vorkommen auch außerhalb des genannten Typs möglich ist. Bei der Zuordnung wurden nicht nur die Arten des Anhangs II der FFH-Richtlinie berücksichtigt, sondern auch weitere charakteristische Arten, soweit sie in Deutschland in den entsprechenden Lebensraumtypen auftreten. Die Zuordnung von Tierarten wurde vorwiegend für die Artengruppen Vögel, Libellen, Heuschrecken, Laufkäfer, Schmetterlinge, Schwebfliegen, Spinnen und Mollusken durchgeführt (u.a. auf der Grundlage von BLAB 1993, EBERT 1991–1997, FLADE 1994, BELLMANN 1987, RIECKEN & BLAB 1989, WEIDEMANN 1995, WESTRICH 1990a, b, Einstufungen von SCHRÖDER und SSYMANK) und zahlreichen Einzelveröffentlichungen über bestimmte Lebensraumtypen oder Angaben aus den Pflege- und Entwicklungsplänen der Naturschutzgroßprojekte des Bundes (Förderprogramm gesamtstaatlich repräsentativer Projekte) entnommen.
Weitere Tiergruppen wurden soweit möglich berücksichtigt, aber nicht systematisch zugeordnet. Dominante Tierarten wurden nur in Ausnahmefällen angegeben (gruppenspezifische Dominanz bezogen auf das jeweilige übergeordnete Taxon).
Die charakteristischen Tierarten werden in folgender Reihenfolge behandelt: Wirbeltiere mit Säugetieren, Vögeln, Reptilien und Amphibien, Fische. Wirbellose mit Libellen (Odonata), Heuschrecken u. Grillen (Orthoptera), Schmetterlingen (Lepidoptera), Käfern (Coleoptera), Hautflüglern (Hymenoptera), Zweiflüglern (Diptera), Wanzen und Zikaden (Rhynchota), Weichtieren (Mollusca) und sonstigen Wirbellosen.

Die Taxonomie richtet sich nach folgenden Standardwerken:
Höhere Pflanzen: ZENTRALSTELLE FÜR DIE FLORISTISCHE KARTIERUNG DER BRD (NORD) (1993), WISSKIRCHEN (1995) ergänzt nach KORNECK et al. (1996),
Flechten: WIRTH et al. (1996),
Moose: LUDWIG et al. (1996),
Algen: Characeae: SCHMIDT et al. (1996), Meeresalgen: SCHORIES et al. (1996), Braun- und Rotalgen des Süßwassers: KNAPPE et al. (1996),
Wirbeltiere (Säugetiere, Reptilien, Amphibien und Fische): siehe NOWAK et al. (1994), für Vögel: WITT et al. (1996),
Libellen: ASKEW (1988),
Heuschrecken (einschließlich Grillen): BELLMANN (1993),
Schmetterlinge: KARLSHOLT & RAZOWSKI (1996),
Käfer: Laufkäfer (Carabidae) nach TRAUTNER & MÜLLER-MOTZFELD (1995), übrige Käfergruppen nach LOHSE & LUCHT (1989), FREUDE et al. (1964, 1966, 1974, 1981),
Hautflügler: Apoidea nach WESTRICH & DATHE (1997),
Zweiflügler: Checkliste der Dipteren (SCHUHMANN et al.) (1998),
Wanzen: STICHL (1962), Zikaden: REMANE & WACHMANN (1993), SCHIEMENZ (1970) und OSSIANNILSSON (1978, 1981 und 1983),
Spinnen: HEIMER & NENTWIG (1991),
Weichtiere: EIS (**E**uropean **I**nvertebrate **S**urvey)/BRD Stand XII, 1993: Checkliste für die Land- u. Süßwassermollusken Deutschlands, marine Mollusken nach POPPE & GOTO (1991, 1993),
Sonstige Wirbellose: STRESEMANN (1976, 1980, 1981, 1986).

Kartierungshinweise: Abgrenzung zu anderen, physiognomisch ähnlichen Lebensraumtypen, Ausschlußkriterien etc.

Allgemeine Verbreitung: Übersicht über das Vorhandensein in Deutschland und in den anderen Mitgliedsstaaten der EU und einigen benachbarten Staaten als Übersichtsleiste unter den Verbreitungskarten (Angaben verändert nach EUROPEAN COMMISSION 1995d). Für jeden Lebensraumtyp wird eine Verbreitungskarte auf der Basis der naturräumlichen Haupteinheiten mit Bezug zu den biogeographischen Regionen (SSYMANK 1994) gegeben. Dabei erfolgt eine grobe Einschätzung nach relativen Flächengrößen und der Qualität der Vorkommen. Es handelt sich um reine Verbreitungskarten, die den aktuellen Stand wiedergeben und keine Bestandsentwicklung oder Bestandsrückgänge berücksichtigen; Sie sind daher nicht mit der Roten Liste Biotope (RIECKEN et al. 1994) direkt vergleichbar.

Symbole für die Verbreitungskarten:
Hauptvorkommen bzw. Verbreitungsschwerpunkte (dunkelgrau unterlegt): Naturräumliche Einheiten mit den relativ größten Flächenanteilen des Lebensraumtyps in Deutschland. Dabei wird nicht unterschieden, ob es sich um wenige großflächige oder zahlreiche kleinflächige Vorkommen handelt.
Nebenvorkommen (hellgrau unterlegt): alle weiteren Vorkommen des Lebensraumtyps.
Die Gesamtverbreitung des Lebensraumtyps ergibt sich somit aus allen grau unterlegten Naturräumen.
Bewertung der Vorkommen: Grobe Einschätzung des mittleren Erhaltungszustandes aller aktuellen Vorkommen in einer naturräumlichen Einheit in Bezug zur idealtypischen Ausprägung (vgl. Definitionen der Lebensraumtypen) unter Berücksichtigung anthropogener Flächenverluste:
+ : qualitativ gute, typische Ausbildungen vorherrschend,
– : qualitativ stärker beeinträchtigte Ausbildungen (degradiert), teilweise fragmentarische Vorkommen vorherrschend.

Variabilität: Angaben zur regionalen oder standörtlichen Variabilität und zu Besonderheiten in der Verbreitung.

Komplexe: Biotoptypen, die in der Regel in Kontakt zum genannten Lebensraumtyp auftreten, typische Zonationen oder Mosaike und funktionale Zusammenhänge.

Biotoptypen: Zum Lebensraumtyp gehörende Biotoptypen nach der „Roten Liste der gefährdeten Biotoptypen der Bundesrepublik Deutschland" (RIECKEN et al. 1994) mit Angabe des EDV-Codes, der Gefährdungskategorie für Deutschland und der Regenerierbarkeit. Falls keine vollständige Übereinstimmung besteht, sind weitere differenzierende Eigenschaften vermerkt. In manchen Fällen sind die Lebensraumtypen nach Anhang I so weit gefaßt, daß auch Biotopkomplexe (mit Buchstabe beginnende Codes) angegeben werden.

Legende: BTB: Code des Biotoptyps; RL: Gefährdungseinstufung der Roten Liste Biotope mit 0 vollständig vernichtet, 1 von vollständiger Vernichtung bedroht, 2 stark gefährdet, 3 gefährdet, * derzeit vermutlich nicht gefährdet; REG: Regenerierbarkeit mit den Stufen N nicht regenerierbar, K kaum regenerierbar (>150 Jahre), S schwer regenerierbar (15–150 Jahre), B bedingt regenerierbar (<15 Jahre), x keine Einstufung sinnvoll.

Vegetation: Angabe der zugehörigen pflanzensoziologischen Einheiten auf dem höchsten syntaxonomischen Niveau einer eindeutigen Zuordnung mit den dazugehörenden Assoziationen (vgl. Anhang 10.8). Dabei sind Vegetationseinheiten, die in der Regel vollständig zu dem betrachteten Lebensraumtyp nach Anhang I gehören, mit „v" gekennzeichnet. Einheiten deren Bestände oder untergeordnete Vegetationseinheiten teilweise hinzugehören, sind mit „pp" (**p**ars **p**artim) gekennzeichnet.

Nutzung/Pflege: Angaben zur Nutzungsform und Pflege(notwendigkeit) insbesondere bei kulturbedingten Formationen und Lebensraumtypen.

Sukzession: Hinweise auf zeitliche Stabilität des Lebensraumtyps ohne menschliche Eingriffe und Nutzungen und die zu erwartenden Folgestadien.

Hauptgefährdungsfaktoren: Angabe der wichtigsten Gefährdungsfaktoren.

Bemerkungen: Anmerkungen und weitere Informationen zum Lebensraumtyp, sowie Hinweise zur Novellierung des Anhangs I.

Foto 1: Sandbänke mit nur schwacher ständiger Überspülung durch Meerwasser (1110): Sandbank mit partiell trocken gefallenem Windwatt zwischen Rügen und Hiddensee, Juni 1992, U. Hauke.

Foto 2: Vegetationsfreies Schlick-, Sand- und Mischwatt (1140): Mischwatt mit *Lanice conchilega,* Insel Spiekeroog, Herbst 1994, B. Petersen.

Foto 3: *Lagunen (1150): Strandsee am Darßer Ort, Nationalpark Vorpommersche Boddenlandschaft, Oktober 1993, E. Schröder.

Foto 4: Flache große Meeresarme und -buchten (1160): Flaches Boddengewässer in Südrügen (Schoritzer Wieck) mit rastenden Zugvögeln, August 1997, U. Hauke.

Foto 5: Riffe (1170): Felsriffe mit Miesmuschelbank im Felswatt der Insel Helgoland, Mai 1983, A. Ssymank.

Foto 6: Einjährige Spülsäume (1210): Spülsaum mit *Atriplex*-Arten auf der Insel Vilm bei Rügen, September 1997, E. Schröder.

Foto 7: Moränen-Steilküste der Ostsee (1230): Aktives Moränen-Kliff mit vorgelagertem Kiesstrand im Biosphärenreservat Südost-Rügen, Juni 1992, U. Hauke.

Foto 8: Mehrjährige Vegetation der Kiesstrände (1220): Bestände von *Cardaria draba* und *Artemisia maritima* am Bodden bei Wismar, Juni 1993, U. Hauke.

Foto 9: Felsküste (1230): Kreidesteilküste im Nationalpark Jasmund, Juni 1992, U. Hauke.

Foto 10: Einjährige Vegetation mit *Salicornia* (1310): Quellerwatt auf der Insel Spiekeroog, im Hintergrund Schlickgrasbestände, September 1988, E. Schröder.

Foto 11: Schlickgrasbestände (Spartinion) (1320): *Spartina anglica*-Polykormone im Watt der Insel Borkum, September 1983, A. Ssymank.

Foto 12: Atlantische Salzwiesen (Glauco-Puccinellietalia) (1330): Ungenutzte Salzwiese auf der Insel Mellum, Herbst 1989, B. Petersen.

Foto 13: *Salzwiesen im Binnenland (Puccinellietalia distantis) (1340): Binnensalzstelle bei Sülldorf südlich Magdeburg, September 1995, U. Hauke.

Foto 14: Primärdünen (2110): Vordünen an der Außenküste der Halbinsel Wustrow bei Wismar, im Hintergrund Übergang zur Weißdüne, Dezember 1997, U. Hauke.

Foto 15: Weißdünen mit Strandhafer (*Ammophila arenaria*) (2120): Weißdünenzug auf der Insel Norderney, Mai 1988, E. Schröder.

Foto 16: * Graudünen mit krautiger Vegetation (2130): Dünenkomplex auf dem Norddarß im Nationalpark Vorpommersche Boddenlandschaft, Juni 1992, U. Hauke.

Foto 17: * Entkalkte Dünen mit *Empetrum nigrum* (2140): Ausgedehnte *Empetrum nigrum*-Bestände auf Graudünen im Nationalpark Vorpommersche Boddenlandschaft, Juni 1992, U. Hauke.

Foto 18: * Festgelegte entkalkte Dünen (Calluno-Ulicetea) (2150): Grau- und Braundünenlandschaft mit *Calluna*-Heiden, verzahnt mit *Empetrum*-Heiden und Sandtrockenrasen auf der Insel Langeoog, Oktober 1989, E. Schröder.

Foto 19: Dünengebüsche mit *Hippophaë rhamnoides* (2160): Sanddorngebüsche auf der Insel Norderney, Mai 1988, E. Schröder.

Foto 20: Dünen mit *Salix arenaria* (2170): Bestände der Dünen-Kriechweide auf der Insel Spiekeroog, September 1988, E. Schröder.

Foto 21: Bewaldete Küstenbereiche (2180): Buchenwald am Weststrand des Darß im Nationalpark Vorpommersche Boddenlandschaft, Juni 1992, U. Hauke.

Foto 22: Feuchtes Dünental mit Röhrichten und Großseggenriedern (2195): Schilfröhricht in einem feuchten Dünental auf dem Darß im Nationalpark Vorpommersche Boddenlandschaft, Juni 1992, U. Hauke.

Foto 23: Sandheiden mit *Calluna* und *Genista* auf Binnendünen (2310): *Calluna*-Heide auf dem Truppenübungsplatz Sennelager, Westfalen, Juli 1995, C. Rückriem.

Foto 24: Offene Grasflächen mit *Corynephorus* und *Agrostis* auf Binnendünen (2330): Seit Jahrzehnten ungenutzter Sandtrockenrasen auf flachen Dünen des ehemaligen Flugplatzes Retzow bei Lychen (Uckermark), Juli 1995, U. Hauke.

4.3.1 Marine und Küstenlebensräume

Sandbänke mit nur schwacher ständiger Überspülung durch Meerwasser

NATURA 2000-Code: 1110

D: Sandbänke mit nur schwacher ständiger Überspülung durch Meerwasser
F: Bancs de sable à faible couverture permanente d'eau marine
E: Sandbanks which are slightly covered by sea water all the time

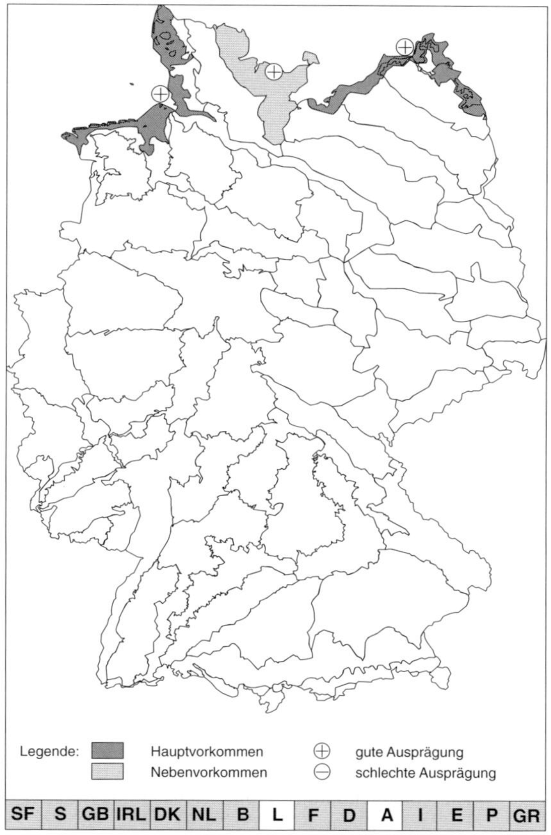

Abb. 12: Verbreitung des Lebensraumtyps 1110 in Deutschland und Europa.

Code nach Anhang I: 11.25
Pal. Code: 11.125, 11.22, 11.31
Definition: Sandbänke des Sublitorals (euphotische Zone), die bis dicht unter die Meeresoberfläche reichen und bei MTNW noch nicht freifallen, einschließlich des darüber liegenden Wasserkörpers; vegetationsfrei oder mit meist spärlicher Makrophytenvegetation.
Standort: Sandiges Substrat, submarin, meist Meeresströmungen ausgesetzt mit entsprechender Substratumlagerung.
Subtypen: -
Pflanzenarten, dominante: -
typische: *Potamogeton pectinatus*, *Ruppia cirrhosa*, *Zostera marina*, verschiedene Makroalgen.
Tierarten:
Säugetiere: Ostsee-Kegelrobbe (*Halichoerus grypus balticus*), Ostsee-Ringelrobbe (*Phoca hispida botnica*), Atlantischer Seehund (*Phoca vitulina vitulina*).
Vögel: Charakteristisches Nahrungshabitat rastender/überwinternder Vögel z. B. Prachttaucher (*Gavia artica*), Trauerente (*Melanitta nigra*).
Sonstige Wirbellose: Typische Artengemeinschaften des sandigen Sublitorals: verschiedene Polychaeten, z. B. *Lanice conchilega*.
Kartierungshinweise: Flachwasserbereiche, die von Bereichen größerer Wassertiefe umgeben sind und zum Sublitoral (durchlichtete bzw. euphotische Zone) zählen. Bei Ebbe werden sie nur noch flach überspült. Die Abgrenzung kann anhand der Höhenangaben der Topographischen Karten bzw. anhand der Auswertung von Luftbildern erfolgen.
Sandbänke im freien Meer, die bei Ebbe regelmäßig trockenfallen, sind als Teile des Sandwatts (1140) aufzufassen und werden dort erfaßt.

Variabilität: In Abhängigkeit von vorherrschenden Meeresströmungen kann der Lebensraum relativ stabil sein oder aber einer hohen Dynamik mit ständiger Abtragung und Aufsandung unterliegen.

Komplexe: Der Lebensraumtyp steht i.d.R. im Kontakt zu Sandwattflächen. Die pelagischen Lebensgemeinschaften unterscheiden sich meist nicht von umgebenden Bereichen, die benthische Besiedlung hängt wesentlich von den Lichtverhältnissen, Strömungsverhältnissen und dem Substrattyp ab.

Biotoptypen:

BTB	RL	REG	BIOTOPTYP	EIG_CODE	EIG
030202a	3	B	Sandbank (Benthal) der Flachwasserzone der Nordsee mit Fein-bis Mittelsandsubstrat, makrophytenarm	K012a	ständig wasserbedeckt
040202a	2	B	Sandbank (Benthal) der Flachwasserzone der Ostsee mit Fein-bis Mittelsandsubstrat, makrophytenarm	K012a	ständig wasserbedeckt

Vegetation:

Ruppietea maritimae J. Tx. 60	pp
Ruppietalia maritimae J. Tx. 60	v
Ruppion maritimae Br.-Bl. 60	v
Ruppietum maritimae Iversen 34	v
Eleocharietum parvulae Libbert 40	v
Charion canescentis Krausch 64	pp
Charetum canescentis Corillon 57	v
Charetum balticae Kornas 59	v
Chara tomentosa-Gesellschaft	v
Chara jubata-Gesellschaft	v
Zosteretea marinae Pign. 53	pp
Zosteretalia marinae Beguinot 41 em. Tx. & Oberd. 58	v
Zosterion marinae Christiansen 34	v
Zosteretum marinae Borgesen ex van Goor 21	v
Zosteretum noltii Harmsen 36	v
Potamogeton pectinatus-Gesellschaft	pp
Dictyoto dichotomae-Laurencietea pinnatifidae Julve 92	pp
Ulvetea lactucae Julve 92	pp
Peyssonnelio dubyi-Lithophylletea incrustantis Julve 92	pp

Nutzung/Pflege: -

Sukzession: -

Hauptgefährdungsfaktoren: Schad- und Nährstoffeintrag, Sandabbau, Grundschleppnetzfischerei, Ölförderung, Störungen durch Schiffahrt u. Tourismus.

Bemerkungen: Das Interpretation Manual gibt Wassertiefen bis 20 m an, die jedoch in der Nord- und Ostsee nicht mehr zum Sublitoral zählen. Aufgrund der offiziell angegebenen charakteristischen Tierarten ist davon auszugehen, daß ursprünglich auch oder hauptsächlich (?) bei Niedrigwasser freifallende Sandbänke gemeint waren. Diese sollten in die Gebietsabgrenzung mit eingeschlossen werden.

CORINE 11.125 „shoals“ nennt alle Flachwasserzonen (nur mariner Lebensraum) unabhängig vom Substrat.

Ästuarien

NATURA 2000-Code: 1130

D: Ästuarien
F: Estuaires
E: Estuaires

Code nach Anhang I: 13.2
Pal. Code: 13.2, 11.2, 13.3 - 4 u.a.
Definition: Flußmündungen ins Meer, solange noch regelmäßig Brackwasserwassereinfluß (mit erkennbaren Anpassungen der Pflanzen und Tiere) und Tideneinfluß (nur Nordsee) besteht, mit Lebensgemeinschaften des Gewässerkörpers, des Gewässergrundes und der Ufer. Im Gegensatz zu den „flachen Meeresbuchten" besteht ein deutlicher süßwasserbeeinflußter Wasserdurchstrom. Die Ufervegetation (Uferhochstauden, Einjährigen-Bestände, Salzgrünland, Tidenauenwald etc.) ist mit eingeschlossen. Der Lebensraumtyp stellt einen Landschaftskomplex dar, der aus zahlreichen Biotoptypen bestehen kann.
Standort: Ästuare sind als Fließgewässer-Lebensräume einer räumlichen und zeitlichen Dynamik unterworfen, die sich aus dem Wechselspiel von Erosions- und Sedimentationsprozessen ergibt. Charakteristisch ist die Durchdringung von typischen Aspekten der Lebensräume Süßwasser und Meer. Diese führt zu einem kleinräumigen Wechsel der Salinität, Strömungsgeschwindigkeit, Substratverhältnisse und Wassertiefe. Über die Hochwässer des Flusses sowie die Hochfluten des Meeres steht der aquatische Teil des Lebensraumtyps mit dem terrestrischen Umland in einer funktionalen Verbindung.

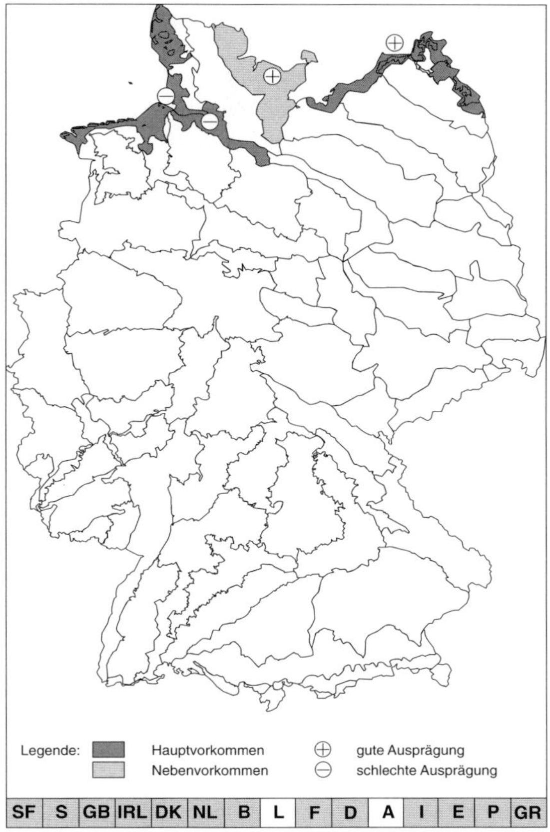

Abb. 13: Verbreitung des Lebensraumtyps 1130 in Deutschland und Europa.

Subtypen: -
Pflanzenarten, dominante: Je nach Wassertiefe und lokaler Strömungsgeschwindigkeit sehr unterschiedlich, zu großen Teilen vegetationsfrei.
typische: *Bolboschoenus maritimus*, *Myriophyllum spp.*, *Phragmites australis*, *Potamogeton spp.*, *Ruppia maritima*, *Spartina anglica*, *Zostera noltii*, benthische Algen.
Endemiten: *Deschampsia wibeliana* (Elbe, früher auch an Eider und Weser), *Oenanthe conioides* (Elbe).

Tierarten:

Fische: Maifisch (*Alosa alosa*), Finte (*Alosa fallax*), Kleine Maräne (*Coregonus albula*), Große Maräne (*Coregonus lavaretus*), Kaulbarsch (*Gymnocephalus cernuus*), Stint (*Osmerus eperlanus*), Flunder (*Platichthys flesus*), Meerneunauge (*Pteromyzon marinus*).

Käfer: *Macroplea mutica* (an *Potamogeton spp.*, *Ruppia maritima*, *Zannichellia palustris*, *Zostera spp.*).

Zweiflügler: *Eristalinus sepulchralis*, *Lejops vittatus*.

Weichtiere: *Bithynia tentaculata*, *Dreissena polymorpha*, *Hydrobia stagnorum*, *Hydrobia ulvae*, *Cerastoderma lamarcki*, *Lithoglyphus naticoides*, *Potamopyrgus antipodarum*, *Radix ovata*, *Theodoxus fluviatilis*, *Valvata cristata*, *Valvata piscinalis*.

Kartierungshinweise: Hauptkriterium zur Abgrenzung des Lebensraumtyps ist der regelmäßige Brackwassereinfluß. Er kann u.a. am Vorhandensein entsprechender amphibischer oder submerser Vegetation erkannt werden. Die Abgrenzung bezieht neben dem aquatischen Bereich die Brackwasser-Röhrichte und -hochstaudenfluren sowie die Tidenauenwälder der Ufer mit ein. Im Bereich der Ästuare sind die entsprechenden Lebensraumtypen Schlammbänke und ihre Vegetation der schlammigen Flußufer mit Vegetation des Chenopodion rubri und des Bidention (3270), Feuchte Hochstaudenfluren (6430) bzw. Auenwälder (91E0 und 91F0, Sonderfall der Tidenauenwälder) damit im Lebensraumtyp Ästuar integriert. Ästuare unterscheiden sich von Lagunen (1150) und Meeresarmen- bzw. -buchten (1160) durch den kontinuierlichen Durchstrom von Süßwasser.

Variabilität: Die großen Flußästuare wie z.B. Elbe und Weser haben alle ihren individuellen Charakter, der sich neben dem Vorkommen von Endemiten (s.o.) auch in der Zusammensetzung der Lebensgemeinschaften widerspiegelt. So ist z.B. bei den schlammigen Flußufern an Rhein und Weser das Bidenti-Brassicetum nigrae ausgebildet, während an der Elbe das kontinentalere Xanthio albini-Chenopidietum rubri wächst.

Komplexe: Ästuare stehen über ihre Dynamik sowie über die Überflutung des Umlandes bei Hochwasser des Flusses oder bei Hochfluten des Meeres in engem funktionalen Kontakt mit ihrem terrestrischen Umland (Salzgrünland und Küstenüberflutungsmoor) sowie ihren aquatischen Kontaktbiotopen (Flachwasserzonen und Salzwasserwatt des Meeres, Flußunterlauf und Süßwasserwatt des Flusses).

Biotoptypen:

BTB	RL	REG	BIOTOPTYP	EIG_CODE	EIG
050105	2	B	Brackwasserwatt der Ästuare an der Nordsee		
050106	2	S	Süßwasserwatt im Tideeinfluß der Nordsee		
0704	2	B	Brack- und Salzwasserröhricht der Nordsee und der Ästuare	K014	in Ästuarien
0706	2	B	brackwasserbeeinflußtes Grünland der Nordsee und der Ästuare	K014	in Ästuarien
4305	1	K	Tideauenwälder		
430501	1	K	Weichholz-Tideauenwald		
430502	1	K	Hartholz-Tideauenwald		

BTB	RL	REG	BIOTOPTYP	EIG_CODE	EIG
D2a			Ästuare (Fließgewässermündungen mit Brackwassereinfluß u./od. Tidenhub, inkl. Uferbiotope)		

Vegetation:

Zosteretea marinae PIGN. 53	pp
Ruppietea maritimae J. TX. 60	pp
Potamogetonetea pectinati TX. & PRSG. 42 corr. OBERD. 79	pp
Phragmitetea australis TX. & PRSG. 42	pp
Bolboschoenion maritimi DAHL & HADAC 41	v
Thero-Salicornietea PIGNATTI 53 em. TX. in TX. & OBERD. 58	pp
Spartinetea maritimae TX. 61	v
Cakiletalia maritimae TX. ap. OBERD. (49) 50	pp
Asteretea tripolii WESTHOFF & BEEFTINK ap. BEEFTINK 65	pp
Bidentetea tripartiae LOHM. & PRSG. in TX 50	pp
Trifolio fragiferae-Agrostietalia stoloniferae (OBERD. ap. OBERD. et al. 67) TX. 70	pp
Calthion R. TX. 37	pp
Filipendulion SEGAL 66	pp
Senecionion fluviatilis TX. 50	pp
Salicetalia purpureae MOOR 58	pp
Alno-Ulmion BR.-BL. & TX. 43	pp
Ulvetea lactucae JULVE 92	pp

Nutzung/Pflege: Ästuare sind als natürliche Ökosysteme nicht von einer Nutzung abhängig. Bei einer beeinträchtigten Dynamik des Lebensraumtyps (Veränderung des Überflutungsregimes) kann die extensive Nutzung des angrenzenden Salzgrünlandes erforderlich sein.

Sukzession: Durch die natürliche Dynamik erfolgt eine Sukzession nur kleinräumig. Im ganzen betrachtet sind Ästuare als Lebensraumtyp stabil und unterliegen keiner Sukzession. Die meisten Ästuare sind jedoch durch Eindeichungen und Küstenschutzmaßnahmen in ihrer natürlichen Dynamik stark eingeschränkt.

Hauptgefährdungsfaktoren: Schiffahrt, Ausbaggerung der Fahrrinnen, Schad- u. Nährstoffeintrag, Bau von Hafenanlagen, Eindeichung, Abwärmebelastung, Freizeitnutzung.

Bemerkungen: -

Vegetationsfreies Schlick-, Sand- und Mischwatt

NATURA 2000-Code: 1140

D: Vegetationsfreies Schlick-, Sand- und Mischwatt

F: Replats boüceaux ou sabuleux exondés à marée basse

E: Mudflats and sandflats not covered by seawater at low tide

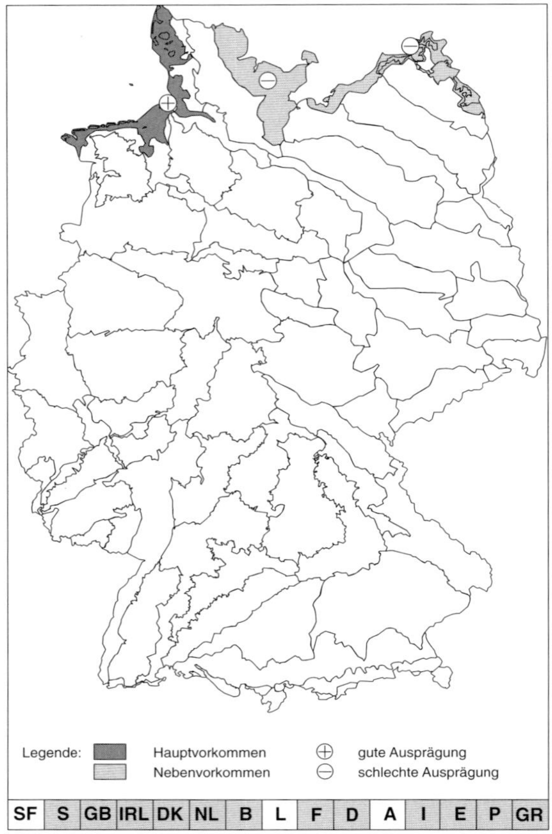

Abb. 14: Verbreitung des Lebensraumtyps 1140 in Deutschland und Europa.

Code nach Anhang I: 14

Pal. Code: 14, teilweise 11.32

Definition: Wattflächen, die bei Ebbe regelmäßig trockenfallen, mit Sand-, Schlick- oder Mischsubstrat. Höhere Pflanzen fehlen weitgehend, in den nur selten trockenfallenden Bereichen findet sich ggf. eine lockere Seegras-Vegetation. Das Watt stellt für eine Reihe mariner Fischarten den Lebensraum für ihre Jugendstadien dar. Es ist ein wichtiger Nahrungsplatz von Wasservögeln mit besonderer Bedeutung für Zugvögel im Zusammenhang mit Mauser, Rast und Überwinterung. An der Ostsee (geringer Gezeitenhub) sind die Windwattflächen eingeschlossen.

Standort: Charakteristisch für das Watt der Nordsee ist die natürliche Dynamik von Ebbe und Flut, die zu einem extremen täglichen Wechsel in den abiotischen Bedingungen des Lebensraumtyps führt. So werden relative Sauerstoffarmut, konstante, hohe Salinität und ausgeglichene Temperaturen bei Flut abgelöst durch wechselnde, zum Teil deutlich erhöhte Salinität, starke Temperaturschwankungen, Sonneneinstrahlung und Trockenfallen bei Ebbe.
An der Ostsee entstehen bei ablandigen Winden z.T. größere Windwattflächen, die nicht dem regelmäßigen Wechsel von Ebbe und Flut unterliegen und sich durch die geringere Salinität auszeichnen.

Subtypen: Nach dominierendem Substrat (abhängig von den Strömungsverhältnissen) kann unterschieden werden zwischen Sand-, Misch- und Schlickwatt der Nordsee und Windwatt der Ostsee (vgl. Biotoptypen).

Pflanzenarten, dominante: Keine; eine geschlossene Vegetation fehlt.

typische: Z.T. mit lückigen Beständen von *Zostera noltii*. Meist ohne höhere Pflanzen, dafür aber mit Algen- und Diatomeenüberzügen, in den tiefergelegenen, seltener trockenfallenden Bereichen kann eine lockere Vegetation aus Seegras (*Zostera marina*) auftreten.

Tierarten:

Vögel: Bedeutendes Nahrungshabitat für u.a. Ringelgans (*Branta bernicla*), Nonnengans (*Branta leucopsis*), Alpenstrandläufer (*Calidris alpina*), Knutt (*Calidris canutus*), Austernfischer (*Haematopus ostralegus*), Silber- (*Larus argentatus*), Sturm- (*Larus canus*), Herings- (*Larus fuscus*) und Lachmöwe (*Larus ridibundus*), Großer Brachvogel (*Numenius arquata*), Säbelschnäbler (*Recurvirostra avosetta*), Eiderente (*Somateria mollissina*) und Brandgans (*Tadorna tadorna*).

Weichtiere: *Angulus tenuis*, *Arenomya arenaria*, *Cerastoderma edule*, *Hydrobia ulvae*, *Macoma balthica*, *Mya truncata*, *Scrobicularia plana*, *Venerupis pullastra*.

Sonstige Wirbellose: Krebse: *Carcinus maenas*, *Corophium volutator*, *Crangon crangon*; Polychaeten im Schlickwatt: *Heteromastus filiformis*, *Nereis diversicolor* u.a.; im Mischwatt: *Lanice conchilega* und v.a. im Sandwatt: *Arenicola marina*.

Kartierungshinweise: Abgegrenzt wird der regelmäßig trockenfallende Bereich zwischen MTNW und MTHW. Der Bereich kann bei Kenntnis des lokalen Tidenhubs aus den Höhenangaben der Topographischen Karten abgeleitet werden. Das Windwatt an der Ostsee kann bei Kenntnis der vorherrschenden Windrichtungen sowie der Form der Küstenlinie unter Berücksichtigung der Wassertiefen abgegrenzt werden.

Vorkommen von Queller (*Salicornia spp.*) im Watt sind dem Lebensraumtyp Quellerwatt (1310) zuzuordnen.

Variabilität: Dynamik und Ausprägung des Watts hängen von Meeresströmungen und der Lage zu den Inseln bzw. dem Festland ab. Prielsysteme unterschiedlicher Dichte und regelmäßige Sandumlagerungen sind wesentliche Charakteristika der lokalen Ausprägungen des Watts.

Komplexe: Verzahnungen treten v.a. mit dem Quellerwatt auf, ferner bestehen z.T. Kontakte zu Schlickgrasbeständen und den Pionierstadien der Salzrasen, v.a. den Andelrasen. Typische Kontaktbiotope sind weiterhin die Flachwasserzonen des Meeres sowie die Sandstrände mit ihren Spülsäumen und Primärdünen.

Biotoptypen:

BTB	RL	REG	BIOTOPTYP	EIG_CODE	EIG
0501			vegetationsfreie Wattflächen der Nordsee		
050101	2	S	Schlickwatt der Nordsee, vegetationsfrei		
050102	3	S	Mischwatt der Nordsee, vegetationsfrei		
050103			Sandwatt der Nordsee, vegetationsfrei		
05010301	3	B	Sandwattfläche, vegetationsfrei		
05010302	1	K	Farbstreifensandwatt		
05010303	2-3	B	Sandbank (Eulitoral)		
050201	2	K	Seegraswiesen des Eulitorals an der Nordsee		
050301	2	B	ständig wasserführende Wattrinne		
050302	3	B	bei Ebbe trockenfallende Wattrinne		

BTB	RL	REG	BIOTOPTYP	EIG_CODE	EIG
0601	3	B	unteres Litoral der Ostsee, vegetationsarm (Windwatt)		

Vegetation:

Zosteretum noltii HARMSEN 36 v

Nutzung/Pflege: Wattflächen sind als natürliche Lebensraumtypen nicht von einer Nutzung abhängig.

Sukzession: Eine Sukzession findet in diesem Lebensraumtyp sehr langsam und nur im Bereich der Anlandungsküsten statt. Hier erfolgt durch die kontinuierliche Sedimentation von Schwebstoffen eine allmähliche Erhöhung des Meeresbodens, bis das Watt vom Salzgrünland abgelöst wird.

Hauptgefährdungsfaktoren: Schad- und Nährstoffeintrag, Eindeichung Grundschleppnetzfischerei, Muschelfischerei, Ölförderung, Schiffahrt, Tourismus, militärischer Schießbetrieb.

Bemerkungen: -

* Strandseen der Küste (Lagunen)

NATURA 2000-Code: *1150

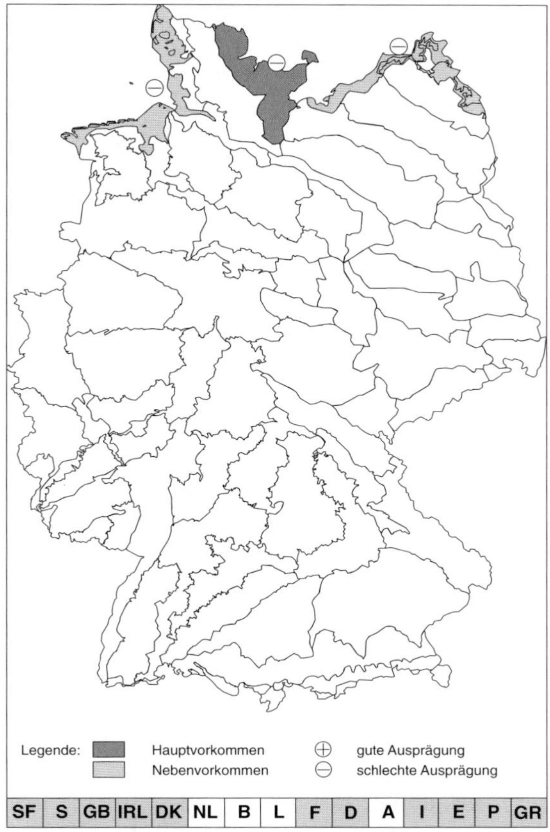

Abb. 15: Verbreitung des Lebensraumtyps 1150 in Deutschland und Europa.

D: Lagunen (Strandseen) *
F: Lagunes *
E: Lagoons *

Code nach Anhang I: 21
Pal. Code: 21, ferner 23.21
Definition: Unter Lagunen werden vom Meer abgeschnittene salzige/brackige oder stärker ausgesüßte Küstengewässer (Strandseen, Lagunen) mit zumindestens temporärem Salzwassereinfluß verstanden. Sie sind oft nur durch schmale Strandwälle, seltener auch durch Geröllwälle oder Felsriegel vom Meer getrennt und bei winterlichen Sturmfluten noch von Meerwassereinbrüchen betroffen. Lagunen sind ein charakteristisches Element der Ausgleichsküsten. Der Salzgehalt und der Wasserstand der Strandseen kann stark variieren.
Lagunen sind vegetationsfrei oder haben eine Vegetation der Ruppietea maritimae, Potametea, Zosteretea oder Charetea. Im Uferbereich können Röhrichte ausgebildet sein.
Standort: Lagunen sind durch einen episodischen Einfluß von Salzwasser gekennzeichnet, der zu Schwankungen der Salinität führt. Im atlantischen und subatlantischen Klima an den Küsten Deutschlands mit seinen humiden Verhältnissen führen Lagunen meist Brackwasser mit geringerer Salinität als die des Meeres. Im mediterran getönten Klima (z.B. Mittelmeerküsten Frankreichs und Spaniens) ist das Wasser der Lagunen meist durch eine Salinität höher als die des Meerwassers gekennzeichnet.
Subtypen: Je nach Salinität lassen sich unterscheiden:
- Lagunen mit andauerndem Süßwassercharakter und nur kurzzeitigen Schwankungen der Salinität,
- Lagunen mit andauerndem Brackwassercharakter und starken Schwankungen der Salinität,
- Lagunen mit andauerndem Brackwassercharakter und geringen Schwankungen der Salinität.

Pflanzenarten: Die aquatische Vegetation variiert je nach Salinität, bei hoher Salinität kann das Gewässer auch vegetationsfrei sein. Entsprechend können im Uferbereich Brackwasser-Röhrichte oder halotolerante Zwergbinsenfluren ausgebildet sein.

dominante: Dominant können je nach lokalen Verhältnissen alle u.g. Arten auftreten.

typische: *Bolboschoenus maritimus*, *Callitriche spp.*, *Eleocharis parvula*, *Najas marina*, *Phragmites australis*, *Potamogeton pectinatus*, *Ranunculus baudotii*, *Ruppia maritima*, *Schoenoplectus tabernaemontani*, *Stratiotes aloides*, *Zostera marina*.

Algen: *Chara baltica*, *Chara canescens*, *Chara connivens*, *Tolypella nitifica*.

Tierarten: Die Fauna von Lagunen hängt von der Salinität ab, halotolerante Arten bzw. Arten, die Salinitätsschwankungen vertragen, gehören zur charakteristischen Fauna.

Vögel: Hohe Bedeutung für zahlreiche Wat- und Wasservögel.

Käfer: *Macroplea mutica*.

Weichtiere: *Alderia modesta*, *Assiminea grayana*, *Gyraulus laevis*, *Hydrobia stagnorum*, *Ovatella myosotis*, *Palio dubia*, *Potamopyrgus antipodarum*.

Sonstige Wirbellose: Moostierchen: *Victorella pavida*.

Kartierungshinweise: Die Abtrennung vom Meer muß bei Mittlerem Hochwasser (MTHW) gegeben sein. Lagunen können primär (Strandwälle, Ausgleichsküsten) entstanden sein oder sekundär durch Dämme oder Sieltore vom Meer abgetrennt sein. Mündungen von Fließgewässern, auch wenn sie durch Strandwälle vom Meer abgetrennt sind, sind als Ästuar (1130) aufzufassen. Sie unterscheiden sich von den Lagunen durch die kontinuierliche Zufuhr von Süßwasser. Bodden und Haffs der Ostsee mit ständiger Verbindung zur See sind dem Lebensraumtyp „Flache Meeresarme und -buchten“ (1160) zuzuordnen.

Nur Stillgewässer, die bei Sturmfluten noch mehr oder weniger regelmäßig vom Meerwasser erreicht werden, sind zu erfassen. Der Salzeinfluß ist i.d.R. am Vorkommen entsprechender salzertragender Vegetation zu erkennen. Völlig ausgesüßte Stillgewässer sind nicht einzuschließen.

Die Abgrenzung des Lebensraumtyps soll im Bereich der mittleren Wasserlinie erfolgen. Sie umfaßt damit den Wasserkörper und die Ufer mit ihren Röhrichten, Hochstaudenfluren und Pioniergesellschaften. Angrenzende, als terrestrisch zu beschreibende Bereiche gehören nicht zum Lebensraumtyp, auch wenn sie gelegentlich überflutet werden. Letztere sollten aber aus funktionalen Gründen in die Gebietsabgrenzung für Natura 2000 mit eingeschlossen werden.

Variabilität: Einerseits charakteristisches Element der Bodden-Ausgleichsküsten der Ostsee, andererseits v.a. auf den Wattenmeerinseln mit geringer Küstenbefestigung ausgebildet.

Komplexe: Kontakte zu Salzgrünland und Brackwasserröhrichten, sowie zu Dünen, Sandstrand- und Sandplatenkomplexen.

Biotoptypen:

BTB	RL	REG	BIOTOPTYP	EIG_CODE	EIG
080201	3	B	ungenutztes Röhricht der Ostsee	K011	in Lagunen
080202	3	B	genutztes Röhricht der Ostsee	K011	in Lagunen
0803	3	B	Brackwasser-Hochstaudenflur der Ostsee	K011	in Lagunen
0906	1	K	Strandsee		
240601	2	K	Brackwassersee und -weiher im Küstenbereich	K011	in Lagunen

Vegetation:

Lemnetea minoris KOCH & TX. ex OBERD. 57	pp
Zosteretea marinae PIGN. 53	pp
Bidentetea tripartitae LOHM. & PRSG. in TX. 50	pp
Isoeto-Nanojuncetea bufonii BR.-BL. & TX. 43	pp
Samolo-Baldellion SCHAMINÉE & WESTHOFF 90	v
Thero-Salicornietea PIGNATTI 53 em. TX. in TX. & OBERD. 58	pp
Saginetea maritimae WESTHOFF, VAN LEEUWEN & ADRIANI 62	pp
Cakiletea maritimae TX. & PRSG. 50	pp
Asteretea tripolii WESTHOFF & BEEFTINK ap. BEEFTINK 65	pp
Trifolio fragiferae-Agrostietalia stoloniferae (OBERD. ap. OBERD. et al. 67) TX. 70	pp
Charion canescentis KRAUSCH 64	v
Charetum canescentis CORILLON 57	v
Charetum balticae KORNAS 59	v
Chara tomentosa-Gesellschaft	v
Ruppietea maritimae J. TX. 60	v
Ruppietalia maritimae J. TX. 60	v
Ruppion maritimae BR.-BL. 60	v
Ruppietum maritimae IVERSEN 34	v
Eleocharietum parvulae LIBBERT 40	v
Potamogetonetea pectinati TX. & PRSG. 42 corr. OBERD. 79	pp
Zanichellion pedicillatae SCHAMINÉE et al. 90	v
Zanichellietum pedicellatae NORDHAGEN 54	v
Najadetum marinae FUKAREK 61	v
Ranunculetum baudotii BR.-BL. 52	v
Phragmitetea australis TX. & PRSG. 42	pp
Bolboschoenion maritimi DAHL & HADAC 41	v
Bolboschoenetum maritimi VAN LANGENDONCK 31	v
Scirpetum triquetri-maritimi ZONNEVELD 60	v
Phalarido-Bolboschoenetum maritimi ZONNEVELD 60	v
Scirpus tabernaemontanus-Gesellschaft	v
Scirpo-Phragmitetum W. KOCH 26	v

Nutzung/Pflege: I.d.R. nicht erforderlich, Lagunen entstehen an unverbauten Küstenabschnitten mit Anlandung regelmäßig neu. Ggf. ist ein Rückbau von Deichen erforderlich.

Sukzession: Durch das Einsetzen von Verlandungsprozessen unterliegen Lagunen einer allmählichen Verlandung. Dabei werden sie von Brackwasserröhrichten abgelöst, die bei fehlender Nutzung das Endstadium der Sukzession darstellen. Bei extensiver Nutzung werden diese von Salzgrünländern abgelöst.

Hauptgefährdungsfaktoren: Eindeichung, Schad- u. Nährstoffeintrag, Freizeitnutzung, Fischerei, intensive Beweidung (Viehtritt und Nährstoffeintrag).

Bemerkungen: In CORINE ist die Unterwasservegetation extra verschlüsselt (23.21).

Flache große Meeresarme und -buchten (Flachwasserzonen)

NATURA 2000-Code: 1160

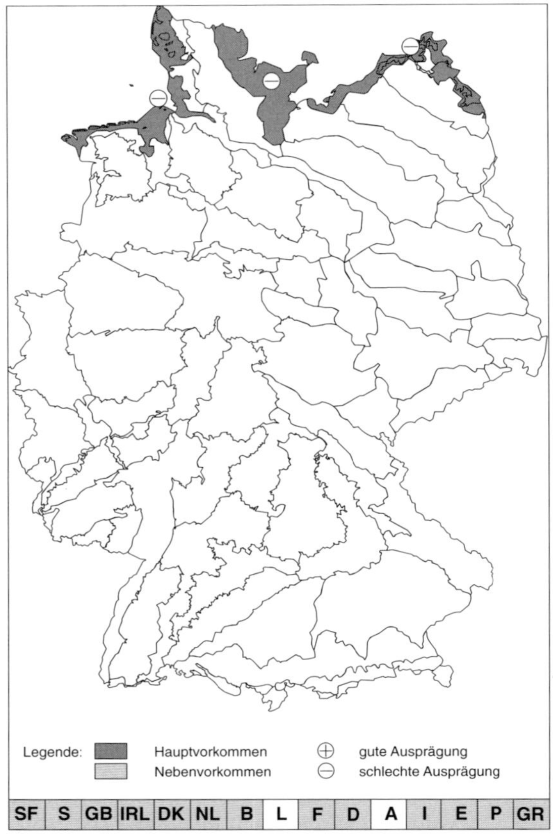

Abb. 16: Verbreitung des Lebensraumtyps 1160 in Deutschland und Europa.

D: Flache große Meeresarme und -buchten (Flachwasserzonen)
F: Grandes criques et baies peu profondes
E: Large shallow inlets and bays

Code nach Anhang I: -
Pal. Code: 12 bzw. 11.121, 11.2 - 11.4
Definition: Flache große Meeresarme und -buchten mit ihren Flachwasserzonen, insbesondere zwischen den Inselketten der Nordsee und dem Festland (soweit nicht Wattflächen), einschließlich Bodden und Haffs der Ostsee; je nach Gebiet unterschiedliche Substrate (Hart-/ Weichsubstrate), vegetationsfrei oder mit Seegraswiesen.
Standort: Der Wasserkörper ist mehr oder weniger durchlichtet (euphotische Zone), so daß ein Wachstum höherer Pflanzen und Makroalgen möglich ist. In der Ostsee kommen v.a. in Bodden Bereiche mit sehr unterschiedlicher Salinität vor. Im Gegensatz zum Watt ist eine permanente Wasserbedeckung vorhanden.
Subtypen: Unterscheidung nach Substrattypen (vgl. Biotoptypen):
- Flachwasserbereiche der Nordsee (mit Salzwasser),
- Flachwasserbereiche der Ostsee (mit Salz- oder Brackwasser).

Pflanzenarten, dominante: -
typische: *Ruppia maritima*, *Zostera marina*, *Zostera noltii* und – v.a. in den Bodden der Ostsee – *Potamogeton pectinatus*, *Ranunculus baudotii*, *Zannichellia palustris*.
Algen: *Chara baltica*, *Chara canescens* und andere benthische Algen.
Tierarten: Sehr unterschiedliche Lebensgemeinschaften je nach Substrat und Salinität, wichtige Teillebensräume für Jungfische.
Vögel: Mittelsäger (*Mergus serrator*), Brandgans (*Tadorna tadorna*); ferner als Nahrungsgäste: Nonnengans (*Branta leucopsis*), Zwergschwan (*Cygnus bewickii*), Singschwan (*Cygnus cygnus*), Seeadler (*Haliaeetus albicilla*), Fischadler (*Pandion haliaetus*) u.a.
Fische: Steinpicker (*Agonus cataphractus*), Kleiner Sandaal (*Ammodytes tobianus*), Hering (*Clupea harengus*), Ostseeschnäpel (*Coregonus lavaretus balticus*), Seehase (*Cyclopterus lumpus*), Flußneunauge (*Lampetra fluviatilis*), Quappe (*Lota lota*), Vierhör-

niger Seeskorpion (*Myoxocephalus quadricornis*), Flunder (*Platichthys flesus*), Scholle (*Pleuronectes platessa*), Strandgrundel (*Pomatoschistus microps*), Sandgrundel (*Pomatoschistus minutus*), Seestichling (*Spinachia spinachia*), Zander (*Stizostedion lucioperca*), Große Seenadel (*Syngnathus acus*), Kleine Seenadel (*Syngnathus rostellatus*), Grasnadel (*Syngnathus typhle*), Zährte (*Vimba vimba*) u.a.
Schmetterlinge: *Acentria ephemerella.*
Käfer: In Seegraswiesen: *Macroplea mutica.*
Weichtiere: Für Brackwasserbereiche (besonders östliche Ostsee und Bodden): *Arenomya arenaria, Bithynia tentaculata, Cerastoderma lamarcki, Dreissena polymorpha, Hydrobia stagnorum, Mytilus edulis, Potamopyrgus antipodarum, Radix ovata, Rissoa membranacea, Theodoxus fluviatilis*; für stärker salzhaltige Bereiche (Nordsee und westliche Ostsee): *Abra alba, Angulus fabula, Angulus tenuis, Arenomya arenaria, Cerastoderma edule, Cerastobyssus exiguum, Cerastobyssus hauniense, Elysia viridis, Ensis directus, Facelina bostoniensis, Hiatella arctica, Hydrobia ulvae, Lacuna pallidula, Lacuna parva, Lacuna vincta, Macoma balthica, Musculus discors, Musculus marmoratus, Mya truncata, Mytilus edulis, Omalogyra atomus, Parvicardium ovale, Retusa obtusa, Retusa truncatula, Rissoa membranacea, Rissoa violacea, Scrobicularia plana, Spisula solida, Spisula subtruncata, Turboella inconspicua, Velutina velutina.*
Sonstige Wirbellose: Krebse: *Palaemon squilla.*

Kartierungshinweise: Flachwasserzonen des Meeres in Küstennähe, d.h. mit ständiger Wasserbedeckung und einer maximalen Tiefe von 10-15 m. Die Abgrenzung zu den Sandbänken (1110) ist nicht eindeutig zu treffen. Die Abgrenzung kann anhand der Höhenangaben der Topographischen Karten erfolgen. Alle Boddengewässer der Ostsee werden hierher gestellt. Im Gegensatz zu Lagunen (1150) ständig mit dem offenen Meer verbunden und durch fehlenden deutlichen Süßwasserdurchstrom von den Ästuaren (1130) unterschieden.

Variabilität: Nordsee und Ostsee unterscheiden sich grundsätzlich in ihrer Salinität. In der Ostsee ist eine Vielzahl von Boddengewässertypen mit abgestufter Salinität vorhanden.

Komplexe: Die Flachwasserzonen stehen in der typischen Abfolge der küstennahen Lebensräume zwischen den Lebensräumen des offenen Meeres und den Küstenlebensräumen wie Watt, Strand, Steilküste und Lagunen.

Biotoptypen:

BTB	RL	REG	BIOTOPTYP	EIG_CODE	EIG
0301	3	B	Pelagial der Flachwasserzone der Nordsee	K012	in flachen großen Meeresarmen und -buchten
030201	2	B	Benthal der Flachwasserzone der Nordsee mit Schlicksubstrat, makrophytenarm	K012	in flachen großen Meeresarmen und -buchten
030202	3	B	Benthal der Flachwasserzone der Nordsee mit Fein- bis Mittelsand-substrat, makrophytenarm	K012	in flachen großen Meeresarmen und -buchten

BTB	RL	REG	BIOTOPTYP	EIG_CODE	EIG
030203	3	S	Benthal der Flachwasserzone der Nordsee mit Grobsand-, Kies- und Schillsubstrat, makrophytenarm	K012	in flachen großen Meeresarmen und -buchten
030204	3	K	Benthal der Flachwasserzone der Nordsee mit Hartsubstrat, makrophytenarm	K012	in flachen großen Meeresarmen und -buchten
030205	2	B	Benthal der Flachwasserzone der Nordsee mit Schlick- und Sand-substrat, makrophytenreich	K012	in flachen großen Meeresarmen und -buchten
030206	3	S	Benthal der Flachwasserzone der Nordsee mit Hartsubstrat, makrophytenreich	K012	in flachen großen Meeresarmen und -buchten
0401	2	S	Pelagial der Flachwasserzone der Ostsee		
0402			Benthal der Flachwasserzone der Ostsee		
040201	2	B	Benthal der Flachwasserzone der Ostsee mit Schlicksubstrat, makrophytenarm		
040202	2	B	Benthal der Flachwasserzone der Ostsee mit Fein- bis Mittelsandsubstrat, makrophytenarm		
040202a			Sandbank der Ostsee (ständig wasser-bedeckt)	K012	in flachen großen Meeresarmen und -buchten
040203	2	S	Benthal der Flachwasserzone der Ostsee mit Grobsand-, Kies- und Schilfsubstrat, makrophytenarm		
040204	2	S	Benthal der Flachwasserzone der Ostsee mit Hartsubstrat, makrophytenarm	K012	in flachen großen Meeresarmen und -buchten
040205	2	S	Benthal der Flachwasserzone der Ostsee mit Schlick- bis Sandsubstrat, makrophytenreich		
040206	2	S	Benthal der Flachwasserzone der Ostsee mit Kies- und Hartsubstrat, makrophytenreich		
060201	2	S	unteres Litoral der Ostsee mit submersen Makrophyten		
A2a			Flachwasserzonen der Nordsee (Meeresarme u. -buchten, inkl. Seegraswiesen)		
B31			naturnaher Boddengewässerkomplex		
B32			Boddengewässerkomplex, geringe Belastung		

Vegetation:

Zosteretea marinae PIGN. 53	v
Zosteretalia marinae BEGUINOT 41 em. TX. & OBERD. 58	v
Zosterion marinae CHRISTIANSEN 34	v
Zosteretum marinae BORGESEN ex VAN GOOR 21	v
Zosteretum noltii HARMSEN 36	v
Ruppietea maritimae J. TX. 60	v
Ruppietalia maritimae J. TX. 60	v
Ruppion maritimae BR.-BL. 60	v
Ruppietum maritimae IVERSEN 34	v
Potamogetonetea pectinati TX. & PRSG. 42 corr. OBERD. 79	pp
Potamogetonion pectinati W. KOCH 26 em. OBERD. 57	pp
Zanichellion pedicillatae SCHAMINÉE et al. 90	v
Fucetalia vesiculosi JULVE 92	pp
Ulvetalia lactucae MOLINIER 58	pp

Nutzung/Pflege: Als natürlicher Lebensraumtyp auf eine Nutzung nicht angewiesen.
Sukzession: -
Hauptgefährdungsfaktoren: Grundschleppnetzfischerei, Schad- und Nährstoffeintrag, Tourismus, Schiffsverkehr.
Bemerkungen: In CORINE sind Gewässerkörper (11.121), benthische Substrate (11.2) und Wasservegetation (11.3 und 11.4) extra gefaßt.

Riffe

NATURA 2000-Code: 1170

D: Riffe
F: Récifs
E: Reefs

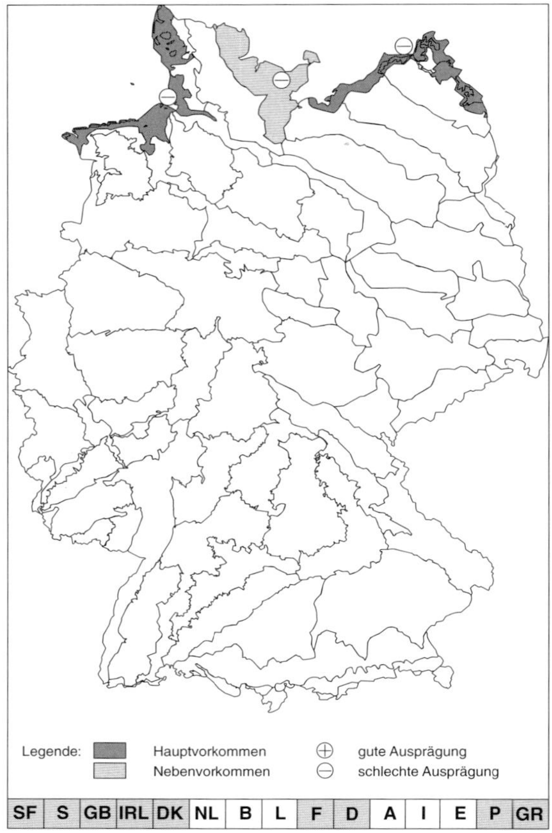

Abb. 17: Verbreitung des Lebensraumtyps 1170 in Deutschland und Europa.

Code nach Anhang I: -
Pal. Code: 11.24, 11.25
Definition: Vom Meeresboden aufragende Hartsubstrate des Sublitorals (euphotische Zone, i.d.R. bis max. ca. 15 m Tiefe) und des Litorals, häufig von Großalgen und Muscheln bewachsen, v.a. in der Ostsee auch mit höheren Pflanzen. Eingeschlossen sind sowohl das Felswatt, Riffe entlang der Felsküsten (litoral reefs) als auch im freien Meer aufragende Riffe (offshore reefs).
Standort: Submarin oder im Litoralbereich (wechselhalin); Felssubstrat und große Felsblöcke inkl. Moränenverwitterungsmaterial.
Subtypen: -
Pflanzenarten, dominante: Algen: Oberes Litoral: *Enteromorpha spp.*; mittleres Litoral: *Fucus spp.*; unteres Litoral und Sublitoral: *Laminaria spp.*
typische: Grünalgen z.B. *Enteromorpha spp., Ulva spp.*; Braunalgen z.B. *Chorda filum, Fucus serratus, Fucus vesiculosus, Laminaria hyperborea, Laminaria saccharina*; Rotalgen insbesondere der Familien Corralinaceae, Ceramiaceae und Rhodomelaceae.
Tierarten: Miesmuschelbänke, Austernbänke und Sabellaria-Riffe, zahlreiche Spezialisten von marinen Hartsubstraten des Sublitorals.
Fische: Seestichling (*Spinachia spinachia*).
Weichtiere: *Acmaea testudinalis, Acmaea virginea, Barnea candida, Crepidula fornicata, Gibbula cineraria, Lamellaria perspicua, Lepidochitona cinerea, Lepidopleurus asellus, Littorina littorea, Littorina mariae, Littorina obtusata, Littorina saxatilis, Mytilus edulis, Ostrea edulis, Petricola pholadiformis, Pholas dactylus, Skeneopsis planorbis, Turboella parva, Zirfaea crispata.*
Kartierungshinweise: Kriterien für die Zuordnung zu diesem Lebensraumtyp sind das Vorhandensein eines Hartsubstrates sowie eine entsprechende geringe Wassertiefe, die durch die Eindringtiefe des Lichts vorgegeben ist (i.d.R. maximal bis 15 m). Eingeschlossen sind

auch biogene Hartsubstrate und Muschelbänke. Damit kann der Lebensraumtyp unter Zuhilfenahme von Höhenangaben aus Topographischen Karten abgegrenzt werden.

Variabilität: In der Nordsee handelt es sich meist um biogene Hartsubstrate z.B. Miesmuschel-, Austern- oder *Sabellaria*-Riffe. Die einzige Ausnahme bildet das Sandstein-Festwatt und der Kreide-Sockel von Helgoland mit ausgeprägter Zonation von Grünalgen über verschiedene Braunalgen (*Fucus*-Zone, *Laminaria*-Zone) zu Rotalgen mit zunehmender Wassertiefe.

In der Ostsee kommt der Lebensraumtyp v.a. entlang der Kreide- und Moränensteilküste vor.

Komplexe: Pelagial, Boddengewässer, Watt, Block- u. Geröllstrände und Steilküsten.

Biotoptypen:

BTB	RL	REG	BIOTOPTYP	EIG_CODE	EIG
010204a	3	S	Riffe der Nordsee	K013	im Flachwasser- und Gezeitenbereich des Sublitorals und Litorals
020204a	2	B	Riffe der Ostsee	K013	im Flachwasser- und Gezeitenbereich des Sublitorals und Litorals
030204	3	K	Benthal der Flachwasserzone der Nordsee mit Hartsubstrat, makrophytenarm	K013	im Flachwasser- und Gezeitenbereich des Sublitorals und Litorals
030206	3	S	Benthal der Flachwasserzone der Nordsee mit Hartsubstrat, makrophytenreich	K013	im Flachwasser- und Gezeitenbereich des Sublitorals und Litorals
030207	3	B	Miesmuschelbank des Sublitorals der Nordsee		
030208	0	K	Austernbank des Sublitorals der Nordsee		
030209	1	B	Sabellaria-Riff des Sublitorals der Nordsee		
040204	2	S	Benthal der Flachwasserzone der Ostsee mit Hartsubstrat, makrophytenarm	K013	im Flachwasser- und Gezeitenbereich des Sublitorals und Litorals
040207	3	B	Miesmuschelbank des Sublitorals der Ostsee		
050104	3	N	Felswatt der Nordsee		
050107	2-3	B	Miesmuschelbank des Eulitorals der Nordsee		
060203	2	S	vegetationsreiches Windwatt mit Hartsubstrat	K013	im Flachwasser- und Gezeitenbereich des Sublitorals und Litorals

Vegetation:

Dictyoto dichotomae-Laurencietea pinnatifidae JULVE 92	v
Ulvetea lactucae JULVE 92	v
Peyssonnelio dubyi-Lithophylletea incrustantis JULVE 92	v

Nutzung/Pflege: Pflege nicht erforderlich; Befischung begrenzt möglich.
Sukzession: -
Hauptgefährdungsfaktoren: Schad- u. Nährstoffeintrag, z.B. Ölverschmutzung, Verschlammung, Schwermetalleintrag, Muschelfischerei (Grundschleppnetzfischerei).
Bemerkungen: -

Spülsäume des Meeres mit Vegetation aus einjährigen Arten

NATURA 2000-Code: 1210

D: Einjährige Spülsäume
F: Végétation annuelle des laissés de mer
E: Annual vegetation of drift lines

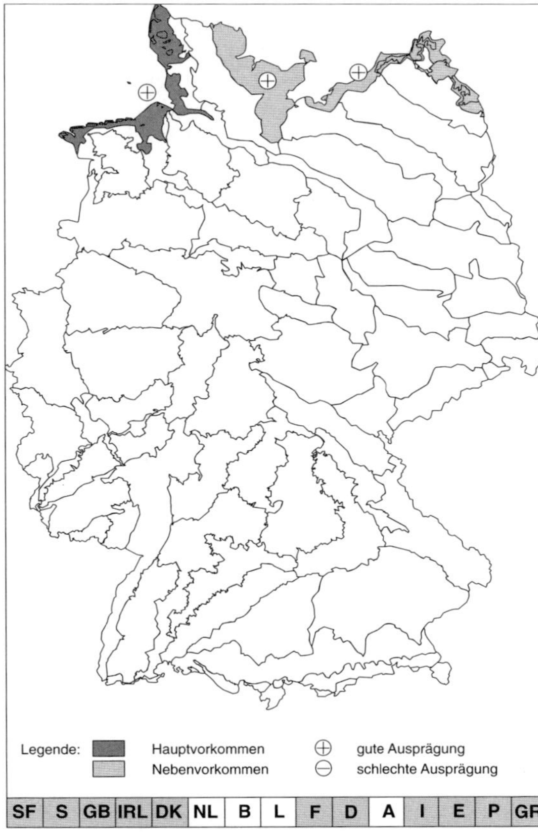

Abb. 18: Verbreitung des Lebensraumtyps 1210 in Deutschland und Europa.

Code nach Anhang I: 17.2
Pal. Code: 17.2 ferner 16.12
Definition: Von einjährigen Pflanzen besiedelte junge Spülsäume mit Meersenf-Gesellschaften (Cakiletea maritimae) auf angeschwemmtem organischem Material der Hochfluten. An Sandstränden häufig sandüberschüttet, ferner an Geröllstränden. Meist handelt es sich um schmale lineare Lebensräume, seltener auf Sandplaten auch um flächige Ausbildungen.
Standort: Ablagerungen von organischem Material (stickstoffreich) auf Sand oder vermischt mit Sand (Sandstrände) und auf Geröll (Geröllstrände), durch winterliche extreme Hochfluten erreicht und daher instabil und immer wieder neu verlagert.
Subtypen: -
Pflanzenarten, dominante: *Cakile maritima*, z.T. *Elymus farctus* (=*Agropyron junceum*) oder *Atriplex*-Arten.
typische: Vikariierend: *Cakile maritima ssp. maritima* (Nordsee) und *ssp. baltica* (Ostsee), *Polygonum oxyspermum ssp. raii* (Nordsee) und *ssp. oxyspermum* (Ostsee); ferner: *Atriplex spp.*, *Salsola kali*, *Suaeda maritima* usw.
Tierarten: Angeschwemmte Algen/Tangwälle sind Nahrungshabitat vieler Vögel und beherbergen eine Reihe hochspezialisierter Detritophager (u.a. Collembolen) und spezialisierte Räuber (v.a. Carabidae, Diptera usw.).
Käfer: *Cafius xantholoma*, *Omalium laeviusculum* (Nordsee).
Zweiflügler: *Fuccelia spp.*
Wanzen: *Salda littoralis.*
Spinnen: *Pardosa arenicola* (besonders an der Ostsee).
Sonstige Wirbellose: Krebse: *Orchestia gammarellus*, *Talitrus saltator*.
Kartierungshinweise: Das Auftreten einer entsprechenden Vegetation (vgl. angegebene Syntaxa) ist eine wesentliche Voraussetzung für die Zuordnung eines Strandabschnittes zu diesem Lebensraumtyp.

Die Vegetation aus überwiegend einjährigen Arten ist oft lückig (je nach Nutzungsintensität des Strandes) und kann sich nach jeder Hochflutsituation räumlich mehr oder weniger stark verändern. Daher sind auch vegetationsfreie Bereiche des Spülsaums in die Abgrenzung mit einzubeziehen, wenn in dem betrachteten Abschnitt wenigstens ab und zu entsprechende Pflanzenarten vorkommen. Die Spülsäume sind meist linear ausgebildet, im Bereich der Sandplaten seltener auch flächig. Die Abgrenzung soll den gesamten Bereich des Strandes zwischen Spülsaum und Wasserlinie umfassen. Primärdünen können Spülsaumarten enthalten, sie werden als eigener Lebensraumtyp (2110) abgetrennt, wenn Dominanz von *Elymus farctus* vorliegt und eine deutliche Erhöhung von i.d.R. min. 30 cm über den umliegenden Strand vorliegt.

Variabilität: Inselketten je nach Exposition, geographische Rassen z.B. „*Cakiletum frisicum*".

Komplexe: Spülsäume bilden Initialstadien der Primärdünen besonders an Anlandungsküsten. Sie stehen in der typischen Zonierung des Küstenlebensraums zwischen den aquatisch geprägten Wattflächen, den Flachwasserzonen, den terrestrisch geprägten Stränden und den angrenzenden Dünen oder Steilküsten.

Biotoptypen:

BTB	RL	REG	BIOTOPTYP	EIG_CODE	EIG
0703	1	S	Strandwiese [Komplex]	P124	mit Spülsaum
0901	3	B	Sandbank und Außensand	P124	mit Spülsaum
0902	2-3	B	Sandstrand	P124	mit Spülsaum
0903	*	S	Geröllstrand	P124	mit Spülsaum
0904	*	S	Blockstrand	P124	mit Spülsaum
0905	2	K	Strandwall	P124	mit Spülsaum

Vegetation:

Cakiletea maritimae TX. & PRSG. 50	pp
Cakiletalia maritimae TX. ap. OBERD. (49) 50	pp
Atriplicion littoralis NORDHAGEN 40	pp
Atriplicetum littoralis LIBBERT 40	v
Atriplicetum glabriusculae-calothecae FRÖDE 57/58	v
Cakiletum maritimae NORDHAGEN 40	v
Beta maritima-Gesellschaft	v
Atriplex longipes-Gesellschaft	v
Atriplex prostrata-Gesellschaft	v
Polygono raii-Atriplicetum glabriusculae TX. 50	v

Nutzung/Pflege: Pflege nicht erforderlich.

Sukzession: Keine, bzw. durch jährliche Hochfluten regelmäßig unterbrochen.

Hauptgefährdungsfaktoren: Eindeichung, Wasserbelastung (Ölverschmutzung etc.), Tritt, Beräumen von Stränden (Entfernen von Treibsel, Badetourismus).

Bemerkungen: Korrekter Titel: „Spülsäume mit einjähriger Vegetation".
Der CORINE-Typ 17.2 bezieht sich nur auf Geröllstrände („shingle beaches").

Geröll- und Kiesstrände mit Vegetation aus mehrjährigen Arten

NATURA 2000-Code: 1220

D: Mehrjährige Vegetation der Kiesstrände
F: Végétation vivace des rivages de galets
E: Perennial vegetation of stony banks

Code nach Anhang I: 17.3
Pal. Code: 7.3, (17.31, 17.32, 17.33)
Definition: Geröll- und Kiesstrände mit ausdauernder, salzertragender und nitrophiler Vegetation im oberen Bereich (Cakiletea maritimae p.p.). Eingeschlossen sind auch gischtbeeinflußte Unterhänge von Fels- und Steilküsten mit entsprechender Vegetation.
Standort: Es handelt sich um salzbeeinflußte Standorte (seltene Hochfluten und/oder gischtbeeinflußt) mit Hartsubstraten, die durch eine hohe Stabilität des Substrates und durch stickstoffreiche Bedingungen gekennzeichnet sind.
Subtypen: -
Pflanzenarten, dominante: Keine, (oft nur lückig bewachsen).
typische: *Beta vulgaris ssp. maritima, Crambe maritima, Honckenya peploides, Leymus arenarius* u.a.
Tierarten:
Käfer: *Psylliodes crambicola.*
Kartierungshinweise: Der Lebensraumtyp umfaßt Kies- und Geröllstrände, an denen die typische halophytische Vegetation aus überwiegend mehrjährigen Arten ausgebildet ist. Kleinere vegetationsfreie Bereiche zwischen Vorkommen der entsprechenden Vegetation können in die Abgrenzung miteinbezogen werden.
Im Bereich von Steilküsten (1230) werden vorgelagerte Kiesstrände mit entsprechender Vegetation separat erfaßt (Lebensraumtyp 1220).
Variabilität: Zahlreiche regionale Ausbildungen (Atlantikküste, Kanal, Ostsee, Helgoland) mit unterschiedlichen Pflanzengesellschaften.
Die Vegetation kann im Umfeld von Seevogelkolonien stark verändert sein.
Komplexe: Der Lebensraumtyp steht in der typischen Zonierung der Küstenlebensräume an der Grenze der aquatisch geprägten Lebensräume des Meeres und den terrestrisch geprägten Lebensräumen wie Steilküsten etc.

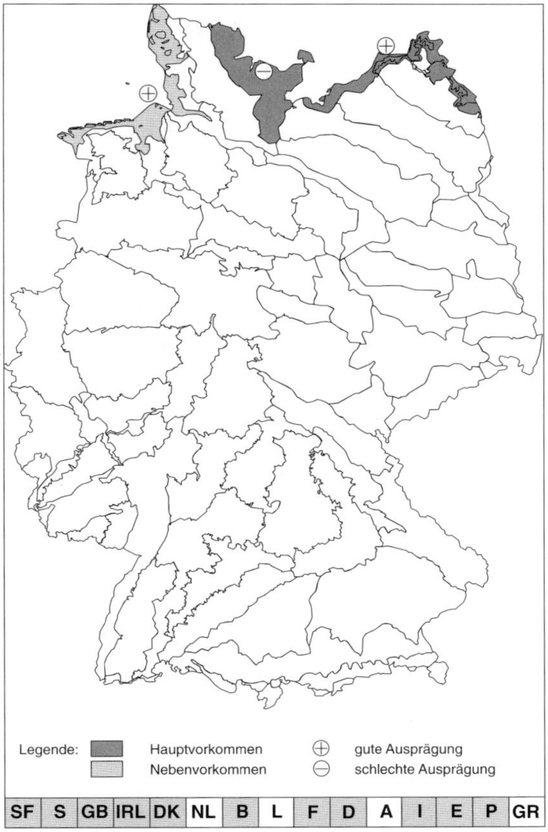

Abb. 19: Verbreitung des Lebensraumtyps 1220 in Deutschland und Europa.

Biotoptypen:

BTB	RL	REG	BIOTOPTYP	EIG_CODE	EIG
0903	*	S	Geröllstrand	P125	mit mehrjähriger halophytischer Vegetation
0904	*	S	Blockstrand	P125	mit mehrjähriger halophytischer Vegetation

Vegetation:

Crambetum maritimae EKL. 32 v
Potentillo-Elymetum arenariae TX. 66 v

Nutzung/Pflege: Pflege nicht erforderlich.
Sukzession: I.d.R. keine.
Hauptgefährdungsfaktoren: Wasserbelastung (z.B. Ölverschmutzung), Trittbelastung (Freizeittourismus).
Bemerkungen: -

Atlantik-Felsküsten und Ostsee-Fels- und Steilküsten mit Vegetation

NATURA 2000-Code: 1230

D: Atlantik-Felsküsten und Ostsee-Fels- und -Steilküsten mit Vegetation

F: Falaises avec végétation des côtes atlantiques et baltiques

E: Vegetated sea cliffs of the Atlantic and Baltic coasts

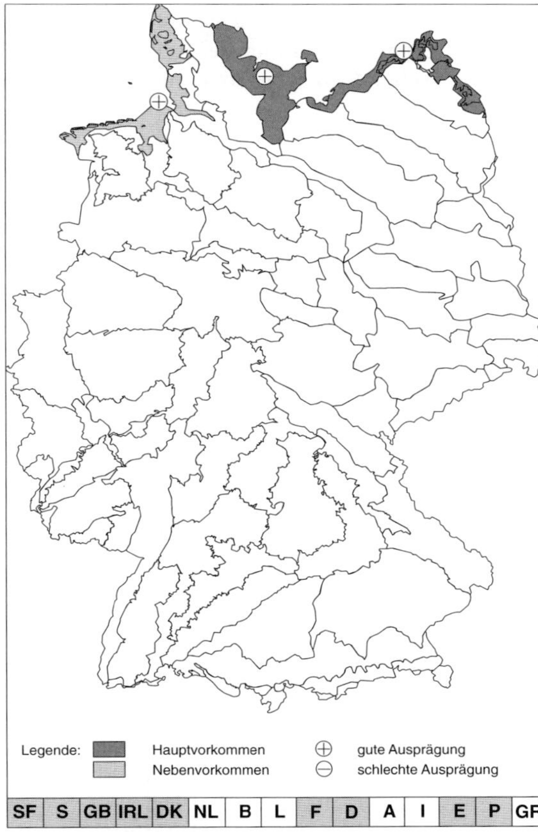

Abb. 20: Verbreitung des Lebensraumtyps 1230 in Deutschland und Europa.

Code nach Anhang I: 18.21

Pal. Code: 18.21, 18.1 u.a.

Definition: Fels- und Steilküstenkomplexe des Atlantiks, der Nord- und Ostseeküsten mit mindestens teilweise Bewuchs Höherer Pflanzen. An der Ostsee kommen Kreidesteilküsten und Moränensteilküsten, an der Nordsee i.w. die Sandsteinfelsküste von Helgoland vor.

Standort: Abtragungsküsten mit anstehendem Festgestein (Kreidefelsküste, Sandstein), Erosion von Geest oder Moränen. Bodeneigenschaften je nach Ausgangsmaterial sehr unterschiedlich. Salzbeeinflußt durch Gischt oder atmogenen Salzeintrag. Aktive Moränensteilküsten der Ostsee können bis zu 30 cm pro Jahr erodieren (HEYDEMANN & MÜLLER-KRACHT 1980). Süd- und südwestexponierte Steilküsten zeichnen sich durch starke Sonneneinstrahlung aus.

Subtypen: (vgl. auch Biotoptypen):

- Sandstein-Felsküste (Biotoptyp 1101)
  Die Sandstein-Felsküste tritt in Deutschland nur in der Atlantischen Region auf Helgoland in der Nordsee auf. Die Verwitterung des Sandsteins erfolgt unter Bildung von zahlreichen Treppen und Klüften. Diese sind wichtige Brutplätze von Seevögeln.
- Kreide-Felsküste (Biotoptyp 1102)
  Die Kreide-Felsküste tritt in Deutschland nur in der Kontinentalen Region an der Ostsee auf. Die Verwitterung der Kreide erfolgt ohne Bildung größerer Stufen oder Klüfte, so daß eine weitgehend ebene, mehr oder weniger glatte Fläche entsteht, die in der Regel weitgehend vegetationsfrei ist. Am Fuß können Schuttfluren und Quellaustritte mit lokalen Vermoorungen vorkommen. Salzertragende Vegetation fehlt hier fast vollständig.
- Moränensteilküste (Biotoptyp 1104)
  Die Moränensteilküste tritt in Deutschland hauptsächlich an der Ostsee auf. Die Verwitterung des weichen Moränenmaterials bewirkt in der Regel einen deutlich geringeren

Winkel des Steilhangs als bei den oben genannten Typen und läßt mit Ausnahme der sehr aktiven Bereiche überwiegend das Aufkommen von Vegetation zu. Eine salzertragende Vegetation fehlt fast vollständig.

– Geest-Kliff (Biotoptyp 1103)

Vom Meer erodierte Geestkerne der Nordfriesischen Inseln z.B. auf Sylt und Amrum.

Pflanzenarten, dominante: Keine.

typische: *Beta vulgaris* (Wildform), *Brassica oleracea*, *Equisetum arvense*, *Tussilago farfara*.

Tierarten:

Säugetiere: Dachs (*Meles meles*).

Vögel: Nordsee-Steilküste (Helgoland): Tordalk (*Alca torda*), Eissturmvogel (*Fulmarus glacialis*), Dreizehenmöwe (*Rissa tridactyla*), Baßtölpel (*Sula bassana*), Trottellumme (*Uria aalge*); Ostsee-Steilküsten: Kolkrabe (*Corvus corax*), Gänsesäger (*Mergus merganser*) (benötigt benachbarte Baumhöhlen zur Brut), Uferschwalbe (*Riparia riparia*) (Bruthabitat, Moränensteilküste); ferner: Karmingimpel (*Carpodactus erythrinus*), Neuntöter (*Lanius collurio*), *Mittelsäger* (*Mergus serrator*), Bachstelze (*Motacilla alba*), Sperbergrasmücke (*Sylvia nisoria*), Brandgans (*Tadorna tadorna*).

Käfer: *Bembidion andreae*, *Bembidion saxatile*, *Nebria livida*.

Hautflügler: Primärer Lebensraum zahlreicher bodennistender Arten der Faltenwespen (Vespoidea), der Wegwespen (Pompiloidea) und Bienen (Apoidea) v.a. in süd- bis südwestexponierten Moränensteilküsten.

Weichtiere: *Balea biplicata*, *Bulgarica cana*, *Catinella arenaria*, *Clausilia dubia*, *Columella edentula*, *Euomphalia strigella*, *Lacinaria plicata*, *Lauria cylindracea*, *Littorina neritoides*, *Littorina saxatilis*, *Macrogastra attenuata lineolata*, *Macrogastra plicatula*, *Macrogastra ventricosa*, *Succinella oblonga*.

Kartierungshinweise: Der Lebensraumtyp stellt einen Biotopkomplex dar. Darin können Vorkommen anderer Lebensraumtypen enthalten sein (z.B. Kalk-Trockenrasen [6210], Kalktuffquellen [7220] etc.), die nicht zusätzlich einzeln erfaßt werden müssen.

Vollständig vegetationsfreie Steilküsten sind nicht zu erfassen, teilweise vegetationsfreie Bereiche, besonders steile Wandpartien, können in die Abgrenzung miteinbezogen werden. Die Abgrenzung des Lebensraumtyps schließt die vorgelagerten Strände (1210, 1220) aus und beginnt direkt am Hangfuß. Sie schließt die obere Abbruchkante mit ein. Bei aktiven Kliffs sollte bei der Gebietsabgrenzung die Rückverlagerung der Abbruchkante berücksichtigt werden. Da es sich um einen dynamischen Lebensraum handelt, ist der Gesamtkomplex des Steilabfalls einschließlich eines mindestens 100 m breiten Schutzstreifens oberhalb der Abbruchkante einzubeziehen. Mindesthöhe 2 m, maximale Entfernung des Hangfußes zur Küstenlinie 100 m, Inklination in den steilsten Partien mindestens 30°.

Variabilität: Helgoland: Sandstein-Felsküste; Nordseeinseln: Geest-Kliffs z.B. Sylt, Amrum; Ostseeküste: Kreidesteilküste und Moränensteilküste.

Komplexe: Der Lebensraumtyp ist an Abtragungsküsten die Kontaktzone zwischen Festland und Meer. Vorgelagert sind i.d.R. Block- und Geröllstrände. Landwärts grenzen i.d.R. Wälder, Grünland oder Äcker an. Lokal können Hangwasseraustritte mit Quellvermoorungen, Bacheinschnitte oder Rutschhalden in Steilküstenbereichen auftreten.

Biotoptypen:

BTB	RL	REG	BIOTOPTYP	EIG_CODE	EIG
11			FELS- UND STEILKÜSTEN		
1101	1	K	Sandstein-Felsküste (nur Helgoland)		
1102	p	N	Kreide-Felsküste (Ostsee)		
1103	2	N	Kliff der Nordfriesischen Inseln (Geest)		
1104			Moränensteilküste (Ostsee)		
110401	3	N	Moränensteilküste (Ostsee), aktiv		
110402	3	B	Moränensteilküste (Ostsee), inaktiv		
C41			natürlicher Felsküstenkomplex Helgoland		
C42			naturnaher Felsküstenkomplex Helgoland, geringe Belastung		
C51			natürlicher Kreidesteilküstenkomplex		
C52			naturnaher Kreidesteilküstenkomplex, geringe Belastung		
C61			natürlicher Moränensteilküsten-komplex		
C62			naturnaher Moränensteilküsten-komplex, geringe Belastung		

Vegetation:

Crithmo-Limonietea vulgaris BR.-BL. 47	v
Crithmo-Limonietalia BR.-BL. 42	v
Crithmo-Armerion maritimae GEHU 64	v
Brassicetum oleraceae GEHU 62	v
Vincetoxietum hirundinariae KAISER 26	v
Asplenietea trichomanis (BR.-BL. in MEIER & BR.-BL. 34) OBERD. in OBERD. 77	pp
Montio-Cardaminetea BR.-BL. & TX. 43	pp
Scheuchzerio-Caricetea nigrae (NORDHAGEN 36) TX. 37	pp
Asteretea tripolii WESTHOFF & BEEFTINK ap. BEEFTINK 65	pp
Molinio-Arrhenatheretea TX. 37	pp
Sedo-Scleranthetea BR.-BL. 55 em. TH. MÜLLER 61	pp
Festuco-Brometea BR.-BL. et TX. 43	pp
Artemisietea vulgaris LOHMEYER, PRSG. & TX. in TX. 50	pp
Trifolio-Geranietea sanguinei MÜLLER 61	pp
Rhamno-Prunetea RIVAS GODAY et CARBONELL 61	pp
Querco-Fagetea BR.-BL. et VLIEGER in VLIEGER 37	pp
Sambuco-Salicion capreae TX. & NEUMANN in TX. 50	pp

Nutzung/Pflege: Keine Pflege erforderlich.

Sukzession: Bei aktiven Steilküsten durch konstante Erosion keine. Inaktive Steilküsten unterliegen der Sukzession zu Vorwaldstadien z.B. mit *Populus tremula.*

Hauptgefährdungsfaktoren: Küstenschutzmaßnahmen, Bebauung an der Abbruchkante, Freizeitnutzung, intensive landwirtschaftliche Nutzung bis an die Abbruchkante.

Bemerkungen: Vegetationsfreie Abbruchkanten und Steilküsten sind aus tierökologischer Sicht (v.a. südexponierte Teilbereiche) sehr schützenswert. (Hymenoptera, Uferschwalben u.a.) In CORINE fehlen die Fels- und Steilküsten der Ostsee.
Novellierungsvorschlag: Streichung des Zusatzes „mit Vegetation“, statt dessen: „naturnahe, unverbaute Fels- und Steilküsten“.

Queller-Watt

NATURA 2000-Code: 1310

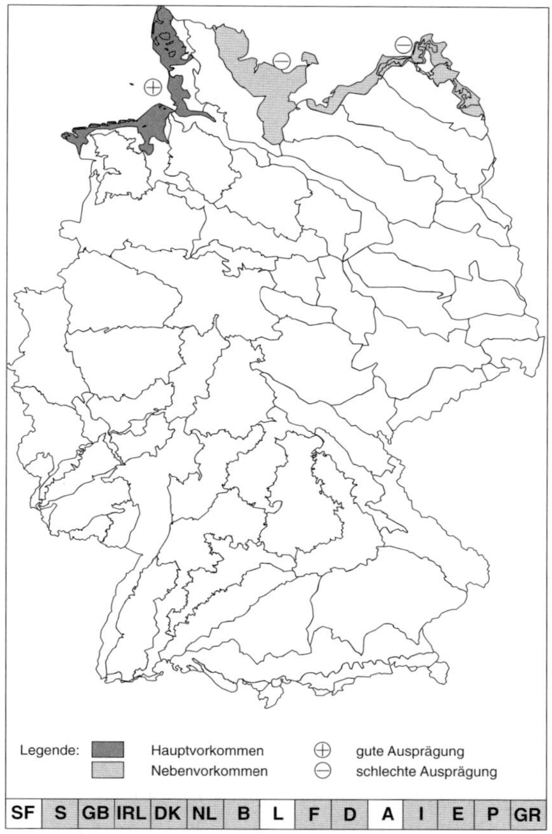

Abb. 21: Verbreitung des Lebensraumtyps 1310 in Deutschland und Europa.

D: Einjährige Vegetation mit *Salicornia* und sonstiger Vegetation auf Schlamm und Sand (Quellerwatt)

F: Végetations annuelles pionnières à *Salicornia* et autres des zones boueuses et sableuses

E: *Salicornia* and other annuals colonizing mud and sand

Code nach Anhang I: 15.11

Pal. Code: 15.1, alle Subtypen; in D: 15.11, 15.13

Definition: Das Quellerwatt ist durch einjährige lückige Pioniervegetation des Salzgrünlandes im Eulitoral der Küsten auf sandigen und schlickigen Böden gekennzeichnet. Es schließt das Watt und tiefliegende Sandplaten, von ca. –40 bis 0 cm unter MTHW mit Vegetation der Thero-Salicornietalia ein.

Standort: Prägende ökologische Faktoren sind wechselhaline Bedingungen, eine insgesamt meist hohe Salinität und regelmäßige Überflutungen. Die vorherrschenden Quellerarten können je nach Überflutungshäufigkeit in bestimmten Zonen wechseln. Im Unterboden herrschen reduzierende Verhältnisse (H_2S) vor.

Subtypen: -

Pflanzenarten, dominante: *Salicornia dolichostachya ssp. decumbens* (Platen), *Salicornia dolichostachya ssp. strictissima* (meist tiefer gelegene Bereiche), *Salicornia ramosissima.*

typische: *Sagina maritima, Salicornia dolichostachya ssp. decumbens, Salicornia dolichostachya ssp. strictissima, Salicornia europaea, Salicornia ramosissima, Suaeda maritima,* z.T. auch *Puccinellia distans.* Zwischen den höheren Pflanzen ist der Wattboden von Algen und Diatomeen überzogen.

Tierarten:

Käfer: *Bledius spectabilis.*

Weichtiere: *Assiminea grayana, Hydrobia ulvae, Ovatella myosotis.*

Kartierungshinweise: Die Abgrenzung und Zuordnung erfolgt anhand des Vorkommens der entsprechenden Vegetation. Tritt auf einer größeren Sand- oder Schlammfläche wenigstens in Teilen Vegetation der angegebenen Syntaxa auf, so ist die gesamte Fläche in die Abgrenzung miteinzubeziehen. Nur Vorkommen im Einflußbereich der Hochfluten sind zu erfassen. Damit ist auch das Windwatt der Ostsee mit Queller mit eingeschlossen. Auch Vorkommen an älteren Deichdurchbrüchen können erfaßt werden. Fragmentarische Ausbildungen in den Poldern sind nicht eingeschlossen.

Variabilität: Der Lebensraumtyp ist je nach Exposition und Lage zu Meeresströmungen in unterschiedlicher Breite und zeitlich-räumlicher Konstanz ausgebildet.

Komplexe: Enge Beziehungen zum vegetationsfreien Watt. Oft in enger Verzahnung mit Pionierstadien der Salzwiesen (Andelrasen) und Schlickgrasbeständen.

Biotoptypen:

BTB	RL	REG	BIOTOPTYP	EIG_CODE	EIG
050202	2	B	Quellerwatt der Nordsee		
060202	3	S	Windwatt mit Queller		

Vegetation:

Thero-Salicornietalia PIGNATTI 53 em. TX. 54 in TX. & OBERD. 58	pp
Thero-Salicornion strictae BR.-BL. 33 em. TX. 50	v
Salicornietum strictae CHRISTIANSEN 55 ex TX. 74	v
Suaedetum macrocarpae GEHU, RIVAS MART. & TX. 72	v
Salicornion ramosissimae TX. 74	v
Puccinellio maritimae-Salicornietum ramosissimae TX. 74	v
Suaedetum flexilis TX 72	v
Puccinellio distantis-Salicornietum ramosissimae TX. 74	v

Nutzung/Pflege: Nicht erforderlich, da durch natürliche Auflandung regelmäßig neu entstehend.

Sukzession: Verdrängung durch Schlickgrasbestände oder allmähliche Weiterentwicklung durch Auflandung zu Salzwiesen (vgl. 1330), zunächst Andelrasen, später verschiedene Vegetationstypen der höher gelegenen Salzwiesen.

Hauptgefährdungsfaktoren: Schadstoffeintrag (Abwassereinleitung, Schwermetalleintrag, Ölverschmutzung u.a.), Eindeichung und Landgewinnung (z.B. Grüppen).

Bemerkungen: -

Watt mit Schlickgrasbeständen

NATURA 2000-Code: 1320

D: Schlickgrasbestände (Spartinion)
F: Prés à Spartina (Spartinion)
E: Spartina swards (Spartinion)

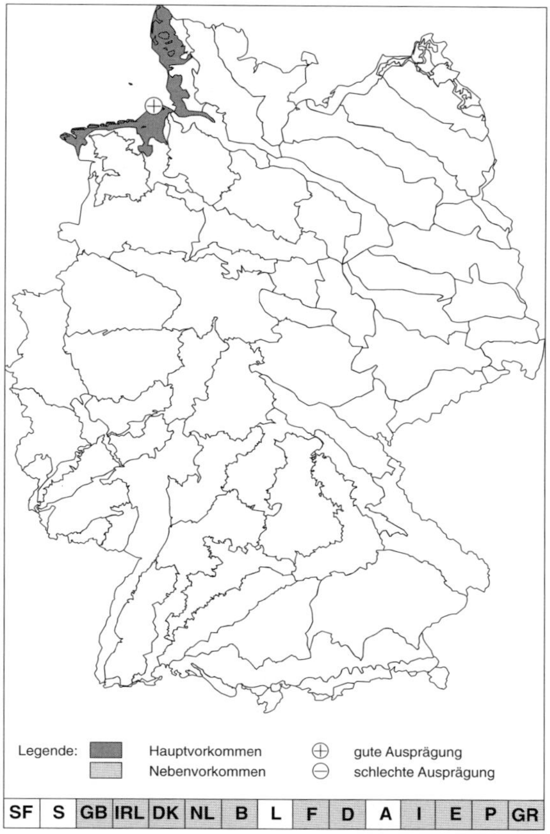

Abb. 22: Verbreitung des Lebensraumtyps 1320 in Deutschland und Europa.

Code nach Anhang I: 15.12
Pal. Code: 15.2
Definition: Ausdauernde Schlickgrasbestände im Watt (Spartinion maritimae). In der Regel nur von einer Schlickgrasart (regional unterschiedlich) als einzige Höhere Pflanze aufgebaute Bestände, bis ca. –0,4 m MTHW in der Nordsee; Schlickgras verdrängt bzw. ersetzt den Queller- und Salzwiesengürtel teilweise.
Standort: Schlick- und Mischwatt, bis max. –0,4 m MTHW, nicht zu hohe Sandanteile im Substrat.
Subtypen: -
Pflanzenarten, dominante: *Spartina anglica*.
typische: Algen- und Diatomeenrasen zwischen den *Spartina*-Horsten, *Spartina anglica* (2n = 122): allotetraploide bastardbürtige Art.
Tierarten:
Käfer: *Bledius spectabilis*.
Weichtiere: *Hydrobia ulvae*.
Kartierungshinweise: Kriterium für die Abgrenzung dieses Lebensraumtyps ist das Vorkommen von Schlickgrasbeständen. Kleinere vegetationsfreie Bereiche zwischen Schlickgrasbeständen können in die Abgrenzung miteinbezogen werden.
Variabilität: -
Komplexe: Im vegetationsfreien Watt liegend oder im Kontakt zum Quellerwatt oder zu Salzwiesen, besonders Andelrasen.

Biotoptypen:

BTB	RL	REG	BIOTOPTYP	EIG_CODE	EIG
050203	*	X	Schlickgrasbestand der Nordsee		

Vegetation:

Spartinetea maritimae TX. 61	v
Spartinetalia maritimae CONRAD 35	v
Spartinion maritimae CONRAD 52	v
Spartinetum anglicae CORILLON 53	v

Nutzung/Pflege: Keine Pflege erforderlich.

Sukzession: Schlickgrasbestände sind relativ stabile Vegetationsbestände, die sich durch allmähliche Auflandung langsam zu Salzgrünland mit geschlossener Narbe (Andelrasen, Bottenbinsenrasen u.a.) weiterentwickeln.

Hauptgefährdungsfaktoren: Nicht gefährdet und meist angesiedelt bzw. zur Landgewinnung eingeschleppt. Allenfalls Eindeichung kann als Gefährdungsfaktor gelten.

Bemerkungen: Aus deutscher Sicht derzeit nicht gefährdeter Lebensraumtyp, der keine Schutzmaßnahmen erfordert. Novellierungsvorschlag: Sollte auf die in Europa indigene diploide Art *Spartina maritima* (2n = 60) eingeengt werden, da eine Gefährdung der polyploiden Bastard-Art *Spartina anglica* (2n = 122) nicht gegeben ist. Kann als Teil des Watts mit Vegetation (15.11) aufgefaßt werden. *Spartina maritima* und der sterile Bastard *Spartina x townsendii* (*maritima x alterniflora*) kommen in Deutschland nicht vor. In Belgien ist *Spartina maritima* ganz ausgestorben.

Salzgrünland des Atlantiks, der Nord- und Ostsee mit Salzschwaden-Rasen

NATURA 2000-Code: 1330

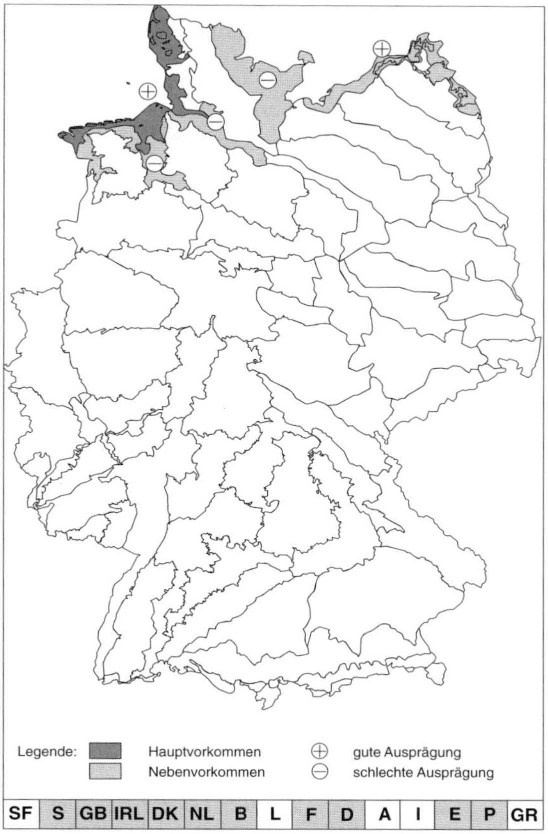

Abb. 23: Verbreitung des Lebensraumtyps 1330 in Deutschland und Europa.

D: Atlantische Salzwiesen (Glauco-Puccinellietalia)

F: Prés-salés atlantiques (Glauco-Puccinellietalia)

E: Atlantic salt meadows (Glauco-Puccinellietalia)

Code nach Anhang I: 15.13

Pal. Code: 15.3, alle Subtypen

Definition: Salzgrünland des Atlantiks, der Ost- und Nordsee in seiner gesamten typischen Zonation vom Andelrasen (natürlich oder beweidet bzw. halbnatürlich) über die höher gelegenen Rotschwingel-, Bottenbinsenrasen und Strandwermutgestrüpp bis zu den Hochflutspülsäumen mit *Agropyron pycnanthum*. Eingeschlossen sind auch Bestände mit den Seggen *Carex distans* und *Carex extensa* oder von *Eleocharis uniglumis* und *Eleocharis palustris*. Wichtiges Kennzeichen des Salzgrünlandes ist die natürliche Überflutungsdynamik durch das Meerwasser (Nordsee). An der Ostsee tritt Salzgrünland u.a. auch auf Torfsubstraten („Küstenüberflutungsmoore") auf und ist hier sekundär durch Beweidung aus Brackwasserröhricht etc. entstanden.

Standort: Regelmäßige Überflutung, wechselhalin, im Unterboden oft reduzierende Bedingungen, Boden sandig bis schlammig.

Subtypen: Es sind mindestens die obere und die untere Zone des Salzgrünlandes zu unterscheiden:
- Untere Salzwiesen der Nordsee (Biotoptyp 0701),
- Höhergelegene Salzwiesen und -weiden der Nordsee (Biotoptyp 0702),
- Salzgrünland des Supralitorals der Ostsee (Biotoptyp 0801).

Pflanzenarten, dominante: *Puccinellia maritima* (untere Salzwiese), *Agrostis stolonifera* und *Festuca rubra ssp. littoralis* (obere Salzwiese); ferner Dominanzbestände von zahlreichen Arten möglich, z.B. *Artemisia maritima*, *Juncus gerardii* u.a.

typische: Je nach Zone:

Untere Zone: *Glaux maritima*, *Halimione pedunculata*, *Halimione portulacoides*, *Puccinellia maritima*, *Spergularia salina*, *Suaeda maritima*;

Obere Zone: *Agrostis stolonifera, Armeria maritima, Artemisia maritima, Aster tripolium, Blysmus rufus, Carex distans, Carex extensa, Elymus pycnanthus, Festuca rubra ssp. litoralis, Juncus gerardii, Limonium vulgare, Odontites litoralis, Spergularia salina, Triglochin maritimum.*

In den noch höher gelegenen Zonen treten erste Glykophyten wie z.B. *Trifolium fragiferum* etc. auf.

Tierarten: Zahlreiche spezialisierte und z.T. endemische Phytophage (z.B. *Oxyrhynchius frisius*) und endogäische Bodentiere. Besondere Bedeutung für wandernde Insekten z.B. *Autographa gamma, Episyrphus balteatus, Vanessa cardui* u.a.

Vögel: V.a. Brutgebiet für Limikolen und Seeschwalben, auch Brandgans (*Tadorna tadorna*), bei größeren Schilfbeständen auch Sumpfohreule (*Asio flammeus*).

Käfer: *Amara ingenua, Bembidion aeneum, Bembidion fumigatum, Bembidion lunulatum, Bembidion maritimum, Bembidion pallidipenne, Bembidion pusillum, Bembidion transparens, Dicheirotrichus gustavii, Dyschirius chalceus, Dyschirius salinus, Pogonus chalceus, Pogonus luridipennis*; mind. 26 phytophage Käferarten an Salzwiesenpflanzen: *Apion limonii, Bledius bicornis, Bledius spectabilis, Bledius subniger, Cassida vittata, Chaetocnema concinna, Chrysomela haemoptera, Chrysomela staphylea, Mecinus collaris, Otiorhynchus frisius, Phaeodon concinnus, Philopedon plagiatus, Phyllobius vespertinus, Phyllobius viridaeris, Phytobius zumpti, Polydrusus atomarius, Polydrusus pulchellus, Phytosus balticus, Phytosus spinifer, Trachyphloeus bifoveolatus.*

Hautflügler: *Bombus muscorum, Colletes halophilus* (an *Aster tripolium*), *Lasioglossum leucozonium* u.a.

Zweiflügler: *Eristalinus sepulchralis, Hydrophorus oceanus, Sphaerophoria ruepellii, Symplecta stictica.*

Wanzen: *Chiloxanthus pilosus, Conostethus frisicus* (an *Limonium*), *Exolygus maritimus, Halosalda lateralis, Orthotylus moncreaffi* (an *Salicornia* und *Suaeda*), *Plagiognathus litoralis* (an *Artemisia maritima*), *Saldula palustris.*

Zikaden: *Anoscopus limicola, Eupteryx artemisiae.*

Spinnen: *Erigone arctica maritima, Erigone longipalpis, Leptorhoptum robustum, Pardosa purbeckensis, Praestigia duffeyi, Silometopus ambiguus.*

Weichtiere: *Assiminea grayana, Cochlicopa lubrica, Deroceras laeve, Deroceras reticulatum, Ovatella myosotis, Oxyloma elegans, Vallonia pulchella.*

Kartierungshinweise: Der Lebensraumtyp umfaßt das von den Hochfluten von Nord- und Ostsee erreichte salzbeeinflußte Grünland. Als Abgrenzungskriterium kann damit das Vorkommen von Vegetation der genannten Syntaxa verwendet werden. Kleinere vegetationsfreie Stellen können in die Abgrenzung miteinbezogen werden. Angrenzende, bereits verlandete Brackwasserröhrichte, die Arten der Salzwiesen enthalten, sind eingeschlossen.

Variabilität: Je nach Regionen traditionell schafbeweidet oder mit Rinderbeweidung. Natürliche Ausbildungen sind selten geworden und haben durch Eindeichungen große Flächen verloren.

Komplexe: Der Lebensraumtyp stellt ein typisches Element der Zonierung an Küsten mit sandigen bis schlammigen Feinsediment dar. Meerwärts steht es in Kontakt zu Wattflächen, Schlickgras- oder Quellerbeständen. Landeinwärts ist meist eine Zonierung der Subtypen von Andelrasen über Rotschwingel- und Bottenbinsenrasen gegeben. Schließlich grenzen Brackwasserröhrichte und nicht mehr salzbeeinflußte Feuchtgrünländer der Marschen an.

Biotoptypen:

BTB	RL	REG	BIOTOPTYP	EIG_CODE	EIG
0701			untere Salzwiesen der Nordsee (z.B. Andelrasen)		
070101	1-2	S	untere Salzwiese der Nordsee, naturnah		
070102	*	X	untere Salzwiese der Nordsee, anthropozoogen überformt		
0702			höhergelegene Salzwiesen und -weiden der Nordsee (z.B. Rotschwingel- und Bottenbinsenrasen)		
070201	1-2	S	höhergelegenes Salzgrasland der Nordsee, naturnah		
070202	2-3	X	höhergelegenes Salzgrasland der Nordsee, anthropozoogen überformt		
0703	1	S	Strandwiese [Komplex]		
0801	2	B	Salzgrünländer des Supralitorals der Ostsee		
080101	2	B	unteres Salzgrünland der Ostsee		
080102	2	B	höhergelegenes Salzgrünland der Ostsee		

Vegetation:

Saginetea maritimae WESTHOFF, VAN LEEUWEN & ADRIANI 62	v
Saginetalia maritimae WESTHOFF, VAN LEEUWEN & ADRIANI 62	v
Saginion maritimae WESTHOFF, VAN LEEUWEN & ADRIANI 62	v
Sagino maritimae-Cochlearietum danicae TX. & GILLNER 67	v
Asteretea tripolii WESTHOFF & BEEFTINK ap. BEEFTINK 65	v
Glauco-Puccinellietalia BEEFTING & WESTHOFF 62	v
Puccinellion maritimae CHRISTIANSEN 27	v
Puccinellietum maritimae CHRISTIANSEN 27	v
Halimionetum portulacoidis KUHNHOLTZ-LORDAT 27	v
Puccinellio-Asteretum tripolii nom. inv. VAN LANGENDONCK 31	v
Puccinellio-Spergularion BEEFTINK 65	v
Spergulario-Puccinellietum distantis FEEKERS 43	v
Puccinellietum retroflexae (ALMQUIST 29) BEEFTINK 65	v
Armerion maritimae BR.-BL. & DE LEEUW 36	v
Plantagini-Limonietum nom. cons. CHRISTIANSEN 27	v
Juncetum gerardii NORDHAGEN 23	v
Artemisietum maritimae BR.-BL. & DE LEEUW. 36	v
Blysmetum rufi GILLNER 60	v
Junco-Caricetum extensae BR.-BL. & DE LEEUW 36	v
Ononido-Caricetum distantis (TX. 55) n.n.	v
Oenantho-Juncetum maritimi FRÖDE 58	v
Atriplici-Agropyretum pungentis BEEFTINK & WESTHOFF 62	v
Eleocharitetum uniglumis ALMQUIST 29	v
Agropyron repens *maritimum-Gesellschaft	v
Juncus maritimus-Apium graveolens-Gesellschaft	v
Festuca rubra *litoralis-Gesellschaft	v
Trifolio fragiferae-Agrostietalia stoloniferae (OBERD. ap. OBERD. et al. 67) TX. 70	pp

Potentillion anserinae TX. 47	pp
Agrostis stolonifera-Trifolium fragiferum-Gesellschaft	v
Blysmo-Juncetum compressi LIBBERT 32	v
Cotula coronopifolia-Gesellschaft	v
Poo irrigatae-Agropyretum repentis TX. 57	v
Agrostis stolonifera-Potentilla anserina-Gesellschaft	v
Potentilla reptans-Gesellschaft	v

Nutzung/Pflege: Extensive Nutzung durch Schafbeweidung oder Rinderbeweidung mit geringen Besatzdichten möglich, bei sekundären Beständen zum Erhalt erforderlich. Primäre Bestände entstehen an Anlandungsküsten oder auf nicht festgelegten Inseln regelmäßig neu und bedürfen keiner Pflege.

Sukzession: Pionierformation für den Andelrasen ist das Quellerwatt. Andelrasen und Teile der höher gelegenen Salzwiese können durch Schlickgrasbestände ersetzt sein. Die Höhenzonation ist gleichzeitig eine Sukzessionsfolge von Andelrasen über Rotschwingel- und Bottenbinsenrasen zu Röhrichten. Danach setzt eine langsame Aussüßung und Verbuschung ein.

Hauptgefährdungsfaktoren: Eutrophierung und Schadstoffbelastung (z.B. Ölverschmutzung, Schwermetalleintrag), Eindeichung und Polderung, intensive Beweidung, Wasservogeljagd, Tourismus, Küstenverbau einschließlich des Einbringens von Schlickgras, Sodenentnahme für Deichbau.

Bemerkungen: Novellierungsvorschlag: Subtypen unterscheiden, natürliches Salzgrünland als prioritär einstufen.

* Salzstellen des Binnenlandes, unter anderem mit Salzschwaden-Rasen

NATURA 2000-Code: * 1340

D: Salzwiesen im Binnenland (Puccinellietalia distantis) *

F: Prés-salés continentaux (Puccinellietalia distantis) *

E: Continental meadows (Puccinellietalia distantis) *

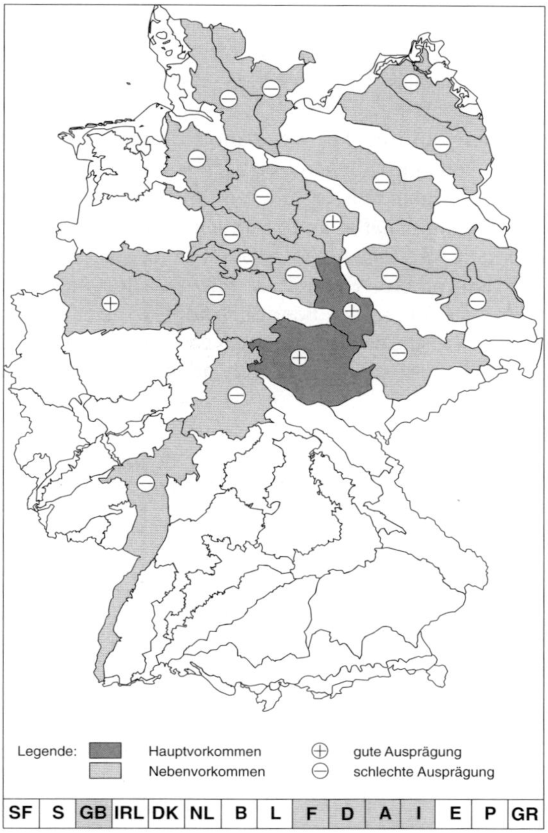

Abb. 24: Verbreitung des Lebensraumtyps 1340 in Deutschland und Europa.

Code nach Anhang I: 15.14

Pal. Code: 15.4, 15.41, 15.42

Definition: Natürliche Binnenlandsalzstellen mit ihrem gesamten Lebensraumkomplex, bestehend aus salzhaltigen Quellaustritten, salzhaltigen Fließ- und Stillgewässern mit der angrenzenden halophytischen Vegetation (u.a. Salzwiesen mit *Puccinellia distans*, *Juncus gerardii* und Brackwasserröhrichte). Sekundäre, anthropogene Binnenlandsalzstellen durch Bergbau, Salzfracht der Flüsse, Salzstreuen und andere anthropogene Beeinträchtigungen sind nicht eingeschlossen, es sei denn, primäre Binnenlandsalzstellen sind im Naturraum oder in der biogeographischen Region völlig zerstört worden.

Standort: Primär: Salz und Solquellen, natürlich zu Tage tretende Salzstöcke; sekundär: Streusalzeinfluß, Salzfracht der Flüsse.

Subtypen: Subtypen können, falls erforderlich, mit der Biotoptypenliste beschrieben werden.

Pflanzenarten, dominante: *Aster tripolium*, *Juncus gerardii*, *Puccinellia distans*.

typische: *Artemisia maritima*, *Aster tripolium*, *Atriplex prostrata*, *Bolboschoenus maritimus*, *Bupleurum tenuissimum*, *Glaux maritima*, *Halimione pedunculata*, *Juncus gerardii*, *Plantago major ssp. winteri*, *Plantago maritima*, *Puccinellia distans*, *Ruppia maritima*, *Salicornia ramosissima*, *Spergularia salina*, *Suaeda maritima*, *Triglochin maritimum*. Algen: *Enteromorpha intestinalis*.

Tierarten:

Fische: Dreistachliger Stichling (*Gasterosteus aculeatus*) (z.B. Solbach bei Artern).

Schmetterlinge: *Cucullia absinthae*, *Cucullia artemisisae*.

Käfer: *Bledius unicornis*, *Dyschirius salinus*, *Philonthus salinus*.

Wanzen: *Agramma confusa*, *Halosalda lateralis*, *Orthotylus rubidus*, *Piesma salsolae* (an *Salsola kali*) u.a.

Zikaden: *Chloriona glaucescens.*
Weichtiere: *Deroceras sturanyi, Hydrobia stagnorum.*

Kartierungshinweise: Der Lebensraumtyp umfaßt den gesamten salzbeeinflußten Bereich der Binnensalzstelle. Zur Abgrenzung kann das Vorkommen von Vegetation der entsprechenden Syntaxa herangezogen werden. Vegetationsfreie Bereiche z.B. mit Salzausblühungen sind in die Abgrenzung einzuschließen.
Kleinere Flächen ohne Salzbeeinflussung können zur Abgrenzung in den Komplex integriert werden.

Variabilität: Die Vegetation variiert von Salzstelle zu Salzstelle erheblich. Ein Beispiel für einen erhaltenen Salzbach ist der Solbach in Artern (Thüringen). In Deutschland sind die Binnenlandsalzstellen im Gegensatz zu den kontinentalen oder pannonischen Typen verhältnismäßig artenarm, aber durch isolierte Populationen von Salzpflanzen von besonderer Bedeutung. Es handelt sich meist um kleinflächige Komplexe.

Komplexe: Binnensalzstellen stellen meist geologisch bedingte Sonderstandorte dar. Sie stellen selbst bereits Komplexe mit Brackwasserröhrichten, Queller-Beständen, Salzwasserquellen und ausnahmsweise auch Salzbächen dar. Eine typische Zonierung oder Kombination zu umgebenden Biotoptypen kann nicht angegeben werden.

Biotoptypen:

BTB	RL	REG	BIOTOPTYP	EIG_CODE	EIG
2206	1	N	Salz- oder Solquelle		
230405	1	N	Salzbach		
240602	1	N	salzhaltiges stehendes Gewässer (Binnenlandsalzstellen)		
350301	1	K	naturnahe Salzrasen des Binnenlandes		
35030101	1	K	naturnahe Salzwiese des Binnenlandes		
35030102	1	K	naturnahe Salzweide des Binnenlandes		

Vegetation:

Asteretea tripolii WESTHOFF & BEEFTINK ap. BEEFTINK 65	pp
Spergulario-Puccinellietum distantis FEEKERS 43	v
Juncetum gerardii NORDHAGEN 23	v
Thero-Salicornietea PIGNATTI 53 em. TX. in TX. & OBERD. 58	pp
Thero-Salicornietalia PIGNATTI 53 em. TX. 54 in TX. & OBERD. 58	pp
Salicornion ramosissimae TX. 74	pp
Puccinellio distantis-Salicornietum ramosissimae TX. 74	v
Trifolio fragiferae-Agrostietalia stoloniferae (OBERD. ap. OBERD. et al. 67) TX. 70	pp
Phragmitetea australis TX. & PRSG. 42	pp
Scirpo-Phragmitetum W. KOCH 26	v
Bolboschoenion maritimi DAHL & HADAC 41	pp
Bolboschoenetum maritimi VAN LANGENDONCK 31	v

Nutzung/Pflege: Nicht erforderlich, extensive Beweidung ist ggf. möglich. Eine natürliche Entwicklung ist aufgrund der eher seltenen kleinflächigen Bestände vorzuziehen.
Sukzession: Solange ausreichend Salzeinfluß vorhanden ist, findet keine Sukzession statt.
Hauptgefährdungsfaktoren: Quellfassung für Solquellen (Kurorte, Bäder), Entwässerung, intensive landwirtschaftliche Nutzung; bei Salzbächen: Gewässerbegradigung und Uferbefestigungsmaßnahmen, sowie Entnahme von Sole.
Bemerkungen: -

Primärdünen

NATURA 2000-Code: 2110

D: Primärdünen
F: Dunes mobiles embryonnaires
E: Embryonic shifting dunes

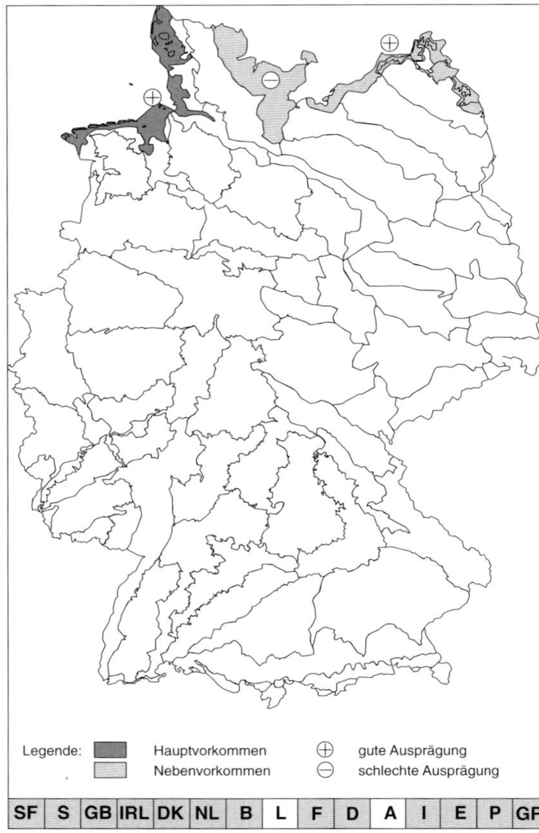

Abb. 25: Verbreitung des Lebensraumtyps 2110 in Deutschland und Europa.

Code nach Anhang I: 16.211
Pal. Code: 16.211
Definition: Primär- oder Vordünen der sandigen Anlandungsküsten des Atlantiks, der Nord- und Ostsee. Von nur wenigen Pflanzen, meist Strandquecke *Elymus farctus* (=*Agropyron junceum*), besiedelt, erreichen sie eine Höhe bis ca. 1 m, ehe sie von Strandhafer-Weißdünen abgelöst werden (biogene Dünenbildung).
Standort: Frisch angeschwemmte Sande, Wurzelraum ± ganz salzwasser- bzw. brackwasserbeeinflußt und je nach Ausgangsmaterial der Dünenbildung ± kalkhaltig.
Subtypen: -
Pflanzenarten, dominante: *Elymus farctus (=Agropyron junceum)*, z.T. *Leymus arenarius*.
typische: *Cakile maritima*, *Elymus farctus*, *Honckenya peploides*, *Leymus arenarius*, *Salsola kali*.
Tierarten:
Säugetiere: Seehund (*Phoca vitulina*).
Vögel: Brutgebiete des Seeregenpfeifers (*Charadrius alexandrinus*); Lariden-Brutkolonien.
Käfer: *Cassida flaveola* (z.B. an *Honckenya peploides*), *Cicindela maritima*, *Dyschirius salinus*, *Psylliodes marcida* (an *Cakile maritima*).
Zweiflügler: *Fucellia spp.* (Tangfliegen, Anthomyiidae).
Spinnen: *Pardosa agricola*.
Kartierungshinweise: Wesentliches Kriterium für die Abgrenzung des Lebensraumtyps ist das Vorkommen der entsprechenden Pflanzenarten und eine deutliche Erhöhung von i.d.R. wenigen Zentimetern bis > 30 cm über den umliegenden Strand; Initialstadien mit Spülsaumarten (Cakiletea maritimae), ohne deutliche Dünenbildung sind dem Lebensraumtyp 1210 zuzurechnen. Größere vegetationsfreie Strandabschnitte sind ausgeschlossen. Dieser Lebensraumtyp ist von den Weißdünen mit Strandhafer (2120) durch das Fehlen von *Ammophila arenaria* unterschieden.

Variabilität: Regionale Ausbildung von „Strandwiesen“ als kleinräumiges Biotopmosaik mit Vordünenelementen und Salzwiesenfragmenten (Biotoptyp 0703).

Komplexe: Eine Überlagerung oder Durchdringung mit Spülsäumen ist möglich. Primärdünen stehen i.d.R. in Kontakt zu Flachwasserbereichen, zum Sandwatt und Sandstränden, sowie zu Dünenkomplexen mit Weißdünen, Grau- und Braundünen. Sie stellen die Ausgangssituation für die natürliche Dünenbildung an Sandstränden dar.

Biotoptypen:

BTB	RL	REG	BIOTOPTYP	EIG_CODE	EIG
1001	2	B	Vordüne		

Vegetation:

Agropyro-Honkenyon peploidis TX. ap. BR.-BL. & TX. 52	v
Elymo-Agropyretum juncei BR.-BL. & DE LEEUW 36 em. TX. 57	v
Potentillo-Elymetum arenariae TX. 66	v

Nutzung/Pflege: Keine Pflege erforderlich.

Sukzession: Bei weiterer Aufsandung folgt eine Entwicklung zur Strandhafer-Weißdüne mit gleichzeitiger Bildung von einer Grundwasserlinse (Süßwasser). Danach bilden sich Graudünen und Braundünen. Schließlich setzt eine Verbuschung und Entwicklung artenarmer, bodensaurer Dünenwälder ein.

Hauptgefährdungsfaktoren: Trittbelastung durch Freizeittourismus, Störung empfindlicher Brutvogelarten durch Badetourismus.

Bemerkungen: -

Weißdünen mit Strandhafer

NATURA 2000-Code: 2120

Abb. 26: Verbreitung des Lebensraumtyps 2120 in Deutschland und Europa.

D: Weißdünen mit Strandhafer (*Ammophila arenaria*)

F: Dunes mobiles du cordon littoral à *Ammophila arenaria* (dunes blanches)

E: Shifting dunes along the shoreline with *Ammophila arenaria* (white dunes)

Code nach Anhang I: 16.212

Pal. Code: 16.212

Definition: Von Strandhafer (*Ammophila arenaria* und *Calammophila baltica*) dominierte, bis mehrere Meter hohe Weißdünen an den Atlantik-, Nord- und Ostseeküsten. Charakteristisch sind meist hohe Sandzufuhr, beginnende Aussüßung des Bodens und Grundwasserunabhängigkeit.

Standort: Weiße Sande ± ohne Humusanteil, meist kalkhaltig, kein Salzwassereinfluß im Wurzelbereich, beginnende Süßwasserlinsenbildung, hohe stete Sandzufuhr von mehreren Dezimetern bis über 1m pro Jahr.

Subtypen: -

Pflanzenarten, dominante: *Ammophila arenaria* z.T. *Calammophila baltica*, *Leymus arenarius*.

typische: *Ammophila arenaria*, *Calammophila baltica*, *Eryngium maritimum*, *Festuca rubra ssp. arenaria*, *Lathyrus maritimus*, *Oenothera oakesiana* (=*ammophila*).

Tierarten: Bodennistende Hymenopteren, spezialisierte Phytophagen, Schlüsselart für die Besiedlung mit Tieren ist *Ammophila arenaria*.

Vögel: Lariden Brutkolonien.

Hautflügler: *Arachnospila consobrina*, *Bembix rostrata*, *Colletes cunicularius*, *Colletes halophilus*, *Colletes impunctatus*, *Colletes marginatus*, *Crossocerus imitans*, *Mimumesa littoralis*, *Osmia maritima*.

Wanzen: *Ischnodemus sabuleti* (an *Leymus arenarius*), *Trigonotylis elymi*.

Zikaden: *Psammotetrix maritimus*, *Psammotetrix sabulicola*.

Kartierungshinweise: Kriterium für die Abgrenzung des Lebensraumtyps ist das dominante Vorkommen von *Ammophila arenaria* bzw. *Calammophila baltica* oder v.a. im östlichen Teil der Ostseeküste *Leymus arenarius*. Dünen ohne Vorkommen dieser Arten sind ausgeschlossen.

Ammophila-Bestände auf weiter landeinwärts gelegenen Dünen sind nur dann aufzunehmen, wenn sie nicht bereits eine beginnende Humusbildung und damit verbunden ein Auftreten typischer Vegetationselemente der Graudünen (2130) zeigen.

Variabilität: Lee- und Luvseite der Weißdünen unterscheiden sich in der Artenzusammensetzung. Mit zunehmendem Alter weicht die absolute Strandhafer-Dominanz zunehmend floristisch artenreicheren Beständen, bis Übergänge zu den Graudünen vorliegen.

Komplexe: Weißdünen stellen ein typisches Element der Zonierung an Sandküsten dar. Sie liegen zwischen den meerwärts gelegenen Primärdünen und dem Sandstrand, sowie den landeinwärts gelegenen Graudünen mit ihren Dünenrasen, -heiden, -gebüschen und Mooren. Bei Windanrissen können lokal Silbergrasfluren (Corynephorion), Kleinschmielenrasen (Thero-Airion) oder Schillergrasfluren (Koelerion albescentis), v.a. in älteren Strandhaferbeständen eingestreut sein.

Biotoptypen:

BTB	RL	REG	BIOTOPTYP	EIG_CODE	EIG
1002	2	S	Weißdüne		

Vegetation:

Ammophilion arenariae BR.-BL. 33 em. TX. 55	v
Elymo-Ammophiletum arenariae BR.-BL. & DE LEEUW 36	v
Elymo-Ammophiletum typicum	v
Elymo-Ammophiletum festucetosum arenariae	v

Nutzung/Pflege: -

Sukzession: Strandhafer-Bestände können sich lokal auch auf älteren Dünen längere Zeit halten oder nach Windanrissen, Trittschäden sekundär neu entstehen. Mit zunehmendem Alter der Weißdünen setzt eine Entwicklung zu Graudünen mit Dünenrasen ein, und die Bestände des Strandhafers werden floristisch und faunistisch artenreicher. Im Zuge der natürlichen Sukzession entwickeln sich daraus schließlich Braundünen. Eine Verbuschung tritt ein. Gleichzeitig erfolgt eine Neubildung aus Vordünen an der Küste.

Hauptgefährdungsfaktoren: Freizeitnutzung (v.a. Trittbelastung), Küstenschutzmaßnahmen (Abschneiden der lebenswichtigen Sandzufuhr z.B. durch vorgelagerten Faschinenbau, Eindeichungen). Empfindlichere Arten (z.B. *Eryngium maritimum*) fallen durch Tritt (Bade u. Freizeittourismus am Strand) schnell aus.

Bemerkungen: Natürlicherweise sind *Ammophila arenaria* und auch *Leymus arenarius* zum Lebendverbau (biologische Festlegung von wandernden Küstendünen u.a.) geeignet. Die Lebensräume lassen sich aus vegetationskundlicher Sicht relativ leicht regenerieren, wobei die selteneren Arten nur langsam einwandern.

* Graudünen der Küsten mit krautiger Vegetation

NATURA 2000-Code: * 2130

D: Graudünen (mit krautiger Vegetation) *
F: Dunes fixées à végétation herbacée (dunes grises) *
E: Fixed dunes with herbaceous vegetation (grey dunes) *

Code nach Anhang I: 16.221 - 16.227
Pal. Code: 16.22, alle Subtypen
Definition: Festliegende, meist von Süßgräsern dominierte, gehölzfreie bzw. -arme Dünen mit beginnender Bodenbildung landwärts der Strandhaferdünen an den Küsten des Atlantiks, der Nord- und Ostsee.
Neben artenreichen Beständen des Koelerion albescentis (Dünenschillergras-Rasen), des Corynephorion (Silbergras-Rasen) und des Thero-Airion-Verbandes (Kleinschmielen-Rasen) ist ferner Kryptogamenreichtum (stellenweise Moos- und Flechtenteppiche) charakteristisch. Gelegentlich kommen Übergänge zu Halbtrockenrasen des Mesobromion und zu den Säumen der Trifolio-Geranietea vor. Der Kalkgehalt variiert je nach Ausgangssubstrat und mit allmählichem Übergang zur Braundüne tritt zunehmende Entkalkung ein.
Standort: Weitgehend festgelegte Sande der Küstendünen mit beginnender Humusbildung, meist kalkarme bis bodensaure Bedingungen, fehlender oder sehr geringer Salzeinfluß, das Grundwasser ist Süßwasser.

Abb. 27: Verbreitung des Lebensraumtyps 2130 in Deutschland und Europa.

Subtypen:
- **2131** [Pal. Code 16.221]: „Nördliche Graudünen“ der Ostsee, Nordsee, des Kanals und der nördlichen Atlantikküste mit Blauschillergrasrasen (Koelerion albscentis), Silbergrasfluren (Corynephorion canescentis) und Sileno conicae-Cerastion semidecandri (vgl. Abb. 28).
- **2135** [Pal. Code 16.225]: Graudünen mit Mesobromion-Vegetation (vermutlich nicht in Deutschland): i.d.R. von Mesobromion Arten unter Beimischung halotoleranter bis halophiler Arten aufgebaute Halbtrockenrasen mit ± geschlossener Narbe.
- **2136** [Pal. Code 16.226]: Graudüne mit Trifolio-Geranietea sanguinei (vermutlich nicht in Deutschland, z.B. in Großbritannien, Frankreich und Schweden).
- **2137** [Pal. Code 16.227]: Graudünen mit Thero-Airion, „Botrychio-Polygaletum“

(Polygalo-Nardetum): mit überwiegend lückigem einjährigem (Pionier) Rasen mit Frühlingstherophyten und oft mit einjährigen Gräsern (Thero-Airion p.p., Nardo-Galion saxatile p.p., Tuberarion guttatae p.p.) (vgl. Abb. 29).

Pflanzenarten, dominante: -

typische: *Aira praecox, Carex arenaria, Corynephorus canescens, Erodium lebelii, Galium verum, Hieracium umbellatum, Jasione montana, Koeleria arenaria, Ononis repens, Phleum arenarium, Polygala vulgaris, Silene otites, Tuberaria guttata, Viola canina, Viola tricolor ssp. curtisii.*

Flechten: *Cladonia arbuscula, Cladonia ciliata, Cladonia foliacea, Cladonia portentosa, Cladonia rangiferina, Cladonia rangiformis, Cladonia uncialis, Cladonia zopfii.*

Moose: *Brachythecium albicans, Tortula ruraliformis.*

Tierarten:

Vögel: Brutgebiet (Kaninchenhöhlen) für Hohltaube (*Columba oenas*), Steinschmätzer (*Oenanthe oenanthe*) und Brandgans (*Tadorna tadorna*).

Hautflügler: *Colletes impunctatus, Colletes marginatus, Bombus veterans, Epeolus alpinus, Lasioglossum prasinum, Lasioglossum tarsatum, Megachile maritima, Osmia maritima.*

Zweiflügler: *Eumerus sabulonum, Paragus tibialis, Pelecocera tricincta, Sphaerophoria philantha.*

Wanzen: *Sciocoris cursitans.*

Zikaden: *Anoscopus histrionicus.*

Weichtiere: *Candidula intersecta, Cochlicopa lubricella, Helicella itala, Pupilla muscorum, Truncatellina costulata, Vallonia costata, Vallonia excentrica, Vertigo pygmaea, Vitrina pellucida.*

Kartierungshinweise: Wesentliches Abgrenzungskriterium ist das Vorkommen von Vegetation der genannten Syntaxa auf Küstendünen. Größere Sandebenen sowie Vorkommen, in denen kein Küsteneinfluß mehr besteht, gehören nicht zum Lebensraumtyp. Eingeschlossen sind kleinere, flache Bereiche zwischen Dünenkomplexen und kleinere vegetationsfreie Bereiche. Vorkommen auf Geest- (Nordsee) oder Moränenmaterial (Ostsee) gehören nicht zu den Graudünen. Graudünen mit von Holzgewächsen dominierter Vegetation, wie Heiden, Gebüsche, Vorwaldstadien und Wälder, gehören nicht zum Lebensraumtyp. Sie sind separat als Lebensraumtypen Küstendünen mit *Empetrum nigrum*-Heiden (2140), Küstendünen mit *Calluna*-Heiden (2150) und Küstendünen mit *Hippophaë rhamnoides* (2160), Küstendünen mit *Salix arenaria* (2170) und Bewaldete Dünen der Küste (2180) zu erfassen. Die Abgrenzung von feuchten Dünentälern der Küstendünen (2190) erfolgt durch das Fehlen feuchteanzeigender Vegetation.

Variabilität: -

Komplexe: Graudünen stehen als typisches Element der Zonierung an sandigen Anlandungsküsten zwischen den meerwärts gelegenen Weißdünen und den landeinwärts gelegenen Braundünen. Dünengebüsche und feuchte Dünentäler mit unterschiedlicher Vegetation bilden meist eng verzahnte Komplexe mit den gehölzfreien Graudünen. Bei kalkreichen Dünensanden bilden sich oft Sanddorngebüsche.

Biotoptypen:

SUB	BTB	RL	REG	BIOTOPTYP	EIG_CODE	EIG
2130	1003	2	S	Dünenrasen (Graudüne)		

SUB	BTB	RL	REG	BIOTOPTYP	EIG_CODE	EIG
2131	1003b			Dünenrasen mit geschlossener Narbe und überwiegend ausdauernden Arten (Graudüne)		
2137	1003a			Dünenpionierrasen mit einjähriger lückiger Vegetation (Thero-Airion)		

Vegetation:

2131	Corynephorion canescentis KLIKA 31	pp
2131	Violo caninae-Corynephoretum canescentis WESTH. in WESTH. et al. 46	v
2131	Campylopus introflexus-Gesellschaft	v
2131	Carex arenaria-Gesellschaft	v
2131	Agrostis tenuis-Gesellschaft	v
2131	Koelerion arenariae R. TX. 37 corr. GUTERMANN & MUCINA 93	pp
2131	Tortulo-Phleetum arenarii BR.-BL. et DE LEEUW 36	v
2131	Agrostio-Poetum humilis R. TX. & PRSG. 51	v
2131	Festuco-Galietum veri BR.-BL. et DE LEEUW 36	v
2137	Tuberaria guttata-Gesellschaft	v
2137	Thero-Airion TX. 51	pp
2137	Airetum praecocis (SCHWICK. 44) KRAUSCH 67	v
2137	Polygalo-Nardetum (PRSG. 53) OBERD. 57	v

Nutzung/Pflege: I.d.R. keine Pflege erforderlich.

Sukzession: Verbuschung z.B. mit *Hippophaë rhamnoides* oder *Salix repens ssp. argentea* und Weiterentwicklung zu bodensauren artenarmen Dünenwäldern oder Bildung von Dünenheiden. Gleichzeitig entstehen Graudünen im Zuge der natürlichen Sukzession aus Strandhafer-Weißdünen neu.

Hauptgefährdungsfaktoren: Maßnahmen des Erosionsschutzes und Küstenschutzes, Tourismus (v.a. Trittbelastung), Anpflanzung von fremden Gehölzen z.B. *Rosa rugosa*.

Bemerkungen: -

Abb. 28: Verbreitung des Subtyps „Graudünen (Galio-Koelerion albescentis)“ 2131 in Deutschland und Europa.

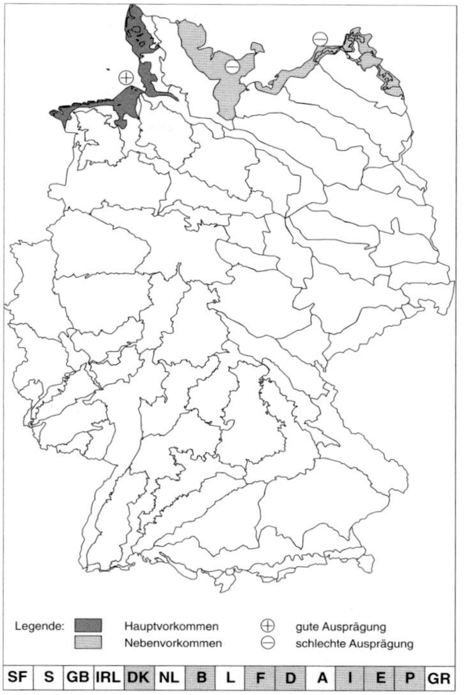

Abb. 29: Verbreitung des Subtyps „Graudünen (Thero-Airion, Botrychio-Polygaletum)“ 2137 in Deutschland und Europa.

* Krähenbeerheide der Küsten

NATURA 2000-Code: * 2140

D: Entkalkte Dünen mit *Empetrum nigrum* (Braundünen) *

F: Dunes fixées décalcifiées à *Empetrum nigrum* *

E: Decalcified fixed dunes with *Empetrum nigrum* *

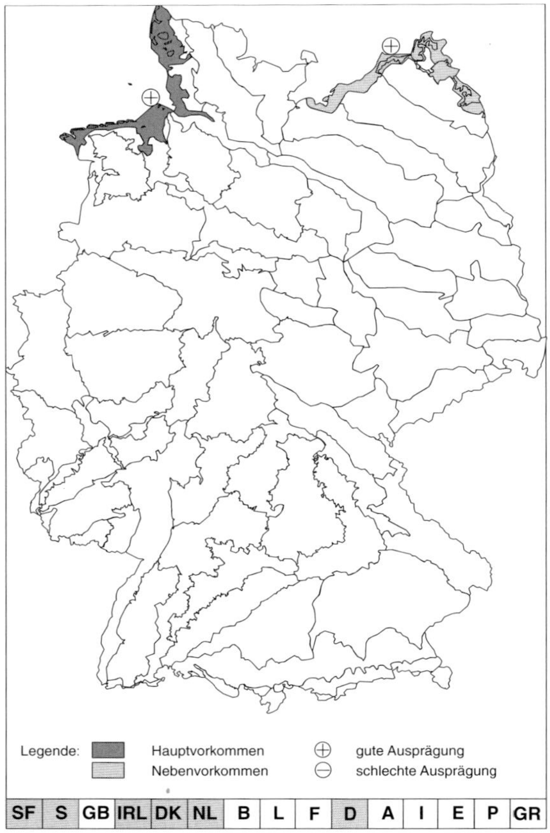

Abb. 30: Verbreitung des Lebensraumtyps 2140 in Deutschland und Europa.

Code nach Anhang I: 16.23

Pal. Code: 16.23, 31.227

Definition: Entkalkte Dünenheiden mit dominierender Krähenbeere an den Nord- und Ostseeküsten. Natürliche bzw. primär waldfreie Küstenheide an windexponierten Stellen. Im Gegensatz zu *Calluna vulgaris* verträgt *Empetrum nigrum* eine gewisse Sandzufuhr durch etagenförmige Rosettenneubildung. Die Krähenbeeren-Küstenheiden auf Geestböden (z.B. bei Cuxhaven) als letzte bedrohte Reste dieses Lebensraumtyps sind hier mit eingeschlossen.

Standort: Weißdünen und Graudünen mit geringer Sandzufuhr, windbeeinflußt, kein direkter Salzwassereinfluß mehr.

Subtypen: -

Pflanzenarten, dominante: *Empetrum nigrum s.str.* (=*ssp. nigrum*).

typische: *Carex arenaria*, *Empetrum nigrum ssp. nigrum*; ferner: *Polypodium vulgare*, *Pyrola minor*, *Pyrola rotundifolia*, *Salix repens ssp. arenaria.*

Flechten: *Cladonia arbuscula*, *Cladonia ciliata*, *Cladonia furcata*, *Cladonia gracilis*, *Cladonia portentosa*, *Evernia prunastri*, *Hypogymnia physodes*.

Moose: *Brachythecium rutabulum*, *Cephaloziella divaricata*, *Dicranum scoparium*, *Hypnum jutlandicum*, *Lophocolea bidentata*.

Tierarten:

Vögel: Brutgebiet (Kaninchenhöhlen) für Hohltaube (*Columba oenas*), Steinschmätzer (*Oenanthe oenanthe*) und Brandgans (*Tadorna tadorna*).

Schmetterlinge: *Anarta myrtilli*, *Chlorissa viridata*, *Pachycnemia hippocastanaria*.

Käfer: *Platynus obscurus* (z.T. dominant), *Pterostichus diligens*, *Pterostichus strenuus*.

Hautflügler: *Andrena fuscipes*, *Andrena nigripes*, *Colletes marginatus*, *Colletes succinctus*.

Wanzen: *Pitedia juniperina* (an *Empetrum nigrum*).

Spinnen: *Ceratinella brevis*, *Meioneta saxatilis*, *Pardosa nigripes*, *Pocadicnemis pumila*, *Walckenaeria atrotibialis*.

Kartierungshinweise: Abgegrenzt werden Küstendünen mit dominantem Vorkommen von *Empetrum nigrum*. *Empetrum nigrum*-Küstenheiden auf Geestböden sind eingeschlossen. Der Lebensraumtyp tritt oft eng verzahnt (meist an Nordhängen) mit *Calluna*-Heiden (2150, sonnige Expositionen) auf. Solche Bestände sind dann als Komplex der beiden beteiligten Lebensraumtypen abzugrenzen und den *Empetrum nigrum*-Küstenheiden (2140) zuzuordnen.

Variabilität: Vorkommen auf reinen Küstendünen und auf Geest.

Komplexe: Enge Verzahnung mit feuchten Dünentälern und Graudünen, Dünenheiden mit Calluna, Dünengebüschen und Dünenwäldern.

Biotoptypen:

BTB	RL	REG	BIOTOPTYP	EIG_CODE	EIG
100401	2	S	Krähenbeer-Heide der Küsten		

Vegetation:

Empetrion nigri BÖCHER 43	v
Hieracio-Empetretrum LIBBERT 40	v
Salici repentis-Empetretum FUKAREK 61	v
Polypodio-Empetretum WESTH. in DEN HARTOG 51	v
Pyrolo-Salicetum WESTH. in BARENDREGT 82	pp

Nutzung/Pflege: Bei primären Empetrum-Küstenheiden ist keine Pflege erforderlich; bei sekundären Beständen gelegentliches Entbuschen.

Sukzession: Bei nachlassender Sandzufuhr beginnt eine Verbuschung zu Dünengebüschen oder eine direkte Entwicklung zu Kiefernwäldern auf Dünen setzt ein.

Hauptgefährdungsfaktoren: Erosionsschutz- und Küstenschutzmaßnahmen, Tourismus (Tritt u.a.), Bebauung und Hafenausbau, Aufforstung, militärische Nutzungen.

Bemerkungen: -

* *Calluna*-Heide auf Küstendünen

NATURA 2000-Code: * 2150

D: Entkalkte Dünen der eu-atlantischen Zone mit Dünenheide (Calluno-Ulicetea) *

F: Dunes fixées décalcifiées eu-atlantiques (Calluno-Ulicetea) *

E: Eu-atlantic decalcified fixed dunes (Calluno-Ulicetea) *

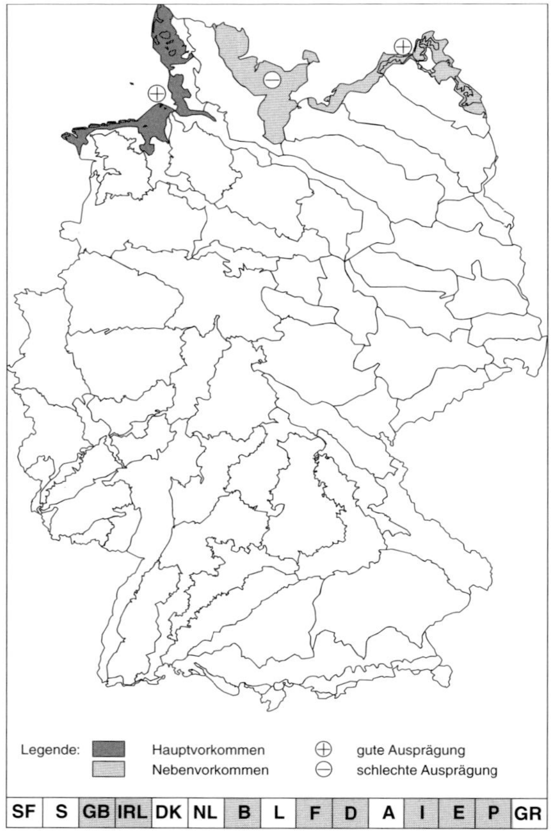

Abb. 31: Verbreitung des Lebensraumtyps 2150 in Deutschland und Europa.

Code nach Anhang I: 16.24

Pal. Code: 16.24

Definition: Dünenheiden (Braundünen) der Küsten mit Dominanz von *Calluna vulgaris.*

Standort: Entkalkte Sande der Küstendünen mit saurer Humusauflage, beginnende Podsolierung (Bleichkörner) oder stärker podsolierte Böden.

Subtypen: -

Pflanzenarten, dominante: *Calluna vulgaris*; in manchen Ausbildungen *Deschampsia flexuosa* und *Cladonia*-Arten.

typische: *Calluna vulgaris, Carex arenaria, Carex trinervis, Genista anglica.*

Tierarten:

Vögel: Brachpieper (*Anthus campestris*), Sumpfohreule (*Asio flammeus*), Kornweihe (*Circus cyaneus*), Heidelerche (*Lullula arborea*) und Steinschmätzer (*Oenanthe oenanthe*).

Reptilien/Amphibien: Waldeidechse (*Lacerta vivipara*).

Heuschrecken: *Myrmeleotettix maculatus.*

Käfer: *Calathus melanocephalus, Cicindela hybrida, Cicindela maritima, Cicindela silvatica, Geotrupes vernalis, Haltica oleracea, Lochmaea suturalis, Rhynchaenus ericae, Typhoeus typhoeus.*

Hautflügler: *Colletes impunctatus, Colletes succinctus, Epeolus alpinus, Eumenes coarctata, Mellinus arvensis, Osmia maritima.*

Zweiflügler: *Eumerus sabulonum, Paragus spp., Pelecocera tricincta, Pipizella spp., Sphaerophoria philantha.*

Wanzen: *Nabis ericetorum, Nysius thymi.*

Spinnen: *Agrocoea proxima, Pardosa nigriceps, Stemonythanthes lineatus.*

Kartierungshinweise: Kriterium für die Abgrenzung dieses Lebensraumtyps ist das dominante Vorkommen von *Calluna vulgaris* auf Küstendünen. Der Lebensraumtyp tritt oft eng verzahnt mit *Empetrum nigrum*-Heiden (2140, an Nordhängen) auf und ist dann als Komplex abzugrenzen. Wenn ein nennenswerter Anteil an *Empetrum nigrum*-Heiden im Komplex vorhanden ist, so ist der gesamte Komplex den *Empetrum nigrum*-Küstenheiden (2140) zuzuordnen. Ist der Anteil der *Empetrum nigrum*-Heiden im Komplex nur gering, so wird der Komplex als Küstendüne mit *Calluna*-Heiden zu diesem Lebensraumtyp gestellt. Kleinere Bereiche ohne *Calluna vulgaris*-Dominanz können in die Abgrenzung miteinbezogen werden. Auch kleinere Bereiche zwischen Dünen, sofern sie eine entsprechende Vegetation tragen, sind eingeschlossen. Feuchtheiden in Dünentälern sind unter Lebensraumtyp 2190 separat zu fassen.

Variabilität: -

Komplexe: Enge Verzahnung mit Krähenbeer-Heiden, feuchten Dünentälern, Graudünen bzw. Dünengebüschen und Dünenwäldern.

Biotoptypen:

BTB	RL	REG	BIOTOPTYP	EIG_CODE	EIG
100402	2	S	*Calluna*-Heide auf Küstendünen		

Vegetation:

Genisto anglicae-Callunetum vulgaris SCHWICK. 33 em. TX. 37 v

Nutzung/Pflege: Eine Pflege ist i.d.R. nicht erforderlich, eine extensive Schaf-Beweidung ist möglich.

Sukzession: Unter natürlichen Bedingungen setzt eine allmähliche Sukzession zu Dünengebüschen und schließlich bodensauren Dünenwäldern ein.

Hauptgefährdungsfaktoren: Erosionsschutz- und Küstenschutzmaßnahmen, Tourismus (Tritt u.a.).

Bemerkungen: -

Sanddorn-Gebüsch der Küstendünen

NATURA 2000-Code: 2160

D: Dünengebüsche mit *Hippophaë rhamnoides*
F: Dunes à *Hippophaë rhamnoides*
E: Dunes with *Hippophaë rhamnoides*

Code nach Anhang I: 16.25
Pal. Code: 16.251
Definition: Mit Sanddorngebüschen (*Hippophaë rhamnoides*) bewachsene Graudünen.
Standort: Festgelegte Sande der Graudünen mit Humusauflage, besonders in feuchten Dünentälern.
Subtypen: -
Pflanzenarten, dominante: *Hippophaë rhamnoides*.
typische: *Hippophaë rhamnoides*, z.T. *Rosa pimpinellifolia*, *Salix repens ssp. argentea* und weitere Gehölze.
Tierarten:
Vögel: Bluthänfling (*Carduelis cannabina*), neu eingewandert und in Ausbreitung: Birkenzeisig (*Carduelis flammea*) und Karmingimpel (*Carpodacus erythrinus*).
Kartierungshinweise: Abgrenzungskriterium ist das dominante Vorkommen von *Hippophaë rhamnoides* auf Küstendünen. Vorkommen von Einzelpflanzen sind ausgeschlossen.
Von den Küstendünen mit *Salix arenaria* (2170) ist der Lebensraumtyp durch die Dominanz von *Hippophaë rhamnoides* abzugrenzen. Feuchte Dünentäler mit dominantem Vorkommen von *Hippophaë rhamnoides* sind eingeschlossen.

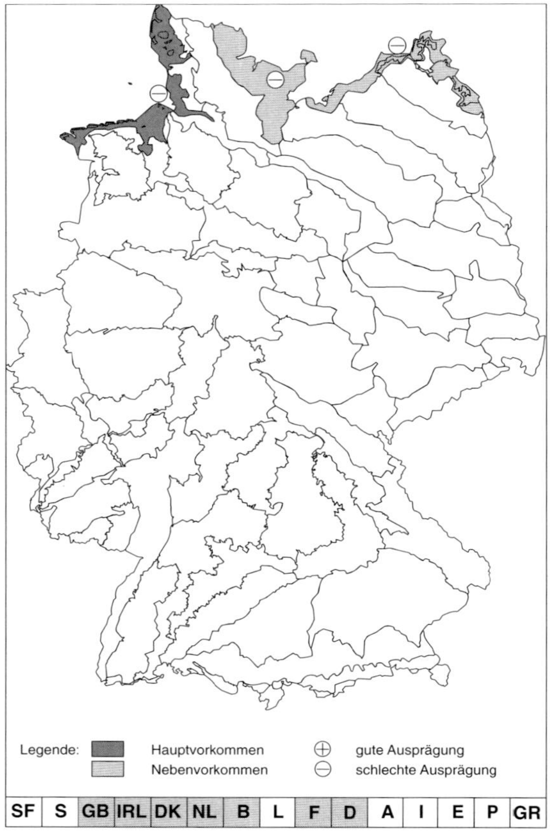

Abb. 32: Verbreitung des Lebensraumtyps 2160 in Deutschland und Europa.

Variabilität: -
Komplexe: Enge Verzahnung mit Weißdünen, gehölzfreien Graudünen, feuchten Dünentälern und den Dünenweidengebüschen.

Biotoptypen:

BTB	RL	REG	BIOTOPTYP	EIG_CODE	EIG
1006a			Sanddorngebüsche der Dünen		

Vegetation:

Salici arenariae-Hippophaëtum rhamnoides BR.-BL. & DE LEEUW 36 v

Nutzung/Pflege: Keine Pflege erforderlich.

Sukzession: Langsame Weiterentwicklung zu Dünenwäldern (Quercion robori-petraeae).

Hauptgefährdungsfaktoren: Anpflanzung nicht autochthoner Arten (z.B. *Rosa rugosa*), Freizeitnutzung, Wildverbiß.

Bemerkungen: Es handelt sich einerseits um die primären Standorte von Sanddorn in Norddeutschland, andererseits ist Sanddorn stellenweise gepflanzt worden. Auf den friesischen Inseln ist der Sanddorn erst zu Beginn des 19. Jahrhunderts eingewandert. Die Aufnahme weiterer natürlicher Dünengebüsche (z.B. *Rosa pimpinellifolia*) in den Anhang I ist notwendig.

Kriechweidengebüsch der Küstendünen

NATURA 2000-Code: 2170

D: Dünen mit *Salix arenaria*
F: Dunes à *Salix arenaria*
E: Dunes with *Salix arenaria*

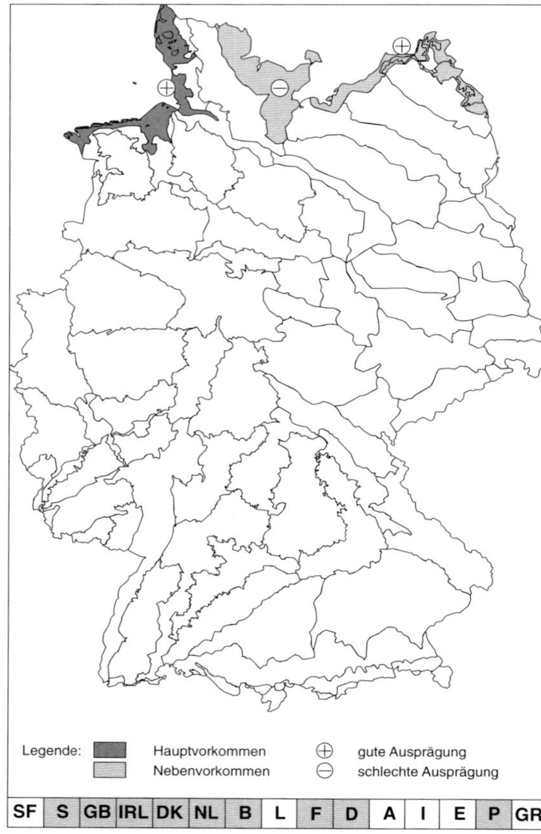

Abb. 33: Verbreitung des Lebensraumtyps 2170 in Deutschland und Europa.

Code nach Anhang I: 16.26
Pal. Code: 16.26
Definition: Dünenweidengebüsche mit Kriech-Weide *Salix repens ssp. argentea* [*Salix arenaria*].
Standort: Graudünen mit festliegenden Sanden und Humusbildung.
Subtypen: -
Pflanzenarten, dominante: *Salix repens ssp. argentea.*
typische: *Carex arenaria*, *Festuca ovina*, *Jasione montana*, *Monotropa hypopitys*, *Pyrola rotundifolia*, *Salix repens ssp. argentea*, in trockeneren Ausbildungen auch *Thalictrum minus*.
Tierarten:
Wanzen: *Calocoris fulvomaculatus*, *Monosynamma maritima*, *Orthotylus marginalis*, *Plesiocoris minor*, *Psallus alni*.
Zikaden: *Aphrophora costalis*, *Cicadula quinquenota*, *Kelisia vittipennis*, *Macropsis impura*, *Megamelus notula*, *Sagatus punctifrons*.
Kartierungshinweise: Abgrenzungskriterium ist das dominante Vorkommen von *Salix arenaria* auf Graudünen. Vorkommen einzelner Pflanzen von *Salix arenaria* sind nicht zu erfassen. Von den Küstendünen mit *Hippophaë rhamnoides* (2160) ist der Lebensraumtyp durch die Dominanz von *Salix arenaria* abzugrenzen. Dominante Vorkommen von *Salix arenaria* in feuchten Dünentälern sind eingeschlossen.
Variabilität: -
Komplexe: Enge Verzahnung mit den anderen Graudünen-Typen, z.B. den Dünenrasen und Sanddorngebüschen und Dünenheiden. Z.T. bestehen Übergänge zu Vermoorungen mit Caricion davallianae-Vegetation in Dünentälern.

Biotoptypen:

BTB	RL	REG	BIOTOPTYP	EIG_CODE	EIG
1006b			Kriechweiden-Teppiche der Dünen		

Vegetation:

Roso pimpinellifoliae-Salicetum arenariae R. TX. 52 v
Pyrolo-Salicetum WESTH. in BARENDREGT 82 v

Nutzung/Pflege: Keine Pflege erforderlich.
Sukzession: Natürliche Sukzession zu Sanddorngebüschen oder anderen hochwüchsigen Dünengebüschen und schließlich Dünenwäldern.
Hauptgefährdungsfaktoren: Freizeitnutzung (z.B. Tritt), Wildverbiß, Anpflanzung nicht autochthoner Arten (z.B. *Rosa rugosa*).
Bemerkungen: -

Bewaldete Küstendünen der atlantischen, kontinentalen und borealen Region

NATURA 2000-Code: 2180

D: Bewaldete Bereiche der Atlantikküste
F: Dunes boisées du littoral atlantique
E: Wooded dunes of the Atlantic coast

Code nach Anhang I: 16.29
Pal. Code: 16.29
Definition: Natürliche oder naturnahe Wälder auf Küstendünen der Atlantikküste, der Nord- und Ostsee. Dies können bodensaure Eichen- und Eichen-Birken-Buchen-Wälder (Quercion robori-petraeae), an südlichen Atlantikküsten auch Flaumeichenwälder (Quercetalia pubescenti-petraeae) oder kiefernreiche Mischwälder sein. Lokal können aus feuchten Dünenheiden bzw. Dünentälern auch feuchte Laubmischwälder bis hin zu Bruchwäldern entstehen. An der Ostsee treten stellenweise auch bodensaure Buchenwälder (Erosionsküste) und nach Osten zunehmend kiefernreiche Wälder auf.
Standort: Bewaldete Erosionsküsten, ältere Dünenbereiche mit ausreichend Zeit für eine natürliche Sukzession zu Wald.
Subtypen: -
Pflanzenarten, dominante: *Betula pendula*, *Fagus sylvatica*, *Pinus sylvestris*, *Quercus petraea*.
typische: Je nach standörtlichen Verhältnissen ganz unterschiedlich.
Kiefernwälder: *Carex arenaria*, *Leymus arenarius*, *Pyrola spp.*

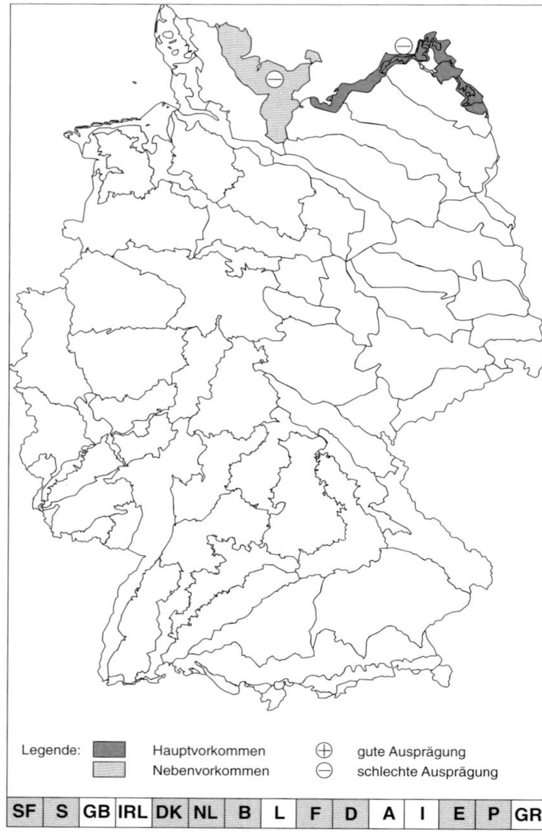

Abb. 34: Verbreitung des Lebensraumtyps 2180 in Deutschland und Europa.

Tierarten:
Weichtiere: *Columella aspera*, *Spermodea lamellata*.
Kartierungshinweise: Abgrenzungskriterium ist das Vorkommen von naturnahem Laubwald (Nord- und Ostsee) oder Laubmischwald (Ostsee) auf Küstendünen. Kiefernforste ohne naturnahen Unterwuchs (z.B. zur Harzgewinnung) sind ausgeschlossen.
Vorkommen in feuchten Dünentälern sowie auf Sandflächen zwischen den Küstendünen sind eingeschlossen.
Variabilität: An der Ostsee kommen Buchen- Buschwälder (Darß) und Sandkiefernwälder vor. Dünenwälder sind zum Teil als Eichenkratts (Niederwälder) ausgebildet.
Komplexe: Kontakte zu Dünengebüschen, Vorwaldstadien, Dünenheiden, Graudünen und feuchten Dünentälern.

Biotoptypen:

BTB	RL	REG	BIOTOPTYP	EIG_CODE	EIG
430201	1-2	K	Birken- und Birken-Erlenbruchwald nährstoffärmerer Standorte	K001a	in Küstendünentälern
430202	2	K	Erlenbruchwald nährstoffreicherer Standorte	K001a	in Küstendünentälern
43070601	2-3	K	Buchenwald basenreicher Böden der planaren Stufe	K001	in Küstendünenkomplexen
430801	2-3	K	Traubeneichen-Hainbuchenwald	K001	in Küstendünenkomplexen
430804	1	K	Buchenbuschwald (auf Ostseedünen)		
43080501	2	K	Eichen-Trockenwald kalkarmer Standorte	K001	in Küstendünenkomplexen
43080502	2	K	Eichen-Trockenwald kalkreicher Standorte	K001	in Küstendünenkomplexen
440202	1-2	K	trockener Sandkiefernwald	K001	in Küstendünenkomplexen

Vegetation:

Betulo-Quercetum (GAUME 24) TX. 37	v
Luzulo pilosae-Fagetum MATUSZKIEWICZ 73	v
Fago-Quercetum petraeae TX. 55	v
Pinus sylvestris-Gesellschaft	pp
Vaccinio uliginosi-Betuletum pubescentis LIBBERT 32	v
Alnion glutinosae MALCUIT 29	pp

Nutzung/Pflege: Keine Pflege erforderlich, ggf. ist eine extensive forstwirtschaftliche Nutzung möglich.

Sukzession: -

Hauptgefährdungsfaktoren: Beweidung und Brennholznutzung (v.a. historisch), Forstwirtschaft.

Bemerkungen: Titelvorschlag: „Küstendünen mit naturnahem Wald".

Feuchte Dünentäler

NATURA 2000-Code: 2190

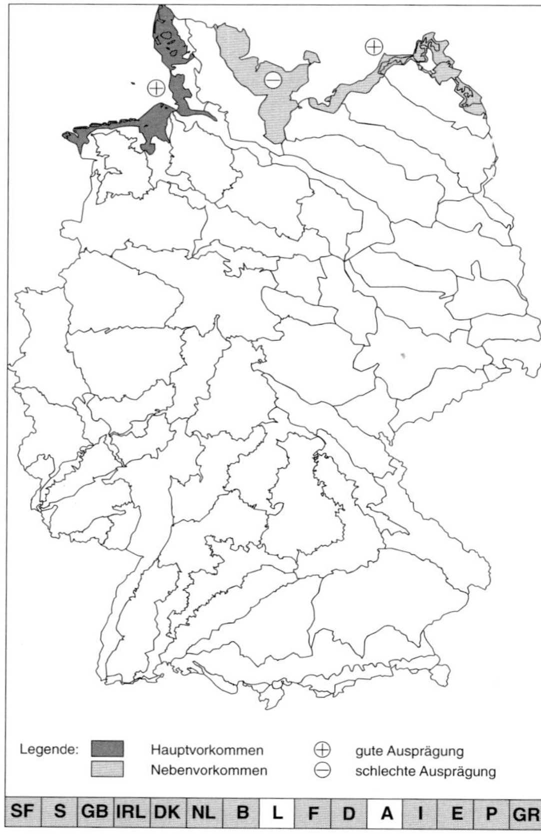

Abb. 35: Verbreitung des Lebensraumtyps 2190 in Deutschland und Europa.

D: Feuchte Dünentäler
F: Dépressions humides intradunales
E: Humid dune slacks

Code nach Anhang I: 16.31 - 16.35
Pal. Code: 16.3, alle Subtypen (16.31- 35)
Definition: Feuchte Senken und Deflationsmulden in Dünensystemen als komplexer Lebensraum mit ihren permanenten oder temporären Gewässern, Zwergbinsen-Pionierformationen, Vermoorungen, feuchtem Grasland, Röhrichten und Großseggenrieden, feuchten Heiden etc.
Standort: Grundwassernahe (Süßwasser), zeitweise oder selten brackwasserbeeinflußte Mulden und Täler in Dünenkomplexen mit sandigen Böden. Die Gewässer können unterschiedliche Trophiestufen aufweisen und sind i.d.R. kalkhaltig.
Subtypen:
- **2191** (Biotoptyp 1005a): Stehende Gewässer der Dünentäler
- **2192** (Biotoptyp 1005b): Feuchtes/nasses Dünental mit Pioniervegetation (z.B. Zwergbinsenfluren)
- **2193** (Biotoptyp 1005c): Vermoorung im Dünental, Dünenmoor, oft kalkhaltig (Caricion davallianae), gelegentlich auch saure Niedermoorbildungen
- **2194** (Biotoptyp 1005d): Feuchtes/nasses (Salz)grünland der Dünentäler
- **2195** (Biotoptyp 1005e): Ried- und Röhrichtfragmente der Dünentäler

Pflanzenarten, dominante: Je nach Subtyp unterschiedlich. Dominant können auftreten in
2191: *Hippuris vulgaris*, *Hottonia palustris*, *Potamogeton pectinatus*, Algen: *Chara tomentosa*;
2192: *Hydrocotyle vulgaris*, *Juncus bufonius*;
2193: *Carex flava agg.*, *Carex nigra, Schoenus nigricans*;
2194: *Juncus gerardii*, *Puccinellia distans*, *Puccinellia maritima* u.a.;
2195: *Bolboschoenus maritimus ssp. compactus*, *Carex extensa*, z.T. *Juncus anceps*, *Phragmites australis*, *Schoenoplectus tabernaemontani*, u.a.
typische: Je nach Subtypen z.B.:
2191: *Blackstonia acuminata*, *Juncus bufonius*;

2192: *Anagallis (= Centunculus) minima, Centaurium littorale, Littorella uniflora, Pilularia globulifera, Radiola linoides, Sagina nodesa, Samolus valerandi*;
2193: *Carex trinervis, Erica tetralix, Juncus balticus, Liparis loeselii, Parnassia palustris*;
2195: *Carex punctata, Carex trinervis, Juncus anceps*.

Tierarten:
Vögel: Sumpfohreule (*Asio flammeus*), Wiesenweihe (*Circus pygargus*), Großer Brachvogel (*Numenius arquata*); 2195: Seggenrohrsänger (*Acrocephalus paludicola*) (eng an Großseggenriede gebunden), Schilfrohrsänger (*Acrocephalus schoenobaenus*), Rohrammer (*Emberiza schoeniclus*).
Reptilien/Amphibien: Kreuzkröte (*Bufo calamita*).
Schmetterlinge: *Coenonympha oedippus* (2195).
Zweiflügler: Je nach Vegetation und Blütenangebot sehr unterschiedlich, z.B. *Anasymyia spp., Eurimyia lineata, Helophilus spp., Parhelophilus frutetorum, Platycheirus spp., Pyrophaena spp.*
Wanzen: *Agramma laeta, Teratocoris saundersi*.
Zikaden: *Kosswigianella exigua, Paramesus obtusifrons*.
Weichtiere: *Catinella arenaria*.

Kartierungshinweise: Abgegrenzt werden feuchte bis nasse Dünentäler der Küstendünen mit aquatischer, amphibischer oder terrestrischer Vegetation der aufgeführten Syntaxa. Dünentäler mit dominanter Beteiligung von Holzgewächsen sind ausgeschlossen und können in den Lebensraumtypen Küstendünen mit *Salix repens*-Gebüschen (2170), Graudünen mit Sanddorn-Gebüschen (2160) oder Küstendünen mit *Calluna*-Heiden (2150) bzw. *Empetrum nigrum*-Küstenheiden (2140) erfaßt werden.
Die Abgrenzung soll anhand des Vorkommens von Feuchte anzeigenden Vegetationstypen erfolgen. Der Lebensraumtyp kommt oft nur kleinflächig ausgebildet inmitten von Vorkommen anderer Lebensraumtypen der Küstendünen vor.

Variabilität: -

Komplexe: Graudünen und Braundünen mit ihren Dünenrasen, Dünenheiden und Dünengebüschen.

Biotoptypen:

SUB	BTB	RL	REG	BIOTOPTYP	EIG_CODE	EIG
	1005	1-2	S	feuchtes/nasses Dünental, inkl. Dünenmoor [Komplex]		
2191	1005a	1-2	S	feuchtes/nasses Dünental, stehende Gewässer		
2192	1005b			feuchtes/nasses Dünental mit Pioniervegetation (z.B. Zwergbinsenfluren)		
2193	1005c			Vermoorung im Dünental, Dünenmoor		
2194	1005d			feuchtes/nasses (Salz)grünland der Dünentäler		
2195	1005e			Ried- und Röhrichtfragmente der Dünentäler		

Vegetation:

2191	Lemnetea minoris KOCH & TX. ex OBERD. 57	pp
2191	Charetea fragilis FUKAREK ex KRAUSCH 64	pp
2191	Potamogetonetea pectinati TX. & PRSG. 42 corr. OBERD. 79	pp
2192	Littorelletea uniflorae BR.-BL. & TX. 43	pp
2192	Samolo-Baldellion SCHAMINÉE & WESTHOFF 90	v
2192	Samolo-Littorelletum uniflorae WESTHOFF 43	v
2192	Isoeto-Nanojuncetea bufonii BR.-BL. & TX. 43	pp
2193	Utricularietea intermedio-minoris DEN HARTOG & SEGAL 64 em. PIETSCH 65	pp
2193	Scheuchzerio-Caricetea nigrae (NORDHAGEN 36) TX. 37	pp
2193	Junco baltici-Schoenetum nigricantis WESTHOFF 47	v
2193	Orchido-Schoenetum nigricantis (ALLORGE 22) W. KOCH 26	v
2193	Oxycocco-Sphagnetea BR.-BL. 43	pp
2193	Caricetum trinervi-nigrae WESTHOFF 47	v
2194	Potentillion anserinae TX. 47	pp
2194	Calthion R. TX. 37	pp
2194	Molinion coeruleae W. KOCH 26	pp
2194	Asteretea tripolii WESTHOFF & BEEFTINK ap. BEEFTINK 65	pp
2195	Phragmitetea australis TX. & PRSG. 42	pp

Nutzung/Pflege: Keine Pflege erforderlich.
Sukzession: Verlandung und allmähliche Verbuschung.
Hauptgefährdungsfaktoren: Trinkwasserentnahme, Entwässerung, Freizeitnutzung, Nährstoffeintrag.
Bemerkungen: -

Abb. 36: Verbreitung des Subtyps „Feuchtes Dünental, Stehende Gewässer“ (2191) in Deutschland und Europa.

Abb. 37: Verbreitung des Subtyps „Feuchtes Dünental, Pioniervegetation (Nanocyperetalia)“ (2192) in Deutschland und Europa.

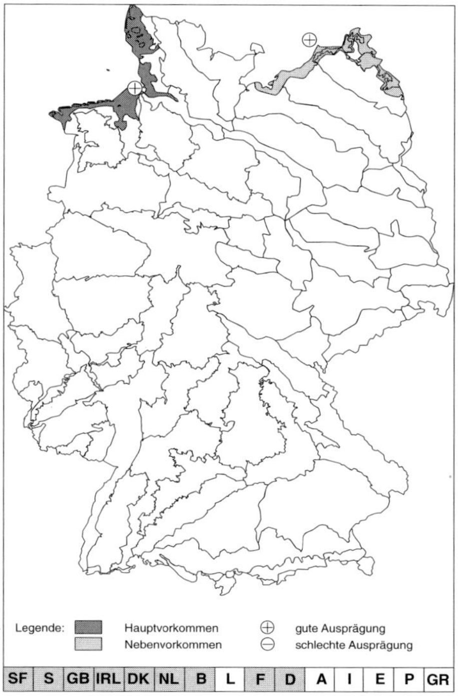

Abb. 38: Verbreitung der Subtypen „Feuchtes Dünental, Vermoorungen" (2193) und „Feuchtes Dünental, feuchtes Grünland (Molinion)" (2194) in Deutschland und Europa.

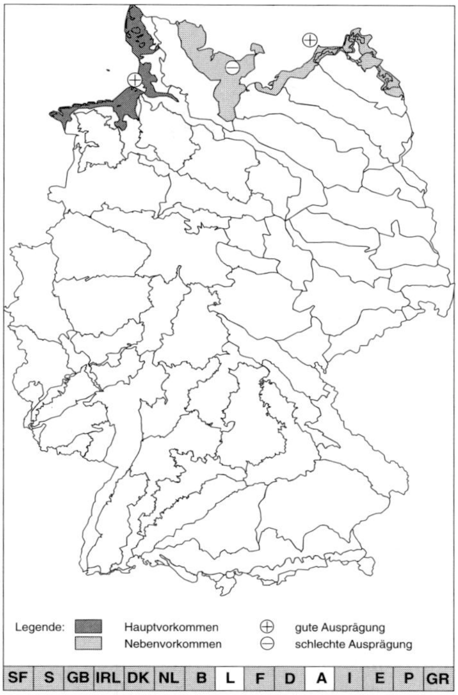

Abb. 39: Verbreitung des Subtyps „Feuchtes Dünental, Röhrichte und Großseggenrieder" (2195) in Deutschland und Europa.

Sandheiden mit *Calluna* und *Genista*[1] (Dünen im Binnenland, alt und kalkarm)

NATURA 2000-Code: 2310

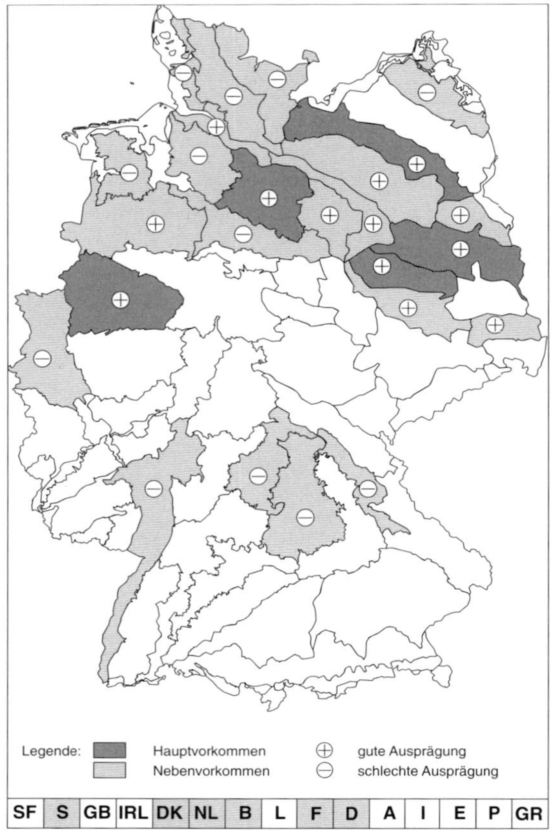

Abb. 40: Verbreitung des Lebensraumtyps 2310 in Deutschland und Europa.

D: Sandheiden mit *Calluna* und *Genista*[1] (Dünen im Binnenland, alt und kalkarm)
F: à landes psammophiles à *Calluna* et *Genista*
E: Dry sandy heaths with *Calluna* and *Genista*

Code nach Anhang I: 64.1 x 31.223
Pal. Code: 64.1 x 31.223 -> x 31.22
Definition: Von Zwergsträuchern *(Calluna vulgaris, Genista anglica, Genista pilosa)* dominierte trockene Heiden auf entkalkten oder kalkarmen Binnendünen mit meist einzelnen Gebüschen. Durch Schafbeweidung oder früher Plaggen bzw. Brand entstandene Halbkulturformation.
Standort: Binnendünen, d.h. Flugsand aus glazialen und fluvioglazialen Ablagerungen, z.B. in den großen Stromtälern.
Subtypen: -
Pflanzenarten, dominante: *Calluna vulgaris.*
typische: *Carex arenaria, Calluna vulgaris, Cuscuta epithymum, Deschampsia flexuosa, Genista anglica, Genista pilosa, Vaccinium myrtillus.*
Moose: *Hypnum jutlandicum, Polytrichum juniperinum, Polytrichum piliferum, Ptilidium ciliare.*
Tierarten:
Vögel: Brachpieper (*Anthus campestris*), Ziegenmelker (*Caprimulgus europaeus*), Neuntöter (*Lanius collurio*), Raubwürger (*Lanius excubitor*), Heidelerche (*Lullula arborea*), Birkhuhn (*Lyrurus tetrix*), Steinschmätzer (*Oenanthe oenanthe*), Wiedehopf (*Upupa epops*).
Reptilien/Amphibien: Schlingnatter (*Coronella austriaca*), Zauneidechse (*Lacerta agilis*), Waldeidechse (*Lacerta vivipara*), Kreuzotter (*Vipera berus*).
Heuschrecken: *Gampsocleis glabra, Myrmeleotettix maculatus, Stenobothrus lineatus.*
Schmetterlinge: *Anarta myrtilli, Calliteara fascelina, Coscinia cribraria, Dicallomera fascelina, Eilema complana, Ematurga atomaria, Euxoa lidia, Issoria lathonia, Lycophotia porphyrea, Orgyia antiquioides, Plebeius argus, Rhyparia purpurata, Saturnia pavonia.*

---
[1] in Version vom 14. 4. 1992 noch „Psammophile Heiden…"

Käfer: *Bembidion nigricorne, Bradycellus collaris, Bradycellus ruficollis, Calathus melanocephalus, Carabus nitens, Cicindela silvatica, Geotrupes vernalis, Haltica britteni, Haltica oleracea ssp. oleracea forma breddini, Lochmaea suturalis, Notiophilus hypocrita, Rhynchaenus ericae, Typhoeus typhoeus.*

Hautflügler: *Andrena fuscipes, Anoplius viaticus, Antihidium strigatum, Anthophora bimaculata, Bombus jonellus, Colletes similis, Colletes succinctus, Dasipoda hirtipes, Dufourea minuta, Eumenes coarctata, Eupeolus cruciger, Halictus leucaheneus, Megachile maritima, Mellinus arvensis, Nomada rufipes, Panurgus banksianus, Panurgus calcaratus, Priocnemis schioedtei, Stelis signata, Trachyus abyssina.*

Zweiflügler: *Eumerus sabulonum, Paragus spp., Pelecocera tricincta, Pipizella spp., Sphaerophoria philantha.*

Wanzen: *Deraeocoris scutellatus, Nabis ericetorum, Nysius thymi, Orthotylus ericetorum, Pachytomella genistae, Phytocoris insignis.*

Zikaden: *Erythria aureola, Hyledelphax elegantulus, Ulopa reticulata, Zelotes longipes, Zygina rubrovittata.*

Spinnen: *Agroeca proxima, Araneus quadratus, Eresus niger, Pardosa nigriceps, Stemonyphantes lineatus.*

Kartierungshinweise: Abgrenzungskriterium ist das Auftreten von *Calluna vulgaris* und/oder *Genista anglica, Genista pilosa* dominierter Heidevegetation auf Binnendünen. Kleinere ebene Bereiche zwischen den Dünen mit entsprechender Heidevegetation sind eingeschlossen. Auch kleinflächige Feuchtheiden der Dünentäler sind eingeschlossen. Eine Verbuschung und Vergrasung bis maximal 70 % kann toleriert werden. Bei Dominanz von *Empetrum nigrum* ist der Bestand dem Lebensraumtyp Binnendünen mit *Empetrum nigrum*-Heiden (2320) zuzuordnen. Vorkommen auf Küstendünen sind zum Lebensraumtyp Küstendünen mit *Calluna*-Heiden (2150) zu stellen.

Variabilität: Je nach Alter der Heiden lassen sich verschiedene Phasen (Pionier-, Aufbau-, Reife- und Degenerationsphase) unterscheiden. Diese Phasen weisen jeweils unterschiedliche Floren- und Faunenzusammensetzung auf.

Komplexe: Verzahnung oft mit von Sandtrockenrasen dominierten Binnendünenbereichen oder Vorwaldstadien bis hin zu bodensauren Eichen-Buchen und Eichen-Birkenwäldern.

Biotoptypen:

BTB	RL	REG	BIOTOPTYP	EIG_CODE	EIG
4003	1-2	S	Heiden auf sandigen Böden (*Calluna*-Heiden)		nur auf Binnendünen

Vegetation:

Vaccinio-Genistetalia SCHUBERT 60	pp
Genisto anglicae-Callunetum vulgaris SCHWICK. 33 em. TX. 37	v
Avenella flexuosa-(Genistion pilosae-)Gesellschaft	v

Nutzung/Pflege: Extensive Schafbeweidung, alternativ ist gelegentliches Brennen oder das traditionelle Plaggen möglich. Militärische Aktivitäten können für eine Offenhaltung der Heiden ausreichend sein (Panzerfahrbetrieb, Brand durch Munition).

Sukzession: Verbuschung und Entwicklung zu bodensauren Eichen-Buchen- und Eichen-Birkenwäldern.

Hauptgefährdungsfaktoren: Nutzungsaufgabe, Aufforstung (insbesondere mit Kiefer), intensive Freizeitnutzung, Nährstoffeintrag, bei Konversion von militärischen Übungsplätzen gewerbliche Nutzung.

Bemerkungen: Eingeschlossen werden sollten alle auch bereits teilweise verbuschten Stadien der Zwergstrauchheiden. Hoch bedroht und unbedingt aufgenommen werden sollten explizit auch Zwergstrauchheiden mit *Genista germanica* (31.222 bzw. 64.1 x 31.22).

Sandheiden mit *Calluna* und *Empetrum nigrum* (Dünen im Binnenland)

NATURA 2000-Code: 2320

D: Sandheiden mit *Calluna* und *Empetrum nigrum* (Dünen im Binnenland)

F: à landes psammophiles à *Calluna* et *Empetrum nigrum*

E: Dry sandy heaths with *Calluna* and *Empetrum nigrum*

Code nach Anhang I: 64.1 x 31.227

Pal. Code: 64.1 x 31.227

Definition: Trockene Sandheiden mit *Calluna* und *Empetrum nigrum* auf Dünen im Binnenland.

Standort: Sandige Flugsandböden in Binnendünengebieten, z.B. in den großen Stromtälern.

Subtypen: -

Pflanzenarten, dominante: *Empetrum nigrum.*

typische: *Calluna vulgaris*, *Empetrum nigrum.*

Tierarten: Durch mesophilere Bedingungen als in den trockeneren *Calluna*- Heiden fehlen die xero-thermophilen Arten weitgehend. Es sind nur wenige, spezifisch auf *Empetrum* angepaßte Arten bekannt.

Vögel: Viele Halboffenlandbewohner wie Ziegenmelker (*Caprimulgus europaeus*), Neuntöter (*Lanius collurio*), Raubwürger (*Lanius excubitor*), Heidelerche (*Lullula arborea*), Birkhuhn (*Lyrurus tetrix*), Steinschmätzer (*Oenanthe oenanthe*), Schwarzkehlchen (*Saxicola torquata*).

Käfer: *Oxypselaphus obscurus* (z.T. dominant), *Pterostichus diligens*, *Pterostichus strenuus*.

Schmetterlinge: *Anarta myrtilli*, *Chlorissa viridata*, *Pachycnemia hippocastanaria*.

Wanzen: *Pitedia juniperina* (an *Empetrum nigrum*).

Spinnen: *Pardosa nigriceps*.

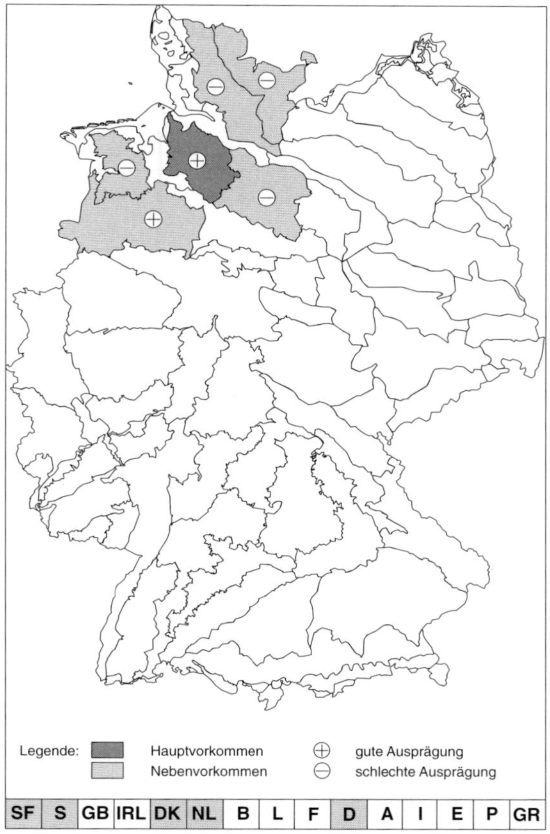

Abb. 41: Verbreitung des Lebensraumtyps 2320 in Deutschland und Europa.

Kartierungshinweise: Kriterium zur Abgrenzung ist das dominante Auftreten von *Empetrum nigrum* auf Binnendünen. Kleinere ebene Bereiche sowie kleinere Bereiche anderer Vegetation können in die Abgrenzung integriert werden. Damit sind auch kleinflächige Feuchtheiden der Dünentäler eingeschlossen.

Bestände mit einer Verbuschung oder Vergrasung bis maximal 40 % können aufgenommen werden. Die Krähenbeer-Küstenheiden auf Geest (bei Cuxhaven) sind unter Lebensraumtyp 2140 einzuordnen.

Variabilität: -

Komplexe: Offene Verzahnung und meist im Komplex mit *Calluna*-Heiden, Magerrasen oder Sandtrockenrasen sowie Dünengebüschen und -wäldern.

Biotoptypen:

BTB	RL	REG	BIOTOPTYP	EIG_CODE	EIG
4003	1-2	S	Heiden auf sandigen Böden (*Calluna*-Heiden)	K002	in Binnendünen-komplexen

Vegetation:

Genisto anglicae-Callunetum vulgaris SCHWICK. 33 em. TX. 37 v

Nutzung/Pflege: Offenhalten durch gelegentliche Pflege oder extensive Beweidung.

Sukzession: Langsame Weiterentwicklung zu bodensauren Eichenmischwäldern (Quercion robori petraeae) und Kiefernmischwäldern.

Hauptgefährdungsfaktoren: Nutzungsaufgabe, Verbuschung, (Nadelholz-)Aufforstung, Nährstoffeintrag.

Bemerkungen: -

Offene Grasflächen mit *Corynephorus* und *Agrostis* auf Binnendünen

NATURA 2000-Code: 2330

D: Offene Grasflächen mit *Corynephorus* und *Agrostis* auf Binnendünen

F: à pelouses ouvertes à *Corynephorus* et *Agrostis* des dunes continentales

E: Open grassland with *Corynephorus* and *Agrostis* of continental dunes

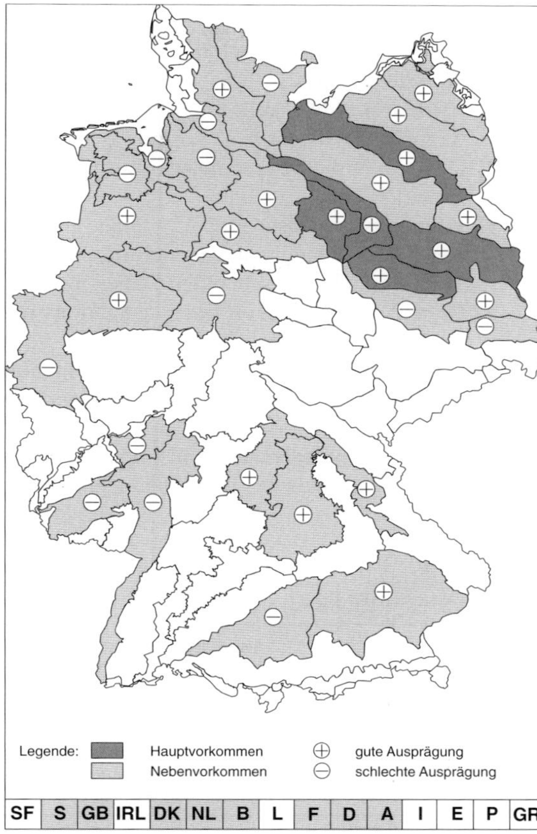

Abb. 42: Verbreitung des Lebensraumtyps 2330 in Deutschland und Europa.

Code nach Anhang I: 64.1 x 35.2

Pal. Code: 64.1 x 35.2, alle Subtypen

Definition: Offene, meist lückige Grasflächen auf bodensauren Binnendünen: Kleinschmielen-Rasen (Thero-Airion), Silbergras-Rasen (Corynephorion canescentis), ausdauernde lückige Sandtrockenrasen mit *Agrostis vinealis*, *Carex arenaria* u.a.

Standort: Entkalkte Sandflächen auf Binnendünen, meist mit moderatem Windeinfluß.

Subtypen: -

Pflanzenarten, dominante: *Agrostis vinealis*, *Carex arenaria*, *Corynephorus canescens*.

typische: *Aira caryophyllea*, *Aira praecox*, *Agrostis vinealis*, *Armeria maritima ssp. elongata*, *Carex arenaria*, *Corynephorus canescens*, *Filago arvensis*, *Ornithopus perpusillus*, *Spergula morisonii*, *Teesdalia nudicaulis*, *Trifolium arvense*, *Trifolium striatum*, *Vulpia bromoides*, *Vulpia myuros*.

Flechten: *Cetraria-* und *Cladonia-*Arten.

Moose: *Polytrichum piliferum*.

Tierarten:

Vögel: Brachpieper (*Anthus campestris*) (Charakterart bei großen Beständen).

Heuschrecken: *Oedipoda coerulescens*, *Sphingonotus caerulans*.

Schmetterlinge: *Apamea furva* (Raupe an *Corynephorus*).

Käfer: *Cicindela campestris, Cicindela hybrida*.

Hautflügler: Zahlreiche spezialisierte bodennistende Hautflügler aus den Gruppen der Wegwespen, Grabwespen und Wildbienen: *Alysson spinosus*, *Ammophila sabulosa*, *Andrena angustior*, *Andrena apicata*, *Andrena argentata*, *Andrena barbilabris*, *Andrena fuscipe*, *Andrena nigriceps*, *Anthidium cituratum*, *Anthophora bimaculata*, *Arachnospila anceps*, *Arachnospila trivialis*, *Arachnospila wesmaeli*, *Bombus veteranus*, *Coelioxys afra*, *Colletes cunicularis*, *Colletes fooliens*, *Colletes marginatus*, *Epeolus cruciger*, *Epeolus va-*

riegatus, Hedychridium ardens, Lasioglossum hirtipes, Lasioglossum prasinum, Lasioglossum quadrinotatum, Lasioglossum rufitarse, Lasioglossum sexstrigatum, Megachile leachella, Nomada obscura, Nomada similis, Nomioides minutissimus, Oxybelus argentatus, Panurgus banusianus, Panurgus calcaratus, Sphecodes gibbus, Sphecodes pellucides, Tachysphex helveticus, u.a.

Zweiflügler: *Chamaesyrphus scaevoides, Eumerus sabulonum, Lathyrophthalmus aeneus, Merodon avidus.*

Wanzen: *Amblytylus rhodani, Strongylocoris luridus.*

Zikaden: *Kosswigianella exigua.*

Sonstige Wirbellose, Ameisenlöwen: *Eureolon nostras, Grocus bore, Myrmeolon formicarius.*

Kartierungshinweise: Die Abgrenzung erfolgt anhand des Vorkommens der meist mehr oder weniger lückigen Vegetation der aufgeführten Syntaxa auf Binnendünen. Kleinere ebene Bereiche zwischen den Dünen mit entsprechender Vegetation sowie kleinere Bereiche anderer Vegetation oder vegetationsfreie Bereiche können in die Abgrenzung eingeschlossen werden. Vorkommen der genannten Vegetation auf Sandern der Flüsse (Schwemmfächer, rein fluviatile Sedimente) gehören nicht zum Lebensraumtyp. Blauschillergrasrasen (Koelerion glaucae) gehören zum Lebensraumtyp 6120.

Variabilität: -

Komplexe: Besonders wertvoll sind Komplexe von Binnendünen im Kontakt zu Auenvegetation in naturnahen Stromtalbereichen (Oder, Teile der Elbe).

Biotoptypen:

BTB	RL	REG	BIOTOPTYP	EIG_CODE	EIG
340401	1-2	B	annueller Sandtrockenrasen	K002	in Binnendünen-komplexen
340402	1-2	B	Silbergrasrasen	K002	in Binnendünen-komplexen
340403	1-2	S	ausdauernder Sandtrockenrasen mit geschlossener Narbe	K002	in Binnendünenkom-plexen

Vegetation:

Corynephoretalia canescentis KLIKA 34	pp
Corynephorion canescentis KLIKA 31	pp
Spergulo vernalis-Corynephoretum canescentis TX. (28) LIBBERT 33	v
Agrostietum coarctatae KOBENDZA 30	v
Campylopus introflexus-Gesellschaft	v
Carex arenaria-Gesellschaft	v
Agrostis tenuis-Gesellschaft	v
Thero-Airion TX. 51	v
Airetum praecocis (SCHWICK. 44) KRAUSCH 67	v
Airo caryophylleae-Festucetum ovinae TX. 55	v
Filagini-Vulpietum OBERD. 38	v
Narduretum lachenalii KORNECK 75	v
Koelerion arenariae R. TX. 37 corr. GUTERMANN & MUCINA 93	pp
Bromo-Phleetum arenarii KORN. 74	v
Silene conica-Cerastium semidecandrum-Gesellschaft	v
Festuco-Sedetalia TX. 51 em. KRAUSCH 62	v
Armerion elongatae KRAUSCH 59	v

Diantho deltoides-Armerietum elongatae KRAUSCH 59	v
Armerio elongatae-Festucetum trachyphyllae (LIBB.33) KNAPP 48 ex HOHENESTER 60	v
Diantho arenarii-Festucetum ovinae R. TX. 51	v

Nutzung/Pflege: Pflege bei extremen Standortsbedingungen nicht erforderlich. Bei anlehmigen Sanden extensive Beweidung mit Rindern oder Schafen oder Offenhalten durch gelegentliches Brennen oder andere Pflegemaßnahmen notwendig.

Sukzession: Je nach Feinerde- bzw. Lehmanteilen im Sand mehr oder weniger schnelle Verbuschung durch Birken- oder Kiefernanflug, bei Lehmanteilen ist auch die Entwicklung von relativ stabilen *Calamagrostis epigejos*-Dominanzbeständen möglich.

Hauptgefährdungsfaktoren: Aufforstung (v.a. mit Kiefer), intensive Freizeitnutzung, lokale Überplanung nach Aufgabe militärisch genutzter Flächen.

Bemerkungen: Titelvorschlag für Novellierung: „Sandtrockenrasen auf Binnendünen“. Blauschillergrasrasen (Koelerion glaucae) auf Binnendünen sind ein prioritärer Lebensraum vgl. 6120. In den großen Stromtälern treten zum Teil kalkhaltige Binnendünen auf: Diese sind je nach Vegetation entweder zum Lebensraumtyp 2330 oder zum Lebensraumtyp 6120 zu stellen.

Foto 25: Mesotrophe Gewässer des mitteleuropäischen und perialpinen Raumes mit Zwergbinsen-Fluren (3130): Mesotropher Heideweiher, Berger Keienvenn im Emsland, Juli 1983, E. Schröder.

Foto 26: Oligo- bis mesotrophe kalkhaltige Gewässer mit Armleuchteralgen-Beständen (3140), Characeen-reiches mesotrophes Flachgewässer im Müritz-Nationalpark, September 1991, U. Hauke.

Foto 27: Natürliche eutrophe Seen mit einer Vegetation vom Typ Magnopotamion oder Hydrocharition (3150): Eutropher See mit blühendem *Ranunculus circinatus* bei Prenzlau (Uckermark), Juni 1994, U. Hauke.

Foto 28: Dystrophe Seen (3160): Schwarzsee im Rechtachfilz des Murnauer Mooses (Bayern), Juli 1997, C. Rückriem.

Foto 29: *Temporäre Karstseen (3180): Trockengefallenes Karstgewässer in einem Buchenwald im Hainholz bei Osterode (Harz), September 1997, U. Hauke.

Foto 30: Alpine Flüsse und ihre krautige Ufervegetation (3220): *Calamagrostis pseudophragmites*-Bestände an der Oberen Isar, September 1995, E. Schröder.

Foto 31: Alpine Flüsse und ihre Ufervegetation mit *Myricaria germanica* (3230): *Myricaria*-Fluren an der Oberen Isar zwischen Vorderriß und Wallgau, Juli 1997, C. Rückriem.

Foto 32: Alpine Flüsse und ihre Ufergehölze mit *Salix eleagnos* (3240): Lavendel-Weiden-Gebüsch in den Oberen Isarauen, Juni 1997, A. Ssymank.

Foto 33: Unterwasservegetation in Fließgewässern der Submontanstufe und der Ebene (3260): Blühender *Ranunculus fluitans* in der Ahr oberhalb Ahrhütte, Juni 1996, C. Rückriem.

Foto 34: Chenopodietum rubri von submontanen Fließgewässern (3270): Trockengefallenes Ufer der Oder mit Chenopodion rubri-Vegetation bei Schwedt (Uckermark), August 1992, U. Hauke.

4.3.2 Süßwasserlebensräume

Vorbemerkung zu den Gewässern:

Stehende Gewässer

In aller Regel ist das ganze Gewässer in die Gebietsabgrenzung als FFH-Gebiet einzuschließen. Bei den stehenden Gewässern sind die Altwässer ohne Anbindung an ein Fließgewässer sowie solche mit einseitiger Fließgewässeranbindung (Stillgewässercharakter) mit eingeschlossen. Nur bei großen Seen, wie z.B. beim Bodensee ist eine Teilmeldung von mehr oder minder abgeschlossenen Buchten oder Teilbereichen des Gewässers sinnvoll.

Fließende Gewässer

Das Ergebnis der ad hoc-Arbeitsgruppe Fließgewässer bei der EU und der Diskussion in der Wissenschaftlichen Arbeitsgruppe des Habitatausschusses der Europäischen Union führte zu folgender Interpretation:

Im Sinne der allgemeinen Kriterien und der unklaren Einzeltypen sollen „Teilbereiche (Fließgewässerstrecken) mit naturnaher oder halbnatürlicher Fließgewässerdynamik (Neben- und Hauptbett), deren ‚Wasserqualität' nicht signifikant zerstört ist", gemeldet werden. Soweit die folgenden Lebensraumtypen mindestens auf Teilflächen auftreten, sind damit natürliche und naturnahe Fließgewässerstrecken aufzunehmen (z.B. keine Staustufen, keine durchgehende Uferbefestigung etc.).

Der zwischenzeitlich durch einen Fehler in einer älteren Version des offiziellen Datenerfassungsbogens als Lebensraumtyp aufgeführte Typ 3210 „Natürliche und halbnatürliche Fließgewässerabschnitte" existiert per se als Lebensraumtyp im Anhang I nicht.

Für eine Novellierung des Anhangs I ist eine grundsätzliche Neubearbeitung der Fließgewässer auf der Basis einer nicht rein vegetationskundlich ausgerichteten Lebensraumtypenliste erforderlich. Die Aufnahme von naturnahen Fließgewässerabschnitten aller Fließgewässertypen ist dringend geboten, da sie europaweit bedroht sind. Der Anhang I setzt in der jetzigen Form einen Schwerpunkt auf bestimmte alpine Fließgewässer und vernachlässigt stark bedrohte naturnahe Fließgewässer des Tieflandes.

In der Abgrenzungspraxis ist ein funktional ausgerichteter Schutz der gesamten Aue in einem Gebiet (Komplexgebiete) anzustreben. So gelangt man bei Auswahl naturnaher Fließgewässerabschnitte unter funktionalen Gesichtspunkten i.d.R. zu Gebieten, die neben dem Gewässer selbst meist mehrere weitere Lebensraumtypen des Anhangs I, z.B. verschiedene Auwälder (91EO, 91FO), Grünlandtypen (z.B. 6440, 6510), feuchte Hochstauden (6430) und eine Reihe von Arten, insbesondere einige Fischarten des Anhangs II, enthalten. Besteht eine Möglichkeit zum Schutz ganzer Fließgewässersysteme, so ist der Schutz des ganzen Systems ab den Quellen unter Einschluß großer Teile des Wassereinzugsgebiets in jedem Fall vielen kleinen Fließgewässerabschnitten als Einzelgebieten vorzuziehen.

Kartierung: Als Lebensraumtypen sollen in der Regel längere Fließgewässerabschnitte abgegrenzt werden, die die entsprechende Vegetation zeigen. Dabei können auch größere Lücken zwischen den Vorkommen der Vegetation bestehen. Die Lebensraumtypen umfassen den eigentlichen Wasserkörper sowie die Uferzonen, die entweder vegetationslos oder mit entsprechender krautiger oder strauchiger Vegetation bewachsenen sein können. Sie sind daher als Biotopkomplex zu behandeln (Ausnahme: 3270, Chenopodion rubri). Gewässerbegleitende Auwälder sind als eigener Lebensraumtyp (91EO, 91FO) abzugrenzen.

Oligotrophe Stillgewässer des Flach- und Hügellandes mit Vegetation der Littorelletalia uniflorae

NATURA 2000-Code: 3110

D: Oligotrophe und sehr schwach mineralische Gewässer der Sandebenen des Atlantiks mit amphibischer Vegetation mit *Lobelia, Littorella* und *Isoëtes*

F: Eaux oligotrophes trés peu minéralisées des plaines sablonneuses atlantiques à végétation amphibie à *Lobelia, Littorella* et *Isoëtes*

E: Oligotrophic waters containing very few minerals of Atlantic sandy plains with amphibious vegetation: *Lobelia, Littorella* and *Isoëtes*

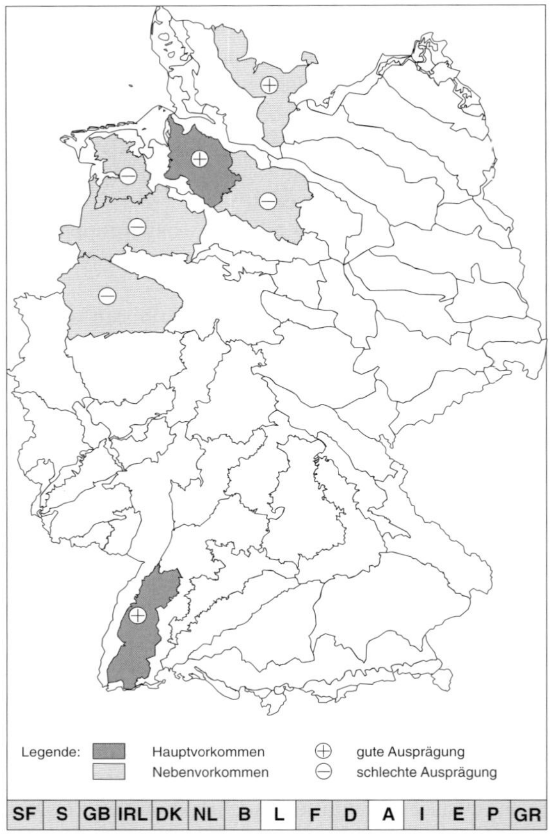

Abb. 43: Verbreitung des Lebensraumstyps 3110 in Deutschland und der Europäischen Union.

Code nach Anhang I: 22.11 x 22.31

Pal. Code: 22.11 x 22.31

Definition: Oligotrophe basenarme bis saure Gewässer mit ausdauernder submerser oder amphibischer Vegetation im Uferbereich (Littorelletalia uniflorae) auf oligotrophen See- und Teichböden, seltener auch auf Torfsubstrat in der planaren bis submontanen Stufe. Eine Zonierung und Dominanz einzelner Arten kann mit zunehmender Wassertiefe entwickelt sein.

Standort: Amphibisch oder submers, oligotrophe Verhältnisse, Substrat sandig-kiesig, subhydrische Rohböden oder Torf.

Subtypen: -

Pflanzenarten, dominante: *Isoëtes echinospora, Isoëtes lacustris, Juncus bulbosus, Littorella uniflora, Lobelia dortmanna, Subularia aquatica.*

typische: *Deschampsia setacea, Isoëtes echinospora, Isoëtes lacustris, Juncus bulbosus, Littorella uniflora, Lobelia dortmanna, Luronium natans, Potamogeton polygonifolius, Subularia aquatica.*

Tierarten:

Libellen: *Ceriagrion tenellum, Coenagrion hastulatum, Coenagrion lunulatum, Sympetrum danae, Sympetrum flaveolum.*

Weichtiere: *Pisidium hibernicum.*

Kartierungshinweise: Abgrenzungskriterium ist das Vorkommen von Vegetation des Littorellion-Verbandes in oligotrophen Stillgewässern des Flach- und Hügellandes. Als Ausnahmefall ist der einzig bekannte See mit *Isoëtes* im Bergland, der Feldsee im Schwarzwald hier ebenfalls eingeschlossen. Dabei ist für die Abgrenzung neben der entsprechenden Vegetation das Vorherrschen oligotropher Verhältnisse wesentlich.

Die Abgrenzung umfaßt das gesamte Gewässer, in dem Vegetation der aufgeführten Syntaxa nachgewiesen werden kann. Neben dem eigentlichen Wasserkörper ist auch der amphibische Bereich mit seinen Röhrichten, Hochstaudenfluren und Seggenriedern in die Abgrenzung miteinzubeziehen. Vorkommen in technischen Gewässern sind ausgeschlossen. Die Abgrenzung gegenüber Lebensraumtyp 3130 erfolgt über das Vorkommen von Vegetation des Littorellion-Verbandes bzw. das Fehlen von Zwergbinsenfluren.

Variabilität: -

Komplexe: Z.T. Überlagerungen mit Zwergbinsen-Gesellschaften, oft im Komplex mit feuchten Heiden.

Biotoptypen:

BTB	RL	REG	BIOTOPTYP	EIG_CODE	EIG
24020101	2	N	kalkarmer, sommerkalter See des Berglandes	P512	mit Vegetation des Littorellion-Verbandes
24020201	1	N	kalkarmer, oligotropher See des Tief- und Hügellandes	P512	mit Vegetation des Littorellion-Verbandes
24020301	3	X	kalkarmes, oligotrophes, sich selbst überlassenes Abbaugewässer	P512	mit Vegetation des Littorellion-Verbandes
240801	3	S	zeitweilig trockenfallende Felsfläche an stehenden Gewässern	P512	mit Vegetation des Littorellion-Verbandes
240802	3	S	zeitweilig trockenfallende Geröllfläche an stehenden Gewässern	P512	mit Vegetation des Littorellion-Verbandes
240803	2	S	zeitweilig trockenfallende Kiesfläche an stehenden Gewässern	P512	mit Vegetation des Littorellion-Verbandes
240804	2	S	zeitweilig trockenfallende Sandflächen stehenden Gewässern	P512	mit Vegetation des Littorellion-Verbandes

Vegetation:

Littorelletea uniflorae BR.-BL. & TX. 43	pp
Littorelletalia uniflorae W. KOCH 26	pp
Littorellion uniflorae W. KOCH 26	v
Isoëto-Lobelietum dortmannae TX. 37	v
Isoëtum echinosporae W. KOCH 26	v

Nutzung/Pflege: Keine Pflege erforderlich.

Sukzession: Relativ stabiler Lebensraum mit nur sehr langsamer Verlandung.

Hauptgefährdungsfaktoren: Nährstoff- und Schadstoffeintrag (inkl. atmosphärische Einträge), Uferverbau und -befestigung, Freizeitnutzung, fischereiliche Nutzung, Grundwasserabsenkung, Schiffahrt.

Bemerkungen: Ein Uferrandstreifen von 100 m sollte in die Schutzkonzeption eingeschlossen werden und soweit dies möglich ist auch das gesamte Wassereinzugsgebiet.
Die Abgrenzung gegenüber dem Lebensraumtyp 3130 ist im „Interpretation Manual" nicht ausreichend deutlich dargestellt.

Oligo- bis mesotrophe, basenarme Stillgewässer der planaren bis subalpinen Stufe der kontinentalen und alpinen Region und der Gebirge

NATURA 2000-Code: 3130

D: Oligo- bis mesotrophe Gewässer des mitteleuropäischen und perialpinen Raumes mit Zwergbinsen-Fluren oder zeitweiliger Vegetation trockenfallender Ufer

F: Eaux oligotrophes de l'escape médio-européen et péri-alpin avec végétation à *Littorella* ou *Isoetes* ou végétation annuelle des rives exondées (Nanocyperetalia)

E: Oligotrophic waters in medio-European and perialpine area with amphibious vegetation: *Littorella* or *Isoetes* or annual vegetation on exposed banks (Nanocyperetalia)

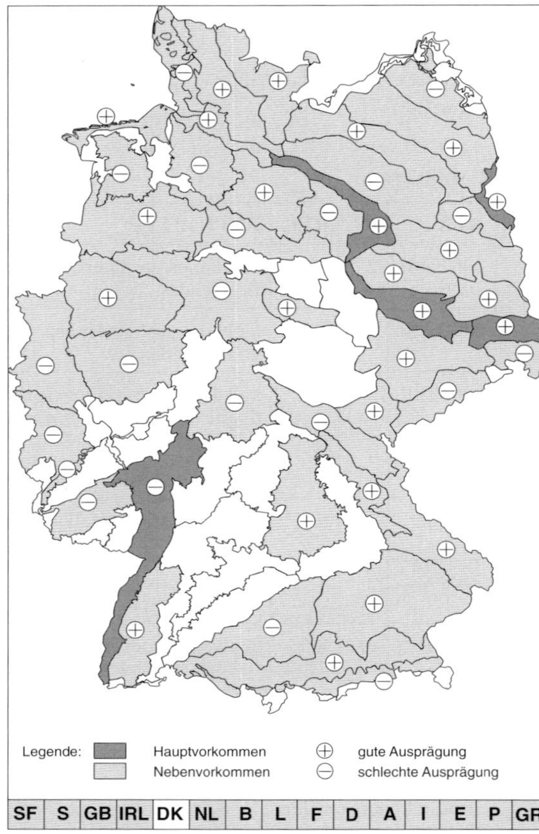

Abb. 44: Verbreitung des Lebensraumtyps 3130 in Deutschland und der Europäischen Union.

Code nach Anhang I: 22.12 x (22.31 - 32)

Pal. Code: 22.12 x 22.31 und 22.32

Definition: Oligo- bis mesotrophe Stillgewässer mit amphibischen Strandlings-Gesellschaften (Littorelletea) sowie - bei spätsommerlichem Trockenfallen - einjährigen Zwergbinsen-Gesellschaften (Isoëto-Nanojuncetea). Beide Vegetationseinheiten können sowohl in enger räumlicher Nachbarschaft als auch isoliert auftreten. Dieser Lebensraumtyp umfaßt auch nährstoffärmere, schlammige, periodisch trockenfallende Altwasser und Teichufer. Charakteristisch sind kurzlebige und niedrigwüchsige (meist < 10 cm hohe) Pflanzen.

Standort: Oligo- bis mesotrophe Verhältnisse, ständig bis temporär wasserbedeckt, Substrat sandig, kiesig, schlammig oder torfig.

Subtypen:

- **3131** mit Vegetation der Littorelletalia
- **3132** mit Vegetation der Isoëto-Nanojuncetea

Pflanzenarten, dominante: -

typische: **3131** Littorelletea: *Apium inundatum*, *Baldellia ranunculoides*, *Deschampsia littoralis*, *Eleocharis acicularis*, *Eleocharis multicaulis*, *Hypericum elodes*, *Isolepis fluitans*, *Littorella uniflora*, *Luronium natans*, *Myosotis rehsteineri*, *Nymphaea candida*, *Pilularia globulifera*, *Potamogeton gramineus*, *Potamogeton polygonifolius*, *Ranunculus ololeucos*, *Ranunculus reptans*, *Sparganium angustifolium*, *Sparganium natans*.

Algen: *Nitella flexilis*.

3132 Isoëto-Nanojuncetea: *Anagallis minima*, *Carex bohemica*, *Centaurium pulchellum*, *Cicendia filiformis*, *Corrigiola litoralis*, *Cyperus flavescens*, *Cyperus fuscus*, *Elatine spp.*,

Eleocharis ovata, *Gnaphalium luteoalbum*, *Gnaphalium uliginosum*, *Illecebrum verticillatum*, *Isolepis setacea*, *Juncus bufonius*, *Juncus capitatus*, *Juncus tenageia*, *Limosella aquatica*, *Lindernia procumbens*, *Littorella uniflora*, *Ludwigia palustris*, *Peplis portula*, *Radiola linoides*, *Samolus valerandi*, *Veronica scutellata*.

Tierarten:

Vögel: Gänsesäger (*Mergus merganser*).

Fische: Kleine Maräne (*Coregonus albula*), Blaufelchen (*Coregonus lavaretus*), Schnäpel (*Coregonus oxyrhynchus*), Quappe (*Lota lota*), Perlfisch (*Rutilus frisii meidingeri*), Seeforelle (*Salmo trutta lacustris*), Saibling (*Salvelinus alpinus salvelinus*).

Libellen: *Coenagrion armatum*, *Coenagrion lunulatum*, *Lestes barbarus*, *Lestes virens*, *Sympetrum danae*.

Käfer: *Hygrotus quinquelineatus*.

Wanzen: *Arctocorixa carinata*, *Arctocorixa germari*, *Corixa panzeri*, *Cymatia bonsdorffi*, *Hesperocorixa castanea*, *Notonecta viridis*, *Sigara longipalis*.

Weichtiere: *Gyraulus riparius*, *Oxyloma elegans*, *Oxyloma sarsii*, *Pisidium hibernicum*, *Pisidium lilljeborgii*.

Kartierungshinweise: Abgrenzungskriterium ist das Vorkommen von Vegetation der Isoëto-Nanojuncetea oder der Verbände Hydrocotylo-Baldellion, Deschampsion litoralis und Eleocharition acicularis in oligo- bis mesotrophen Stillgewässern. Dabei ist für die Abgrenzung neben der entsprechenden Vegetation das Vorherrschen oligo- bis mesotropher Verhältnisse wesentlich. Vergleichbare Vegetation in Dünentälchen der Küstendünen sind in den Lebensraumtyp 2190 mit seinen Subtypen einzuordnen.

Die Abgrenzung umfaßt das gesamte Gewässer, in oder an dem Vegetation der aufgeführten Syntaxa nachgewiesen werden kann. Neben dem eigentlichen Wasserkörper ist auch der amphibische Bereich mit seinen Röhrichten, Hochstaudenfluren und Seggenriedern in die Abgrenzung mit einzubeziehen.

Bestände der genannten Vegetationseinheiten, die außerhalb von oligotrophen oder mesotrophen Stillgewässern bzw. deren Uferbereichen vorkommen, sind ausgeschlossen.

Variabilität: -

Komplexe: -

Biotoptypen:

BTB	RL	REG	BIOTOPTYP	EIG_CODE	EIG
24020101	2	N	kalkarmer, sommerkalter See des Berglandes	P511	mit Vegetation der Isoëto-Nanojuncetea u./o. Littorelletea (außer Littorellion)
24020201	1	N	kalkarmer, oligotropher See des Tief- und Hügellandes	P511	mit Vegetation der Isoëto-Nanojuncetea u./o. Littorelletea (außer Littorellion)
240301			mesotropher See (Bleisee)	P511	mit Vegetation der Isoëto-Nanojuncetea u./o. Littorelletea (außer Littorellion)

BTB	RL	REG	BIOTOPTYP	EIG_CODE	EIG
240302	2	S	mesotropher Flachsee	P511	mit Vegetation der Isoëto-Nanojuncetea u./o. Littorelletea (außer Littorellion)
240306	*	X	meso- bis eutrophes, sich selbst überlassenes Abbaugewässer	P511	mit Vegetation der Isoëto-Nanojuncetea u./o. Littorelletea (außer Littorellion)
240501	2-3	B	Tümpel	P511	mit Vegetation der Isoëto-Nanojuncetea u./o. Littorelletea (außer Littorellion)
240801	3	S	zeitweilig trockenfallende Felsfläche an stehenden Gewässern	P511	mit Vegetation der Isoëto-Nanojuncetea u./o. Littorelletea (außer Littorellion)
240802	3	S	zeitweilig trockenfallende Geröllfläche an stehenden Gewässern	P511	mit Vegetation der Isoëto-Nanojuncetea u./o. Littorelletea (außer Littorellion)
240803	2	S	zeitweilig trockenfallende Kiesfläche an stehenden Gewässern	P511	mit Vegetation der Isoëto-Nanojuncetea u./o. Littorelletea (außer Littorellion)
240804	2	S	zeitweilig trockenfallende Sandfläche an stehenden Gewässern	P511	mit Vegetation der Isoëto-Nanojuncetea u./o. Littorelletea (außer Littorellion)
240805	3	S	zeitweilig trockenfallende Schlamm-fläche an stehenden Gewässern	P511	mit Vegetation der Isoëto-Nanojuncetea u./o. Littorelletea (außer Littorellion)

Vegetation:

3131	Littorelletea uniflorae BR.-BL. & TX. 43	pp
3131	Littorelletalia uniflorae W. KOCH 26	pp
3131	Hydrocotylo-Baldellion TX. & DIERßEN 72	v
3131	Pilularietum globuliferae TX. ex TH. MÜLLER & GÖRS 60	v
3131	Eleocharitetum multicaulis ALLORGE 22 em. TX. 37	v
3131	Ranunculetum ololeuci WEBER 88	v
3131	Scirpetum fluitantis ALLORGE 22	v
3131	Apium inundatum-Gesellschaft	v
3131	Littorella uniflora-Gesellschaft	v
3131	Juncus bulbosus-Gesellschaft	v
3131	Veronica scutellata-Gesellschaft	v
3131	Eleocharition acicularis PIETSCH 67	v
3131	Littorello-Eleocharitetum acicularis JOUANNE 25	v
3131	Deschampsion litoralis OBERD. & DIERßEN 75	v
3131	Deschampsietum rhenanae OBERD. 57	v
3132	Isoëto-Nanojuncetea bufonii BR.-BL. & TX. 43	v
3132	Cyperetalia fusci KLIKA 35 corr. MÜLL.-STOLL & PIETSCH ap. LOHM. et al. 62	v

3132	Elatino-Eleocharition ovatae PIETSCH & MÜLL.-STOLL 68	v
3132	Eleocharito ovatae-Caricetum bohemicae KLIKA 35	v
3132	Cypero fusci-Limoselletum aquaticae (OBERD. 57) KORNECK 60	v
3132	Elatino alsinastri-Juncetum tenageiae LIBBERT 32	v
3132	Juncus bufonius-Gesellschaft	v
3132	Peplis portula-Gesellschaft	v
3132	Eleochario-Lindernietum PIETSCH 61	v
3132	Veronica anagalloidis-Lythrum hyssopifolia-Gesellschaft	v
3132	Radiolion linoidis DIERßEN 72	v
3132	Stellario uliginosae-Isolepidetum setacei (KOCH 26) LIBBERT 32	v
3132	Centunculo-Anthocerotetum punctati W. KOCH ex LIBBERT 32	v
3132	Cicendietum filiformis ALLORGE 22	v
3132	Erythraeo-Blackstonietum perfoliatae OBERD. 57	v
3132	Ranunculo-Radioletum linoidis LIBBERT 31	v
3132	Spergulario-Illecebretum verticillati (DIEM. et al. 40) SISS. 57	v
3132	Nanocyperion flavescentis (KOCH 26) PIETSCH 73	v
3132	Cyperetum flavescentis KOCH 26 ex AICHINGER 33	v
3132	Gentianello uliginosi-Centaurietum littoralis BR.-BL. & DE LEEUW 36	v
3132	Samolo-Cyperetum fusci MÜLL.-STOLL & PIETSCH 85	v
3132	Gentiano-Erythraeetum littoralis BR.-BL. & DE L. 36	v

Nutzung/Pflege: Keine Pflege erforderlich.

Sukzession: I.d.R. langsame Verlandung zu Röhrichten, Großseggenriedern, nährstoffarmen Bruchwäldern.

Hauptgefährdungsfaktoren: Nähr- und Schadstoffeintrag, Uferverbau u. -befestigung, Freizeitnutzung, fischereiliche Nutzung, Bootsverkehr, Grundwasserabsenkung, Seespiegelstabilisierung, Eisstau.

Bemerkungen: Korrekter Titel: „Mesotrophe Gewässer des mitteleuropäischen und perialpinen Raumes mit zeitweilig trockenfallenden Ufern; mit amphibischen/submersen Strandlings-Gesellschaften (Littorelletea) und/oder einjährigen Zwergbinsen-Gesellschaften (Isoëto-Nanocyperetea)".

Oligo- bis mesotrophe kalkhaltige Stillgewässer mit benthischer Armleuchteralgen-Vegetation (Characeae)

NATURA 2000-Code: 3140

D: Oligo- bis mesotrophe kalkhaltige Gewässer mit benthischer Vegetation mit Armleuchteralgenbeständen (Characeae)

F: Eaux oligo-mésotrophes calcaires avec végétation benthique à characées

E: Hard oligo-mesotrophic waters with benthic vegetation of chara formations

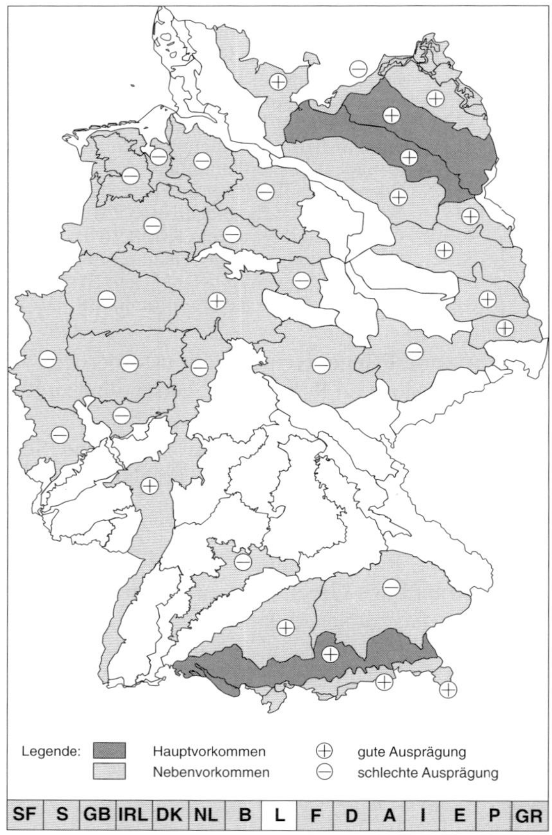

Abb. 45: Verbreitung des Lebensraumtyps 3140 in Deutschland und der Europäischen Union.

Code nach Anhang I: 22.12 x 22.44

Pal. Code: 22.12 x 22.44, 22.15 x 22.44

Definition: Oligo- bis mesotrophe kalkhaltige Gewässer aller Höhenstufen mit submersen Armleuchteralgenbeständen (Ordnung Charetalia) aller Höhenstufen. Die Bestände sind meist artenarm mit enger Anpassung an den Wasserchemismus und Nährstoffgehalt (von sauerstoffreichem Substrat bis zu Sapropelbildung oder Salzeinfluß).

Standort: Basen bzw. kalkreich, oligo- bis mesotrophe Stillgewässer z.T. auch kalkhaltige Grundquellen, ständig bis temporär wasserführend.

Subtypen: -

Pflanzenarten, dominante: Algen: *Chara spp., Nitella spp.*

typische:

Algen: *Chara aspera, Chara contraria, Chara globularis, Chara hispida, Chara intermedia, Chara polyacantha, Chara rudis, Chara strigosa, Chara tenuispina, Chara tomentosa, Chara vulgaris, Nitella mucronata, Nitella opaca, Nitella syncarpa, Nitella tenuissima, Nitellopsis obtusa, Tolypella glomerata.*

Tierarten: Da die Armleuchteralgen ein großes Spektrum unterschiedlicher Stillgewässertypen besiedeln können, sind die Zuordnungen vieler Tierarten eher als mögliches Auftreten zu werten, mit Ausnahme der an Characeen fressenden Käfer.

Fische: Kleine Maräne (*Coregonus albula*), Blaufelchen (*Coregonus lavaretus*), Schnäpel (*Coregonus oxyrhynchus*), Quappe (*Lota lota*), Perlfisch (*Rutilus frisii meidingeri*), Seeforelle (*Salmo trutta lacustris*), Saibling (*Salvelinus alpinus salvelinus*).

Libellen: *Aeshna grandis, Anaciaeschna isosceles, Erythromma viridulum, Leucorrhinia caudalis, Leucorrhinia pectoralis, Libellula fulva.*

Käfer: *Haliplus flavicollis, Haliplus fulvus, Haliplus obliquus, Haliplus variegatus.*

Weichtiere: *Bithynia leachii, Gyraulus acronicus, Gyraulus laevis, Gyraulus riparius, Pisidium lilljeborgii, Planorbis carinatus.*

Kartierungshinweise: Für die Abgrenzung ist neben der entsprechenden Vegetation das Vorherrschen oligo- bis mesotropher Verhältnisse sowie basen-oder kalkreiches Wasser wesentlich. Die Abgrenzung umfaßt das gesamte Gewässer, in dem Vegetation der aufgeführten Syntaxa nachgewiesen werden kann. Neben dem eigentlichen Wasserkörper ist auch der amphibische Bereich mit seinen Röhrichten, Hochstaudenfluren und Seggenriedern in die Abgrenzung mit einzubeziehen. Bestände der genannten Vegetationseinheiten, die außerhalb von oligotrophen oder mesotrophen Gewässern vorkommen, sind ausgeschlossen. Vorkommen in technischen Gewässern sind nicht zu erfassen, ältere Abbaugewässer mit natürlicher Entwicklung sind jedoch als wichtige Sekundärlebensräume einzubeziehen.

Characeen-Bestände des Brackwassers gehören zu den Lebensraumtypen Ästuare (1130), Lagunen (1150) oder Boddengewässer (1160). Flache Schlenken mit Characeen in Kalkflachmoorkomplexen gehören zum Lebensraumtyp 7230. Limnokrenen mit Characeen und Kalktuffbildung sind dem Lebensraumtyp 7220 zuzuordnen.

Variabilität: -

Komplexe: Oft im Komplex mit Kalkflachmooren, Pfeifengraswiesen sowie in Moränenlandschaften mit angrenzenden Laubwäldern.

Biotoptypen:

BTB	RL	REG	BIOTOPTYP	EIG_CODE	EIG
220202	1-2	K	kalkreiche Grundquelle	P135	mit Armleuchteralgen (Characeae)
24020102	2	N	kalkreicher, sommerkalter See des Berglandes	P135	mit Armleuchteralgen (Characeae)
24020202	1	N	kalkreicher, oligotropher See des Tief- und Hügellandes	P135	mit Armleuchteralgen (Characeae)
240301	2	S	mesotropher See (Bleisee)	P135	mit Armleuchteralgen (Characeae)
240302	2	S	mesotropher Flachsee	P135	mit Armleuchteralgen (Characeae)
240306	*	X	meso- bis eutrophes, sich selbst überlassenes Abbaugewässer	P135	mit Armleuchteralgen (Characeae)
240501	2-3	B	Tümpel	P135	mit Armleuchteralgen (Characeae)
240801	3	S	zeitweilig trockenfallende Felsfläche an stehenden Gewässern	P135	mit Armleuchteralgen (Characeae)
240802	3	S	zeitweilig trockenfallende Geröllfläche an stehenden Gewässern	P135	mit Armleuchteralgen (Characeae)
240803	2	S	zeitweilig trockenfallende Kiesfläche an stehenden Gewässern	P135	mit Armleuchteralgen (Characeae)
240804	2	S	zeitweilig trockenfallende Sandfläche an stehenden Gewässern	P135	mit Armleuchteralgen (Characeae)

BTB	RL	REG	BIOTOPTYP	EIG_CODE	EIG
240805	3	S	zeitweilig trockenfallende Schlammfläche an stehenden Gewässern	P135	mit Armleuchteralgen (Characeae)
370101	2	S	nährstoffarmes, bultiges Seggenried	P135	mit Armleuchteralgen (Characeae)
3801	2	S	Teichsimsenröhricht	P135	mit Armleuchteralgen (Characeae)
3802	2-3	S	Schilfröhricht	P135	mit Armleuchteralgen (Characeae)
3804	1-2	S	Schneidenröhricht	P135	mit Armleuchteralgen (Characeae)
3805	*	B	Wasserschwadenröhricht	P135	mit Armleuchteralgen (Characeae)

Vegetation:

Charetea fragilis FUKAREK ex KRAUSCH 64	pp
Charetalia hispidae SAUER 57 ex KRAUSCH 64	pp
Charion asperae KRAUSE 69	v
Charetum asperae CORILLON 57 [inkl. Charetum contrariae CORILLON 57]	v
Charo-Tolypelletum glomeratae CORILLON 57	v
Charetum hispidae CORILLON 57	v
Nitellopsidetum obtusae SAUER ex DAMBSKA 61	v
Charetum strigosae MELZER 76	v
Charetum intermediae MELZER 76	v
Charetum tomentosae CORILLON 57	v
Charion vulgaris KRAUSE 81 [nur mesotrophe Ausbildungen]	pp
Charetum vulgaris CORILLON 57 [nur mesotrophe Ausbildungen]	pp
Charo-Tolypelletum intricatae CORILLON 57 [nur mesotrophe Ausbildungen]	pp

Nutzung/Pflege: I.d.R. keine Pflege erforderlich.

Sukzession: Langsame Verlandung mit Ausbildung von Röhrichten.

Hauptgefährdungsfaktoren: Nährstoff- und Schadstoffeintrag, Freizeitnutzung, Bootsverkehr, Kiesabbau (Naßbaggerung), Uferverbau, Fischerei.

Bemerkungen: Es sollten alle Gewässer (auch silikatische, die derzeit nicht zum Lebensraumtyp gehören) mit submersen Armleuchteralgenbeständen geschützt werden.

Verschiedene *Chara*-Arten treten sporadisch auch in neu geschaffen Gewässern (z.B. Kiesabbau) auf. Sekundäre Gewässer (z.B. Baggerseen) sind als naturferne Gewässer i.d.R. nicht erfaßt bzw., soweit sie noch im Abbau befindlich sind, ausgeschlossen. Eine Ausnahme sind ältere Gewässer mit seit längerer Zeit ungestörter Entwicklung, insbesondere in Naturräumen, wo natürliche Vorkommen heute fehlen.

Natürliche eutrophe Seen mit einer Vegetation vom Typ Magnopotamion oder Hydrocharition

NATURA 2000-Code: 3150

D: Natürliche eutrophe Seen mit einer Vegetation vom Typ Magnopotamion oder Hydrocharition

F: Lacs eutrophes naturels avec végétation du type Magnopotamion ou Hydrocharition

E: Natural eutrophic lakes with Magnopotamion or Hydrocharition-type vegetation

Code nach Anhang I: 22.13

Pal. Code: 22.13 x 22.41 und 22.13 x 22,421

Definition: Natürliche eutrophe Seen und Teiche einschließlich ihrer Ufervegetation mit Schwimm- und Wasserpflanzenvegetation [z.B. mit Wasserlinsendecken (Lemnetea), Laichkrautgesellschaften (Potamogetonetea pectinati), Krebsschere (*Stratiotes aloides*) oder Wasserschlauch (*Utricularia ssp.*)].

Standort: Mesotrophe bis eutrophe Stillgewässer, meist basenreich (pH > 6).

Subtypen: Die wesentlichen Subtypen sind (vgl. Biotoptypen):
- Biotoptyp 240303: Eutropher See,
- Biotoptyp 240304: Eutropher Flachsee,
- Biotoptyp 240305: Altwasser (ohne Anbindung an ein Fließgewässer),
- Biotoptyp 240501: Tümpel.

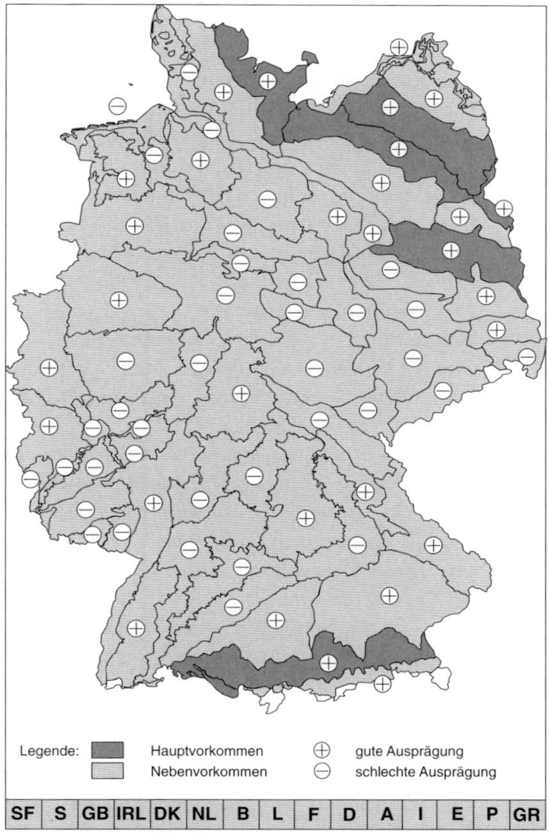

Abb. 46: Verbreitung des Lebensraumtyps 3150 in Deutschland und der Europäischen Union.

Pflanzenarten, dominante: *Hydrocharis morsus-ranae*, *Lemna spp.*, *Potamogeton spp.*, *Stratiotes aloides*, *Utricularia spp.*

typische: *Ceratophyllum demersum*, *Ceratophyllum submersum*, *Hydrocharis morsus-ranae*, *Lemna minor*, *Lemna trisulca*, *Myriophyllum spicatum*, *Myriophyllum verticillatum*, *Najas marina ssp. marina*, *Potamogeton acutifolius*, *Potamogeton compressus*, *Potamogeton crispus*, *Potamogeton lucens*, *Potamogeton obtusifolius*, *Potamogeton pectinatus*, *Potamogeton perfoliatus*, *Potamogeton praelongus*, *Potamogeton trichoides*, *Potamogeton x zizii*, *Ranunculus aquatilis agg.*, *Ranunculus circinatus*, *Salvinia natans*, *Spirodela polyrhiza*, *Stratiotes aloides*, *Utricularia australis*, *Utricularia vulgaris*, *Wolffia arrhiza*.

Moose: *Riccia fluitans*, *Ricciocarpus natans*.

Tierarten:

Säugetiere: Fischotter (*Lutra lutra*).

Vögel: Höckerschwan (*Cygnus olor*); verschiedene Schwimm- und Tauchenten; Schellente (*Bucephala clangula*), Bläßhuhn (*Fulica atra*), Gänsesäger (*Mergus merganser*), Haubentaucher (*Podiceps cristatus*).

Reptilien/Amphibien: Rotbauchunke (*Bombina bombina*), Europäische Sumpfschildkröte (*Emys orbicularis*), Laubfrosch (*Hyla arborea*), Ringelnatter (*Natrix natrix*), Kleiner Wasserfrosch (*Rana lessonae*), Seefrosch (*Rana ridibunda*), Kammolch (*Triturus cristatus*).

Fische: Flache eutrophe Seen: Brachsen (*Abramis brama*), Güster (*Blicca björkna*), Karausche (*Carassius carassius*), Hecht (*Esox lucius*), Döbel (*Leuciscus cephalus*), Aland (*Leuciscus idus*), Schlammpeitzger (*Misgurnus fossilis*), Flußbarsch (*Perca fluviatilis*), Wels (*Silurus glanis*), Zander (*Stizostedion lucioperca*), Schleie (*Tinca tinca*).

Libellen: *Aeshna cyanea, Aeshna grandis, Aeshna isosceles, Aeshna mixta, Aeshna viridis, Anax imperator, Brachytron pratense, Cercion lindeni, Coenagrion pulchellum, Cordulia aenea, Epitheca bimaculata, Erythromma najas, Erythromma viridulum, Lestes sponsa, Lestes viridis, Leucorrhinia caudalis, Libellula quadrimaculata, Orthetrum cancellatum, Somatochlora metallica, Sympecma fusca, Sympetrum sanguineum, Sympetrum striolatum, Sympetrum vulgatum.*

Schmetterlinge: *Acentria ephemerella, Cataclysta lemnata, Elophila nymphaeata, Parapoynx stratiotata*; Schilfröhrichte: Schilfeulen (z.B. *Mythimna obsoleta, Mythimna pudorina, Mythimna straminea*), *Archanara algae, Archanara geminipuncta, Archanara neurica, Nonagria typhae.*

Käfer: *Agabus fuscipennis, Cybister lateralimarginalis, Dytiscus latissimus, Gyrinus paykulli, Gyrinus suffriani, Haliplus heydeni, Helochares obscurus, Hydrochus elongatus, Hydrophilus aterrimus, Hydrophilus piceus, Hygrobia hermanni, Hygrotus inaequalis, Laccophilus minutus, Noterus clavicornis, Rhantus bistriatus*; Schwimmblattzonen: *Donacia crassipes, Eubrychius velutus, Macroplea appendiculata, Rinoncus albicinctus*; Röhrichte: *Agonum thoreyi.*

Hautflügler: Schilfröhrichte: *Hylaeus moricei, Hylaeus pectoralis, Hylaeus pfankuchi, Passaloecus singularis, Pemphredon lethifer, Pemphredon schuckardi, Prosopis gracilicornis, Prosopis pectoralis* u.a.

Zweiflügler: Zahlreiche hygrophile Offenlandsarten mit Schwerpunkt in Ufernähe: *Anasimyia spp., Eurimyia lineata, Helophilus hybridus, Helophilus trivittatus, Lejogaster metallina, Mesembrius peregrinus, Neoascia tenur, Parhelophilus spp., Platycheirus spp.* (*fulviventris* u.a.), *Pyrophaena spp.* u.a.; Schilfröhrichte: Schilfgallenfliege (*Lipara spp.*).

Wanzen: *Hesperocorixa sahlbergi, Mesovelia furcata, Micronecta minutissima, Microvelia reticulata, Ranatra linearis.*

Spinnen: *Argyroneta aquatica.*

Weichtiere: *Acroloxus lacustris, Anisus leucostoma, Anisus spirorbis, Anisus vortex, Anisus vorticulus, Anodonta cygnea, Gyraulus acronicus, Gyraulus riparius, Lymnaea stagnalis, Pisidium henslowanum, Pisidium nitidum, Planorbarius corneus, Planorbis planorbis, Radix auricularia, Sphaerium corneum, Valvata piscinalis.*

Sonstige Wirbellose: Köcherfliegen: *Athripsodes aterrimus, Oecetis ochracea, Orthotrichia costalis, Oxyethira flavicornis, Triaenodes bicolor.*

Kartierungshinweise: Kriterium zur Abgrenzung dieses Lebensraumtyps ist das Vorkommen von Vegetation der aufgeführten Syntaxa in eutrophen Stillgewässern. Die Abgrenzung umfaßt das gesamte Gewässer, in dem Vegetation der aufgeführten Syntaxa nachgewiesen werden kann. Neben dem eigentlichen Wasserkörper ist auch der amphibische Bereich mit seinen Röhrichten, Hochstaudenfluren und Seggenriedern in die Abgrenzung miteinzubeziehen. Vorkommen der Vegetationstypen in langsam fließenden Gewässern sind ausgeschlossen.

Technische Stillgewässer und hypertrophe Gewässer sind nicht zu erfassen. Altwässer sowie einseitig angebundene, nicht durchströmte Altarme von Flüssen sind (auch wenn künstlich entstanden) eingeschlossen.

Variabilität: Je nach naturräumlichen Gegebenheiten und Entstehungsgeschichte unterschiedliches Typenspektrum, z.B. Landschaften mit Söllen, Seenplatten etc.

Komplexe: Enge Verzahnung und Zonationskomplexe mit Großseggenrieden, Röhrichten und Hochstaudenfluren. Im Kontakt befinden sich häufig auch feuchte Weidengebüsche (z.B. Grauweide, Öhrchenweide) und Bruchwälder.

Biotoptypen:

BTB	RL	REG	BIOTOPTYP	EIG_CODE	EIG
240303	2-3	S	eutropher See (Zandersee)	P521	mit Wasservegetation (emers oder submers)
240304	2-3	S	eutropher Flachsee, inkl. Weiher (Hecht- und Schleisee)	P521	mit Wasservegetation (emers oder submers)
240305	2	S	Altwasser (ohne Anbindung an ein Fließgewässer)	P521	mit Wasservegetation (emers oder submers)
240501	2-3	B	Tümpel	P521	mit Wasservegetation (emers oder submers)
240801	3	S	zeitweilig trockenfallende Felsfläche an stehenden Gewässern	P521	an eutrophen Gewässern mit Wasservegetation (emers oder submers)
240802	3	S	zeitweilig trockenfallende Geröllfläche an stehenden Gewässern	P521	an eutrophen Gewässern mit Wasservegetation (emers oder submers)
240803	2	S	zeitweilig trockenfallende Kiesfläche an stehenden Gewässern	P521	an eutrophen Gewässern mit Wasservegetation (emers oder submers)
240804	2	S	zeitweilig trockenfallende Sandfläche an stehenden Gewässern	P521	an eutrophen Gewässern mit Wasservegetation (emers oder submers)
240805	3	S	zeitweilig trockenfallende Schlammfläche an stehenden Gewässern	P521	an eutrophen Gewässern mit Wasservegetation (emers oder submers)
370102	2	S	nährstoffreiches, bultiges Seggenried	P521	mit Wasservegetation (emers oder submers)
3801	2	S	Teichsimsenröhricht	P521	mit Wasservegetation (emers oder submers)
3802	2-3	S	Schilfröhricht	P521	mit Wasservegetation (emers oder submers)

BTB	RL	REG	BIOTOPTYP	EIG_CODE	EIG
3803	*	B	Rohrkolbenröhricht	P521	mit Wasservegetation (emers oder submers)
3805	*	B	Wasserschwadenröhricht	P521	mit Wasservegetation (emers oder submers)

Vegetation:

Lemnetea minoris KOCH & TX. ex OBERD. 57	pp
Potamogetonetea pectinati TX. & PRSG. 42 corr. OBERD. 79	pp
Lemnion trisulcae DEN HARTOG & SEGAL 64 em. TX. & SCHWABE ex TX. 74	v
Spirodeletum polyrhizae W. KOCH 54 em. TX. & SCHWABE ex TX. 74	v
Lemno minoris-Salvinion natantis SLAVNIC 56 em SCHWABE-BRAUN & TX. 81	v
Potamogetonion pectinati W. KOCH 26 em. OBERD. 57	pp
Zanichellion pedicillatae SCHAMINÉE et al. 90	pp
Nymphaeion albae OBERD. 57	v
Hydrocharition morsus-ranae RÜBEL 33	v
Ranunculion aquatilis PASSARGE 64	v

Nutzung/Pflege: Pflege nicht erforderlich.

Sukzession: Natürliche Seenverlandung.

Hauptgefährdungsfaktoren: Nährstoff- und Schadstoffeintrag (v.a. Abwassereinleitung, Biozideintrag, einschließlich atmogenem Eintrag), Uferverbau und -befestigung, Freizeitnutzung, Bootsverkehr, intensive fischereiliche Nutzung, Verfüllung (besonders bei kleineren Gewässern).

Bemerkungen: Novellierungsvorschlag: Aufnahme von bestimmten Röhrichten und Großseggenrieden als häufigste Kontaktvegetation in die Richtlinie.

Titelvorschlag: „Natürliche eutrophe Seen mit ihrer Sumpf- und Wasserpflanzenvegetation".

Dystrophe Seen

NATURA 2000-Code: 3160

D: Dystrophe Seen
F: Lacs dystrophes
E: Dystrophic lakes

Code nach Anhang I: 22.14
Pal. Code: 22.14
Definition: Durch Huminsäuren braungefärbte Stillgewässer (Seen, Moorkolke, Randlagg etc.) meist direkt auf Torfsubstraten oder im Kontakt zu Torfsubstraten in Mooren, Heidevermoorungen etc. mit niedrigen pH-Werten.
Standort: Sauer (pH 3-6), huminsäurereich, meist Torfmoose (Sphagnen) in der Verlandungszone oder im Gewässer.
Subtypen: -
Pflanzenarten, dominante: *Utricularia spp., Sphagnum spp., Rhynchospora alba, Rhynchospora fusca.*
typische: *Agrostis canina, Carex lasiocarpa, Carex rostrata, Eleocharis multicaulis, Eriophorum angustifolium, Juncus bulbosus, Lycopodiella inundata, Nuphar pumila, Potentilla palustris, Ranunculus ololeucos, Rhynchospora alba, Rhynchospora fusca, Sparganium natans, Utricularia minor.*
Moose: *Drepanocladus aduncus, Drepanocladus fluitans, Drepanocladus revolvens, Scorpidium scorpioides, Sphagnum cuspidatum, Sphagnum flexuosum, Sphagnum lescurii.*

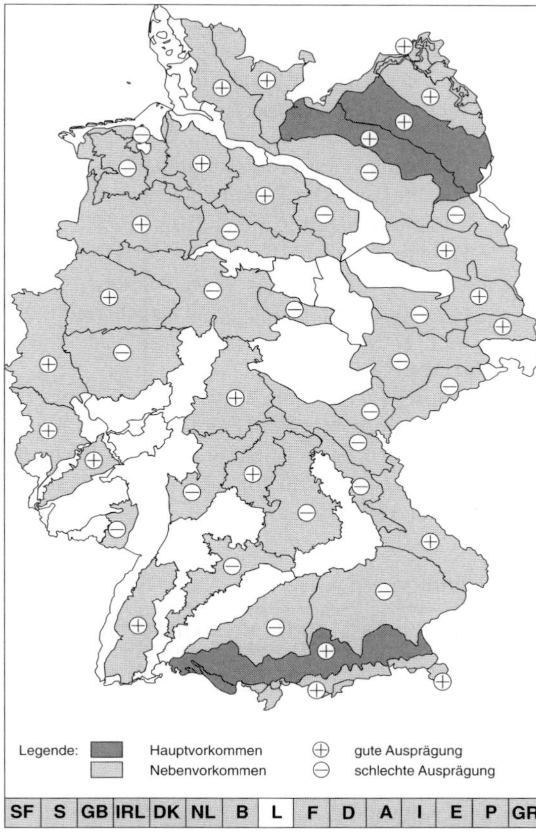

Abb. 47: Verbreitung des Lebensraumtyps 3160 in Deutschland und der Europäischen Union.

Tierarten:
Vögel: Brutgebiet für verschiedene Entenarten, z.B. Löffelente (*Anas clypeata*) Knäkente (*Anas querquedula*), Moorente (*Aythya nyroca*).
Reptilien/Amphibien: Moorfrosch (*Rana arvalis*).
Libellen: *Aeshna coerulea, Aeshna juncea, Aeshna subarctica, Coenagrion hastulatum, Coenagrion lunulatum, Lestes dryas, Leucorrhinia albifrons, Leucorrhinia dubia, Leucorrhinia pectoralis, Leucorrhinia rubicunda, Pyrrhosoma nymphula, Somatochlora alpestris, Somatochlora arctica, Sympetrum danae.*
Schmetterlinge: *Coenonympha oedippus.*
Käfer: *Acilius canaliculatus, Agabus affinis, Colymbetes paykulli, Crenitis punctatostriata, Enochrus affinis, Enochrus coarctatus, Ilybius guttiger, Nartus grapei, Rhantus suturellus.*

Zweiflügler: *Sericomyia lappona*, *Sericomyia silentis*, *Tropidia scita*.

Wanzen: *Hebrus ruficeps*, *Hesperocorixa castanea*, *Notonecta lutea*, *Notonecta reuteri*.

Weichtiere: *Pisidium hibernicum*, *Radix ovata*.

Sonstige Wirbellose: Köcherfliegen: *Erotesis baltica*, *Hagenella clathrata*, *Limnephilus coenosus*.

Kartierungshinweise: Abgrenzungskriterium ist der dystrophe Charakter des Stillgewässers. Erkennbar ist dieser an der durch den hohen Anteil an Huminsäuren verursachten Braunfärbung des Wassers. Submerse Vegetation kann vorkommen oder fehlen.

Künstliche Gewässer wie junge Torfstiche und Entwässerungsgräben in Mooren sind ausgeschlossen. Der Lebensraumtyp ist durch eine dauerhafte Wasserführung und eine Wassertiefe von i.d.R. über 20 (40) cm gekennzeichnet und dadurch von Schlenken in Hochmooren (7110, 7120) oder Übergangsmooren (7140) zu unterscheiden. Bei dominantem Auftreten von *Rhynchospora*-Arten und kaum ausgebildetem offenem Wasserkörper ist eine Zuordnung zum Lebensraumtyp Moorschlenke mit Rhynchosporion-Vegetation (7150) möglich.

Variabilität: -

Komplexe: Dystrophe Gewässer befinden sich meist entweder in oder am Rande von größeren Hochmoor- oder Übergangsmoorkomplexen oder im Kontakt zu Feuchtheiden auf oligotrophen Sanden. Bei natürlicher Verlandungszonation schließen je nach Geländemorphologie unterschiedlich breite Gürtel mit Schwingrasen, Hoch- oder Übergangsmoor oder direkt Moorwald an.

Biotoptypen:

BTB	RL	REG	BIOTOPTYP	EIG_CODE	EIG
240101	1	N	natürliches, dystrophes Gewässer		
240806	3	S	zeitweilig trockenfallende Torffläche an Moorgewässern		

Vegetation:

Utricularietea intermedio-minoris DEN HARTOG & SEGAL 64 em. PIETSCH 65	v
Utricularietalia intermedio-minoris PIETSCH 65	v
Sphagno-Utricularion Th. MÜLLER & GÖRS 60	v
Sphagno-Utricularietum minoris FIJALKOWSKI 60	v
Sphagno-Utricularietum ochroleucae (SCHUM. 37) OBERD. 57	v
Sphagnetum cuspidato-obesi TX. & V. HÜBSCHMANN 58	v
Sphagno-Sparganietum angustifolii TX. 37	v
Scorpidio-Utricularion PIETSCH 65	v
Utricularietum intermediae SEGAL 65	v
Sparganietum minimi SCHAAF 25	v
Scheuchzerio-Caricetea nigrae (NORDHAGEN 36) TX. 37	pp
Scheuchzeretalia palustris NORDHAGEN 36	pp
Rhynchosporion albae W. KOCH 26	pp
Caricetum limosae PAUL 10 em. OSVALD 23	v
Rhynchosporetum albae OSVALD 23 em. W. KOCH 26	v
Sphagnum cuspidatum-Eriophorum angustifolium-Gesellschaft	v
Sphagnum fallax-Eriophorum angustifolium-Gesellschaft	v

Nutzung/Pflege: Keine Pflege erforderlich.
Sukzession: Durch Torfbildung sehr langsame natürliche Verlandung und Entwicklung zu Übergangs- und Hochmooren und weiter zu Moor- und oligotrophen Bruchwäldern.
Hauptgefährdungsfaktoren: Grundwasserabsenkung, Nährstoffeintrag (v.a. atmogen), Moor-Kultivierung.
Bemerkungen: Eine Umbenennung in „Dystrophe Stillgewässer“ sollte erfolgen.

* Temporär wasserführende Karstseen

NATURA 2000-Code: * 3180

D: Turloughs (Irland) *
F: Turloughs (Irlande) *
E: Turloughs (Ireland) *

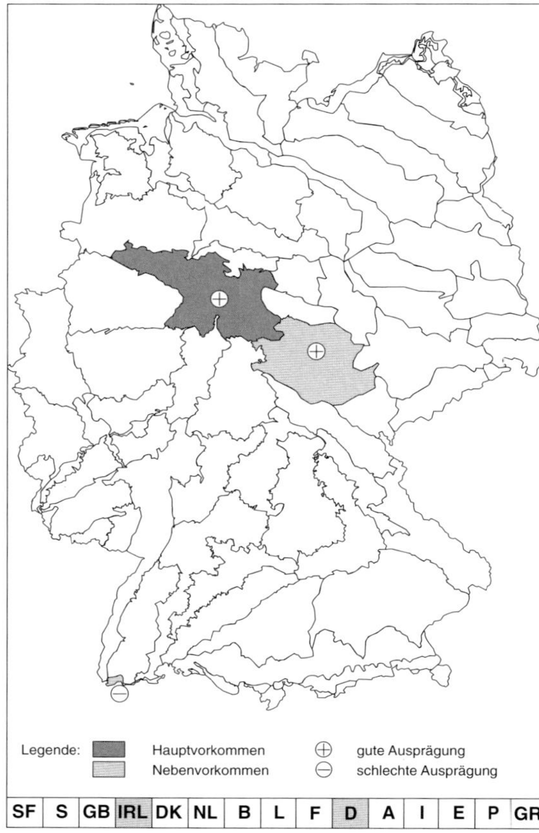

Abb. 48: Verbreitung des Lebensraumtyps 3180 in Deutschland und Europa.

Code nach Anhang I: -
Pal. Code: 22.5
Definition: Temporäre Karstseen und Erdfälle in Karstgebieten (z.B. in Irland 'turloughs' genannt), die sich oft durch spezifische Lebensgemeinschaften auszeichnen.
Standort: Verkarstete Kalkgebirgszüge, Kalkplateaus oder Gipskarstgebiete mit Dolinen, Erdfällen und -mulden, Untergrund (Bodentypen) variabel, Hydrologie karstwasserabhängig mit episodischer bis periodischer Überstauung durch Anstieg des Karstwasserspiegels.
Subtypen: -
Pflanzenarten: Keine spezifischen Pflanzenarten bekannt; Vegetation variabel, je nach Überstauungshäufigkeit und Bodentyp können z.B. Vermoorungen, Flutrasen oder einfach trockene Wiesen und Weiden ausgebildet sein.
Tierarten:
Sonstige Wirbellose: In der feuchten Phase z.B. die Krebse *Branchipus stagnalis*, *Chirocephalus grubei* und *Tanymastix lacunae*.
Kartierungshinweise: Eine direkte Kartierung ist kaum möglich und genaue Kenntnisse der Hydrologie sind erforderlich. Manche dieser Gewässer führen episodisch in Abständen von mehreren Jahren Wasser.
Variabilität: Wenige Beispiele aus Deutschland sind der Eichener See in Baden-Württemberg und die verkarsteten Gebiete am Harzrand (z.B. im Hainholz).
Komplexe: -

Biotoptypen:

BTB	RL	REG	BIOTOPTYP	EIG_CODE	EIG
240502	2-3	K	temporärer Karstsee/ wassergefüllte Doline		

Vegetation: -

Nutzung/Pflege: I.d.R. keine Pflege erforderlich.
Sukzession: Keine.
Hauptgefährdungsfaktoren: Veränderungen des Grund- und Karstwasserspiegels, Nährstoff- und Schadstoffeintrag, Verfüllungen.
Bemerkungen: -

Alpine Flüsse und ihre krautige Ufervegetation

NATURA 2000-Code: 3220

D: Alpine Flüsse und ihre krautige Ufervegetation

F: Les rivières alpines et leurs végétations ripicoles herbacées

E: Alpine rivers and the herbaceous vegetation along their banks

Code nach Anhang I: 24.221, 24.222

Pal. Code: (24.221 und 24.222), 24.22

Definition: Natürliche und naturnahe Fließgewässer der Alpen und des Alpenvorlandes (Schwerpunkt submontane bis alpine Höhenstufen,) mit ihren Schotterbänken und Ufern mit krautiger Vegetation (Epilobietalia fleischeri p.p.). Auch artenreiche lückig bewachsene Schotter- und Geröllflächen im Gewässerkontakt mit *Epilobium fleischeri* oder *Chondrilla chondrilloides*.

Standort: Alpine Fließgewässer und deren Schotter- und Geröllflächen mit ± regelmäßiger Überflutung und Umlagerung v.a. durch frühsommerliche Hochfluten (Schneeschmelze), z.T. ist auch sandiges Material abgelagert (Auerohböden).

Subtypen:

- **3221:** Schotterbänke alpiner Flüsse mit Epilobion fleischeri-Vegetation
- **3222:** Schotterbänke alpiner Flüsse mit *Chondrilla chondrilloides*

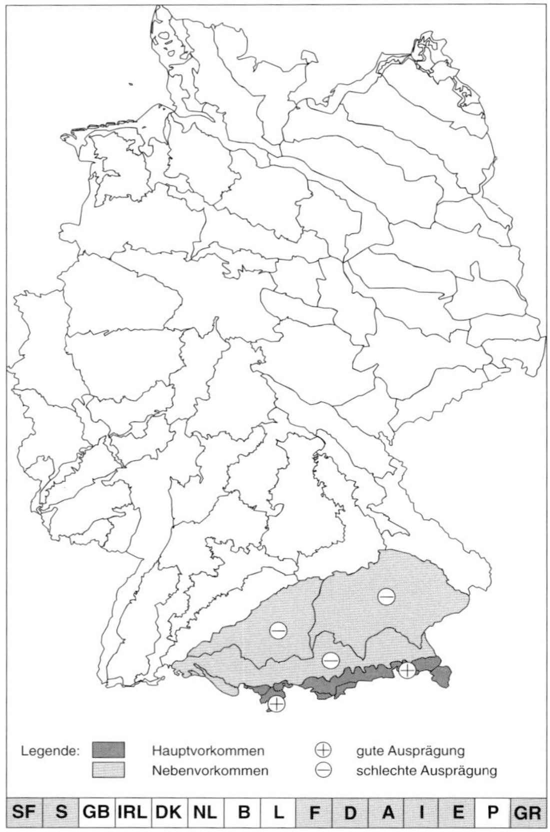

Abb. 49: Verbreitung des Lebensraumtyps 3220 in Deutschland und der Europäischen Union

Pflanzenarten, dominante: *Calamagrostis pseudophragmites*, *Epilobium fleischeri*.

typische: *Calamagrostis pseudophragmites*, *Chondrilla chondrilloides, Dryas octopetala*, *Epilobium fleischeri*, *Hutchinsia alpina*, *Linaria alpina*, *Rumex scutatus*, *Saxifraga aizoides*, *Saxifraga bryoides*, *Saxifraga caesia*, *Tolpis staticifolia*.

Tierarten:

Vögel: Ursprüngliches Bruthabitat für Flußregenpfeifer (*Charadrius dubius*) und Flußseeschwalbe (*Sterna hirundo*).

Reptilien/Amphibien: Zauneidechse (*Lacerta agilis*).

Fische: Huchen (*Hucho hucho*), Streber (*Zingel streber*), Zingel (*Zingel zingel*).

Libellen: *Cordulegaster boltoni*, *Onychogomphus uncatus*.

Heuschrecken: *Bryodema tuberculata*, *Chorthippus pullus*, *Tetrix tuerki*.

Schmetterlinge: *Parnassius phoebus* (Raupenfutterpflanze *Saxifraga aizoides*).

Käfer: *Bembidion litorale, Bembidion punctulatum, Elmis latreillei, Elmis rietscheli, Esolus angustatus, Hydraena lapidicola, Hydraena saga, Hydraena truncata, Omophron limbatum, Stenus spp., Thinobius spp.*
Zweiflügler: *Prosimulium latimucro, Prosimulium rufipes.*
Spinnen: *Arctosa cinerea, Pardosa wagleri.*
Sonstige Wirbellose: Strudelwürmer: *Crenobia alpina, Dugesia gonocephala*; Echte Netzflügler: *Chrysopa abbreviata*; Eintagsfliegen: *Ameletus inopinatus, Baetis alpinus, Epeorus alpicola, Rhithrogena hybrida*; Steinfliegen: *Chloroperla tripunctata, Isoperla rivulorum, Leuctra alpina, Nemoura minima, Perla grandis, Protonemura auberti, Protonemura brevistyla, Protonemura nimborum, Protonemura nitida, Protonemura praecox*; Köcherfliegen: *Philopotamus ludificatus, Philopotamus montanus, Philopotamus variegatus, Rhyacophila aurata, Rhyacophila glareosa, Rhyacophila hirticornis, Rhyacophila intermedia.*

Kartierungshinweise: Abgrenzungskriterium ist das Vorkommen von Vegetation der angeführten Syntaxa an Flüssen der Alpen und des Alpenvorlandes.
Da der Lebensraumtyp einer starken Dynamik unterliegt, sind auch zeitweise vegetationsfreie Geröllflächen in die Abgrenzung miteinzubeziehen. Je nach Wasserstand und Strömungsverhältnissen kann sich die Lage der Schotterbänke auch im Jahresverlauf deutlich verändern.
Die Abgrenzung soll zusammenhängende Fließgewässerabschnitte abgrenzen, die wenigstens stellenweise die geforderte Vegetation aufweisen. Sie umfaßt neben dem eigentlichen Fließgewässer auch dessen Ufer.
Von Sträuchern dominierte Bereiche sind ausgeschlossen und ggf. als Lebensraumtyp „Alpine Flüsse und ihre Ufergehölze mit *Myricaria germanica*" (3230) bzw. „Alpine Flüsse und ihre Ufergehölze mit *Salix eleagnos*" (3240) zu fassen.

Variabilität: In Deutschland nur nördliche Kalkalpen und Alpenvorland, z.B. Obere Isarauen, Halblech und Stillach.

Komplexe: In der Regel enge Verzahnung mit vegetationsfreien Schotterflächen, Sanderflächen, Kontakte zu Steifseggenriedern, lokalen Vermoorungen, Trockenrasen, Grauerlen-Auenwäldern und teilweise Schneeheide-Kiefernwäldern.

Biotoptypen:

BTB	RL	REG	BIOTOPTYP	EIG_CODE	EIG
23010101	2	K	naturnahes, kalkreiches Epi-/ Metarhithral	P522	mit Vegetation der Epilobietalia fleischeri
230302	2-3	N	Schuttkegelmündung	P522	mit Vegetation der Epilobietalia fleischeri
230602	2-3	S	zeitweilig trockenfallende Geröllfläche an fließenden Gewässern	P522	mit Vegetation der Epilobietalia fleischeri
230603	2	S	zeitweilig trockenfallende Kiesfläche an fließenden Gewässern	P522	mit Vegetation der Epilobietalia fleischeri
230604	2	S	zeitweilig trockenfallende Sandfläche an fließenden Gewässern	P522	mit Vegetation der Epilobietalia fleischeri

Vegetation:

3220	Epilobietalia fleischeri MOOR 58	pp
3220	Epilobion fleischeri BR.-BL. 38	pp
3222	Myricario-Chondrilletum chondrilloidis BR.-BL. 38	v
3221	Calamagrostidetum pseudophragmitis KOPECKY 68	v
3221	Epilobietum fleischeri BR.-BL. 23	v

Nutzung/Pflege: Keine Pflege erforderlich.

Sukzession: Keine, aber z.T. Ortsverlagerungen durch die natürliche Fließgewässerdynamik.

Hauptgefährdungsfaktoren: Gewässerbegradigung, Uferverbau und -befestigung, Sohlverbau, Gewässerunterhaltung und Ausbau zur Stromgewinnung, Eutrophierung, Stauseen, Wasserentnahme.

Bemerkungen: Naturnahe alpine Flüsse und ihre Schotterbänke (3220, 3230, 3240) sollten als ein Lebensraumtyp zusammengefaßt werden. Für den Schutz ist jeweils die gesamte Aue als FFH-Gebietsvorschlag zu melden und auch für das Management als die geeignete funktionale Einheit zu betrachten.

Alpine Flüsse und ihre Ufervegetation mit *Myricaria germanica*

NATURA 2000-Code: 3230

D: Alpine Flüsse und ihre Ufervegetation mit *Myricaria germanica*

F: Les rivières alpines et leurs végétations ripicoles ligneuses à *Myricaria germanica*

E: Alpine rivers and their ligneous vegetation with *Myricaria germanica*

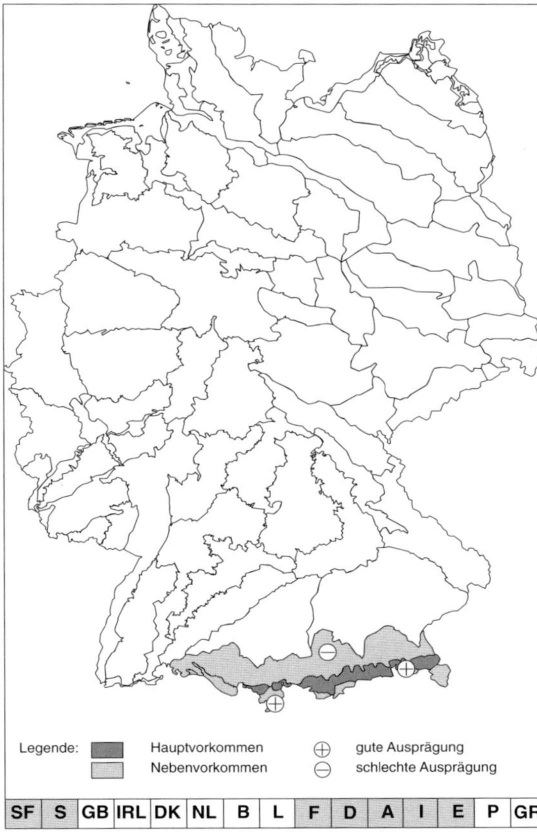

Abb. 50: Verbreitung des Lebensraumtyps 3230 in Deutschland und der Europäischen Union.

Code nach Anhang I: 24.223

Pal. Code: 24.223 x 44.111

Definition: Natürliche und naturnahe Fließgewässer der Alpen und des Alpenvorlandes (Schwerpunkt submontane bis supalpine Höhenstufe) mit ihren Schotterbänken und Ufern mit Gebüschen von *Myricaria germanica* und Weiden (Weichholzaue alpiner Flüsse).

Standort: Schotter- und Geröllflächen im Uferbereich alpiner Flüsse mit ± regelmäßiger Überflutung und Umlagerung durch frühsommerliche Hochfluten (Schneeschmelze), z.T. ist sandiges Material abgelagert (Auerohböden).

Subtypen: -

Pflanzenarten, dominante: *Myricaria germanica*, verschiedene *Salix*-Arten.

typische: *Calamagrostis pseudophragmites, Dryas octopetala, Hutchinsia alpina, Linaria alpina, Myricaria germanica, Salix daphnoides, Salix eleagnos, Salix myrsinifolia, Salix purpurea, Tolpis staticifolia.*

Tierarten:

Fische: Huchen (*Hucho hucho*), Streber (*Zingel streber*), Zingel (*Zingel zingel*).

Heuschrecken: *Bryodema tuberculata, Chorthippus pullus.*

Schmetterlinge: *Parnassius phoebus* (Raupenfutterpflanze *Saxifraga aizoides*).

Käfer: *Bembidion litorale, Bembidion punctulatum, Elmis latreillei, Elmis rietscheli, Esolus angustatus, Hydraena lapidicola, Hydraena saga, Hydraena truncata, Omophron limbatum, Stenus spp., Thinobius spp.*

Zweiflügler: *Prosimulium latimucro, Prosimulium rufipes.*

Wanzen: *Tuponia hippophaes.*

Zikaden: *Opsius stactogalus.*

Spinnen: *Arctosa cinerea, Pardosa wagleri.*

Sonstige Wirbellose: Strudelwürmer: *Crenobia alpina, Dugesia gonocephala*; Echte Netzflügler: *Chrysopa abbreviata*; Eintagsfliegen: *Ameletus inopinatus, Baetis alpinus,*

Epeorus alpicola, *Rhithrogena hybrida*; Steinfliegen: *Chloroperla tripunctata*, *Isoperla rivulorum*, *Leuctra alpina*, *Nemoura minima*, *Perla grandis*, *Protonemura auberti*, *Protonemura brevistyla*, *Protonemura nimborum*, *Protonemura nitida*, *Protonemura praecox*; Köcherfliegen: *Philopotamus ludificatus*, *Philopotamus montanus*, *Philopotamus variegatus*, *Rhyacophila aurata*, *Rhyacophila glareosa*, *Rhyacophila hirticornis*, *Rhyacophila intermedia*.

Kartierungshinweise: Kriterium für die Abgrenzung ist das Vorkommen von *Myricaria germanica*-Gebüschen am Ufer des Fließgewässers.

Bei Vorkommen der genannten Art sind zusammenhängende Fließgewässerabschnitte abzugrenzen, die das Ufergehölz, die Ufer selbst sowie das Fließgewässer umfassen und die insgesamt genügend Raum für dynamische Prozesse zulassen. Sollte der Lebensraumtyp „Alpine Flüsse und ihre krautige Ufervegetation“ (3220) gleichzeitig (parallel) dazu vorkommen, so ist das Fließgewässer selbst in 3220 einzuschließen und nur die von Sträuchern dominierte Vegetation als Lebensraumtyp 3230 zu kartieren.

Größere Bereiche ohne Vorkommen von Gehölzen sind bei Vorkommen von Vegetation der entsprechenden Syntaxa dem Lebensraumtyp „Alpine Flüsse und ihre krautige Ufervegetation“ (3220) zuzuordnen.

Variabilität: In Deutschland nur nördliche Kalkalpen und Alpenvorland, z.B. Auen der Oberen Isar und Halblech.

Komplexe: In der Regel enge Verzahnung mit vegetationsfreien Schotterflächen, Sanderflächen, Kontakte zu Steifseggenriedern, lokalen Vermoorungen, Grauerlen-Auenwäldern.

Biotoptypen:

BTB	RL	REG	BIOTOPTYP	EIG_CODE	EIG
23010101	2	K	naturnahes, kalkreiches Epi-/ Metarhithral	P523	mit *Myricaria germanica*-Vegetation
6901a			montane bis subalpine Auenweiden gebüsche mit *Myricaria germanica*		

Vegetation:

Salici-Myricarietum MOOR 58	v
Salicion elaeagni AICHINGER 33	pp

Nutzung/Pflege: Keine Pflege erforderlich.

Sukzession: Keine (bzw. nur bei veränderter Dynamik z.B. nach Verlagerung des Flußbettes).

Hauptgefährdungsfaktoren: Gewässserbegradigung, Uferverbau und -befestigung, Sohlverbau, Wasserableitung, Gewässerunterhaltung und Ausbau für Schiffahrt sowie zur Stromgewinnung, Eutrophierung.

Bemerkungen: Bei fehlender Fließgewässerdynamik erfolgt keine Verjüngung der *Myricaria germanica* Bestände, d.h. der Lebensraumtyp ist dann auf Dauer <u>nicht</u> erhaltbar.

Alpine Flüsse und ihre Ufergehölze mit *Salix eleagnos*

NATURA 2000-Code: 3240

D: Alpine Flüsse und ihre Ufergehölze mit *Salix eleagnos*

F: Les rivières alpines et leurs végétations ripicoles ligneuses à *Salix eleagnos*

E: Alpine rivers and their ligneous vegetation with *Salix eleagnos*

Code nach Anhang I: 24.224

Pal. Code: 24.224 x 44.112

Definition: Natürliche und naturnahe Fließgewässer der Alpen und des Alpenvorlandes (Schwerpunkt submontane bis subalpine Höhenstufe) mit ihren Ufergehölzen mit Lavendelweide (*Salix eleagnos*) und Weichholzaue alpiner Flüsse.

Standort: Schotter- und Geröllflächen im Uferbereich alpiner Flüsse mit ± regelmäßiger Überflutung und Umlagerung durch frühsommerliche Hochfluten (Schneeschmelze), z.T. ist sandiges Material abgelagert (Auerohböden).

Subtypen: -

Pflanzenarten, dominante: *Hippophaë rhamnoides*, *Salix eleagnos*.

typische: *Alnus incana*, *Betula pendula*, *Hippophaë rhamnoides*, *Salix daphnoides*, *Salix eleagnos*, *Salix myrsinifolia*, *Salix purpurea*.

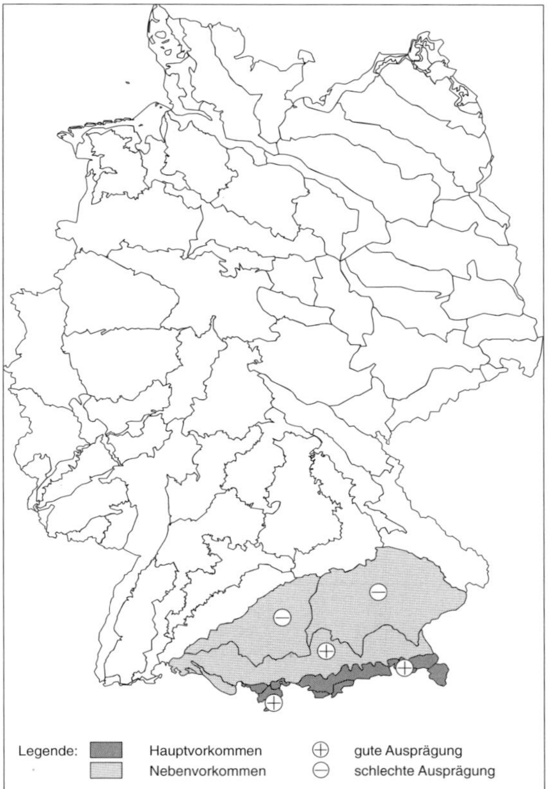

SF	S	GB	IRL	DK	NL	B	L	F	D	A	I	E	P	GR

Abb. 51: Verbreitung des Lebensraumtyps 3240 in Deutschland und der Europäischen Union.

Tierarten:

Fische: Huchen (*Hucho hucho*), Streber (*Zingel streber*), Zingel (*Zingel zingel*).

Heuschrecken: *Oedipoda coerulescens*, *Psophus stridulus*.

Käfer: *Elmis latreillei, Elmis rietscheli, Esolus angustatus, Hydraena lapidicola, Hydraena saga, Hydraena truncata*.

Wanzen: *Atractotomus rhodani*.

Sonstige Wirbellose: Strudelwürmer: *Crenobia alpina*, *Dugesia gonocephala*; Echte Netzflügler: *Chrysopa abbreviata*; Eintagsfliegen: *Ameletus inopinatus*, *Baetis alpinus*, *Epeorus alpicola*, *Rhithrogena hybrida*; Steinfliegen: *Chloroperla tripunctata*, *Isoperla rivulorum*, *Leuctra alpina*, *Nemoura minima*, *Perla grandis*, *Protonemura auberti*, *Protonemura brevistyla*, *Protonemura nimborum*, *Protonemura nitida*, *Protonemura praecox*; Köcherfliegen: *Philopotamus ludificatus*, *Philopotamus montanus*, *Philopotamus variegatus*, *Rhyacophila aurata*, *Rhyacophila glareosa*, *Rhyacophila hirticornis*, *Rhyacophila intermedia*.

Kartierungshinweise: Abgrenzungskriterium ist das Vorkommen von Gebüschen der angegebenen Syntaxa als Ufergehölz an submontanen bis alpinen Fließgewässern der Alpen und des Alpenvorlandes. Zur Abgrenzung sind zusammenhängende Abschnitte des Fließgewässers zu erfassen, die nennenswerte Anteile der entsprechenden Vegetation enthalten. Vorkommen von *Myricaria germanica* sind unter Lebensraumtyp „Alpine Flüsse und ihre Ufervegetation mit *Myricaria germanica*“ (3230) zu erfassen.
Größere Bereiche ohne Vorkommen von Gehölzen sind bei Vorkommen von Vegetation der entsprechenden Syntaxa dem Lebensraumtyp Alpine Flüsse und ihre krautige Ufervegetation (3220) zuzuordnen. Sollte dieser Lebensraumtyp (3220) gleichzeitig (parallel) dazu vorkommen, so ist das Fließgewässer selbst in 3220 einzuschließen und nur die von Sträuchern dominierte Vegetation als Lebensraumtyp 3240 zu kartieren.

Variabilität: Kommt in Deutschland nur in den nördlichen Kalkalpen und im Alpenvorland vor, z.B. an der Oberen Isar, Halblech, Stillach und an der Breitach.

Komplexe: In der Regel enge Verzahnung mit vegetationsfreien Schotterflächen, Sanderflächen, Kontakte zu Steifseggenriedern, lokalen Vermoorungen, Grauerlen-Auenwäldern und teilweise Schneeheide-Kiefernwäldern.

Biotoptypen:

BTB	RL	REG	BIOTOPTYP	EIG_CODE	EIG
23010101	2	K	naturnahes, kalkreiches Epi-/ Metarhithral	P524	Flüsse mit *Salix eleagnos*-Vegetation (nur Alpen u. Alpenvorland)
6901	3	S	montane bis subalpine (‘alpines/ subalpines’) Auenweidengebüsch	P524	Flüsse mit *Salix eleagnos*-Vegetation (nur Alpen u. Alpenvorland)

Vegetation:

Salicion elaeagni AICHINGER 33	pp
Salicetum elaeagni MOOR 58	v
Hippophao-Berberidetum MOOR 58	v

Nutzung/Pflege: Keine Pflege erforderlich.

Sukzession: Keine bzw. bei nachlassender Dynamik Sukzession zum Schneeheide-Kiefernwald.

Hauptgefährdungsfaktoren: Gewässserbegradigung, Uferverbau und -befestigung, Sohlverbau, Wasserableitung, Gewässerunterhaltung und Ausbau zur Stromgewinnung, Eutrophierung.

Bemerkungen: -

Fließgewässer der planaren bis montanen Stufe mit Vegetation des Ranunculion fluitantis

NATURA 2000-Code: 3260

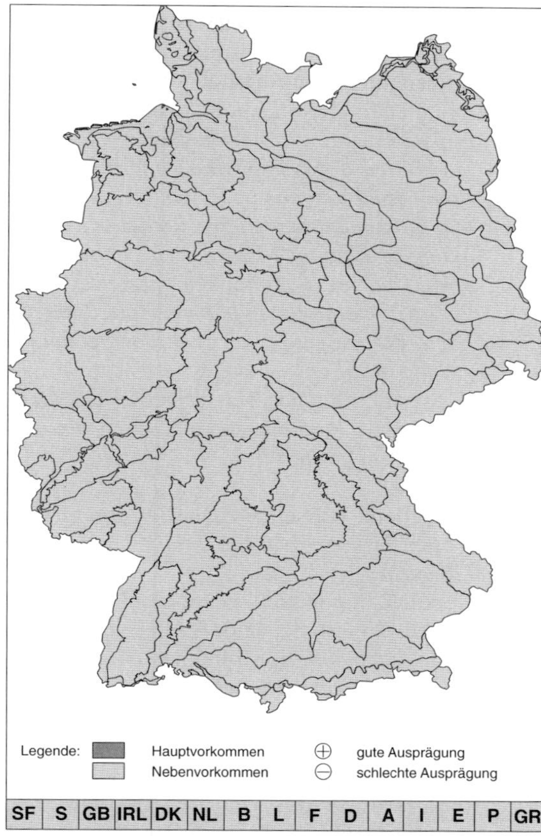

Abb. 52: Verbreitung des Lebensraumtyps 3260 in Deutschland und der Europäischen Union. Eine weitere Differenzierung der Verbreitungskarte in Haupt- und Nebenvorkommen ist derzeit nicht möglich.

D: Unterwasservegetation in Fließgewässern der Submontanstufe und der Ebene
F: La végétation flottante de renoncules des rivières submontagnardes et planitiaires
E: Floating vegetation of ranunculus of plane, submountainous rivers

Code nach Anhang I: 24.4
Pal. Code: 24.4
Definition: Natürliche und naturnahe Fließgewässer von der Ebene (planare Stufe) bis ins Bergland (montane Stufe) mit flutender Wasserpflanzenvegetation des Ranunculion fluitantis-Verbandes, des Callitricho-Batrachion oder flutenden Wassermoosen.
Standort: Je nach Fließgewässerregion überwiegen verschiedene Standortsbedingungen:
Rhithral: Vergleichsweise niedrige Temperaturen mit geringen Schwankungen, hohe Fließgeschwindigkeiten, hoher und konstanter Sauerstoffgehalt des Wassers, grobkörniges Substrat, geringer Trübstoffgehalt, überwiegend Erosionsprozesse, ungleichmäßige, kurzfristig oszillierende Wasserführung.
Potamal: Vergleichsweise hohe Temperaturen mit größeren Schwankungen, vergleichsweise geringe Fließgeschwindgkeiten, geringerer und schwankender Sauerstoffgehalt des Wassers, hoher Trübstoffgehalt, meist feinkörniges Substrat, Sedimentations- und Erosionsprozesse, vergleichsweise gleichmäßige Wasserführung mit periodischen Schwankungen.
Wasserfall: Sehr hohe Strömungsgeschwindigkeiten, hoher Sauerstoffgehalt des Wassers, felsiges Substrat, Erosionsprozesse.
Seeausfluß: Vergleichsweise hohe Temperatur (besonders im Sommer), geringer, schwankender Sauerstoffgehalt, hoher Trübstoffgehalt.
Subtypen: Eine Unterscheidung in die wichtigsten Zonen der Fließgewässer ist für die Besiedlung durch charakteristische Tier- und Pflanzenarten notwendig:
- Rhithral (Oberlauf des Fließgewässers),
- Potamal (Mittel- und Unterlauf),

– und natürliche/naturnahe Sonderformen des Fließgewässer wie Seeausflüsse und Wasserfälle.

Der Schwerpunkt des Lebensraumtyps liegt in den unteren Bereichen des Rhithrals (Epi- und Metarhithral) und den oberen Bereichen des Potamals (Epipotamal), da die Wasserpflanzenbesiedlung weder zu große Strömungsgeschwindigkeiten, zu große Wassertiefen noch zu große Schwebstoffanteile verträgt.

Pflanzenarten, dominante: *Callitriche spp., Fontinalis antipyretica, Myriophyllum spp., Ranunculus aquatilis, Ranunculus fluitans, Ranunculus peltatus, Ranunculus penicillatus.*

typische: Rhithral: *Berula erecta, Callitriche cophocarpa, Callitriche hamulata, Groenlandia densa, Myriophyllum alterniflorum, Nasturtium officinale, Potamogeton alpinus, Potamogeton nodosus, Potamogeton pectinatus, Ranunculus aquatilis, Ranunculus fluitans, Ranunculus peltatus, Ranunculus penicillatus, Ranunculus trichophyllos, Veronica anagallis-aquatica, Veronica beccabunga* und Moose: *Cinclidotus fontinaloides, Cinclidotus riparius, Fontinalis antipyretica, Fontinalis squamosa, Scapania undulata;*

Potamal: *Ceratophyllum demersum, Elodea canadensis, Myriophyllum spicatum, Nuphar lutea, Potamogeton lucens, Potamogeton pectinatus, Potamogeton perfoliatus, Saggittaria saggittifolia*;

Wasserfall, flutende Wassermoose: *Cinclidotus spp., Fissidens spp., Fontinalis spp.;*

Seeausfluß: *Potamogeton lucens, Potamogeton pectinatus, Potamogeton perfoliatus, Saggittaria saggittifolia.*

Tierarten:

Säugetiere: Wasserspitzmaus (*Neomys fodiens*).

Vögel: Eisvogel (*Alcedo atthis*), Wasseramsel (*Cinclus cinclus*), Gebirgsstelze (*Motacilla cinerea*).

Reptilien/Amphibien: Feuersalamander (*Salamandra salamandra*).

Fische: Rhitral: Schneider (*Alburnoides bipunctatus*), Nase (*Chondrostoma nasus*), Groppe (*Cottus gobio*), Gründling (*Gobio gobio*), Huchen (*Hucho hucho*), Bachneunauge (*Lampetra planeri*), Döbel (*Leuciscus cephalus*), Hasel (*Leuciscus leuciscus*), Strömer (*Leuciscus souffia agassizi*), Elritze (*Phoxinus phoxinus*), Lachs (*Salmo salar*), Bachforelle (*Salmo trutta fario*), Äsche (*Thymallus thymallus*); Potamal: Zope (*Abramis ballerus*), Brachsen (*Abramis brama*), Zobel (*Abramis sapa*), Ukelei (*Alburnus alburnus*), Maifisch (*Alosa alosa*), Finte (*Alosa fallax*), Aal (*Anguilla anguilla*), Rapfen (*Aspius aspius*), Barbe (*Barbus barbus*), Güster (*Blicca bjoerkna*), Hecht (*Esox lucius*), Schrätzer (*Gymnocephalus schraetzer*), Aland (*Leuciscus idus*), Flußbarsch (*Perca fluviatilis*), Rotauge (*Rutilus rutilus*), Rotfeder (*Scardinius erhtrophthalmus*), Wels (*Silurus glanis*), Zander (*Stizostedion lucioperca*), Schleie (*Tinca tinca*), Zährte (*Vimba vimba*), Streber (*Zingel streber*), Zingel (*Zingel zingel*).

Libellen: Rhithral: *Calopteryx virgo, Coenagrion mercuriale, Coenagrion ornatum, Cordulegaster bidentatus, Cordulegaster boltoni, Onychogomphus forcipatus, Ophiogomphus cecilia*; Potamal: *Calopteryx splendens, Coenagrion puella, Enallagma cyathigerum, Erythromma najas, Gomphus vulgatissimus, Ischnura elegans, Platycnemis pennipes, Stylurus flavipes.*

Käfer: Rhithral: *Agabus biguttatus, Agabus guttatus, Brychius elevatus, Deronectes latus, Elmis aenea, Limnius perrisi*; Potamal: *Agabus bipustulatus, Haliplus fulvus, Hydroporus palustris, Hygrotus versicolor, Laccophilus hyalinus.*

Zweiflügler: *Neoascia spp., Parhelophilus spp., Platycheirus spp., Sphegina spp.*

Wanzen: Seeausfluß: *Aphelocheirus aestivalis.*

Weichtiere: Rhithral: *Ancylus fluviatilis, Margaritifera margaritifera, Pisidium persona-*

tum, Pisidium pulchellum, Pisidium tenuilineatum, Theodoxus fluviatilis, Theodoxus transversalis, Unio crassus; Potamal: *Acroloxus lacustris, Anodonta anatina, Bathyomphalus contortus, Bithynia tentaculata, Dreissena polymorpha, Lithoglyphus naticoides, Pisidium amnicum, Pisidium henslowanum, Pisidium milium, Pisidium moitessieranum, Pisidium pulchellum, Pisidium supinum, Pisidium tenuilineatum, Pseudoanodonta complanata, Sphaerium rivicola, Sphaerium solidum, Theodoxus danubialis, Theodoxus transversalis, Unio pictorum, Unio tumidus, Valvata cristata, Valvata naticina, Viviparus acerosus, Viviparus viviparus*; Seeausfluß: *Pisidium amnicum*.

Sonstige Wirbellose: Eintagsfliegen, Rhithral: *Baetis lutheri, Baetis muticus, Baetis scambus, Ecdyonurus venosus, Ephemera danica, Ephemerella mucronata, Habrophlebia fusca*; Potamal: *Brachycerus harrisella, Caenis beskidensis*; Steinfliegen, Rhithral: *Amphinemura standfussi, Brachyptera braueri, Brachyptera risi, Brachyptera seticornis, Dinocras cephalotes, Isoperla grammatica, Nemoura flexuosa*; Potamal: *Leuctra fusca, Perlodes dispar*; Köcherfliegen, Rhithral: *Agapetus fuscipes, Athripsodes bilineatus, Glossosoma boltoni, Hydropsyche fulvipes, Hydropsyche saxonica, Lasiocephala basalis, Rhyacophila nubila, Rhyacophila vulgaris, Silo nigricornis, Silo pallipes, Silo piceus, Tinodes pallidulus*; Potamal: *Ecnomus tenellus, Limnephilus decipiens, Limnephilus flavicornis, Mystacides azurea, Mystacides nigra, Neureclipsis bimaculata*; Egel, Potamal: *Erpobdella nigricollis*.

Kartierungshinweise: Der Lebensraumtyp umfaßt Abschnitte planarer bis montaner Fließgewässer, die durch das Vorkommen von flutender submerser Vegetation der aufgeführten Syntaxa ausgezeichnet sind. Dabei sind neben natürlichen Fließgewässern wie Bächen und Flüssen auch durchströmte Altarme sowie ständig wasserführende und ständig fließende naturnahe Gräben eingeschlossen.

Die meist kleinflächigen Vorkommen der Submers-Vegetation sollten nicht einzeln und punktgenau aufgenommen werden. Statt dessen sollen ganze Abschnitte, in denen eine Submers-Vegetation ausgebildet ist, von überwiegend vegetationsfreien Abschnitten abgegrenzt werden. Für die Gebietsmeldung für Natura 2000 sollten neben dem eigentlichen Fließgewässer auch dessen Ufer mitsamt seiner Ufervegetation aus Röhricht, Hochstaudenfluren etc. eingeschlossen werden.

Vorkommen von fließgewässerbegleitenden Gehölzen können ggf. dem Lebensraumtyp Erlen-Eschenwälder und Weichholzauenwälder an Fließgewässern der Ebene bis subalpinen Stufe (91E0) bzw. Eichen-Ulmen-Eschen-Auenwälder größerer Flüsse (91F0) zugeordnet werden. Wasserfälle in Kalkgebieten können auch Vegetation des Cratoneurion aufweisen und stehen dann dem Lebensraumtyp 7220 nahe. Die gewässerbegleitenden Kies- und Schlammflächen sind, sofern eine entsprechende Vegetation ausgebildet ist, als eigene Lebensraumtypen zu fassen (3220, 3230, 3240, 3270).

Variabilität: Von Fließgeschwindigkeit, Sohlsubstrat (Geologie und Geomorphologie der Täler) und Gewässerchemismus (basenreich/sauer) abhängig.

Komplexe: Natürliche und naturnahe Fließgewässer mit Unterwasservegetation haben regional unterschiedlich Kontakte zum Auengrünland mit z.B. Flutrasen, Sumpfdotterblumenwiesen oder Brenndoldenwiesen und zu Auewäldern (Weicholzaue, Hartholzaue).

Biotoptypen:

BTB	RL	REG	BIOTOPTYP	EIG_CODE	EIG
23010101	2	K	naturnahes, kalkreiches Epi-/ Metarhithral	P525	mit flutender Vegetation des Ranunculion fluitantis, Callitricho-Batrachion oder flutenden Wassermoosen
23010201	1-2	K	naturnahes, kalkarmes Epi-/ Metarhithral	P525	mit flutender Vegetation des Ranunculion fluitantis, Callitricho-Batrachion oder flutenden Wassermoosen
23010301	2	K	naturnahes, kalkreiches Hyporhithral	P525	mit flutender Vegetation des Ranunculion fluitantis, Callitricho-Batrachion oder flutenden Wassermoosen
23010401	1-2	K	naturnahes, kalkarmes Hyporhithral	P525	mit flutender Vegetation des Ranunculion fluitantis, Callitricho-Batrachion oder flutenden Wassermoosen
23020101	2	S	naturnahes Epipotamal	P525	mit flutender Vegetation des Ranunculion fluitantis, Callitricho-Batrachion oder flutenden Wassermoosen
23020201	1	S	naturnahes Metapotamal	P525	mit flutender Vegetation des Ranunculion fluitantis, Callitricho-Batrachion oder flutenden Wassermoosen
23020301	1	N	naturnahes Hypopotamal	P525	mit flutender Vegetation des Ranunculion fluitantis, Callitricho-Batrachion oder flutenden Wassermoosen
230301	*	B	Fallmündung	P525	mit flutender Vegetation des Ranunculion fluitantis, Callitricho-Batrachion oder flutenden Wassermoosen

BTB	RL	REG	BIOTOPTYP	EIG_CODE	EIG
230304	*	K	Trichtermündung	P525	mit flutender Vegetation des Ranunculion fluitantis, Callitricho-Batrachion oder flutenden Wassermoosen
230305	2	N	Deltamündung	P525	mit flutender Vegetation des Ranunculion fluitantis, Callitricho-Batrachion oder flutenden Wassermoosen
230401	2	B	Wasserfall	P525	mit flutender Vegetation des Ranunculion fluitantis, Callitricho-Batrachion oder flutenden Wassermoosen
230402	1-2	S	durchströmter Altarm	P525	mit flutender Vegetation des Ranunculion fluitantis, Callitricho-Batrachion oder flutenden Wassermoosen
230403	3	S	Seeausfluß	P525	mit flutender Vegetation des Ranunculion fluitantis, Callitricho-Batrachion oder flutenden Wassermoosen
230501	3	X	Graben mit ganzjährigem Fließgewässercharakter	P525	mit flutender Vegetation des Ranunculion fluitantis, Callitricho-Batrachion oder flutenden Wassermoosen

Vegetation:

Ranunculion fluitantis NEUH. 59	v
Ranunculetum fluitantis (ALLORGE 22) W. KOCH 26	v
Sparganio-Potamogetonetum interrupti (HILBIG 71) WEBER 76	v
Ranunculo trichophylli-Sietum submersi TH. MÜLLER 62	v
Groenlandietum densae BOLOS 57	v
Callitricho hamulatae-Myriophylletum alterniflori (STEUSLOFF 39) WEBER-OLDECOP 67	v
Veronico beccabungae-Callitrichetum stagnalis (OBERD. 57) TH. MÜLLER 62	v
Callitricho-Ranunculetum penicillati DETHIOUX & NOIRFALISE 85	v
Callitrichetum obtusangulae SEIBERT 62	v
Sagittaria sagittifolia-Gesellschaft	v
Callitriche platycarpa-Gesellschaft	v
Fontinalis antipyretica-Gesellschaft	v
Potamogetonion pectinati W. KOCH 26 em. OBERD. 57	pp
Potamogeton alpinus-Gesellschaft	v
Potamogeton perfoliatus-Gesellschaft	v

Potamogeton crispus-Gesellschaft	v
Ranunculetum aquatilis SAUER 45	v
Ranunculetum peltati (SEGAL 67) WEBER OLDECOP 69	v

Ferner gehören verschiedene Moossynusien von Wassermoosen (z.B. *Cinclidotus spp.*) zu diesem Lebensraumtyp.

Nutzung/Pflege: Bei natürlichen Fließgewässern nicht erforderlich. Da die meisten Fließgewässer heute mindestens teilweise beeinträchtigt sind, ist ggf. ein Rückbau von Sohl- und Uferbefestigungen, Wehren, Teichen und Staustrecken im Gewässerlauf und eine Wiederherstellung der natürlichen Gewässerdynamik erforderlich.

Sukzession: Keine. Kleinräumige Umlagerungen durch die Fließgewässerdynamik sind natürlich.

Hauptgefährdungsfaktoren: Nährstoff- und Schadstoffeintrag, intensive Freizeitnutzung, thermische Belastung, Stauhaltung zur Stromgewinnung und Bewässerung, Schiffahrt, Fließgewässerbegradigung, Uferverbau und Sohlveränderung, Verrohrung, Gewässerunterhaltung, Grundwasserabsenkung bzw. Entwässerung im Einzugsgebiet, fischereiliche Nutzung, Hochwasserschutzmaßnahmen.

Bemerkungen: Der gesamte Fließgewässer-Komplex sollte geschützt werden, nach Möglichkeit unter Einschluß großer Teile des Wassereinzugsgebietes.

Schlammige Flußufer mit Vegetation der Verbände Chenopodion rubri (p.p.) und Bidention (p.p.)

NATURA 2000-Code: 3270

D: Chenopodietum rubri von submontanen Fließgewässern
[Einjährige Vegetation der schlammigen Ufer an Flüssen (Bidention p.p., Chenopodion rubri p.p.)]

F: Le Chenopodietum rubri des rivières submontagnardes

E: Chenonpodietum rubri of submountainous rivers

Code nach Anhang I: 24.52

Pal. Code: 24.52

Definition: Naturnahe Fließgewässer mit einjähriger, nitrophytischer Vegetation auf schlammigen Ufern (Verbände Chenopodion rubri p.p. und Bidention p.p.) (planar bis submontan).
Im Frühjahr und Frühsommer sind die entsprechenden Standorte noch vegetationsfreie schlammige Uferstreifen und Schlammbänke bzw. noch überspült.

Standort: Schlammablagerungen durch Überflutung bei Mittel- bis Hochwasser im Uferbereich meist großer Flüsse, amphibisch bis semiterrestrisch, stickstoff- und nährstoffreiche Feinsedimente.

Subtypen: -

Pflanzenarten, dominante: *Bidens frondosa, Bidens tripartita, Chenopodium rubrum, Polygonum lapathifolium.*
typische: *Amaranthus spp., Atriplex prostrata, Bidens cernua, Bidens frondosa, Bidens radiata, Bidens tripartita, Chenopodium glaucum, Chenopodium rubrum, Corrigiola litoralis, Polygonum hydropiper, Polygonum lapathifolium ssp. brittingeri, Polygonum mite, Polygonum persicaria, Potentilla norvegica, Pulicaria vulgaris, Ranunculus sceleratus, Rorippa islandica, Rorippa sylvestris, Rumex maritimus, Rumex palustris, Spergularia echinosperma, Veronica anagallis-aquatica, Xanthium albinum, Xanthium strumarium.*

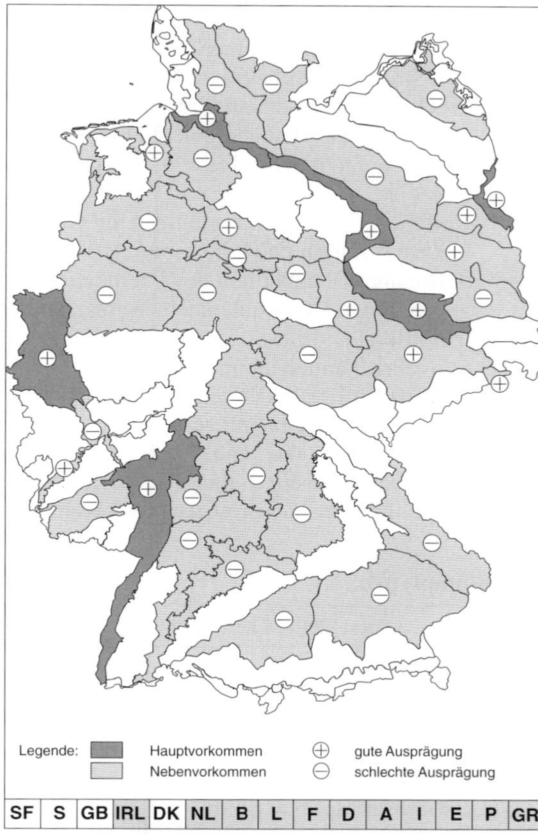

Abb. 53: Verbreitung des Lebensraumtyps 3270 in Deutschland und der Europäischen Union.

Tierarten:

Vögel: Flußuferläufer (*Actitis hypoleucos*).

Heuschrecken: *Tetrix subulata.*

Käfer: *Dyschirius thoracius, Elaphrus cupreus, Elaphrus riparius, Elaphrus ullrichii, Lionychus quadrillum, Tachys micros.*

Zweiflügler: Zahlreiche „Uferarten“, d.h. hygrophile Offenlandsarten wie z.B die Schwebfliegen *Anasimyia spp.*, *Helophilus spp.* und *Neoascia spp.*
Weichtiere: *Oxyloma elegans*, *Oxyloma sarsii.*

Kartierungshinweise: Abgrenzungskriterium ist das wenigstens zeitweise bzw. stellenweise Auftreten von Vegetation der aufgeführten Syntaxa auf Schlammbänken der Flüsse. Dabei ist keine Begrenzung auf Vorkommen in einer bestimmten Höhenstufe gegeben.
Der Lebensraumtyp unterliegt naturgemäß raschen Veränderungen. Je nach Wasserstand und Strömungsverhältnissen kann sich die Lage der Schlammbänke sowie die Dauer des Trockenfallens auch innerhalb eines Jahres deutlich verändern. Daher soll die Abgrenzung den gesamten Bereich potentieller Vorkommen trockenfallender Schlammbänke umfassen, wenn üblicherweise in diesem Bereich auch eine entsprechende Vegetation ausgebildet ist.
Komplexe und Durchdringungen mit eutrophen Zwergbinsengesellschaften (Isoëto-Nanojuncetea) sind in den Lebensraumtyp eingeschlossen. Vorkommen der genannten Vegetationseinheiten außerhalb des Uferbereichs von Flüssen sind ausgeschlossen z.B. an Stillgewässern mit schwankendem Wasserstand oder an Wildschweinsuhlen etc.

Variabilität: Die Gesellschaften des Chenopodion rubri (Polygono brittingeri-Chenopodietum rubri, Xanthio albini-Chenopodietum rubri) haben ihren Schwerpunkt in der Ebene am Ufer großer Flüsse (Weser, Elbe etc.). Der Lebensraumtyp ist überwiegend in der planaren bis kollinen Höhenstufe verbreitet.

Komplexe: Kontakte und Übergänge bestehen z.T. auf den Schlammablagerungen zu Zwergbinsengesellschaften (Isoëto-Nanojuncetea). Oft auch im Kontakt zu Neophytenfluren, in intakten Auen grenzen meist Weichholz- und Hartholzauen sowie Auengrünland an.

Biotoptypen:

BTB	RL	REG	BIOTOPTYP	EIG_CODE	EIG
230605	2	S	zeitweilig trockenfallende Schlammfläche an fließenden Gewässern	P044	mit Pioniervegetation

Vegetation:

Bidentetalia tripartitae BR.-BL. & TX. 43	v
Bidention tripartitae NORDHAGEN 40	v
Polygono hydropiperis-Bidentetum LOHM. in TX. 50	v
Ranunculetum scelerati TX. 50 ex PASSARGE 59	v
Bidenti-Brassicetum nigrae ALLORGE 22	v
Rumicetum maritimi SISSINGH in WESTHOFF et al. 46 em PASSARGE 59	v
Alopecuretum aequalis (Sóo 27) BURRICHTER 60	v
Rumicetum palustris (TIMAR 50) W. FISCHER 78	v
Bidentetum cernui KOBENDZA 48	v
Polygonum mite-Gesellschaft	v
Chenopodion rubri J. TX. in POLI & J. TX. 60 corr. KOPECKY 69	v
Xanthio albini-Chenopodietum rubri LOHM. & WALTHER 50	v
Chenopodietum glauco-rubri LOHM. in OBERD. 57	v
Polygono brittingeri-Chenopodietum rubri LOHM. 50	v
Chenopodio polyspermi-Corrigioletum littoralis (MALCUIT 29) HÜLB. & TX. in TX. 79	v
Atriplex hastata-Gesellschaft	v

Nutzung/Pflege: Keine Pflege erforderlich.

Sukzession: Pionierstadien dieser Vegetation entstehen jährlich neu durch die Hochwasserdynamik der Flüsse, so daß keine Sukzession abläuft. Verlagerungen des Lebensraumtyps in der Aue sind typisch.

Hauptgefährdungsfaktoren: Schadstoffeintrag, intensive Freizeitnutzung, Stauhaltung, Fließgewässerbegradigung, Uferverbau, Gewässerunterhaltung, Veränderung der Überflutungsdynamik, Verdrängung durch Neophytenfluren.

Bemerkungen: Vegetationsfreie schlammige Ufer sind nicht berücksichtigt. Der bessere Weg eines umfassenden Gewässerschutzes ist sicher ein allgemeiner Uferschutzstreifen von mind. 50–100 m und ein Pauschalschutz ganzer noch ± naturnaher Fließgewässersysteme.

Literaturhinweis: WISSKIRCHEN, R. (1995b): Verbreitung und Ökologie von Flußufer-Pioniergesellschaften im mittleren und westlichen Europa, Diss. Bot. Nr. 236, 375 S.

Foto 35: Feuchte Heidegebiete (4010): Feuchtheide mit *Erica tetralix* und *Narthecium ossifragum* im Gildehauser Venn, Niedersachsen, Juli 1987, E. Schröder.

Foto 36: Trockene Heidegebiete (4030): Sandheide mit *Calluna vulgaris* auf dem Truppenübungsplatz Sennelager, Westfalen, August 1996, E. Schröder.

Foto 37: Alpine und subalpine Heidegebiete (4060): *Rhododendron ferrugineum*-Heide auf einer aufgelassenen Alm am Fellhorn im Allgäu bei Oberstdorf, Juni 1997, U. Hauke.

Foto 38: *Gebüschvegetation mit *Pinus mugo* und *Rhododendron hirsutum* (Mugo-Rhododendretum hirsuti) (4070): Blockreicher Krummholz-Bestand unterhalb des Hohen Ifen bei Oberstdorf, Juni 1997, U. Hauke.

Foto 39:
Formationen von *Buxus sempervirens* an kalkreichen Felsabhängen (Berberidion p.p.) (5110): Hangabbruchkante mit Buchs-Gebüschen im Naturschutzgebiet Grenzacher Buchswald, November 1997, A. Ssymank.

Foto 40: Formationen von *Juniperus communis* (5130): Extensiv gepflegte Wacholderheide auf Halbtrockenrasen im Biosphärenreservat Rhön bei Bad Salzungen, August 1996, U. Hauke.

4.3.3 Heiden und Gebüschformationen

Vorbemerkung zu den Heiden

Calluna-Heiden können nach der FFH-Richtlinie in unterschiedliche Lebensraumtypen einzuordnen sein. Nach der Clarification Note der Kommission vom 14. 10. 1996 sind die *Calluna*-Heiden wie folgt einzuordnen:

	***Calluna*-Heiden**			
subalpin -alpin	**planar**	**bis**	**montan**	
	Vorkommen auf Dünen			nicht auf Dünen
	auf Küstendünen:	auf Binnendünen:		
4060	2150	mit *Genista*: 2310	mit *Empetrum*: 2320	4030

Die genaue Definition entnehme man den Beschreibungen zu den einzelnen Lebensraumtypen.

Feuchte Heidegebiete des nordatlantischen Raumes mit Erica tetralix

NATURA 2000-Code: 4010

D: Feuchte Heidegebiete des nordatlantischen Raumes mit *Erica tetralix*

F: Landes humides atlantiques septentrionales à *Erica tetralix*

E: Northern Atlantic wet heaths with *Erica tetralix*

Code nach Anhang I: 31.11

Pal. Code: 31.11

Definition: Feuchte Zwergstrauchheiden und Heidevermoorungen im nordatlantischen und mitteleuropäischen Raum mit Glockenheide (*Erica tetralix*).

Standort: Feucht bis wechselfeucht, meist grundwasserbeeinflußt oder in niederschlagsreichen Gebieten; sandiganmoorige, bodensaure oder torfige Böden.

Subtypen: -

Pflanzenarten, dominante: *Erica tetralix.*

typische: *Drosera rotundifolia, Erica tetralix, Eriophorum angustifolium, Eriophorum vaginatum, Gentiana pneumonanthe, Lycopodiella inundata, Molinia caerulea, Narthecium ossifragum, Trichophorum germanicum, Vaccinium oxycoccos agg., Vaccinium uliginosum.*

Moose: *Cladopodiella francisci, Sphagnum compactum, Sphagnum fallax, Sphagnum molle, Sphagnum tenellum.*

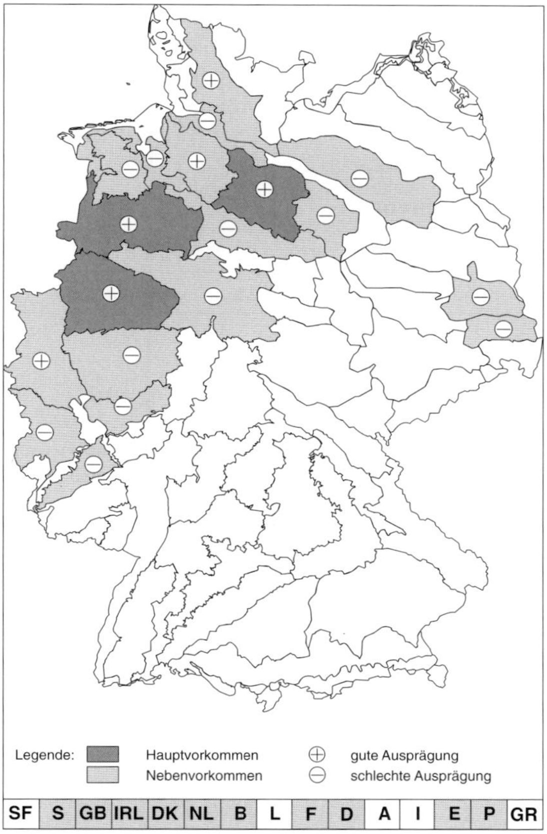

Abb. 54: Verbreitung des Lebensraumtyps 4010 in Deutschland und der Europäischen Union.

Tierarten:

Reptilien/Amphibien: Waldeidechse (*Lacerta vivipara*), Moorfrosch (*Rana arvalis* Sommerlebensraum), Kreuzotter (*Vipera berus*).

Schmetterlinge: *Maculinea alcon, Orgyia antiquiodes.*

Hautflügler: *Bombus humilis, Megachile analis* (an *Erica tetralix*).

Wanzen: *Deraeocoris scutellaris.*

Kartierungshinweise: Die Abgrenzung erfolgt anhand des Vorkommens von Vegetation der aufgeführten Syntaxa. Dabei soll der *Calluna*-Anteil an der Zwergstrauchdeckung maximal 50% betragen (ein größerer *Calluna*-Anteil führt zu einer Einstufung der Heide als *Calluna*-Heide der planaren bis montanen Stufe [4030]). Kleinere Bereiche mit abweichender Vegetation können in die Abgrenzung mit einbezogen werden.

Vorkommen an der Küste in Dünenkomplexen sind als Lebensraumtyp Feuchte Dünentäler der Küstendünen (2190) zu erfassen.

Variabilität: Der Schwerpunkt des Lebensraumtyps liegt im atlantischen Klima, besonders in Frankreich und England. In Deutschland kommen Glockenheiden v.a. im nordwestdeutschen Tiefland, aber auch als Vorposten bis in die Oberlausitz vor. Einige Arten wie z.B. *Narthecium ossifragum* erreichen in Deutschland und Südost-Schweden die Ostgrenze ihres Areals.

Komplexe: Degradationsstadien häufig mit Molinia-Fazies-Bildungen, Kontakte i.d.R. mit Hoch- und Übergangsmooren oder frischen Heiden (Genisto-Callunetum molinietosum). Der Lebensraumtyp kommt natürlich in Heidemoor-Komplexen vor sowie sekundär als Ersatzgesellschaft nasser Birken-Eichenwälder und Birkenbruchwälder.

Biotoptypen:

BTB	RL	REG	BIOTOPTYP	EIG_CODE	EIG
4002	1-2	K	Moor- oder Sumpfheide		

Vegetation:

Ericion tetralicis SCHWICKERATH 33	v
Ericetum tetralicis (ALLORGE 22) JONAS 32	v
Empetro-Ericetum tetralicis (TX. 37) WESTHOFF & DE SMIDT 75	v
Sphagno compacti-Trichophoretum germanici (OBERD. 38) BARTSCH 40 em. DIERSSEN 75	v
Eriophorum vaginatum-Sphagnum fallax-Gesellschaft	v
Vaccinium uliginosum-Gesellschaft	v

Nutzung/Pflege: Feuchtheiden auf Sekundärstandorten müssen gelegentlich entbuscht werden.

Sukzession: Entwicklung zu bodensauren Bruch- und Moorwäldern, z.T. über langlebige *Molinia*-Stadien. In Heidemooren erfolgt eine Sukzession zu Lebensraumtypen der Moore.

Hauptgefährdungsfaktoren: Entwässerung, Aufforstung, Nährstoffeintrag, Grundwasserabsenkung (z.B. durch Tagebau), Verbuschung.

Bemerkungen: -

Europäische trockene Heiden

NATURA 2000-Code: 4030

D: Trockene Heidegebiete (alle Untertypen)
F: Landes sèches (tous le sous-types)
E: Dry heaths (all subtypes)

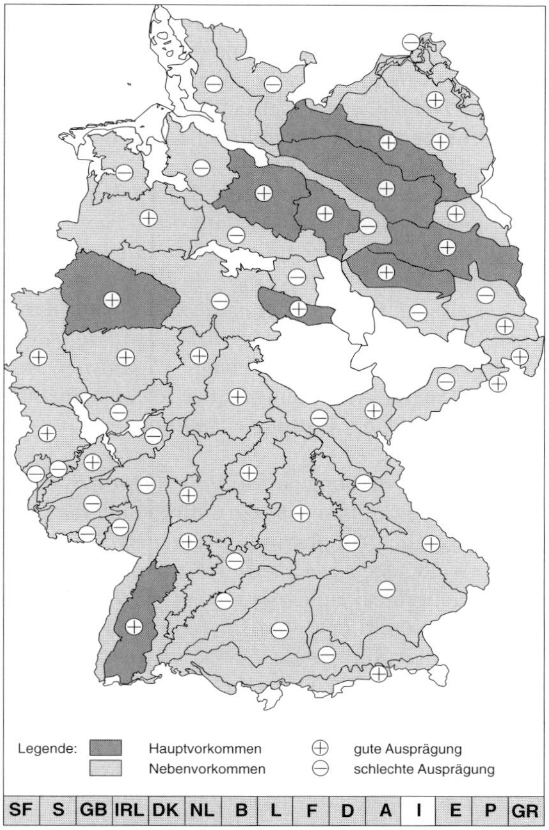

Abb. 55: Verbreitung des Lebensraumtyps 4030 in Deutschland und der Europäischen Union.

Code nach Anhang I: 31.2
Pal. Code: 31.2
Definition: Baumarme oder -freie, von Ericaceen dominierte, frische bis trockene Zwergstrauchheiden vom küstenfernen Flachland bis in die Mittelgebirge und Alpen auf silikatischem bzw. oberflächlich entkalktem Untergrund. Dazu gehören *Calluna*-Heiden des Flachlandes, deren Krähenbeer- und Blaubeerreiche Ausbildungen sowie die Bergheiden der höheren Lagen.
Standort: Schlüsselfaktoren für das Vorkommen von Trockenheiden des Binnenlandes sind vor allem die durch den Boden vorgegebenen schlechten Nährstoff-, Basen- und Wasserhaushalts-Verhältnisse.
Trockenheiden des Flachlandes (4030a): Meist auf Podsol, seltener auf Plaggenesch über glazial-fluviatilen Sanden. Unter den sauren Verhältnissen der oft mächtigen Rohhumus-Auflage finden Ton-, Eisen- und Humusverlagerungen statt, die zur Ausbildung des typischen Heidepodsols führen können. Unter jahrhundertelang als Heiden genutzten Flächen sind z.T. massive Ortsteinbildungen vorhanden.
Bergheiden (4030b): Oberhalb von ca. 600 m NN meist auf flachgründigen Braunerden, podsoligen Braunerden, Podsol-Rankern bis Podsolen über sauer verwitterndem Festgestein. Wesentlich für die Ausbildung von Bergheiden ist die Nährstoffarmut, die durch die Flachgründigkeit der Böden (geringe Resistenz gegenüber Trockenperioden) ergänzt wird. Im Vergleich mit den Flachland-Trockenheiden ist die Wasserversorgung der Bergheiden besser, bedingt durch die höheren Niederschläge sowie durch die im Vergleich bessere Wasserhaltekapazität der Verwitterungsböden.
Subtypen: Als wesentliche Subtypen sollten unterschieden werden:
- *Calluna*-Heide des Tieflandes (Biotoptyp 4003): Durch die Dominanz der Besenheide (*Calluna vulgaris*) physiognomisch gekennzeichnet. Dieser Zwergstrauch ist der Haupt-Bestandsbildner des Lebensraumtyps und maßgeblich für dessen typische Struktur. Grä-

ser und Kräuter sind zwischen die einzelnen Pflanzen der Besenheide eingestreut, können je nach Altersstadium und Ausbildung der Heide aber auch nennenswerte Anteile an der Gesamtbedeckung der Vegetation einnehmen.

– Bergheide (Biotoptyp 4004): Die Bergheide ist durch die Dominanz von Zwergsträuchern der Gattung *Vaccinium* gekennzeichnet. Neben der Blaubeere (*Vaccinium myrtillus*) haben vor allem die Preiselbeere (*Vaccinium vitis-idaea*) und die Besenheide (*Calluna vulgaris*), seltener auch die Rauschbeere (*Vaccinium uliginosum*) wesentliche Anteile an der Gesamtdeckung der Vegetation.

Pflanzenarten, dominante: *Calluna vulgaris*, lokal auch *Vaccinium myrtillus*, *Vaccinium vitis-idaea* (Bergheide).

typische: *Calluna*-Heide des Tieflandes: *Calluna vulgaris*, *Cuscuta epithymum*, *Danthonia decumbens*, *Deschampsia flexuosa*, *Festuca filiformis*, *Galium harcynicum*, *Genista anglica*, *Genista pilosa*, *Molinia caerulea*, *Nardus stricta*,*Vaccinium myrtillus*.

Flechten: *Cladonia spp.*

Moose: *Hypnum jutlandicum*, *Polytrichum piliferum*, *Ptilidium ciliare*.

Bergheide: *Calluna vulgaris*, *Danthonia decumbens*, *Galium saxatile*, *Nardus stricta*, *Vaccinium myrtillus*, *Vaccinium uliginosum*, *Vaccinium vitis-idaea*.

Manche Ausbildungen der Zwergstrauchheiden sind sehr kryptogamenreich z.B. mit Flechten der Gattung *Cladonia*.

Tierarten:

Vögel: Brachpieper (*Anthus campestris*), Ziegenmelker (*Caprimulgus europaeus*), Heidelerche (*Lullula arborea*), Birkhuhn (*Tetrao tetrix*), Steinschmätzer (*Oenanthe oenanthe*).

Reptilien/Amphibien: Schlingnatter (*Coronella austriaca*), Zauneidechse (*Lacerta agilis*), Waldeidechse (*Lacerta vivipara*), Kreuzotter (*Vipera berus*).

Heuschrecken: *Gampsocleis glabra*, *Myrmeleotettix maculatus*, *Stenobothrus lineatus*.

Schmetterlinge: *Anarta myrtilli*, *Dicallomera fascelina*, *Ematurga atomaria*, *Euxoa lidia*, *Hipparchia semele*, *Issoria lathonia*, *Lycaena phlaeas*, *Lycophotia porphyrea*, *Orgyia antiquiodes*, *Pachycnemia hippocastanaria*, *Plebejus argus*, *Plebejus idas*, *Saturnia pavonia*.

Käfer: *Bembidion nigricorne*, *Bradycellus caucasicus*, *Bradycellus ruficollis*, *Calathus melanocephalus*, *Carabus nitens*, *Cicindela hybrida*, *Cicindela silvatica*, *Geotrupes vernalis*, *Haltica britteni*, *Haltica oleracea breddini*, *Lochmaea suturalis*, *Notiophilus hypocrita*, *Typhoeus typhoeus*.

Hautflügler: *Andrena fuscipes*, *Anthidium strigatum*, *Anthophora bimaculata*, *Bombus jonellus*, *Colletes similis*, *Colletes succinctus*, *Dasypoda hirtipes*, *Dasypoda plumipes*, *Epeolus cruciger*, *Eumenes coarctatus*, *Halictus leucaheneus*, *Megachile maritima*, *Mellinus arvensis*, *Nomada rufipes*, *Panurgus calcaratus*, *Parnurgus banksianus*, *Stelis signata*; für Bergheiden: *Andrena lapponica*, *Lasioglossum albipes*, *Nomada lapponica*.

Zweiflügler: *Eumerus sabulonum*, *Lathyrophthalmus aeneus*, *Paragus spp.*, *Pipizella spp.*, *Sphaerophoria spp.*, z.B. *Sphaerophoria philantha*, *Sphaerophoria scripta*, ; ferner in Heiden mit Heidevermoorungen: *Sericomyia lappona*, *Sericomyia silentis*.

Wanzen: *Daraeocoris scutellaris*, *Nabis ericetorum*, *Orthotylus ericetorum*, *Pachytomella genistae*.

Zikaden: *Hyledelphax elegantulus*, *Muellerianella brevipennis*, *Ulopa reticulata*, *Zygina rubrovittata*.

Spinnen: *Eresus niger*, *Pardosa nigriceps*, *Zelotes serotinus*.

Kartierungshinweise: Der Lebensraumtyp steht zwischen den küstengebundenen, salz- und windbeeinflußten Heidetypen (2310, 2320) und den ausgesprochenen subalpinen bis alpinen Heiden (4060). Er umfaßt nur die trockenen bis frischen Ausbildungen; Heidever-

moorungen mit Glockenheiden-Beständen (Ericion tetralicis, Lebensraumtyp 4010) sind ausgeschlossen. Die Zuordnung und Abgrenzung von Beständen des Lebensraumtyps im Gelände ist vornehmlich auf pflanzensoziologischer Ebene vorzunehmen. Dabei sind die Vegetationstypen der beiden Untertypen voneinander zu differenzieren. Problematisch bei der Zuordnung können stark verbuschte oder vergraste Bestände sein. Als Orientierungswert für die Zuordnung zum Lebensraumtyp Trockenheiden sollten folgende Werte gelten: Verbuschungsgrad <75%, Vergrasungsgrad <75%. Lineare Ausbildungen an Sekundärstandorten wie Weganrissen, Böschungen etc. sind nicht zu erfassen. Kleine Bestände sollten nur dann aufgenommen werden, wenn sie von ihrer gesamten Artenkombination eine zwanglose Zuordnung zu diesem Lebensraumtyp ermöglichen. Fragmentarisch ausgebildete kleine Bestände sollten in der Regel nicht aufgenommen werden.
Vorkommen mit größeren Wacholder-Beständen sind als Lebensraumtyp Wacholder-Heiden (5130) zu erfassen. Bestände auf Binnendünen sind als Lebensraumtyp Binnendünen mit *Calluna*-Heiden (2310) zu erfassen.
Feuchtheiden mit *Erica tetralix* sind bei einem *Calluna*-Anteil an der Zwergstrauchdeckung von weniger als 50% als entsprechender Lebensraumtyp (4010) zu erfassen und höchstens als kleinflächige Bestände in einen Gesamtbestand zu integrieren. Für die Erfassung und Abgrenzung des Lebensraumtyps ist die Berücksichtigung der verschiedenen Altersphasen der *Calluna*-Heiden (Pionier-, Aufbau-, Reife- und Degenerations-Phase) von besonderer Bedeutung. Viele Arten dieses Lebensraumtyps sind eng an einzelne Altersstadien von *Calluna* gebunden oder haben hier ihr Optimum bzw. vollziehen einen Habitatwechsel zwischen den strukturell sehr unterschiedlichen Phasen. Der Lebensraumtyp sollte dazu nach Möglichkeit als Komplex aller vorhandenen Altersstadien abgegrenzt werden.

Variabilität: Große naturräumlich und kulturhistorisch bedingte regionale Unterschiede im Aspekt und der Artenzusammensetzung von Heiden.

Komplexe: Die in diesem Lebensraumtyp zusammengefaßten Heidetypen sind fast ausschließlich anthropogenen Ursprungs. Sie stehen je nach Nutzungsintensität und Relief der Landschaft in engem Kontakt mit Magerrasen, Sandtrockenrasen, vegetationslosen Sandflächen, Vermoorungen in Senken, Verbuschungen sowie verschiedenen Waldtypen als Nachfolger in der Sukzessionsreihe. Sie bilden damit als Elemente der traditionell extensiv genutzten Kulturlandschaft oft Weidfeldkomplexe, Hutungskomplexe oder stehen in engem Kontakt mit Weidewäldern.

Biotoptypen:

BTB	RL	REG	BIOTOPTYP	EIG_CODE	EIG
4001	*	S	Felsbandheide		
4003	1-2	S	Heiden auf sandigen Böden (*Calluna*-Heiden)		ohne Dünenheiden
4004	3	S	Bergheide (Hochheide)		ohne Dünenheiden

Vegetation:

Genisto anglicae-Callunetum vulgaris SCHWICK. 33 em. TX. 37	v
Genisto germanicae-Callunetum OBERD. 57 nom. Inv	v
Vaccinio myrtilli-Callunetum BÜK. 42	v

Nutzung/Pflege: Der Lebensraumtyp ist auf eine extensive Nutzung angewiesen. Diese wurde in traditioneller Form früher überwiegend durch Schafbeweidung, seltener Rinderbeweidung oder auch durch Plaggenhieb (Abtragen der Humusschicht bzw. des Oberbodens) durchgeführt. Eine Beweidung reicht i.d.R. nicht aus, um eine Verbuschung auf Dauer zu verhindern; eine Entfernung des Strauch-Aufwuchses ist meist zusätzlich notwendig. *Calluna*-Heiden konnten sich auch durch gelegentlichen Brand als Pflegemaßnahme in der Heidebauernwirtschaft sowie auf militärischen Liegenschaften erhalten.

Pflege durch extensive Schaf- oder Ziegenbeweidung (*Calluna*-Heide), regional auch durch Rinder/Pferde (Bergheide), Entbuschung, kontrolliertes Brennen. Kleinflächig sollte auch Plaggenhieb vorgenommen werden, um das Vorhandensein von Pionierstadien zu sichern.

Sukzession: *Calluna*-Heide des Flachlandes: Über Birken- und Zitterpappel dominierte Gebüschstadien oder über Kiefern-Anflug entwickelt sich aus der *Calluna*-Heide des Flachlandes schließlich ein Birken-Eichenwald (Lebensraumtyp 9190) oder bodensaure Eichen-Buchenwälder z.T. mit Kiefern-Anteil.

Bergheide: Über Pioniergebüsche aus Birke, Zitterpappel und Salweide entwickeln sich aus der Bergheide schließlich bodensaure Eichenwälder oder auf etwas besser wasser- und nährstoffversorgten Böden ein Hainsimsen-Buchenwald (Lebensraumtyp 9110) sowie verschiedene Buchen-Mischwälder unter Beteiligung von Fichte und Tanne.

Hauptgefährdungsfaktoren: Zu geringe Intensität bzw. Aufgabe der Pflege oder Bewirtschaftung mit nachfolgender Sukzession, Aufforstung, Umbruch und Ackernutzung, Nährstoffeintrag, insbesondere Stickstoffeintrag (Gülle, atmogene Einträge u.a.), Einwandern von Neophyten, z.B. *Campylopus introflexus*.

Bemerkungen: -

Alpine und boreale Heiden

NATURA 2000-Code: 4060

D: Alpine und subalpine Heidegebiete
F: Landes alpines et subalpines
E: Alpine and subalpine heaths

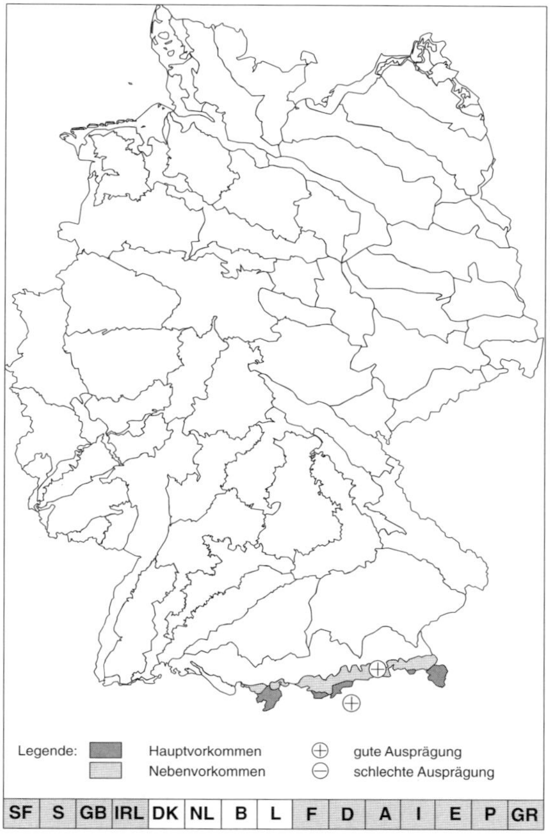

Abb. 56: Verbreitung des Lebensraumtyps 4060 in Deutschland und der Europäischen Union.

Code nach Anhang I: 31.4
Pal. Code: 31.4
Definition: Zwergstrauch-Heiden der subalpinen und alpinen Höhenstufe in Mitteleuropa auf silikatischen und kalkhaltigen Böden. Dominante Arten sind verschiedene Ericaceen, *Dryas octopetala* und Zwergwacholder. Oft sind hohe Anteile von Flechten (*Cladonia* u.a.) in der niedrigwüchsigen Vegetation auffallend. Diese Gruppe umfaßt arktisch-alpine Windheiden, *Vaccinium-Empetrum*-Heiden und *Dryas*-Bestände.
Standort: Ranker und Podsol-Ranker über Silikatgestein, in den regenreichen höheren Gebirgslagen der Alpen ist auch über Kalk- und Dolomitgestein eine Rohhumusbildung (z.B. Tangelrendzina) mit Heideentwicklung möglich.
Subtypen:
- Alpine Windheiden (Biotoptyp 68.01, Pal.Code 31.41)
- Vaccinium-Heiden (Biotoptypen 40.04 und 68.02)
- Zwergwacholder-Bärentraubenheide (Biotoptyp 68.03, Pal. Code 31.43)
- Rhododendron-Heiden (Biotoptyp 68.04, Pal. Code 31.44, 31.47)

Pflanzenarten, dominante: Je nach Ausbildung: *Empetrum hermaphroditum, Juniperus communis ssp. alpina, Loiseleuria procumbens, Vaccinium uliginosum.*

typische: *Arctostaphylos alpinus, Arctostaphylos uva-ursi, Calamagrostis villosa, Dryas octopetala, Empetrum hermaphroditum, Euphrasia minima, Homogyne alpina, Huperzia selago, Juniperus communis spp. alpina, Loiseleuria procumbens, Lonicera caerulea, Luzula spicata, Luzula sylvatica ssp. sieberi, Lycopodium alpinum, Lycopodium annotinum, Lycopodium clavatum, Pinus mugo, Rhododendron ferrugineum, Rhododendron hirsutum, Rhodothamnus chamaecistus, Vaccinium myrtillus, Vaccinium uliginosum, Vaccinium vitis- idaea.*

Moose und Flechten: *Barbilophozia lycopodioides, Cetraria cucullata, Cetraria ericetorum, Cetraria islandica, Cetraria nivalis, Cladonia arbuscula, Cladonia furcata, Cla-*

donia rangiferina, *Cladonia stellaris*, *Gymnomitrion concinnatum*, *Peltigera aphtosa*, *Polytrichum juniperinum* u.a.

Tierarten:

Säugetiere: Schneemaus (*Microtus nivalis*).

Vögel: Alpenschneehuhn (*Lagopus mutus*), Birkhuhn (*Tetrao tetrix*), Alpenbraunelle (*Prunella collaris*), Ringdrossel (*Turdus torquatus*).

Reptilien/Amphibien: Alpensalamander (*Salamandra atra*).

Heuschrecken: *Podisma pedestris*, *Aeropus sibiricus*.

Schmetterlinge: *Colias palaeno*, *Discestra melanopa*, *Erebia epiphron*, *Idaea contiguaria*, *Phalacropterix graslinella*, *Plebeius optilete*.

Wanzen: *Globiceps juniperi*.

Weichtiere: *Arianta arbustorum alpicola*, *Eucobresia glacialis*, *Gallandia annularis*.

Kartierungshinweise: Die Abgrenzung von Trockenheiden der planaren bis montanen Stufe (4030) erfolgt über die Höhenstufen sowie über das Vorkommen subalpiner Florenelemente. Gebüschformationen, auch wenn sie z.T. eine hohe Übereinstimmung mit den genannten typischen und charakteristischen Pflanzenarten zeigen (z.B. *Rhododendron*-Gebüsche, *Pinus mugo*-Gebüsche etc.) sind als Lebensraumtyp Buschvegetation mit *Pinus mugo* und *Rhododendron hirsutum* (Mugo-Rhododendretum hirsuti, 4070) gefaßt.

Variabilität: *Vaccinium*-Heiden (Berg-Heiden, Biotoptyp, 40.04) kommen schwerpunktmäßig in den silikatischen Mittelgebirgen vor, die übrigen Subtypen sind im wesentlichen auf die Alpen beschränkt.

Komplexe: Die subalpinen Heiden gehen in tieferen Lagen in Bergheiden mit *Calluna vulgaris* und *Vaccinium myrtillus* (sekundäre Heiden) über. Sie stehen meist in engem Kontakt mit Alpenrosen- und Latschen-Krummholz sowie mit Berg-Fichtenwäldern, Buchen-Tannen-Fichtenwäldern und Almwiesen.

Biotoptypen:

BTB	RL	REG	BIOTOPTYP	EIG_CODE	EIG
4004	3	S	Bergheide (Hochheide)	A012	subalpin-alpin
68			SUBALPINE UND ALPINE ZWERGSTRAUCHHEIDEN		
6801	3	K	alpine Windheide (z.B. mit Gamsheide)		
6802	3	S	Krähenbeer-Rauschbeerheide		
6803	3	S	Zwergwacholder-Bärentraubenheide		
6804			Rhododendron-Heiden [neu]		

Vegetation:

Loiseleurio-Vaccinietea EGGLER 52	v
Rhododendro-Vaccinetalia BR.-BL. in BR.-BL. & JENNY 26	v
Loiseleurio-Vaccinion BR.-BL. in BR.-BL. & JENNY 26	v
Cetrario-Loiseleurietum BR.-BL. et al. 39	v
Empetro hermaphroditi-Vaccinietum uliginosi BR.-BL. in BR.-BL. & JENNY 26	v
Rhododendro-Vaccinion J. Br.-Bl. ex G. & J. Br.-Bl. 31	v

Rhododendretum ferruginei RÜBEL 11	v
Juniperion nanae BR.-BL. et al. 39	v
Junipero-Arctostaphyletum BR.-BL. ex HAFFTER in BR.-BL. et al. 39	v
Rhododendro hirsuti-Ericetalia carneae GRABHERR, GREIMLER & MUCINA 93	v
Ericion carneae RÜBEL ex GRABHERR & MUCINA 93	v
Ericetum carneae RÜBEL 11	v
Rhododendretum hirsuti LÜDI 21	pp

Nutzung/Pflege: Bei primären Beständen ist eine Pflege nicht erforderlich. Sekundäre Bestände sollten durch sehr extensive Beweidung oder Entfernen von Jungbäumen in mehrjährigen Zeitabständen gepflegt werden.

Sukzession: Die Sukzession verläuft bei sekundären Beständen sehr langsam zu Bergmischwäldern oder Bergfichtenwäldern. Insbesondere an und oberhalb der Waldgrenze sind die subalpinen Heiden sehr stabil; primäre Typen z.B. an windgefegten Graten mit *Loiseleuria procumbens* zeigen keine Sukzession.

Hauptgefährdungsfaktoren: Intensive Freizeitnutzung (z.B. Skianlagen, Skibetrieb), Aufforstung, intensive Beweidung, Sukzession, Nährstoffeintrag.

Bemerkungen: -

* Buschvegetation mit *Pinus mugo* und *Rhododendron hirsutum* (Mugo- Rhododendretum hirsuti)

NATURA 2000-Code: *** 4070**

D: Buschvegetation mit *Pinus mugo* und *Rhododendron hirsutum* (Mugo-Rhododenretum hirsuti) *

F: Fourrés à *Pinus mugo* et *Rhododendron hirsutum* (Mugo-Rhododenretum hirsuti) *

E: Scrub with *Pinus mugo* and *Rhododendron hirsutum* (Mugo-Rhododenretum hirsuti) *

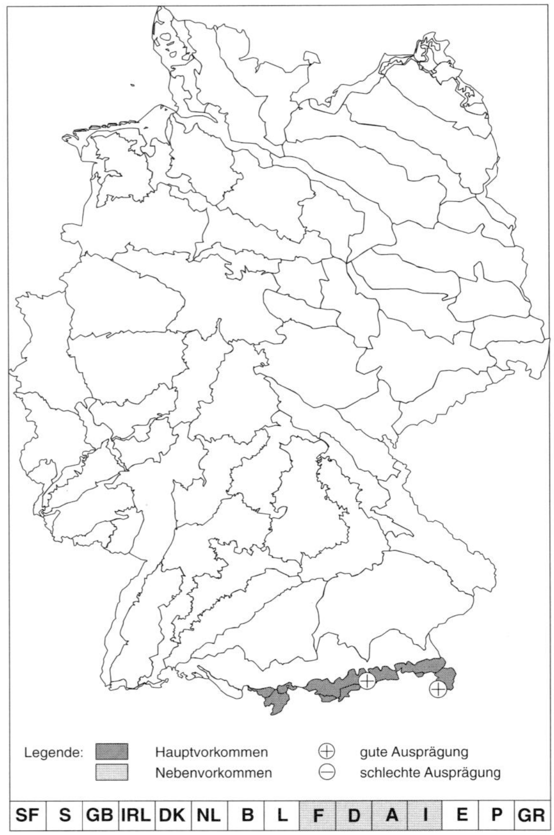

Abb. 57: Verbreitung des Lebensraumtyps 4070 in Deutschland und der Europäischen Union.

Code nach Anhang I: 31.5

Pal. Code: 31.5

Definition: Gebüsche und Krummholz mit *Pinus mugo* und *Rhododendron hirsutum* auf neutral basenhaltigen bis kalkhaltigen Böden in den Alpen mit Schwerpunkt in der subalpinen Stufe von relativ offenen Strauchformationen bis zu dichtem Krummholz.

Standort: Hochmontan bis alpin, kalkhaltiges oder basenreiches Festgestein, im Winter schneegeschützt (frosttrocknisgefährdete Vegetation).

Subtypen: -

Pflanzenarten, dominante: *Pinus mugo, Rhododendron hirsutum.*

typische: *Adenostyles alliariae, Alnus viridis, Calamagrostis varia, Cicerbita alpina, Daphne striata, Erica carnea, Geranium sylvaticum, Globularia cordifolia, Homogyne alpina, Juniperus communis spp. alpina, Lonicera caerulea, Lonicera nigra, Pinus mugo, Polygala chamaebuxus, Rhododendron hirsutum, Rhodothamnus chamaecistus, Rumex arifolius, Salix appendiculata, Salix hastata, Solidago virgaurea, Sorbus chamaemespilus, Viola biflora.*

Tierarten:

Vögel: Birkenzeisig (*Carduelis flammea*), Alpenschneehuhn (*Lagopus mutus*), Birkhuhn (*Tetrao tetrix*), Alpenbraunelle (*Prunella collaris*), Klappergrasmücke (*Sylvia curruca*), Ringdrossel (*Turdus torquatus*).

Reptilien/Amphibien: Alpensalamander (*Salamandra atra*).

Schmetterlinge: *Boloria thore, Erebia aethiops, Euphydryas intermedia.*

Zweiflügler: *Cheilosia derasa, Cheilosia faucis* (v.a. primäre Bestände mit *Salix appendiculata* u.a.), *Cheilosia personata, Cheilosia rhynchops, Sphaerophoria infuscata* u.a.

Wanzen: *Acampocoris montanus*, *Camptozygium pumilio*.
Weichtiere: *Arianta arbustorum alpicola*, *Petasina edentula*, *Petasina unidentata*.

Kartierungshinweise: Die Abgrenzung erfolgt anhand der Vorkommen von Gebüschen und Krummholz der subalpinen bis alpinen Stufe mit der entsprechenden Vegetation. Niedrigwüchsige Heideformationen, auch mit Einzelbüschen von *Rhododendron hirsutum*, sind dem Lebensraumtyp Heiden der subalpinen bis alpinen Stufe mit subalpinen Florenelementen (4060) zuzuordnen.

Variabilität: In Deutschland auf die nördlichen Kalkalpen beschränkt. Neben artenreichen lückigen Beständen kommen v.a. als Brachen von Almen artenärmere Dominanzbestände von Pinus mugo vor.

Komplexe: I.d.R. im Kontakt zu alpinen Kalkrasen, alpinen Heiden, Kalkfelskomplexen sowie Bergfichten-, Bergmischwäldern und Lärchen-Arvenwäldern.

Biotoptypen:

BTB	RL	REG	BIOTOPTYP	EIG_CODE	EIG
6904	3	S	Latschengebüsch		
6905	3	S	Alpenrosengebüsch		

Vegetation:

Erico-Pinion mugo LEIBUNDGUT 48	pp
Rhodothamno-Rhododendretum hirsuti (AICHINGER 33) BR.-BL. & SISSINGH in BR.-BL. et al. 39	v
Erico carneae-Pinetum prostratae ZÖTTL 51	v

Nutzung/Pflege: Kann primär (z.B. Lawinenbahnen, natürliche Waldgrenze) und sekundär als Ersatzgesellschaft für subalpine oder hochmontane Wälder auftreten. Bei primären Beständen ist eine Pflege nicht erforderlich. Sekundäre Bestände sollten durch eine sehr extensive Beweidung oder durch Entfernen von Jungbäumen/Altsträuchern in mehrjährigen Zeiträumen gepflegt werden.

Sukzession: Sekundäre Bestände entwickeln sich langsam zu Bergfichtenwäldern und Lärchen-Arvenwäldern.

Hauptgefährdungsfaktoren: Intensive Weidenutzung (Almen), Rodung (Reutwirtschaft), Aufforstung und intensive Freizeitnutzung (Wintersport, v.a. Skibetrieb).

Bemerkungen: Krummholz und Alpenrosengebüsche auf Silikat sollten bei der Novellierung des Anhangs I neu aufgenommen werden.

Stabile xerothermophile Gebüschformationen mit *Buxus sempervirens* an Felshängen (Berberidion p.p.)

NATURA 2000-Code: 5110

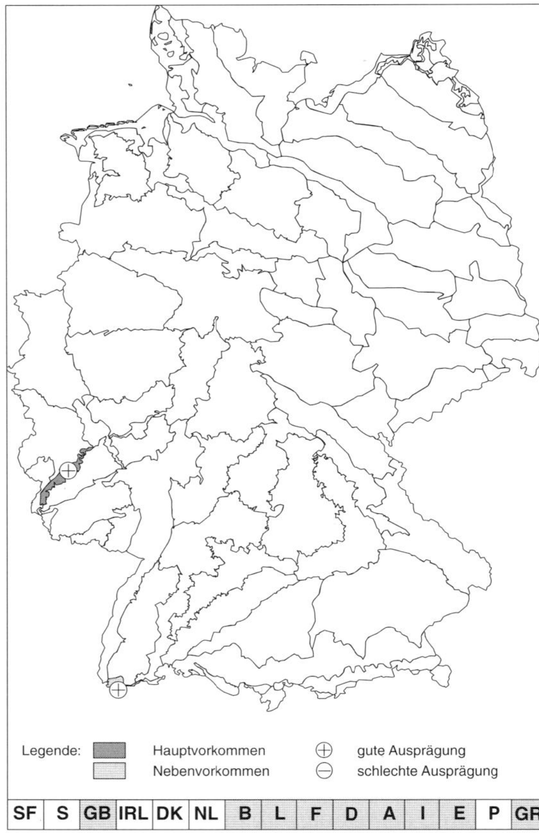

Abb. 58: Verbreitung des Lebensraumtyps 5110 in Deutschland und der Europäischen Union.

D: Stabile Formationen von *Buxus sempervirens* an kalkreichen Felsabhängen (Berberidion p.p.)

F: Formation stables à *Buxus sempervirens* des pentes rocheuses calcaires (Berberidion p.p.)

E: Stable *Buxus sempervirens* formations on calcareous rock slopes (Berberidion p.p.)

Code nach Anhang I: 31.82

Pal. Code: 31.82

Definition: Natürliche Waldmäntel der buchsreichen Trockenwälder auf Kalk und xerothermophile Gebüsche trockenwarmer Standorte mit Buchs mit ihren Saumgesellschaften des Verbandes Geranion sanguinei auf kalkhaltigem und silikatischem Substrat.

Standort: Rendzinen (Kalk) oder Ranker (Schiefer) an Steilhängen, i.d.R. südexponiert, kollin bis submontan in wintermildem Klima.

Subtypen: -

Pflanzenarten, dominante: *Buxus sempervirens.*

typische: Gebüsche: *Acer monspessulanum, Amelanchier ovalis, Berberis vulgaris, Buxus sempervirens, Cotoneaster integerrimus, Crataegus monogyna, Ligustrum vulgare, Prunus mahaleb, Prunus spinosa, Pyrus communis, Quercus pubescens (x petraea), Ribes alpinum, Rubus canescens, Sorbus aria, Sorbus torminalis, Staphylea pinnata, Viburnum lantana.*

Säume: *Carex humilis, Geranium sanguineum, Melittis melissophyllum, Peucedanum cervaria, Polygonatum odoratum* u.a.

Tierarten:

Reptilien/Amphibien: Schlingnatter (*Coronella austriaca*), Westliche Smaragdeidechse (*Lacerta bilineata*).

Wanzen: *Anthocoris butleri, Phytocoris buxi.*

Zikaden: *Issus coleoptratus.*

Weichtiere: *Acanthinula aculeata, Aegopinella nitens, Cochlostoma septemspirale, Discus rotundatus, Helicodonta obvoluta, Pomatias elegans, Punctum pygmaeum, Vitrea contracta.*

Sonstige Wirbellose: Staubläuse: *Psylla buxi.*

Kartierungshinweise: Voraussetzung für die Zuordnung zu diesem Lebensraumtyp ist das natürliche Vorkommen von *Buxus sempervirens* (teilweise dominant). In die Abgrenzung sind größere Gruppen zu integrieren, einzelne Büsche sind nicht zu erfassen; die Saumvegetation der trockenwarmen Säume ist mit einzuschließen. Künstliche Anpflanzungen von Buchs (Parkanlagen, Friedhöfe etc.) sind ausgeschlossen.
Variabilität: In Deutschland an der Verbreitungsgrenze in nur zwei regional eng begrenzten Vorkommen: Moseltal (auf Schieferhängen) und „Grenzacher Buchswald" (südwestlicher Dinkelbergrand, auf Kalkfelsen).
Komplexe: Im Kontakt zu Flaumeichenwäldern, trockenwarmen Eichenmischwäldern und Orchideen-Buchenwäldern mit Buchs und Halbtrockenrasen.

Biotoptypen:

BTB	RL	REG	BIOTOPTYP	EIG_CODE	EIG
410103	3	S	Gebüsch trocken-warmer Standorte	P036b	mit *Buxus sempervirens*
390301	2	B	Außensäume oligo- bis mesotropher trocken-warmer Standorte		im Kontakt zu *Buxus*-Gebüschen

Vegetation:

Berberidion BR.-BL. 50	pp
Buxus sempervirens-Gesellschaft	v
Geranion sanguinei TX. in MÜLLER 61	pp

Nutzung/Pflege: Historische Nutzung des Buchsholzes zum Drechseln und Brauchtum. Pflege nicht erforderlich. Buchs verträgt ein auf den Stock setzen und ist langsamwüchsig.
Sukzession: An extremen Steilhängen keine, sonst i.d.R. zu trocken-warmen Buchen- und Eichenmischwäldern.
Hauptgefährdungsfaktoren: Rodung z.B. für Weinanbau, Aufforstung, Sukzession.
Bemerkungen: -

Juniperus communis-Formationen auf Zwergstrauchheiden oder Kalktrockenrasen

NATURA 2000-Code: 5130

D: Formationen von *Juniperus communis* auf Kalkheiden und -rasen

F: Formations de *Juniperus communis* sur landes ou pelouses calcaires

E: *Juniperus communis* formations on calcareous heaths or grasslands

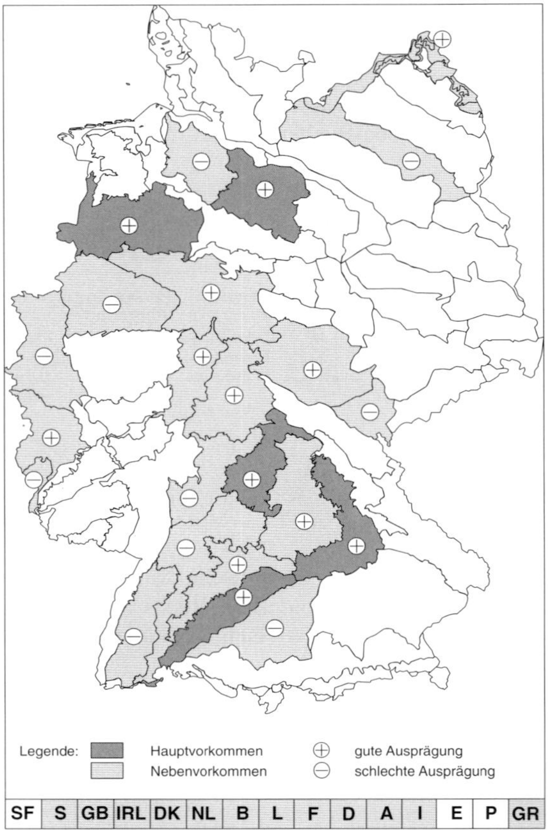

Abb. 59: Verbreitung des Lebensraumtyps 5130 in Deutschland und der Europäischen Union.

Code nach Anhang I: 31.88

Pal. Code: 31.88, alle Subtypen

Definition: Formationen mit *Juniperus communis* in der Ebene und im Bergland in folgenden Ausprägungen:

a) Beweidete oder inzwischen brachgefallene Halbtrockenrasen und trockene Magerrasen auf Kalk mit Wacholdergebüschen, z.B. „Wacholderheiden" Süddeutschlands.

b) Verbuschte Zwergstrauchheiden (*Calluna*-Heiden) mit *Juniperus communis* (Wacholder-Zwergstrauchheiden).

Standort:

a) Trockene bis frische flachgründige Böden auf Kalkgestein. Bodentypen: Rendzinen und braune Rendzinen mit Übergängen zu Terrafusca und Parabraunerden.

b) Trockene bis frische Sandböden i.d.R. podsoliert.

Subtypen: Siehe Definition.

Pflanzenarten, dominante: Gehölze: *Juniperus communis*.

typische: *Cornus sanguinea*, *Crataegus monogyna*, *Ilex aquifolium*, *Juniperus communis* (Einzelgehölze/Gehölzgruppen), *Prunus spinosa*, *Rhamnus cathartica*, *Rosa canina*, *Rubus plicatus*.

Krautschicht:

a) Meist durch Schafbeweidung entstandenes Gentiano-Koelerietum (Mesobromion) mit seinen typischen Arten (Festuco-Brometea, siehe Lebensraumtyp 6210).

b) Zwergstrauchheiden bzw. Nardion-Arten mit der typischen Ausstattung der Lebensraumtypen 2310, 4030 oder 6230.

Tierarten:

Vögel: Brachpieper (*Anthus campestris*), Ziegenmelker (*Caprimulgus europaeus*), Heidelerche (*Lullula arborea*), Steinschmätzer (*Oenanthe oenanthe*), Gartengrasmücke (*Sylvia borin*), Klappergrasmücke (*Sylvia curruca*).

Käfer: *Phymatodes glabratus.*
Schmetterlinge: *Thera juniperata.*
Zweiflügler: *Chrysotoxum elegans, Eumerus tricolor, Merodon avidus, Pipizella spp., Sphaerophoria philanthus.*
Wanzen: *Cyphostethus tristriatus, Dichrooscytus vallesianus, Gonocerus juniperi, Phytocoris juniperi, Pitedia juniperina, Psallus obscurellus.*

Kartierungshinweise: Kriterium zur Abgrenzung dieses Lebensraumtyps ist das Vorkommen von Wacholder-Beständen. Einzelbüsche oder Bestände mit wenigen Exemplaren oder sehr lückiger Verteilung des Wacholders sind ausgeschlossen und als entsprechende Heide oder als Trockenrasen zu fassen (vgl. 2310, 4010, 4030, 6110, 6210). Vorwaldstadien werden hier nicht erfaßt. *Juniperus communis*-Formationen auf Kalkflachmooren sind nicht eingeschlossen.

Variabilität: Das Vorkommen ist eng verknüpft mit der kulturhistorischen Landschaftsentwicklung und der naturräumlichen Ausstattung. Meist handelt es sich um Reste ehemals ausgedehnter Schafhutungen, die durch mangelnde Pflege oder Brachfallen allmählich mit Wachholder zuwachsen. Wacholderheiden auf Kalk haben ihren Schwerpunkt in der Schwäbischen und Fränkischen Alb (Subtyp a), *Calluna*-Heiden mit Wacholder ihren Schwerpunkt im Norddeutschen Tiefland (Subtyp b).

Komplexe:

a) Meist im Komplex mit Halbtrockenrasen, Orchideenbuchenwäldern, Eichen- Trockenwäldern und trockenwarmen Säumen (Geranion sanguinei). In manchen Regionen kommen auch felsdurchsetzte Partien mit Xerobromion bzw. Sedo-Scleranthetea-Vegetation vor.

b) Im Kontakt zu *Calluna*-Heiden, Birken-Eichenwäldern, Kiefernforsten und bodensauren artenarmen Eichen-Buchenwäldern.

Biotoptypen:

BTB	RL	REG	BIOTOPTYP	EIG_CODE	EIG
34020101	1-2	S	submediterraner Halbtrockenrasen auf karbonatischem Boden, gemäht	P036a	mit Wacholder
34020102	2	S	submediterraner Halbtrockenrasen auf karbonatischem Boden, beweidet (inkl. Mähweide)	P036a	mit Wacholder
34020103	3	X	submediterraner Halbtrockenrasen auf karbonatischem Boden, brachgefallen	P036a	mit Wacholder
34020301	1-2	S	subkontinentaler Halbtrockenrasen auf karbonatischem Boden, gemäht	P036a	mit Wacholder
34020302	1-2	S	subkontinentaler Halbtrockenrasen auf karbonatischem Boden, beweidet (inkl. Mähweide)	P036a	mit Wacholder
34020303	3	X	subkontinentaler Halbtrockenrasen auf karbonatischem Boden, brachgefallen	P036a	mit Wacholder
4003	1-2	S	Heiden auf sandigen Böden (*Calluna*-Heiden)	P036a	mit Wacholder

Vegetation:

Roso-Juniperetum R. TX. 64	v
Dicrano-Juniperetum BARKMANN 68 ap. WESTHOFF & DEN HELD 69	v
Nardo-Callunetea PRSG. 49	pp
Festuco-Brometea BR.-BL. et TX. 43	pp

Nutzung/Pflege: Extensive Beweidung mit partieller Entbuschung ist als Pflege erforderlich. Dabei ist zu beachten, daß der Lebensraumtyp je nach Pflegeintensität (Schafbeweidung) in einem reversiblen Gleichgewicht mit den Halbtrockenrasen (6210), bzw. den *Calluna*-Heiden (4030, 2310, 6230) steht. Die naturschutzfachliche Zielsetzung sollte unter Berücksichtigung der regionalen Landschaftsleitbilder für den Naturschutz bei der Gebietsmeldung festgelegt werden.

Sukzession: Sukzessionen zu Adlerfarnbeständen (*Pteridium aquilinum*) sind möglich. Sonst tritt meist eine schnelle Sukzession zum entsprechenden Waldtyp ein.

Hauptgefährdungsfaktoren: Intensivierung bzw. Aufgabe der Beweidung, Düngung, Trittbeeinträchtigung, Nadelholzaufforstung insbesondere mit Kiefer, intensive Freizeitnutzung.

Bemerkungen: Aus Naturschutzsicht durchaus wertvoll, sind Wachholderheiden eher ein Zeichen für „schlechte Weidekultur" oder nicht ausreichende Bewirtschaftung der *Calluna*-Heiden bzw. der Halbtrockenrasen. Wacholder nimmt als „Weideunkraut" überhand und leitet eine Verbuschung ein. Dabei können auch andere verbißempfindliche Straucharten sekundär im Zentrum dichter Wacholdergebüsche aufwachsen und die Sukzession weiter beschleunigen.

Foto 41:
*Lückige Kalk-Pionierrasen (Alysso-Sedion albi) (6110): Felskopf mit blühendem *Sedum album* bei Nittel an der Mosel, Juli 1985, E. Schröder.

Foto 42: *Subkontinentale Blauschillergrasrasen (Koelerion glaucae) (6120): Lückiger Blauschillergrasrasen an den Oderhängen bei Mescherin (Uckermark), Juni 1997, E. Schröder.

Foto 43: Schwermetallrasen (Violetea calaminariae) (6130): *Viola guestphalica* im Naturschutzgebiet Bleikuhle bei Blankenrode (Westfalen), Juni 1996, A. Ssymank.

Foto 44: Alpine Kalkrasen (6170): Felsige Kalkrasen am Hohen Göll in 2200 m Höhe im Nationalpark Berchtesgaden, Oktober 1990, U. Hauke.

Foto 45: Subkontinentale Steppenrasen (6211): Federgras-Steppenrasen, Geesower Hügel bei Gartz/Oder, Mai 1995, E. Schröder.

Foto 46: *Halb-Trockenrasen auf Kalk (6212): Extensiv gepflegte Mesobrometen mit reichem Vorkommen von *Orchis militaris* und *Orchis purpurea* bei Naumburg, Mai 1992, U. Hauke.

Foto 47:
*Borstgrasrasen montan (Eu-Nardion) (6230): Leontodonto-Nardetum mit *Arnica montana* und *Chamaespartium sagittale* am Südhang des Feldbergs im Schwarzwald, Juli 1983, A. Ssymank.

Foto 48: Pfeifengraswiesen (Eu-Molinion) (6410): Artenreiche Pfeifengraswiese in den Rechtachauen des Murnauer Mooses (Bayern), Juli 1997, C. Rückriem.

Foto 49: Feuchte Hochstaudenfluren (planar bis montan) (6431): Bachbegleitende Pestwurzfluren an der Wutach im Schwarzwald, Juli 1990, E. Schröder.

Foto 50: Subalpine und alpine Hochstaudenfluren (6432): Hochstaudenflur mit *Cicerbita alpina* am Feldberg-Südhang im Schwarzwald, Juli 1983, A. Ssymank.

Foto 51: Brenndolden-Auenwiesen (Cnidion venosae) (6440): *Cnidium dubium* (Brenndolde) im Odertal bei Schwedt (Uckermark), August 1992, U. Hauke.

Foto 52: Magere Flachland-Mähwiesen (6510): Blühaspekt einer artenreichen Wiese vor dem ersten Schnitt im Loisachtal bei Garmisch-Partenkirchen, Juni 1997, U. Hauke.

Foto 53: Berg-Mähwiesen (6520): Montane Wiese mit *Meum athamanticum* im Fichtelgebirge, Juni 1996, E. Schröder.

4.3.4 Naturnahes, halbnatürliches Grasland und Hochstauden

* Kalk- oder basenhaltige Felsen mit Kalk-Pionierrasen des Alysso-Sedion albi

NATURA 2000-Code: *** 6110**

D: Lückige Kalk-Pionierrasen (Alysso-Sedion albi) *

F: Pelouses calcaires karstiques (Alysso-Sedion albi) *

E: Karstic calcareous grasslands (Alysso-Sedion albi) *

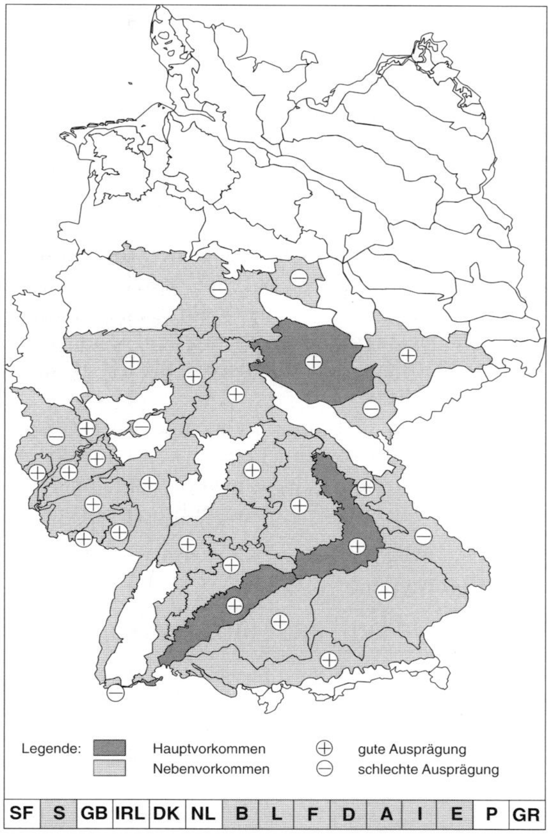

Abb. 60: Verbreitung des Lebensraumtyps 6110 in Deutschland und der Europäischen Union.

Code nach Anhang I: 34.11

Pal. Code: 34.11 teilweise

Definition: Offene lückige Vegetation des Alysso-Sedion albi auf Felskuppen, Felsschutt und Felsbändern, meist von einjährigen oder sukkulenten Arten beherrscht. Natürliche Vorkommen sind i.d.R. auf kalk- oder basenreichen Hartsubstraten ausgebildet. Ähnliche Vegetation auf sekundären Standorten (z.B. Schuttablagerungen und Trockenmauern) ist nicht eingeschlossen.

Standort: Trockenwarme Standortsverhältnisse, feinerdearme Rohböden auf Kalk- und Gipsfels bzw. Kalkschuttsubstraten und basischen Vulkaniten.

Subtypen: -

Pflanzenarten, dominante: *Cerastium pumilum, Sedum album.*

typische: *Jovibarba sobolifera, Melica ciliata, Poa badensis, Poa bulbosa, Sedum acre, Sedum album, Sedum rupestre, Sedum sexangulare, Teucrium botrys;* Zahlreiche Therophyten wie: *Alyssum alyssoides, Arabis auriculata, Arenaria leptoclados, Cerastium brachypetalum, Cerastium glutinosum, Cerastium pumilum, Erophila praecox, Holosteum umbellatum, Hornungia petraea, Minuartia fastigiata, Minuartia hybrida, Saxifraga tridactylites, Veronica praecox.*

Moose und Flechten: *Cladonia convoluta, Collema polycarpon, Fulgensia fulgens, Grimmia pulvinata, Orthotrichum anomalum, Peltigera rufescens, Pleurochaete squarrosa, Psora decipiens, Schistidium apocarpum, Squamarina cartilaginea, Squamarina lentigera, Toninia sedifolia, Tortella inclinata, Tortula ruraliformis.*

Tierarten:

Schmetterlinge: *Parnassius apollo.*

Hautflügler: *Andrena tscheki, Anthidium manicatum, Anthidium oblongatum, Anthidium punctatum, Hylaeus punctulatissimus, Lasioglossum nitidulum, Megachile parietina, Osmia anthocopoides, Osmia mustelina, Osmia villosa.*

Zweiflügler: *Lathyrophthalmus aeneus, Paragus spp.,* z.B. *Paragus bicolor* und *Paragus majoranae, Pipizella spp.,* z.B. *Pipizella divicoi* und *Pipizella virens, Sphaerophoria scripta* (dominant), *Syritta pipiens* (dominant).

Wanzen: *Chlamydatus evanescens* (an *Sedum album*).

Weichtiere: *Pupilla sterri, Pupilla muscorum, Sphyradium doliolum, Truncatellina callicratis.*

Kartierungshinweise: Grundsätzlich sollte möglichst der gesamte Felsbereich mit Vorkommen der entsprechenden Vegetationseinheiten abgegrenzt werden. Dabei können kleinere vegetationsfreie Felspartien in die Abgrenzung mit einbezogen werden. Ausgeschlossen sind geschlossene Rasen des Lebensraumtyps 6210 sowie verbuschte oder bewaldete Felsbereiche. Die Vorkommen des Lebensraumtyps sind meist nur punktförmig zu erheben und befinden sich oft inmitten flächig ausgebildeter Vorkommen anderer Lebensraumtypen (z.B. 6210, 8210, 8260). In solchen Fällen sollte kein Komplex kartiert werden, sondern die Vorkommen punktförmig innerhalb des flächig vorkommenden Lebensraumtyps erfaßt werden. Überlagerungen mit Pionierrasen auf Silikatfelskuppen (8230) und Schutthalden (8120, 8160) sind möglich.

Variabilität: -

Komplexe: Regional kann eine enge Verzahnung mit Xero- und Mesobromion- Gesellschaften vorkommen. In der Regel in oder im Kontakt zu offenen Felskomplexen mit vegetationsfreien Felspartien, Schutthalden, Felsbändern, Säumen und Trockengebüschen. Teilweise als Folge von anthropozoogener Bodenerosion (z.B. Beweidung) entstanden.

Biotoptypen:

BTB	RL	REG	BIOTOPTYP	EIG_CODE	EIG
320101	3	S	natürlicher Karbonatfels (Kalk, Dolomit)	P543	mit Vegetation des Alysso-Sedion albi (mind. stellenweise)
320104	2	S	natürlicher Gipsfels	P543	mit Vegetation des Alysso-Sedion albi (mind. stellenweise)

Vegetation:

Alysso alyssoidis-Sedion albi OBERD. et MÜLLER in MÜLLER 61	v
Cerastietum pumili OBERD. et MÜLLER in MÜLLER 61	v
Saxifrago tridactylitis-Poetum compressae (KREH 45) GEHU et LERIQ 57	v
Alysso alyssoidis-Sedetum albi OBERD. et MÜLLER in MÜLLER 61	v
Sempervivetum soboloferi KORNECK 75	v
Poo badensis-Allietum montani GAUCKLER 57	v
Sedo-Poetum badensis MAHN 65	v
Sedo albi-Veronicion dillenii (OBERD. 57) KORNECK 74	pp
Seslerio-Festucion pallentis KLIKA 31 em. KORNECK 74	pp

Nutzung/Pflege: I.d.R. keine Pflege erforderlich, ggf. Entbuschung in mehrjährigen Zeiträumen.

Sukzession: Keine oder sehr langsame Entwicklung zu Trockengebüschen.
Hauptgefährdungsfaktoren: Gesteinsabbau, Freizeitnutzung (z.B. Klettern), überhöhte Wilddichten, intensive Beweidung, Düngung.
Bemerkungen: -

* Subkontinentale Blauschillergrasrasen (Koelerion glaucae)

NATURA 2000-Code: * 6120

D: Subkontinentale Blauschillergrasrasen (Koelerion glaucae) *

F: Pelouses calcaires de sables xériques (Koelerion glaucae) *

E: Xeric sand calcareous grasslands (Koelerion glaucae) *

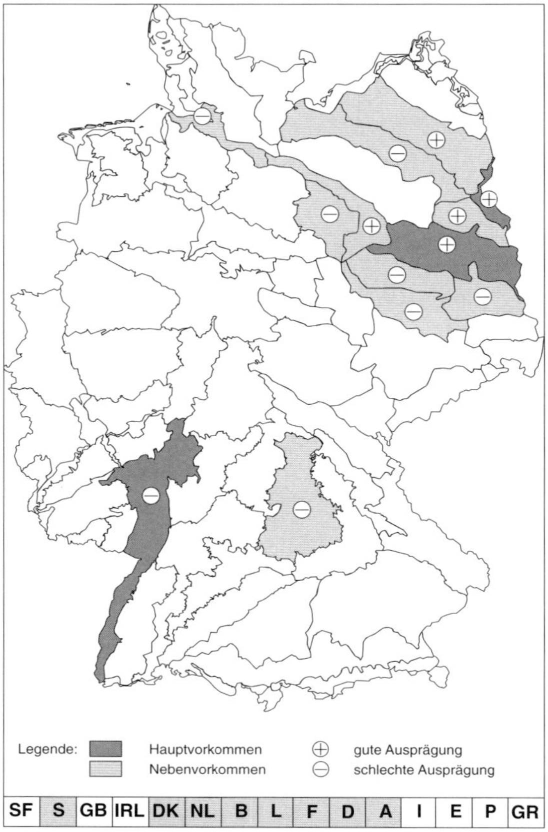

Abb. 61: Verbreitung des Lebensraumtyps 6120 in Deutschland und der Europäischen Union.

Code nach Anhang I: 34.12

Pal. Code: 34.12

Definition: Trockene, oft lückige Rasen auf mehr oder minder kalkhaltigen Sanden mit subkontinentalem Verbreitungsschwerpunkt (Blauschillergrasrasen, Koelerion glaucae, Sileno conicae-Cerastion semidecandri, Sedo-Cerastion z.T.).

Standort: Reine bis anlehmige Sandböden (fluvioglaziale, fluviatile und äolisch verlagerte sandige Sedimente), kalkreiche bis kalkarme, aber basenreiche Substrate; v.a. in subkontinental getöntem Klima, aber in Deutschland auch in Exklaven bis nach Westen vorkommend.

Subtypen: -

Pflanzenarten, dominante: -

typische: *Allium schoenoprasum, Alyssum montanum ssp. gmelinii, Armeria maritima ssp. elongata, Astragalus arenarius, Cardaminopsis arenosa, Carex ligerica, Carex praecox, Centaurea stoebe (=rhenana), Dianthus arenarius, Dianthus deltoides, Euphorbia seguieriana, Festuca polesica, Festuca psammophila, Gypsophila fastigiata, Helichrysum arenarium, Hieracium echioides, Jurinea cyanoides, Kochia laniflora, Koeleria glauca, Onosma arenaria, Petrorhagia prolifera, Phleum arenarium, Sedum rupestre, Silene chlorantha, Silene conica.*

Moose und Flechten: *Brachythecium albicans, Cladonia furcata, Peltigera rufescens, Racomitrium canescens, Tortula ruraliformis.*

Tierarten:

Heuschrecken: *Gryllus campestris, Oedipoda coerulescens, Platycleis montana, Sphingonotus caerulans.*

Käfer: *Cicindela hybrida.*

Wanzen: *Amblytylus albidus, Lygus gemellatus, Plagiognathus collinus, Strongylocoris luridus.*

Zikaden: *Kosswigianella exigua*.

Weichtiere: *Helicopsis striata*, *Truncatellina cylindrica*, *Xerolenta obvia*.

Kartierungshinweise: Der Lebensraumtyp kann anhand der Vorkommen von Vegetation der genannten Syntaxa abgegrenzt werden. Er umfaßt sowohl Vorkommen in ebener Lage als auch solche auf Binnendünen. Auch Vorkommen auf Sekundärstandorten sind zu berücksichtigen.

Variabilität: -

Komplexe: Im Komplex mit Trockengebüschen, anderen mageren Trockenrasen, *Calluna*-Heiden oder in Binnendünenkomplexen.

Biotoptypen:

BTB	RL	REG	BIOTOPTYP	EIG_CODE	EIG
340403	1-2	S	ausdauernder Sandtrockenrasen mit geschlossener Narbe		

Vegetation:

Koelerion glaucae VOLK 31	v
Jurineo cyanoidis-Koelerietum glaucae VOLK 31	v
Festuco psammophilae-Koelerietum glaucae KLIKA 31	v
Armerion elongatae KRAUSCH 59	pp
Diantho deltoides-Armerietum elongatae KRAUSCH 59	pp
Diantho arenarii-Festucetum ovinae R. Tx. 51	v
Bromo-Phleetum arenarii KORN. 74	v
Silene conica-Cerastium semidecandrum-Gesellschaft	v

Nutzung/Pflege: Gelegentliches Entbuschen oder sehr extensive Nutzung sind erforderlich.

Sukzession: Langsame Sukzession zu artenarmen Eichen-Birkenmischwäldern, z.T. mit Buchen- u. Kiefernbeteiligung.

Hauptgefährdungsfaktoren: Sandabbau, Verbuschung, Aufforstung v.a. mit Kiefer, intensive Freizeitnutzung, Bebauung, Nährstoffeintrag, Einwandern von Neophyten.

Bemerkungen: Z.T. auch unter militärischer Nutzung in guter Ausbildung erhalten geblieben.

Schwermetallrasen (Violetea calaminariae)

NATURA 2000-Code: 6130

D: Schwermetallrasen (Violion calaminariae)
F: Pelouses calaminaires
E: Calaminarian grasslands

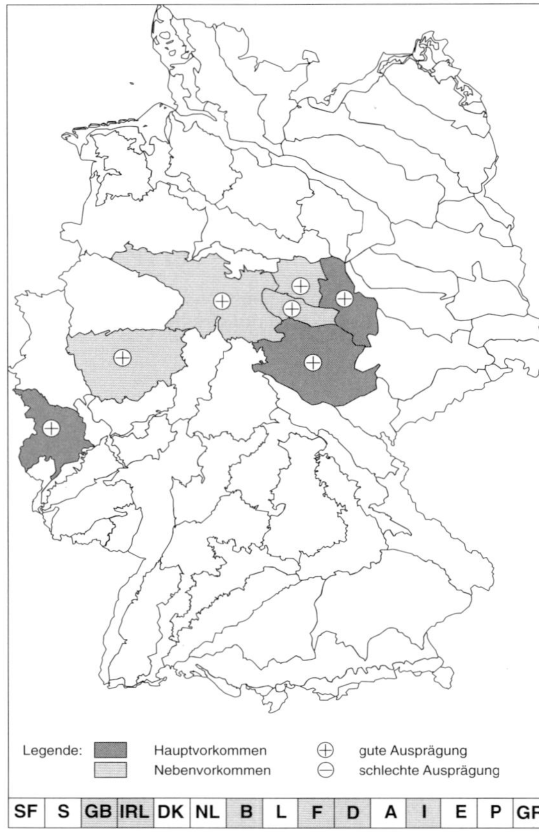

Abb. 62: Verbreitung des Lebensraumtyps 6130 in Deutschland und der Europäischen Union.

Code nach Anhang I: 34.2
Pal. Code: 34.2, alle Subtypen, 36.44
Definition: Natürliche und halbnatürliche, meist lückige Schwermetallrasen auf natürlich anstehendem schwermetallreichem Gestein (z.B. Blei, Zink, Kupfer) oder meist älteren Abraumhalden des Bergbaus. Jüngeren Bergbauhalden mit ersten Pionierstadien fehlen i.d.R. die besonders gefährdeten endemischen Sippen und diese sind daher nicht eingeschlossen.
Standort: Mit Schwermetallen angereicherte Gesteine (Kupfer, Zink, Blei etc.), Gesteinsschutt oder Halden.
Subtypen: -
Pflanzenarten, dominante: -
typische: *Armeria maritima ssp. halleri, Armeria maritima ssp. bottendorfensis, Armeria maritima ssp. hornburgensis, Cardaminopsis halleri, Festuca aquisgranensis, Minuartia verna ssp. hercynica, Silene vulgaris ssp. humilis, Thlaspi calaminare, Viola guestphalica, Viola lutea ssp. calaminaria.*
Flechten: *Acarospora sinopica, Acarospora smaragdula, Lecidea silacea, Mielichhoferia mielichoferiana, Placopsis lambii, Rhizocarpon furfurosum, Rhizocarpon oederi, Rhizocarpon ridescens, Stereocaulon leucophaeopsis, Stereocaulon nanodes.*
Tierarten: Nach derzeitigem Kenntnisstand gibt es keine schwermetallspezifische Fauna. Die vorkommende Fauna ist denen der Trockenrasen und Magerrasen ähnlich.
Kartierungshinweise: Kriterium zur Abgrenzung dieses Lebensraumtyps ist das Vorkommen von Vegetation der aufgeführten Syntaxa. Dabei ist nicht zwischen natürlichen und anthropogenen Vorkommen zu unterscheiden. Lediglich junge artenarme Pionierstadien auf schwermetallarmen Standorten sind nicht mit einzubeziehen. Felsspaltenvegetation auf Serpentinit und schwermetallreichem Silikatgestein des Verbandes Asplenion serpentini gehört zum Lebensraumtyp 8220.
Variabilität: Zahlreiche lokale Endemiten z.T. auf dem Niveau von Unterarten.

Komplexe: Häufig mit abnehmendem Schwermetallgehalt im Kontakt zu Zwergstrauchheiden und Borstgrasrasen auf silikatischem Untergrund oder zu Trocken- und Halbtrockenrasen auf karbonatischem Grund. Im Randbereich sind meist Gebüsche und Wälder bei abnehmendem Schwermetallgehalt entwickelt.

Biotoptypen:

BTB	RL	REG	BIOTOPTYP	EIG_CODE	EIG
3405a			natürliche und halbnatürliche Schwermetallrasen	H011	natürlich oder halbnatürlich

Vegetation:

Violetea calaminariae BR.-BL. & TX. 43	v
Violetalia calaminariae BR.-BL. et TX. 43	v
Thlaspion calaminariae ERNST 65	v
Violetum calaminariae SCHWICKERATH 31	v
Violetum guestfalicae ERNST 65 corr. NAUENBURG 87	v
Minuartio-Thlaspietum alpestris (KOCH 32) SHIMWELL 68	v
Armerion halleri ERNST 65	v
Armerietum halleri ERNST 65	v
Armerietum bottendorfensis SCHUBERT 52	v
Armerietum hornburgensis SCHUBERT 74	v
Holco-Cardaminopsietum halleri HÜLBUSCH 80	v

Nutzung/Pflege: Pflege i.d.R. nicht erforderlich, ggf. eine Entbuschung in mehrjährigen Zeiträumen.

Sukzession: Keine Sukzession bei hohen Schwermetallgehalten, sonst langsame Entwicklung von Pioniergehölzen z.B. mit Birke und Vogelkirsche.

Hauptgefährdungsfaktoren: Gesteinsabbau, Trittbeeinträchtigung, Verfüllungen, Nährstoffeintrag.

Bemerkungen: Oft sehr kleinflächig. Jüngere Abraumhalden weisen i.d.R. geringere Schwermetallgehalte durch verbesserte Abbautechnologie auf, können dann keine entsprechende Vegetation tragen.

Boreo-alpines Grasland auf Silikatsubstraten

NATURA 2000-Code: 6150

D: Boreo-alpines Grasland auf Silikatsubstraten
F: Pelouses boréo-alpines silicieuses
E: Siliceous alpine and boreal grass

Code nach Anhang I: 36.32
Pal. Code: 36.31, pp., 36.32
Definition: Subalpines bis nivales natürliches oder naturnahes Grasland auf Silikatgesteinen. Dazu gehören die Krummseggenrasen (Caricetea curvulae) und subalpin-alpine Borstgrasrasen (Nardion strictae), d.h. borstgrasreiche Extensivweiden der Alpen einschließlich Übergängen zu Silikat-Schneetälchen.
Standort: Auf silikatischem Festgestein (z.B. Lias-Kieselkalk) oder saurem Verwitterungsmaterial mit gering entwickelten Böden (Ranker), z.T. sehr lange schneebedeckt (Schneetälchen, meist nordexponiert oder in Kaltluftsenken) oder windexponiert oberhalb der Waldgrenze (subalpin-nival).
Subtypen: Vgl. Biotoptypen:
1. Silikatschneeboden (Biotoptyp 64.03)
2. Subalpiner bis alpiner Borstgrasrasen (Biotoptyp 66.03)
3. Krummseggenrasen (Biotoptyp 66.09)

Pflanzenarten, dominante:
Je nach Biotoptyp *Carex curvula*, *Nardus stricta*, *Salix herbacea*.

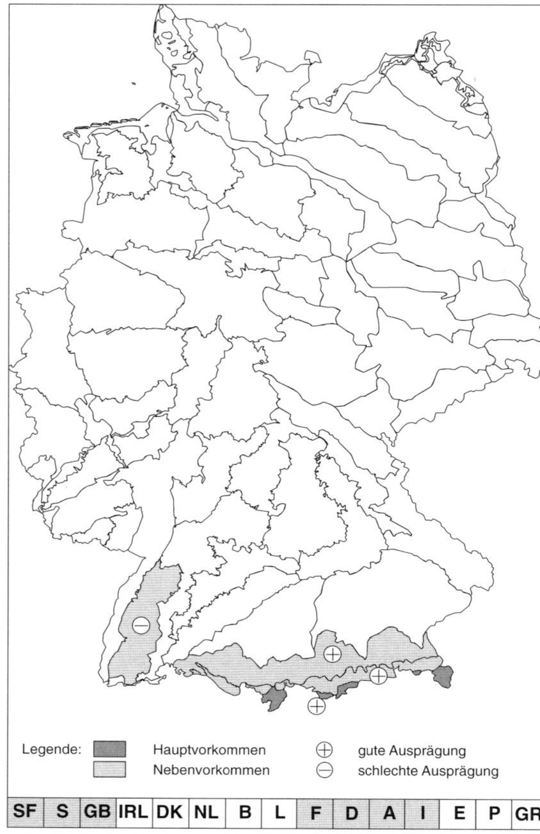

Abb. 63: Verbreitung des Lebensraumtyps 6150 in Deutschland und der Europäischen Union.

typische:
1. *Alchemilla fissa*, *Astragalus frigidus*, *Carex atrata*, *Pedicularis oederi*, *Salix herbacea*, *Saussurea alpina*, *Sibbaldia procumbens*, *Soldanella pusilla*, *Veronica alpina*.

Moose: *Polytrichum sexangulare*.

2. *Agrostis rupestris*, *Alchemilla flabellata*, *Campanula barbata*, *Euphrasia minima*, *Euphrasia picta*, *Gnaphalium norvegicum*, *Gnaphalium supinum*, *Leontodon helveticus*, *Lycopodium alpinum*, *Nardus stricta*, *Pedicularis verticillata*, *Phyteuma hemisphaericum*, *Potentilla aurea*, *Potentilla brauniana*, *Pseudorchis albida*.
3. *Carex bigelowii*, *Carex curvula*, *Juncus trifidus*, *Veronica bellidioides* u.a.

Tierarten: Dieser Lebensraumtyp kommt in Deutschland nur sehr kleinflächig und i.d.R. im Verbund mit den alpinen Kalkrasen vor. Er hat daher auch eine ähnliche Fauna (vgl. Lebensraumtyp 6170).

Kartierungshinweise: Abgrenzungskriterium ist das Vorkommen von Vegetation der aufgeführten Syntaxa (Nardion: nur Siversio-Nardetum strictae). Die Hochlagen-Borstgrasrasen der Mittelgebirge sind i.d.R. durch das Fehlen von subalpinen und alpinen Florenelementen gekennzeichnet, und die regionalen Ausbildungen der Hochlagen-Borstgrasrasen im Hochschwarzwald, Harz, Bayerischen Wald sind unter dem Lebensraumtyp „Artenreiche Borstgrasrasen“ (6230) gefaßt.

Variabilität: In den deutschen Alpen nur kleinflächig vorhanden (z.B. Rotwand und in den Allgäuer Hochalpen). Die Ausbildungen werden im wesentlichen durch Substrat (Ausgangsgestein), Höhenlage und Exposition bestimmt.

Komplexe: An stark windexponierten Stellen Übergänge zu den Elynetalia. In Deutschland i.d.R. im Kontakt zu alpinen Kalkrasen, Rhododendron-Gebüschen und alpinen Silikat- bzw. Kalkfelsen.

Biotoptypen:

BTB	RL	REG	BIOTOPTYP	EIG_CODE	EIG
6403			Silikatschneeboden		
6603	1-2	S	subalpiner bis alpiner Borstgrasrasen		
6609			Krummseggenrasen		

Vegetation:

Siversio-Nardetum strictae LÜDI 48	v
Salicetalia herbaceae BR.-BL. in BR.-BL. & JENNY 26	v
Salicion herbaceae BR.-BL. in BR.-BL. & JENNY 26	v
Salicetum herbaceae RÜBEL 11	v
Cardamino-Anthelietum juratzkanae ENGLISCH 93	v
Polytrichetum sexangularis FREY 22	v
Polytricho juniperini-Soldanelletum pusillae (LIPPERT 66) ENGLISCH 93	v
Luzuletum spadiceae RÜBEL 11	v
Poo-Cerastietum cerastoidis (SÖYRINKI 54) OBERD. 57	v
Nardo-Gnaphalietum supini (J. & M. BARTSCH 40) K. MÜLLER 48	v
Luzuletum desvauxii ISSLER 36	v
Luzuletum alpino-pilosae BR.-BL. in BR.-BL. & JENNY 26	v
Caricetea curvulae BR.-BL. 48	v
Caricetalia curvulae BR.-BL. in BR.-BL. & JENNY 26	v
Caricion curvulae BR.-BL. in BR.-BL. & JENNY 26	v
Caricetum curvulae RÜBEL 11	v
Sesleria disticha-Gesellschaft	v
Juncion trifidi KRAJINA 33	v
Juncetum trifidi SZAFER et al. 23 em. KRAJINA 33	v

Nutzung/Pflege: Keine Pflege erforderlich.

Sukzession: I.d.R. handelt es sich um primäre Bestände ohne Sukzession.

Hauptgefährdungsfaktoren: Schadstoffeintrag, intensive touristische Nutzung (Wintersport, Trittbeeinträchtigung durch Wandern, Bergsteigen), Intensivierung der Hochlagen-Beweidung, Nährstoffeintrag.

Bemerkungen: -

Subalpine und alpine Kalkrasen

NATURA 2000-Code: 6170

D: Alpine Kalkrasen
F: Pelouses alpines calcaires
E: Alpine calcareous grasslands

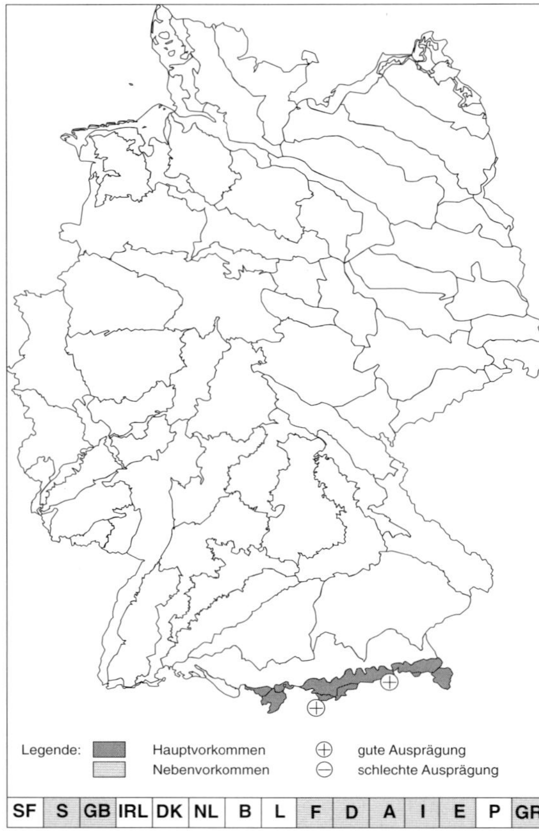

Abb. 64: Verbreitung des Lebensraumtyps 6170 in Deutschland und der Europäischen Union.

Code nach Anhang I: 36.41 - 45
Pal. Code: 36.41 - 36.43, 36.37, 36.38
Definition: Natürliche und naturnahe alpine und subalpine Rasen auf Kalkuntergrund. Dazu gehören die Rostseggenrasen (Caricion ferrugineae) auf tiefgründigen Böden, die alpischen Blaugrasrasen (Seslerion variae) auf flachgründigen Kalksteinböden und an den windgefegten Graten die Nacktriedrasen (Elynetalia) und Übergänge zu basischen Schneetälchen (Arabidetalia caeruleae).
Standort: Kalkreiches oder basenreiches Substrat der alpinen und subalpinen Stufe, die Böden können tiefgründig, flachgründig (Rendzinen) bis extrem flachgründig (Lithosole) sein. Regenreiches Klima, z.T. lange schneebedeckt (Kalkschneeböden) oder stark windexponiert (Grate).
Subtypen:
- **6171** (Pal. Code 36.41) geschlossene alpine Kalkrasen
- **6172** (Pal. Code 36.42) Nacktriedrasen
- **6173** (Pal. Code 36.43) Blaugrasrasen

Pflanzenarten, dominante:
typische: Je nach Gründigkeit und Exposition sehr unterschiedliche Artengruppen (s.o.).
- Caricion ferrugineae (6171): *Agrostis alpina, Anthyllis vulneraria ssp. alpestris, Astragalus frigidus, Campanula thyrsoides, Carex ferruginea, Festuca pulchella, Festuca violacea, Galium anisophyllon, Heracleum austriacum, Pedicularis foliosa, Phleum hirsutum, Phyteuma orbiculare, Pulsatilla alpina, Thymus praecox ssp. polytrichus, Traunsteinera globosa.*
- Seslerion variae (6173): *Androsaceoides chamaejasme, Biscutella laevigata, Carex firma, Carex sempervirens, Chamorchis alpina, Dryas octopetala, Euphrasia salisburgensis, Festuca quadriflora, Gentiana clusii, Gentiana verna, Gentianella aspera, Helianthemum alpestre, Nigritella nigra, Pedicularis rostratocapitata, Saxifraga caesia, Sesleria caerulea, Thesium alpinum.*

– Arabidion caeruleae (6171): *Arabis caerulea, Carex firma, Carex parviflora, Gnaphalium hoppeanum, Plantago atrata, Ranunculus alpestris, Rumex nivalis, Salix reticulata, Salix retusa, Saxifraga androsacea, Taraxacum apenninum, Veronica alpina.*
– Elynetalia (6172): *Antennaria carpatica, Astragalus australis, Carex atrata, Carex capillaris, Carex rupestris, Elyna myosuroides, Erigeron uniflorus, Gentianella tenella, Lloydia serotina, Salix serpyllifolia, Saussurea alpina.*

Tierarten:

Säugetiere: Alpenmurmeltier (*Marmota marmota*), Alpenspitzmaus (*Sorex alpinus*), Sommerlebensraum für Alpenschneehase (*Lepus timidus*) und Gemse (*Rupicapra rupicapra*).
Vögel: Bergpieper (*Anthus spinoletta spinoletta*), Birkhuhn (*Tetrao tetrix*), Alpenbraunelle (*Prunella collaris*).
Heuschrecken: *Podisma pedestris, Aeropus sibiricus.*
Schmetterlinge: *Boloria pales, Coenonympha gardetta, Colias phicomone, Erebia epiphron, Erebia pharte, Erebia pronoe, Erebia tyndarus, Oeneis glacialis, Plebeius orbitulus, Polyommatus eros, Pontia callidice.*
Käfer: *Trechus glacialis, Trechus hampei, Trechus latibuli, Trechus limacodes, Trechus pinkeri, Trechus tristis, Trechus wagneri.*
Hautflügler: *Bombus gerstaerkeri, Bombus lapponicus, Bombus mendax, Bombus mucidus, Bombus pyrenaicus.*
Zweiflügler: *Cheilosia derasa, Cheilosia faucis, Cheilosia grisella, Cheilosia melanura, Cheilsia nivalis, Melanostoma dubium, Merodon cinereus, Platycheirus complicatus, Platycheirus melanopsis, Rhingia borealis, Sphaerophoria infuscata, Sphegina platychira.*
Wanzen: *Stenodema sericans.*
Weichtiere: *Eucobresia glacialis, Eucobresia nivalis, Eucobresia pegorarii, Gallandia annularis.*

Kartierungshinweise: Abgrenzungskriterium ist das Vorkommen von Vegetation der aufgeführten Syntaxa. Bestände mit nennenswerten Anteilen an Sträuchern oder Zwergsträuchern sind ggf. zu den Lebensraumtypen Heiden der subalpinen bis alpinen Stufe (4060) bzw. Gebüsche und Krummholz der subalpinen Stufe mit *Pinus mugo* oder *Rhododendron hirsutum* (4070) zu stellen.

Variabilität: -

Komplexe: Komplexe bei Mischsubstraten oder basenhaltigen Silikaten mit Krummseggenrasen; Kontakte und Komplexe mit alpinen/subalpinen Krummholzgebüschen und Lawinenbahnen. Regelmäßig im Kontakt zu alpinen bis nivalen Felskomplexen mit Kalkfelsspaltenvegetation und zu alpinen Kalkschutthalden.

Biotoptypen:

Sub	BTB	RL	REG	BIOTOPTYP	EIG_CODE	EIG
6170	6401	3	K	Kalkschneeboden		
6172	6601	p	K	Nacktriedrasen		
6172	6602	3	S	polsterseggenreicher Rasen		
6173	6604	3	S	Blaugrashalde		
6171	660501	3	K	primärer Rostseggenrasen		
6171	660502	3	S	sekundärer Rostseggenrasen		

Vegetation:

6173	Seslerietea variae OBERD. 78	pp
6173	Seslerietalia variae BR.-BL. 26	pp
6173	Seslerion variae BR.-BL. in BR.-BL. & JENNY 26	pp
6173	Caricetum firmae BR.-BL. 26	v
6173	Seslerio-Caricetum sempervirentis BEG. 22 em. BR.-BL. 26	v
6173	Valeriana tripteris-Sesleria varia-Gesellschaft	v
6171	Caricion ferruguineae BR.-BL. 31	pp
6171	Caricetum ferrugineae LÜDI 21	v
6171	Agrostietum agrostiflorae BR.-BL. 49	v
6172	Elynetalia OBERD. 57	v
6172	Oxytropido-Elynion BR.-BL. 49	v
6172	Elynetum myosuroidis BR.-BL. 13	v
6172	Caricetum rupestris PIGNATTI & PIGNATTI 85	v
6172	Elyno-Caricetum rosae ERSCHBAMER 92	v
6172	Agrostis alpina-Gesellschaft	v
6172	Arabidetalia caeruleae RÜBEL ex BR.-BL. 48	v
6170	Arabidion caeruleae BR.-BL. in BR.-BL. & JENNY 26	v
6170	Arabidetum caeruleae BR.-BL. 18	v
6170	Arabido-Rumicetum nivalis (JENNY-LIPS 30) OBERD. 57 nom. inv.	v
6170	Salicetum retuso-reticulatae BR.-BL. in BR.-BL. & JENNY 26	v
6170	Homogyno discoloris-Salicetum retusae AICHINGER 33	v
6170	Potentillo dubiae-Homogynetum discoloris AICHINGER 33	v

Nutzung/Pflege: Pflege bei primären Beständen nicht erforderlich. Sekundäre Bestände bedürfen gelegentlicher Entbuschung oder ggf. sehr extensiver Beweidung.

Sukzession: Je nach Biotoptyp unterschiedlich, bei primären Beständen z.B. den Nacktriedrasen (Subtyp 6172) oder lange schneebedeckten Sonderstandorten (Arabidion caeruleae) erfolgt keine Sukzession. Bei den geschlossenen alpinen Kalkrasen gibt es sowohl primäre, natürliche Bestände, als auch sekundäre Bestände, die einer langsamen Sukzession zu subalpinen Fichten- oder Bergmischwäldern, z.T. über Krummholzstadien unterliegen.

Hauptgefährdungsfaktoren: Intensive touristische Nutzung (Wintersport, Trittbeeinträchtigung durch Wandern, Bergsteigen), Intensivierung der Hochlagen-Beweidung, Nährstoffeintrag.

Bemerkungen: -

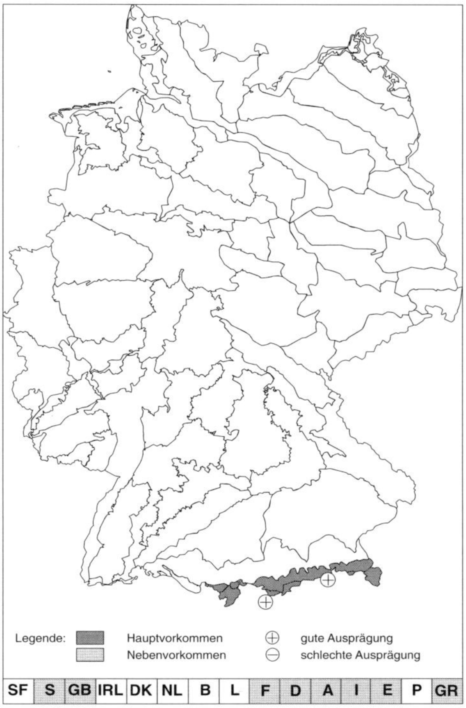

Abb. 65: Verbreitung des Subtyps „Rostseggenrasen und -halden“ (6171) und des Subtyps „Blaugrashalden und *Festuca* dominierte Kalkrasen“ (6173) in Deutschland und der Europäischen Union.

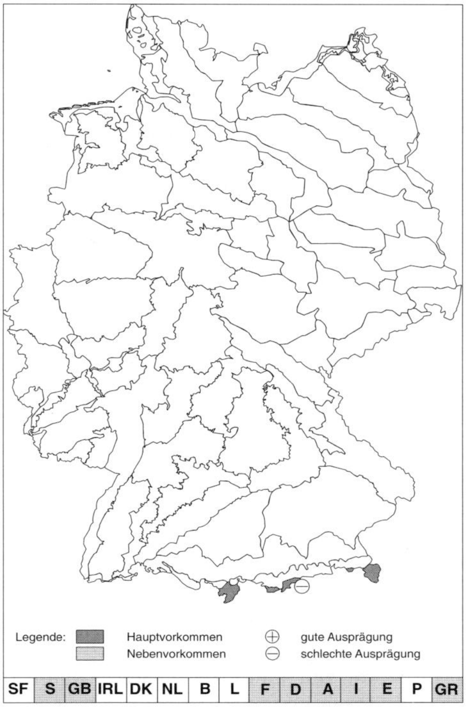

Abb. 66: Verbreitung des Subtyps „Nacktriedrasen (an windexponierten Stellen)“ (6172) in Deutschland und der Europäischen Union.

Trespen-Schwingel-Kalk-Trockenrasen (Festuco-Brometalia, * besondere orchideenreiche Bestände)

NATURA 2000-Code: * 6210

D: Trespen-Schwingel-Kalk-Trockenrasen (Festuco-Brometalia, * besondere Bestände mit bemerkenswerten Orchideen)

F: Sur calcaires (Festuco-Brometalia) *

E: On calcareous substrates (Festuco-Brometalia) *

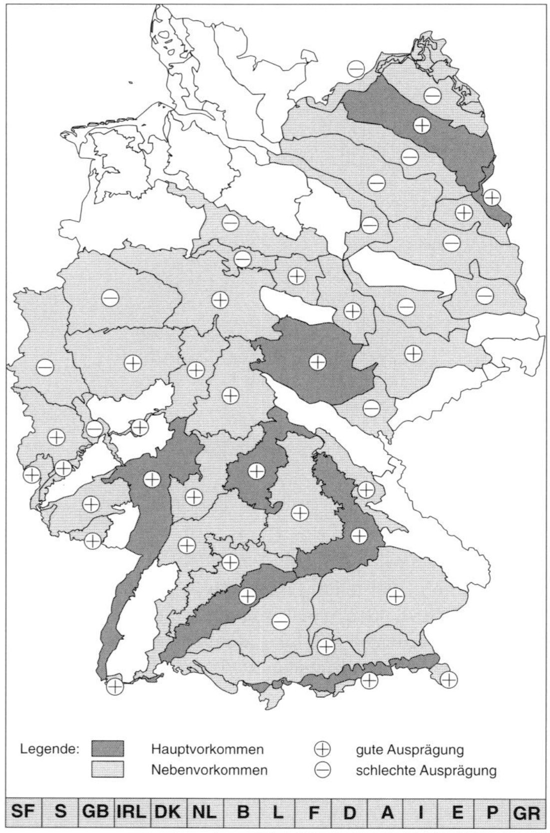

Abb. 67: Verbreitung des Lebensraumtyps 6210 in Deutschland und der Europäischen Union.

Code nach Anhang I: 34.31 - 34.34

Pal. Code: 34.31 - 34.33 (34.34 ?)

Definition: Basiphytische Trocken- und Halbtrockenrasen submediterraner bis subkontinentaler Prägung. Schließt die Steppenrasen (Festucetalia valesiacae) der Trockengebiete mit *Stipa spp.* ein, ferner primäre Trespen-Trockenrasen (Xerobromion) und sekundäre, durch extensive Beweidung oder Mahd entstandene Halbtrockenrasen (Mesobromion, Koelerio-Phleion phleoides). Letztere zeichnen sich meist durch Orchideenreichtum aus und verbuschen nach Einwandern von Saumarten bei Nutzungsaufgabe.

Prioritär sind „besondere orchideenreiche Bestände" laut einem oder mehreren der folgenden Kriterien:

a) Das Gebiet hat einen hohen Artenreichtum an Orchideen.

b) Das Gebiet zeichnet sich durch eine große (bedeutende) Population mindestens einer bundesweit seltenen bzw. gefährdeten Orchideenart aus.

c) Im Gebiet wachsen mehrere seltene oder sehr seltene Orchideenarten.

Standort: In Mitteleuropa kommt dieser Lebensraumtyp nur an wärmebegünstigten Sonderstandorten vor. Es handelt sich um Wärme- und Trockengebiete mit z.T. unter 500 - 600 mm Jahresniederschlag. Ausschlaggebend sind ferner basisch verwitternde Ausgangsgesteine. Als Böden kommen Lithosole, flachgründige Rendzinen z.B. über Kalkfels, Gips- und basischen Vulkaniten, sowie unter subkontinentalen Verhältnissen Tschernozem-Parabraunerden über tiefgründigem Löß vor.

Subtypen:

– **6211** (Pal: 34.31): Subkontinentale Steppenrasen (Festucetalia valesiacae): Der Untertyp ist durch (sub)kontinental getöntes Klima mit warmen, trockenen Sommern und kalten, trockenen Wintern gekennzeichnet. Der Standort ist damit besonders im Sommer sehr trocken. Steppenrasen finden sich einerseits auf tiefgründigen Böden, z.B. auf Schwarzerden, andererseits auf flachgründigen südexponierten Felshängen.

- **6212** (Pal: 34.32): Submediterrane Halbtrockenrasen (Mesobromion): Schließt das Bromion erecti und das Seslerio-Mesobromion ein. Der Untertyp findet sich in submediterranem bis subatlantischem Klima. Halbtrockenrasen zeichnen sich durch einen ausgeglicheneren Wasserhaushalt aus, und sind sekundär entstanden (Mahd, Beweidung).
- **6213** (Pal: 34.33): Trockenrasen (Xerobromion): Der Untertyp findet sich unter submediterranen Bedingungen in sonnenexponierter Lage auf flachgründigen Standorten und ist primär waldfrei.
- **6214** (Pal.:34.34): Halbtrockenrasen sandig-lehmiger basenreicher Böden (Koelerio-Phleion phleoides): Subkontinental getöntes Klima, schwachsaure bis basenreiche sandig bis lehmige (z.T. auch kiesig-lehmige) Böden unter trocken-warmen Bedingungen.

Pflanzenarten, dominante: -

typische: 6211 (Festucetalia valesiacae): *Achillea pannonica, Adonis vernalis, Astragalus danicus, Carex supina, Erysimum crepidifolium, Euphorbia seguieriana, Festuca rupicola, Festuca valesiaca, Linum perenne, Orobanche coerulescens, Oxytropis pilosa, Potentilla incana, Pulsatilla vulgaris ssp. vulgaris, Scabiosa canescens, Scorzonera purpurea, Seseli annuum, Seseli hippomarathrum, Stipa capillata, Stipa pennata, Stipa pulcherrima, Stipa tirsa.*

6213 (Xerobromion): *Allium senescens, Allium sphaerocephalon, Aster linosyris, Carex humilis, Fumana procumbens, Globularia punctata, Helianthemum apenninum, Helianthemum canum, Helianthemum nummularium ssp. obscurum, Hippocrepis comosa, Leontodon incanus, Linum leonii, Linum tenuifolium, Orobanche amethystea, Orobanche teucrii, Stachys recta, Teucrium chamaedrys, Teucrium montanum, Thymus pulegioides ssp. carniolicus, Trinia glauca.*

Moose und Flechten: *Ditrichum flexicaule, Peltigera rufescens, Tortella inclinata, Tortella tortuosa, Tortula ruraliformis.*

6212 (Mesobromion): **dominante:** *Brachypodium pinnatum, Bromus erectus.*

typische: *Aceras anthropophorum, Anacamptis pyramidalis, Anthyllis vulneraria, Arabis hirsuta, Brachypodium pinnatum, Bromus erectus, Campanula glomerata, Carex caryophyllea, Carex ericetorum, Carlina acaulis, Carlina vulgaris, Centaurea scabiosa, Cirsium acaule, Dactylorhiza fuchsii, Dianthus carthusianorum, Eryngium campestre, Euphorbia cyparissias, Gentianella ciliata, Gentianella germanica, Gymnadenia conopsea, Himantoglossum hircinum, Koeleria pyramidata, Onobrychis viciifolia, Ononis repens, Ononis spinosa, Ophrys apifera, Ophrys holoserica, Ophrys insectifera, Ophrys sphegodes, Orchis coriophora, Orchis mascula, Orchis militaris, Orchis morio, Orchis simia, Orchis tridentata, Orchis ustulata, Platanthera bifolia, Platanthera chlorantha, Polygala comosa, Potentilla tabernaemontani, Primula veris, Pulsatilla vulgaris, Scabiosa columbaria, Sesleria varia, Spiranthes spiralis, Veronica teucrium.*

Moose: *Abietinella abietina, Homalothecium lutescens, Rhytidium rugosum.*

6214 (Koelerio-Phleion phleoides): *Agrostis capillaris, Dactylorhiza sambucina, Festuca guestfalica, Festuca heteropachys, Helictotrichon pratense, Koeleria macrantha, Luzula campestris, Lychnis viscaria, Phleum phleoides, Saxifraga granulata, Silene otites, Veronica spicata.*

Tierarten:

Vögel: Feldlerche (*Alauda arvensis*), Brachpieper (*Anthus campestris*), Hänfling (*Carduelis cannabina*), Zippammer (*Emberiza cia*), Goldammer (*Emberiza citrinella*), Ortolan (*Emberiza hortulana*), Neuntöter (*Lanius collurio*), Heidelerche (*Lullula arborea*), Sperbergrasmücke (*Sylvia nisoria*).

Reptilien/Amphibien: Schlingnatter (*Coronella austriaca*), Westliche Smaragdeidechse (*Lacerta bilineata*).
Heuschrecken: *Calliptamus italicus, Chorthippus brunneus, Chorthippus mollis, Chorthippus vagans, Decticus verrucivorus, Gryllus campestris, Mantis religiosa, Metrioptera bicolor, Myrmecophila acervorum, Oecanthus pellucens, Oedipoda coerulescens, Oedipoda germanica, Omocestus haemorrhoidalis, Omocestus ventralis, Phaneroptera falcata, Platycleis albopunctata, Psophus stridulus, Stenobothrus crassipes, Stenobothrus lineatus, Stenobothrus nigromaculatus, Stenobothrus stigmaticus, Tetrix bipunctata, Tetrix nutans.*
Schmetterlinge: *Agrodiaetus damon, Ammobiota festiva, Apamea platinea, Aricia artaxerxes, Chelis maculosa, Colias alfacariensis, Cucullia lactucae, Dicestra marmorosa, Dysauxes ancilla, Eilema caniola, Eilema palliatella, Erynnis tages, Euphydryas aurinia, Eupithecia denticulata, Eupithecia semigraphata, Hadena albimacula, Hadena filigrama, Hadena magnolii, Hemaris tityus, Hyles euphorbiae, Iphiclides podalirius, Lictoria achilleae, Macroglossum stellatarum, Maculinea arion, Maculinea rebeli, Melacosoma castrensis, Melitaea cinxia, Melitaea parthenoides, Mesoacidalia aglaia, Nola subchlamydula, Papilio machaon, Polymorpha transalpina, Polyommatus bellargus, Polyommatus coridon, Pseudophilotes baton, Pyrgus malvae, Sterrha eburnata, Watsonarctia casta, Zygaena carniolica.*
Käfer: *Amara consularis, Amara eyrinota, Amara nitida, Brachinus crepitans, Callistus lunatus, Cymindis angularis, Cymindis axillaris, Dromius notatus, Harpalus azureus, Harpalus cordatus, Harpalus puncticollis, Harpalus punctipennis, Licinus cassideus, Ophonus obscurus, Panagaeus bipustulatus.*
Hautflügler: *Andrena combinata, Andrena curvungula, Andrena fulvago, Andrena hattorfiana, Andrena humilis, Andrena marginata, Andrena pandellei, Anthidium lituratum, Biastes emarginata, Ceratina callosa, Coelioxys rufocaudata, Dasypoda hirtipes, Eucera interrupta, Eucera longicornis, Eucera tuberculata, Lasioglossum albocinctum, Lasioglossum bluethgenii, Lasioglossum calceatum, Lasioglossum costulatum, Lasioglossum griseolum, Lasioglossum laevigatum, Lasioglossum lativentre, Lasioglossum majus, Lasioglossum pauperatum, Lasioglossum sexnotatum, Lasioglossum xanthopus, Megachile pillidens, Megachile rotundata, Nomada argentata, Nomada armata, Nomada sexfasciata, Osmia andrenoides, Osmia aurulenta, Osmia bicolor, Osmia versicolor.*
Netzflügler: *Ascalaphus libelluloides, Ascalaphus longicornis.*
Zweiflügler: *Chrysotoxum elegans, Eumerus longicornis, Eumerus tricolor, Merodon avidus, Merodon rufus, Microdon devius, Pipizella annulata, Pipizella divicoi, Xanthogramma festivum.*
Wanzen: *Canthophorus dubius, Canthophorus impressus, Copium cornutum, Copium teucrii, Dicyphus annulatus, Gampsocoris punctipes, Macrotylus inayri, Macrotylus payllulli, Placochilus sleadomicus, Staria lunata, Tingis maculata, Tinicephalus hortulanus, Tinicephlaus brevipes, Tropidothorax leucopterus.*
Zikaden: *Laburrus pellax, Laburrus ventralis, Neophilaenus alpipennis, Neophilaenus campestris.*
Spinnen: *Alopecosa accentuata, Alopecosa cursor, Alopecosa fabrilis, Eresus niger, Myrmarachne formicaria, Pardosa bifasciata, Pardosa monticola, Pellenes tripunctatus, Thomisus onustus, Trochosa robusta.*
Weichtiere: *Candidula unifasciata, Chondrula tridens, Cochlicopa lubricella, Granaria frumentum, Helicella itala, Helicopsis striata, Pupilla bigranata, Pupilla muscorum, Trochoidea geyeri, Truncatellina cylindrica, Vallonia costata, Vallonia excentrica, Xerolenta obvia, Zebrina detrita.*

Kartierungshinweise: Abgrenzungskriterium ist das Vorkommen von Vegetation der aufgeführten Syntaxa. Die Subtypen 6211 bis 6214 sollen dabei separat gekennzeichnet werden. Sie können anhand der aufgeführten charakteristischen Arten voneinander unterschieden werden. Ggf. muß auf regional gültige Differentialarten zurückgegriffen werden. Prioritäre Ausbildungen mit bedeutenden Orchideenvorkommen müssen entsprechend gekennzeichnet werden. Brachgefallene Bestände zeigen oft Übergänge zu thermophilen Säumen der Trifolio-Geranietea. Solche Bestände sind eingeschlossen, wenn sie noch nennenswerte Anteile der Charakterarten der aufgeführten Subtypen enthalten. Bei der Gebietsabgrenzung sind angrenzende Trockensäume und Trockengebüsche mit einzuschließen.

Variabilität: Nord-Süd-Gradient: nach Norden artenärmere Ausbildungen. Ost-West-Gradient der Kontinentalität; zahlreiche kennzeichnende Arten haben ihre Arealgrenzen oder disjunkte Teilareale in Deutschland.

Komplexe: Oft enge Verzahnung mit thermophilen Saumgesellschaften (Trifolio- Geranietea), thermophilen Gebüschen und Trockenwäldern einerseits und Mauerpfeffer-Pioniertrockenrasen (Sedo-Scleranthetea usw.) andererseits. Steppenheidekomplexe der Kalkgebirge (Schwäbische und Fränkische Alb). Oft auch im Komplex mit den „Wachholderheiden“ und Verbuschungsstadien von *Juniperus communis*.

Biotoptypen:

Sub	BTB	RL	REG	BIOTOPTYP	EIG_CODE	EIG
6211	3403	2	N	natürlicher Steppenrasen (kontinental, auf tiefgründigem Boden)		
6212	340201	2	S	submediterrane Halbtrockenrasen auf karbonatischem Boden		
6212	34020101	1-2	S	submediterraner Halbtrockenrasen auf karbonatischem Boden, gemäht		
6212	34020102	2	S	submediterraner Halbtrockenrasen auf karbonatischem Boden, beweidet (inkl. Mähweide)		
6212	34020103	3	X	submediterraner Halbtrockenrasen auf karbonatischem Boden, brachgefallen		
6212 6214	340203	1-2	S	subkontinentale Halbtrockenrasen auf karbonatischem Boden		
6212 6214	34020301	1-2	S	subkontinentaler Halbtrockenrasen auf karbonatischem Boden, gemäht		
6212 6214	34020302	1-2	S	subkontinentaler Halbtrockenrasen auf karbonatischem Boden, beweidet (inkl. Mähweide)		
6212 6214	34020303	3	X	subkontinentaler Halbtrockenrasen auf karbonatischem Boden, brachgefallen		
6213	340101	2	N	submediterraner Trockenrasen auf karbonatischem Grund		
6211	340103	2	N	subkontinentaler Trockenrasen auf karbonatischem Grund		

Vegetation:

6210	Festuco-Brometea BR.-BL. et TX. 43	v
6211	Festucetalia valesiacae BR.-BL. et TX. 43	v
6211	Festucion valesiacae KLIKA 31	v
6211	Allio sphaerocephali-Stipetum capillatae (KNAPP 44) KORNECK 74	v
6211	Genisto pilosae-Stipetum stenophyllae KORNECK 74	v
6211	Festuco valesiacae-Stipetum capillatae MAHN 59	v
6211	Potentillo-Stipetum capillatae LIBBERT 33	v
6211	Cirsio pannonici-Brachypodion pinnati HADAC & KLIKA 44	v
6211	Adonido-Brachypodietum pinnati (LIBBERT 33) KRAUSCH 61	v
6210	Brometalia erecti BR.-BL. 36	v
6212	Bromion erecti BR.-BL. & MOOR 36	v
6212	Gentiano-Koelerietum pyramidatae KNAPP 42 ex BORNKAMM 60	v
6212	Mesobrometum erecti BR.-BL. ap. SCHERRER 25	v
6212	Gentiano vernae-Brometum erecti KUHN 37	v
6212	Viscario-Avenetum pratensis OBERD. 49	v
6212	Seslerio-Mesobromion OBERD. 57	v
6212	Polygalo amarae-Seslerietum variae WINTERHOFF 62	v
6212	Carlino acaulis-Caricetum sempervirentis LUTZ 47	v
6214	Koelerio-Phleion phleoidis KORNECK 74	v
6214	Pulsatillo pratensis-Phleetum phleoidis PASSARGE 59	v
6214	Genisto sagittalis-Phleetum phleoidis BR.-BL. 38	v
6214	Sileno otitis-Koelerietum gracilis KORNECK 74	v
6213	Xerobromion erecti BR.-BL. et MOOR 38 em. MORAVEC in HOLUB et al. 67	v
6213	Xerobrometum erecti BR.-BL. 15 em. 31	v
6213	Trinio-Caricetum humilis VOLK in BR.-BL. et MOOR 38	v
6213	Pulsatillo-Caricetum humilis GAUCKLER 38	v
6213	Seslerio-Xerobromion OBERD. 57	v
6213	Teucrio-Seslerietum VOLK 37	v
6213	Bromo-Seslerietum (KUHN 37) OBERD. 57	v

Nutzung/Pflege: Die meisten Steppenrasen (6211) benötigen extensive Beweidung oder Mahd, auch die meisten Halb-Trockenrasen (Mesobromion 6212, und Koelerio-Phleion 6214) benötigen extensive Beweidung (Schafe) oder einmalige Mahd und vertragen keine Stickstoffdüngung. Bei primären Trockenrasen (6213) ist keine Pflege erforderlich.

Sukzession: Bei Nutzungsaufgabe zunächst Einwandern von Saumarten der Trifolio-Geranietea, später Verbuschung mit trockenwarmen Gebüschen (Berberidion) und Entwicklung von thermophilen Eichenwäldern (u.a. Quercetalia pubescentis).

Primäres Xerobromion (6213): Keine Sukzession.

Im subkontinentalen Klima, aber auch sonst (v.a. bei geringer Entfernung zu Samenbäumen), ist eine Verbuschung durch Kiefer möglich.

Hauptgefährdungsfaktoren: Gesteinsabbau (Kalk, Zement), Trittbeeinträchtigung (Wandern, Klettern, Drachenfliegen), atmogene Nährstoffeinträge, Intensivierung der Grünlandnutzung (insbesondere Düngung), Weinbau, Aufforstung (insbesondere mit Kiefer).

Bemerkungen: Bei der Novellierung im Rahmen des Beitritts von Österreich, Finnland und Schweden ist im Anhang I ein neuer Lebensraumtyp 6240 * subkontinentale (subpannonische) Steppenrasen aufgenommen worden, der laut Definition die Festucetalia valesiacae umfaßt. Eine Klärung, ob Lebensräume mit dieser Vegetation künftig hier eingeordnet werden müssen, steht noch aus.

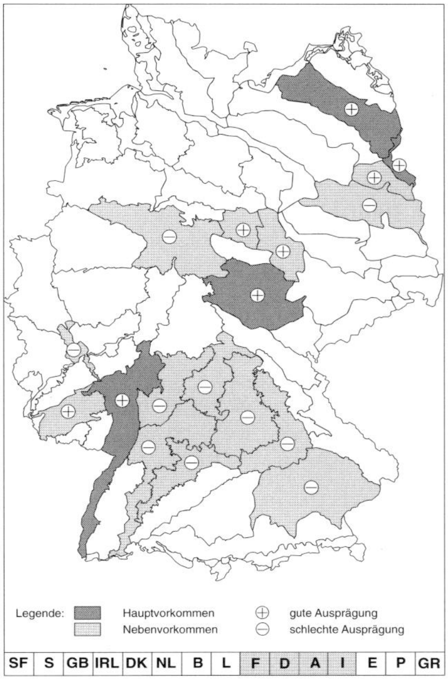

Abb. 68: Verbreitung des Subtyps „Subkontinentale Steppenrasen“ (6211) in Deutschland und der Europäischen Union.

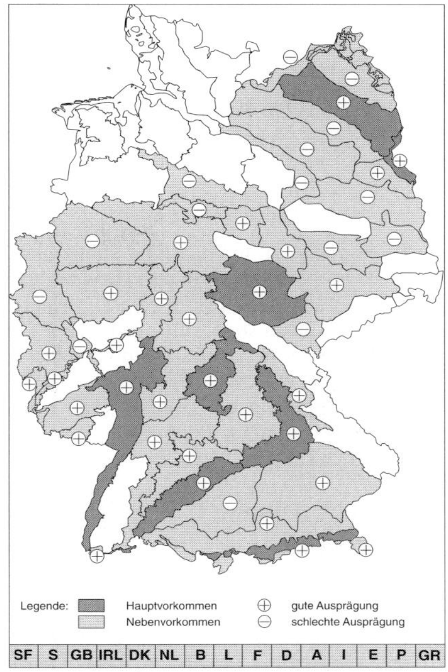

Abb. 69: Verbreitung des Subtyps „Halbtrockenrasen auf Kalk“ (6212) in Deutschland und der Europäischen Union.

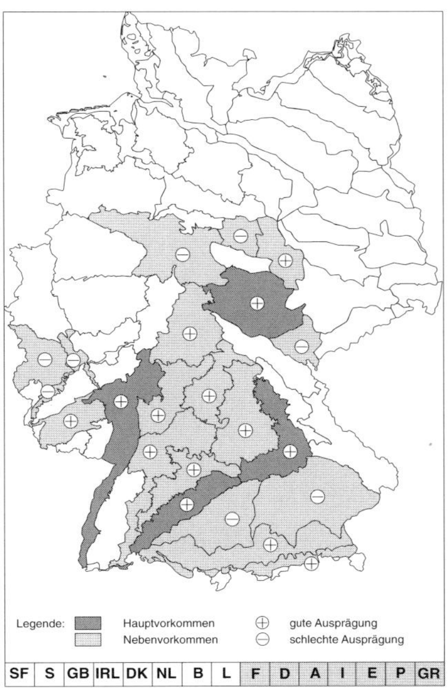

Abb. 70: Verbreitung des Subtyps „Trockenrasen (Xerobromion) auf Kalk“ (6213) in Deutschland und der Europäischen Union.

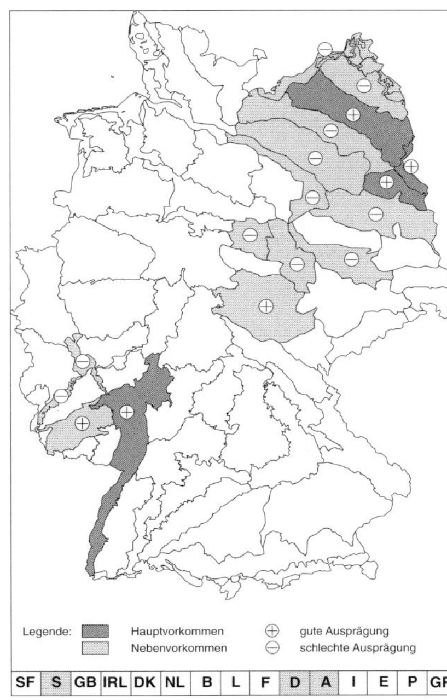

Abb. 71: Verbreitung des Subtyps „Halbtrockenrasen sandig-lehmiger basenreicher Böden (Koelerio-Phleion phleoides)“ (6214) in Deutschland und der Europäischen Union.

* Artenreiche Borstgrasrasen montan (und submontan auf dem europäischen Festland)

NATURA 2000-Code: * 6230

D: Borstgrasrasen, montan (und submontan auf dem europäischen Festland) (Eu-Nardion) *

F: Formations herbeuses à *Nardus*, riches en espèces, sur substrats siliceux des zones montagnardes (et des zones submontagnardes de l'Europe continentale) *

E: Species-rich *Nardus* grasslands, on siliceous substrates in mountain areas (and submountain areas, in continental Europe) *

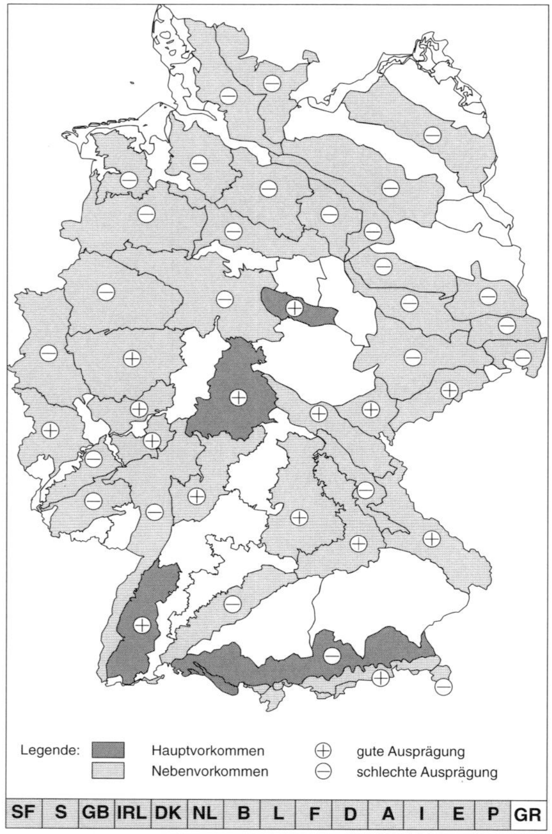

Abb. 72: Verbreitung des Lebensraumtyps 6230 in Deutschland und der Europäischen Union.

Code nach Anhang I: 35.1

Pal. Code: 36.31 alle Subtypen, 35.1

Definition: Geschlossene trockene bis frische Borstgrasrasen der höheren Lagen silikatischer Mittelgebirge (herzynisch), der Alpen und Pyrenäen. (Eu-Nardion) und Borstgrasrasen der niederen Lagen (planar bis submontan : Violo-Nardion) Unter „artenreichen" Borstgrasrasen sind Borstgrasrasen mit hoher Artenzahl gemeint, während durch Überweidung stark (irreversibel) degradierte und verarmte Borstgrasrasen nicht eingeschlossen sind.

Standort: Wesentliche Standortsfaktoren sind silikatisches Ausgangsgestein, meist flachgründige Böden von podsolierten Braunerden bis zu Rankern und niederschlagsreiche Verhältnisse (subatlantisches Klima oder höhere Berglagen). Der Boden ist sauer (pH 3,5 bis 6, meist unter 5), eine Rohhumusakkumulation ist meist vorhanden. Borstgrasrasen vertragen keine Düngung und sind i.d.R. durch extensive Beweidung entstanden.

Subtypen: Die planar bis submontanen Ausbildungen sollten von den Borstgrasrasen höherer Lagen unterschieden werden.

Pflanzenarten: dominante: *Festuca filiformis*, *Festuca ovina*, *Nardus stricta*, *Vaccinium myrtillus*.

typische (planar bis montan): *Agrostis capillaris*, *Antennaria dioica*, *Arnica montana*, *Botrychium lunaria*, *Carex pallescens*, *Carex pilulifera*, *Danthonia decumbens*, *Dianthus seguieri*, *Euphrasia stricta*, *Festuca ovina*, *Galium saxatile*, *Genista anglica*, *Genista germanica*, *Gentiana pneumonanthe*, *Hieracium lactucella*, *Hieracium pilosella*, *Hieracium umbellatum*, *Hypericum maculatum*, *Hypochaeris radicata*, *Juncus squarrosus*, *Luzula* *campestris, Luzula multiflora, Nardus stricta, Pedicularis sylvatica, Platanthera bifolia, Polygala serpyllifolia, Polygala vulgaris, Potentilla erecta, Rumex acetosella, Viola canina.*

Moose: *Dicranum scoparium, Hypnum jutlandicum, Polytrichum juniperinum, Scleropodium purum.*

Montane bis hochmontane Borstgrasrasen: *Alchemilla fissa, Alchemilla hybrida agg., Arnica montana, Campanula barbata, Centaurea nigra, Coeloglossum viride, Euphrasia minima, Festuca rubra, Galium saxatile, Gentiana acaulis, Gentiana punctata, Gentianella bohemica, Helictotrichon versicolor, Hieracium alpinum, Hieracium hoppeanum, Hieracium lachenalii, Hypochaeris maculata, Hypochaeris uniflora, Leontodon helveticus, Luzula luzuloides, Luzula sudetica, Lycopodium alpinum, Meum athamanticum, Phyteuma betonicifolium, Poa chaixii, Polygonum viviparum, Potentilla aurea, Pseudorchis albida, Ranunculus nemorosus, Salix starkeana, Solidago virgaurea ssp. minuta, Thesium pyrenaicum, Vaccinium myrtillus, Vaccinium uliginosum, Vaccinium vitis-idaea.*

Tierarten:

Vögel: Bergpieper (*Anthus spinoletta spinoletta*), Baumpieper (*Anthus trivialis*), Ziegenmelker (*Caprimulgus europaeus*), Heidelerche (*Lullula arborea*), Birkhuhn (*Tetrao tetrix*), Braunkehlchen (*Saxicola rubetra*), Schwarzkehlchen (*Saxicola torquata*).

Reptilien/Amphibien: Waldeidechse (*Lacerta vivipara*), Kreuzotter (*Vipera berus*).

Heuschrecken: *Arcyptera fusca, Chorthippus albomarginatus, Chorthippus parallelus, Decticus verrucivorus, Metrioptera brachyptera, Metrioptera roeseli, Myrmeleotettix maculatus, Stauroderus scalaris.*

Schmetterlinge: *Agrotis vestigialis, Amamea lateritia, Callophrys rubi, Coenonympha pamphilus, Erebia ligea, Erebia meolans, Euxoa tritici, Hesperia comma, Hipparchia semele, Lythria purpuraria, Maniola jurtina, Mesoacidalia aglaja, Pachygastra trifolii, Polyommatus eros, Sideridis albicolon, Thalpophila matura.*

Hautflügler: *Andrena lapponica, Lasioglossum albipes.*

Zweiflügler: *Arctophila bombiformis, Cheilosia derasa, Cheilosia rhynchops, Eoseristalis jugorum, Sericomyia lappona, Sericomyia silentis, Sphaerophoria infuscata.*

Wanzen: *Oncotylus viridiflavus, Strongylocoris steganoides.*

Zikaden: *Acanthodelphax spinosus, Arocephalus punctum, Delphacinus mesomelas, Turrutus socialis.*

Kartierungshinweise: Abgrenzungskriterium ist das Vorkommen von Vegetation der aufgeführten Syntaxa in planarer bis hochmontaner Lage. Subalpine, natürliche Borstgrasrasen der Alpen sind in Lebensraumtyp Boreo-alpines Grasland auf Silikatsubstraten (6150) eingeschlossen.

Artenarme Bestände, wie sie z.B. durch Überweidung oder länger andauernde Brache entstehen können, sind ausgeschlossen. Dabei ist nicht die Gesamtartenzahl entscheidend für die Bewertung eines Bestandes, sondern die Artenkombination soll im Vergleich mit typisch ausgebildeten Beständen des gleichen Syntaxons im regionalen Kontext bewertet werden. Dabei sind Vorkommen gesellschaftsfremder Arten nicht als Erhöhung des Artenreichtums zu werten.

Variabilität: Starke regionale Differenzierung: In den Hochlagen der Mittelgebirge Vogesen (Violo-Nardetum), Schwarzwald (Leontodonto-Nardetum), Harz (Pulsatillo micranthae-Nardetum), Bayerischer Wald (Lycopodio-Nardetum); ferner z.T. in Reutberggebieten (ehemal. Brandwechselwirtschaft) besondere regionale Ausbildungen; planare Bestände der großen Stromtäler sind weitgehend ausgestorben und kommen nur noch vereinzelt auf Sanden des norddeutschen Tieflandes vor.

Komplexe: In der Regel im Kontakt zu Zwergstrauchheiden (Bergheiden), Goldhaferwiesen und Fettweiden der höheren Lagen, kleinflächigen Hang- und Quellvermoorungen und Wäldern (bodensaure Buchenwälder, Bergmischwälder und Fichten-Tannenwälder.

Biotoptypen:

BTB	RL	REG	BIOTOPTYP	EIG_CODE	EIG
3406			Borstgrasrasen		
340601	1	S	Borstgrasrasen der planaren bis submontanen Stufe		
34060101	1	S	gemähter Borstgrasrasen der planaren bis submontanen Stufe		
34060102	1	S	beweideter Borstgrasrasen der planaren bis submontanen Stufe (inkl. Mähweide)		
34060103	*	X	brachgefallener Borstgrasrasen der planaren bis submontanen Stufe		nur „artenreiche" Brachen
340602	2	S	Borstgrasrasen der montanen bis hochmontanen Stufe		
34060201	2	S	gemähter Borstgrasrasen der montanen bis hochmontanen Stufe		
34060202	2	S	beweideter Borstgrasrasen der montanen bis hochmontanen Stufe (inkl. Mähweide)		
34060203	3	X	brachgefallener Borstgrasrasen der montanen bis hochmontanen Stufe		nur „artenreiche" Brachen

Vegetation:

Nardo-Juncion squarrosi (OBERD. 57) PASS. 64 v
Juncetum squarrosi NORDH. 22 v
Carex panicea-Nardus stricta-Gesellschaft v
Gentiano pneumonanthes-Nardetum (PRSG. 50) WESTH. 69 nom.inv. v
Violion caninae SCHWICK. 44 v
Polygalo-Nardetum (PRSG. 53) OBERD. 57 v
Festuco-Genistetum sagittalis ISSLER 27 v
Aveno-Genistetum sagittalis OBERD. 57 v
Polygono vivipari-Genistetum sagittalis (KUHN 37) MÜLLER 78 v
Gymnadenio-Nardetum MORAVEC 65 v
Nardus stricta-Festuca capillata-Gesellschaft v
Nardion strictae BR.-BL.2 pp
Lycopodio alpini-Nardetum PRSG. 53 v
Pulsatillo-Nardetum TX. 37 v

Nutzung/Pflege: Eine Pflege bzw. Nutzung durch extensive Beweidung (Schafe, Rinder) oder durch eine einschürige Mahd ist erforderlich.

Sukzession: Nach Nutzungsaufgabe erfolgt eine Sukzession z.T. über Adlerfarnbestände und grasreiche (z.B. *Deschampsia flexuosa*) oder zwergstrauchreiche Stadien (Ericaceen) und Vorwaldgebüsche (*Betula, Alnus viridis* u.a.) zu bodensauren Buchenwäldern, Eichenwäldern, Bergmischwäldern und montanen Fichtenwäldern.

Hauptgefährdungsfaktoren: Nutzungsaufgabe, Nährstoffeintrag, (Düngung, atmogener Eintrag, Gülle) Aufforstung, Intensivierung der Beweidung.

Bemerkungen: -

Pfeifengraswiesen auf kalkreichem Boden und Lehmboden (Eu-Molinion)

NATURA 2000-Code: 6410

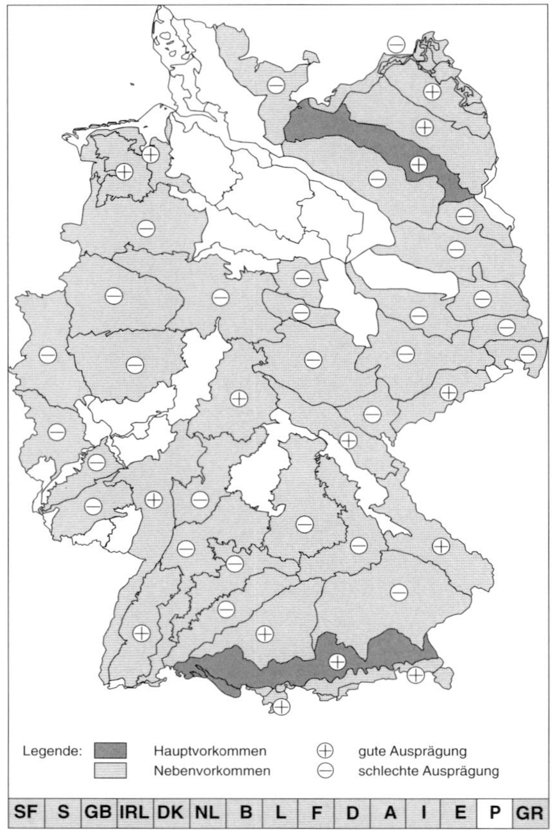

Abb. 73: Verbreitung des Lebensraumtyps 6410 in Deutschland und der Europäischen Union.

D: Pfeifengraswiesen auf kalkreichem Boden und Lehmboden (Eu-Molinion)

F: Prairies à molinies sur calcaire et argile (Eu-Molinion)

E: Molinia meadows on chalk and clay (Eu-Molinion)

Code nach Anhang I: 37.31

Pal. Code: 37.311

Definition: Planare bis montane Pfeifengraswiesen auf basen- bis kalkreichen und sauren (wechsel-)feuchten Standorten. Entstanden i.d.R. durch extensive späte Mahd (Streumahd). Artenarme Degenerationsstadien von entwässerten Mooren sind ausgeschlossen. Pfeifengraswiesen reagieren sehr empfindlich auf Düngung und Veränderung des Nutzungs-(Mahd-)regimes. Anklänge an primäre Pfeifengraswiesen kommen unter besonderen lokal klimatischen Bedingungen (Kaltluftstau) vor.

Standort: Feucht bis wechselfeucht, einmalige Herbstmahd (Streumahd); nährstoffarme Böden, Substrat meist Kalk- und Silikatverwitterungslehme oder anmoorige bis torfige Böden.

Subtypen: Pfeifengraswiesen kalkreicher und saurer Standorte sollten getrennt werden (vgl. Biotoptypen).

Pflanzenarten, dominante: -

typische: *Allium suaveolens*, *Betonica officinalis*, *Betula humilis*, *Cirsium dissectum*, *Cirsium tuberosum*, *Crepis paludosa*, *Dianthus superbus*, *Galium boreale*, *Gentiana asclepiadea*, *Gentiana pneumonanthe*, *Gladiolus palustris*, *Inula salicina*, *Iris sibirica*, *Juncus conglomeratus*, *Laserpitium prutenicum*, *Molinia arundinacea*, *Molinia caerulea*, *Ophioglossum vulgatum*, *Parnassia palustris*, *Pedicularis sylvatica*, *Polygala amarella*, *Salix repens ssp. rosmarinifolia*, *Sanguisorba officinalis*, *Scorzonera humilis*, *Selinum carvifolia*, *Serratula tinctoria*, *Succisa pratensis*, *Tephroseris helenitis*, *Tetragonolobus maritimus*, *Veratrum album*.

Tierarten:

Vögel: Wiesenpieper (*Anthus pratensis*), Wachtelkönig (*Crex crex*), Bekassine (*Gallinago gallinago*), Grauammer (*Miliaria calandra*), Schafstelze (*Motacilla flava*), Braunkehlchen (*Saxicola rubetra*), Kiebitz (*Vanellus vanellus*).

Heuschrecken: *Chorthippus albomarginatus, Chorthippus dorsatus, Chorthippus montanus, Chrysochraon brachyptera, Chrysochraon dispar, Mecostethus grossus, Metrioptera brachyptera.*

Schmetterlinge: *Adscita statices, Amphipoea lucens, Cerapteryx graminis, Clossiana selene, Coenonympha glycerion, Erebia aethiops, Euphydryas aurinia, Hypenodes humidalis, Lycaena dispar, Lycaena helle, Lycaena hippothoe, Maculinea nausithous, Maculinea teleius, Melitaea diamina, Minois dryas, Mythimna pudorina, Orthonama vittata, Simyra albovenosa, Spilosoma urticae, Zygaena trifolii.*

Käfer: *Acupalpus exiguus, Pterostichus nigrita, Pterostichus rhaeticus.*

Hautflügler: *Andrena marginata* (Blütenbesuch an Dipsacaceae, z.B. *Succisa pratensis*).

Zweiflügler: *Melanostoma scalare, Platycheirus spp., Pyrophaena rosarum, Sericomyia silentis.*

Wanzen: *Capsus pilifer, Eurygaster testudinaria, Monosynamma nigritula, Polymerus carpathicus, Stenodema calcaratum, Stenodema laevigatum, Stenotus binotatus.*

Zikaden: *Muellerianella extrusa.*

Spinnen: *Hygrolycosa rubrofasciata.*

Weichtiere: *Carychium minimum, Columella edentula, Deroceras laeve, Deroceras reticulatum, Deroceras sturanyi, Euconulus alderi, Perforatella bidentata, Perpolita petronella, Vallonia pulchella, Vertigo angustior, Vertigo antivertigo, Vitrea crystallina, Zonitoides nitidus.*

Kartierungshinweise: Abgrenzungskriterium ist das Vorkommen von Vegetation der aufgeführten Syntaxa. Artenarme Dominanzbestände des Pfeifengrases, insbesondere als Degenerationsstadien von Hochmooren, sind ausgeschlossen.

Vorkommen im Kontakt zu kalkreichen Niedermooren (7230) können ggf. als Bestandteil des Niedermoor-Komplexes angesehen und dann im Lebensraumtyp 7230 erfaßt werden (vgl. dort). Ein solches Vorgehen sollte nur dann gewählt werden, wenn anhand der Geländestrukturen oder der Kontaktbiotope eine Betrachtung der Pfeifengraswiesen und der Niedermoor-Vorkommen als eine Einheit sinnvoll erscheint (kleinflächiges standörtliches Mosaik).

Variabilität: Als sogenannte Stromtal-Pfeifengraswiesen früher weiter verbreitet, heute im Tiefland fast verschwunden. In den Kalkgebieten und in den silikatischen Mittelgebirgen, sowie im Alpenvorland gibt es jeweils eigene regionale Ausbildungen.

Komplexe: Je nach Ausbildungen Kontakte zu den Brenndolden-Auenwiesen (Stromtäler) und Flutrasen, zu Borstgrasrasen (Nardion) in den silikatischen Mittelgebirgen oder zu Hoch-, Übergangsmoor- und Flachmoorkomplexen, auch im Kontakt zu extensivem Feuchtgrünland des Calthion u.a.

Biotoptypen:

BTB	RL	REG	BIOTOPTYP	EIG_CODE	EIG
350201	1	B-S	Pfeifengraswiesen		
35020101	1	B-S	Pfeifengraswiese auf kalkarmem Standort		
35020102	1	B-S	Pfeifengraswiese auf kalkreichem Standort		

Vegetation:

Molinion caeruleae W. KOCH 26	v
Junco-Molinietum caeruleae PRSG. ap. R. TX. & PRSG. 53	v
Selino-Molinietum caeruleae KUHN 37	v
Cirsio dissecti-Molinietum SISS. & DE VRIES 42	v
Allio suaveolentis-Molinietum GÖRS (in OBERD. 79 n.n.)	v
Cirsio tuberosi-Molinietum arundinaceae OBERD. & PHILIPPI ex GÖRS 74	v
Oenantho lachenalii-Molinietum PHIL. 60	v
Galio borealis-Molinietum W. KOCH 26 em PHILIPPI 60	v
Junco-Molinietum caeruleae PRSG. ap. R. TX. & PRSG. 53	v
Gentiano asclepiadae-Molinietum caeruleae OBERD. 57 em. OBERD. et al. 67	v

Nutzung/Pflege: Eine einmalige Herbstmahd (Streunutzung) ist erforderlich, mindestens jedoch eine gelegentlich (alle 3–5 Jahre) erfolgende Pflegemahd, um eine Verbuschung zu verhindern.

Sukzession: Eine langsame Verbuschung führt je nach Standort zur Entwicklung von Moorwäldern, meist jedoch zu Bruchwäldern oder feuchten Laubmischwäldern.

Hauptgefährdungsfaktoren: Entwässerung, Nutzungsaufgabe, Intensivierung der Mahd, Nährstoffeintrag (Düngung), Umbruch.

Bemerkungen: -

Feuchte Hochstaudensäume der planaren bis alpinen Höhenstufe inkl. Waldsäume

NATURA 2000-Code: 6430

D: Feuchte Hochstaudenfluren
F: Mégaphorbiaies eutrophes
E: Eutrophic tall herbs

Code nach Anhang I: 37.7, 37,8
Pal. Code: 37.7–37.8, alle Subtypen ohne 37.88, 37.72
Definition: Feuchte Hochstaudenfluren und Hochgrasfluren an eutrophen Standorten der Gewässerufer, Waldränder und im Bereich der subalpinen Waldgrenze:
- Uferbegleitende Hochstaudenvegetation der Fließgewässer der Convolvuletalia sepium und der Glechometalia hederaceae sowie des Filipendulion.
- Feuchte Staudensäume der Wälder.
- Subalpine und hochmontane Hochstaudenvegetation an Fließgewässern, aber auch an Wald- und Wegrändern und auf Schlägen (Betulo-Adenostyletea) mit Ausnahme der Alpenampfer-Gesellschaften (Rumicion alpini).

Standort: Ungenutzte oder allenfalls sporadisch gemähte lineare natürliche oder anthropogene Waldgrenzen und Fließgewässerufer besonders unter feuchten Bedingungen (hohe Niederschlagsmengen, frische bis feuchte Böden oder dauernd relativ hohe Luftfeuchtigkeit). Meist auf nährstoffreichen Böden, aber auch auf Flußschottern.

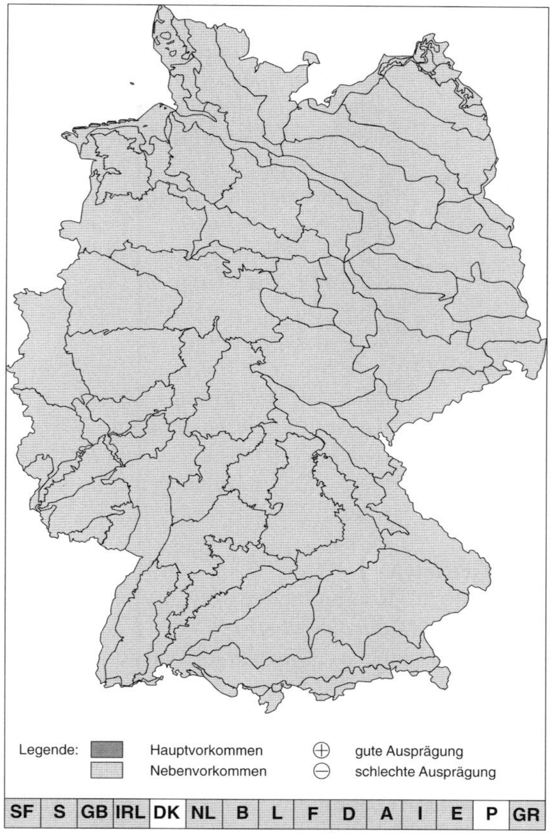

Abb. 74: Verbreitung des Lebensraumtyps 6430 in Deutschland und der Europäischen Union. Eine Differenzierung in Haupt- und Nebenvorkommen ist aufgrund der zahlreichen Ausbildungen nicht sinnvoll.

Subtypen:
- **6431** (Pal. Code 37.7) Feuchte Hochstaudenfluren, planar bis montan:
  Dies beinhaltet uferbegleitende Hochstaudenvegetation und Waldsäume der planaren bis montanen Höhestufe.
- **6432** (Pal. Code 37.8) Subalpine und alpine Hochstaudenfluren:
  Eingeschlossen sind nach vegetationskundlichen Kriterien auch hochmontane Hochstaudenbestände, die zu den Betulo-Adenostyletea gehören.
  Eine Unterscheidung in primäre und sekundäre Typen ist für die Flächenbewertung und das Management erforderlich.

Pflanzenarten, dominante: -

typische:

(6431): *Achillea ptarmica, Aconitum variegatum, Angelica archangelica, Angelica sylvestris, Bryonia dioica, Calystegia sepium, Chaerophyllum aureum, Chaerophyllum hirsutum, Chaerophyllum bulbosum, Circaea lutetiana, Cirsium oleraceum, Cucubalus baccifer, Cuscuta europaea, Dipsacus pilosus, Epilobium hirsutum, Epilobium montanum, Epilobium parviflorum, Eupatorium cannabinum, Euphorbia palustris, Euphorbia stricta, Filipendula ulmaria, Geranium palustre, Geranium phaeum, Geranium sylvaticum, Impatiens noli-tangere, Knautia dipsacifolia, Lathyrus palustris, Lysimachia vulgaris, Lythrum salicaria, Mentha longifolia, Petasites hybridus, Poa palustris, Ranunculus aconitifolius, Ranunculus lanuginosus, Sambucus ebulus, Scrophularia nodosa, Scrophularia umbrosa, Senecio sarracenicus (=fluviatilis), Sisymbrium strictissimum, Sonchus palustris, Stachys palustris, Stachys sylvatica, Stellaria aquatica, Stellaria media ssp. neglecta, Symphytum officinale, Thalictrum aquilegiifolium, Thalictrum flavum, Valeriana officinalis, Valeriana procurrens, Veronica longifolia.*

(6432): *Achillea macrophylla, Aconitum napellus, Aconitum vulparia, Adenostyles alliariae, Adenostyles alpina, Athyrium distentifolium, Calamagrostis arundinacea, Centaurea montana, Chaerophyllum villarsii, Cicerbita alpina, Crepis pyrenaica, Digitalis grandiflora, Epilobium alpestre, Lilium martagon, Petasites albus, Peucedanum ostruthium, Ranunculus aconitifolius, Ranunculus platanifolius, Rumex arifolius, Saxifraga rotundifolia, Senecio nemorensis, Tozzia alpina.*

Tierarten:

Vögel: Rohrammer (*Emberiza schoeniclus*), Feldschwirl (*Locustella naevia*), Braunkehlchen (*Saxicola rubetra*).

Heuschrecken: *Chorthippus parallelus, Chrysochraon brachyptera, Chrysochraon dispar, Conocephalus discolor, Conocephalus dorsalis, Gomphocerus rufus* (bes. Waldsäume), *Mecostethus grossus, Metrioptera roeseli, Miramella alpina, Pholidoptera griseoaptera* (bes. Waldsäume), *Tettigonia cantans, Tettigonia viridissima.*

Schmetterlinge: *Aricia eumedon* (an *Geranium palustre*), *Anticollix sparsata* (an *Lysimachia vulgaris*), *Brenthis ino, Lycaena dispar, Spilosoma urticae.*

Hautflügler: *Andrena nitidiuscula, Andrena proxima, Macropis labiata und Macropis fulvipes* (an *Lysimachia vulgaris*), *Melitta nigricans, Tetralonia salicariae* (an *Lythrum salicaria*).

Zweiflügler: Je nach Ausbildung sehr unterschiedlich, i.d.R. artenreich: *Cheilosia illustrata* (v.a. *Angelica sylvestris, Heracleum sphondylium*), *Cheilosia impressa, Chrysogaster solstistialis, Epistrophe grossulariae, Ischyrosyrphus glaucius, Ischyrosyrphus laternarius, Melangyna labiatarum, Melangyna umbellatarum, Neoascia obliqua, Neoascia tenur, Neoascia unifasciata* (bes. Pestwurzfluren), *Pipiza austriaca.*

Wanzen: *Acompus rufipes, Orius majusculus.*

Zikaden: *Macrosteles septemnotatus.*

Spinnen: *Antistea elegans, Glyphesis servulus, Hygrolycosa rubrofasciata, Oedothorax gibbosus, Pirata latitans.*

Weichtiere: *Azeca goodalli, Cepaea hortensis, Cepaea nemoralis, Cochlicopa lubrica, Columella edentula, Euconulus fulvus, Fructicicola fruticum, Helix pomatia, Oxyloma elegans, Petasina edentula, Succinea putris, Trichia hispida, Trichia sericea, Trichia villosa, Vitrea crystallina, Zonitoides nitidus.*

Kartierungshinweise: Abgrenzungskriterium ist das Vorkommen von Vegetation der aufgeführten Syntaxa. Artenarme Dominanzbestände aus weitverbreiteten nitrophytischen Arten, denen die Charakterarten der genannten Syntaxa weitgehend fehlen, sind ausgeschlossen. Die Subtypen sind bei der Erfassung zu unterscheiden.
Bestände an Wegen, Äckern, Grabenrändern, flächige Brachestadien von Feuchtgrünland etc. sind ausgeschlossen. Nicht eingeschlossen sind weiterhin Neophyten-Bestände mit z.B. Topinambur (*Helianthemum tuberosum*), Drüsigem Springkraut (*Impatiens glandulifera*) sowie Reinbestände von Brennessel (*Urtica dioica*) und Giersch (*Aegopodium podagraria*) (eutrophierte oder hypertrophe Standorte).

Variabilität: Starke altitudinale (Höhendifferenzierung) und kleinstandörtliche Differenzierung (Exposition, Überschwemmungshäufigkeit, Bodentypen u.a.). Die subalpinen Hochstaudenbestände der Alpen zeigen einen deutlichen Ost-West-Gradienten mit zunehmender Artenzahl im Westen.

Komplexe: Enge Beziehungen und Übergänge bzw. Komplexe mit Filipendulion- und Calthion-Gesellschaften, d.h. meist eingebettet in extensives Feuchtgrünland oder -brachen; Aue-typische, regional unterschiedliche Komplexe. Weitere Kontakte bestehen zu feuchten Wäldern und Gebüschen. Die subalpinen Hochstaudenfluren stehen im Kontakt zu Bergmischwäldern, subalpinen Fichtenwäldern und montanem bis alpinem Grünland wie z.B. Borstgrasrasen, Rostseggenrasen etc.

Biotoptypen:

Sub	BTB	RL	REG	BIOTOPTYP	EIG_CODE	EIG
6431	3901	*	S	krautige Ufersäume an Gewässern	H011	natürlich oder halbnatürlich
6431	390101	*	S	krautiger Ufersaum an besonnten Gewässern	H011	natürlich oder halbnatürlich
6431	390102	*	S	krautiger Ufersaum an beschatteten Gewässern	H011	natürlich oder halbnatürlich
6431	390302	2	B-S	Außensäume oligo- bis mesotropher, feuchter bis frischer Standorte		
6431	39030201	2	B-S	Außensaum kalkarmer, oligo- bis mesotropher, feuchter bis frischer Standorte		
6431	39030202	2	B-S	Außensaum kalkreicher, oligo- bis mesotropher, feuchter bis frischer Standorte		
6431	390202	3	B-S	Innensäume oligo- bis mesotropher, feuchter bis frischer Standorte		
6431	39020201	3	B-S	Innensaum kalkarmer, oligo- bis mesotropher, feuchter bis frischer Standorte		
6431	39020202	3	B-S	Innensaum kalkreicher, oligo- bis mesotropher, feuchter bis frischer Standorte		
6431	39050101	2-3	B	feuchter Staudensaum der planaren bis submontanen Stufe		

Sub	BTB	RL	REG	BIOTOPTYP	EIG_CODE	EIG
6432	390502	3	B	Staudensäume und -fluren der montanen bis hochmontanen Stufe (auch auf Schlägen und Lichtungen)		
6432	39050201	3	B	montane bis hochmontane Hochstaudenflur		
6432	39050202	3	B	montane bis hochmontane Hochgrasflur		
6432	6701	3	S	subalpine bzw. alpine Hochstaudenflur		

Vegetation:

6431	Filipendulion SEGAL 66	v
6431	Valeriano-Filipenduletum SISSINGH in WESTHOFF et al. 46	v
6431	Veronico longifoliae-Euphorbietum palustris KORNECK 63	v
6431	Filipendulo-Geranietum palustris W. KOCH 26	v
6431	Veronico longifoliae-Scutellarietum hastifoliae WALTHER 55	v
6431	Filipendula ulmaria-Gesellschaft	v
6431	Thalictrum flavum-Gesellschaft	v
6431	Lysimachia vulgaris-Lythrum salicaria-Gesellschaft	v
6431	Aegopodion podagrariae TX. 67	pp
6431	Galio-Alliarion (OBERD. 57) LOHMEYER & OBERD. in OBERD. et al. 67	pp
6431	Senecionion fluviatilis TX. 50	pp
6431	Convolvulo-Archangelietum littoralis PASSARGE 64	v
6431	Senecionetum fluviatilis (ZAHLHEIMER 79) MÜLLER in OBERD. 83	v
6431	Cuscuto europaeae-Convolvuletum sepium TX. 47	v
6431	Convolvulo-Epilobietum hirsuti HILB., NIEM. & HEINR. 72 nom. inv.	v
6431	Convolvulo-Eupatorietum cannabini GÖRS 74 nom. inv.	v
6431	Angelico-Sonchetum palustris TX. 37 n. inv.	v
6432	Adenostylion alliariae BR.-BL. 26	v
6432	Cicerbitetum alpinae BOLLETO 21	v
6432	Calamagrostion villosae PAWL. et al. 28	v
6432	Calamagrostietum villosae SCHMID 23	v
6432	Athyrietum alpestris SCHMID 23	v
6432	Calamagrostion arundinaceae OBERD. 50	v
6432	Centaureo montanae-Calamagrostietum arundinaceae J. & M. BARTSCH 40	v

Nutzung/Pflege: Eine gelegentliche Mahd (in zwei- bis mehrjährigem Abstand) ist zur Verhinderung einer Verbuschung notwendig. Eine Ausnahme bilden natürliche feuchte Staudensäume an Fließgewässerufern, die durch die Gewässerdynamik erhalten bleiben, sowie primäre subalpine und alpine Hochstaudenfluren.

Sukzession: Verbuschung und Entwicklung entsprechender frischer bis feuchter Laub(misch)wälder mit Ausnahme der primären Ufersäume und der subalpinen Staudensäume.

Hauptgefährdungsfaktoren: Wegeunterhaltung, Uferbefestigung und Fließgewässerverbau, Stauhaltung, Grundwasserabsenkung, Intensivierung der Mahd, intensive Beweidung, Umbruch, Verbuschung, Aufforstung.

Bemerkungen: -

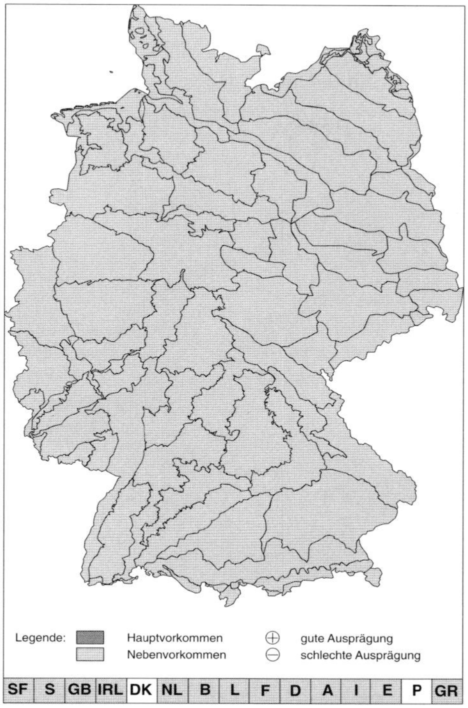

Abb. 75: Verbreitung des Subtyps „Feuchte Hochstaudenfluren (planar bis montan)" (6431) in Deutschland und der Europäischen Union. Eine Differenzierung in Haupt- und Nebenvorkommen ist aufgrund der zahlreichen Ausbildungen nicht sinnvoll.

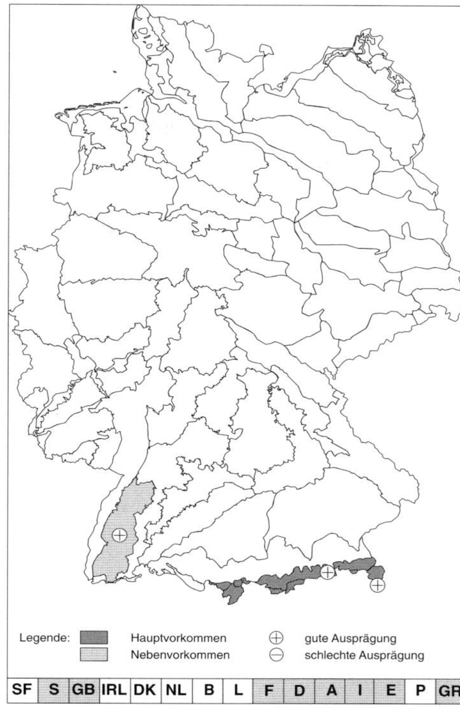

Abb. 76: Verbreitung des Subtyps „Subalpine und alpine Hochstaudenfluren" (6432) in Deutschland und der Europäischen Union.

Brenndolden-Auenwiesen der Stromtäler

NATURA 2000-Code: 6440

D: Brenndolden-Auenwiesen (Cnidion venosae)
F: Prairies inondables du Cnidion venosae
E: Cnidion venosae meadows liable to flooding

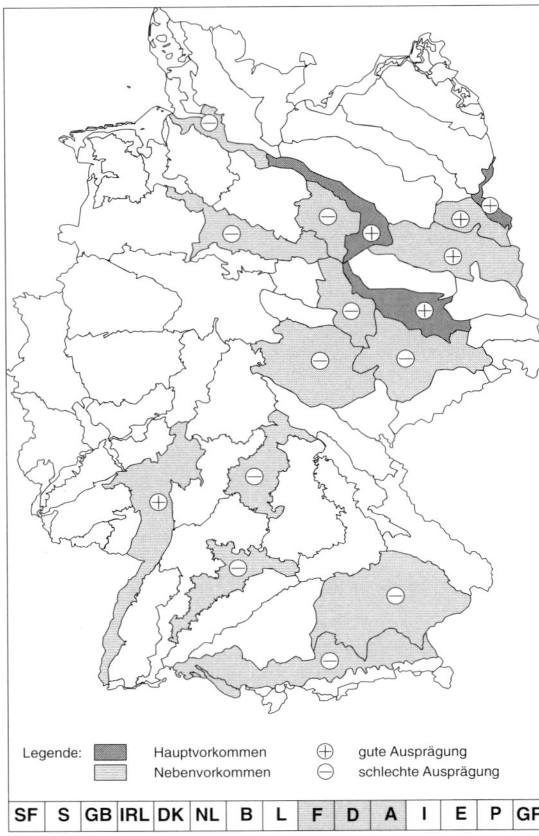

Abb. 77: Verbreitung des Lebensraumtyps 6440 in Deutschland und der Europäischen Union.

Code nach Anhang I: -
Pal. Code: 37.23
Definition: Wechselnasse Auenwiesen subkontinentaler Verbreitung mit Brenndolde mit natürlicher Überflutungsdynamik (Cnidion dubii).
Standort: Wechselnasse bis wechselfeuchte Verhältnisse mit regelmäßiger Überflutung in den großen Stromtalauen, Überflutungsdauer 1-4 Monate im Frühjahr bis Frühsommer (je nach Vegetationstyp), im Sommer starke Austrocknung der humosen Auetonböden (Vega u.a.), extensive Bewirtschaftung.
Subtypen: -
Pflanzenarten, dominante: -
typische: *Achillea cartilaginea, Allium angulosum, Cnidium dubium, Gratiola officinalis, Inula britannica, Juncus atratus, Lathyrus palustris, Oenanthe lachenalii, Peucedanum officinale, Scutellaria hastifolia, Tetragonolobus maritimus, Veronica longifolia, Viola elatior, Viola persicifolia, Viola pumila.*
Tierarten:
Vögel: Wachtelkönig (*Crex crex*).
Heuschrecken: *Chorthippus albomarginatus, Chorthippus dorsatus, Chrysochraon dispar, Mecosthetus grossus, Metrioptera roeseli.*
Käfer: *Lachnaeus crinitus.*
Kartierungshinweise: Entscheidend für die Abgrenzung des Lebensraumtyps ist das Vorkommen von Vegetation der aufgeführten Syntaxa. Kleinere Vorkommen von Flutrasen sowie anderer Feuchtgrünland-Vegetation können in die Abgrenzung mit einbezogen werden. Brachestadien, die noch einen Teil des typischen Arteninventars aufweisen, sind als Entwicklungsflächen eingeschlossen.
Variabilität: Verschiedene Ausbildungen, aber oft nur noch kleinflächige Restbestände vor allem in den Tälern der Oder, Elbe, Main und Oberrhein.
Komplexe: Komplexe der großen Stromtäler mit Kontakten zu Binnendünen, Talhängen mit Sandtrockenrasen, Flutrasen und intensiver genutztem Auengrünland, Seggenriedern und Röhrichten.

Biotoptypen:

BTB	RL	REG	BIOTOPTYP	EIG_CODE	EIG
350207	(1)		Brenndolden-Auenwiesen		

() Anmerkung: Die Brenndolden-Auenwiesen sind bisher nicht als eigenständiger Typ in der Roten Liste der Biotoptypen (RIECKEN et al. 1994) aufgeführt. Dort sind sie unter 35.02.02 mit dem übrigen extensiven Feuchtgrünland der planaren bis submontanen Stufe zusammengefaßt mit der Gefährdungskategorie „2".

Vegetation:

Cnidion dubii BALATOVA-TULACKOVA 66	v
Cnidion venosi-Violetum persicifoliae SEGAL 66	v
Lathyro palustris-Gratioletum BALATOVA-TULACKOVA 66	v
Cnidio dubii-Violetum pumilae (KORNECK 62) BAL.-TUL. 69	v
Allium angulosum-Gesellschaft	v

Nutzung/Pflege: Extensive Streumahd (jährlich oder alle 2-3 Jahre) oder extensive Weidenutzung, keine Düngung.

Sukzession: Je nach Überflutungshäufigkeit langsame Sukzession über Weidengebüsche zu Weichholz- oder Hartholzauenwäldern.

Hauptgefährdungsfaktoren: Entwässerung, Veränderungen der Überflutungsregimes, Intensivierung von Mahd oder Beweidung, Düngung, Aufforstung.

Bemerkungen: Titelvorschlag: „Stromtal-Auenwiesen mit Brenndolden-Gesellschaften (Cnidion dubii)".

Extensive Mähwiesen der planaren bis submontanen Stufe (Arrhenatherion, Brachypodio-Centaureion nemoralis)

NATURA 2000-Code: 6510

D: Magere Flachland-Mähwiesen (*Alopecurus pratensis* und *Sanguisorba officinalis*)

F: Prairies maigres de fauche de basse altitude (*Alopecurus pratensis, Sanguisorba officinalis*)

E: Lowland hay meadows (*Alopecurus pratensis, Sanguisorba officinalis*)

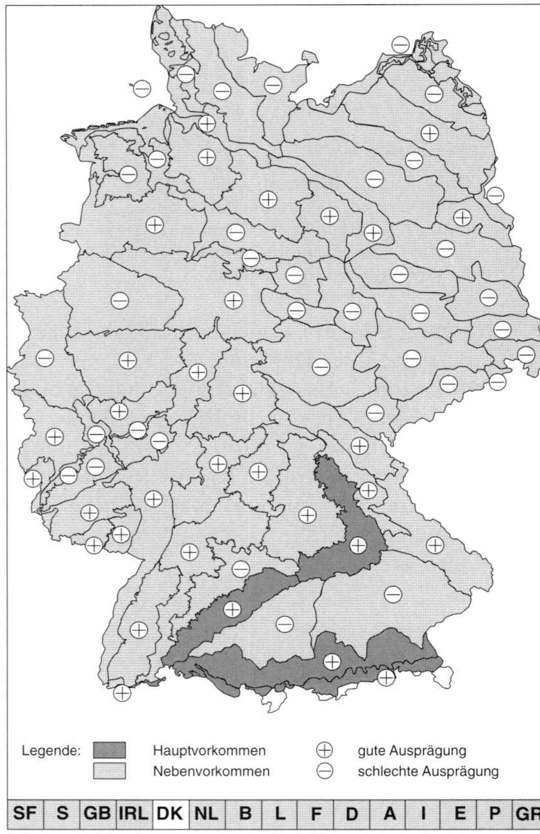

Abb. 78: Verbreitung des Lebensraumtyps 6510 in Deutschland und der Europäischen Union.

Code nach Anhang I: 38.2

Pal. Code: 38.2

Definition: Artenreiche, extensiv bewirtschaftete Mähwiesen des Flach- und Hügellandes (planar bis submontan) des Arrhenatherion- bzw. Brachypodio-Centaureion nemoralis-Verbandes. Dies schließt sowohl trockene Ausbildungen (z.B. Salbei-Glatthaferwiese) und typische Ausbildungen als auch extensiv genutzte, artenreiche, frische-feuchte Mähwiesen (mit z.B. *Sanguisorba officinalis*) ein. Im Gegensatz zum Intensivgrünland blütenreich, wenig gedüngt und erster Heuschnitt nicht vor der Hauptblütezeit der Gräser.

Standort: Meist nährstoffreiche Böden, planar bis submontan, i.d.R. zweischürig, seltener Mähweidenutzung, ohne oder allenfalls mit schwacher Stickstoffdüngung, mäßig trocken bis mäßig feuchte Böden.

Subtypen: -

Pflanzenarten, dominante: *Alopecurus pratensis, Arrhenatherum elatius, Holcus lanatus* u.a.

typische: *Achillea millefolium, Alchemilla acutiloba, Alchemilla monticola, Alchemilla xanthochlora, Alopecurus pratensis, Anthoxanthum odoratum, Arrhenatherum elatius, Briza media, Bromus hordeaceus, Campanula glomerata, Campanula patula, Cardamine pratensis, Centaurea jacea, Crepis biennis, Dactylis glomerata, Daucus carota, Festuca rubra, Galium album, Geranium pratense, Helictotrichon pubescens, Knautia arvensis, Leontodon autumnalis, Leucanthemum ircutianum, Luzula campestris, Phleum pratense, Phyteuma orbiculare, Pimpinella major, Plantago media, Primula veris, Ranunculus acris, Ranunculus bulbosus, Rhinanthus alectorolophus, Rhinanthus angustifolius, Rumex thyrsiflorus, Salvia pratensis, Sanguisorba officinalis, Saxifraga granulata, Selinum carvifolia, Tragopogon pratensis, Veronica chamaedrys.*

Tierarten:

Vögel: Feldlerche (*Alauda arvensis*), Wiesenpieper (*Anthus pratensis*), Wachtel (*Coturnix coturnix*), Wachtelkönig (*Crex crex*), Grauammer (*Miliaria calandra*).

Heuschrecken: *Chorthippus biguttulus*, *Chorthippus brunneus*, *Chorthippus dorsatus*, *Chorthippus parallelus*, *Isophya kraussi*, *Metrioptera roeseli*, *Polysarcus denticauda*, *Tettigonia cantans*.

Schmetterlinge: *Adscita statices*, *Lycaena tityrus*, *Brenthis ino*, *Carterocephalus palaemon*, *Coenonympha glycerion*, *Colias hyale*, *Lycaena dispar*, *Maculinea nausithous*, *Maculinea teleius* (beide an *Sanguisorba officinalis*), *Maniola jurtina*, *Melanargia galathea*, *Melitaea diamina*, *Ochlodes venatus*, *Thymelicus lineola*, *Zygaena filipendulae*.

Käfer: *Amara montivaga*, *Amara nitida*, *Harpalus aeneus*, *Notiophilus palustris*, *Synuchus vivalis*.

Hautflügler: *Andrena curvungula*, *Andrena denticulata*, *Andrena fulvago*, *Andrena hattorfiana* (an *Knautia arvensis*); *Osmia campanularum*, *Andrena humilis*, *Andrena pandellei*, *Andrena proxima* (z.B. an *Anthriscus sylvestris*), *Andrena rufizona* (an *Campanula patula*), *Andrena viridescens* (an *Veronica chamaedrys*), *Osmia cantabrica*, *Osmia mitis*, *Osmia niveata*, *Osmia rapunculi*, *Osmisa spinulosa*.

Zweiflügler: *Cheilosia albitarsis* (v.a. an *Ranunculus repens*), *Episyrphus balteatus*, *Eoseristalis interrupta*, *Eristalis tenax*, *Melanostoma mellinum*, *Melanostoma scalare*, *Platycheirus clypeatus*, *Sphaerophoria scripta*. Alle genannten Arten kommen nicht nur in diesem Lebensraumtyp vor.

Wanzen: *Capsus ater*, *Carpocoris pudicus*, *Carpocoris purpureipennis*, *Macrotylus herrichi*, *Platyplax salviae*, *Rhyparochromus vulgaris*, *Stictopleurus puntato-nervosus*.

Zikaden: *Hesium domino*, *Verdanus abdominalis*.

Spinnen: *Pardosa amentata*, *Pardosa prativaga*, *Pardosa pullata*, *Trochosa ruricola*.

Weichtiere: *Cochlicopa lubrica*, *Euconulus fulvus*, *Perpolita hammonis*, *Vertigo pygmaea*, *Vitrina pellucida*.

Kartierungshinweise: Hauptkriterium der Zuordnung zu diesem Lebensraumtyp ist die Ausbildung der Vegetation, die eine eindeutige Zuordnung zum Verband des Arrhenatherion erlauben muß. Unter artenreichen Mähwiesen sind solche Bestände zu verstehen, die für die jeweilige Gesellschaft typisch ausgebildet sind und eine hohe Zahl charakteristischer Pflanzenarten aufweisen. Das Hinzutreten von gesellschaftsfremden Arten z.B. von ruderalen Arten in Brachen soll nicht als eine Erhöhung des Artenreichtums gewertet werden. Weist ein Bestand eine typische Artenkombination eines der genannten Syntaxa auf, so ist er unabhängig von der aktuellen Intensität seiner Nutzung als Vorkommen dieses Lebensraumtyps zu erfassen. Damit sind neben reinen Mähwiesen ggf. auch Mähweiden oder junge Brachestadien eingeschlossen. Die Abgrenzung von den Bergwiesen (6520 Polygono-Trisetion) erfolgt anhand der charakteristischen Pflanzenarten des jeweiligen Lebensraumtyps.

Variabilität: Glatthaferwiesen haben einen Verbreitungsschwerpunkt im Süden Deutschlands in der planaren bis submontanen Stufe. Nach Norden hin verarmen die Bestände floristisch zunehmend und die Differenzierung gegenüber Weiden des Cynosurion wird schwieriger. Ferner gibt es eine Höhendifferenzierung (z.B. Alchemillo-Arrhenatheretum). Diese Berg-Glatthaferwiesen mit Höhendifferentialarten leiten zu den Goldhaferwiesen (Polygono-Trisetion) über.

Komplexe: Im Komplex mit feuchten Hochstaudenbeständen, bei trockeneren Ausbildungen mit Halbtrockenrasen, bei frischen bis feuchten Ausbildungen auch Kontakte zu Flutrasen, Brenndoldenwiesen und Sumpfdotterblumenwiesen (Calthion). Im Bergland Übergänge zum Trisetion (Goldhaferwiesen).

Biotoptypen:

BTB	RL	REG	BIOTOPTYP	EIG_CODE	EIG
340701	1	S	artenreiches, frisches Grünland der planaren bis submontanen Stufe		
34070101	1	S	artenreiche, frische Mähwiese der planaren bis submontanen Stufe		
34070102	1-2	S	artenreiche, frische (Mäh)Weide der planaren bis submontanen Stufe		(nur Arrhenatherion)
34070103	3	X	artenreiche, frische Grünlandbrache der planaren bis submontanen Stufe		(nur Arrhenatherion)

Vegetation:

Arrhenatherion W. KOCH 26 pp
Dauco-Arrhenatheretum elatioris BR.-BL. 15 v
Alchemillo-Arrhenatheretum elatioris SOUGNEZ & LIMB. 63 v
Chrysanthemo-Rumicetum thyrsiflori WALTHER ap. R. TX. 55 ex WALTHER 77 v
Alopecuretum pratensis REGEL 1925 v

Nutzung/Pflege: Typische Kulturformation, Wirtschaftswiesen mittlerer Standorte und vergleichsweise extensiver Nutzung: 2malige Mahd, moderate oder keine Düngung, extensive Nachbeweidung möglich.

Sukzession: Verbuschung, Einwandern von Saumarten und letztlich Entwicklung zu Buchen(misch)wäldern je nach Standort.

Hauptgefährdungsfaktoren: Nutzungsaufgabe, Grünlandumbruch, Intensivierung der Mahd bzw. Nachbeweidung, Umstellung auf Weidewirtschaft, starker Nährstoffeintrag (z.B. Aufdüngen zwecks Silageschnitt), Melioration bzw. Grundwasserabsenkung bei den feuchteren Ausbildungen, Aufforstung.

Bemerkungen: Durch Intensivierung der Grünlandnutzung sind magere extensive Flachland-Mähwiesen heute sehr selten geworden. Insbesondere Vielschürigkeit, stärkere Düngung und früherer erster Schnitt (z.B. Silagemahd) führen zu einer Artenverarmung. Novellierungsvorschlag: Der Calthion-Verband sollte unbedingt neu in die Richtlinie aufgenommen werden. Magere Ausbildungen der Weiden (Cynosurion) sind ebenfalls schützenswert. Es empfiehlt sich daher eine Erweiterung auf „Mageres Grünland des Flach- und Hügellandes (besonders artenreiche Ausbildungen)“.

Berg-Mähwiesen

NATURA 2000-Code: 6520

D: Berg-Mähwiesen (Typen britischer Ausprägung mit *Geranium sylvaticum*)

F: Prairies de fauche de montagne (types britanniques avec *Geranium sylvaticum*)

E: Montain hay meadows (British types with *Geranium sylvaticum*)

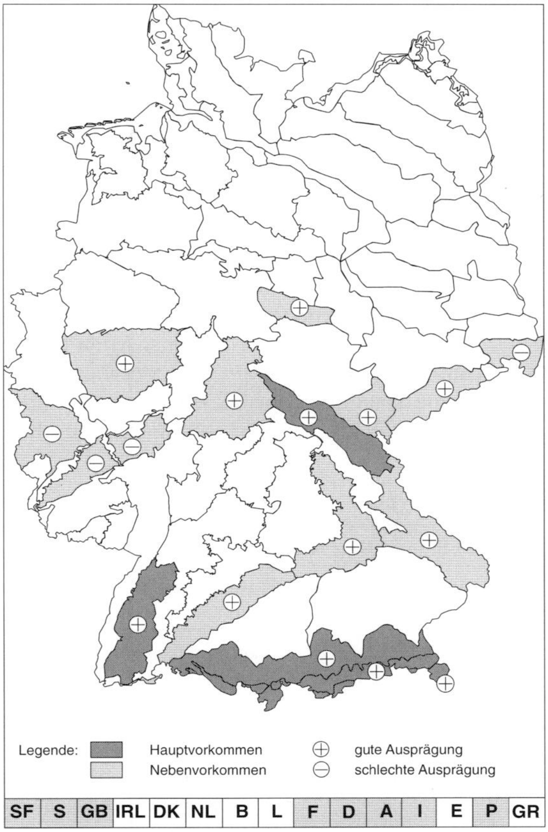

Abb. 79: Verbreitung des Lebensraumtyps 6520 in Deutschland und der Europäischen Union.

Code nach Anhang I: 38.3

Pal. Code: 38.3

Definition: Artenreiche extensiv genutzte mesophile Bergwiesen der montanen (i.d.R. über 600 m) bis subalpinen Stufe mit Vegetation des Polygono-Trisetion (Goldhaferwiesen) in allen ihren regionalen Ausbildungen und Varianten.

Standort: Kühl-feuchte Klimate, Untergrenze von ca. 600 m NN im Harz auf ca. 900 m NN in den Alpen steigend, Kalk- und Silikatgebirge.

Subtypen: -

Pflanzenarten, dominante: *Trisetum flavescens*.

typische: *Agrostis alpina*, *Alchemilla crinita*, *Alchemilla glabra*, *Alchemilla glaucescens*, *Alchemilla lineata*, *Anthoxanthum alpinum*, *Anthoxanthum odoratum*, *Astrantia major*, *Carum carvi*, *Centaurea nemoralis*, *Centaurea nigra*, *Centaurea pseudophrygia*, *Chaerophyllum hirsutum*, *Crepis aurea*, *Crepis mollis*, *Crepis pyrenaica*, *Crocus albiflorus*, *Euphrasia rostkoviana*, *Festuca nigrescens*, *Festuca violacea*, *Geranium phaeum*, *Geranium sylvaticum*, *Hieracium caespitosum*, *Lathyrus linifolius*, *Leontodon hispidus*, *Meum athamanticum*, *Muscari botryoides*, *Narcissus radiiflorus*, *Phleum alpinum*, *Phyteuma nigrum*, *Phyteuma spicatum*, *Pimpinella major*, *Poa alpina*, *Poa chaixii*, *Polygonum bistorta*, *Silene dioica*, *Trifolium aureum*, *Trifolium badium*, *Trisetum flavescens*.

Tierarten:

Vögel: Wiesenpieper (*Anthus pratensis*), Bergpieper (*Anthus spinoletta spinoletta*), Steinschmätzer (*Oenanthe oenanthe*), Alpenbraunelle (*Prunella collaris*).

Heuschrecken: *Omocestus viridulus*, *Polysarcus denticauda*, *Tettigonia cantans*, *Decticus verrucivorus*, *Stauroderus scalaris*.

Schmetterlinge: *Euphydryas aurinia* (Raupen an *Scabiosa columbaria* oder *Succisia pratensis*).

Zweiflügler: *Arctophila fulva, Cheilosia albitarsis, Eoseristalis alpina, Eoseristalis jugorum, Episyrphus balteatus, Eristalis tenax, Melanostoma mellinum, Melanostoma scalare, Platycheirus clypeatus, Sphaerophoria scripta.*

Wanzen: *Megaloceraea recticornis.*

Zikaden: *Evacanthus interruptus.*

Weichtiere: *Aegopinella nitidula, Cochlicopa lubrica, Perpolita hammonis.*

Kartierungshinweise: Hauptkriterium der Zuordnung zu diesem Lebensraumtyp ist die Ausbildung der Vegetation, die eine eindeutige Zuordnung zu Gesellschaften des Polygono-Trisetion bzw. Poion alpinae erlauben muß. Unter artenreichen Berg-Mähwiesen sind solche Bestände zu verstehen, die für die jeweilige Gesellschaft typisch ausgebildet sind und eine hohe Zahl charakteristischer Pflanzenarten aufweisen. Das Hinzutreten von gesellschaftsfremden Arten z.B. in Brachen soll nicht als eine Erhöhung des Artenreichtums gewertet werden. Bei einer typischen Artenkombination sind ggf. auch Mähweiden oder jüngere Brachen eingeschlossen.

Variabilität: Die Goldhaferwiesen der Alpen und des Alpenvorlands unterscheiden sich durch eine Reihe alpiner und dealpiner Arten von Vorkommen in den Mittelgebirgen.

Komplexe: Oft mit Berg-Glatthaferwiesen im Kontakt (Sonnhänge, lokal klimatisch begünstigte Standorte), in höheren Lagen der Alpen im Kontakt zu alpinen Kalkrasen, beweideten Matten, ferner zu mesophilen Gebüschen, Vorwaldstadien und Bergmischwäldern.

Biotoptypen:

BTB	RL	REG	BIOTOPTYP	EIG_CODE	EIG
340702	2	S	artenreiches, frisches Grünland der montanen bis hochmontanen Stufe		
34070201	2	S	artenreiche, frische Mähwiese der montanen bis hochmontanen Stufe		
34070202	2	S	artenreiche, frische (Mäh)weide der montanen bis hochmontanen Stufe		keine reinen Weiden
34070203	*	X	artenreiche, frische Grünlandbrache der montanen bis hochmontanen Stufe		
6607	3	S	Goldhaferwiese der Kalkalpen		

Vegetation:

Polygono-Trisetion BR.-BL. & R. TX. ex MARSCHALL 47 nom.inv.	v
Geranio sylvatici-Trisetetum flavescentis KNAPP ex OBERD. 57	v
Centaureo-Meetum athamantici nom. cons. R. TX. 37	v
Astantio-Trisetetum flavescentis KNAPP 52	v
Astrantia major-Trisetum flavescens-Gesellschaft	v
Poion alpinae OBERD. 50	pp
Crepido-Festucetum commutatae LÜDI 48	pp
Trifolio thalii-Festucetum violaceae BR.-BL. in BR.-BL. & JENNY 26	pp

Nutzung/Pflege: Typische extensive Kulturformation der Mittelgebirge und Alpen, die extensive Mahd (ein- bis zweischürig) mit geringer oder fehlender Düngung erfordert.

Sukzession: Verbuschung und letztlich Entwicklung von montanen Buchenwäldern und Bergmischwäldern.

Hauptgefährdungsfaktoren: Intensivierung der Mahd, Nährstoffeintrag (Dünger, Gülle), Nutzungsaufgabe und -änderung (Grünlandumbruch, Umstellung auf Weide- bzw. Almwirtschaft), Aufforstung.

Bemerkungen: Montane extensiv genutzte Rotschwingel-Weiden sollten künftig ebenso aufgenommen werden wie die artenreicheren Bestände der Alpenfettweiden (Poion alpinae).

Foto 54: * Naturnahe lebende Hochmoore (7110): Hochmoor-Bulte mit *Andromeda polifolia* im Wurzacher Ried bei Bad Wurzach, Juli 1997, C. Rückriem.

Foto 55: Übergangs- und Schwingrasenmoore (7140): Schwingrasenkante an einem dystrophen See mit *Nymphaea alba* bei Templin (Uckermark), Juni 1996, U. Hauke.

Foto 56: Schlenken mit Rhynchosporion (7150): Torfschlenke in einem geschädigten Hochmoorrest mit *Rhynchospora alba*, Dänschenburger Moor (Mecklenburg), August 1997, U. Hauke.

Foto 57:
*Kalkreiche Sümpfe mit *Cladium mariscus* (7210): *Cladium mariscus*-Röhricht (Schneide) in einem Zwischenmoor bei Templin (Uckermark), Juli 1995, U. Hauke.

Foto 58: *Kalktuff-Quellen (Cratoneurion) (7220): Quelle mit *Cratoneuron commutatum*-Polstern im Loisachtal bei Garmisch-Partenkirchen, Juni 1997, U. Hauke.

Foto 59: Kalkreiche Niedermoore (7230): Schlenke mit *Liparis loeselii* (Sumpf-Glanzkraut) in einem Moor bei Miesbach (Bayern), Juni 1997, U. Hauke.

4.3.5 Hoch-, Übergangs- und Niedermoore

Lebensraumtypen der Moore werden als Biotopkomplexe gefaßt und verstanden. Das bedeutet, daß sie in ihren Abgrenzungen neben dem eigentlichen Moorkörper die gesamte typischerweise auftretende Zonierung der entsprechenden Biotope beinhalten. Diese Biotope sind zum Teil als eigene Lebensraumtypen geführt (z.B. „Senken mit Torfmoorsubstraten" [7150] und „dystrophe Seen" [3160]. Ist ein Moor-Lebensraumtyp mit seiner typischen Zonierung und seinen typischen Kontaktbiotopen ausgebildet, kann der gesamte Komplex als entsprechender Lebensraumtyp erfaßt werden.

Für den Schutz bzw. die Ausweisung und Abgrenzung der Natura 2000-Gebiete sollte unter funktionalen Gesichtspunkten möglichst der hydrologische Komplex des Moores erfaßt werden, soweit möglich unter Einschluß des unmittelbaren Wassereinzugsgebietes bzw. ausreichender Pufferzonen, um Nährstoffeintrag aus angrenzenden Flächen zu vermeiden. Die Größe dieser Pufferzonen hängt vom Moortyp, der Geländemorphologie, der hydrologischen Situation und der Art der angrenzenden Flächennutzungen ab und sollte bei der Abgrenzung vor Ort berücksichtigt werden.

* Naturnahe lebende Hochmoore

NATURA 2000-Code: *7110

D: Naturnahe lebende Hochmoore *
F: Tourbières hautes actives *
E: Active raised bogs *

Code nach Anhang I: 51.1
Pal. Code: 51.1, alle Subtypen
Definition: Natürliche oder naturnahe Hochmoorkomplexe mit weitgehend ombrotrophem Nährstoffhaushalt auf Torfsubstraten. Häufig tritt eine uhrglasförmige Aufwölbung mit mooreigenem Wasserspiegel auf, der deutlich über dem umgebenden Grundwasserspiegel liegt. Zum Hochmoorkomplex gehören alle innerhalb des Randlaggs gelegenen Bereiche mit ihren Biotoptypen, z.B. Bulte, Schlenken, Randlagg, Kolke und Mooraugen (dystrophe Gewässer). Locker mit Einzelbäumen oder mit Gebüschen bestandene Bereiche, z.B. mit Spirken oder Latschen können auf der Moorfläche vorhanden sein. Hohe Niederschläge bilden die Voraussetzung bzw. ermöglichen eine Torfbildung (aktives Moorwachstum).
Standort: Humides Klima, Torfablagerungen i.d.R. > 1 m Mächtigkeit, rein regenwasserabhängig, pH < 4, extrem nährstoffarme Verhältnisse.
Subtypen: -
Pflanzenarten, dominante: Hauptsächlich verschiedene *Sphagnum*-Arten.
typische: *Andromeda polifolia, Betula nana, Carex limosa, Carex pauciflora, Drosera intermedia, Drosera longifolia, Drosera rotundifolia, Erica tetralix, Eriophorum angustifolium, Eriophorum vaginatum, Oxycoccus microcarpus, Rhynchospora alba, Rhynchospora fusca, Rubus chamaemorus, Scheuchzeria palustris, Trichophorum cespitosum, Trichophorum germanicum, Utricularia minor, Utricularia ochroleuca, Vaccinium oxycoccos.*
Moose: *Aulacomnium palustre, Calypogeia sphagnicola, Cephalozia connivens, Dicranum undulatum, Mylia anomala, Odontoschisma sphagni, Polytrichum strictum, Sphagnum angustifolium, Sphagnum cuspidatum, Sphagnum fallax, Sphagnum fuscum, Sphagnum imbricatum, Sphagnum magellanicum, Sphagnum papillosum, Sphagnum rubellum, Sphagnum tenellum.*

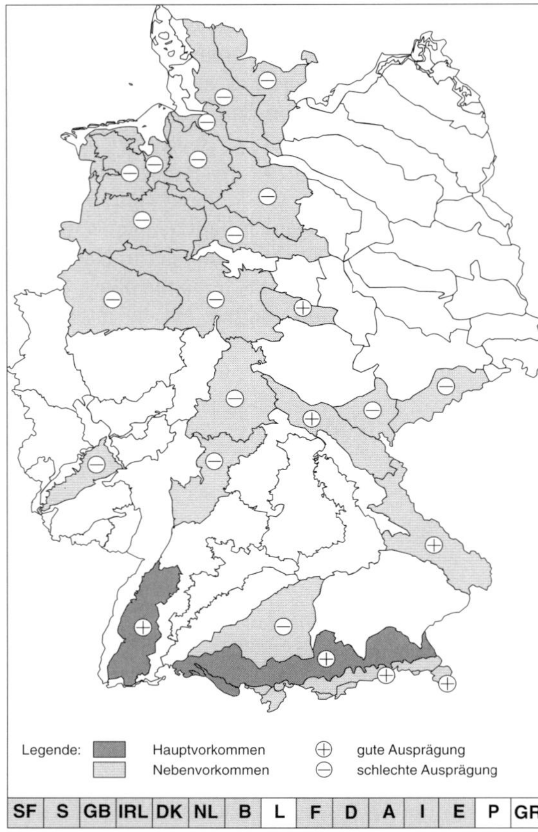

Abb. 80: Verbreitung des Lebensraumtyps 7110 in Deutschland und der Europäischen Union.

Tierarten:

Vögel: Bekassine (*Gallinago gallinago*), Großer Brachvogel (*Numenius arquata*), Goldregenpfeifer (*Pluvialis apricaria*), Bruchwasserläufer (*Tringa glareola*).

Libellen: *Aeshna coerulea, Aeshna juncea, Aeshna subarctica, Leucorrhinia dubia, Somatochlora alpestris, Somatochlora arctica.*

Heuschrecken: *Mecosthetus grossus.*

Schmetterlinge: *Arichanna melanaria, Boloria aquilonaris, Celaena haworthii, Coenonympha tullia, Coenophila subrosea, Colias palaeno, Eulithis populata, Hypenodes humidalis, Plebeius optilete, Protolampra sabrina.*

Käfer: *Agabus affinis, Agabus congener, Agonum ericeti, Dytiscus semisulcatus* (Schlenken), *Enochrus ochropterus, Hydroporus melanarius, Hydroporus melanocephalus, Hydroporus obscurus, Ilybius aenescens, Ilybius crassus, Mycetoporus bergrothi.*

Hautflügler: *Andrena lapponica, Bombus humilis, Formica exsecta, Formica transkaucasia, Formica uralensis, Lasioglossum calceatum, Lasioglossum fratellum, Lasioglossum rufitarse, Nomada leucophthalma.*

Zweiflügler: *Sericomyia lappona, Sericomyia silentis, Tropidia scita.*

Wanzen: *Agramma tropidoptera, Hebrus pusillus, Hebrus ruficeps.*

Zikaden: *Ommatidiotus dissimilis.*

Spinnen: *Glyphesis cottonae, Pardosa sphagnicola, Pirata piscatorius, Pirata uliginosus.*

Sonstige Wirbellose: *Metrioptera brachyptera.*

Kartierungshinweise: Wesentliche Voraussetzung für die Ansprache als Hochmoorkomplex ist das Vorhandensein eines intakten Hochmoorkerns mit seiner typischen Struktur und seiner typischen Vegetation. Stellt dieser Kern einen Übergang zum Niedermoor dar, so ist der Moorkomplex als Übergangs- und Schwingrasenmoor (Lebensraumtyp 7140) zu erfassen. Besonders in kontinental getönten Räumen mit ihren geringeren Regenmengen sind die Übergänge zwischen den ombrotrophen Hochmooren und den minerotrophen Übergangs- und Zwischenmooren fließend und eine Unterscheidung nicht immer leicht zu treffen.

Die Abgrenzung umfaßt alle Biotope, die zu dem jeweilis ausgebildeten Biotopkomplex gehören. Sie soll möglichst so vorgenommen werden, daß sie in hydrologischer und edaphischer Sicht eine funktionale Einheit umfaßt: Grenze des Lebensraumtyps ist das Randlagg. Für die Gebietsabgrenzung bei einer Meldung für Natura 2000 sind darüber hinaus angrenzende Flach- und Übergangsmoorbereiche (u.a. Lebensraumtyp 7230) mit dem gesamten zusammenhängenden Torfkörper einzubeziehen.

Problematisch ist die Abgrenzung zum Lebensraumtyp „Geschädigte, regenerierbare Hochmoore" (7120). In diesem Lebensraumtyp sollten alle Hochmoorbestände vereinigt werden, die auch in ihrem Kernbereich schon deutliche Beeinträchtigungen zeigen, z.B. infolge Teilabtorfung. Bestände, die einen weitgehend intakten Hochmoorkern mit typisch ausgebildeter Vegetation zeigen, aber in den anderen Bereichen des Moorkomplexes bereits Beeinträchtigungen aufweisen, sind (noch) als „Naturnahe lebende Hochmoore" (7110) einzustufen. Moorwälder und Moorrandwälder außerhalb des Randlaggs sind als Lebensraumtyp 91D0 zu erfassen. Größere Moorgewässer, z.B. Moorseen sind unter dem Lebensraumtyp 3160 (Dystrophe Seen) zu fassen.

Variabilität: Zahlreiche, von Geländemorphologie und Lokalklima abhängige regionale Ausbildungen. I.d.R. kleinstandörtliches Mosaik: Bulte werden von Torfmoosgesellschaften der Sphagnetalia magellanici besiedelt, in Schlenken finden sich Gesellschaften der Scheuchzeretalia palustris, der Caricetalia nigrae und der Utricularietea intermedio-minoris.

Komplexe: Hochmoorkomplexe sind häufig von kalkreichen oder sauren Niedermooren, Großseggenrieden und extensivem Feuchtgrünland umgeben. Je nach Geländemorphologie und Moortyp gehören auch Moorrandwälder und oligo- bis dystrophe Gewässer zur natürlichen Zonation dazu.

Biotoptypen:

BTB	RL	REG	BIOTOPTYP	EIG_CODE	EIG
240101	1	N	natürliches, dystrophes Gewässer		nur Schlenken und Kleinstgewässer im Hochmoorkomplex
3601	1	N	Hochmoore (intakt)		
360101	1	N	Hochmoor der planaren bis submontanen Stufe		
360102	1-2	N	Hochmoor der montanen bis hochmontanen Stufe		
6501	1	K-N	subalpines und alpines Hoch- und Übergangsmoor		

Vegetation:

Sphagno-Utricularion TH. MÜLLER & GÖRS 60 pp
Scheuchzerietalia palustris NORDHAGEN 36 pp
Caricetalia nigrae (W. KOCH 26) NORDHAGEN 36 em. BR.-BL. 49 pp
Oxycocco-Sphagnetea BR.-BL. 43 pp
Sphagnion magellanici KÄSTNER & FLÖSSNER 33 v
Ledo-Sphagnetum magellanici SUKOPP 59 v
Oxycocco-Ericion tetralicis (NORDHAGEN 36) TX. em. MOORE 68 v
Erico-Sphagnetum magellanici (OSVALD 23) MOORE 68 v
Eriophoro-Trichophoretum cespitosi (ZLATNIK 28, RUDOLF et al. 28) RÜBEL 33 em. DIERSSEN 75 v
Ericion tetralicis SCHWICKERATH 33 pp

Nutzung/Pflege: Pflege nicht erforderlich; landwirtschaftliche Nutzungen führen durch Entwässerung zu einer Zersetzung des Torfköpers und einer unwiederbringlichen Zerstörung des Lebensraumtyps.

Sukzession: Keine, solange das Wasserregime nicht beeinträchtigt ist, und der atmogene Stickstoffeintrag nicht zu hoch wird.

Hauptgefährdungsfaktoren: Entwässerung, Abtorfung, Nährstoffeintrag (randlicher Düngereintrag, atmogener Eintrag), Grünlandnutzung, Aufforstung, touristische Nutzung (trittempfindlich!).

Bemerkungen: -

Geschädigte Hochmoore
(die möglicherweise noch auf natürlichem Wege regenerierbar sind)

NATURA 2000-Code: 7120

D: Geschädigte Hochmoore (die möglicherweise noch auf natürlichem Wege regenerierbar sind)

F: Tourbière hautes dégradées (encore susceptibles de régénération naturelle)

E: Degraded raised bogs (still capable of natural regeneration)

Code nach Anhang I: 51.2

Pal. Code: 51.2

Definition: Im Wasserhaushalt beeinträchtigte oder teilabgetorfte Hochmoore, die noch (teilweise) regenerierbar sind. Moor-Degenerationsstadien mit Einwanderung von *Molinia* und Zwergstäuchern, im atlantischen Bereich z.B. *Erica tetralix*. Stadien mit zu starker, insbesondere flächiger Abtorfung und Entwicklungsstadien mit Einwanderung nitrophytischer Stauden sind nicht erfaßt. Hochmoortypische Pflanzen sollten noch wesentliche Teile der Vegetation ausmachen. Eine Regenerierbarkeit bedeutet, daß die Hydrologie des Moores wiederhergestellt werden kann und im Zeitraum von ≤ 30 Jahren erneutes natürliches Torfwachstum erwartet werden kann. Meliorierte Bereiche mit Grünland- oder Ackerbewirtschaftung sind ausgeschlossen.

Standort: Torfablagerungen i.d.R. > 1 m (Rest)Mächtigkeit, rein regenwasserabhängig, pH < 4, extrem nährstoffarm.

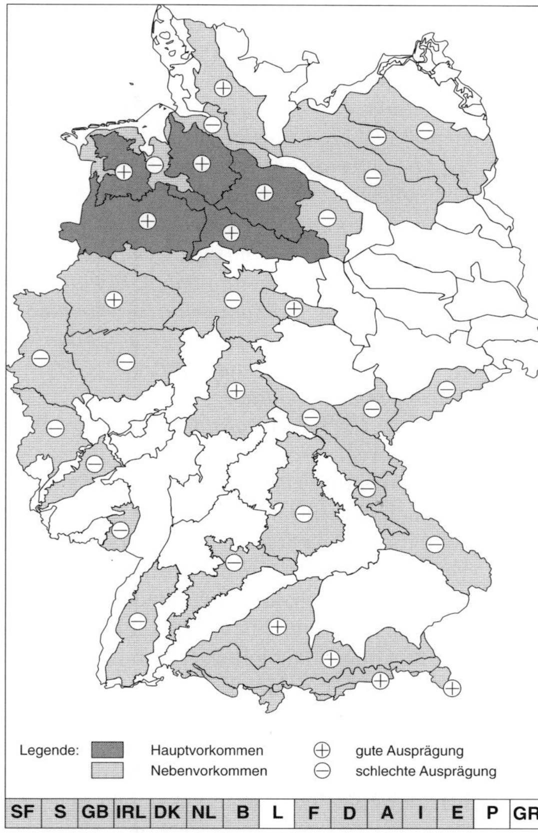

Abb. 81: Verbreitung des Lebensraumtyps 7120 in Deutschland und der Europäischen Union.

Subtypen: -

Pflanzenarten, dominante: *Calluna vulgaris*, *Erica tetralix*, *Molinia caerulea*, *Vaccinium uliginosum*, z.T. auch Aufwuchs von *Betula pubescens, Betula pubescens ssp. carpatica* und *Pinus sylvestris*.

typische: *Calluna vulgaris*, *Eriophorum angustifolium*, *Eriophorum vaginatum*, *Frangula alnus*, *Gentiana pneumonanthe*, *Lycopodiella inundata*, *Molinia caerulea*, *Myrica gale*, *Narthecium ossifragum*, *Salix aurita*, ferner die unter naturnahen lebenden Hochmooren genannten Pflanzenarten (*Andromeda polifolia*, *Drosera spp.*, *Oxycoccus palustris agg.*, *Scheuchzeria palustris*, u.a.).

Moose: *Polytrichum commune*, *Polytrichum strictum*, *Sphagnum compactum*, *Sphagnum molle* (vgl. auch 7110).

Tierarten:

Vögel: Baumpieper (*Anthus trivialis*), Sumpfohreule (*Asio flammeus*), Ziegenmelker (*Caprimulgus europaeus*)(charakteristisch für Heideflächen in degradierten Mooren), Kornweihe (*Circus cyaneus*), Raubwürger (*Lanius excubitor*), Birkhuhn (*Tetrao tetrix*), Großer Brachvogel (*Numenius arquata*), Schwarzkehlchen (*Saxicola torquata*), Waldwasserläufer (*Tringa ochropus*).

Reptilien/Amphibien: Moorfrosch (*Rana arvalis*), Kreuzotter (*Vipera berus*).

Libellen: *Aeshna juncea, Lestes dryas, Lestes virens, Leucorrhinia dubia, Leucorrhinia rubicunda, Libellula quadrimaculata, Sympetrum danae, Sympetrum flaveolum.*

Heuschrecken: *Chorthippus albomarginatus, Chrysochraon dispar, Conocephalus dorsalis, Mecosthetus grossus, Metrioptera brachyptera.*

Schmetterlinge: *Colias palaeno, Eulithis populata, Euthrix potatoria, Heteropterus morpheus, Maculinea alcon, Orgyia antiquiodes, Orthosia opima.*

Käfer: *Agonum fuliginosum, Bembidion humerale, Pterostichus rhaeticus.*

Hautflügler: *Andrena lapponica, Bombus humilis, Lasioglossum calceatum, Lasioglossum fratellum, Lasioglossum rufitarse, Nomada leucophthalma.*

Zweiflügler: *Anasimyia spp., Helophilus spp., Neoascia spp., Sericomyia lappona, Sericomyia silentis, Tropidia scita.*

Wanzen: *Capsus pilifer.*

Spinnen: *Nuctunea cornuta, Pardosa sphagnicola, Pirata hygrophilus, Pirata latitans, Pirata piscatorius.*

Kartierungshinweise: Entscheidend für die Zuordnung zu diesem Lebensraumtyp ist das Vorkommen von Hochmoorkernen, die zwar deutliche Zeichen einer Beeinträchtigung zeigen, aber wenigstens in Teilen noch die hochmoortypische von Torfmoosen dominierte Vegetation aufweisen. Neben beeinträchtigten primären Hochmoorkernen kann Moorwachstum innerhalb von verlandenden Handtorfstichen oder auf handabgetorften Flächen als Vorhandensein eines sekundären Hochmoorkerns gewertet werden. Torfmoos-Vegetation an Gräben ist nicht als Hochmoorkern zu werten. Das massive Eindringen von Pflanzenarten, die eine deutliche Veränderung der Trophie von den hochmoortypischen oligodystrophen hin zu meso- bis eutrophen Verhältnissen anzeigen, ist als Indiz einer irreversiblen Beeinträchtigung des Hochmoors zu werten. Bestände mit gravierenden Veränderungen im Wasserhaushalt mit nachfolgender Mineralisierung der Torfe und Erhöhung der Trophie sind als nicht regenerierbar einzustufen und daher auszuschließen. Damit sind großflächig maschinell abgetorfte und drainierte Flächen sowie großflächige Torfstiche ausgeschlossen.

Variabilität: -

Komplexe: Häufig mit randlichen Hochstaudenbeständen oder Wirtschaftsgrünland (externer Nährstoffeintrag), im Bergland häufig von Feuchtheiden oder Borstgrasrasen umgeben. Im übrigen gleiche Kontakte und Komplex wie bei den intakten Hochmooren (7110).

Biotoptypen:

BTB	RL	REG	BIOTOPTYP	EIG_CODE	EIG
3603	3	X	Moordegenerationsstadien	R004	noch regenerierbar (FFH: 30 Jahre bei Mooren für erneute Torfbildung)
360301	3	X	Moordegenerationsstadium mit Dominanz von Gräsern	R004	noch regenerierbar (FFH: 30 Jahre bei Mooren für erneute Torfbildung)
360302	2-3	X	Moordegenerationsstadium mit Dominanz von Zwergsträuchern	R004	noch regenerierbar (FFH: 30 Jahre bei Mooren für erneute Torfbildung)
360303	3	X	Moordegenerationsstadium mit starkem Gehölzaufwuchs	R004	noch regenerierbar (FFH: 30 Jahre bei Mooren für erneute Torfbildung)

Vegetation:

Sphagno-Utricularion TH. MÜLLER & GÖRS 60	pp
Scheuchzeretalia palustris NORDHAGEN 36	pp
Caricetalia nigrae (W. KOCH 26) NORDHAGEN 36 em. BR.-BL. 49	pp
Oxycocco-Sphagnetea BR.-BL. 43	pp
Sphagnion magellanici KÄSTNER & FLÖSSNER 33	v
Ledo-Sphagnetum magellanici SUKOPP 59	v
Oxycocco-Ericion tetralicis (NORDHAGEN 36) TX. em. MOORE 68	v
Erico-Sphagnetum magellanici (OSVALD 23) MOORE 68	v
Eriophoro-Trichophoretum cespitosi (ZLATNIK 28, RUDOLF et al.28) RÜBEL 33 em. DIERSSEN 75	v
Ericion tetralicis SCHWICKERATH 33	pp

Nutzung/Pflege: Keine Nutzung, hoher Entwicklungsbedarf: Wiederherstellen der natürlichen Hydrologie, Verfüllen von Drainagegräben, Einrichten von Pufferzonen, Verhindern von Nährstoffeintrag, ggf. Entfernen von Gehölzaufwuchs u.a.m.

Sukzession: In den Anfangsphasen der Regeneration zumindest auf Teilflächen Entwicklung von Moorgebüschen möglich.

Hauptgefährdungsfaktoren: Entwässerung, Abtorfung, Nährstoffeintrag (randlicher Düngereintrag, atmogener Eintrag), Grünlandnutzung, Aufforstung, touristische Nutzung (trittempfindlich!), zu starke Mineralisation, Umbruch oder Sanddeckkultur (Grünland- oder Ackernutzung).

Bemerkungen: Ein Meldebedarf dieses Lebensraumtyps mit entsprechenden Verpflichtungen zu einer Regeneration wird v.a. in denjenigen Naturräumen gesehen, wo die intakten Hochmoore vollständig zerstört oder weitgehend verschwunden sind bzw. wo noch großflächig regenerierbare Hochmoorbereiche vorhanden sind.

Übergangs- und Schwingrasenmoore

D: Übergangs- und Schwingrasenmoore
F: Tourbières de transition et tremblantes
E: Transition mires and quaking bogs

NATURA 2000-Code: 7140

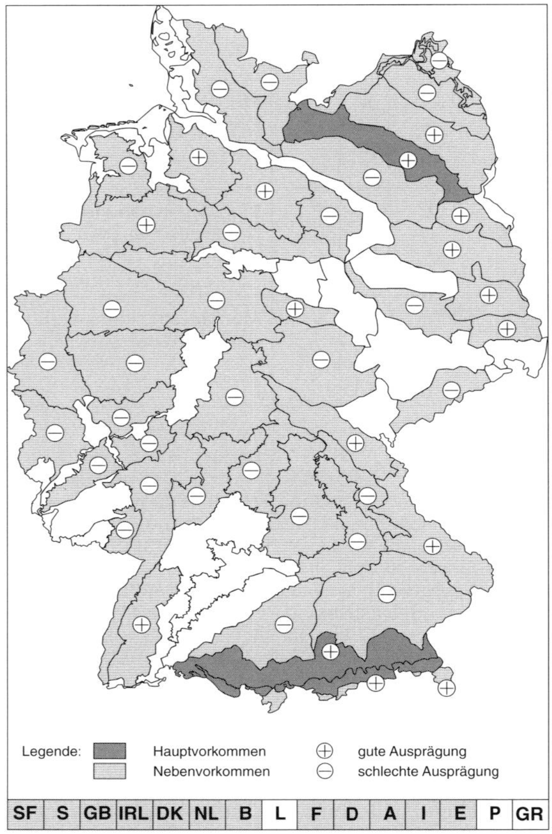

Abb. 82: Verbreitung des Lebensraumtyps 7140 in Deutschland und der Europäischen Union.

Code nach Anhang I: 54.5
Pal. Code: 54.5, alle Subtypen
Definition: Übergangsmoore und Schwingrasen auf Torfsubstraten mit oberflächennahem oder anstehendem dystrophem, oligo- bis mesotrophem Wasser (nicht mehr rein ombrotroph) (Caricion lasiocarpae und Rhynchosporion albae p.p.). Es handelt sich um einen Biotopkomplex, der durch das Randlagg begrenzt wird. Eingeschlossen sind auch die Verlandungsgürtel oligo- bis mesotropher Gewässer mit *Carex rostrata*. Kleinflächige Bestände dieses Typs kommen auch in Hochmoorkomplexen und Flachmooren vor.
Standort: Torfsubstrate, dystrophe, oligotroph-mesotrophe Verlandungszonationen von Söllen, Seen und Weihern, sauer bis teilweise basenreich.
Subtypen: -
Pflanzenarten, dominante: -

typische: *Calamagrostis stricta*, *Calla palustris*, *Carex aquatilis*, *Carex canescens*, *Carex chordorrhiza*, *Carex diandra*, *Carex heleonastes*, *Carex lasiocarpa*, *Carex limosa*, *Carex magellanica*, *Carex nigra*, *Carex rostrata*, *Carex vesicaria*, *Epilobium palustre*, *Eriophorum gracile*, *Hammarbya paludosa*, *Ledum palustre*, *Liparis loeselii*, *Lysimachia thyrsiflora*, *Menyanthes trifoliata*, *Pedicularis palustris*, *Scheuchzeria palustris*, *Stellaria crassifolia*, *Utricularia intermedia*, *Utricularia minor.*

Moose: *Aulacomnium palustre*, *Bryum pseudotriquetrum*, *Calliergon cordifolium*, *Calliergon stramineum*, *Calliergon trifarium*, *Campylium stellatum*, *Drepanocladus fluitans*, *Drepanocladus revolvens*, *Meesia triquetra*, *Scorpidium scorpidioides*, *Sphagnum balticum*, *Sphagnum contortum*, *Sphagnum cuspidatum*, *Sphagnum fallax*, *Sphagnum lindbergii*, *Sphagnum majus*, *Sphagnum obtusum*, *Sphagnum pulchrum*, *Sphagnum riparium*, *Sphagnum subsecundum*.

Tierarten:

Vögel: Seggenrohrsänger (*Acrocephalus paludicola*), Schilfrohrsänger (*Acrocephalus schoenobaenus*), Bekassine (*Gallinago gallinago*), Kranich (*Grus grus*), Tüpfelsumpfhuhn (*Porzana porzana*).

Reptilien/Amphibien: Moorfrosch (*Rana arvalis*), Kreuzotter (*Vipera berus*).
Libellen: *Aeshna juncea, Ceriagrion tenellum, Coenagrion hastulatum, Coenagrion lunulatum, Leucorrhinia dubia, Leucorrhinia pectoralis, Somatochlora arctica.*
Schmetterlinge: *Boloria aquilonaris, Clossiana selene, Coenonympha oedippus, Coenonympha tullia, Colias palaeno, Diarsia dahlii, Diarsia florida, Eugraphe subrosea, Plebeius optilete, Protolampra sabrina.*
Käfer: *Bidessus grossepunctatus, Elaphrus cupreus, Hydroporus gyllenhali, Hydroporus tristis, Leistus terminatus, Pterostichus brunneus, Pterostichus diligens, Pterostichus rhaeticus.*
Hautflügler: *Formica transkaukasica, Formica uralensis.*
Zweiflügler: *Microdon mutabilis, Sericomyia lappona, Sericomyia silentis, Tropidia scita* u.a.
Wanzen: *Hebrus pusillus, Hebrus ruficeps, Rhopalus maculatus.*
Zikaden: *Kelisia punctulum, Megamelus notula, Stenocranus fucsovittatus.*
Spinnen: *Antistea elegans, Arctosa leopardus, Dolomedes fimbriatus, Evarcha arcuata, Gnaphosa nigerrima, Hygrolycosa rubrofasciata, Oedothorax gibbosus, Pachygnatha clercki, Pardosa sphagnicola, Pirata piscatorius, Taranucnus setosus, Trochosa spinipalpis, Walckenaera kochi.*
Weichtiere: *Anisus vorticulus, Euconulus alderi, Gyraulus riparius, Perforatella bidentata, Perpolita petronella, Pisidium hibernicum, Pisidium obtusale, Pisidium pseudosphaerium, Vertigo angustior.*

Kartierungshinweise: Charakteristisch für die Übergangs- und Schwingrasenmoore ist ein Moorkern, der neben Vorkommen der typischen Hochmoorvegetation auch minerotraphente Vegetation aufweist. Die Abgrenzung soll möglichst den gesamten Torfkörper umfassen und beinhaltet damit im Sinne eines Biotopkomplexes ggf. alle für Übergangs- und Schwingrasenmoore typischen Biotope bis zum Randlagg, sofern ein solches ausgebildet ist. Eingeschlossen sind damit auch Kleingewässer, Bulte, Schlenken und Vegetation des Rhynchosporion. Kontaktzonen mit Moorwäldern (91D0) oder dystrophe Seen (3160) werden als eigene Lebensraumtypen separat erfaßt, sollten aber unter funktionalen Gesichtspunkten in die Natura 2000-Gebietsabgrenzung eingeschlossen sein.

Regionale Variabilität: -

Komplexe: Komplexe regional sehr unterschiedlich, oligo-mesotrophe Gewässer (bei Verlandungsgürteln), Niedermoorvegetation, Großseggenriede, Grau- und Ohrweidengebüsche usw., Moorwälder.

Biotoptypen:

BTB	RL	REG	BIOTOPTYP	EIG_CODE	EIG
3602	1	N	Übergangs- oder Zwischenmoore		
360201	1	N	Übergangs- oder Zwischenmoor der planaren bis submontanen Stufe		
360202	1-2	N	Übergangs- oder Zwischenmoor der montanen bis hochmontanen Stufe		
370201	2	S	nährstoffarmes, rasiges Seggenried	K042	in Übergangsmoor- und Schwingrasenkomplexen

BTB	RL	REG	BIOTOPTYP	EIG_CODE	EIG
4002	1-2	K	Moor- oder Sumpfheide	K042	in Übergangsmoor- und Schwingrasen-komplexen
6501	1	K-N	subalpines und alpines Hoch- und Übergangsmoor		

Vegetation:

Utricularietalia intermedio-minoris PIETSCH 65	pp
(Magno)Caricion elatae W. KOCH 26	pp
Caricetum rostratae RÜBEL 12	v
Caricetum vesicariae BR.-BL. & DENIS 26	v
Carici-Menyanthetum trifoliatae SOO 55	v
Lysimachio thyrsiflorae-Caricetum aquatilis NEUMANN 57	v
Scheuchzerio-Caricetea nigrae (NORDHAGEN 36) TX. 37	pp
Rhynchosporion albae W. KOCH 26	pp
Caricetum limosae PAUL 10 em. OSVALD 23	v
Sphagnum cuspidatum-Eriophorum angustifolium-Gesellschaft	v
Sphagnum fallax-Eriophorum angustifolium-Gesellschaft	v
Eriophorum vaginatum-Gesellschaft	v
Caricion lasiocarpae VANDEN BERGHEN ap. LEBRUN et al. 49	v
Caricetum lasiocarpae OSVALD 23 em. W. KOCH 26	v
Caricetum diandrae OSVALD 23 em. JONAS 32	v
Drepanoclado-Caricetum chordorrhizae OSVALD 25	v
Caricetum heleonastae (PAUL & LUTZ 41) OBERD. 57	v
Caricion nigrae W. KOCH 26 em. KLIKA 34	pp
Oxycocco-Sphagnetea BR.-BL. 43	pp

Nutzung/Pflege: Keine Nutzung; Pflege nicht erforderlich.

Sukzession: Bei ausreichender Wasserversorgung allmähliche natürliche Weiterentwicklung zu Hochmooren oder Moorwald. Bei gestörtem Wasserhaushalt mit Torfmineralisierung entstehen zunächst Degenerationsstadien mit allmählicher Verbuschung und der Entwicklung zu Moor- und Bruchwäldern.

Hauptgefährdungsfaktoren: Entwässerung, Abtorfung, Nährstoffeintrag (angrenzende landwirtschaftliche Nutzflächen, atmogen), landwirtschaftliche Nutzung, Aufforstung, Freizeitnutzung.

Bemerkungen: -

Senken mit Torfmoorsubstraten (Rhynchosporion)

NATURA 2000-Code: 7150

D: Niederungen mit Torfmoorsubstraten (Rhynchosporion)
F: Dépressions sur substrats tourbeux (Rhynchosporion)
E: Depressions on peat substrates (Rhynchosporion)

Code nach Anhang I: 54.6
Pal. Code: 54.6
Definition: Torfmoor-Regenerationsstadien in Torfstichen und auf feuchten Sandböden mit Rhynchosporion albae-Gesellschaften. Natürlich auf frostbeeinträchtigten feuchten Sanden und geringmächtigen Torfen am Rande oligo- oder dystropher Stillgewässer.
Wesentliche Vorkommen des Lebenraumtyps sind z.B. Rohböden im Wasserwechselbereich oligotropher und mesotropher Seen, nasse Bereiche innerhalb von Heiden sowie Vorkommen in Abtorfungsflächen ehemaliger Hochmoore.
Standort: Nasse bis wechselnasse Torfe oder bodensaure Sande (Rohböden).
Subtypen: -
Pflanzenarten, dominante: *Drosera intermedia, Rhynchospora alba, Rhynchospora fusca.*
typische: *Rhynchospora alba, Rhynchospora fusca, Lycopodiella inundata, Drosera intermedia, Drosera rotundifolia.*
Tierarten:
Schmetterlinge: *Coenonympha tullia.*
Libellen: *Aeshna subarctica.*
Wanzen: *Pachybrachius luridus* (an *Rhynchospora*).

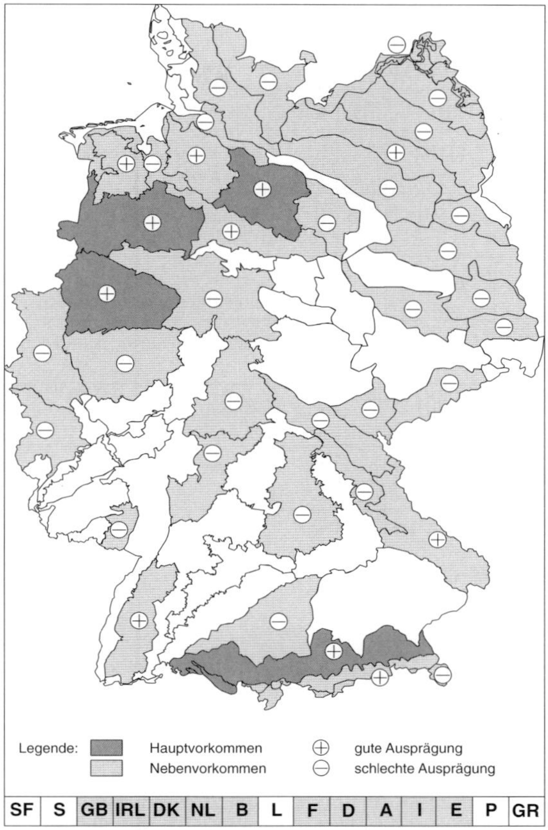

Abb. 83: Verbreitung des Lebensraumtyps 7150 in Deutschland und der Europäischen Union.

Kartierungshinweise: Kriterium zur Abgrenzung ist das Vorkommen von Vegetation der aufgeführten Syntaxa. Die Abgrenzung umfaßt die komplette Senke, wenn in Teilen die entsprechende Vegetation vorkommt.
Der Lebensraumtyp kommt meist nur kleinflächig vor. Mit Ausnahme der Vorkommen in Hoch- und Übergangsmoorkomplexen ist er separat zu erfassen und darzustellen. Die Abgrenzung gegenüber dem Lebensraumtyp „Dystrophe Gewässer“ (3160) ist über eine Wassertiefe von zumindest zeitweise < 20 cm oder die nur temporäre Wasserführung gegeben.

Variabilität: -

Komplexe: In der Regel Teile der Hochmoor- und Zwischenmoor-Komplexe, aber auch auf abgetorften Flächen, in feuchten Heidekomplexen und Verlandungszonationen dystropher/oligotropher Stillgewässer sowie auf nährstoffarmen Sandböden.

Biotoptypen:

BTB	RL	REG	BIOTOPTYP	EIG_CODE	EIG
240102	3	S	sich selbst überlassenes, dystrophes Abbaugewässer	P531	mit Vegetation des Rhynchosporion
240501	2-3	B	Tümpel	P531	mit Vegetation des Rhynchosporion
240804	2	S	zeitweilig trockenfallende Sandfläche an stehenden Gewässern	P531	mit Vegetation des Rhynchosporion
3209	2	B	vegetationsarme Sandfläche	P531	mit Vegetation des Rhynchosporion
360401			Handtorfstiche	P531	mit Vegetation des Rhynchosporion
36040101	*	X	junger Handtorfstich	P531	mit Vegetation des Rhynchosporion
36040102	3	X	alter Handtorfstich P531 (sich selbst überlassen)		mit Vegetation des Rhynchosporion

Vegetation:

Scheuchzeretalia palustris NORDHAGEN 36	pp
Rhynchosporion albae W. KOCH 26	pp
Rhynchosporetum albae OSVALD 23 em. W. KOCH 26	v

Nutzung/Pflege: Keine Nutzung oder Pflege.

Sukzession: Entwicklung zu Niedermoor-, und Übergangsmoorkomplexen, seltener auch zu Feuchtheiden des Ericion tetralicis.

Hauptgefährdungsfaktoren: Entwässerung, Abtorfung (soweit noch Torf vorhanden), Nährstoffeintrag, Grünland- oder landwirtschaftliche Nutzung, Aufforstung, Freizeitnutzung (Tritt).

Bemerkungen: Die Aufnahme dieses Typs in die FFH-Richtlinie ist aus zwei Gründen problematisch:

1. V.a. in England breitet sich diese Vegetation auf durch Brand degradierten Moorflächen aus. Außerhalb von Moorkomplexen tritt der Lebensraumtyp i.d.R. auf teilabgetorften Mooren oder sekundär z.B. in Sandabgrabungen auf.
2. Natürlicherweise oft nur sehr kleinflächig mit anderen Vegetationseinheiten verzahnt, z.B. als Teil anderweitig erfaßten Moorkomplexe.

* Kalkreiche Sümpfe mit *Cladium mariscus* und Arten des Caricion davallianae

NATURA 2000-Code: ***7210**

D: Kalkreiche Sümpfe mit *Cladium mariscus* und *Carex davalliana* *

F: Marais calcaires à *Cladium mariscus* et *Carex davalliana* *

E: Calcareous fens with *Cladium mariscus* and *Carex davalliana* *

Code nach Anhang I: 53.3

Pal. Code: 53.3

Definition: Von Schneide (*Cladium mariscus*) dominierte Röhrichte (Cladietum marisci) sowie Übergänge von *Cladium*-Röhrichten zu Kleinseggenriedern auf kalkreichen Böden.

Standort: Uferzonation mesotropher kalkreicher Seen (Kalk-Mudden), kalkhaltige Quellwasseraustritte; Grünlandbrachen (mahdempfindlich) auf kalkreichen Standorten. Die Grundwasserstände liegen bei 0 bis 10 cm unter Flur oder die Flächen sind überstaut bis maximal ca. 0,5 m (Uferröhrichte).

Subtypen: Primäre und sekundäre Vorkommen sind für Erfolgskontrollen und Management zu unterscheiden:

primäre Vorkommen:
- Verlandungszonen kalkreicher mesotropher Stillgewässer (Uferröhricht)
- Kalkreiche Sicker- und Sumpfquellen (z.B. am Rande von Durchströmungsmoorkomplexen)

sekundäre Vorkommen:
- Kalkreiche feuchte Grünlandbrachen
- Abgrabungs- und Bergbau (Tagebau)restflächen, Torfstiche

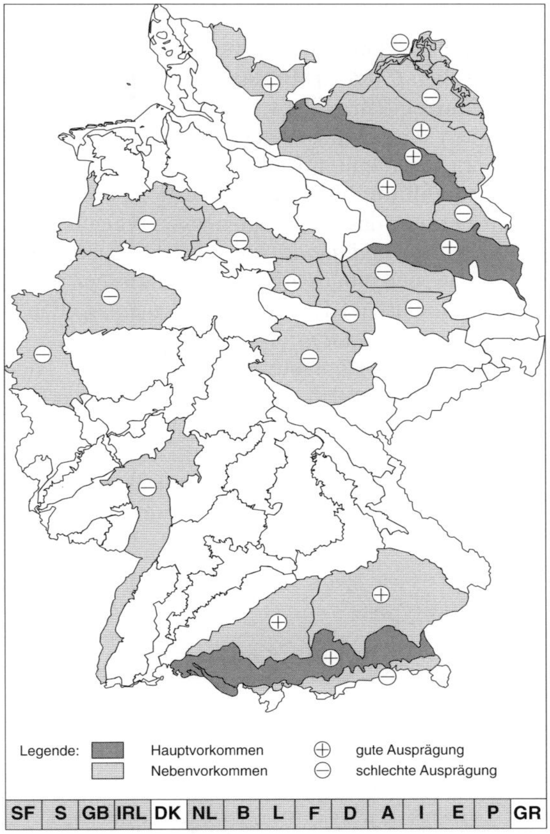

Abb. 84: Verbreitung des Lebensraumtyps 7210 in Deutschland und der Europäischen Union.

Pflanzenarten, dominante: *Cladium mariscus*.

typische: *Carex davalliana*, *Carex flava agg.*, *Carex hostiana*, *Cladium mariscus*, *Lysimachia vulgaris*, *Mentha aquatica*, *Molinia caerulea*, *Primula farinosa*, *Schoenus ferrugineus*, *Schoenus nigricans*, ferner *Juncus subnodulosus*; in nassen Ausbildungen: *Chara spp.*, *Nymphaea alba*, *Phragmites australis*, *Utricularia intermedia*, *Utricularia minor*; in den Alpen: *Sesleria albicans*, *Tofieldia calyculata* u.a.

Moose: *Calliergon cuspidatum*, *Drepanocladus revolvens*, *Scorpidium scorpioides*.

Tierarten:

Schmetterlinge: *Laelia coenosa.*

Kartierungshinweise: Kriterium für die Zuordnung zu diesem Lebensraumtyp ist das dominante Vorkommen von Schneide (*Cladium mariscus*). Dieses kann in Zusammenhang oder Durchdringung mit verschiedenen Kontakt-Gesellschaften stehen, die aber für die Ansprache und Abgrenzung des Lebensraumtyps keine Rolle spielen. Das Vorkommen weniger Einzelpflanzen reicht für eine Zuordnung zu diesem Lebensraumtyp nicht aus, vielmehr sollen *Cladium*- Bestände abgegrenzt werden.

Einzelpflanzen bzw. -vorkommen von *Cladium mariscus* innerhalb von Kalk- Flachmooren (Caricion davallianae) sind als Bestandteile des Flachmoor-Biotopkomplexes dem Lebensraumtyp Kalkreiche Niedermoore (7230) zuzuordnen.

Variabilität: Verschiedene ökologische Typen dominieren in den Hauptverbreitungsgebieten, z.B. das Cladietum marisci typicum im nordostdeutschen Tiefland, die Subassoziation mit *Mentha aquatica* im Voralpenraum. Geographische Rassen mit eigenen Artenkombinationen gibt es z.B. im euatlantischen Raum mit *Eriocaulon septangulare*, im nordwesteuropäischen Raum mit *Myrica gale* und in Deutschland im alpinen/perialpinen Raum mit *Sesleria albicans* und *Tofieldia calyculata.*

Komplexe: Kontakte zu den kalkreichen Niedermooren (Caricion davallianae), aber auch sauren Niedermooren und zum feuchten Extensivgrünland, v.a. Pfeifengraswiesen (Molinion) sowie zu anderen Röhrichten (Phragmition) und Großseggenrieden (Magnocaricion). In Verlandungszonationen von kalk-mesotrophen Seen in Kontakt mit Seerosengesellschaften (Nymphaeion albae) und Armleuchteralgenbeständen (Charion asperae). In Durchströmungsmoorkomplexen am Talrand im Kontakt zu kalkreichen Sickerquellen (Cratoneurion comnutati).

Biotoptypen:

BTB	RL	REG	BIOTOPTYP	EIG_CODE	EIG
3804	1-2	S	Schneidenröhricht		

Vegetation:

Cladietum marisci (ALLORGE 22) ZOBRIST 35 v

Nutzung/Pflege: Nur sekundäre Bestände bedürfen zu ihrer Erhaltung einer gelegentlichen Mahd oder Entbuschung.

Sukzession: Primäre Bestände sind sehr stabil, die natürliche Sukzession durch eine langsame Seenverlandung verläuft je nach Trophiestufe zu oligo- bis mesotrophen Birken-Moorwäldern oder eutrophen Erlen-Bruchwäldern.

Hauptgefährdungsfaktoren: Entwässerung, Seespiegelveränderungen (z.B. Trinkwasserentnahme), Nährstoffeintrag, Intensivierung der Grünlandnutzung.

Bemerkungen: Novellierungsvorschlag für den Titel: „Schneiden-Röhrichte (Cladietum marisci)", da die Vegetationstypen des Caricion davallianae bereits unter 7230 eingeschlossen sind.

* Kalktuff-Quellen (Cratoneurion)

NATURA 2000-Code: * 7220

D: Kalktuffquellen (Cratoneurion) *
F: Sources pétrifiantes avec formation de tuf (Cratoneurion) *
E: Petrifying springs with tufa formation (Cratoneurion) *

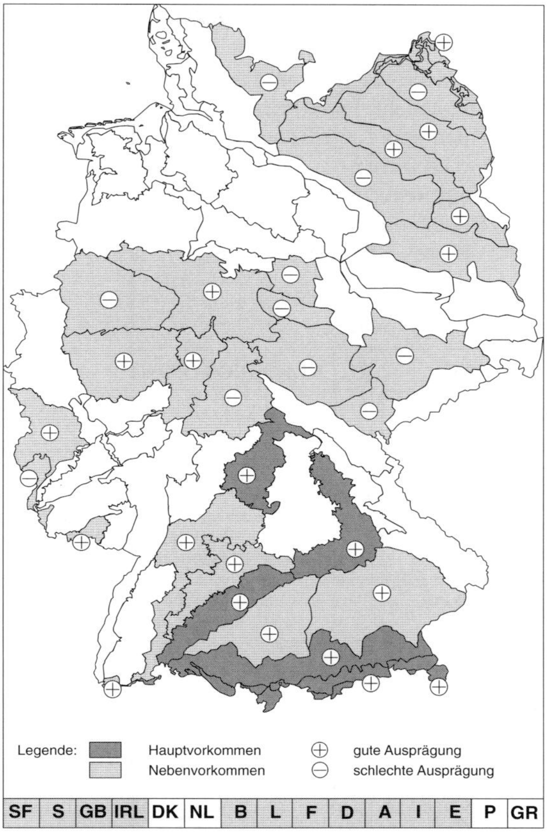

Abb. 85: Verbreitung des Lebensraumtyps 7220 in Deutschland und der Europäischen Union.

Code nach Anhang I: 54.12
Pal. Code: 54.12, alle Subtypen
Definition: Sicker-, Sturz- oder Tümpelquellen mit kalkhaltigem Wasser und Ausfällungen von Kalksinter (Kalktuff) in unmittelbarer Umgebung des Quellwasseraustritts im Wald oder im Freiland. Häufig sind kalkverkrustete Moosüberzüge des Cratoneurion. Eingeschlossen sind auch Quellbäche, soweit Kalktuffbildungen vorliegen.
Standort: kalkreiche, sauerstoffreiche Quellwasseraustritte (Karbonatsättigung), Kalksinter, überrieselt oder mit Spritzwassereinfluß.
Subtypen: -
Pflanzenarten, dominante: -
typische: Weitgehend vegetationsfrei oder mit Moosüberzügen, Blau- und Grünalgenüberzügen; *Arabis soyeri*, *Cardamine amara*, *Cochlearia pyrenaica*, *Epilobium alsinifolium*, *Pinguicula vulgaris*, *Saxifraga aizoides*, *Saxifraga stellaris*.
Moose: z.B. *Aneura pinguis*, *Brachythecium rivulare*, *Bryum pseudotriquetrum*, *Bryum schleicheri*, *Catoscopium nigritum*, *Cinclidotus aquaticus*, *Cinclidotus fontinaloides*, *Cinclidotus riparius*, *Cratoneuron filicinum*, *Drepanocladus vernicosus*, *Eucladium verticillatum*, *Palustriella commutata*, *Philonotis calcarea*, *Porella cordaeana*.

Tierarten:
Reptilien/Amphibien: Feuersalamander (*Salamandra salamandra*, Larven im Quellbach).
Libellen: *Cordulegaster bidentatus*.
Käfer: *Elmis latreillei*.
Weichtiere: *Bythinella austriaca*, *Bythinella badensis*, *Bythinella bavarica*, *Bythiospeum quenstedti*, *Pisidium personatum*.
Sonstige Wirbellose: Strudelwürmer: *Crenobia alpina*; Krebse: *Niphargus fontanus*; Wenigborster: *Nais alpina*; Eintagsfliegen: *Rhithrogena loyolaea*; Steinfliegen: *Dictyge-*

nus fontium, Isoperla goertzi, Leuctra armata, Nemoura marginata, Nemoura sinuata; Köcherfliegen: *Adicella filicornis, Apatania fimbriata, Apatania muliebris, Consorophylax consors, Crunoecia irrorata, Drusus trifidus, Ernodes vicinus, Lithax niger.*

Kartierungshinweise: Die Zuordnung eines Vorkommens zu diesem Lebensraumtyp erfolgt bei erkennbarer Kalktuff-Bildung. Die Abgrenzung umfaßt alle direkt zur Quelle gehörenden Bereiche sowie die von der entsprechenden Vegetation (Cratoneurion) eingenommene Fläche, auch wenn diese sich am Quellbach bis in den Oberlauf des Fließgewässers entlangzieht. Punktuelle und fragmentarische Vorkommen in Kalkflachmoorkomplexen werden dem Lebensraumtyp 7230 zugeordnet und nicht separat erfaßt.

Variabilität: -

Komplexe: Im Komplex mit Flach- oder Übergangsmooren (Sumpf- und Sickerquellen) oder mit Felsspaltengesellschaften kühl-feuchter Standorte. Schutz des gesamten Komplexes unter Berücksichtigung der hydrologischen Verhältnisse ist erforderlich.

Biotoptypen:

BTB	RL	REG	BIOTOPTYP	EIG_CODE	EIG
220102	2	K	kalkreiche Sicker- und Sumpfquelle	P532	mit Vegetation des Cratoneurion
220302	1-2	B	kalkreiche Sturzquelle	P532	mit Vegetation des Cratoneurion
220402	2	B	kalkreiche, temporäre Sicker- und Sumpfquelle	P532	mit Vegetation des Cratoneurion
220502	2	K	kalkreiche, temporäre Sturzquelle	P532	mit Vegetation des Cratoneurion

Vegetation:

Cratoneurion commutati W. KOCH 28	v
Pinguiculo-Cratoneuretum filicinum (WALTHER 42) OBERD. 57	v
Eucladietum verticillati ALLORGE 22	v
Cochleario pyrenaicae-Cratoneuretum commutati (OBERD. 57) TH. MÜLLER 61	v
Cratoneuro-Arabidetum jaquinii W. KOCH 28	v
Cardamino-Cratoneuretum commutati KORNAS & MEDWECKA-KORNAS 67	v
Catoscopietum nigriti BRAUN 68	v

Nutzung/Pflege: Keine Nutzung, keine Pflege erforderlich.

Sukzession: -

Hauptgefährdungsfaktoren: Grundwasserabsenkung, Quellfassung, Nährstoff- und Pestizideintrag aus angrenzenden Flächen, Intensivierung der Nutzung, insbesondere Viehtritt.

Bemerkungen: -

Kalkreiche Niedermoore

NATURA 2000-Code: 7230

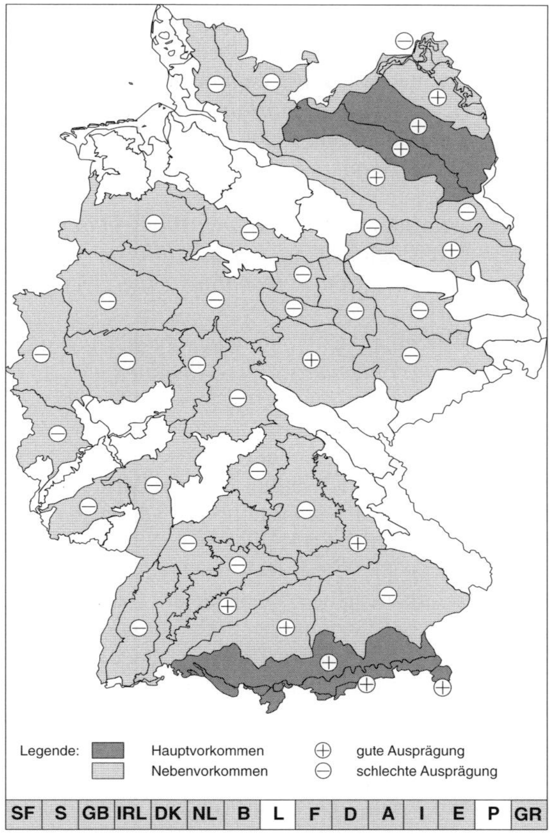

Abb. 86: Verbreitung des Lebensraumtyps 7230 in Deutschland und der Europäischen Union.

D: Kalkreiche Niedermoore
F: Tourbières basses alcalines
E: Alkaline fens

Code nach Anhang I: 54.2
Pal. Code: 54.2, alle Subtypen
Definition: Kalkreiche Niedermoore des Caricion davallianae mit meist niedrigwüchsiger Seggen- und Binsenvegetation und Sumpfmoosen (Caricetalia davallianae). Dazu gehören der Davallseggenrasen (Caricetum davallianae) und die Kopfbinsenrasen (Primulo-Schoenetum ferruginei, Orchido-Schoenetum) sowie Bestände der Alpen-Binse (*Juncus alpinus*) und von *Juncus subnodulosus*.
Eingeschlossen sind auch wasserzügige und mit Basen gut versorgte kalkarme Standorte mit z.B. Vegetation des Caricetum frigidae.
Standort: Kalkreich bis kalkarm aber basenreich, oligo- bis mesotroph, naßfeucht, Grundwasserstände ca. 0–30 cm unter Flur, meist sauerstoffreiches Wasser, aber ± überflutungsresistent.
Subtypen: -
Pflanzenarten, dominante: Je nach Standort: *Carex davalliana, Carex frigida, Carex hostiana, Carex viridula ssp. brachyrrhyncha, Juncus subnodulosus, Schoenus ferrugineus, Schoenus nigricans, Trichophorum alpinum.*
typische: *Bartsia alpina, Carex davalliana, Carex dioica, Carex flava, Carex frigida, Carex hostiana, Carex pulicaris, Carex viridula ssp. brachyrrhyncha, Dactylorhiza incarnata, Dactylorhiza russowii, Dactylorhiza traunsteineri, Eleocharis quinqueflora, Epipactis palustris, Equisetum variegatum, Eriophorum latifolium, Gentianella uliginosa, Herminium monorchis, Juncus alpinus, Juncus anceps, Juncus balticus, Juncus subnodulosus, Juncus triglumis, Liparis loeselii, Orchis palustris, Parnassia palustris, Pedicularis palustris, Pedicularis sceptrum- carolinum, Pinguicula alpina, Pinguicula vulgaris, Primula farinosa, Saxifraga mutata, Schoenus ferrugineus, Schoenus nigricans, Selaginella selaginoides, Spiranthes aestivalis, Swertia perennis, Tofieldia calyculata, Trichophorum alpinum, Utricularia intermedia, Willemetia stipitata.*

Moose: *Aneura pinguis*, *Bryum pseudotriquetrum*, *Calliergon cuspidatum*, *Calliergon trifarium*, *Campylium elodes*, *Campylium stellatum*, *Drepanocladus revolvens*, *Drepanocladus vernicosus*, *Fissidens adianthoides*, *Palustriella commutata*, *Philonotis calcarea*, *Scapania irrigua*, *Scorpidium scorpioides*, *Thuidium erectum*, *Tomenthypnum nitens*.

Tierarten:

Reptilien/Amphibien: Gelbbauchunke (*Bombina variegata*), Kreuzkröte (*Bufo calamita*).

Libellen: *Orthetrum coerulescens*.

Heuschrecken: *Chorthippus montanus*, *Gryllotalpa gryllotalpa*, *Mecostethus grossus*.

Schmetterlinge: *Coenonympha oedippus*.

Käfer: *Agonum dolens*, *Cercyon convexiusculus*, *Elaphrus uliginosus*, *Pterostichus rhaeticus*.

Hautflügler: *Andrena angustior*, *Andrena haemorrhoa*, *Lasioglossum fratellum*.

Zweiflügler: *Microdon mutabilis*, *Sericomyia silentis*, *Tropidia fasciata*, *Tropidia scita*.

Spinnen: *Arctosa leopardus*, *Hygrolycosa rubrofasciata*, *Pirata hygrophilus*, *Pirata latitans*.

Weichtiere: *Carychium minimum*, *Cochlicopa nitens*, *Deroceras laeve*, *Deroceras retuculatum*, *Euconulus alderi*, *Pisidium casertanum*, *Pisidium obtusale*, *Pupilla alpicola*, *Vertigo antivertigo*, *Vertigo genesii*, *Vertigo geyeri*, *Vertigo heldi*.

Kartierungshinweise: Voraussetzung der Zuordnung zu diesem Lebensraumtyp ist das Vorhandensein eines durch Vegetation der aufgeführten Syntaxa ausgezeichneten Niedermoorkerns. Kleinräumige Durchdringungen mit Pfeifengraswiesen können integriert werden. Ist der Niedermoorkern vergleichsweise scharf begrenzt, so sollen für die Meldung für Natura 2000 Kontaktbiotope mindestens insoweit eingeschlossen werden, wie sie von der Geländeform oder der Hydrologie im Zusammenhang mit dem eigentlichen Niedermoorkern stehen. Bestände des Caricion davallianae in Dünentälern der Küstendünen sind dem Lebensraumtyp 2193, Vermoorungen in feuchten Dünentälern zuzuordnen. Schlenken mit Characeen-Rasen in Niedermoorkomplexen sind mit eingeschlossen.

Variabilität: *Carex davalliana* erreicht in Deutschland seine nördliche Verbreitungsgrenze. Die Hauptverbreitungsgebiete (vgl. Karte) unterscheiden sich z.B. im Vorkommen bestimmter Vegetationseinheiten und charakteristischen Artengruppen. So kommt z.B. das Astero bellidiastri-Saxifragetum mutatae nur in den Alpen vor. Im Alpenvorland und in den Alpen treten meist eigene Ausbildungen mit dealpinen oder alpinen Arten (Höhenzonation) auf, z.B. *Astrantia major*, *Sesleria albicans*, *Tofieldia calyculata* u.a.

Komplexe: Leitet mit der Eisseggen-Gesellschaft (Caricetum frigidae) zu den Quellfluren über; Komplexe meist mit Pfeifengraswiesen (Molinietalia), Großseggenrieden (Magnocaricion) und Röhrichten (Phragmition), an alpinen Wildflüssen auch mit Halbtrockenrasen.

Biotoptypen:

BTB	RL	REG	BIOTOPTYP	EIG_CODE	EIG
220102	2	K	kalkreiche Sicker- und Sumpfquelle	K041	in Niedermoor-komplexen
220402	2	B	kalkreiche, temporäre Sicker- und Sumpfquelle	K041	in Niedermoor-komplexen
350102	1	K	oligo- bis mesotrophe, kalkreiche Niedermoore		
35010201	1	K	oligo- bis mesotrophes, kalkreiches Niedermoor der planaren bis submontanen Stufe		
35010202	1-2	K	oligo- bis mesotrophes, kalkreiches Niedermoor der montanen bis hochmontanen Stufe		
6502	1	N	subalpines bis alpines Flachmoor		

Vegetation:

Caricion davallianae KLIKA 34	v
Orchido-Schoenetum nigricantis (ALLORGE 22) W. KOCH 26	v
Primulo-Schoenetum ferruginei DU RIETZ 25	v
Caricetum davallianae DUTOIT 24 em GÖRS 63	v
Trichophoretum alpini (BERTSCH 28) BRAUN 69	v
Caricetum frigidae RÜBEL 12	pp
Eleocharitetum quinqueflorae LÜDI 26	v
Juncetum subnodulosi W. KOCH 26	v
Campylio-Caricetum dioicae OSVALD 23 em. DIERSSEN 82	v
Parnassio-Caricetum pulicaris OBERD. 57 em. PHILIPPI 63	v
Carex scandinavica-Gesellschaft	v
Astero bellediastri-Saxifragetum mutatae US. & WIGG. 61	v
Carex lepidocarpa-Gesellschaft	v

Nutzung/Pflege: Extensive Mahd/Beweidung ist i.d.R. erforderlich.

Sukzession: Brachen insbesondere nach Beweidung können zu Dominanzstadien von *Juncus sp.* oder *Molinia caerulea* führen. Danach kann *Phragmites australis* einwandern und es tritt eine Verbuschung zu Feuchtgebüschen (z.B. Grauweiden-, Ohrweiden- und Faulbaumgebüsche) und letztlich die Entwicklung von Bruch- und Sumpfwäldern ein.

Hauptgefährdungsfaktoren: Entwässerung (v.a. Grundwasserabsenkung), Nutzungsaufgabe (Sukzession, Verbuschung), Intensivierung der Grünlandnutzung (zu hohe Weideintensität u.a.), Nährstoffeintrag (Dünger, atmogen u.a.).

Bemerkungen: -

* Alpine Pionierformationen mit Caricion bicoloris-atrofuscae

NATURA 2000-Code: *7240

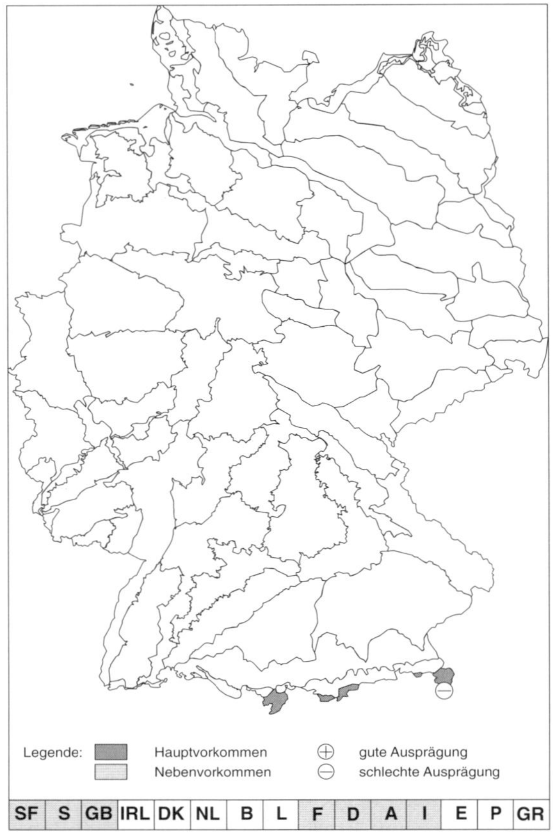

Abb. 87: Verbreitung des Lebensraumtyps 7240 in Deutschland und der Europäischen Union.

D: Alpine Pionierformationen mit Caricion bicoloris-atrofuscae *

F: Formations pionnières alpines du Caricion bicoloris-atrofuscae *

E: Alpine pioneer formations of Caricion bicoloris-atrofuscae *

Code nach Anhang I: 54.3

Pal. Code: 54.3, alle Subtypen

Definition: Neutral-saure tonige bis sandig-kiesige Schwemmböden der alpinen und subalpinen Stufe mit niedrigwüchsiger, vorwiegend aus Seggen und Binsen zusammengesetzter Vegetation; gelegentlich mit schwacher Torfbildung. Solche kaltwasser-beeinflußten Sonderstandorte finden sich an Quellen, Bächen und in Moränenfeldern der Alpen. Sehr lange anhaltender Bodenfrost bildet einen wesentlichen Standortfaktor. Die Vegetation ist niedrig und meist von Sauergräsern (*Carex*) und Binsen (*Juncus*) dominiert.

Standort: Kaltwasser- und bodenfrostbeeinflußte Rohbodenstandorte (Alluvionen).

Subtypen: -

Pflanzenarten, dominante: *Juncus alpinus*.

typische: *Carex microglochin*, *Equisetum variegatum*, *Juncus alpinus*, *Juncus triglumis*, *Kobresia simpliciuscula*, *Tofieldia pusilla*, *Typha minima*, *Typha shuttleworthii*.

Tierarten:

Käfer: *Bembidion bipunctatum*, *Nebria germari*, *Nebria gyllenhali*, *Nebria hellwigi*.

Spinnen: *Arctosa alpigena*, *Pardosa pedestris*, *Pardosa saturatior*.

Kartierungshinweise: Die Zuordnung zu diesem Lebensraumtyp erfolgt anhand des Vorhandenseins von Vegetation der aufgeführten Syntaxa.

Variabilität: In Deutschland an der Arealgrenze nur in verarmter Ausprägung. Gut ausgebildete Bestände kommen in den Zentral- und Westalpen vor. Sie enthalten weitere für den Lebensraumtyp typische Arten wie z.B. *Carex maritima*, *Carex bicolor*, *Carex atrofusca*, *Juncus castaneus* und *Juncus arcticus*.

Komplexe: Komplexe mit kalkreichen Niedermooren, Caricion davallianae und z.T. Übergänge zu Schneebodenvegetation.

Biotoptypen:

BTB	RL	REG	BIOTOPTYP	EIG_CODE	EIG
6402	3	K	Alpiner Schwemmboden mit niedriger Vegetation		

Vegetation:

Caricion maritimae BR.-BL. ap. VOLK 39	v
Astero bellediastro-Kobresietum simpliciusculae (BR.-BL. ap. NADIG 42) DIERSSEN 82	v
Caricetum maritimae BR.-BL. 18	v
Juncetum alpino-articulatae (OBERD. 57) PHILIPPI 60 [nur Hochlagen der Alpen]	pp
Equiseto-Typhetum minimae BR.-BL. ap. VOLK 49	v

Nutzung/Pflege: Keine Pflege erforderlich.
Sukzession: -
Hauptgefährdungsfaktoren: Atmogener Schadstoffeintrag, Freizeitnutzung (Wintersport und Tritt), Veränderungen der Wasserdynamik, Klimaveränderungen.
Bemerkungen: -

Foto 60: Alpine Silikatschutthalden (8110): Kleine Silikatschutthalde unterhalb des Kammes der Rotwand im Mangfallgebirge bei Miesbach (Bayern), Juni 1997, U. Hauke.

Foto 61: Alpine Kalk- und -schieferschutthalden (8120): Kalkschutthalde am Lempersberg im Mangfallgebirge bei Miesbach (Bayern), Juni 1997, U. Hauke.

Foto 62: Kieselhaltige Schutthalden in Mitteleuropa (8150): Schieferhalde mit *Rumex scutatus* im Dorthebachtal an der Mosel bei Cochem, Juni 1992, E. Schröder.

Foto 63: *Kalkhaltige Schutthalden in Mitteleuropa (8160): Kalkschutthang mit *Petasites paradoxus* am Rande der Isaraue unterhalb Mittenwald (Bayern), Juni 1997, U. Hauke.

Foto 64:
Kalkhaltige Felsen und ihre Felsspaltenvegetation (8210): Kalkfelsen mit artenreicher Vegetation im Gebiet des Hohen Ifen bei Oberstdorf, Juni 1997, U. Hauke.

Foto 65: Kieselhaltige Felsen und ihre Felsspaltenvegetation (8220): Silikatfelsspalte mit *Asplenium septentrionale*, Idar-Oberstein, Mai 1990, E. Schröder.

Foto 66:
Pionierrasen auf Felskuppen (8230): Rasen auf saurem Gestein mit *Gagea bohemica ssp. saxatilis* bei Duchroth an der Nahe, April 1990, C. Rückriem.

Foto 67: Nicht touristisch erschlossene Höhlen (8310): Eingang einer Karsthöhle im Hainholz bei Osterode (Niedersachsen), September 1997, U. Hauke.

Silikatschutthalden der montanen bis nivalen Stufe (Androsacetalia alpinae und Galeopsietalia ladani)

NATURA 2000-Code: 8110

D: Silikatschutthalden
F: Eboulis siliceux
E: Siliceous scree

Abb. 88: Verbreitung des Lebensraumtyps 8110 in Deutschland und der Europäischen Union.

Code nach Anhang I: 61.1
Pal. Code: 61.1, alle Subtypen
Definition: Silikatschutthalden der hochmontanen bis nivalen Stufe mit Androsacetalia alpinae-Gesellschaften. In der nivalen bis hochmontanen Stufe mit *Oxyria digyna* und *Androsace spp.*, bei stärkerem Feinerdeanteil mit *Luzula alpinopilosa*. Vegetationsdeckung oft sehr gering, manchmal dominieren Moose oder Farne (weitgehend ruhendes Material).
Standort: Silikatischer Hangschutt oder Blockschutt, feinerdearm oder -frei, kurze Vegetationsperiode, Wind- und Frosteinwirkung, meist festliegendes oder z.T. bewegtes Material.
Subtypen: -
Pflanzenarten, dominante: -
typische: *Athyrium distentifolium, Cerastium uniflorum, Cryptogramma crispa, Doronicum grandiflorum, Epilobium anagallidifolium, Geum reptans, Linaria alpina, Luzula alpinopilosa, Oxyria digyna, Ranunculus glacialis, Saxifraga bryoides, Saxifraga oppositifolia, Sedum atratum, Veronica alpina.*
Flechten: *Aspicilia aquatica, Lecanora intricata, Lecanora polytropa, Lecanora soralifera, Lecidea confluens, Protoparmelia badia, Rhizocarpon alpicola, Rhizocarpon geographicum, Schaereria fuscocinerea, Umbilicaria cylindrica.*
Tierarten:
Vögel: Steinhuhn (*Alectoris graeca ssp. saxatilis*), Alpenbraunelle (*Prunella collaris*).
Schmetterlinge: *Erebia pluto.*
Weichtiere: *Vertigo alpestris.*
Kartierungshinweise: Bei Vorkommen von Vegetation der aufgeführten Syntaxa (Androsacetalia alpinae) mindestens auf Teilbereichen der Schutthalde ist der ganze Schutthal-

denkomplex zu erfassen. In die Abgrenzung sollte der gesamte wald- und gebüschfreie Teil der Schutthalde einbezogen werden, wenn in nennenswerten Flächen entsprechende Vegetation ausgebildet ist. Silikat-Schutthalden ganz ohne Bewuchs von Höheren Pflanzen sind nicht zu erfassen.

Variabilität: In Deutschland nur kleinflächig vorkommend und i.d.R. fragmentarisch ausgebildet.

Komplexe: Meist unterhalb silikatischer Felsmassive oder von Steilwänden mit Felsspaltenvegetation, im Kontakt zu alpinen Silikatrasen, Krummholz, Bergmischwäldern und Fichten-Tannenwäldern.

Biotoptypen:

BTB	RL	REG	BIOTOPTYP	EIG_CODE	EIG
6304	p	S	Silikatschutthalde der Alpen		

Vegetation:

Androsacetalia alpinae BR.-BL. 26	v
Androsacion alpinae BR.-BL. 26	v
Oxyrietum digynae (LÜDI 21) BR.-BL. 26	v
Cryptogrammetum crispae JENNY-LIPS 30	v

Nutzung/Pflege: Keine Pflege erforderlich.

Sukzession: Keine oder sehr langsame Entwicklung von Krummholz, Bergmischwäldern oder Blockfichtenwäldern u.a.

Hauptgefährdungsfaktoren: Trittbeeinträchtigung (Bergsteigen, Wandern).

Bemerkungen: In Deutschland in den Alpen nur sehr kleinflächig und regional eng begrenzt.

Kalk- und Kalkschiefer-Schutthalden der hochmontanen bis nivalen Stufe (Thlaspietea rotundifolii)

NATURA 2000-Code: 8120

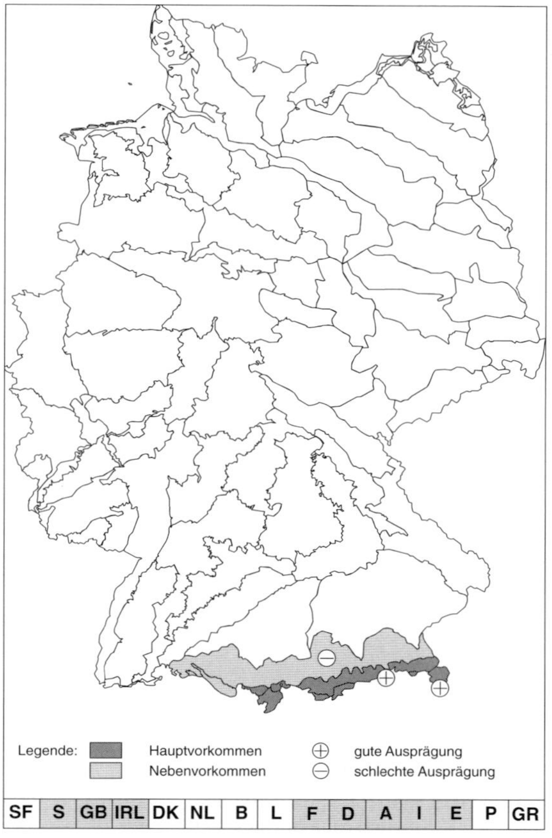

Abb. 89: Verbreitung des Lebensraumtyps 8120 in Deutschland und der Europäischen Union.

D: Kalk- und Schieferschutthalden
F: Eboulis eutriques
E: Eutric scree

Code nach Anhang I: 61.2
Pal. Code: 61.2, alle Subtypen
Definition: Kalk-, Mergel- und Kalkschiefer-Schutthalden der hochmontanen bis alpinen (nivalen) Stufe mit überwiegend Vegetation der Verbände Thlaspion rotundifolii, Drabion hoppeanae und Petasition paradoxi.
Standort: Feinerdearmer Kalkschutt, oder feinerdereiche skeletthaltige kalkreiche Kolluvien an Steilhängen, kurze Vegetationsperiode.
Subtypen: -
Pflanzenarten, dominante: Je nach Substrat unterschiedlich, meist nur lückig bewachsen.
typische: *Petasites paradoxus*, *Achillea atrata*, *Adenostyles glabra*, *Arabis alpina*, *Calamagrostis villosa*, *Campanula cochleariifolia*, *Carex firma*, *Cerastium uniflorum*, *Crepis terglouensis*, *Cystopteris montana*, *Doronicum grandiflorum*, *Draba tomentosa*, *Dryopteris villarii*, *Festuca alpina*, *Festuca quadriflora*, *Festuca rupricaprina*, *Gnaphalium hoppeanum*, *Gymnocarpium robertianum*, *Gypsophila repens*, *Hutchinsia alpina*, *Leontodon hispidus ssp. hyoseroides*, *Leontodon montanus*, *Leucanthemum halleri*, *Moehringia ciliata*, *Moehringia muscosa*, *Papaver sendtneri*, *Poa minor*, *Polystichum lonchitis*, *Rumex scutatus*, *Salix serpyllifolia*, *Saxifraga aphylla*, *Saxifraga oppositifolia*, *Saxifraga x kochii*, *Sesleria ovata*, *Thlaspi rotundifolium*, *Trisetum distichophyllum*, *Trisetum spicatum*, *Valeriana montana*.
Moose: *Ctenidium molluscum*, *Pseudoleskeella nervosa*, *Tortella fragilis*, *Tortella tortuosa*.
Flechten: *Buellia epipolia*, *Caloplaca cirrochroa*, *Caloplaca decipiens*, *Cladonia pyxidata*, *Lecanora campestris*, *Lecanora crenulata*, *Lecanora dispersa*, *Protoblastenia calva*, *Protoblastenia rupestris*, *Xanthoria elegans*.
Tierarten:
Vögel: Steinschmätzer (*Oenanthe oenathe*), Alpenbraunelle (*Prunella collaris*).
Schmetterlinge: *Erebia pluto*.

Käfer: *Nebria bremii, Nebria germari, Nebria hellwigi.*
Zweiflügler: *Cheilosia caerulescens, Cheilosia crassiseta, Sphaerophoria estebani.*
Spinnen: *Pardosa nigra, Pardosa saturatior.*
Weichtiere: *Erjavecia bergeri, Neostyriaca corynodes, Orcula dolium, Orcula gularis, Platyla gracilis, Vitrea subrimata.*

Kartierungshinweise: Voraussetzung der Zuordnung einer Schutthalde zu diesem Lebensraumtyp ist das Vorkommen von Vegetation der aufgeführten Syntaxa zumindest auf Teilflächen. In die Abgrenzung sollte der gesamte Wald- und gebüschfreie Teil der Schutthalde einbezogen werden, wenn in nennenswerten Teilflächen entsprechende Vegetation ausgebildet ist. Schutthalden ohne Vegetation mit höheren Pflanzen sind nicht zu erfassen. Bestände des Stipion calamagrostis und des Calamagrostion villosae sind nur ab der hochmontanen Stufe zu erfassen, Tieflagenausbildungen gehören zum Lebensraumtyp 8160.

Variabilität: Das Petasition paradoxi wächst auf entsprechenden Standorten der Mittelgebirge auch in tieferen Lagen.

Komplexe: Meist unterhalb von Kalkfelsmassiven oder -steilwänden mit Felsspaltenvegetation, im Kontakt zu alpinen Kalkrasen, Krummholz, Bergmischwäldern und Fichten-Tannenwäldern.

Biotoptypen:

BTB	RL	REG	BIOTOPTYP	EIG_CODE	EIG
6302	p	S	Kalkschutthalde		
6303	p	S	Mergelschutthalde		

Vegetation:

Drabetalia hoppeanae ZOLLITSCH 66	v
Drabion hoppeanae ZOLLITSCH 66	v
Trisetetum spicati OBERD. 59	v
Saxifraga biflora-Gesellschaft	v
Thlaspion rotundifolii BR.-BL. 26 em. ZOLLITSCH 66	v
Thlaspietum rotundifolii BR.-BL. 26	v
Leontodontetum montani JENNY-LIPS 30	v
Crepidetum terglouensis OBERD. 50	v
Doronicum grandiflorum-Arabis alpina-Gesellschaft	v
Petasition paradoxi ZOLLITSCH 66	v
Petasitetum paradoxi BEGER 22	v
Moehringio-Gymnocarpietum robertiani (JENNY-LIPS 30) LIPPERT 66	v
Anthyllido-Leontodontetum hyoseroides ZOLLER 51	v
Cystopteridetum montanae (HOEPFLINGER 57) RICHARD 72	v
Polystichetum lonchitis (OBERD. 57) BEGUIN 72	v
Valeriano montanae-Dryopteridetum villarii AICHINGER 33	v
Athamantho-Trisetetum distichophylli LIPPERT 66	v
Stipion calamagrostis JENNY-LIPS ex BR.-BL. et al. 52	pp
Stipetum calamagrostis BR.-BL. 18	pp
Gymnocarpietum robertiani (KAISER 26) TX. 37	pp
Rumicetum scutati FABER 36 em. KUHN 37	pp
Calamagrostion villosae PAWL. et al. 28	pp
Calamagrostietum villosae SCHMID 23	pp
Athyrietum alpestris SCHMID 23	pp

Nutzung/Pflege: Keine Pflege erforderlich.
Sukzession: Keine; bei feinerdenreicheren Subtypen z.T. Entwicklung von Grünerlengebüschen.
Hauptgefährdungsfaktoren: Trittbeeinträchtigung (Bergsteigen, Wandern), Festlegung durch Verbau.
Bemerkungen: -

Silikatschutthalden der kollinen bis montanen Stufe

NATURA 2000-Code: 8150

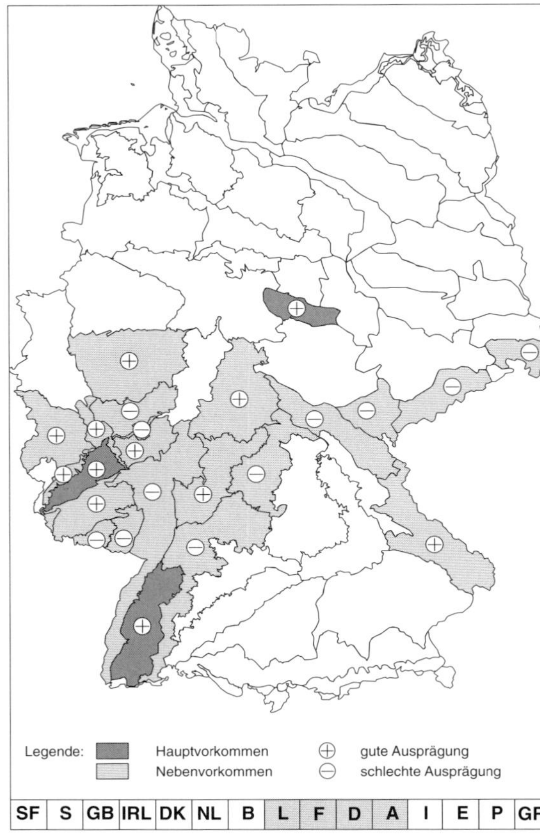

Abb. 90: Verbreitung des Lebensraumtyps 8150 in Deutschland und der Europäischen Union.

D: Kieselhaltige Schutthalden in Mitteleuropa
F: Eboulis medio-européens siliceux
E: Medio-European siliceous [scree]

Code nach Anhang I: 61.5
Pal. Code: 61.12
Definition: Natürliche und naturnahe Silikatschutthalden der kollinen bis montanen Stufe, z.T. an trocken-warmen Standorten, mit Galeopsietalia-segetum-Gesellschaften, sekundäre Aufschlüsse durch Steinbruchbetrieb sind ausgeschlossen. Die Silikatschutthalden sind z.T. reich an Farnen und Moosen.
Standort: Silikatischer Hangschutt, festliegend (häufig farnreich) bis schwach rutschend, kolline bis montane Stufe.
Subtypen: -
Pflanzenarten, dominante: Je nach Exposition, Entwicklungsdauer und Stabilität des Substrats unterschiedlich.
typische: *Anarrhinum bellidifolium, Biscutella laevigata, Chaenorhinum minus, Epilobium collinum, Epilobium dodonaei, Epilobium lanceolatum, Galeopsis angustifolia, Galeopsis ladanum, Galeopsis segetum, Geranium robertianum, Gymnocarpium robertianum, Iberis intermedia, Poa nemoralis, Rumex scutatus, Sedum rupestre, Senecio viscosus, Teucrium botrys, Teucrium scorodonia.*
Moose: *Ceratodon conicus, Dicranum scoparium, Hypnum cupressiforme, Polytrichum piliferum, Racomitrium canescens, Racomitrium heterostichum, Racomitrium lanuginosum.*
Flechten: *Acarospora fuscata, Cladonia coccifera, Cladonia furcata, Cladonia pyxidata, Cladonia pyxidata ssp. chlorophaea, Cladonia squamosa, Lecanora polytropa, Parmelia conspersa, Parmelia mougeotii, Parmelia saxatilis, Parmelia stygia, Pertusaria corallina, Porpidia crustulata, Porpidia macrocarpa, Rhizocarpon geographicum, Stereocaulon dactylophyllum, Stereocaulon pileatum, Trapelia coarctata, Umbilicaria deusta, Umbilicaria grisea, Umbilicaria polyphylla, Umbilicaria torrefacta.*
Tierarten:
Vögel: Zippammer (*Emberiza zia*).

Reptilien/Amphibien: Westliche Smaragdeidechse (*Lacerta bilineata*), Mauereidechse (*Podarcis muralis*).
Heuschrecken: *Calliptamus italicus*, *Chorthippus vagans*, *Ephippiger ephippiger*, *Oedipoda germanica*.
Schmetterlinge: *Arctia villica*, *Charissa pullata*, *Gnophos furvata*, *Idaea contiguaria*, *Iphiclides podalirius*, *Melitaea didyma*, *Parnassius apollo*, *Rhagades pruni*, *Satyrium acaciae*, *Scolitantides orion*.
Käfer: *Ptosima flavoguttata*.
Hautflügler: *Coelioxys afra*, *Dioxys tridentata*, *Megachile parietina*, *Megachile pilidens*, *Osmia andrenoides*, *Osmia anthocopoides*, *Osmia ravouxi*, *Osmia villosa*, *Stelis nasuta*.
Wanzen: *Haploprocta sulcicornis*.
Weichtiere: *Clausilia bidentata*, *Laciniaria plicata*, *Macrogastra plicatula*, *Vertigo alpestris*.
Sonstige Wirbellose: Netzflügler: *Myrmeleon europaeus*.

Kartierungshinweise: Voraussetzung der Zuordnung einer Schutthalde zu diesem Lebensraumtyp ist das Vorkommen von Vegetation der aufgeführten Syntaxa.
In die Abgrenzung sollte der gesamte wald- und gebüschfreie Teil der Schutthalde einbezogen werden, wenn in nennenswerten Flächen entsprechende Vegetation ausgebildet ist. Schutthalden ganz ohne Vegetation Höherer Pflanzen sind nicht zu erfassen.

Variabilität: -

Komplexe: Meist in Kontakt zu Hangschutt- und Schuttwäldern z.B. unterhalb ausgedehnter Felskomplexe mit silikatischen Felsspalten-, Rasen- und Gebüschgesellschaften.

Biotoptypen:

BTB	RL	REG	BIOTOPTYP	EIG_CODE	EIG
320402	3	K	natürliche Schutthalde aus Silikatgestein		

Vegetation:

Galeopsietalia segetum OBERD. & SEIBERT in OBERD. 77	v
Galeopsion segetum OBERD. 57	v
Epilobio lanceolati-Galeopsietum segetum (BÜKER 42) OBERD. 57	v
Anarrhinum belledifolium-Gesellschaft	v
Gymnocarpietum robertiani (KAISER 26) TX. 37	pp
Rumicetum scutati FABER 36 em. KUHN 37	pp
Galiopsietum angustifoliae BÜKER 42	pp

Nutzung/Pflege: Keine Nutzung oder Pflege.

Sukzession: Bei natürlichen Schutthalden abhängig von Hangneigung und Festlegung des Materials, keine Sukzession bis langsame Entwicklung von Hangschuttwäldern.

Hauptgefährdungsfaktoren: Trittbeeinträchtigung (Wandern, Bergsteigen), Abbau oder direkte Vernichtung, Biozid- und Düngereintrag bei angrenzender Weinbergnutzung.

Bemerkungen: -

* Kalkschutthalden der kollinen bis montanen Stufe

NATURA 2000-Code: *8160

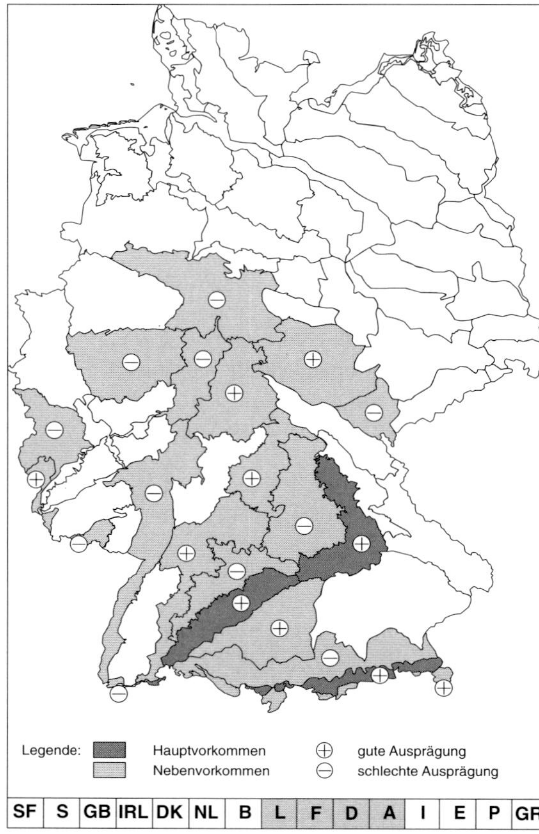

Abb. 91: Verbreitung des Lebensraumtyps 8160 in Deutschland und der Europäischen Union.

D: Kalkhaltige Schutthalden in Mitteleuropa *
F: Eboulis medio-européens calcaires *
E: Medio-European calcareous [scree] *

Code nach Anhang I: 61.6
Pal. Code: 61.313
Definition: Natürliche und naturnahe Kalk- und Mergel-Schutthalden der kollinen bis montanen Stufe (Mittelgebirge und Alpen), oft an trocken-warmen Standorten, mit Stipetalia calamagrostis-Gesellschaften.
Standort: Kalkschutt- oder feinerdereiche skeletthaltige und kalkreiche Kolluvien an Steilhängen, relativ lange Vegetationsperiode, oft wärmebegünstigte Lagen.
Subtypen: -
Pflanzenarten, dominante: *Achnatherum calamagrostis, Galeopsis angustifolia, Gymnocarpium robertianum, Rumex scutatus, Vincetoxicum hirundinaria.*

typische: *Achnatherum calamagrostis, Calamagrostis varia, Cardaminopsis arenosa, Chaenorhinum minus, Cystopteris fragilis, Galeopsis angustifolia, Galeopsis ladanum, Gymnocarpium robertianum, Hieracium glaucum, Petasites paradoxus, Rumex scutatus, Sesleria varia, Vincetoxicum hirundinaria.*

Moose: *Campylium chrysophyllum, Ctenidium molluscum, Ditrichum flexicaule, Encalypta streptocarpa, Fissidens dubius, Homalothecium lutescens, Hypnum cupressiforme, Neckera crispa, Polytrichum formosum, Schistidium apocarpum, Tortella tortuosa, Tortula muralis, Tortula subulata.*

Flechten: *Acarospora macrospora, Caloplaca cirrochroa, Caloplaca flavescens, Candelariella aurella, Catillaria lenticularis, Collema fuscovirens, Leptogium lichenoides, Protoblastenia rupestris.*

Tierarten:

Vögel: Brachpieper (*Anthus campestris*), Steinschmätzer (*Oenanthe oenanthe*).

Heuschrecken: *Psophus stridulus, Oedipoda germanica.*

Schmetterlinge: *Chazara briseis, Chersotis multangula, Eupithecia semigraphata, Idaea moniliata, Melitaea didyma, Parnassius apollo, Scolitantides orion, Zygaena carniolica.*

Käfer: *Brachinus crepitans, Cymindis axillaris, Ophonus cordatus.*
Hautflügler: *Coelioxys afra, Dioxys tridentata, Megachile parietina, Megachile pilidens, Osmia andrenoides, Osmia anthocopoides, Osmia ravouxi, Osmia villosa, Stelis nasuta.*
Spinnen: *Trochosa robusta.*
Weichtiere: *Abida secale, Acicula lineolata, Orcula dolium, Pupilla muscorum, Pupilla triplicata, Vitrea subrimata.*

Kartierungshinweise: Voraussetzung der Zuordnung einer Schutthalde zu diesem Lebensraumtyp ist das Vorkommen von Vegetation der aufgeführten Syntaxa. In die Abgrenzung sollte der gesamte wald- und gebüschfreie Teil der Schutthalde einbezogen werden, wenn in nennenswerten Flächen entsprechende Vegetation ausgebildet ist. Schutthalden ohne Vegetation höherer Pflanzen sind nicht zu erfassen.

Variabilität: -

Komplexe: I.d.R. im Kontakt zu Steilhang- und Schluchtwäldern.

Biotoptypen:

BTB	RL	REG	BIOTOPTYP	EIG_CODE	EIG
320401	3	K	natürliche Schutthalde aus Karbonatgestein		

Vegetation:

Epilobio dodonaei-Scrophularietum caninae W. KOCH & BR.-BL. 48	v
Stipion calamagrostis JENNY-LIPS ex BR.-BL. et al. 52	pp
Stipetum calamagrostis BR.-BL. 18	pp
Gymnocarpietum robertiani (KAISER 26) TX. 37	pp
Rumicetum scutati FABER 36 em. KUHN 37	pp
Galeopsietum angustifoliae BÜKER 42	v
Vincetoxietum hirundinariae KAISER 26	v

Nutzung/Pflege: Keine Nutzung oder Pflege.

Sukzession: Keine, sofern die Schutthalden ausreichend groß sind und nicht randlich vom Wald überschattet werden.

Hauptgefährdungsfaktoren: Trittbeeinträchtigung, Abbau oder direkte Zerstörung.

Bemerkungen: -

Natürliche und naturnahe Kalkfelsen und ihre Felsspaltvegetation

NATURA 2000-Code: 8210

D: Kalkhaltige Untertypen [Felsen mit ihrer Vegetation]

F: Sous-types calcaires [Végétation chasmophytique des pentes rocheuses]

E: Calcareous sub-types [Chasmophytic vegetation on rocky slopes]

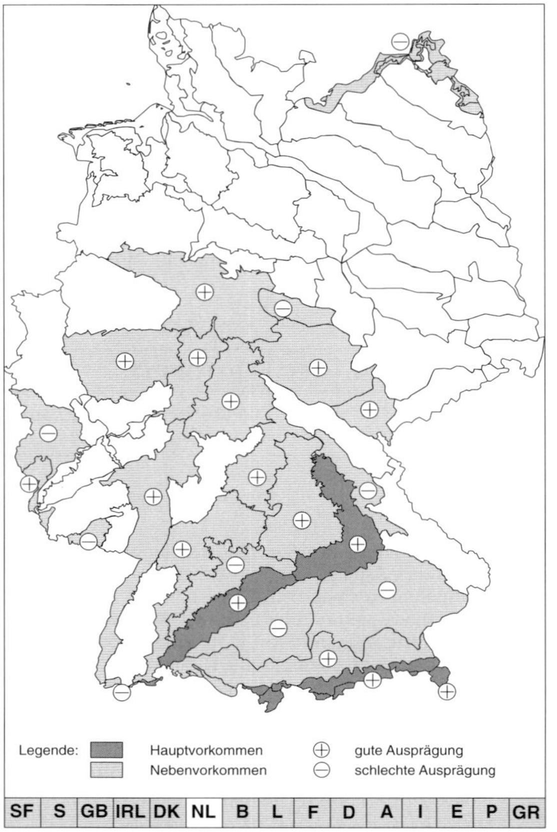

Abb. 92: Verbreitung des Lebensraumtyps 8210 in Deutschland und der Europäischen Union.

Code nach Anhang I: 61.1, 62.1 A

Pal. Code: 62.1, alle Subtypen

Definition: Trockene bis frische Kalkfelsen und Kalksteilwände mit ihrer Felsspalten-Vegetation (Potentilletalia caulescentis) in allen Höhenstufen.

Standort: Geklüftete oder gebankte Kalkfelsbereiche.

Subtypen: In Deutschland nur Subtyp 8215 Potentilletalia caulescentis (Pal. Code 6215).

Pflanzenarten, dominante: -

typische: Tieflagen: *Asplenium ruta-muraria*, *Asplenium trichomanes*, *Asplenium viride*, *Biscutella laevigata*, *Ceterach officinarum*, *Cymbalaria muralis*, *Cystopteris fragilis*, *Draba aizoides*, *Hieracium humile*, *Kernera saxatilis*, *Polypodium interjectum*, *Saxifraga paniculata*, *Sedum dasyphyllum*, *Sesleria varia*, *Valeriana tripteris*;
Hochlagen (alpine Stufe): *Androsace helvetica*, *Androsace lactea*, *Arabis pumila*, *Carex brachystachys*, *Carex mucronata*, *Draba tomentosa*, *Festuca alpina*, *Minuartia rupestris*, *Potentilla caulescens*, *Primula auricula*, *Rhamnus pumila*, *Valeriana saxatilis*;
Hoch- und Tieflagen, Kryptogamen:
Moose: *Encalypta streptocarpa*, *Homalothecium sericeum*, *Orthotrichum anomalum*, *Orthotrichum cupulatum*, *Schistidium apocarpum*, *Tortula intermedia*.
Flechten: *Aspicilia calcarea*, *Aspicilia contorta*, *Buellia epipolia*, *Caloplaca dolomiticola*, *Caloplaca flavescens*, *Caloplaca variabilis*, *Collema cristatum*, *Collema multipartitum*, *Dermatocarpon miniatum*, *Labothallia radiosa*, *Lecanora dispersa*, *Lecanora muralis*, *Rhinodina bischoffii*, *Xanthoria candelaria*.

Tierarten:

Vögel: Steinadler (*Aquila chysaetos*), Uhu (*Bubo bubo*), Wanderfalke (*Falco peregrinus*), Turmfalke (*Falco tinnunculus*), Felsenschwalbe (*Ptynopragne rupestris*), Alpendohle

(*Pyrrhocorax graculus*), Mauerläufer (*Tichodroma muraria*).
Schmetterlinge: *Dysauxes ancila, Eilema palliatella, Eupithecia distinctaria, Iphiclides podalirius, Lasiommata maera, Lasiommata megera, Paidia rica.*
Hautflügler: *Anthidium manicatum, Anthidium oblongatum, Anthidium punctatum, Anthophora plumipes, Colletes daviesianus, Hylaeus punctulatissimus, Lasioglossum nitidulum, Megachile parietina, Osmia anthocopoides, Osmia mustelina, Osmia villosa.*
Zweiflügler: *Cheilosia caerulescens, Cheilosia crassiseta.*
Spinnen: *Pardosa nigra, Pardosa saturatior.*
Weichtiere: *Abida secale, Chilostoma achates, Chilostoma cingulatum, Chondrina avenacea, Chondrina clienta, Clausilia dubia, Clausilia rugosa ssp. parvula, Columella columella, Laciniaria plicata, Pagodulina pagodula, Pupilla sterri, Pyramidula rupestris, Sphyradium doliolum.*

Kartierungshinweise: Voraussetzung der Zuordnung zu diesem Lebensraumtyp ist das Vorkommen von Vegetation der aufgeführten Syntaxa.
In die Abgrenzung sollte der gesamte wald- und gebüschfreie Teil der Felswand einbezogen werden, wenn auf nennenswerter Fläche die entsprechende Vegetation ausgebildet ist.
Sekundäre Vorkommen an alten Mauern sind ausgeschlossen.

Variabilität: In Deutschland Schwerpunkte an den Steilabfällen und Durchbruchstälern der Fränkischen und Schwäbischen Alb sowie in den Alpen mit unterschiedlichen regionalen Ausbildungen. In manchen Felsmassiven reich an Glazialrelikten.

Komplexe: Komplexe mit „vegetationsfreien" Felskuppen (Algen- und Flechtengesellschaften), Pioniervegetation des Alysso-Sedion albi, Trockenrasen (Festuco-Brometea) sowie thermophilen Saum- und Gebüschgesellschaften (Geranion sanguinei, Berberidion).
Bestandteil der sogenannten „Steppenheide-Komplexe" der Schwäbischen und Fränkischen Alb.

Biotoptypen:

BTB	RL	REG	BIOTOPTYP	EIG_CODE	EIG
320101	3	S	natürlicher Karbonatfels (Kalk, Dolomit)	P541	mit Vegetation der Potentilletalia caulescentis
620101			Felswand der subalpinen bis nivalen Stufe aus Karbonatgestein	P541	mit Vegetation der Potentilletalia caulescentis
620201			Felsblöcke der subalpinen bis nivalen Stufe aus Karbonatgestein	P541	mit Vegetation der Potentilletalia caulescentis

Vegetation:

Asplenietea trichomanis (BR.-BL. in MEIER & BR.-BL. 34) OBERD. in OBERD. 77	pp
Potentilletalia caulescentis BR.-BL. 26	v
Potentillion caulescentis BR.-BL. 26	v
Androsacetum helveticae LÜDI ex BR.-BL. 26	v
Potentilletum clusianae HÖPFLINGER 57	v
Hieracio humilis-Potentilletum caulescentis BR.-BL. in MEIER & BR.-BL. 34	v
Cardaminopsietum petraeae THORN 58	v
Caricetum mucronatae (HOLZNER & HÜBL 77) SMETTAN 81	v
Asplenietum trichomano-rutae-murariae TX. 37	v

Minuartietum rupestris TREPP. 78	v
Cystopteridion fragilis RICHARD 72	v
Asplenio viridis-Cystopteridetum fragilis (KUHN 39) OBERD. 49	v
Heliospermo-Cystopteridetum alpinae RICHARD 72	v
Asplenio-Caricetum brachystachyos RICHARD 72 nom. inv.	v

Nutzung/Pflege: Keine Pflege erforderlich.
Sukzession: Keine, soweit die Felsbereiche ausreichend groß und steil sind, um nicht von Wald überwachsen zu werden.
Hauptgefährdungsfaktoren: Gesteinsabbau, Freizeitnutzung (Klettern).
Bemerkungen: -

Silikatfelsen und ihre Felsspaltenvegetation

NATURA 2000-Code: 8220

D: Kieselhaltige Untertypen [Felsen mit ihrer Vegetation]

F: Les sous-types silicicoles [Végétation chasmophytique des pentes rocheuses]

E: Silicicolous sub-types [Chasmophytic vegetation on rocky slopes]

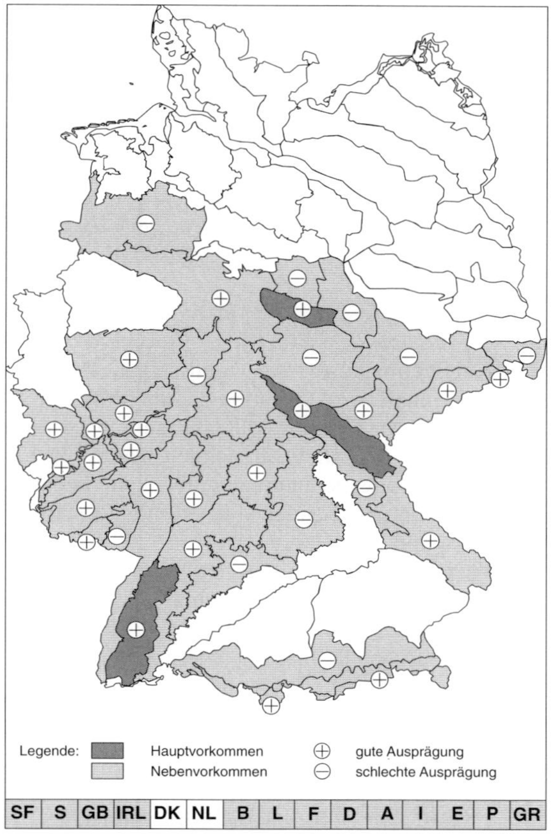

Abb. 93: Verbreitung des Lebensraumtyps 8220 in Deutschland und der Europäischen Union.

Code nach Anhang I: 62.2

Pal. Code: 62.2, alle Subtypen

Definition: Silikatfelsen mit ihrer Felsspaltenvegetation (Androsacetalia vandellii). Eingeschlossen ist als Sonderfall die Serpentinitfelsspalten-Vegetation des Verbandes Asplenion serpentini, nicht jedoch die sekundären Standorte der Androsacetalia vandellii (Mauerspalten etc.).

Standort: Silikatische Felsen, ± ohne Bodenbildung, aber mit Felsspalten.

Subtypen: -

Pflanzenarten, dominante: -

typische: *Asplenium adiantum-nigrum, Asplenium septentrionale, Epilobium collinum, Hieracium intybaceum, Saxifraga sponhemica, Sedum telephium*;

Serpentinit: *Asplenium adulterinum, Asplenium cuneifolium, Asplenium obovatum ssp. lanceolatum, Asplenium trichomanes, Asplenium x alternifolium, Polypodium vulgare, Woodsia ilvensis.*

Moose: *Amphidium mougeotii, Andraea rupestris, Bartramia pomiformis, Bryum alpinum, Grimmia elongata, Hedwigia ciliata, Metzgeria conjugata, Racomitrium heterostrichum, Rhabdoweisia fugax, Schistidium flaccidum.*

Flechten: *Aspicilia caesiocinerea, Bellemerea alpina, Brodoa intestiniformis, Candelariella coralliza, Cornicularia normoerica, Diploschistes scruposus, Lasallia pustulata, Lecidea confluens, Lecidea fuscoatra, Ophioparma ventosa, Parmelia conspersa, Parmelia disjuncta, Parmelia stygia, Pertusaria flavicans, Pertusaria lactea, Pertusaria leucosora, Pleopsidium chlorophanum, Ramalia capitata, Rhizocarpon alpicola, Rhizocarpon geographicum, Thephromela atra, Umbilicaria deusta, Umbilicaria hirsuta.*

Flechten schwermetallreicher Standorte: *Acarospora sinopica, Lecanora epanora, Lecanora handelii, Lecanora subaurea, Lecidea silacea, Placopsis lambii, Protoparmelia nephaea.*

Tierarten:

Säugetiere: Braunes Langohr (*Plecotus auritus*, Überwinterung in Felspalten)

Vögel: Uhu (*Bubo bubo*), Wanderfalke (*Falco peregrinus*), Turmfalke (*Falco tinnunculus*).

Reptilien/Amphibien: Mauereidechse (*Podarcis muralis*).

Schmetterlinge: *Chazara briseis*, *Cryphia muralis*, *Cuculia xeranthemi*, *Dysauxes ancilla*, *Eilema palliatella*, *Eupithecia impurata*, *Nudaria mundana*, *Paida rica*, *Parnassius apollo*, *Philea imorella*.

Käfer: *Amara infima*, *Cymindis macularis*.

Hautflügler: *Agenioideus cinctellus*, *Agenioideus sericeus*, *Anthidium manicatum*, *Anthidium oblongatum*, *Anthidium punctatum*, *Anthophora acervorum*, *Anthophora quadrimaculata*, *Colletes daviesianus*, *Hylaeus puctatissimus*, *Lasioglossum nitidulum*, *Osmia mustelina*.

Zweiflügler: *Cheilosia semifasciata*, *Chromatomyia scolopendri*, *Paragus spp.*, *Sphaerophoria spp.*.

Weichtiere: *Clausilia bidentata*, *Cochlodina laminata*, *Helicigona lapicida*, *Laciniaria plicata*, *Lauria cylindracea*, *Merdigera obscura*, *Vertigo alpestris*.

Kartierungshinweise: Voraussetzung der Zuordnung zu diesem Lebensraumtyp ist das Vorkommen von Vegetation der aufgeführten Syntaxa.

In die Abgrenzung sollte der gesamte wald- und gebüschfreie Teil der Felswand einbezogen werden, wenn auf nennenswerter Fläche die entsprechende Vegetation ausgebildet ist. Anthropogene naturnah entwickelte Felswände (z.B. Steinbrüche) sind beim Vorhandensein entsprechender Vegetation eingeschlossen, nicht jedoch Sekundärstandorte an Mauern und Bauwerken.

Variabilität: Alpen und herzynische Mittelgebirge mit z.T. regional differenzierten Pflanzengesellschaften und Fauna.

Komplexe: Komplexe mit Silikatschutthalden, Pionierrasen und Felsgrusgesellschaften, Gebüschen und Hangwäldern auf Gesteinsschutt.

Biotoptypen:

BTB	RL	REG	BIOTOPTYP	EIG_CODE	EIG
320102	3	S	natürlicher Silikatfels (ohne Serpentinit)	P544	mit Felsspalten-vegetation der Androsacetalia alpinae
320103	2	S	natürlicher Serpentinitfels	P544	mit Felsspalten-vegetation der Androsacetalia alpinae
620102			Felswand der subalpinen bis nivalen Stufe aus Silikatgestein	P544	mit Felsspalten-vegetation der Androsacetalia vandellii
6202	*	S	Felsblöcke der subalpinen bis nivalen Stufe aus Silikatgestein	P544	mit Felsspalten-vegetation der Androsacetalia alpinae

Vegetation:

Androsacetalia vandellii BR.-BL. in MEIER & BR.-BL. 34 v
Androsacion vandellii BR.-BL. 26 v

Woodsio ilvensis-Asplenietum septentrionalis TX. 37	v
Biscutello-Asplenietum septentrionalis KORNECK 74	v
Asplenietum septentrionali-adianti-nigri OBERD. 38	v
Saxifraga sponhemica-Gesellschaft	v
Sileno rupestris-Asplenietum septentrionalis OBERD. 57	v
Asarinion procumbentis BR.-BL. in MEIER & BR.-BL. 34	v
Crocynio-Asplenietum billotii G. SCHULZE & KORNECK 71	v
Asplenion serpentini BR.-BL. & TX. 43	v
Asplenietum serpentini (KNAPP 42) GAUCKLER 54	v

Nutzung/Pflege: Keine Pflege erforderlich.
Sukzession: Keine, soweit die Felsbereiche ausreichend groß und steil sind, um nicht von Wald überwachsen zu werden.
Hauptgefährdungsfaktoren: Gesteinsabbau, Freizeitnutzung (Klettern).
Bemerkungen: -

Silikatfelskuppen mit ihrer Pioniervegetation (Sedo-Scleranthion, Sedo-albi Veronicion dillenii)

NATURA 2000-Code: 8230

D: Pionierrasen auf Felsenkuppen
F: Pelouses pionnières sur dômes rocheux
E: Pioneer vegetation of rock surfaces

Code nach Anhang I: 62.3
Pal. Code: 62.21
Definition: Silikatfelskuppen mit ihrer Pioniervegetation auf flachgründigen Felsstandorten (Sedo-Scleranthion, Sedo albi-Veronicion dillenii) und Felsgrus. Infolge Trockenheit ist die lückige Vegetation durch zahlreiche Moose, Flechten und Crassulaceen gekennzeichnet.
Die Silikatfelskuppen und -simse mit artenreichen Silikatflechtengesellschaften sind zumindest in Mitteleuropa extrem gefährdet und sind ebenfalls eingeschlossen.
Standort: Anstehende Silikatfelskuppen und -simse mit fehlender oder geringer Bodenbildung.
Subtypen: -
Pflanzenarten, dominante: -
typische: *Veronica verna, Allium montanum, Androsace elongata, Arenaria leptoclados, Cerastium pumilum, Erophila praecox, Festuca heteropachys, Filago minima, Gagea bohemica ssp. saxatilis, Holosteum umbellatum, Myosotis stricta, Petrorhagia prolifera, Rumex acetosella, Saxifraga tridactylites, Scleranthus perennis, Scleranthus polycarpos, Sedum acre, Sedum album, Sedum annuum, Sedum forsterianum, Sedum rupestre, Sedum sexangulare, Sempervivum arachnoideum, Sempervivum montanum, Silene rupestris, Spergula pentandra, Thymus praecox ssp. praecox, Trifolium arvense, Veronica dillenii, Veronica fruticans.*
Moose: *Bryum argenteum, Ceratodon conicus, Grimmia laevigata, Hedwigia ciliata, Pleurochaete squarrosa, Polytrichum piliferum, Racomitrium canescens, Rhytidium rugosum, Riccia ciliifera, Schistidium flaccidum, Tortula ruraliformis.*
Flechten: *Cetraria aculeata, Cladonia foliacea, Cladonia furcata, Cladonia pyxidata, Cladonia rangiformis, Parmelia conspersa, Parmelia omphalodes, Parmelia saxatilis, Peltigera rufescens.*

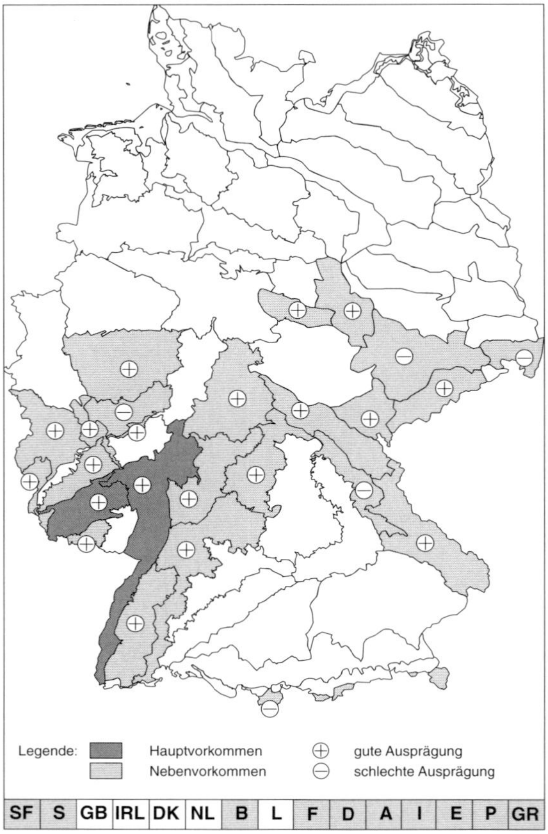

Abb. 94: Verbreitung des Lebensraumtyps 8230 in Deutschland und der Europäischen Union.

Tierarten:

Schmetterlinge: *Parnassius apollo, Iphiclides podalirius, Lasiommata megera, Setina irrorella, Nudaria mundana, Eupithecia ditinctaria.*

Käfer: *Amara infima, Cymindis macularis.*

Zweiflügler: *Paragus spp., Pipizella divicoi, Pipizella virens, Sphaerophoria scripta.*

Weichtiere: *Laciniaria plicata, Pupilla bigranata, Pupilla muscorum, Truncatellina cylindrica.*

Kartierungshinweise: Voraussetzung der Zuordnung zu diesem Lebensraumtyp ist das Vorkommen von Vegetation der aufgeführten Syntaxa.

In die Abgrenzung sollte der gesamte wald- und gebüschfreie Teil der Felskuppen einbezogen werden, wenn auf nennenswerter Fläche die entsprechende Vegetation ausgebildet ist. Sekundäre Felsstandorte (z.B. in Steinbrüchen, Felsen an Straßenböschungen etc.) sind bei Entwicklung entsprechender Vegetation eingeschlossen, jedoch nicht die Mauerspaltenvegetation an Bauwerken.

Variabilität: -

Komplexe: Meist im Komplex mit trockenen Gebüschen und Waldgrenzstandorten, z.T. auch mit silikatischen Schutthalden, Felsspaltenvegetation und Silikattrockenrasen.

Biotoptypen:

BTB	RL	REG	BIOTOPTYP	EIG_CODE	EIG
320102	3	S	natürlicher Silikatfels (ohne Serpentinit)	P542	mit Vegetation des Sedo-Scleranthion oder Sedo-Veronicion dillenii (mind. stellenweise)
320103	2	S	natürlicher Serpentinitfels	P542	mit Vegetation des Sedo-Scleranthion oder Sedo-Veronicion dillenii (mind. stellenweise)

Vegetation:

Sedo-Scleranthetalia BR.-BL. 55	v
Sedo-Scleranthion BR.-BL. (49) 55	v
Sclerantho-Sempervivetum arachnoidei BR.-BL. (49) 55	v
Sileno rupestris-Sedetum annui OBERD. 57	v
Sedo albi-Veronicion dillenii (OBERD. 57) KORNECK 74	v
Allio montani-Veronicetum vernae OBERD. 57 em. KORNECK 75	v
Gageo saxatilis-Veronicetum dillenii (OBERD. 57) KORNECK 74	v
Seslerio-Festucion pallentis KLIKA 31 em. KORNECK 74	pp

Nutzung/Pflege: Keine Pflege erforderlich.

Sukzession: Primäre Bestände unterliegen keiner Sukzession. Bei ausreichend tiefen Felsspalten können sich langsam lichte Gebüsche entwickeln.

Hauptgefährdungsfaktoren: Gesteinsabbau, Trittbeeinträchtigung (Klettern).

Bemerkungen: Felsbandrasen (Seslerio-Festucion pallentis) mit kennzeichnenden Arten: *Festuca pallens, Melica ciliata, Dianthus gratianopolitanus, Erysimum crepidifolium,*

Erysium odoratum, Alyssum montanum ssp. montanum, sollten bei der Gebietsabgrenzung mit eingeschlossen werden, auch wenn sie derzeit nicht explizit in Anhang I genannt sind.

Nicht touristisch erschlossene Höhlen

NATURA 2000-Code: 8310

D: Nicht touristisch erschlossene Höhlen
F: Grottes non exploitées par le tourisme
E: Caves not open to the public

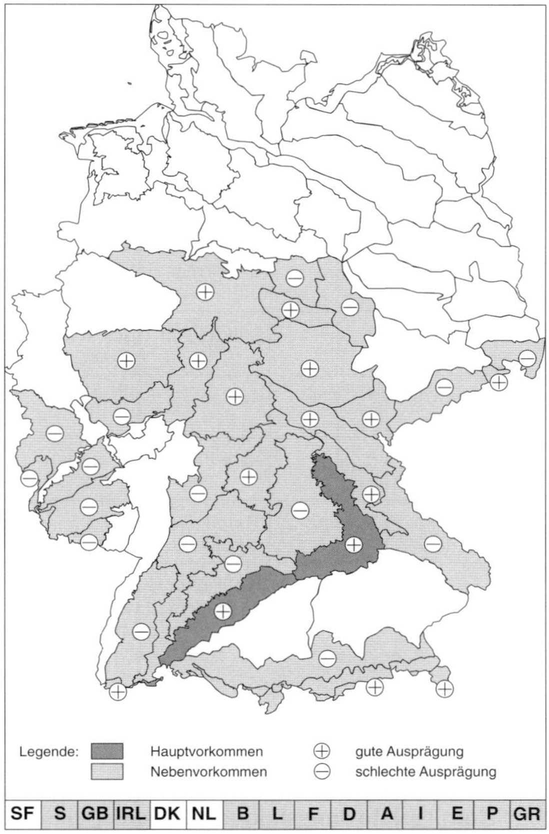

Abb. 95: Verbreitung des Lebensraumtyps 8310 in Deutschland und der Europäischen Union.

Code nach Anhang I: 65
Pal. Code: 65
Definition: Höhlen und Balmen (Halbhöhlen), soweit diese nicht touristisch erschlossen oder genutzt sind, einschließlich ihrer Höhlengewässer. Höhlen werden i.d.R. von spezialisierten Tierarten (Troglobionten) bewohnt, unter denen z.T. Endemiten für bestimmte Höhlensysteme vorkommen.
Standort: Reduzierter oder fehlender Tageslichteinfall, ± ausgeglichenes, der mittleren Jahrestemperatur angeglichenes Innenklima, konstant hohe Luftfeuchtigkeit.
Subtypen: -
Pflanzenarten, dominante: -
typische: Nur noch Moose (z.B. *Eucladium verticillatum*, *Schistostega pennata*) und Algenüberzüge im Eingangsbereich.
Tierarten:
Säugetiere: Winterquartiere für die meisten einheimischen Fledermausarten, z.B.: Wasserfledermaus, (*Miniopteris daubentoni*), Langflügelfledermaus (*Miniopteris schreibersi*, auch Wochenstube), Große Bartfledermaus (*Myotis brandti*), Teichfledermaus (*Myotis dasycneme*), Wimpernfledermaus (*Myotis emarginatus*), Mausohr (*Myotis myotis*), Fransenfledermaus (*Myotis nattereri*), Braunes Langohr (*Plecotus auritus*), Graues Langohr (*Plecotus austriacus*), Große Hufeisennase (*Rhinolophus ferrumequinum*), Kleine Hufeisennase (*Rhinolophus hipposeridos*).
Schmetterlinge: Jeweils nur Teillebensraum: für einige Arten Überwinterungshabitat.
Käfer: *Arcta phaenops angustipennis*, *Laemostenus terricola*, *Sphodrus leucophthalmus*.
Zweiflügler: Überwinterungshabitat für einige Arten z.B. *Eristalis tenax*.
Spinnen: *Meta menardi*, *Nesticus cellulanus*, *Nesticus eremita*, *Nesticus indriacus*, *Porrhomma convexum*, *Porrhomma egeria*, *Porrhomma myops*, *Porrhomma rosenhaueri*.
Weichtiere: *Bythiospeum acicula*, *Bythiospeum quenstedti*, *Bythiospeum sandbergeri*, *Pisidium personatum*.

Sonstige Wirbellose: Krebse: *Niphargus fontanus*, *Proasellus cavaticus*; Strudelwürmer: *Phagocata vitta*.

Kartierungshinweise: Höhlen sollten v.a. in Hinblick auf ihre zoologische Bedeutung z.B. als Fledermauswinterquartiere gemeldet werden. Für kartographische Eintragungen genügt i.d.R. die Angabe des Höhleneingangs.

Variabilität: Ausgedehnte unterirdische Karsthöhlensysteme v.a. im Südharz, in der Schwäbischen und Fränkischen Alb, z.T. bis an den Alpenfuß reichend.

Komplexe: -

Biotoptypen:

BTB	RL	REG	BIOTOPTYP	EIG_CODE	EIG
210201	*	N	kalkarmer Höhlenbach	N001	keine Nutzung/ Erschließung
210202	*	N	kalkreicher Höhlenbach	N001	keine Nutzung/ Erschließung
210301	*	N	kalkarmer Höhlensee	N001	keine Nutzung/ Erschließung
210302	*	N	kalkreicher Höhlensee	N001	keine Nutzung/ Erschließung
310101	3	N	Balme (Halbhöhle) und Eingangsbereich von Höhlen	N001	keine Nutzung/ Erschließung
310102	3	N	natürliche Höhle (Bereiche ohne Tageslichteinfluß)	N001	keine Nutzung/ Erschließung

Vegetation: -

Nutzung/Pflege: Keine Pflege erforderlich.

Sukzession: -

Hauptgefährdungsfaktoren: Touristische Nutzung (v.a. Tropfsteinhöhlen), Verschluß der Eingänge, lokale Nutzung von Balmen als Schafunterstände.

Bemerkungen: In Karsthöhlen häufig Tropfsteinbildung; unterhalb des Karstwasserspiegels sind meist ± runde wassergefüllte Höhlensysteme ausgebildet.

Unter oder teilweise unter Wasser liegende Meereshöhlen

D: Unter oder teilweise unter Wasser liegende Meereshöhlen
F: Grottes marines submergées ou semi-submergées
E: Submerged or partly submerged sea caves

Code nach Anhang I: -
Pal. Code: 12.7, 11.26, 11.294
Definition:
1) An den Felsküsten von der Brandung ausgespülte Höhlen, die bei Flut unter Wasser stehen.
2) Höhlen in felsigem Hartsubstrat, die ständig unter dem Meerespiegel liegen.

Standort: Marines Benthal, Hartsubstrat.
Subtypen: -
Pflanzenarten, dominante: Je nach Wassertiefe verschiedene marine Algen z.B. *Hildenbrandia rubra*, *Lithothamnion sonderi*.
typische: -
Tierarten:
Weichtiere: *Octopus vulgaris*.
Sonstige Wirbellose: Krebse: *Homarus gammarus*; Seeigel: *Echinus esculentus*.
Kartierungshinweise: Punkteintrag in Karten.
Variabilität: In Deutschland nur vom Felssockel in Helgoland bekannt.
Komplexe: -

NATURA 2000-Code: 8330

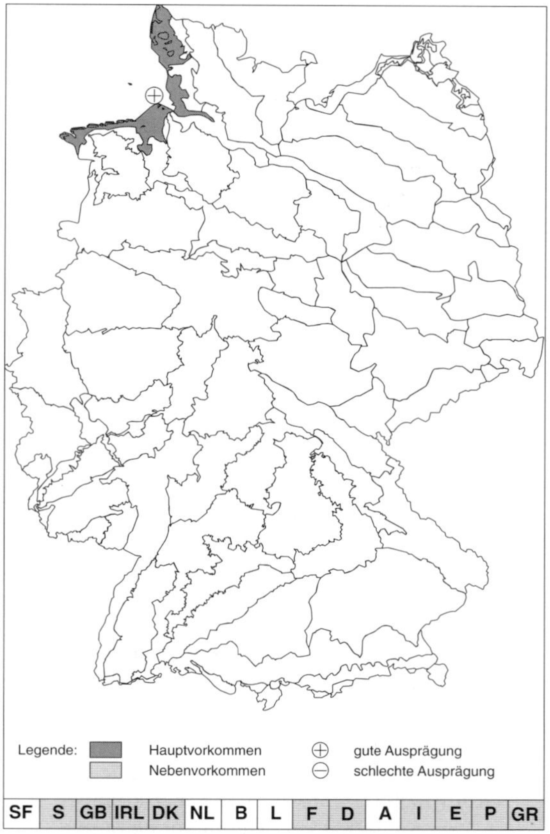

Abb. 96: Verbreitung des Lebensraumtyps 8330 in Deutschland und der Europäischen Union.

Biotoptypen:

BTB	RL	REG	BIOTOPTYP	EIG_CODE	EIG
010204	3	S	Benthal der Nordsee mit Hartsubstrat		- nur Höhlen -

Vegetation: -

Nutzung/Pflege: Keine Pflege erforderlich.
Sukzession: -
Hauptgefährdungsfaktoren: Gewässerverschmutzung, Nährstoffeintrag.
Bemerkungen: Sollte in die Obergruppe „Meeresgewässer und Gezeitenzonen“ gestellt werden.

Gletscher

NATURA 2000-Code: 8340

D: Permanente Gletscher
F: Glaciers permanents
E: Permanent glaciers

Code nach Anhang I: -
Pal. Code: 63.3, 63.2
Definition: Gletscher und permanente Schneefelder.
Standort: Ganzjährig Schnee- oder Eisbedeckung, Hochgebirge.
Subtypen: -
Pflanzenarten, dominante: -
typische: Auf dem Gletscher allenfalls Algen z.B. *Chlamydomonas nivalis*, im Gletschervorfeld zerstreut einzelne höhere Pflanzen.
Tierarten:
Sonstige Wirbellose: Schnabelfliegen: *Boreus hiemalis*; Springschwänze: *Isotoma nivalis*, *Isotoma saltans*; Weberknechte: *Mitopus glacialis*.
Kartierungshinweise: Das unmittelbare Gletschervorfeld mit den jüngsten Grund- und Endmoränenzügen sollte bei der Gebietsabgrenzung mit eingeschlossen werden.
Variabilität: -
Komplexe: Im Kontakt zu Felskomplexen, Schutthalden, Moränenfeldern und -zügen.

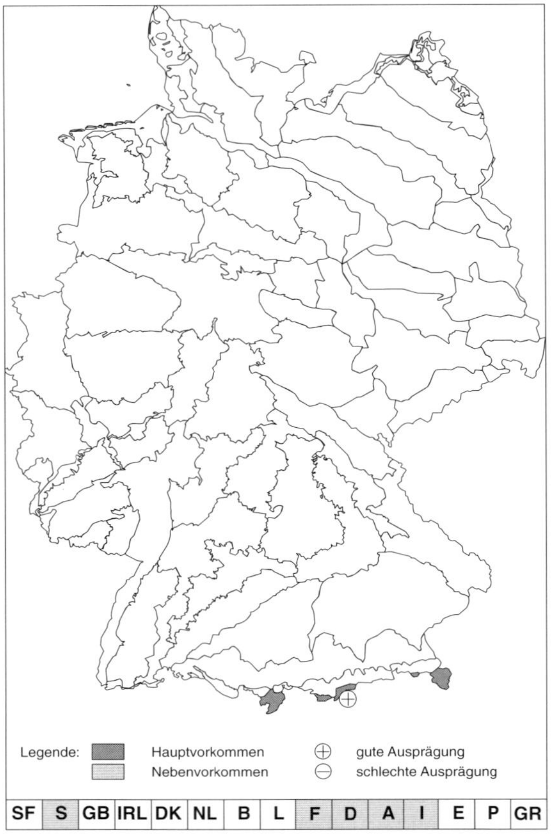

Abb. 97: Verbreitung des Lebensraumtyps 8340 in Deutschland und der Europäischen Union.

Biotoptypen:

BTB	RL	REG	BIOTOPTYP	EIG_CODE	EIG
61	*	N	Firn, Permanente Schneefelder		

Vegetation: -

Nutzung/Pflege: Keine Pflege erforderlich.
Sukzession: -
Hauptgefährdungsfaktoren: Luftschadstoffe, Klimaveränderungen (Erwärmung), touristische Nutzung z.B. Gletscherwanderungen.
Bemerkungen: In Deutschland nur in den Alpen (z.B. Blaueisgletscher, Schneeferner).

Foto 68: Bodensaurer Buchenwald (9110): Forstlich beeinflußter Hainsimsen-Buchenwald im Naturschutzgebiet „Hohe Sonne“ bei Eisenach, Oktober 1996, U. Hauke.

Foto 69: Kalk-Buchenwald (9130): Frühjahrsaspekt eines Waldmeister-Buchenwaldes mit Hohlem Lerchensporn (*Corydalis cava*) im Weberstädter Holz, Nationalpark Hainich, Mai 1996, C. Rückriem.

Foto 70: Kalk-Buchenwald (9130): Naturnaher Bergmischwald (montane Ausbildung des Lebensraumtyps) in der Herbstfärbung am Königssee im Nationalpark Berchtesgaden, Oktober 1990, U. Hauke.

Foto 71: Subalpiner Buchenwald mit Ahorn und Bergampfer (9140): Aceri-Fagetum am Feldberg, Schwarzwald, Juli 1990, E. Schröder.

Foto 72: Sternmieren-Eichen-Hainbuchenwald (9160): Frühjahrsaspekt eines Stellario-Carpinetums, Breiter Busch bei Alverskirchen, Westfalen, Mai 1989, C. Rückriem.

Foto 73: Labkraut-Eichen-Hainbuchenwald (9170): Weitgehend ungenutztes Galio-Carpinetum bei Eisenach, Oktober 1996, U. Hauke.

Foto 74: *Schlucht- und Hangmischwälder (9180): Hirschzungen-Schluchtwald auf Blockschutt, Naabtalhänge nördlich Pielenhofen (Bayern), Juni 1993, C. Rückriem.

Foto 75: Alte bodensaure Eichenwälder mit *Quercus robur* auf Sandebenen (9190): Eichen-Birkenwald in den Bockholter Bergen bei Münster, Juni 1990, E. Schröder.

Foto 76: *Birken-Moorwald (91D1): Lockeres Betuletum pubescentis auf einem Verlandungs-Zwischenmoor bei Templin (Uckermark), Juni 1997, U. Hauke.

Foto 77: *Waldkiefern-Moorwald (91D2): blühender Sumpfporst (*Ledum palustre*) in einem Ledo-Pinetum bei Gollin im Biosphärenreservat Schorfheide-Chorin, Juni 1996, A. Ssymank.

Foto 78: *Bergkiefern-Moorwald (91D3): Spirken-Moorwald im Ohlstädter Filz, Murnauer Moos (Bayern), Juli 1997, C. Rückriem.

Foto 79: *Weichholzaue (91E0): Silberweiden-Wald an einem Altwasser der Oder, im Naturschutzgebiet Eichwald bei Frankfurt/Oder, Mai 1997, C. Rückriem.

Foto 80: Eichen-, Ulmen-, Eschen-Mischwälder am Ufer großer Flüsse (91F0): Naturnaher Hartholzauwald im Naturschutzgebiet Eichwald bei Frankfurt/Oder, September 1994, U. Hauke.

Foto 81: Bodensaure Fichtenwälder (Vaccinio-Piceetea) (9410): Blockschuttreicher Fichtenwald am Kleinen Arbersee im Nationalpark Bayerischer Wald, August 1997, E. Schröder.

Foto 82: Alpiner Lärchen-Arvenwald (9420): Lärchenwald auf einem Kalk-Steilhang am Jenner, Berchtesgadener Alpen, Mai 1993, A. Ssymank.

4.3.7 Wälder

Vorbemerkung zu den Wäldern

Die Präambel zum Kapitel Wälder in Anhang I:

„Naturnahe und natürliche Wälder mit einheimischen Arten im Hochwaldstadium einschließlich Mittelwald mit typischem Unterholz, die den nachstehenden Kriterien entsprechen: Selten oder Restbestände und/oder Vorkommen von Arten von gemeinschaftlichem Interesse" ist wie folgt zu interpretieren:

1) Seltene Waldtypen oder Reliktwälder in den jeweiligen Biogeographischen Regionen, bzw. in den naturräumlichen Haupteinheiten werden soweit möglich vollständig erfaßt.
2) Insbesondere für weitverbreitete Waldtypen sind folgende Hilfskriterien für naturnahe und natürliche Wälder (im Sinne von Art. 1) anzuwenden, die jedoch nicht alle gleichzeitig zutreffen müssen:
   - typische naturnahe Artenkombination (Flora und Fauna, einheimische Arten), mindestens jedoch eine naturnahe Baumartenzusammensetzung (Arten in ihrem natürlichen Verbreitungsgebiet auf ihren natürlichen Standorten)
   - möglichst (typenbezogen) große zusammenhängende Waldflächen
   - mit mindestens in Teilbereichen hohen Altholzanteilen
   - mit mindestens in Teilbereichen hohen Totholzanteilen
   - Wälder hoher historischer Kontinuität („alte" Wälder)
   - substantieller Beitrag zum Erhalt der genetischen Vielfalt
   - Vollständigkeit des Waldkomplexes (einschl. Säume, Mäntel etc.)

Kartierungshinweise für alle Wälder

Wesentliche Voraussetzungen zur Zuordnung von Waldbeständen zu einem Lebensraumtyp sind das Vorkommen der entsprechenden Syntaxa und eine weitgehend naturnahe Artenzusammensetzung der Baum-, Strauch- und Krautschicht sowie dem Augenschein nach natürliche abiotische Standortsverhältnisse. Eine Unterscheidung von Wäldern und Forsten anhand der Art der Bestandsbegründung erfolgt nicht. Damit sind auch Aufforstungen mit den natürlicherweise im Lebensraumtyp vorkommenden Baumarten auf entsprechendem Standort dem jeweiligen Lebensraumtyp zuzuordnen. Bestände mit bis zu 30 % gesellschaftsfremden Arten in der Baumschicht können noch eingeschlossen werden. Bestände mit größeren Anteilen gesellschaftsfremder Arten sind nicht zu erfassen.

Die Abgrenzung erfolgt unter Einschluß von Mantel und Saum der Waldbestände, sofern diese typisch ausgebildet sind. Nur feuchte, eutrophe Außensäume sind ggf. als separater Lebensraumtyp zu erfassen (6430). Kleinere Bestände (Parzellen) mit abweichender Vegetation können in die Abgrenzung integriert werden. Blößen sowie Aufforstungen mit abweichenden Baumarten oder Kahlschläge innerhalb eines größeren Bestandes sollten bei der Kartierung von Wäldern im FFH-Lebensraumtyp mit eingeschlossen werden.

So sollte z.B. ein dem Lebensraumtyp Sternmieren-Eichen-Hainbuchenwald zuzuordnender Bestand in der Baumschicht Vorkommen von Stiel- oder Traubeneiche sowie der Hainbuche aufweisen, mit der eine entsprechend zusammengesetzte Strauch- und Krautschicht mit den für den Hainbuchenwald typischen Pflanzenarten einhergehen muß.

Für Auenwälder ist das Vorhandensein einer (wenn auch meist bereits veränderten) Überflutungsdynamik wesentliche Voraussetzung für die Zuordnung zu einem Lebensraumtyp. So sind beispielsweise Vorkommen von Silberweiden-Auenwäldern innerhalb gepolderter Bereiche nicht als Lebensraumtyp zu erfassen, weil sie nicht mehr der für Weichholzauen typischen Überflutung unterliegen. Wohl aber können solche Bestände als Potential zur Entwicklung des Lebensraumtyps von Bedeutung sein, wenn naturnahe Bestände im Naturraum inzwischen fehlen oder nur noch in Restbeständen vorhanden sind (Entwicklungsgebot).

Fauna

Die Besiedlung durch Tiere hängt im wesentlichen von folgenden Faktoren ab:

- Mikroklima und abiotische Standortsbedingungen
  Dazu gehören Bestandesklima, Exposition und Lage des Waldgebietes aber auch Bodenbedingungen, die z.B. durch Rohhumusanreicherung oder Mullbildung entstehen (wichtig für Bodenmeso- und Bodenmikrofauna).
- Bestandesstruktur
  Z.B. Altersstruktur, Vertikalstruktur und Horizontalstruktur.
- Totholz und Altholz
  Zahlreiche Tiere, aber auch Pilze, Moose und Flechten sind an Tot- oder Altholz gebunden (vgl. z.B. SSYMANK 1994, SPEIGHT 1989). Zu den besiedlungsbestimmenden Faktoren gehören z.B. die Holzdimension (Starkholz, mittleres Holz, Astholz u.a.), die Baumart, die Position (Wurzelstock, stehende Stämme, liegendes Astholz usw.), besondere Teillebensräume (z.B. Schleimflüsse, Phytotelmen, Kernfäulen, Höhlen, etc.).
  Die FFH-Richtlinie hat im Anhang II eine Reihe von Arten aufgenommen, die diese speziellen Ressourcen benötigen. So leben z.B. bei den Käfern bis auf 2 Wasserkäfer alle Arten des Anhangs II mit ihren Larven an oder im Holz von Bäumen (vgl. HELSDINGEN et al. 1996a). Für Deutschland sind dies:
  - *Buprestis splendens*: In Totholz von *Pinus* und *Larix*
  - *Cerambyx cerdo*: In Totholz von Laubbäumen v.a. Eiche (*Quercus petraea*, *Quercus robur*)
  - *Cucujus cinnaberinus*: In Totholz von Laubbäumen, v.a. Aspe (*Populus tremula*)
  - *Limoniscus violaceus*: Räuber in zersetztem Holz von Laubbäumen
  - *Lucanus cervus*: In Totholz v.a. von Eichen, aber auch *Pinus*
  - *Morimus funereus*: In Totholz von Laubbäumen
  - *Osmoderma eremita*: In stark zersetztem Holz von Laubbäumen und Eibe
  - *Rosalia alpina*: In zersetztem Holz von Laubbäumen (Buche, Esche, Erle u.a.)
- Pflanzenartenreichtum und Blütenangebot
  In feuchten Wäldern besteht i.d.R. auch im Sommer und Spätsommer ein Blütenangebot, während in mesophilen Wäldern nach Abblühen der Frühlingsgeophyten meist keine Blüten oder nur noch wenige Gräser anzutreffen sind. Entsprechend ist der Insektenreichtum besonders bei den Blütenbesuchern in diesen Wäldern höher, ohne daß eine Zuordnung zu einem bestimmten Lebensraumtyp des Anhangs I möglich wäre (Schluchtwälder, feuchte Ausbildungen der Buchenwälder und der Eichen-Hainbuchenwälder u.a.). Die Blütenbesucher sind teilweise von bestimmten Gattungen oder Pflanzenfamilien abhängig, wie z.B. die Biene *Anthophora furcata*, die an *Stachys sylvatica* anzutreffen ist.
- Biotopkomplexe und Zonationen
  Kombinationen von bestimmten Lebensraumtypen für sogenannte Teilsiedler, die in verschiedenen Stadien unterschiedliche Habitate benötigen.

„Typische" Tierarten im Sinne von Charakterarten gibt es daher für die meist vegetationskundlich definierten Lebensraumtypen gerade bei den Wäldern nur begrenzt. Die Angaben zu den Lebensraumtypen sind daher nicht eng auf einen Lebensraumtyp begrenzt. Zahlreiche Arten benötigen bestimmte Requisiten, wie z.B. viele xylosaprophage Arten, die in allen Laubhölzern vorkommen können und zusätzlich oft einen bestimmten Zersetzungsgrad,

Durchmesser des Totholzes oder eine bestimmte Exposition benötigen (Alters- und Bestandsstruktur). Oder aber die mikroklimatischen Bedingungen sind von entscheidender Bedeutung: So kommen z.B. eine Reihe von Arten in allen feuchten Laub(misch)wäldern vor, unabhängig davon, ob es sich um einen Schluchtwald, einen feuchten Eichen-Hainbuchenwald oder um eine feuchte Ausbildung eines Buchenwaldes handelt.

Bei vielen Tierarten stellt der Wald nur einen Teillebensraum dar, der entweder funktionsspezifisch neben anderen Offenlandsbiotopen genutzt wird oder nur von bestimmten Altersstadien oder zeitweise genutzt wird. Dies trifft z.B. auf einige Vogelarten und auf viele Wirbeltierarten zu.

Hainsimsen-Buchenwald (Luzulo-Fagetum)

NATURA 2000-Code: 9110

D: Hainsimsen-Buchenwald (Luzulo-Fagetum)
F: Hêtraies du Luzulo-Fagetum
E: Luzulo-Fagetum beech forests

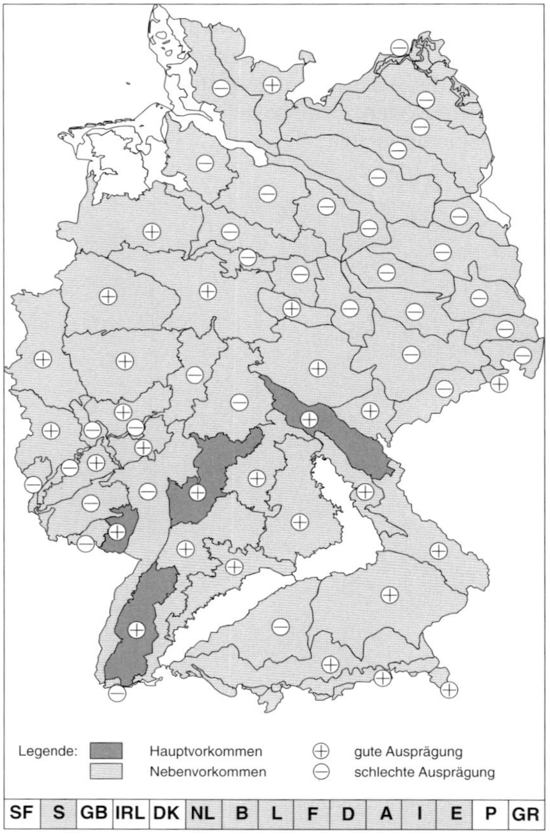

Abb. 98: Verbreitung des Lebensraumtyps 9110 in Deutschland und der Europäischen Union.

Code nach Anhang I: 41.11

Pal. Code: 41.11 (medio european acidophilous beech forests)

Definition: Bodensaure, meist krautarme Buchenwälder von der planaren/kollinen Stufe (hier oft auch mit Eiche *[Quercus petraea, Quercus robur]* in der Baumschicht) bis in die montane Stufe (mit Hochstauden in der Krautschicht). Eingeschlossen sind auch bodensaure naturnahe Flachland-Buchenwälder, die z.T. als eigene Assoziationen beschrieben sind. Dies schließt auch buchenreiche Ausbildungen des Fago-Quercetum mit ein. In der Höhenzonierung eingeschlossen sind auch Buchen-Tannen- und Buchen-Tannen-Fichtenwälder der montanen Stufe („Bergmischwälder" basenarmer Standorte), ohne das „Aceri-Fagetum" der hochmontanen bis subalpinen Stufe (eigener Lebensraumtyp 9140).

Standort: Böden meist über silikatischem Festgestein, auf Kolluvien oder über sandigen Sedimenten entwickelt: Ranker, Braunerden z.T. podsoliert, Oberboden sauer, Humusform i.d.R. Moder oder Rohhumus.

Subtypen: Die wesentlichen Subtypen sind (vgl. Biotoptypen):

- Buchendominierte Wälder (Biotoptypen: Buchen-Eichenwald feuchter Standorte 430702 und Buchen(misch)wälder frischer, basenarmer Böden 430705),
- Bergmischwälder (Biotoptypen: montaner Buchen-Tannenwald 43070801 und montaner Tannen-Fichten-Buchenwald 43070802).

Pflanzenarten, dominante: *Fagus sylvatica*; in höheren Lagen mit *Abies alba, Picea abies*; in der Krautschicht können dominant auftreten: *Deschampsia flexuosa, Luzula sylvatica, Pteridium aquilinum, Vaccinium myrtillus.*

typische: *Blechnum spicant, Carex pilulifera, Deschampsia flexuosa, Dryopteris carthusiana, Dryopteris filix-mas, Hieracium murorum, Ilex aquifolium, Luzula luzuloides, Luzula pilosa, Luzula sylvatica, Maianthemum bifolium, Milium effusum, Oxalis aceto-*

sella, Poa nemoralis, Pteridium aquilinum, Quercus petraea, Quercus robur, Vaccinium myrtillus, Veronica officinalis; in der montanen Stufe mit Hochstauden z.B. *Festuca altissima, Poa chaixii, Polygonatum verticillatum, Prenanthes purpurea.*

Moose: *Leucobryum glaucum, Polytrichum formosum.*

Die bodensauren Buchenwälder zeichnen sich oft durch Pilzreichtum aus.

Tierarten:

Vögel: Rauhfußkauz (*Aegolius funereus*), Hohltaube (*Columba oenas*), Schwarzspecht (*Dryocopus martius*), Trauerschnäpper (*Ficedula hypoleuca*), Zwergschnäpper (*Ficedula parva*), Waldlaubsänger (*Phylloscopus sibilatrix*), Grauspecht (*Picus canus*), Kleiber (*Sitta europaea*).

Schmetterlinge: *Aglia tau, Calliteara pudibunda, Diurnea fagella, Drymonia melagona, Epirrita autumnata, Heterogenea asella, Operopthera fagata, Pseudoips prasinana, Stauropus fagi, Watsonalla cultraria, Xanthia aurago.*

Käfer: *Chrysobothris affinis, Dorcus parallelopipedus, Evodinus clathratus, Judolia sexmaculata* (an *Picea*, Bergmischwälder), *Leiopus nebulosus, Lucanus cervus* (v.a. an *Quercus*, tiefe Lagen), *Phyllobius argentatus, Pissodes harcyniae* (Bergmischwälder), *Plagionotus arcuatus, Plagionotus detritus* (besonders an *Quercus*), *Potosia aeruginosa, Rhynchaenus fagi, Rosalia alpina* (Bergmischwälder).

Hautflügler: *Andrena lapponica* (an *Vaccinium myrtillus*).

Zweiflügler: *Baccha elongata, Blera fallax* (Bergmischwälder), *Cheilosia scutellata* (Larve in Pilzen), *Dasysyrphus spp., Melangyna barbata, Melangyna lasiophthalma, Parasyrphus spp., Sphegina spp., Xylota spp.*

Weichtiere: *Aegopinella nitens, Aegopinella nitidula, Aegopinella pura, Arion ater, Arion circumscriptus, Arion rufus, Clausilia bidentata, Cochlodina laminata, Discus rotundatus, Ena montana, Lehmannia marginata, Limax cinereoniger, Limax maximus, Malacolimax tenellus, Merdigera obscura, Oxychilus cellarius.*

Sonstige Wirbellose: Gallmücken: *Hartigiola annulipes, Mikiola fagi*; Blattläuse: *Phyllaphis fagi.*

Kartierungshinweise: Die Abgrenzung gegenüber anderen Wäldern der tieferen Lagen (planar bis submontan) ist durch das dominante Vorkommen von Buche (*Fagus sylvatica*) gegeben.

Variabilität: In Deutschland weit verbreiteter Lebensraumtyp mit i.d.R. deutlich ausgebildeter Höhenzonierung (altitudinale Variabilität) und mit vom Substrattyp abhängiger Variabilität (silikatische Festgesteine, Sandböden etc.).

Komplexe: Weite standörtliche Amplitude, Kontakte regional unterschiedlich: Von subalpinen Fichtenwäldern über Bergahorn-Buchenwälder und subalpinen Hochstauden in den Hochlagen bis zu Schluchtwäldern, Eichen-Hainbuchenwäldern und artenarmen Eichen-Buchenwäldern in der planaren Stufe. Begleitend oft artenarme bodensaure Waldsäume z.B. mit Nardo-Callunetea-Vegetation, Schlagfluren mit Vegetation des Carici piluliferae-Epilobion angustifolii.

Biotoptypen:

BTB	RL	REG	BIOTOPTYP	EIG_CODE	EIG
430702	2	K	Buchen-Eichenwald feuchter Standorte	B063	sauer (pH < 4,5)
430705			Buchen(misch)wälder frischer, basenarmer Böden		

BTB	RL	REG	BIOTOPTYP	EIG_CODE	EIG
43070501	2-3	K	Buchen-Eichenwald frischer, basenarmer Böden		
43070502	2	K	bodensaurer Buchenwald der planaren Stufe		
43070503	2-3	K	bodensaurer Buchenwald der collinen bis submontanen Stufe		
43070504	2	K	bodensaurer Buchenwald der montanen bis hochmontanen Stufe		
43070801	1-2	K	montaner Buchen-Tannenwald	B063	sauer (pH < 4,5)
43070802	1-2	K	montaner Tannen-Fichten-Buchenwald	B063	sauer (pH < 4,5)

Vegetation:

Luzulo-Fagion LOHMEYER et R. TX. in R. TX. 54	v
Luzulo albidae-Fagetum MEUSEL 37	v
Luzulo pilosae-Fagetum MATUSZKIEWICZ 73	v
Abieti-Piceion (BR.-BL. in BR.-BL. et al. 39) SOO 64	pp
Fago-Quercetum petraeae TX. 55: [buchenreiche Ausbildungen]	pp

Nutzung/Pflege: Pflege nicht erforderlich. Mindestens größere Teilbereiche ohne Bewirtschaftung müssen vorhanden sein.

Sukzession: Keine bzw. zyklische, mosaikartige Entwicklung von verschiedenen Altersstadien. Eine natürliche Entwicklung, insbesondere die Verjüngung, kann bei zu hohen Wilddichten behindert sein.

Hauptgefährdungsfaktoren: Nadelholzaufforstung (Kiefer, Fichte, Douglasie, Lärche u.a.), Kalkung, Nährstoffeintrag, atmogene Schadstoffeinträge, Rodung, zu intensive Forstwirtschaft und Wildhege(-fütterung).

Bemerkungen: Der Lebensraumtyp umfaßt die ganzen bodensauren Buchenwälder (z.T. als Unterverband Luzulo-Fagenion gefaßt). Die epiphytenreichen Buchenwälder des Lebensraumtyps 9120 mit Stechpalme und Eibe stellen ausgesprochen atlantisch verbreitete Vegetationseinheiten dar, die in Deutschland allenfalls fragmentarisch in der atlantischen Region vorkommen. Diese Fragmente sollten deshalb für Deutschland besser hier unter Lebensraumtyp 9110 eingeordnet werden.

Kulturhistorisch z.T. durch Streunutzung (Aushagerung) aus reicheren Buchenwäldern (Asperulo-Fagetum) entstanden.

Atlantische bodensaure Buchenwälder mit *Ilex*, manchmal *Taxus* in der Strauchschicht (Quercion robori-petraeae oder Ilici-Fagenion).

NATURA 2000-Code: **9120**

D: Epiphytenreicher Buchenwald mit Stechpalme u. Eibe (Ilici-Fagion)
F: Hêtraies à *Ilex* et *Taxus*, riches en épiphytes (Ilici-Fagion)
E: Beech forests with *Ilex* and *Taxus*, rich in epiphytes (Ilici-Fagion)

Code nach Anhang I: 41.12
Pal. Code: 41.12, alle Subtypen
Definition: Bodensaure atlantische und subatlantische Buchenwälder mit Stechpalme (*Ilex aquifolium*). Gekennzeichnet v.a. durch Epiphytenreichtum und Vorkommen von Eibe (*Taxus baccata*). Im Gegensatz zum Lebensraumtyp 9110 fehlt *Luzula luzuloides* weitgehend.
Standort: Atlantisches bis subatlantisches Klima, bodensauer, Braunerden z.T. podsoliert, Moder bis schwache Rohhumusbildung.
Subtypen: -
Pflanzenarten, dominante: *Fagus sylvatica.*
typische: *Blechnum spicant*, *Hedera helix*, *Hypericum pulchrum*, *Ilex aquifolium*, *Lonicera periclymenum*, *Luzula pilosa*, *Pteridium aquilinum*, *Quercus petraea*, *Taxus baccata.*
Tierarten: -
Kartierungshinweise: Kommt in Deutschland nicht bzw. nur in floristisch verarmten Ausbildungen vor: In Westdeutschland kommen *Ilex*-reiche Buchenwälder, die zum Ilici-Fagetum gestellt werden können, an ihrer Arealgrenze in stark verarmter Ausbildung, z.B. auf kristallinen Sandsteinen im Schwarzwald, vor. Das Vorkommen von *Ilex aquifolium* allein reicht nicht aus für die Zuordnung zu diesem Lebensraumtyp. *Ilex*-reiche bodensaure Buchenwälder in Deutschland sind daher i.d.R. zum Lebensraumtyp 9110 zu stellen. Durch Waldweide wurde *Ilex* stark gefördert, so daß teilweise *Ilex*- reiche Buchenwälder entstanden, die den Eindruck stark verarmter Ilici-Fageten vermitteln. Diese sollten hier aber nicht erfaßt werden.
Im „Interpretation Manual“ werden in der Definition drei Typen genannt, darunter auch „a) subatlantische Eichen-Buchenwälder der planaren und kollinen Zone mit *Ilex aquifolium*“. Die Abgrenzung zum Luzulo-Fagetum (9110) ist unklar, und der genannte Subtyp entspricht weitgehend der kollinen Ausbildung des Luzulo-Fagetum.
Variabilität: -
Komplexe: -

Biotoptypen: -

Vegetation: -

Nutzung/Pflege: -
Sukzession: -
Hauptgefährdungsfaktoren: -
Bemerkungen: Aus den o.g. Gründen wird auf eine Verbreitungskarte verzichtet.

Waldmeister-Buchenwald (Asperulo-Fagetum)

NATURA 2000-Code: 9130

D: Waldmeister-Buchenwald (Asperulo-Fagetum)
F: Hêtraies du Asperulo-Fagetum
E: Asperulo-Fagetum beech forests

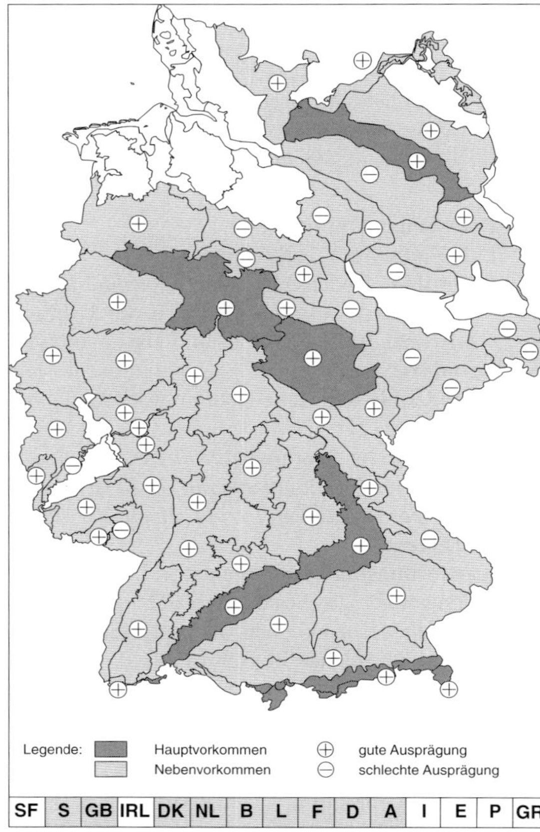

Abb. 99: Verbreitung des Lebensraumtyps 9130 in Deutschland und der Europäischen Union.

Code nach Anhang I: 41.13
Pal. Code: 41.13
Definition: Mitteleuropäische Buchen- und Buchen-Eichenwälder auf kalkhaltigen und neutralen aber basenreichen Böden der planaren bis montanen Stufe. Krautschicht meist gut ausgebildet, oft geophytenreich. In höheren Lagen z.T. mit Beimischung von *Picea abies und Abies alba* (Bergmischwälder basenreicher Böden).
Standort: Basen- oder kalkreiche Böden u.a. auf Moränen, Löß, Kalk- und Dolomitgestein sowie basenreichen Vulkaniten. Als Bodentypen treten v.a. Braunerden bis Parabraunerden (z.T. pseudovergleyt), aber auch flachgründige Rendzinen auf, die Humusform ist meist Mull. Der Bodenwasserhaushalt ist meist ausgeglichen (keine extrem trockenen oder staufeuchten Bedingungen).
Subtypen: Die wesentlichen Subtypen sind (vgl. Biotoptypen):
- Buchendominierte Wälder (Biotoptyp: Buchenwälder frischer, basenreicher Böden 430706),
- Bergmischwälder (Biotoptypen: montaner Buchen-Tannenwald 43070801 und montaner Tannen-Fichten-Buchenwald 43070802).

Pflanzenarten, dominante: *Allium ursinum, Anemone nemorosa, Fagus sylvatica, Lamium galeobdolon, Mercurialis perennis* u.a.
typische: *Allium ursinum, Anemone nemorosa, Asarum europeum, Campanula trachelium, Daphne mezereum, Galium odoratum, Hedera helix, Hepatica nobilis, Hordelymus europaeus, Lamium galeobdolon, Melica uniflora, Mercurialis perennis, Viola reichenbachiana* und zahlreiche weitere Basen- und Kalkzeiger der Buchenwälder; feuchte Ausbildungen mit *Circaea lutetiana, Corydalis cava, Impatiens noli-tangere, Stachys sylvatica* u.a;
montane Lage (Höhendifferentialarten und Arten mit Schwerpunkt in der montanen Stufe): *Aposeris foetida, Cardamine trifolia, Dentaria bulbifera, Dentaria enneaphyllos, Knautia*

dipsacifolia, *Lonicera alpigena*, *Lonicera nigra*, *Polygonatum verticillatum*, *Prenanthes purpurea*, *Streptopus amplexifolius*; Bergmischwälder: *Abies alba*, *Galium rotundifolium*, *Melampyrum sylvaticum*, *Moneses uniflora*, *Orthilia secunda*, *Picea abies*, *Salvia glutinosa*.

Moose: *Eurhynchium striatum*, *Fissidens taxifolius*, *Neckera crispa*, *Plagiochila asplenioides* u.a.

Pilze: In Buchenwäldern: *Bjerkandera adusta*, *Creolophus cirratus*, *Fomes fomentarius*, *Ganoderma pfeifferi*, *Ionotus nodulosus*, *Ischnoderma resinosum*, *Marasmius alliaceus*, *Oudemansiella mucida*, *Pseudotrametes gibbosa*; besonders in Kalkbuchenwäldern: *Clitocybe odora*, *Cortinarius aurantioturbinatus*, *Craterellus cornucopioides*, *Hebeloma radicosum*, *Lycoperdon echinatum*, *Mycena renati*, *Ramaria formosa*, *Tricholoma tigrinum;* an Weißtanne: *Bondarzewia montana*, *Hymenochaete mougeotii*.

Tierarten:

Vögel: Hohltaube (*Columba oenas*), Trauerschnäpper (*Ficedula hypoleuca*), Waldlaubsänger (*Phylloscopus sibilatrix*), Kleiber (*Sitta europaea*), Waldkauz (*Strix aluco*) u.a.; für montane Formen des Typs „Bergmischwälder": Haselhuhn (*Bonasa bonasia*), Berglaubsänger (*Phylloscopus bonellii*).

Schmetterlinge: *Aglia tau, Calliteara ramosa, Calliteara pudibunda, Diurnea fagella, Drymonia melagona, Epirrita autumnata, Heterogenea asella, Lygephila viciae, Operopthera fagata, Pseudoips prasinana, Stauropus fagi, Watsonalla cultraria, Xanthia aurago.*

Käfer: *Chrysobothris affinis*, *Evodinus clathratus*, *Judolia sexmaculata*, (*Picea*, Bergmischwälder), *Leiopus nebulosus*, *Otiorhynchus uncinatus*, *Pachyta lamed* (*Picea*), *Phyllobius argentatus*, *Polydrusus pterygomalis*, *Rhinomias forticornis*, *Rhynchaenus fagi*, *Sinodendron cylindricum*.

Hautflügler: *Adrena helveda*, *Andrena nitida* (z.B. an *Allium ursinum*), *Anthophora furcata* (an *Stachys sylvatica*).

Zweiflügler: Zahlreiche hygrophile Waldarten, die aber meist an Waldrändern und auf Waldlichtungen als Imagines anzutreffen sind, Larven aphidophag arboricol, xylo(sapro)phag oder endophytophag: *Baccha elongata*, *Dasysyrphus nigricornis*, *Dasysyrphus pinastri*, *Epistrophella euchroma*, *Fagisyrphus cinctus*, *Melangyna lasiophthalma*, *Meligramma triangulifera*, *Meliscaeva cinctella*, *Parasyrphus lineola*, *Parasyrphus macularis*, *Parasyrphus punctulatus*, *Sphegina spp.*, *Temnostoma apiforme, Temnostoma vespiforme, Volucella pellucens, Xanthogramma laetum, Xylota segnis*, *Xylota sylvarum;* ferner *Cheilosia fasciata* und *Portevinia maculata* (an *Allium ursinum*).

Weichtiere: *Acanthinula aculeata*, *Aegopinella nitens*, *Aegopinella nitidula*, *Aegopinella pura*, *Arion ater*, *Arion rufus*, *Balea biplicata*, *Carychium tridentatum*, *Cepaea hortensis*, *Clausilia bidentata*, *Cochlodina laminata*, *Discus rotundatus*, *Ena montana*, *Helicodonta obvoluta*, *Helix pomatia*, *Isognomostoma isognomostomos*, *Lehmannia marginata*, *Limax cinereoniger*, *Limax maximus*, *Malacolimax tenellus*, *Merdigera obscura*, *Monachoides incarnatus*, *Oxychilus cellarius*, *Platyla polita*, *Punctum pygmaeum*.

Sonstige Wirbellose: Gallmücken: *Hartigiola annulipes*, *Mihiola fagi*; Blattläuse: *Cyrtococcus fagi*, *Phyllaphis fagi*; Tausendfüßler: *Glomeris hexasticha*, *Glomeris marginata*; Weberknechte: *Anelasmocephalus cambridgei*, *Trogulus tricarinatus*.

Kartierungshinweise: Die Abgrenzung zu Orchideen-Buchenwäldern (9150) ist durch das Fehlen der diese charakterisierenden thermophilen Pflanzenarten gegeben.

Hochmontane bis subalpine Bestände an der Waldgrenze mit Bergahorn in der Baumschicht werden unter Lebensraumtyp 9140 erfaßt.

Variabilität: Starke Höhendifferenzierung, zusätzlich regional sehr unterschiedliche Subtypen, z.B. geophytenreiche Ausbildungen.

Komplexe: Je nach Höhenstufe und regionalen Gegebenheiten in den tieferen Lagen im Kontakt zu Eichen-Hainbuchenwäldern, in höheren Lagen zu Schluchtwäldern, Fichten-Tannen- und Tannenwäldern. Zum Komplex gehören Schlagfluren basenreicher Standorte (Atropion belladonae) und meist artenreiche krautige Waldsäume.

Biotoptypen:

BTB	RL	REG	BIOTOPTYP	EIG_CODE	EIG
430706			Buchenwälder frischer, basenreicher Böden		
43070601	2-3	K	Buchenwald basenreicher Böden der planaren Stufe		
43070602	3	K	Buchenwald basenreicher Böden der collinen bis submontanen Stufe		
43070603	2-3	K	Buchenwald basenreicher Böden der montanen bis hochmontanen Stufe		
43070801	1-2	K	montaner Buchen-Tannenwald	B061, B062	basenreich (Boden pH >4,5)
43070802	1-2	K	montaner Tannen-Fichten-Buchenwald	B061, B062	basenreich (Boden pH >4,5)

Vegetation:

Fagion sylvaticae LUQUET 26	v
Galio odorati-Fagetum SOUGNEZ & THILL 59	v
Hordelymo-Fagetum KUHN 37 em. DIERSCHKE 89	v
Chrysanthemo rotundifolii-Piceion (KRAJINA 33) BREZINA & HADAC in HADAC 62	pp
Abieti-Piceion (BR.-BL. in BR.-BL. et al. 39) SOO 64	pp
Cardamino trifoliae-Fagetum OBERD. & MÜLLER 84	v
Dentario heptaphyllidi-Fagetum (MOOR 52) MÜLLER 66	v
Lonicero alpigenae-Fagetum OBERD. & MÜLLER 84	v
Dentario enneaphylli-Fagetum OBERD. ex MATUSZKIEWICZ & MATUSZKIEWICZ 60	v
Aposerido-Fagetum OBERD. ex OBERD. et al. 67	v

Nutzung/Pflege: Pflege nicht erforderlich. Mindestens größere Teilbereiche ohne Bewirtschaftung müssen vorhanden sein.

Sukzession: Der Lebensraumtyp gehört in Deutschland großflächig zur potentiell natürlichen Vegetation und stellt auf den entsprechenden Standorten das Endglied der Sukzession dar. Zyklische, mosaikartige Entwicklung von Altersstadien ist unter natürlichen Bedingungen zu erwarten (ohne forstliche Nutzung). Windwurfflächen oder Kalamitäten bedürfen daher i.d.R. keiner Aufforstung oder besonderen Pflege. Zu hohe Wilddichten können eine Naturverjüngung verhindern.

Hauptgefährdungsfaktoren: Intensive Forstwirtschaft, zu kurze Umtriebszeiten, Rodung, atmogene Schadstoffeinträge, Wildhege (Wildverbiß).

Bemerkungen: Ganzer Unterverband: Eu-Fagenion = Asperulo-Fagenion (CORINE 41.13) und Lonicero alpigenae-Fagenion (CORINE 41.333).

Mitteleuropäische subalpine Buchenwälder mit Ahorn und Rumex arifolius

NATURA 2000-Code: 9140

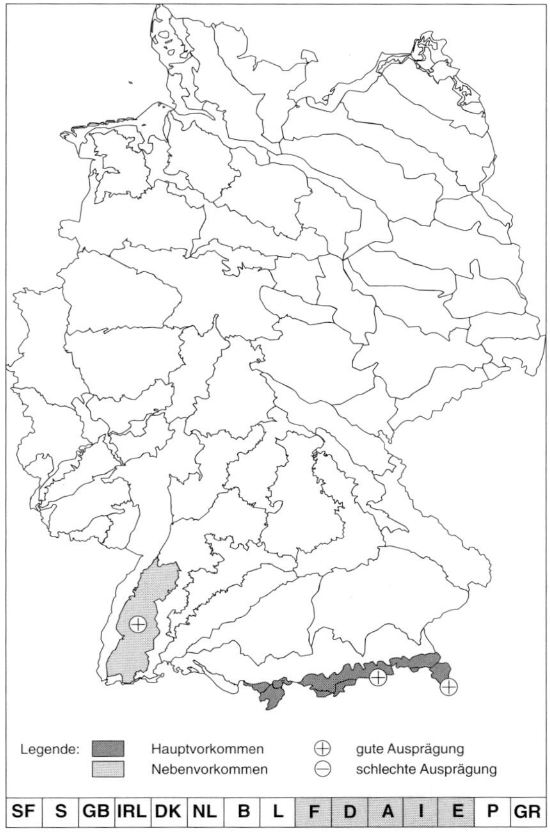

Abb. 100: Verbreitung des Lebensraumtyps 9140 in Deutschland und der Europäischen Union.

D: Subalpiner Buchenwald mit Ahorn und Bergampfer
F: Hêtraies subalpines à *Acer* et *Rumex arifolius*
E: Subalpine beech woods with *Acer* and *Rumex arifolius*

Code nach Anhang I: 41.15
Pal. Code: 41.15
Definition: Hochmontane bis subalpine hochstaudenreiche Laubwälder mit Buche und Bergahorn in der Baumschicht (Aceri-Fagetum). Krautschicht artenreich, mit deutlichen Beziehungen zu den Betulo-Adenostyletea. Oft sind die Bäume an der Waldgrenze von niedrigem, krüppeligem Wuchs und mit epiphytischen Moosen und Flechten bewachsen.
Standort: Hochmontan bis subalpin, meist wintermilde, schneereiche Lagen, Böden häufig skelettreich.
Subtypen: -
Pflanzenarten, dominante: *Fagus sylvatica, Acer pseudoplatanus.*
typische: Baumschicht: *Acer pseudoplatanus*, *Fagus sylvatica*, *Picea abies*, *Sorbus aucuparia*;
Strauchschicht: *Ribes petraeum*, *Rosa pendulina*, *Salix appendiculata*; Krautschicht: *Adenostyles alliariae*, *Athyrium distentifolium*, *Athyrium filix-femina*, *Chaerophyllum villarsii*, *Cicerbita alpina*, *Lilium martagon*, *Polygonatum verticillatum*, *Ranunculus platanifolius*, *Rumex arifolius*, *Senecio nemorensis agg.*
Moose: *Ctenidium molluscum*, *Plagiomnium rostratum*, *Rhytidiadelphus triquetrus*, *Thuidium tamariscinum*; ferner zahlreiche Epiphyten.

Tierarten:
Vögel: Baumpieper (*Anthus trivialis*), Haselhuhn (*Bonasa bonasia*), Ringdrossel (*Turdus torquatus*).
Heuschrecken: *Miramella alpina, Pholidoptera aptera.*
Schmetterlinge: *Aglia tau, Drymonia melagona* u.a.
Zweiflügler: Meist stark durchlichtete Bestände und daher mit ähnlicher Artenkombination wie die subalpinen Hochstaudenfluren (6432).
Weichtiere: *Acicula lineolata*, *Clausilia cruciata*, *Discus perspectivus*, *Eucobresia dia-*

phana, *Renea veneta*, *Semilimax semilimax*, *Urticicola umbrosa*, *Vitrea diaphana*, *Vitrea subrimata*, *Vitrea transsylvanica*.

Kartierungshinweise: Kriterium zur Abgrenzung dieses Lebensraumtyps ist das Vorkommen von subalpinen Hochstauden (Betulo-Adenostyletea) in von *Fagus sylvatica* und *Acer pseudoplatanus* dominierten Wäldern. Bergahornreiche Hang- und Schluchtwälder niederer Lagen werden zum Lebensraumtyp Schlucht- und Hangmischwälder des Tilio-Acerion (9180) gestellt.

Variabilität: Regionale Ausbildungen z.B. in den Alpen und im Schwarzwald.

Komplexe: Meist in Kontakt zu subalpiner Hochstaudenvegetation (Adenostylion alliariae) oder Hochgrasfluren (Calamagrostion arundinaceae), die als Säume oder auf Lichtungen und Schlägen auftreten können; zur typischen Schlagvegetation gehören ferner Himbeergestrüppe (Rubetum idaei).

Biotoptypen:

BTB	RL	REG	BIOTOPTYP	EIG_CODE	EIG
430707	1-2	K	Bergahorn-Buchenwald der Hochlagen		
7001	2	K-N	hochmontaner bis subalpiner Berg[laub]mischwald		

Vegetation:

Aceri-Fagetum BARTSCH & BARTSCH 40 v

Anmerkung: Das Aceri-Fagetum wird heute auch als Höhenform des Galio odorati-Fagetum bzw. des Luzulo albidae-Fagetum aufgefaßt.

Nutzung/Pflege: Pflege nicht erforderlich. Mindestens größere Teilbereiche ohne Bewirtschaftung müssen vorhanden sein.

Sukzession: Keine, bzw. zyklische, mosaikartige Entwicklung von Altersstadien.

Hauptgefährdungsfaktoren: Intensive Forstwirtschaft, zu kurze Umtriebszeiten, Rodung, atmogene Schadstoffeinträge.

Bemerkungen: -

Mitteleuropäische Kalk-Buchenwälder (Cephalanthero-Fagion)

NATURA 2000-Code: 9150

D: Orchideen-Buchenwald (Cephalanthero-Fagion)
F: Hêtraies calcicoles (Cephalanthero-Fagion)
E: Calcareous beech forest (Cephalanthero-Fagion)

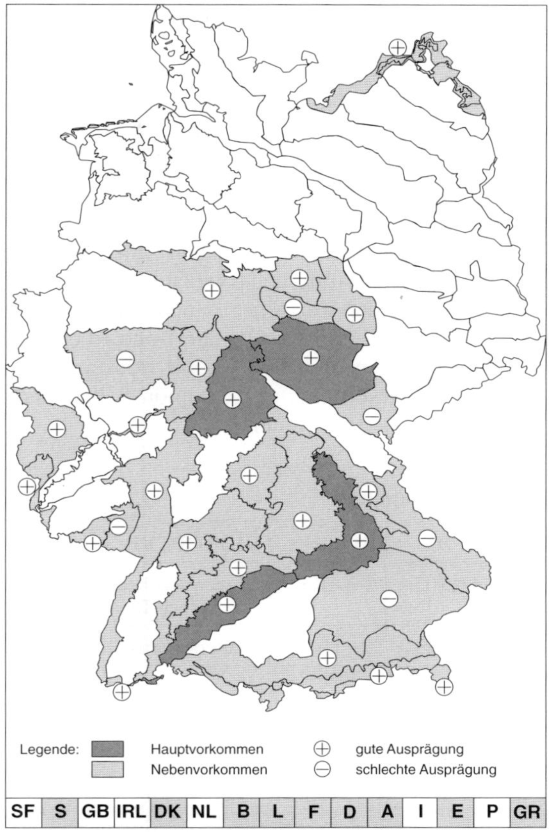

Abb. 101: Verbreitung des Lebensraumtyps 9150 in Deutschland und der Europäischen Union.

Code nach Anhang I: 41.16
Pal. Code: 41.16
Definition: Buchenwälder auf oft flachgründigen Kalkverwitterungsböden (Rendzinen) trocken-warmer Standorte. Baum- und Strauchschicht artenreich mit Beimischung von Traubeneiche (*Quercus petraea*), Mehlbeere (*Sorbus aria*), Feldahorn (*Acer campestre*), Liguster (*Ligustrum vulgare*) etc., Krautschicht artenreich mit zahlreichen thermophilen, kalkliebenden Arten, u.a. Orchideen.
Standort: Kalkhaltige, skelettreiche Böden, Rendzinen; oft südexponierte Steillagen.
Subtypen: -
Pflanzenarten, dominante: *Fagus sylvatica.*

typische: Strauchschicht: *Acer campestre, Berberis vulgaris, Ligustrum vulgare, Quercus petraea, Sorbus aria, Sorbus torminalis*;

Krautschicht: *Campanula persicifolia, Carex alba, Carex digitata, Carex montana, Carex ornithopoda, Cephalanthera damasonium, Cephalanthera longifolia, Cephalanthera rubra, Cypripedium calceolus, Melittis melissophyllum, Neottia nidus-avis, Orchis purpurea, Sesleria albicans, Tamus communis.*

Moose: *Ctenidium molluscum, Homalothecium lutescens, Rhytidium rugosum.*

Tierarten:

Vögel: Hohltaube (*Columba oenas*), Trauerschnäpper (*Ficedula hypoleuca*), Waldlaubsänger (*Phylloscopus sibilatrix*), Kleiber (*Sitta europaea*).

Schmetterlinge: *Aglia tau, Arctornis l-nigrum, Callierges ramosa, Drymonia melagona, Lygephila viciae.*

Käfer: *Brachysomus echinatus, Otiorhynchus porcatus, Polydrusus mollis.*

Zweiflügler: V.a. an Waldrändern *Chrysotoxum cautum, Chrysotoxum elegans, Paragus majoranae, Pipizella spp., Voluzella zonaria, Xanthogramma festivum.*

Weichtiere: *Abida secale, Acanthinula aculeata, Aegopinella nitens, Aegopinella nitidula, Aegopinella pura, Clausilia bidentata, Clausilia rugosa ssp. parvula, Cochlodina laminata, Discus rotundatus, Euconulus fulvus, Helicigona lapicida, Helicodonta obvoluta, Oxychilus cellarius, Pomatias elegans, Punctum pygmaeum, Vitrea contracta, Vitrina pellucida.*

Kartierungshinweise: Die Abgrenzung vom Lebensraumtyp Buchenwälder auf neutralem bis basischem Boden (9130) erfolgt über das Vorkommen thermophiler Pflanzenarten. Vom Lebensraumtyp Schlucht- und Hangmischwälder des Tilio-Acerion (9180) ist der Lebensraumtyp v.a. durch das Fehlen feuchtigkeitsliebender Arten in der Krautschicht und von *Acer pseudoplatanus* in der Baumschicht abzutrennen.

Variabilität: Zahlreiche regionale Ausbildungen in allen Kalk-Gebirgszügen (Schwäbische-Fränkische Alb, Jura etc.). Blaugrasreiche Buchenwälder („Seslerio-Fagetum") v.a. in den Alpen und in den alpennahen Kalk-Gebirgszügen.

Komplexe: Häufig enge Verzahnung mit thermophilen Eichenwäldern (Quercetalia pubescentis) oder warmen Schlucht- und Hangmischwäldern (Tilio-Acerion), trockenwarme Säume (Geranion sanguinei) und trockenwarme Gebüsche (Berberidon) am Waldrand, Lichtungen und Schläge mit trockenen Ausbildungen/Gesellschaften der Tollkirschen-Schlaggesellschaften (Atropion belladonnae) und flächiger Ausbreitung der Arten der trockenwarmen Säume.

Biotoptypen:

BTB	RL	REG	BIOTOPTYP	EIG_CODE	EIG
430802	2-3	K	Seggen-Buchenwald (Orchideen-Buchenwald)		
430803	2	K	Blaugras-Buchenwald		

Vegetation:

Carici-Fagetum MOOR 52 v

Anmerkung: In allen Ausbildungen bzw. Subassoziationen: typicum, lithospermetosum, seslerietosum (auch als Seslerio-Fagetum bezeichnet) und buxetosum.

Nutzung/Pflege: Pflege nicht erforderlich. Mindestens größere Teilbereiche ohne Bewirtschaftung müssen vorhanden sein. Zu hohe Wilddichten können die Naturverjüngung beeinträchtigen. Bei Buchsunterwuchs ist ein Auf-den-Stock-Setzen des Buchses vor Bucheneinschlag möglich.

Sukzession: Endstadium der Sukzession, d.h. ohne Bewirtschaftung zyklische, mosaikartige Entwicklung von Altersstadien.

Hauptgefährdungsfaktoren: Intensive Forstwirtschaft, zu kurze Umtriebszeiten, Rodung, atmogene Schadstoffeinträge, Aufforstung und Wildverbiß.

Bemerkungen: -

Sternmieren-Eichen-Hainbuchenwald (Stellario-Carpinetum)

NATURA 2000-Code: 9160

D: Sternmieren-Eichen-Hainbuchenwald (Stellario-Carpinetum)
F: Chênaies du Stellario-Carpinetum
E: Stellario-Carpinetum oak-hornbeam forests

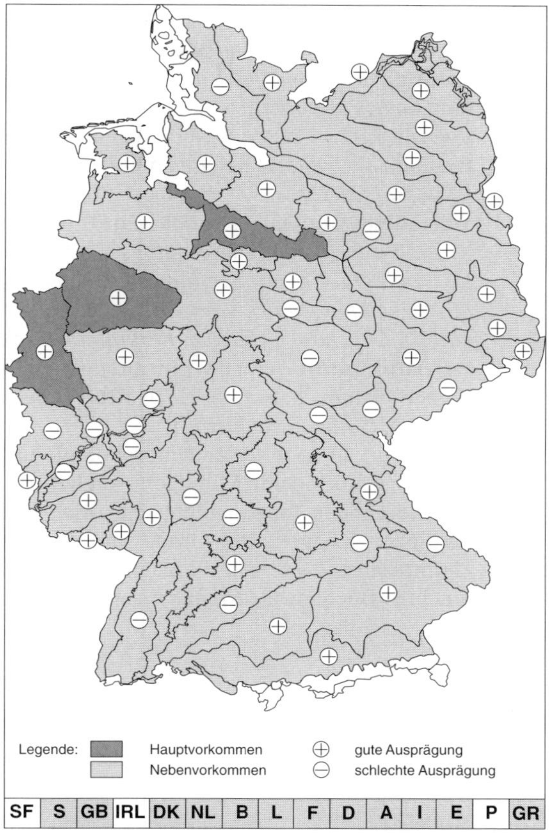

Abb. 102: Verbreitung des Lebensraumtyps 9160 in Deutschland und der Europäischen Union.

Code nach Anhang I: 41.24
Pal. Code: 41.24
Definition: Subatlantische und mitteleuropäische Eichen-Hainbuchenwälder auf zeitweilig oder dauerhaft feuchten Böden mit hohem Grundwasserstand (Stellario-Carpinetum). Primär auf für die Buche ungeeigneten Standorten (zeitweise vernäßt) und sekundär als Ersatzgesellschaften 1. Grades von Buchenwäldern aufgrund der historischen Nutzung.
Standort: Tonig-lehmige Kolluvien und Alluvionen, hoher Grundwasserstand oder mehr oder weniger ausgeprägte Staufeuchte (Pseudogleye).
Subtypen: -
Pflanzenarten, dominante: Baumschicht: *Carpinus betulus*, *Quercus robur*; Krautschicht: *Allium ursinum*, *Carex brizoides*, *Stellaria holostea*.
typische: Baumschicht: *Acer campestre*, *Carpinus betulus*, *Quercus robur*; feuchte Ausbildungen mit *Acer pseudoplatanus*, *Fraxinus excelsior*, *Ulmus laevis* und *Ulmus minor*;
Strauchschicht: i.d.R. artenreich mit *Clematis vitalba*, *Corylus avellana*, *Crataegus laevigata*, *Euonymus europaeus*, *Lonicera xylosteum*, *Rosa arvensis*, *Viburnum opulus* u.a;
Krautschicht: *Adoxa moschatellina*, *Anemone nemorosa*, *Carex brizoides*, *Carex pilosa*, *Carex umbrosa*, *Circaea lutetiana*, *Dactylis glomerata ssp. aschersoniana*, *Lamium galeobdolon*, *Potentilla sterilis*, *Primula elatior*, *Ranunculus auricomus*, *Stachys sylvatica*, *Stellaria holostea*, *Vinca minor.*

Tierarten:
Vögel: Gartenbaumläufer (*Certhia brachydactyla*), Schwarzstorch (*Ciconia nigra*), Kernbeißer (*Coccothraustes coccothraustes*), Mittelspecht (*Dendrocopus medius*, Brutvogel in alten Eichenbeständen), Kleinspecht (*Dendrocopus minor*), Trauerschnäpper (*Ficedula hypoleuca*), Zwergschnäpper (*Ficedula parva*), Pirol (*Oriolus oriolus*), Sumpfmeise

(*Parus palustris*), Waldlaubsänger (*Phylloscopus sibilatrix*), Grauspecht (*Picus canus*), Kleiber (*Sitta europaea*).

Schmetterlinge: *Euphydryas maturna* (Waldränder), *Drymonia ruficornis*, *Polyploca ridens*, *Thaumetopoea processionea*, *Tortrix viridana*.

Käfer: *Cerambyx cerdo* (an *Quercus*), *Ceutorhynchus rugulosus*, *Curculio glandium*, *Lucanus cervus* (an *Quercus*), *Trachodes hispidus*.

Hautflügler: *Adrena helveda*, *Andrena nitida* (z.B. an *Allium ursinum*), *Anthophora furcata* (an *Stachys sylvatica*).

Zweiflügler: Je nach Ausbildungen ähnlich wie bei Lebensraumtyp 9130, in *Allium*-Beständen: *Cheilosia fasciata* und *Portevinia maculata*; Minierer in *Primula elatior*: *Cheilosia semifasciata*.

Weichtiere: *Aegopinella nitidula*, *Aegopinella pura*, *Anisus leucostoma*, *Aplexa hypnorum*, *Arianta arbustorum*, *Arion subfuscus*, *Carychium tridentatum*, *Cepaea hortensis*, *Clausilia bidentata*, *Cochlicopa lubrica*, *Cochlodina laminata*, *Discus rotundatus*, *Helix pomatia*, *Lehmannia marginata*, *Merdigera obscura*, *Monachoides incarnatus*, *Omphiscola glabra*, *Oxychilus cellarius*, *Perpolita hammonis*, *Punctum pygmaeum*.

Kartierungshinweise: Die Einstufung und Abtrennung vom Lebensraumtyp Labkraut-Eichen-Hainbuchenwald (9170) erfolgt über Feuchtezeiger und charakteristische Trennarten (z.B. *Galium sylvaticum*).

Variabilität: Je nach Geländemorphologie und Hydrologie z.T. großflächig relativ homogene Bestände oder in Mittelgebirgstälern als schmaler Auwald oder auwaldbegleitend mit entsprechender Zonation unterschiedlich feuchter Ausbildungen.

Komplexe: Können bei Grundwasserabsenkungen auch aus primär zu schützenden Hartholzauenwäldern hervorgegangen sein. Kontakt zu Hartholzauenwäldern, frischen bis feuchten Buchenwäldern und entsprechenden Ersatzgesellschaften des Feuchtgrünlandes.

Biotoptypen:

BTB	RL	REG	BIOTOPTYP	EIG_CODE	EIG
430703	2-3	K	Stieleichen-Hainbuchenwald feuchter bis frischer Standorte		
43070604			Traubeneichen-Hainbuchenwald frischer bis wechselfeuchter Standorte		

Vegetation:

Stellario holosteae-Carpinetum betuli OBERD. 57 v

Nutzung/Pflege: Pflege nicht erforderlich. Mindestens größere Teilbereiche ohne Bewirtschaftung müssen vorhanden sein. Hohe Wilddichten können die Naturverjüngung erschweren.

Sukzession: Primäre Bestände sind das Endstadium der Sukzession, mit zyklischer, mosaikartiger Entwicklung von Altersstadien, sofern keine Bewirtschaftung erfolgt. Sekundäre Bestände können durch bestimmte (auch historische) Bewirtschaftungsformen aus feuchten Buchenwäldern entstanden sein oder aber es handelt sich um intermediäre Stadien nach Grundwasserabsenkung aus Hartholzauenwäldern. Diese entwickeln sich je nach den aktuellen hydrologischen Verhältnissen sehr langsam zu meist artenreichen, mäßig feuchten bis frischen Buchenwäldern (z.B. Asperulo-Fagetum).

Hauptgefährdungsfaktoren: Intensive Forstwirtschaft, Aufforstung (v.a. mit Nadelholz), Entwässerung (z.B. durch Grundwasserabsenkung), Förderung einer oder weniger Baumarten (z.B. Edellaubholzmischungen), Rodung und Wildverbiß.

Bemerkungen: -

Labkraut-Eichen-Hainbuchenwald (Galio-Carpinetum)

NATURA 2000-Code: 9170

D: Labkraut-Eichen-Hainbuchenwald (Galio-Carpinetum)
F: Chênaies du Galio-Carpinetum
E: Galio-Carpinetum oak-hornbeam forests

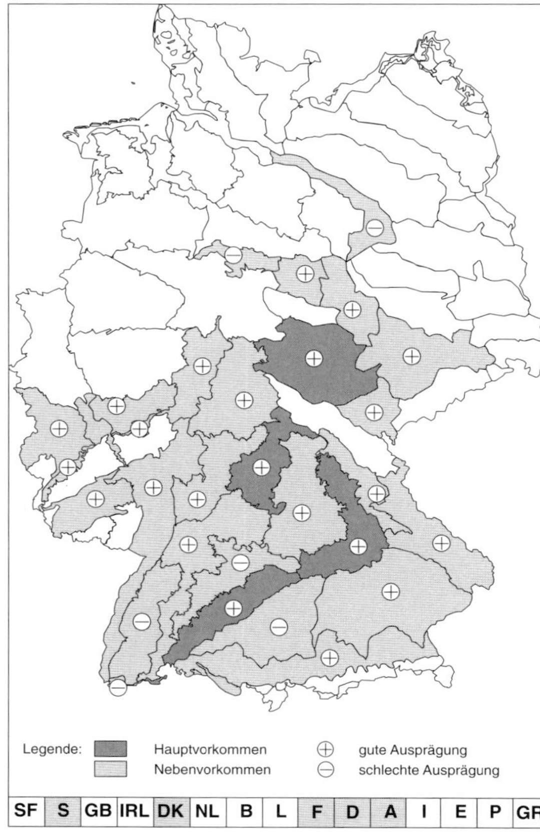

Abb. 103: Verbreitung des Lebensraumtyps 9170 in Deutschland und der Europäischen Union.

Code nach Anhang I: 41.26
Pal. Code: 41.26
Definition: Labkraut-Eichen-Hainbuchenwald (Galio-Carpinetum) auf stärker tonig-lehmigen und wechseltrockenen Böden, meist in wärmebegünstigter Lage mit Schwerpunkt im submediterranen Bereich (thermophile Eichen-Hainbuchenwälder).

Primär und sekundär als Ersatzgesellschaften von Buchenwäldern.

Standort: Tonig-lehmige Böden mit Staufeuchte (wechseltrocken bis wechselnaß), pseudovergleyte Parabraunerden bis Pseudogleye, submediterrane Klimaverhältnisse mit ausgeprägter Sommertrockenheit, in Deutschland oft auch im Regenschatten von Gebirgszügen.

Subtypen: -

Pflanzenarten, dominante: *Carpinus betulus*, *Quercus petraea*.

typische: Baum- und Strauchschicht: *Carpinus betulus*, *Crataegus monogyna*, *Ligustrum vulgare*, *Quercus petraea*, *Rosa arvensis*, *Sorbus domestica*, *Sorbus torminalis*, *Viburnum lantana*;

Krautschicht: *Campanula persicifolia*, *Carex montana*, *Carex umbrosa*, *Convallaria majalis*, *Festuca heterophylla*, *Galium sylvaticum*, *Lathyrus niger*, *Melica nutans*, *Melica picta*, *Melittis melissophyllum*, *Primula veris*.

Moose: *Eurhynchium striatum*, *Fissidens dubius*, *Plagiochila asplenioides*, *Thuidium tamariscinum* u.a.

Tierarten:

Vögel: Mittelspecht (*Dendrocopus medius*, Brutvogel in alten Eichenbeständen), Trauerschnäpper (*Ficedula hypoleuca*), Waldlaubsänger (*Phylloscopus sibilatrix*), Grauspecht (*Picus canus*), Kleiber (*Sitta europaea*) u.a.

Schmetterlinge: *Boloria euphrosyne, Catocala promissa, Catocala sponsa*, *Cyclophora ruficiliaria, Drymonia querna, Drymonia ruficornis*, *Hamearis lucina, Harpyia milhau-*

seri, Melitaea athalia, Moma alpium, Neozephyrus quercus, Polyploca ridens, Sabra harpagula, Thaumetopoea processionea, Tortrix viridana.
Käfer: *Akimerus schaefferi* (an *Quercus*), *Cerambyx cerdo* (an *Quercus*), *Chlorophorus herbsti* (v.a. an *Tilia*), *Clytus tropicus* (v.a. an *Quercus*), *Exocentrus adspersus*, *Lucanus cervus*.
Weichtiere: *Aegopinella nitens, Aegopinella pura, Carychium tridentatum, Cochlodina laminata, Discus rotundatus, Helicigona lapicida, Helicodonta obvoluta, Helix pomatia, Macrogastra plicatula, Merdigera obscura, Monachoides incarnatus, Pomatias elegans, Punctum pygmaeum.*

Kartierungshinweise: Die Einstufung und Abtrennung von Lebensraumtyp Sternmieren-Eichen-Hainbuchenwald (9160) erfolgt über die Trennarten zwischen Stellario-Carpinetum und Galio-Carpinetum. Standorte der Auen gehören i.d.R. zum Stellario-Carpinetum. Subkontinentale Eichen-Hainbuchenwälder gehören zum Lebensraumtyp 91G0. Hangwaldbestände mit stärkerer Beteiligung von *Tilia platyphyllos* oder *Acer pseudoplatanus* sind ggf. dem Lebensraumtyp Schlucht- und Hangmischwälder des Tilio-Acerion (9180) zuzuordnen.

Variabilität: In fast allen deutschen Mittelgebirgen insbesondere an trockenen Standorten kleinflächig vorhanden, aber auch wenn Lößlehmbeteiligung oder tonige anstehende Sedimente zu wechseltrockenen Verhältnissen führen.

Komplexe: Meist im Komplex mit trockenen Eichenwäldern, trockenen bis frischen Buchenwäldern und Buchen-Eichenwäldern. Meist nährstoffreiche basenreiche Säume mit artenreichen Waldmänteln ausgebildet. Auf Lichtungen und Schlägen i.d.R. Vegetation des Atropion belladonnae.

Biotoptypen:

BTB	RL	REG	BIOTOPTYP	EIG_CODE	EIG
43070604			Traubeneichen-Hainbuchenwald frischer bis [wechselfeuchter] Standorte		submediterran
430801	2-3	K	Traubeneichen-Hainbuchenwald		submediterran

Vegetation:

Galio sylvatici-Carpinetum OBERD. 57 v
Melampyro nemorosi-Carpinetum PASSARGE 57 v

Nutzung/Pflege: Pflege nicht erforderlich. Mindestens größere Teilbereiche ohne Bewirtschaftung müssen vorhanden sein.

Sukzession: I.d.R. Endstadium der Sukzession, daher unter natürlichen Bedingungen nur zyklische, mosaikartige Entwicklung von Altersstadien.

Hauptgefährdungsfaktoren: Intensive Forstwirtschaft, Nadelholzaufforstung, Förderung einer einzigen Baumart, Rodung.

Bemerkungen: -

* Schlucht- und Hangmischwälder (Tilio-Acerion)

NATURA 2000-Code: *9180

D: Schlucht- und Hangmischwälder (Tilio-Acerion) *
F: Forêts des ravins du Tilio-Acerion *
E: Tilio-Acerion ravine forests *

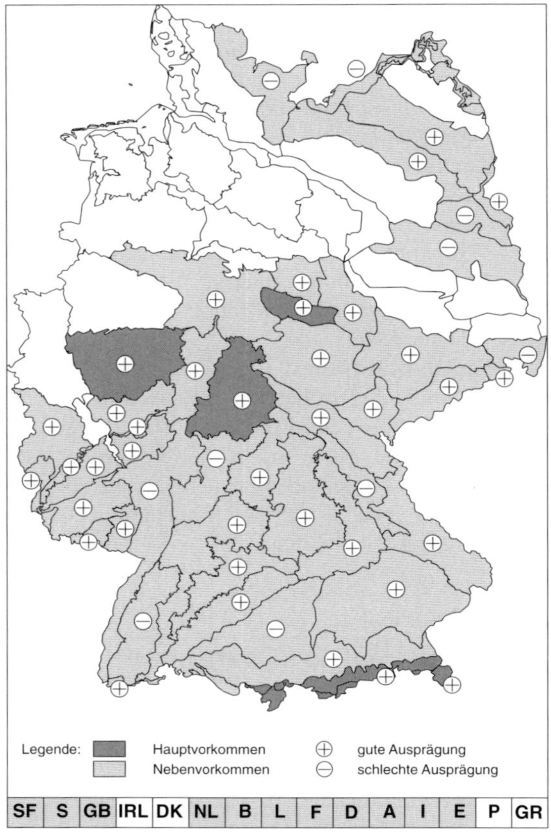

Abb. 104: Verbreitung des Lebensraumtyps 9180 in Deutschland und der Europäischen Union.

Code nach Anhang I: 41.4
Pal. Code: 41.4, alle Subtypen
Definition: Schlucht- und Hangmischwälder kühl-feuchter Standorte einerseits und frischer bis trocken-warmer Standorte auf Hangschutt andererseits. Dazu gehören u.a. Ahorn-Eschen-Schluchtwälder, Winterlinden-Hainbuchen-Hangschuttwälder, Ahorn-Linden-Hangschuttwälder, Sommerlinden-Bergulmen-Blockschuttwälder und die perialpinen Blaugras-Winterlindenwälder.
Oft in Steilhanglage und mit Rutschen des Substrats. I.d.R. mit relativ lichtem Kronenschluß und entsprechend üppiger Krautschicht.
Standort: Steilhänge, Hang- und Blockschutt, i.d.R. nicht ganz konsolidiert; Rohböden über kalkreichem bis silikatischem Lockermaterial: Rendzinen, Regosole u.a. Meist in steil eingeschnittenen Tälern oder am Fuße von Steilwänden und Felsabbrüchen. Mikroklimatisch meist durch hohe Luftfeuchtigkeit und ausgeglichenes Kleinklima gekennzeichnet.
Subtypen: Die wesentlichen Subtypen sind (vgl. Biotoptypen):
– Schluchtwälder feucht-kühler Standorte (Biotoptyp 430602),
– Schluchtwälder trocken-warmer Standorte (v.a. Biotoptyp 430603).
Pflanzenarten, dominante: *Acer pseudoplatanus*, *Fraxinus excelsior*, *Tilia platyphyllos*, *Ulmus glabra*; lokal auch *Carpinus betulus* und *Quercus petraea*; in montaner Lage unter Beteiligung von *Picea abies*.
typische: Kühl-feuchte Standorte: *Acer pseudoplatanus*, *Aconitum napellus*, *Aconitum vulparia*, *Actaea spicata*, *Aruncus dioicus*, *Asarum europaeum*, *Campanula latifolia*, *Corydalis cava*, *Dentaria pentaphyllos*, *Fraxinus excelsior*, *Helleborus viridis*, *Knautia dipsacifolia*, *Lonicera alpigena*, *Lonicera nigra*, *Lunaria rediviva*, *Phyllitis scolopendrium*, *Polystichum aculeatum*, *Prenanthes purpurea*, *Ribes alpinum*, *Thelypteris limbosperma*, *Ulmus glabra*.

Häufig durch Farn-, Flechten- und Moosreichtum gekennzeichnet (z.B. *Lobaria pulmonaria*).
Moose: *Anomodon viticulosus, Cirriphyllum piliferum, Conocephalum conicum, Hylocomium splendens, Neckera complanata, Neckera crispa, Paraleucobryum longifolium, Plagiomnium undulatum, Porella platyphylla, Thamnobryum alopecurum, Thuidium abietinum, Thuidium tamariscinum.*
Warme-frische Standorte: *Anemone ranunculoides, Carpinus betulus, Corylus avellana, Gagea lutea, Helleborus foetidus, Lathyrus vernus, Leucojum vernum, Lilium martagon, Melica nutans, Quercus petraea, Quercus robur, Rubus saxatilis, Sesleria varia, Sorbus aria, Tanacetum corymbosum, Tilia cordata, Tilia platyphyllos, Vincetoxicum hirundinaria, Viola mirabilis*, u.a.
Moose: *Grimmia hartmanii, Hedwigia ciliata, Isothecium alopecuroides, Isothecium myosuroides, Plagiochila asplenioides.*

Tierarten:
Reptilien/Amphibien: Alpensalamander (*Salamandra atra*), Feuersalamander (*Salamandra salamandra*), Bergmolch (*Triturus alpestris*).
Schmetterlinge: *Calospilos sylvata, Anthochoris cardamines, Apeira syringaria, Discoloxia blomeri, Nothocasis sertata, Satyrium w-album* u.a.
Käfer: *Cychrus caraboides, Molops elatus, Pterostichus aethiops, Pterostichus oblongopunctatus, Rhopalopus ungaricus* (v.a. an *Acer*), *Stenostola ferrea* (v.a. an *Tilia*), *Trichotichnus laevicollis.*
Hautflügler: *Anthophora furcata* (an *Stachys sylvatica*), *Osmia brevicornis* (z.B. an *Lunaria rediviva*), *Osmia cornuta* (z.B. an *Corydalis*).
Zweiflügler: *Leucozona lucorum, Meliscaeva cinctella* (z.T. dominant), *Parasyrphus spp., Sphegina spp., Volucella pellucens, Xanthandrus comtus, Xylota coeruleiventris, Xylota florum, Xylota ignava* u.a.
Wanzen: *Pediopsis tiliae* (an *Tilia cordata*).
Zikaden: *Eurhadina untica* (an *Acer pseudoplatanus*).
Weichtiere: Feuchte Schluchtwälder: *Acicula fusca, Acicula lineata, Aegopis verticillus, Bulgarica cana, Clausilia cruciata, Cochlodina costata, Cochlodina fimbriata, Cochlodina orthostoma, Daudebardia brevipes, Daudebardia rufa, Discus perspectivus, Eucobresia diaphana, Helicigona lapicida, Isognomostoma isognomostomos, Limax cinereoniger, Macrogastra ventricosa, Oxychilus depressus, Oxychilus glaber, Phenacolimax major, Platyla polita, Ruthenica filograna, Semilimax kotulae, Semilimax semilimax, Vertigo alpestris, Vertigo pusilla, Vitrea diaphana, Vitrea subrimata, Vitrea transsylvanica*; trockene Lindenhangwälder: *Euomphalia strigella, Aegopinella minor, Truncatellina costulata.*
Sonstige Wirbellose: Asseln: *Oniscus asellus.*

Kartierungshinweise: Die Subtypen sind bei der Kartierung zu unterscheiden und nach den Biotoptypen aufzutrennen. Die Abgrenzung von Hainbuchenwäldern (Lebensraumtypen 9160 und 9170) ist über das Fehlen der Carpinion-Arten und die geringe Beteiligung von *Carpinus betulus* gegeben; Steillagen-Schluchtwälder mit *Carpinus*-Dominanz können jedoch sekundär vorkommen. Die Abgrenzung von Buchenwäldern (Lebensraumtypen 9110, 9130 und 9150) ist durch das Fehlen von Fagion-Arten sowie über das Fehlen oder die nur geringe Beteiligung von *Fagus sylvatica* in der Baumschicht gegeben.

Variabilität: „Schluchtwälder" können auch in fast ebener Lage unter kühl-feuchten klimatischen Bedingungen in entsprechender Höhenlage vorkommen (z.B. in der Rhön). In mehr oder minder unberührten Mittelgebirgsdurchbruchstälern wie z.B. der Wutachschlucht können je nach geologischem Substrat unterschiedliche Ausprägungen und i.d.R. eine Höhenzonierung an den Talflanken vorkommen.

Komplexe: Auf festem Felsuntergrund oder bei geringer Neigung je nach Substrat und Feuchtigkeit in Buchenwälder oder thermophile Eichenwälder übergehend; in tiefen Schluchten häufig direkt an den Schwarz- oder Grauerlenauwald angrenzend. Bachbegleitende Staudensäume und feuchte Waldsäume meist als artenreiche feuchte Hochstaudenbestände ausgebildet.

Biotoptypen:

BTB	RL	REG	BIOTOPTYP	EIG_CODE	EIG
4306	2-3	K	Block-, Schutt- und Hangwälder		
430601	2-3	K	Sommerlinden-Hainbuchen-Schuttwald		
430602	3	K	Eschen-Ahorn-Schlucht- bzw. -Hangwald (feucht-kühle Standorte)		
430603	2-3	K	Ahorn-Linden-Hangschuttwald (wärmere Standorte)		
430604	2-3	K	Linden-Silikatblockhaldenwald		

Vegetation:

Tilio platyphylli-Acerion pseudoplatani KLIKA 55	v
Corydalio cavae-Aceretum pseudoplatani MOOR 38	v
Carici pendulae-Aceretum pseudoplatani OBERD. 57	v
Scolopendrio-Fraxinetum SCHWICKERATH 38	v
Lunario-Aceretum pseudoplatani RICHARD ex SCHLÜTER in GRÜNEBERG et SCHLÜTER 57	v
Arunco-Aceretum MOOR 52	v
Ulmo glabrae-Aceretum pseudoplatani BEGER 22	v
Asperulo taurinae-Aceretum ELLENBERG & KLÖTZLI 72	v
Aceri-Carpinetum KLIKA 41	v
Poo nemoralis-Tilietum cordatae FIRBAS & SIGMOND 28	v
Cynancho-Tilietum platyphyllis WINTERHOFF 63	v
Asperulo taurinae-Tilietum TREPP 47	v

Nutzung/Pflege: Pflege nicht erforderlich. Die für die FFH-Richtlinie gemeldeten Bestände sollten nicht bewirtschaftet werden (Sonderstandort mit geringen Flächenanteilen in Deutschland).

Sukzession: Der Lebensraumtyp gehört auf den entsprechenden Sonderstandorten zur potentiell natürlichen Vegetation und stellt hier das Endglied der Sukzession dar. Eine zyklische, mosaikartige Entwicklung von Altersstadien ist unter natürlichen Bedingungen zu erwarten (ohne forstliche Nutzung).

Hauptgefährdungsfaktoren: Intensive Forstwirtschaft, Nadelholzaufforstung, Veränderungen der Hydrologie (v.a. feuchte Ausbildungen), Förderung einer einzigen Baumart, Rodung, Wegebau, Wildhege (Wildverbiß).

Bemerkungen: -

Alte bodensaure Eichenwälder mit *Quercus robur* auf Sandebenen

NATURA 2000-Code: 9190

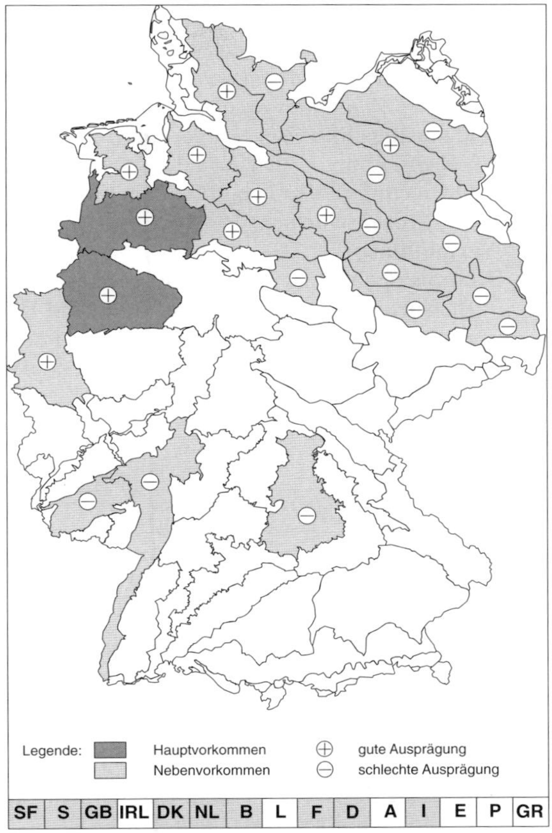

Abb. 105: Verbreitung des Lebensraumtyps 9190 in Deutschland und der Europäischen Union.

D: Alte bodensaure Eichenwälder mit *Quercus robur* auf Sandebenen

F: Vieilles chênaies acidophiles à *Quercus robur* des plaines sablonneuses

E: Old acidophilous oak woods with *Quercus robur* on sandy plains

Code nach Anhang I: 41.51

Pal. Code: 41.51, 41.54

Definition: Naturnahe Birken-Stieleichenwälder (Betulo-Quercetum roboris) und Buchen-Eichenmischwälder auf Sand (z.B. Altmoränen, Binnendünen, altpleistozäne Sande) im norddeutschen Flachland. Baumschicht i.d.R. fast buchenfrei, auf trockenen, sehr armen Sandböden, aber auch feuchte Standorte mit *Molinia caerulea*.

Standort: Nährstoffarme, podsolierte z.T. hydromorphe Sandböden, trocken bis feucht (Podsol-Gleye), bodensauer (mit pH i.d.R. < 4,5).

Subtypen: -

Pflanzenarten, dominante: *Betula pendula*, *Betula pubescens*, *Quercus robur*; in der Krautschicht können dominant auftreten: *Deschampsia flexuosa*, *Molinia caerulea*, *Pteridium aquilinum*.

typische: *Agrostis capillaris*, *Betula pendula*, *Betula pubescens*, *Calluna vulgaris*, *Carex pilulifera*, *Deschampsia flexuosa*, *Festuca filiformis*, *Frangula alnus*, *Hieracium laevigatum*, *Hieracium murorum*, *Hieracium umbellatum*, *Holcus mollis*, *Ilex aquifolium*, *Lonicera periclymenum*, *Melampyrum pratense*, *Molinia caerulea*, *Polypodium vulgare*, *Populus tremula*, *Pteridium aquilinum*, *Quercus robur*, *Sorbus aucuparia*, *Teucrium scorodonia*, *Trientalis europaea*, *Vaccinium myrtillus*.

Tierarten:

Vögel: Gartenbaumläufer (*Certhia brachydactyla*), Mittelspecht (*Dendrocopus medius*, Brutvogel in alten Eichenbeständen), Waldlaubsänger (*Phylloscopus sibilatrix*), Misteldrossel (*Turdus viscivorus*).

Heuschrecken: *Meconema thalassinum*.

Schmetterlinge: *Drymonia ruficornis*, *Dryobotodes eremita*, *Hyppa rectilinea*, *Pararge aegeria*, *Polyploca ridens*, *Rhinoprora debiliata*, *Scopula ternata*, *Spudaea ruficilla*, *Thaumetopoea processionea*, *Thecla quercus*, *Tortrix viridana*.

Käfer: *Cerambyx cerdo*, *Dorcus parallelopipedus*, *Lucanus cervus*, *Plagionotus arcuatus*, *Plagionotus detritus* u.a.
Wanzen: *Acanthosoma haemorrhoidale*, *Calocoris quadripunctatus*, *Cyllecoris histrionicus*, *Drymus sylvaticus*, *Dryophilocoris flavoquadrimaculatus*, *Elasmucha grisea*, *Harpocera thoracica*, *Kleidocerys resedae*, *Phylus melanocephalus*.
Zikaden: *Eurhadina pulchella* (an *Quercus*), *Idiocerus populi*, *Idiocerus tremulae*.
Weichtiere: *Acanthinula aculeata*, *Columella aspera*, *Perpolita hammonis*, *Punctum pygmaeum*, *Zonitoides excavatus*.

Kartierungshinweise: Wälder mit Eichendominanz. Die Abgrenzung gegenüber den zum Lebensraumtyp Buchenwald auf sauren Böden (9110) zu stellenden Beständen des Fago-Quercetum erfolgt über die nur geringe oder fehlende Beteiligung der Buche am Aufbau der Kronenschicht.

Variabilität: -

Komplexe: Oft mit bodensauren Flachland-Buchenwäldern (Luzulo-Fagetum) und Buchen-Eichenwäldern (Fago-Quercetum) und Eichen-Hainbuchenwäldern (Stellario-Carpinetum) verzahnt. Häufig durch Kiefern-Forsten ersetzt oder im Kontakt zu Zwergstrauchheiden (*Calluna*-Heiden) oder Wacholder-Heiden (*Calluna*-Heiden mit *Juniperus communis*).

Biotoptypen:

BTB	RL	REG	BIOTOPTYP	EIG_CODE	EIG
430704	2-3	K	Birken-/Birken-Stieleichenwald feuchter bis frischer Standorte		

Vegetation:

Quercion robori-petraeae BR.-BL. 32	pp
Betulo-Quercetum (GAUME 24) TX. 37	v
Fago-Quercetum petraeae TX. 55 [eichenreiche Bestände]	pp

Nutzung/Pflege: Pflege nicht erforderlich. Mindestens größere Teilbereiche ohne Bewirtschaftung müssen vorhanden sein.

Sukzession: Primäre Bestände ohne Sukzession bzw. mit zyklischer, mosaikartiger Entwicklung von Altersstadien. Forstlich oder durch historische Nutzungen bedingt kann dieser Waldtyp auch sekundär auf Standorten von bodensauren Flachland-Buchenwäldern entstanden sein.

Hauptgefährdungsfaktoren: Intensive Forstwirtschaft, Nadelholzaufforstung, Grundwasserabsenkung, Förderung einer einzigen Baumart, Rodung, Nährstoffeintrag, atmogener Schadstoffeintrag, Wildverbiß.

Bemerkungen: Novellierungsvorschlag für Anhang I: es sollte das gesamte Quercion-robori-petraeae, unter Berücksichtigung der Definitionen für „naturnahe“ Wälder, eingeschlossen werden.

* Moorwälder

NATURA 2000-Code: ***91DO**

D: Moorwälder *
F: Tourbières boisées *
E: Bog woodland *

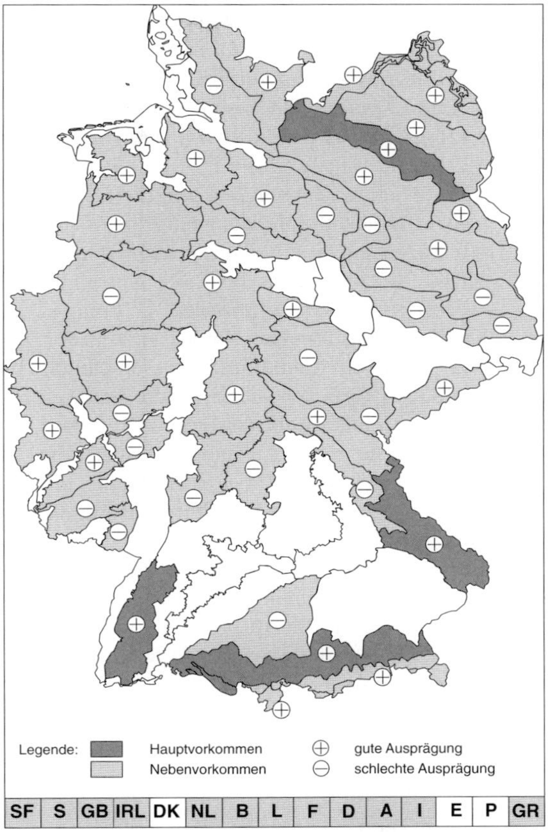

Abb. 106: Verbreitung des Lebensraumtyps 91DO in Deutschland und der Europäischen Union.

Code nach Anhang I: 44.A1 - 44.A4
Pal. Code: 44.A1 - 44.A4
Definition: Laub- und Nadelwälder auf feucht-nassem Torfsubstrat, in der Regel mit *Sphagnum*-Arten und Zwergsträuchern, oligotrophen Nährstoffverhältnissen und hohem Grundwasserspiegel. Birken-Moorwald ggf. mit Übergängen zum Birken-Bruchwald, Fichten-Spirken-Moorwald, Waldkiefern-Moorwald und Latschen-Moorwald.
Standort: Auf meist feuchtem bis wassergesättigten Torfen, leicht bis mäßig zersetzt, am Rande von Hoch- und Übergangsmooren. Je nach klimatischen und edaphischen Verhältnissen als Moor-Randwälder auftretend oder aber das ganze Moor als lückiger Wald überziehend.
Subtypen:
- **91D1*** [Pal. Code 44 A.1]: Birken-Moorwald
- **91D2*** [Pal. Code 44 A.2]: Waldkiefern-Moorwald
- **91D3*** [Pal. Code 44 A.3]: Bergkiefern-Moorwald
- **91D4*** [Pal. Code 44 A.4]: Fichten-Moorwald

Pflanzenarten, dominante: Je nach Subtyp *Betula pubescens*, *Picea abies*, *Pinus rotundata*, *Pinus sylvestris*, (als aufrechte Form: Spirken-Moorwald oder liegende Form: Latschen-Moorwald, *Pinus mugo*).
typische: Baum- und Strauchschicht: *Betula pubescens*, *Betula pubescens ssp. carpatica*, *Frangula alnus*, *Ledum palustre*, *Myrica gale*, *Picea abies*, *Pinus rotundata*, *Pinus sylvestris*, *Salix aurita*, *Salix cinerea*, *Salix pentandra*, *Sorbus aucuparia*;
Krautschicht: *Andromeda polifolia*, *Carex canescens*, *Carex echinata*, *Carex nigra*, *Carex rostrata*, *Dryopteris cristata*, *Eriophorum vaginatum*, *Molinia caerulea*, *Thelypteris palustris*, *Vaccinium oxycoccus*, *Vaccinium uliginosum*, *Viola palustris*.
Moose: *Aulacomnium palustre*, *Dicranum polysetum*, *Polytrichum formosum*, *Polytrichum strictum*, *Sphagnum angustifolium*, *Sphagnum capillifolium*, *Sphagnum girgensohnii*, *Sphagnum palustre*.

Tierarten:

Vögel: Rauhfußkauz (*Aegolius funereus*), Kranich (*Grus grus*), Weidenmeise (*Parus montanus*), Berglaubsänger (*Phylloscopus bonelli*), Waldschnepfe (*Scolopax rusticola*), Waldwasserläufer (*Tringa ochropus*).

Schmetterlinge: *Arichanna melanaria* (an *Vaccinium uliginosum*), *Coenonympha oedippus*, *Leucodon bicoloria*, *Lithophane lamda*, *Phyllodesma ilicifolia*, *Rheumaptera hastata*, *Syngrapha interrogationis*.

Käfer: *Agonum fuliginosum*, *Carabus glabratus*, *Cychrus caraboides*, *Leistus terminatus*, *Oxypselaphus obscurus*, *Patrobus atrorufus*, *Pterostichus minor*, *Pterostichus rhaeticus*, *Trichocellus placidus*.

Hautflügler: *Megachile willugbiella*, *Osmia parietina*, *Osmia uncinata*.

Zweiflügler: Syrphidae: wenig spezifisch, an *Molinia* dominant *Melanostoma scalare*; ferner *Meliscaeva cintella*, *Sericomyia lappona*, *Sericomyia silentis* (v.a. an *Calluna vulgaris*).

Zikaden: *Idiocerus lituratus*.

Kartierungshinweise: Voraussetzung der Zuordnung sind oligotrophe Nährstoffverhältnisse und ein hoher Grundwasserspiegel. Die Zuordnung zur Formation Wald muß gegeben sein. Gebüsche oder lockere Baumgruppen etc., z.B. Moorflächen mit Einzelbäumen, sind ggf. unter Lebensraumtyp 7120 bzw. 7140 zu fassen. Erlen-Bruchwälder sind ausgeschlossen. Eine Ausnahme bilden die nicht überfluteten Erlenwälder auf Durchströmungsmooren (über Torf) Nordostdeutschlands. Vorkommen auf Mineralböden oder auf abgetorftem, degeneriertem Hochmoor sind ausgeschlossen.

Variabilität: Die Ausbildung von Moorwäldern ist stark vom Moortyp und den geomorphologischen Verhältnissen abhängig (z.B. dystrophe Gewässer mit Verlandungszonation in engen Gebirgstälern mit nur schmalem Moorrandwald). Ferner ist je nach Ozeanität und Wasserregime die Ausbildung von flächigen Moorwäldern auf der Moorfläche selbst möglich; häufig sind entstehende Moorwälder jedoch auch erste Anzeichen für eine Moordegeneration.

Komplexe: Komplexe mit Hoch- und Übergangsmooren sowie sauren Niedermooren, Randwälder von Hoch-, Übergangsmooren, z.T. in Sumpf- und Bruchwälder übergehend.

Biotoptypen:

Sub	BTB	RL	REG	BIOTOPTYP	EIG_CODE	EIG
91D0	4301	1	K	Moorwälder (Laubwälder)		
91D1	430101	1	K	Birken-Moorwald		
91D1	430201	1-2	K	Birken- und Birken-Erlenbruchwald nährstoffärmerer Standorte	K009	nicht in Küstendünentälern
91D0	4401	1-2	N	Moorwälder (Nadelwälder)		
91D2	440102	1-2	N	Waldkiefern-Moorwald		
91D3	440103	2	N	Spirken-Moorwald (Bergkiefer)		
91D4	440101	2	N	Fichten-Moorwald		
91D3	440104	1-2	N	Latschen-Moorwald (Bergkiefer)		

Vegetation:

91D1	Vaccinio uliginosi-Betuletum pubescentis LIBBERT 32	v
91D1	Betuletum carpaticae LOHMEYER & BOHN 62	v
91D2	Vaccinio uliginosi-Pinetum sylvestris KLEIST 29	v
91D2	Ledo-Pinetum sylvestris (HUECK 29) R. TX. 55	v
91D3	Vaccinio uliginosae-Pinetum rotundatae OBERD. 34	v
91D4	Sphagno girgensohnii-Piceetum KUOCH 54	v

Nutzung/Pflege: Pflege nicht erforderlich. Die für die FFH-Richtlinie gemeldeten Moorwälder sollten nicht bewirtschaftet werden (Sonderstandorte).

Sukzession: Soweit keine Veränderungen im Wasserregime auftreten, stabiles Endstadium der Sukzession, wobei in Trockenjahren besseres Wachstum erfolgt und in feuchten Jahren mit hohem Wasserstand einzelne Bäume absterben können. Eine zyklische, mosaikartige Entwicklung von Altersstadien ist natürlich.

Hauptgefährdungsfaktoren: Intensive Forstwirtschaft, Aufforstung, Grundwasserabsenkung, Förderung einer einzigen Baumart, Rodung, Nährstoffeintrag, atmogener Schadstoffeintrag, Entwässerung, Torfstiche und Maschinenabtorfung.

Bemerkungen: Erlenbruch- und Erlensumpfwälder fehlen bisher in der FFH- Richtlinie und müssen künftig neu in den Anhang I aufgenommen werden.

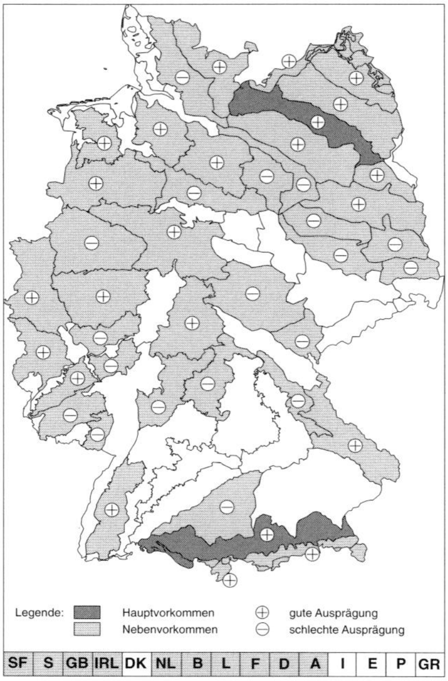

Abb. 107: Verbreitung des Subtyps „Birken-Moorwald“ (91D1) in Deutschland und der Europäischen Union.

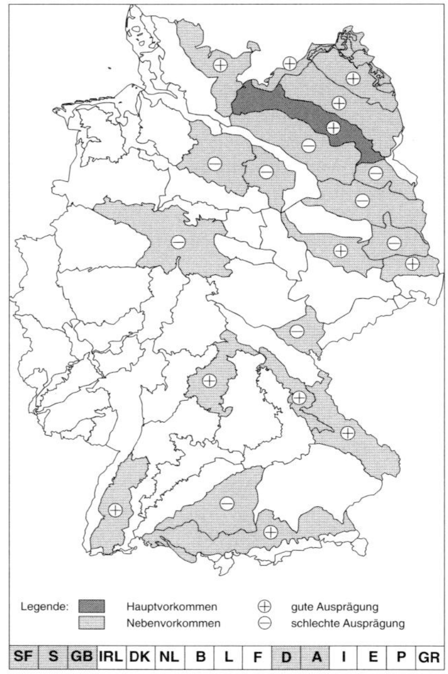

Abb. 108: Verbreitung des Subtyps „Waldkiefern-Moorwald“ (91D2) in Deutschland und der Europäischen Union.

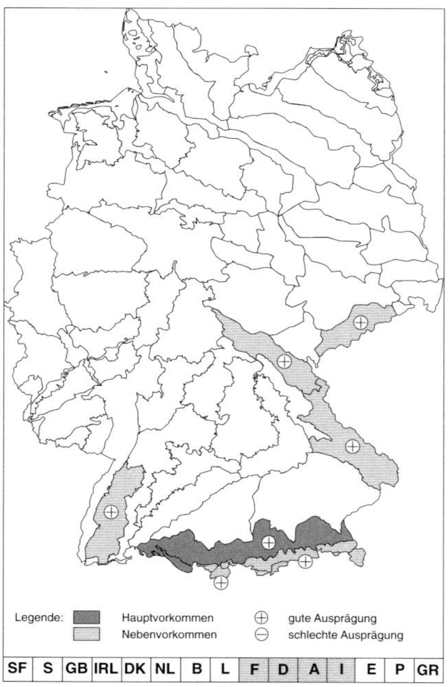

Abb. 109: Verbreitung des Subtyps „Bergkiefern-Moorwald“ (91D3) in Deutschland und der Europäischen Union.

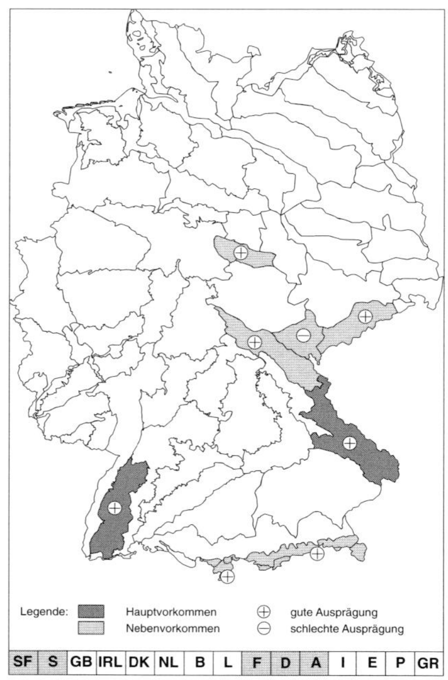

Abb. 110: Verbreitung des Subtyps „Fichten-Moorwald“ (91D4) in Deutschland und der Europäischen Union.

* Erlen- und Eschenwälder und Weichholzauenwälder an Fließgewässern (Alno-Padion, Alnion incanae, Salicion albae)

NATURA 2000-Code: ***91E0**

D: „Rest“bestände von Erlen- und Eschenwäldern an Fließgewässern (Alnion glutinoso-incanae) *

F: Forêts alluviales résiduelles (Alnion glutinoso-incanae) *

E: Residual alluvial forests (Alnion glutinoso-incanae) *

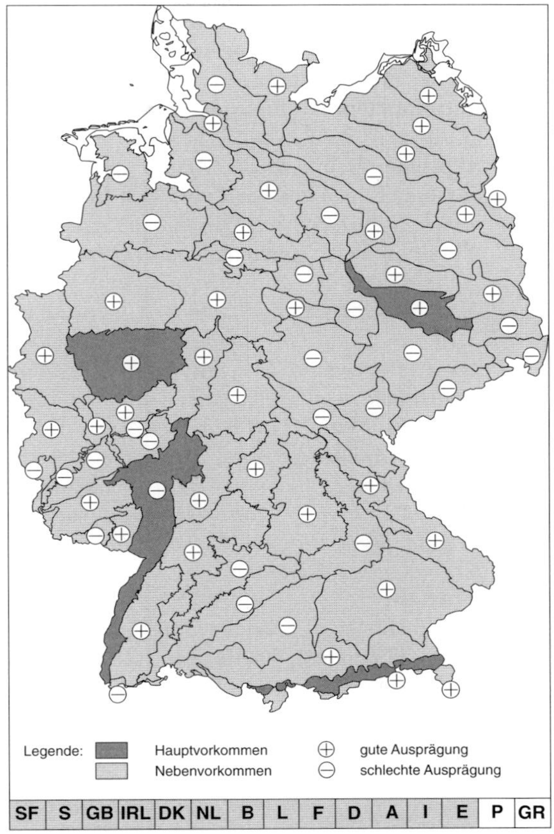

Abb. 111: Verbreitung des Lebensraumtyps 91E0 in Deutschland und der Europäischen Union.

Code nach Anhang I: 44.3

Pal. Code: 44.2/44.31 und 44.32 alle Subtypen, 44.13

Definition: Fließgewässerbegleitende Erlen- und Eschenauwälder sowie quellige, durchsickerte Wälder in Tälern oder an Hangfüßen. In der planaren bis kollinen Stufe mit Schwarzerle, in höheren Lagen auch Grauerlenauenwälder. Ferner sind die Weichholzauen (Salicion albae) an regelmäßig und oft länger überfluteten Flußufern eingeschlossen. Als Sonderfall sind auch Erlenwälder auf Durchströmungsmoor im Überflutungsbereich der Flüsse in diesen Lebensraumtyp eingeschlossen.

Standort: ± regelmäßige Überflutung in der Aue (Überflutungsdauer je nach Subtyp unterschiedlich, z.B. bei Weiden-Auewäldern winterlich lang- oder kurzfristig aber auch im Sommer ± regelmäßig kurzfristig). Es überwiegen autochtone oder allochtone Auenböden, vorwiegend Auenrohböden (z.B. Rambla, Paternia) oder aber Hanggleye und vergleyte Auenböden.

Subtypen: Es sollten die Subtypen laut der Biotoptypenzuordnung verwendet werden, da diese eine unterschiedliche Artenzusammensetzung und Ökologie aufweisen:

– Grauerlenauenwald (Biotoptyp 430401)
Der Grauerlenauenwald ist in der montanen bis subalpinen Stufe an montanen Fließgewässern verbreitet.

– Bach-Eschenwald (Biotoptyp 430402)
Meist auf quelligen und durchsickerten mineralischen Standorten entlang von Bächen und in Hangmulden anzutreffen.

– Schwarzerlenwald (Biotoptyp 430403)
An Bächen und Flüssen von der planaren bis in die montane Stufe; hierzu gehört auch

der Erlenuferwald auf Durchströmungsmoor entlang der baltischen Fließgewässer im Überflutungsbereich. Er vermittelt standörtlich und floristisch zwischen den Erlenauenwäldern des Alno-Ulmion und den Erlenbruchwäldern des Alnion glutinosae.

– Weichholzauenwald (Biotoptyp 43040401)
Der Weichholzauenwald umfaßt die von baumförmigen Weiden dominierten Auenwälder, die an Flüssen ab etwa der Mittelwasserlinie der Gewässer bis etwa 1-2 m oberhalb vorkommen. Der Untertyp hat einen Schwerpunkt in der planaren bis kollinen Stufe am Ufer großer Flüsse.

Pflanzenarten, dominante: Je nach Typ *Alnus glutinosa*, *Alnus incana*, *Fraxinus excelsior*, *Salix alba*, *Salix fragilis*.

typische: Baumschicht: *Acer pseudoplatanus*, *Alnus glutinosa*, *Fraxinus excelsior*; in höheren Lagen und bei Kaltlufteinfluß sowie im Alpenraum *Alnus incana*; ferner *Populus nigra*, *Salix alba*, *Salix fragilis*, *Salix x rubens;*

Strauchschicht: *Humulus lupulus*, *Prunus padus*, *Ribes rubrum*, *Rubus caesius*, *Salix alba*, *Salix daphnoides*, *Salix fragilis*, *Salix purpurea*, *Salix triandra*, *Salix viminalis*;

Krautschicht: *Cardamine amara*, *Carex acutiformis*, *Carex pendula*, *Carex remota*, *Carex strigosa*, *Chaerophyllum hirsutum*, *Chrysosplenium alternifolium*, *Circaea lutetiana*, *Circaea x intermedia*, *Cuscuta lupuliformis*, *Equisetum telmateia*, *Festuca gigantea*, *Filipendula ulmaria*, *Geum rivale*, *Lysimachia nemorum*, *Matteuccia struthiopteris*, *Petasites hybridus*, *Phalaris arundinacea*, *Poa remota*, *Ranunculus ficaria*, *Stellaria nemorum*.

Moose: *Aneura pinguis*, *Brachythecium rivulare*, *Bryum pseudotriquetrum*, *Calliergon cuspidatum*, *Climacium dendroides*, *Conocephalum conicum*, *Eurhynchium hians*, *Fissidens adianthoides*, *Palustriella commutata*, *Pellia endiviifolia*, *Pellia epiphylla*, *Plagiomnium affine*, *Plagiomnium undulatum*, *Rhythidiadelphus triquetrus*, *Sphagnum palustre*, *Trichocolea tomentella*.

Tierarten:

Vögel: Eisvogel (*Alcedo atthis*), Karmingimpel (*Carpodacus erythrinus*), Wasseramsel (*Cinclus cinclus*), Kleinspecht (*Dendrocopus minor*), Gelbspötter (*Hippolais icterina*), Schlagschwirl (*Locustella fluviatilis*), Sprosser (*Luscinia luscinia*), Nachtigall (*Luscinia megarhynchos*), Blaukehlchen (*Luscinia svecica*), Pirol (*Oriolus oriolus*), Weidenmeise (*Parus montanus*), Grauspecht (*Picus canus*), Beutelmeise (*Remiz pendulinus*) u.a.

Schmetterlinge: *Acronicta alni*, *Apatura iris*, *Catocala fraxini*, *Catocala nupta*, *Cerura vinula*, *Coleophora viminetella*, *Cossus cossus* (an *Salix*), *Drepana curvulata* (an *Alnus*, *Betula*), *Euphydryas maturna* (an *Fraxinus*), *Mormo maura*, *Laothoe populi*, *Lycaena dispar*, *Notodonta ziczac*, *Nymphalis antiopa*, *Nymphalis polychloros*, *Phyllonorycter salicicolella*, *Smerinthus ocellata*, *Synanthedon spheciformis* (v.a. an *Alnus*).

Käfer: *Agelastica alni*, *Ampedus elegantulus*, *Aromia moschata*, *Blethisa multipunctata*, *Chalcoides aurata*, *Chalcoides nitidula*, *Chalcoides plutus*, *Cryptorhynchus lapathi*, *Curculio crux*, *Dicerca alni*, *Dorytomus melanophthalmus*, *Elaphrus aureus*, *Elaphrus cupreus*, *Lamia textor*, *Leptura arcuata* (v.a. an *Alnus*), *Leucosomus pedestris*, *Lochmaea capreae*, *Luperus lyperus*, *Melasoma populi*, *Melasoma vigintipunctata*, *Necydalis major*, *Oxypselaphus obscurus*, *Patrobus atrorufus*, *Phyllodecta vitellinae*, *Phyllodecta vulgatissima*, *Phytodecta viminalis*, *Platynus longiventris*, *Strangalia quadrifasciata*.

Hautflügler: *Andrena haemorrhoa* (u.a. an *Alnus*); an *Salix alba*: *Andrena apicata*, *Andrena praecox*, *Andrena ruficrus*, *Andrena seicata*, *Andrena vaga*; an *Salix triandra*: *Andrena mitis*, *Andrena ventralis*, *Eriocampa ovata*.

Zweiflügler: *Chalcosyrphus eunotus*, *Cheilosia albipila*, *Cheilosia canicularis*, *Cheilosia orthotrichia*, *Eurhymia lineata*, *Melangyna barbata*, *Melanogaster nuda*, *Neoascia*

podagrica, Neoascia tenur, Neoascia unifasciata, Parhelophilus spp., Sphegina spp.
Zikaden: *Aphrophora alni, Edwardsiana geometrica, Eupterycyba jucunda, Idiocerus albicans, Idiocerus distinguendus, Idiocerus impressifrons, Idiocerus nitidissimus, Idiocerus ustulatus, Macropsis fuscinervis, Macropsis graminea, Macropsis marginata, Macropsis vicina, Oncopsis alni, Rhytidotus decimusquartus.*
Weichtiere: *Arianta arbustorum, Arion subfuscus, Carychium minimum, Cochlicopa lubrica, Cochlodina laminata, Columella edentula, Deroceras laeve, Eucobresia diaphana, Euconulus alderi, Oxyloma elegans, Perforatella bidentata, Perpolita hammonis, Pseudotrichia rubiginosa, Succinea putris, Vertigo antivertigo, Vitrea crystallina, Zonitoides nitidus.*
Sonstige Wirbellose: Blattläuse: *Pterocallis alni.*

Kartierungshinweise: Voraussetzung der Zuordnung ist ein noch weitgehend intaktes Wasserregime (Überflutungs- und Druckwasserauen). Damit sind z.B. gepolderte oder außendeichs gelegene Vorkommen der genannten Vegetationstypen, die der natürlichen Überflutung entzogen sind, ausgeschlossen. Sie können jedoch als Entwicklungspotential beim Fehlen naturnaher Bestände gelten. Lückige fragmentierte Bestände, bei denen die Lücken zwischen den einzelnen Bäumen größer als die Baumhöhe sind, sind als Baumreihen zu werten und nicht zu erfassen (z.B. als Folge von Überweidung).
Bei der Kartierung sind die Untertypen voneinander zu unterscheiden.

Variabilität: Vgl. auch Subtypen: Weiden-Auwälder haben ihren Schwerpunkt an den Auen der großen Flüsse, Mittelgebirgsbäche sind häufig von Erlen-Auwäldern begleitet, wobei in kaltluftbeeinflußten Lagen und in größeren Höhen der Grauerlenauwald den Schwarzerlenauwald ersetzt.

Komplexe: Im Kontakt zu Fließgewässern, meist in Feuchtgrünland (Flutrasen, Sumpfdotterblumenwiesen u.a.) eingebettet oder im Kontakt zu Schlucht- und Hangschuttwäldern (Tilio-Acerion); an großen Flüssen im Kontakt zu Hartholzauenwäldern, schlammigen Flußufern mit annueller Ufervegetation; in den Mittelgebirgen meist unmittelbar an Schotterbänke, verschiedene Uferstaudensäume (z.B. Pestwurz-Bestände) und Rohrglanzgrasröhrichte angrenzend.

Biotoptypen:

BTB	RL	REG	BIOTOPTYP	EIG_CODE	EIG
430401	2	K	Grauerlenauenwald		
430402	3	K	Eschenwald (an Fließgewässern)		
430403	3	S	Schwarzerlenwald (an Fließgewässern)		
43040401	1	K	Weichholzauenwald mit weitgehend ungestörter Überflutungsdynamik		

Vegetation:

Salicetum triandrae (MALCUIT 29) NOIRFALISE in LEBRUN et al. 55	pp
Salicetum albae ISSLER 26	v
Salicetum fragilis PASSARGE 57	v
Salix purpurea-Gesellschaft	pp
Alno-Ulmion BR.-BL. & TX. 43	pp
Salicetum pentandro-cinereae (PASSARGE 61) OBERD. 64	pp

Stellario nemorum-Alnetum glutinosae LOHMEYER 57	v
Alnetum incanae LÜDI 21	v
Carici remotae-Fraxinetum KOCH ex FABER 36	v
Pruno-Fraxinetum OBERD. 53	v
Ribo sylvestris-Fraxinetum LEMEE 37 corr. PASSARGE 58	v

Nutzung/Pflege: Pflege nicht erforderlich. Mindestens größere Teilbereiche ohne Bewirtschaftung müssen vorhanden sein. Weichholzauwälder der größeren Flüsse sollten nicht bewirtschaftet werden.

Sukzession: In intakten Auen keine Sukzession, aber Verlagerungen in der Aue sind möglich. Weichholzauen entwickeln sich bei Verringerung der Überflutungsdauer und -häufigkeit zu Hartholzauenwäldern (vgl. Lebensraumtyp 91F0).

Hauptgefährdungsfaktoren: Veränderung der Überflutungsdynamik (zeitlich oder hinsichtlich der Wassermengen), Gewässerausbau (z.B. Uferverbau, Begradigung) und Gewässerunterhaltung, Schiffahrt, Freizeitbetrieb (u.a. Angeln, Trittbelastung, Badebetrieb), Erd-, Sand- oder Kiesabbau, Aufforstung mit biotopfremden Gehölzen, insbesondere Hybridpappeln.

Bemerkungen: Weidengebüsche intakter Auen sind als Mäntel bzw. Pionierstadien der Weichholzauenwälder in den Lebensraumtyp eingeschlossen. Da die Weichholzauen aber oft nur noch als kleine Restbestände ohne eigentlichen Wald erhalten geblieben sind, müssen ggf. auch Weidengebüsche als Fragmente des ehemaligen Auwaldes bzw. als Entwicklungspotential mit in die Gebietsmeldungen einbezogen werden.

Anmerkung zur Vegetation: Von den Bruchwäldern, z.B. Carici elongatae-Alnetum glutinosae und Carici laevigatae-Alnetum glutinosae, gibt es Ausbildungen bzw. Subassoziationen (z.B. cardaminetosum amarae), die sich durch ziehendes Grundwasser auszeichnen und den Auewäldern, z.B. dem Carici remotae-Fraxinetum sehr nahestehen. Diese können mit unter diesen Lebensraumtyp gestellt werden. Sollten jedoch die Bruchwälder insgesamt als neuer Typ bei einer künftigen Novellierung des Anhangs I berücksichtigt werden, ist es sinnvoller, diese Ausbildungen zu den Bruchwäldern zu stellen. Zwischen Bruch- und Auwäldern bestehen je nach naturräumlichen Gegebenheiten enge Beziehungen und z.T. auch Übergänge. Weidengebüsche wie z.B. das Salicetum triandrae treten als Mäntel des Weichholzauenwalds auf, können aber auch Degradationsstadien (Restbestände) von Weichholzauenwäldern darstellen, manchmal mit eingesprengten Einzelbäumen.

Eichen-Ulmen-Eschen-Auenwälder am Ufer großer Flüsse

NATURA 2000-Code: 91F0

D: Eichen-/Ulmen-Eschen-Mischwälder am Ufer großer Flüsse

F: Forêts mixtes des chênes, d'ormes et de frênes bordant de grands fleuves

E: Mixed oak-elm-ash forests of great rivers

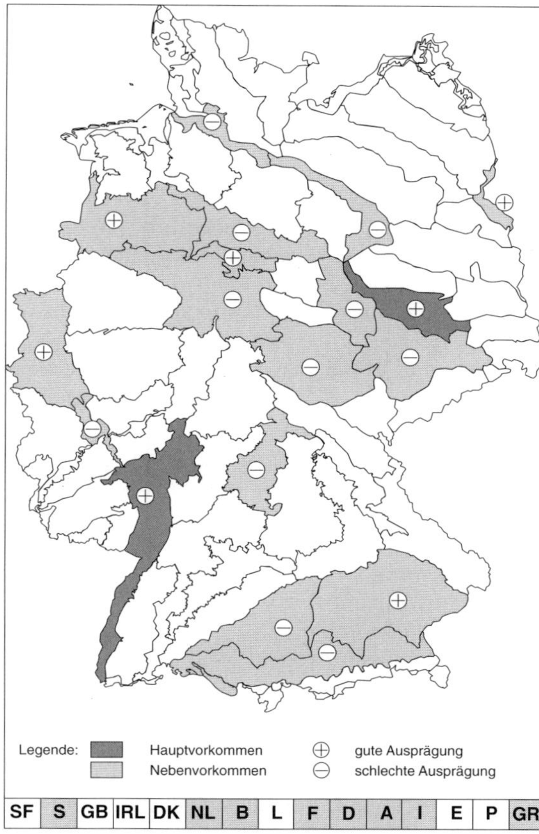

Abb. 112: Verbreitung des Lebensraumtyps 91F0 in Deutschland und der Europäischen Union.

Code nach Anhang I: 44.4

Pal. Code: 44.33 und 44.4, alle Subtypen

Definition: Hartholzauenwälder am Ufer großer Flüsse mit natürlicher Überflutungsdynamik. Dominierende Baumarten sind in Abhängigkeit vom Wasserregime Esche (*Fraxinus excelsior*), Ulmen (*Ulmus laevis*, *Ulmus minor*) und Eiche (*Quercus robur*); Wälder stickstoffreicher Standorte mit meist üppiger Krautschicht und gut ausgebildeter Strauchschicht, reich an Lianen.

Standort: ± regelmäßige winterliche Überflutung in der Aue durch Überflutung oder Druckwasser (im Winter und Frühjahr 1-2x kurzfristig, seltener langfristig, im Sommer teilweise auch regelmäßig), Böden: meist Paternia bis Vega.

Subtypen: -

Pflanzenarten, dominante: *Fraxinus exelsior*, *Quercus robur*, *Ulmus laevis*, *Ulmus minor.*

typische: Gehölze und Lianen: *Alnus glutinosa*, *Clematis vitalba*, *Crataegus laevigata*, *Euonymus europaeus*, *Hedera helix*, *Humulus lupulus*, *Malus sylvestris*, *Populus alba*, *Populus nigra*, *Populus x canescens*, *Prunus avium*, *Prunus padus*, *Quercus robur*, *Ribes nigrum*, *Ribes rubrum*, *Ribes uva-crispa*, *Sambucus nigra*, *Tamus communis*, *Ulmus laevis*, *Ulmus minor*, *Viburnum opulus*, *Vitis vinifera ssp. sylvestris;*

Krautschicht: *Adoxa moschatellina*, *Allium ursinum*, *Arum maculatum*, *Corydalis cava*, *Corydalis solida*, *Equisetum hyemale*, *Festuca gigantea*, *Filipendula ulmaria*, *Gagea lutea*, *Phalaris arundinacea*, *Phragmites australis*, *Polygonum hydropiper*, *Pulmonaria obscura*, *Ranunculus ficaria*, *Stachys sylvatica*, *Valeriana procurrens*, *Veronica hederifolia*; teilweise auch Neophyten (*Impatiens glandulifera*, *Mimulus guttatus*).

Moose: *Calliergon cuspidatum*, *Eurhynchium hians*, *Eurhynchium striatum*, *Fissidens taxifolius*, *Plagiomnium undulatum*, *Rhythidiadelphus triquetrus*, *Tetrodontium brownianum*, *Thamnobryum alopecurum.*

Tierarten:

Vögel: Schwanzmeise (*Aegithalos caudatus*), Gartenbaumläufer (*Certhia brachydactyla*), Mittelspecht (*Dendrocopus medius*), Kleinspecht (*Dendrocopus minor*), Nachtigall (*Luscinia megarhynchos*), Grauschnäpper (*Muscicapa striata*), Pirol (*Oriolus oriolus*), Sumpfmeise (*Parus palustris*), Feldsperling (*Passer montanus*), Grauspecht (*Picus canus*), Grünspecht (*Picus viridis*), Kleiber (*Sitta europaea*), Turteltaube (*Streptopelia turtur*), Waldkauz (*Strix aluco*), Waldwasserläufer (*Tringa ochropus*) u.a.

Schmetterlinge: *Apatura ilia, Cosmia affinis, Euphydryas maturna, Limenitis camilla, Lithophane semibrunnea, Lopinga achine, Lycaena dispar, Miltochrista miniata, Neozephyrus quercus, Nymphalis antiopa, Polygonia c-album, Satyrium w-album.*

Käfer: *Abax parallelepipedus, Abax parallelus, Akimerus schaefferi* (an *Quercus*), *Cerambyx cerdo, Cortodera humeralis, Cychrus caraboides, Exocentrus punctipennis, Necydalis ulmi, Saperda punctata* (v.a. an *Ulmus*), *Xylotrechus antilope* (an *Quercus*).

Zweiflügler: *Baccha elongata, Brachyopa scutellaris, Ceriana conopsoides, Chalcosyrphus nemorum, Neoascia spp., Parhelophilus frutetorum, Sphegina spp., Temnostoma bombylans, Temnostoma vespiforme, Volucella inflata, Xylota coeruleiventris, Xylota florum, Xylota sylvarum* und zahlreiche weitere hygrophile Waldarten.

Weichtiere: *Aegopinella nitens, Aegopinella nitidula, Arianta arbustorum, Arion silvaticus, Arion subfuscus, Balea biplicata, Carychium minimum, Carychium tridentatum, Cepaea hortensis, Cepaea sylvatica, Clausilia dubia, Clausilia pumila, Cochlodina laminata, Discus rotundatus, Ena montana, Eucobresia diaphana, Euconulus fulvus, Fructicicola fruticum, Helix pomatia, Macrogastra attenuata ssp. lineolata, Macrogastra ventricosa, Merdigera obscura, Monachoides incarnatus, Perforatella bidentata, Semilimax semilimax, Trichia coelomphala, Trichia hispida, Trichia rufescens, Trichia sericea, Trichia villosa, Urticicola umbrosa, Vitrea crystallina, Vitrinobrachium breve.*

Kartierungshinweise: Voraussetzung der Zuordnung ist ein noch weitgehend intaktes Überflutungsregime (ggf. auch Überflutung durch Qualmwasser). Damit sind z.B. gepolderte oder außendeichs gelegene Vorkommen der genannten Vegetationstypen, die einer Überflutung entzogen sind, i.d.R. ausgeschlossen. Diese können lediglich als Entwicklungspotential angesehen werden, wenn naturnahe Bestände inzwischen fehlen. Probleme können sich durch Übergänge in Eichen-Hainbuchenwälder ergeben, die sich bei gestörter Überflutung aus den Hartholzauenwäldern entwickeln bzw. in der Zonierung bei abnehmenden Überflutungshäufigkeiten benachbart sind. Kleinflächig mosaikartig auf leicht erhöhten Kuppen auftretende Bestände innerhalb des Überflutungsgebietes sind eingeschlossen, anderfalls sind diese ggf. als Lebensraumtyp 9170 zu erfassen.

Variabilität: -

Komplexe: In den großen Stromtälern typische Zonationen von Fließgewässerröhrichten über Weidengebüsche, Weichholzauen zu Hartholzauen; heute sekundär v.a. im Kontakt zu Feuchtgrünland und Grünlandbrachen.

Biotoptypen:

BTB	RL	REG	BIOTOPTYP	EIG_CODE	EIG
43040501	1	K-N	Hartholzauenwald mit weitgehend ungestörter Überflutungsdynamik		

Vegetation:

Querco-Ulmetum minoris ISSLER 24	v
Stellario holosteae-Carpinetum betuli OBERD. stachyetosum	pp

Nutzung/Pflege: Pflege nicht erforderlich. Die wenigen noch erhaltenen Hartholzauenwälder sollten nicht bewirtschaftet werden. Auf den Anbau von Edellaubholzmischungen mit Holzarten, die nicht zur natürlichen Artenausstattung gehören, sollte verzichtet werden.

Sukzession: Bei intakter Wasserdynamik erfolgt keine Sukzession oder allenfalls in der Folge von Flußbettverlagerungen.

Hauptgefährdungsfaktoren: Veränderung der Überflutungsdynamik (zeitlich oder hinsichtlich der Wassermengen), Gewässerausbau (z.B. Uferverbau, Begradigung) und Gewässerunterhaltung, Schiffahrt, Freizeitbetrieb (u.a. Angeln, Trittbelastung, Badebetrieb), Erd-, Sand- oder Kiesabbau, Aufforstung mit biotopfremden Gehölzen insbesondere Hybridpappeln.

Bemerkungen: In der Verbreitungskarte sind nur die Hartholzauen der großen Flußauen dargestellt, die eindeutig zugeordnet werden können. Daneben gibt es Übergänge zu Carpinion-Gesellschaften und zum Alnetum incanae (Alpenvorland), die im Einzelfall geprüft werden müssen. Die Hartholzauen großer Flüsse sind in ganz Europa noch stärker gefährdet als die Weichholzauen (91EO). Sie sollten daher bei einer Novellierung des Anhangs I als prioritär eingestuft werden.

* Pannonische Wälder mit *Quercus petraea* und *Carpinus betulus*

NATURA 2000-Code: *91G0

D: -
F: -
E: -

Lebensraumtyp neu aufgenommen durch die Beitrittsverhandlungen mit Österreich, wurde bisher für Deutschland unter Galio-Carpinetum s.l. als Lebensraumtyp 9170 gefaßt.

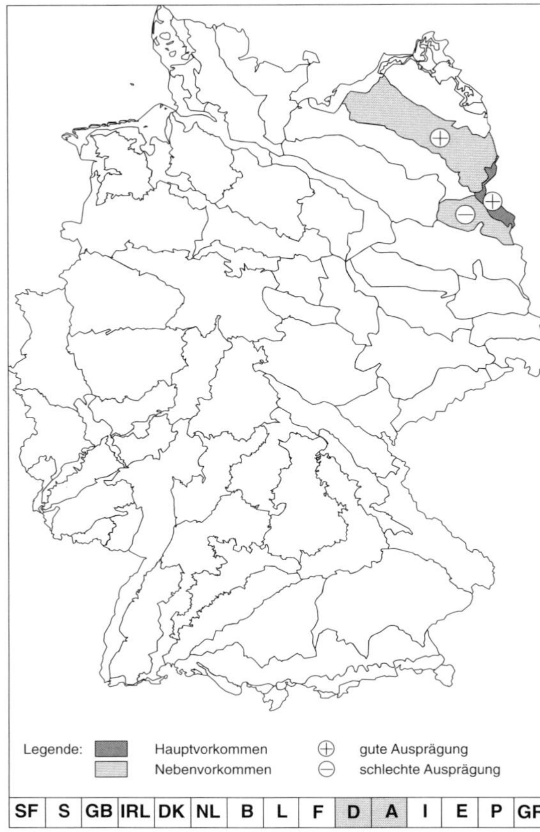

Abb. 113: Verbreitung des Lebensraumtyps 91G0 in Deutschland und der Europäischen Union.

Code nach Anhang I: -
Pal. Code: 41.2B, 41.266, 41.267
Definition: Subkontinentale bis pannonische Eichen-Hainbuchenwälder (z.T. als Tilio-Carpinenion gefaßt) auf stärker tonig-lehmigen und wechseltrockenen Böden, meist in wärmebegünstigter Lage mit Schwerpunkt im subkontinentalen Bereich (thermophile Eichen-Hainbuchenwälder).
Schwerpunkt außerhalb des Buchenwaldareals.
Standort: Lehmige Böden mit Staufeuchte (trocken bis wechseltrocken), Braunerden bis pseudovergleyte Parabraunerden, subkontinentale Klimaverhältnisse, in Deutschland in wärmebegünstigten Hanglagen.
Subtypen: -
Pflanzenarten, dominante: *Carpinus betulus*, *Quercus robur*, *Tilia cordata*.
typische: Baum- und Strauchschicht: *Acer campestris*, *Carpinus betulus*, *Corylus avellana*, *Pyrus pyraster*, *Quercus petraea*, *Rhamnus carthatica*, *Sorbus torminalis*, *Tilia cordata*, *Tilia platyphyllos*, *Ulmus glabra*, *Ulmus minor*;
Krautschicht: *Campanula persicifolia*, *Corydalis intermedia*, *Corydalis pumila*, *Hepatica nobilis*, *Lathyrus niger*, *Polygonatum odoratum*, *Primula veris*, *Vincetoxicum hirundinaria*.
Tierarten:
Vögel: Mittelspecht (*Dendrocopus medius*), Kleiber (*Sitta europaea*) u.a.
Schmetterlinge: *Abraxas grossulariata*, *Cyclophora porata*, *Cyclophora punctaria*, *Earias clorana*, *Eupithecia centaureata*, *Eupithecia haworthiana*, *Harpyia milhauseri*, *Horisme tersata*.
Käfer: *Akimerus schaefferi*, *Exocentrus lusitanus* u.a.

Zikaden: *Pediopsis tiliae* (an *Tilia cordata*).

Weichtiere: *Aegopinella nitens*, *Aegopinella pura*, *Cepaea hortensis*, *Cochlicopa lubricella*, *Cochlodina laminata*, *Discus rotundatus*, *Euomphalia strigella*, *Helix pomatia*, *Macrogastra plicatula*, *Merdigera obscura*, *Monachoides incarnatus*, *Perpolita hammonis*, *Punctum pygmaeum*, *Succinella oblonga*, *Truncatellina costulata*.

Kartierungshinweise: Die Einstufung und Abtrennung der verschiedenen Eichen-Hainbuchenwälder erfolgt über die Trennarten zwischen Stellario-Carpinetum (9160) bzw. dem Galio-Carpinetum (9170) auf der einen Seite und subkontinentalen Arten des Tilio-Carpinetum auf der anderen Seite. Bestände in Auen gehören i.d.R. zum Stellario-Carpinetum.

Variabilität: In Deutschland an der westlichen Arealgrenze nur lokal in NO-Deutschland verbreitet.

Komplexe: Meist im Komplex mit thermophilen Buchen- und Eichenwäldern. Meist nährstoffreiche basenreiche Säume mit artenreichen Waldmänteln ausgebildet.

Biotoptypen:

BTB	RL	REG	BIOTOPTYP	EIG_CODE	EIG
43070604			Traubeneichen-Hainbuchenwald frischer bis wechselfeuchter Standorte		subkontinental
430801	2-3	K	Traubeneichen-Hainbuchenwald		subkontinental

Syntaxa:

Carpinion betuli ISSLER 31	pp
Tilio-Carpinetum TRACZYK 62	v
Carici pilosae-Carpinetum NEUHÄUSL & NEUHÄUSLOVA-NOVOTNA 64	v
Primulo veris-Carpinetum NEUHÄUSL & NEUHÄUSLOVA-NOVOTNA 64	v

Nutzung/Pflege: Pflege nicht erforderlich. Mindestens größere Teilbereiche ohne Bewirtschaftung müssen vorhanden sein.

Sukzession: I.d.R. Endstadium der Sukzession, daher unter natürlichen Bedingungen nur zyklische, mosaikartige Entwicklung von Altersstadien.

Hauptgefährdungsfaktoren: Intensive Forstwirtschaft, Nadelholzaufforstung, Förderung einer einzigen Baumart und Rodung.

Bemerkungen: -

Bodensaure Nadelwälder (Vaccinio-Piceetea)

NATURA 2000-Code: 9410

D: Acidophile bodensaure Fichtenwälder (Vaccinio-Piceetea)
F: Forêts acidophiles (Vaccinio-Piceetea)
E: Acidophilous forests (Vaccinio-Piceetea)

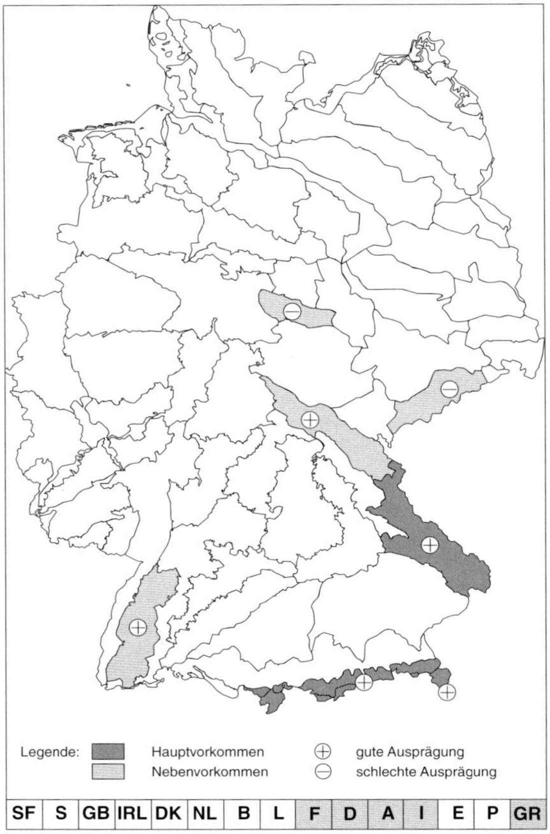

Abb. 114: Verbreitung des Lebensraumtyps 9410 in Deutschland und der Europäischen Union.

Code nach Anhang I: 42.21 - 42.23
Pal. Code: 42.21 - 42.23 pp., alle Subtypen
Definition: Montane bis subalpine natürliche bzw. naturnahe Fichtenwälder (Vaccinio-Piceetea) der Alpen und der Mittelgebirge im natürlichen Verbreitungsgebiet der Fichte. Umfaßt eine weite standörtliche Amplitude von Silikat- bis Kalkböden, kaltluftgeprägten hydrophilen bis xerophilen Vegetationstypen.
Standort: Montane bis subalpine Lagen, i.d.R. Moder bis Rohhumus auf nährstoffarmen Böden (oft Ranker mit Podsolierung), meist über silikatischem Festgestein oder bei höheren Niederschlägen auf oberflächlich entkalkten Böden (z.B. Tangel-Rendzinen) über Kalkgestein.
Subtypen: In der paläarktischen Klassifizierung werden bisher nur zwei in Deutschland vorkommende Typen unterschieden:
- **9411** [Pal. Code 42.21]: Subalpiner Fichtenwald (nur Alpen),
- **9413** [Pal. Code 42.23]: Hercynischer Fichtenwald (Mittelgebirge Bayrischer Wald, Harz etc. oberhalb 750m NN).

Pflanzenarten, dominante: *Picea abies*.
typische: Baum- und Strauchschicht: *Abies alba*, *Acer pseudoplatanus*, *Betula pubescens*, *Picea abies*, *Sorbus aucuparia*;
Strauchschicht: *Adenostyles alliariae*, *Aposeris foetida*, *Calamagrostis varia*, *Calamagrostis villosa*, *Corallorrhiza trifida*, *Dryopteris dilatata*, *Dyropteris carthusiana*, *Homogyne alpina*, *Huperzia selago*, *Knautia dipsacifolia*, *Listera cordata*, *Luzula luzuloides*, *Lycopodium annotinum*, *Melampyrum sylvaticum*, *Monotropa hypopitys*, *Polygonatum verticillatum*, *Trientalis europaea*, *Vaccinium myrtillus*, *Vaccinium vitis-idaea*, *Veronica urticifolia*.
Moose: *Barbilophozia floerkei*, *Barbilophozia lycopodioides*, *Bazzania trilobata*, *Dicranum scoparium*, *Hylocomium splendens*, *Lepidozia reptans*, *Plagiochila asplenioides*,

Polytrichum commune, Polytrichum formosum, Ptilium crista-castrensis, Rhythidiadelphus loreus, Sphagnum capillifolium, Sphagnum girgensohnii, Sphagnum palustre, Sphagnum quinquefarium.

Tierarten:

Vögel: Rauhfußkauz (*Aegolius funereus*), Birkenzeisig (*Carduelis flammea*), Erlenzeisig (*Carduelis spinus*), Sperlingskauz (*Glaucidium passerinum*), Fichtenkreuzschnabel (*Loxia curvirostra*), Tannenhäher (*Nucifraga caryocatactes*), Tannenmeise (*Parus ater*), Haubenmeise (*Parus cristatus*), Dreizehenspecht (*Picoides tridactylos*), Heckenbraunelle (*Prunella modularis*), Sommergoldhähnchen (*Regulus ignicapillus*), Wintergoldhähnchen (*Regulus regulus*), Zitronengirlitz (*Serinus citrinella*), Auerhuhn (*Tetrao urogallus*), Singdrossel (*Turdus philomelos*), Misteldrossel (*Turdus viscivorus*).

Schmetterlinge: *Calliteara abietis, Cosmotriche lobulina, Thaumetopoea pityocampa.*

Käfer: *Acmaeops septentrionis, Atheta arctica, Calathus micropterus, Callidium coriaceum, Clytus lama, Cortodera femorata* (Fichtenzapfen), *Cryphalus piceae, Dendroctonus micans, Ips curvidens, Ips typographus, Judolia sexmaculata, Lesteva monticola, Monochamus saltuarius, Monochamus sartor, Monochamus sutor, Oxypoda tirolensis, Pachyta lamed, Patrobus assimilis, Pityogenes chalcographus, Pronocera angusta, Semanotus undatus, Tetropium castaneum, Thanasimus formicarius, Tragosoma depsarium.*

Hautflügler: *Camponotus herculeanus, Camponotus ligniperula, Cephaleia abietis, Panurus juvencus, Urocerus gigas.*

Zweiflügler: *Blera fallax, Brachyopa dorsata, Brachyopa testacea, Calcosyrphus piger, Cheilosia morio* (Larven in Fichtenharz), *Leucozona lucorum, Neocenmodon vitripennis, Parasyrphus spp., Xylota ignava, Xylota triangularis* u.a.

Wanzen: *Aradus corticalis, Aradus erosus.*

Zikaden: *Perotettix pictus, Pithyotettix abietinus.*

Spinnen: *Hilaria tatrica, Lepthyphanthes expunctus, Pityophantes phrygianus, Robertus scoticus.*

Weichtiere: *Arion alpinus, Arion ater, Arion intermedius, Arion subfuscus, Columella aspera, Deroceras rodnae, Discus ruderatus, Lehmannia marginata, Malacolimax tenellus.*

Sonstige Wirbellose: Galläuse: *Sacchiphantes viridis*; Weberknechte: *Mitopus morio, Paranemastoma quadripunctatum, Platybunus bucephalus.*

Kartierungshinweise: Durch die Domianz von Fichte gekennzeichnet und im natürlichen Verbreitungsgebiet der Fichte gelegen. Fichtenforste außerhalb der natürlichen Verbreitung der Fichtenwälder sind ausgeschlossen.

Variabilität: Regionale Ausbildungen/Gesellschaften im Bayerischen Wald (Soldanello-Piceetum), im Harz und im Erzgebirge (Calamagrostio villosae-Piceetum) und in den Alpen; lokalklimatische oder edaphische Sonderstandorte z.B. im Schwarzwald (Bazzanio-Piceetum).

Komplexe: In Kontakt zu hochmontanen Buchenwäldern, subalpinen Hochstaudenfluren und Bergmischwäldern, sekundär zu Almwiesen (Alpen) und Hochlagenweiden der Mittelgebirge (Borstgrasrasen u.a.).

Biotoptypen:

Sub	BTB	RL	REG	BIOTOPTYP	EIG_CODE	EIG
9413	4403	2	K	natürliche bzw. naturnahe, montane Fichten-/Tannenwälder und hochmontane Fichtenwälder		
9413	440301	2	K	Fichten-Blockschuttwald		
9413	440302	2	K	natürlicher bzw. naturnaher, montaner bis hochmontaner Fichtenwald		
9413	440303	1-2	K	natürliche bzw. naturnahe Tannen-Fichtenwälder		
9413	44030301	1-2	K	krautreicher Tannen-Fichtenwald		
9413	44030302	1-2	K	zwergstrauchreicher Tannen-Fichtenwald		
9411	7003	2	K-N	subalpiner Fichtenwald		Alpen

Vegetation:

9410	Piceion excelsae PAWLOWSKI in PAWLOWSKI et al. 28	pp
9410	Bazzanio-Piceetum (SCHMIDT et GAISBERG 36) BR.-BL. et SISSINGH in BR.-BL. et al. 39	v
9411	Larici-Piceetum (BR.-BL. et al. 54) ELLENBERG & KLÖTZLI 72	pp
9411	Soldanello montanae-Piceetum VOLK in BR.-BL. et al. 39	v
9410	Luzulo nemorosae-Piceetum (SCHMID et GAISBERG 36) BR.-BL. et SISSINGH in BR.-BL. et al. 39	v
9410	Chrysanthemo rotundifolii-Piceion (KRAJINA 33) BREZINA & HADAC in HADAC 62	pp
9410	Abieti-Piceion (BR.-BL. in BR.-BL. et al. 39) SOO 64	pp

Nutzung/Pflege: Pflege nicht erforderlich. Mindestens größere Teilbereiche ohne Bewirtschaftung müssen vorhanden sein. Hohe Wilddichten insbesondere auch Gamswild und Mufflon können eine Naturverjüngung unmöglich machen. Die Wälder haben i.d.R. eine hohe Bedeutung als Erosionsschutz und Lawinenschutz.

Sukzession: Endstadium der Sukzesssion, d.h. es findet allenfalls eine zyklische, mosaikartige Entwicklung der Altersstadien statt. Oft ist die Waldgrenze sekundär stark nach unten verlagert und eine Neuentstehung des Waldes in dieser Grenzlage erfolgt – wenn überhaupt – nur sehr langsam.

Hauptgefährdungsfaktoren: Intensive Forstwirtschaft, atmogener Schadstoffeintrag, Einbringung fremder Baumarten (z.B. Douglasie, Lärche), Aufforstung, überhöhte Wilddichten.

Bemerkungen: In der EU zählen auch die natürlichen Fichtenwälder mit *Picea orientalis* und die natürlichen Fichtenwälder des Kaukasus mit *Picea omorika* zu diesem Lebensraumtyp.

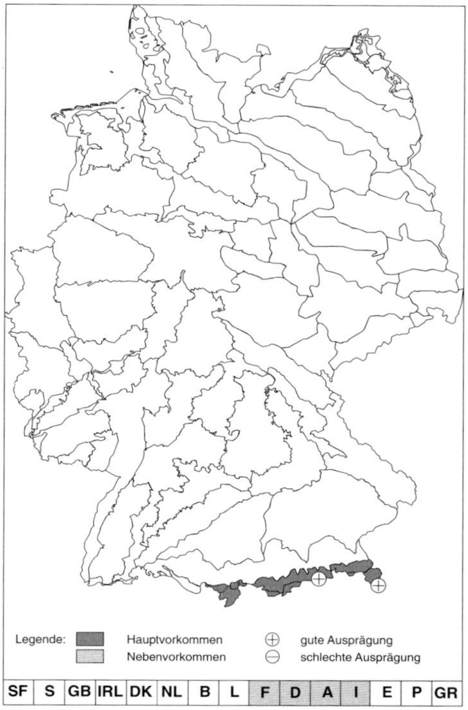

Abb. 115: Verbreitung des Subtyps „Subalpine Fichtenwälder der Alpen“ (9411) in Deutschland und der Europäischen Union.

Abb. 116: Verbreitung des Subtyps „Subalpine hercynische Fichtenwälder“ (9413) in Deutschland und der Europäischen Union.

Alpiner Lärchen-Arvenwald

NATURA 2000-Code: 9420

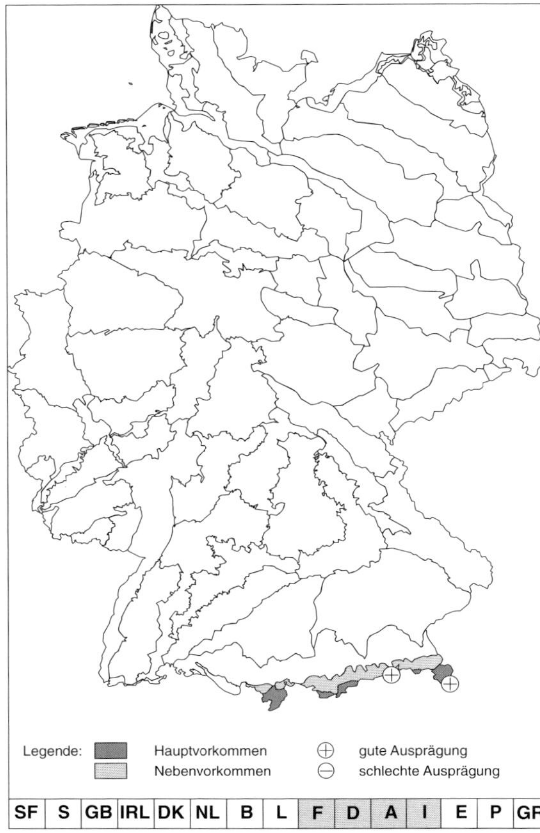

Abb. 117: Verbreitung des Lebensraumtyps 9420 in Deutschland und der Europäischen Union.

D: Alpiner Lärchen-Arvenwald
F: Forêts à mélezes et *Pinus cembra* des Alpes
E: Alpine forests with larch and *Pinus cembra*

Code nach Anhang I: 42.31, 42.32
Pal. Code: 42.31, 42.32
Definition: Lärchen- und Lärchen-Arvenwälder an der subalpinen Waldgrenze, in Deutschland z.B. in den Berchtesgadener Alpen auf mächtiger Tangel-Rendzina. Lärche und Arve können in Reinbeständen, gemischt oder zusammen mit Fichte auftreten. Baumschichtdeckung oft nur 30–60 %.
Standort: In den Alpen ab ca. 1 600 m NN, meist auf Tangelrendzinen.
Subtypen:
- **9422** [Pal. Code 42.32]: Lärchen-Arvenwald auf Kalk

Pflanzenarten, dominante: *Larix decidua, Pinus cembra.*
typische: Baum- und Strauchschicht: *Clematis alpina, Juniperus communis ssp. alpina, Larix decidua, Lonicera caerulea, Picea abies, Pinus cembra, Pinus mugo, Rhododendron ferrugineum, Rhododendron hirsutum, Rhododendron x intermedium, Rosa pendulina, Salix appendiculata, Sorbus aucuparia, Sorbus chamaemespilus*;
Krautschicht: *Calamagrostis varia, Calamagrostis villosa, Campanula scheuchzeri, Erica carnea, Homogyne alpina, Luzula sylvatica ssp. sieberi, Polygala chamaebuxus, Solidago virgaurea, Vaccinium myrtillus, Vaccinium uliginosum, Vaccinium vitis-idaea, Valeriana tripteris.*
Flechten: *Letharia vulpina.*
Moose: *Ctenidium molluscum, Hylocomium splendens, Pleurozium schreberi, Rhytidiadelphus triquetrus, Tortella tortuosa* u.a.

Tierarten:
Vögel: Kolkrabe (*Corvus corax*), Tannenhäher (*Nucifraga caryocatactes*), Alpenbraunelle (*Prunella collaris*), Klappergrasmücke (*Sylvia curruca*), Ringdrossel (*Turdus torquatus*).
Schmetterlinge: *Argyresthia laevigatella.*
Hautflügler: Primäre Vorkommen von *Cephaleia alpina, Pristiphora erichsoni, Pristiphora laricis.*

Wanzen: *Deraeocoris annulipes, Plagiognathus vitellinus, Psallus luridus, Psallus vittatus.*

Weichtiere: *Abida secale, Clausilia rugosa ssp. parvula, Orcula dolium, Petasina edentula, Petasina unidentata, Renea veneta, Vitrea subrimata, Vitrina pellucida.*

Kartierungshinwiese: Bestände außerhalb der subalpinen Stufe und außerhalb des natürlichen Verbreitungsgebiets der Lärche sind ausgeschlossen (Lärchenforste).

Variabilität: -

Komplexe: In Deutschland nur in den Berchtesgadener Alpen flächig ausgebildet, sonst allenfalls fragmentarische Bestände mit einzelnen Arven.

Biotoptypen:

BTB	RL	REG	BIOTOPTYP	EIG_CODE	EIG
7004	2	K-N	subalpiner Lärchen-Arvenwald		
7005	3	K	subalpiner Lärchenwald auf Kalkschutt		

Vegetation:

Junipero sabinae-Laricetum (WAGNER 79) MAYER 84	v
Pinetum cembrae BOJKO 31	v
Laricetum deciduae BOJKO 31	v
Larici-Piceetum (BR.-BL. et al. 54) ELLENBERG & KLÖTZLI 72	pp
Larici-Pinetum cembrae ELLENBERG 63	v

Nutzung/Pflege: Pflege nicht erforderlich. Hohe Wilddichten insbesondere auch Gamswild und Mufflon können eine Naturverjüngung unmöglich machen (erfordert ggf. eine Wildbestandsregulierung). Aufgrund der Seltenheit der Wälder sollte auf eine Nutzung gänzlich verzichtet werden. Die Wälder haben i.d.R. eine hohe Bedeutung als Erosionsschutz und Lawinenschutz.

Sukzession: Endstadium der Sukzesssion, d.h. es findet allenfalls eine zyklische, mosaikartige Entwicklung der Altersstadien statt.

Hauptgefährdungsfaktoren: Intensive Forstwirtschaft, atmogener Schadstoffeintrag, Einbringung fremder Baumarten oder Förderung/Pflanzung einer Baumart, Durchweidung, Wildverbiß.

Bemerkungen: -

Bergkiefern- (oder Spirken-)Wälder (* auf Gips- oder Kalksubstrat)

NATURA 2000-Code: ***9430**

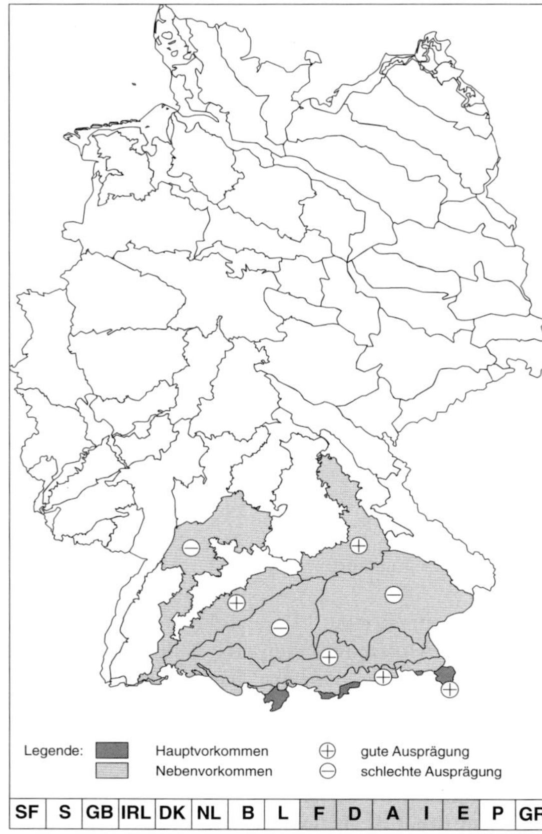

Abb. 118: Verbreitung des Lebensraumtyps 9430 in Deutschland und der Europäischen Union.

D: Bergkiefern- (oder Spirken-)Wälder (* auf Gips- oder Kalksubstrat)

F: Forêts à *Pinus uncinata* (* sur substrat gypseux ou calcaire)

E: *Pinus uncinata* forests (* on gypsum or limestone)

Code nach Anhang I: 42.4

Pal. Code: 42.4 alle Subtypen (42.5 pp.)

Definition:

1) Subalpine azidophile Bergkiefern-Wälder (Rhododendro-Vaccinion Rhododendro ferruginei-Pinetum uncinatae) mit Unterwuchs von Ericaceen (Erico-Pinion mugo).
2) Trockene Bergkiefernwälder auf flachgründigem Silikat- oder Kalkfels (*) (Junipero-Pinion, Erico-Pinion, Ononido-Pinion).

Standort: -

Subtypen:

- Schneeheidekiefernwälder (über Kalkuntergrund *)
- Trockene Bergkiefernwälder auf flachgründigem Kalkfels (*)

Pflanzenarten, dominante: *Pinus mugo, Pinus sylvestris.*

typische: Baum- und Strauchschicht: *Berberis vulgaris, Daphne striata, Juniperus communis ssp. alpina, Lonicera caerulea, Pinus mugo, Pinus sylvestris, Rhamnus saxatilis, Rhododendron ferrugineum, Rhododendron hirsutum, Sorbus chamaemespilus*;

Krautschicht: *Arctostaphylos alpina, Calamagrostis varia, Carduus defloratus, Carex flacca, Coronilla vaginalis, Crepis alpestris, Daphne cneorum, Daphne striata, Dryas octopetala, Erica carnea, Hippocrepis comosa, Homogyne alpina, Laserpitium latifolium, Polygala chamaebuxus, Sesleria albicans, Solidago virgaurea, Thesium rostratum, Vaccinium myrtillus, Vaccinium vitis-idaea.*

Moose: *Ctenidium molluscum, Fissidens taxifolius, Tortella tortuosa.*

Flechten: *Cetraria islandica, Cladonia arbuscula, Cladonia deformis, Cladonia fimbriata, Cladonia gracilis, Cladonia pleurota, Cladonia rangiferina.*

Tierarten:

Vögel: Bergpieper (*Anthus spinoletta spinoletta*), Birkenzeisig (*Carduelis flammea*), Alpenbraunelle (*Prunella collaris*), Klappergrasmücke (*Sylvia curruca*), Birkhuhn (*Tetrao tetrix*), Ringdrossel (*Turdus torquatus*).

Schmetterlinge: *Hyloicus pinastri.*

Käfer: *Acanthocinus aedilis* (an *Pinus*), *Monochamus galloprovincialis* (an *Pinus*), *Pachyta quadrimaculata.*

Wanzen: *Orthotylus ericetorum carneae.*

Zikaden: *Grypotes puncticollis* (an *Pinus*).

Weichtiere: *Arianta arbustorum, Petasina edentula, Petasina unidentata.*

Kartierungshinweise: Nur die Kiefernwälder auf Kalkuntergrund sind als prioritär einzustufen. Verarmte Kiefernwälder auf Flußschottern in den Auen sind i.d.R. nicht eingeschlossen. *Pinus nigra*-Aufforstungen gehören nicht zum Lebensraumtyp.

Variabilität: Unterschiedliche Ausbildungen von „Relikt-Föhrenwäldern" auf Felsköpfen der Fränkischen und Schwäbischen Alb, Schneeheidekiefernwälder der Alpen und des Alpenvorlandes.

Komplexe: Meist im Kontakt zu trockenwarmen Felsgebüschen (z.B. Cotoneastro-Amelanchieretum) und mit trockenwarmen Säumen (Geranion sanguinei). Benachbart thermophile Buchenwälder auf weniger extremen Standorten (Carici-Fagetum einschl. Blaugrasbuchenwald).

Biotoptypen:

BTB	RL	REG	BIOTOPTYP	EIG_CODE	EIG
440201	3	K	trockener Fels-Kiefernwald		
7002	2	K-N	Schneeheide-Kiefernwald		

Vegetation:

Erico-Pinion BR.-BL. in BR.-BL. et al. 39	pp
Erico-Pinetum sylvestris BR.-BL. in BR.-BL. et al. 39	v
Dorycnio-Pinetum OBERD. 57	v
Calamagrostio variae-Pinetum OBERD. 57	pp
Coronillo vaginalis-Pinetum sylvestris RICH. 72	v
Cytiso nigricantis-Pinetum sylvestris BR.-BL. 32	v
Carici humilis-Pinetum sylvestris BR.-BL. in BR.-BL. et al. 39	v
Erico-Pinion mugo LEIBUNDGUT 48	pp
Erico carneae-Pinetum prostratae ZÖTTL 51	v
Vaccinio myrtilli-Pinetum montanae MORTON 27	v
Erico carneae-Pinetum uncinatae BR.-BL. in BR.-BL. et al. 39	v

Nutzung/Pflege: Pflege nicht erforderlich. Mindestens größere Teilbereiche ohne Bewirtschaftung müssen vorhanden sein. Ein Teil der Bestände ist sekundär durch Waldweide und Streunutzung entstanden.

Sukzession: Bei primären Beständen erfolgt keine Sukzession.

Hauptgefährdungsfaktoren: Intensive forstwirtschaftliche Nutzung, Aufforstung, Wildverbiß, Freizeitnutzung, atmogener Schadstoffeintrag.

Bemerkungen: Die Definition im Interpretation Manual ist mehrfach verändert worden und spricht jetzt hauptsächlich von *Pinus uncinata*-Wäldern, ggf. zusammen mit *Pinus sylvestris.* Gleichzeitig wird aber der Jura als Beispiel angegeben und für Deutschland der Schneeheide-Kiefernwald. Als Syntaxa werden das „Junipero-Pinion pp." und das „Erico-Pinion pp." genannt. *Pinus uncinata* (= *mugo ssp. uncinata*) ist eine südwestalpine Sippe, die im Grenzgebiet zum Schweizer Jura ihre Verbreitungsgrenze hat. Subalpine Bergkiefernwälder auf silikatischem Untergrund kommen in Deutschland nicht vor.

5 Deutsche Auszugslisten der Arten mit Angaben zur Gefährdung

Für die Anhänge der Vogelschutzrichtlinie und der FFH-Richtlinie sind im folgenden Auszugslisten der in Deutschland vorkommenden (einschließlich der bereits ausgestorbenen) Arten zusammengestellt. Die Listen sind nach Gruppen geordnet, jeweils alphabetisch nach lateinischem Artnamen angeordnet und enthalten zusätzlich den Artcode gemäß Natura 2000-Datenbogen, lateinischen und deutschen Artnamen sowie die derzeit gültige Einstufung der deutschen Roten Listen. Da viele Arten in mehreren Anhängen der Richtlinien genannt sind, werden jeweils in zusätzlichen Spalten die Zugehörigkeit zu bestimmten Anhängen gekennzeichnet. Bei einigen Arten hat sich der lateinische Artname geändert, so daß Synonyme bzw. Synonymverweise in begrenztem Umfang in die Tabellen aufgenommen wurden. Dabei steht der im derzeit gültigen Richtlinientext genannte Name in eckigen Klammern.

5.1 Arten der Anhänge der Vogelschutzrichtlinie (79/409/EWG) in Deutschland

- **Anhang I:** (Fassung Richtlinie 91/244/EWG, L115: 41 mit Ergänzungen durch den Beitritt von Österreich, Finnland und Schweden OJL 1, 1. 1. 95: 135–137), zuletzt geändert durch Richtlinie 97/49/EG, L 223: 9 vom 9. 7. 1997: in Schutzgebieten zu schützende Vogelarten (gem. Art. 4 (1)).
- **Anhang II:** Jagdbare Arten (Teil 1 für alle Mitgliedsstaaten, Teil 2: für bestimmte Mitgliedsstaaten, hier nur die Regelungen für Deutschland berücksichtigt); Letzte Änderung Richtlinie 94/24/EG, L164: 9)
- **Anhang III Teil 1:** Handel und Verkauf möglich, soweit die Arten rechtmäßig erworben wurden.
- **Anhang III Teil 2:** Handel und Verkauf möglich, soweit die Arten rechtmäßig erworben sind, mit der Möglichkeit Einschränkungen festzulegen. Letzte Änderung des Anhangs III: Richtlinie 91/244/EWG, L115: 41.

Anhang III Teil 3 ist eine Kandidatenliste für die Aufnahme in den Anhang III Teil 2 gewesen und wird daher nicht gesondert aufgeführt.

Für die Vogelarten gibt es in Deutschland drei bundesdeutsche Rote Listen:
- NOWAK et al. (1994) im Rahmen der Bearbeitung aller Wirbeltiere vom Bundesamt für Naturschutz unter Anwendung der in Deutschland üblichen Rote Liste-Kriterien.
- WITT et al. (1996) als eine von den Vogelschutzverbänden (DRV/DDA) herausgegebene auf Populationsschätzungen von 1994 basierende Rote Liste.
- BINOT et al. (1998) basierend auf WITT et al. (1996).

Die Gefährdungskategorien sind wie folgt definiert:
Rote Liste 1994
0 ausgestorben oder verschollen
1 vom Aussterben bedroht
2 stark gefährdet
3 gefährdet
P Potentiell gefährdet
I Vermehrungsgäste
II Gefährdete Durchzügler, Überwinterer, Übersommerer (wandernde Arten ohne Reproduktion in Deutschland)
n nicht geführte Arten (z.B. Irrgäste)

Rote Liste 1998 (BINOT et al. 1998)
0 ausgestorben oder verschollen
1 vom Aussterben bedroht
2 stark gefährdet
3 gefährdet
R Arten mit geographischer Restriktion bzw. extrem selten
V Vorwarnliste
G Gefährdung anzunehmen, aber Status unbekannt
D Daten defizitär
neu Art erst nach 1970 als Brutvogel aufgetreten (nach WITT et al. 1996)

LIFE: Ausschließlich für die Beurteilung der Förderhöchstgrenze von 75% in der LIFE-Verordnung sind bestimmte Vogelarten als besonders bedrohte Arten den prioritären Arten der FFH-Richtlinie gleichgesetzt. Diese Arten sind mit „!“ (Tab. 20, Spalte „Life“) gekennzeichnet und für die EU im Anhang 2 der LIFE-Nature 1996 Information Brochure (EUROPEAN COMMISSION 1996) veröffentlicht (vgl. Kap 2.8). Die Kennzeichnung dieser Arten hat nichts mit den prioritären Arten der FFH-Richtlinie zu tun und hat keine Auswirkungen auf den Schutz und die Verträglichkeitsprüfungen gemäß Art. 6 der Richtlinie.

Für Deutschland handelt es sich nur um 8 Arten, von denen bereits 2 ausgestorben sind und 2 weitere Arten nicht in Deutschland brüten (Tab. 19). Die Populationsangaben (minimale und maximale Größe) beruhen auf den Schätzungen von 1994 aus WITT et al. (1996).

Der Code bezieht sich auf den „Nowak-Code“, der für die Meldungen der Vogelschutzrichtlinie in den Anhangslisten zum „Natura 2000 Netz-Standarddatenbogen“ (Dok. Habitate 94/4) festgelegt ist.

Bei einigen Vogelarten steht die Art insgesamt nicht im Anhang I, wohl aber die in Deutschland vorkommenden Unterarten (z.B.: *Tetrao tetrix ssp. tetrix*, *Lagopus mutus ssp. helveticus*). Beim Ausfüllen der Meldebögen ist darauf zu achten, daß hier die jeweiligen Unterarten eingetragen werden (unterschiedliche Nowak-Codes).

Tab. 19: Besonders bedrohte Vogelarten für LIFE.

Wissenschaftlicher Name	Deutscher Name	Rote Liste		Population	
		94	96	Min.	Max.
Acrocephalus paludicola (VIEILL. 1819)	Seggenrohrsänger	1	1	30	40
Anser erythropus (L., 1758)	Zwerggans	II			
Botaurus stellaris (L., 1758)	Rohrdommel	2	1	430	510
Branta ruficollis (PALL., 1769)	Rothalsgans	II			
Crex crex (L.)	Wachtelkönig	1	1	740	1 340
Otis tarda L.	Großtrappe	1	1	137	
Sterna dougallii MONTAGUE, 1813	Rosenseeschwalbe	0	0		
Tetrax tetrax (L.)	Zwergtrappe	0	0		

Tab. 20: Arten der Anhänge der Vogelschutzrichtlinie in Deutschland.

Code	Life	Rote Liste		Wissenschaftlicher Name	Deutscher Name	Anhänge				
		94	98			I	II/1	II/2	III/1	III/2
A294	!	1	1	*Acrocephalus paludicola* (VIEILL., 1819)	Seggenrohrsänger	v				
A223		n		*Aegolius funereus* (L., 1758)	Rauhfußkauz	v				
A247		n	V	*Alauda arvensis* (L., 1758)	Feldlerche			v		
A229		3	V	*Alcedo atthis* (L., 1758)	Eisvogel,	v				
A109		0	0	*Alectoris graeca* (MEISN., 1804)	Steinhuhn		v			
A412		0	0	*Alectoris graeca ssp. saxatilis* MEYER	Steinhuhn, Alpenunterart	v				
A110		0	0	*Alectoris rufa* (L., 1758)	Rothuhn		v		v	
A054		p	2	*Anas acuta* L.	Spießente		v			v
A056		3		*Anas clypeata* L.	Löffelente		v			v
A052		3		*Anas crecca* L.	Krickente		v			v
A050		I	R	*Anas penelope* L.	Pfeifente		v			v
A053		n		*Anas platyrhynchos* L., 1758	Stockente		v		v	
A055		2	3	*Anas querquedula* L.	Knäkente		v			
A051		n		*Anas strepera* L.	Schnatterente		v			
A041		n		*Anser albifrons* (SCOP., 1789)	Bläßgans			v		
A043		n		*Anser anser* (L., 1758)	Graugans		v			v
A040		II		*Anser brachyrhynchus* BAILL., 1833	Kurzschnabelgans			v		
A042	!	II		*Anser erythropus* (L., 1758)	Zwerggans	v				
A039		n		*Anser fabalis* (LATH., 1787)	Saatgans		v			

Tab. 20: Fortsetzung

Code	Life	Rote Liste		Wissenschaftlicher Name	Deutscher Name	Anhänge				
		94	98			I	II/1	II/2	III/1	III/2
A255		1	2	*Anthus campestris* (L., 1758)	Brachpieper	v				
A091		2	2	*Aquila chrysaetos* (L., 1758)	Steinadler	v				
A089		1	2	*Aquila pomarina* BREHM, 1831	Schreiadler	v				
A029		1	2	*Ardea purpurea* L., 1766	Purpurreiher	v				
A222		2	1	*Asio flammeus* (PONT., 1763)	Sumpfohreule	v				
A059		n		*Aythya ferina* (L., 1758)	Tafelente		v			v
A061		n		*Aythya fuligula* (L., 1758)	Reiherente		v			v
A062		I	R	*Aythya marila* (L., 1761)	Bergente			v		v
A060		1	1	*Aythya nyroca* (GÜLDENST., 1769)	Moorente	v				
A104		1	3	*Bonasa bonasia* (L.)	Haselhuhn	v		v		
A021	!	2	1	*Botaurus stellaris* (L., 1758)	Rohrdommel	v				
A046		II		*Branta bernicla* (L., 1758)	Ringelgans			v		
A044		n		*Branta canadensis* (L., 1758)	Kanadagans		v			
A045		II	R	*Branta leucopsis* (BECHSTEIN, 1803)	Nonnengans	v				
A396	!	II		*Branta ruficollis* (PALL., 1769)	Rothalsgans	v				
A215		3		*Bubo bubo* (L.)	Uhu	v				
A067		3		*Bucephala clangula* (L.)	Schellente			v		
A133		1	1	*Burhinus oedicnemus* (L.)	Triel	v				
A243		n		*Calandrella brachydactyla* (LEISL., 1814)	Kurzzehenlerche	v				

Tab. 20: Fortsetzung

Code	Life	Rote Liste		Wissenschaftlicher Name	Deutscher Name	Anhänge				
		94	98			I	II/1	II/2	III/1	III/2
A143		n		*Calidris canutus* (L., 1758)	Knutt			v		
A224		2	2	*Caprimulgus europaeus* L.	Ziegenmelker	v				
A139		0	0	*Charadrius [Eudromias] morinellus* L.	Mornellregenpfeifer	v				
A196		I		*Chlidonias hybridus* (PALL., 1811)	Weißbartseeschwalbe	v				
A197		1	1	*Chlidonias niger* (L.)	Trauerseeschwalbe	v				
A031		2	3	*Ciconia ciconia* (L.)	Weißstorch	v				
A030		1	3	*Ciconia nigra* (L.)	Schwarzstorch	v				
A080		0	0	*Circaetus gallicus* (GM., 1788)	Schlangenadler	v				
A081		3		*Circus aeruginosus* (L.)	Rohrweihe	v				
A082		1	1	*Circus cyaneus* (L., 1766)	Kornweihe	v				
A083		I		*Circus macrourus* (GMELIN, 1771)	Steppenweihe	v				
A084		1	1	*Circus pygargus* (L.)	Wiesenweihe	v				
A064		p		*Clangula hyemalis* (L.)	Eisente			v		
A207		n		*Columba oenas* L.	Hohltaube			v		
A208		n		*Columba palumbus* (L., 1758)	Ringeltaube		v		v	
A231		1	1	*Coracias garrulus* L.	Blauracke	v				
A349		n		*Corvus corone* L., 1758	Aaskrähe			v		
A348		3		*Corvus frugilegus* L., 1758	Saatkrähe			v		
A347		3		*Corvus monedula* L., 1758	Dohle			v		

Tab. 20: Fortsetzung

Code	Life	Rote Liste		Wissenschaftlicher Name	Deutscher Name	Anhänge				
		94	98			I	II/1	II/2	III/1	III/2
A113		2	V	*Coturnix coturnix* (L.)	Wachtel			v		
A122	!	1	1	*Crex crex* (L.)	Wachtelkönig	v				
A038		II		*Cygnus cygnus* (L.)	Singschwan	v				
A036		n		*Cygnus olor* (GM.)	Höckerschwan			v		
A239		2	R	*Dendrocopos leucotos* (BECHST., 1803)	Weißrückenspecht	v				
A238		3	V	*Dendrocopos medius* (L., 1758)	Mittelspecht	v				
A429		I		*Dendrocopos syriacus* (HEMPR. & EHRENB., 1833)	Blutspecht	v				
A236		n		*Dryocopus martius* (L.)	Schwarzspecht	v				
A027		II		*Egretta alba* (L.)	Silberreiher	v				
A026		II		*Egretta garzetta* (L., 1766)	Seidenreiher	v				
A379		2	2	*Emberiza hortulana* L., 1758	Ortolan	v				
				Erithacus cyanecula -> Luscinia svecica						
				Eudromias morinellus -> Charadrius morinellus						
A098		II		*Falco columbarius* L.	Merlin	v				
A103		2	3	*Falco peregrinus* TUNSTALL, 1771	Wanderfalke	v				
A321		3	1	*Ficedula albicollis* (TEMM., 1815)	Halsbandschnäpper	v				
A320		n		*Ficedula parva* (BECHST., 1792)	Zwergschnäpper	v				
A125		n		*Fulica atra* L., 1758	Bläßhuhn		v			v
A153		2	2	*Gallinago gallinago* (L.)	Bekassine		v			v

Nachtrag: *Cygnus columbianus (= C. bewicki)*, Zwergschwan, Anhang I.

Tab. 20: Fortsetzung

Code	Life	Rote Liste		Wissenschaftlicher Name	Deutscher Name	Anhänge				
		94	98			I	II/1	II/2	III/1	III/2
A154		0	0	*Gallinago media* (LATHAM, 1787)	Doppelschnepfe	v				
A123		n	V	*Gallinula chloropus* (L.)	Teichhuhn			v		
A342		n		*Garrulus glandarius* (L., 1758)	Eichelhäher			v		
A002		I		*Gavia arctica* (L.)	Prachttaucher	v				
A003		II		*Gavia immer* (BRÜNN.)	Eistaucher	v				
A001		n		*Gavia stellata* (PONT.)	Sterntaucher	v				
A189		1	2	*Gelochelidon nilotica* (GMEL., 1789)	Lachseeschwalbe	v				
A135		n		*Glareola pratincola* (L., 1766)	Rotflügel-Brachschwalbe	v				
A217		2		*Glaucidium passerinum* (L.)	Sperlingskauz	v				
A127		2		*Grus grus* (L.)	Kranich	v				
A078		0	0	*Gyps fulvus* (HABLIZL, 1783)	Gänsegeier	v				
A130		n		*Haematopus ostralegus* (L.)	Austernfischer			v		
A075		2	3	*Haliaeetus albicilla* (L.)	Seeadler	v				
A092			neu	*Hieraaetus pennatus* (GMELIN)	Zwergadler	v				
A131		I		*Himantopus himantopus* (L.)	Stelzenläufer	v				
A022		1	1	*Ixobrychus minutus* (L., 1766)	Zwergrohrdommel	v				
A106		3	R	*Lagopus mutus* (MONTIN, 1776)	Schneehuhn		v			v
A408		3	R	*Lagopus mutus ssp. helveticus* THIENEMANN	Alpenschneehuhn	v				
A338		3	V	*Lanius collurio* L., 1758	Neuntöter	v				

Tab. 20: Fortsetzung

Code	Life	Rote Liste		Wissenschaftlicher Name	Deutscher Name	Anhänge				
		94	98			I	II/1	II/2	III/1	III/2
A339		1	0	*Lanius minor* GMEL., 1788	Schwarzstirnwürger	v				
A184		n		*Larus argentatus* PONT.	Silbermöwe			v		
A459		p	R	*Larus cachinnans* PALL., 1811	Weißkopfmöwe			v		
A182		n		*Larus canus* L.	Sturmmöwe			v		
A183		n		*Larus fuscus* L.	Heringsmöwe			v		
A187		I	R	*Larus marinus* L.	Mantelmöwe			v		
A176		p	R	*Larus melanocephalus* TEMM., 1820	Schwarzkopfmöwe	v				
A179		n		*Larus ridibundus* L., 1766	Lachmöwe			v		
A157		II		*Limosa lapponica* (L.)	Pfuhlschnepfe	v		v		
A156		2	2	*Limosa limosa* (L.)	Uferschnepfe			v		
A246		2	3	*Lullula arborea* (L., 1758)	Heidelerche	v				
A272		2	3	*Luscinia svecica* (L., 1758)	Blaukehlchen	v				
A152		0		*Lymnocryptes minimus* (BRÜNNICH, 1764)	Zwergschnepfe		v			v
A066		n		*Melanitta fusca* (L.)	Samtente			v		
A065		n		*Melanitta nigra* (L.)	Trauerente			v		v
A460		n		*Meleagris gallopavo* L.	Truthuhn			v		
A068		II		*Mergus albellus* L.	Zwergsäger	v				
A070		2	3	*Mergus merganser* L.	Gänsesäger			v		
A069		3	2	*Mergus serrator* L.	Mittelsäger			v		

Tab. 20: Fortsetzung

Code	Life	Rote Liste		Wissenschaftlicher Name	Deutscher Name	Anhänge				
		94	98			I	II/1	II/2	III/1	III/2
A073		3		*Milvus migrans* (BODDAERT, 1783)	Schwarzmilan	v				
A074		3		*Milvus milvus* (L.)	Rotmilan	v				
A058		2	2	*Netta rufina* (PALL., 1773)	Kolbenente			v		
A160		2	2	*Numenius arquata* (L.)	Großer Brachvogel			v		
A158		II		*Numenius phaeopus* (L.)	Regenbrachvogel			v		
A216		II		*Nyctea scandiaca* (L.)	Schnee-Eule	v				
A023		1	1	*Nycticorax nycticorax* (L.)	Nachtreiher	v				
A129	!	1	1	*Otis tarda* L.	Großtrappe	v				
A094		2	3	*Pandion haliaetus* (L.)	Fischadler	v				
A112		3	2	*Perdix perdix* (L.)	Rebhuhn		v		v	
A072		3		*Pernis apivorus* (L.)	Wespenbussard	v				
A170		II		*Phalaropus lobatus* (L.)	Odinshühnchen	v				
A115		n		*Phasianus colchicus* L.	Fasan		v		v	
A151		1	1	*Philomachus pugnax* (L.)	Kampfläufer	v		v		
A343		n		*Pica pica* (L., 1758)	Elster			v		
A241		p	R	*Picoides tridactylus* (L.)	Dreizehenspecht	v				
A234		n		*Picus canus* GM., 1788	Grauspecht	v				
A034		I		*Platalea leucorodia* L.	Löffler	v				
A140		1	1	*Pluvialis apricaria* (L.)	Goldregenpfeifer	v		v		v

Tab. 20: Fortsetzung

Code	Life	Rote Liste		Wissenschaftlicher Name	Deutscher Name	Anhänge				
		94	98			I	II/1	II/2	III/1	III/2
A141		n		*Pluvialis squatarola* (L.)	Kiebitzregenpfeifer			v		
A007		I	R	*Podiceps auritus* (L.)	Ohrentaucher	v				
A120		1	1	*Porzana parva* (Scop.)	Kleines Sumpfhuhn	v				
A119		2	3	*Porzana porzana* (L., 1766)	Tüpfelsumpfhuhn	v				
A121		I	0	*Porzana pusilla* (Pall., 1764)	Zwergsumpfhuhn	v				
A118		3		*Rallus aquaticus* L.	Wasserralle			v		
A132		n		*Recurvirostra avosetta* L.	Säbelschnäbler	v				
A155		3		*Scolopax rusticola* L.	Waldschnepfe		v			v
A063		p	3	*Somateria mollissima* (L.)	Eiderente			v		v
A195		2	2	*Sterna albifrons* Pall.	Zwergseeschwalbe	v				
A190		1	1	*Sterna caspia* Pall., 1770	Raubseeschwalbe	v				
A192	!	0	0	*Sterna dougallii* Montague, 1813	Rosenseeschwalbe	v				
A193		2		*Sterna hirundo* L.	Flußseeschwalbe	v				
				Sterna nilotica -> *Gelochelidon nilotica*						
A194		3		*Sterna paradisaea* Pont.	Küstenseeschwalbe	v				
A191		3	V	*Sterna sandvicensis* Latham, 1787	Brandseeschwalbe	v				
A209		n		*Streptopelia decaocto* (Frivaldsky, 1838)	Türkentaube			v		
A210		n		*Streptopelia turtur* (L.)	Turteltaube			v		
A220		0/I	R	*Strix uralensis* Pall., 1771	Habichtskauz		v			

Tab. 20: Fortsetzung

Code	Life	Rote Liste		Wissenschaftlicher Name	Deutscher Name	Anhänge				
		94	98			I	II/1	II/2	III/1	III/2
A351		n		*Sturnus vulgaris* L., 1758	Star			v		
A456		n		*Surnia ulula* (L.)	Sperbereule	v				
A307		2		*Sylvia nisoria* (BECHST., 1795)	Sperbergrasmücke	v				
A107		1	1	*Tetrao tetrix* L.	Birkhuhn			v		
A409		1	1	*Tetrao tetrix ssp. tetrix*	Birkhuhn, mitteleurop. Unterart	v				
A108		1	1	*Tetrao urogallus* L.	Auerhuhn	v		v		v
				Tetrastes bonasia -> Bonasa bonasia						
A128	!	0	0	*Tetrax tetrax* (L.)	Zwerghuhn,Zwergtrappe	v				
A161		n		*Tringa erythropus* (PALL.)	Dunkelwasserläufer			v		
A166		1	0	*Tringa glareola* L.	Bruchwasserläufer	v				
A164		n		*Tringa nebularia* (GUNNERUS, 1767)	Grünschenkel			v		
A162		3	3	*Tringa totanus* (L.)	Rotschenkel			v		
A286		I	R	*Turdus iliacus* L., 1766	Rotdrossel			v		
A283		n		*Turdus merula* L., 1758	Amsel			v		
A285		n		*Turdus philomelos* BREHM, 1831	Singdrossel			v		
A284		n		*Turdus pilaris* L., 1758	Wacholderdrossel			v		
A287		n		*Turdus viscivorus* L., 1758	Misteldrossel			v		
A142		3	3	*Vanellus vanellus* (L.)	Kiebitz			v		

5.2 Arten der Anhänge der FFH-Richtlinie (92/43/EWG) in Deutschland

Die Anhänge der Richtlinie geben z.T. Artengruppen (ganze Gattungen etc.) an, die in der folgenden Auflistung einzeln auf Art bzw. Unterartniveau behandelt werden.

Ein vor der Artenbezeichnung stehendes Zeichen * bedeutet, daß diese Art eine prioritäre Art ist.

- **Anhang II:** Tier- und Pflanzenarten von gemeinschaftlichem Interesse, für deren Erhaltung besondere Schutzgebiete ausgewiesen werden müssen.

  Auslegung
  Anhang II ist eine Ergänzung des Anhangs I zur Verwirklichung eines zusammenhängenden Netzes von besonderen Schutzgebieten.

- **Anhang IV:** Streng zu schützende Tier- und Pflanzenarten von gemeinschaftlichem Interesse.
- **Anhang V:** Tier- und Pflanzenarten von gemeinschaftlichem Interesse, deren Entnahme aus der Natur und Nutzung Gegenstand von Verwaltungsmaßnahmen sein können.

Für die Tiere basiert die Einstufung der Gefährdung auf der Roten Liste von BINOT et al. (1998), für die Höheren Pflanzen, Moose und Flechten auf BUNDESAMT FÜR NATURSCHUTZ (1996).

Code: Der Code bezieht sich auf den Art-Code, der für die Meldungen der Vogelschutzrichtlinie in den Anhangslisten zum „Natura 2000 Netz-Standarddatenbogen“ (Dok. Habitate 94/4) festgelegt ist. Codes sind in den Anhängen zum offiziellen Datenerfassungsbogen nur für die in Anhang II stehenden Arten vergeben worden. Die Eingabe im deutschen Erfassungsprogramm kann entweder über eine Artenauswahl oder über die Eingabe der ersten 4 Buchstaben von Gattung und Artnamen eingegeben werden.

Tab. 21: Arten der Anhänge der FFH-Richtlinie in Deutschland.

Code	RL	Wissenschaftlicher Name	Deutscher Name	Anhänge		
				II	IV	V
Höhere Pflanzen:						
1516	1	*Aldrovanda vesiculosa* LINNAEUS	Wasserfalle	v	v	
1617	2	*Angelica palustris* (BESSER) HOFFMANN	Sumpf-Engelwurz	v	v	
1614	1	*Apium repens* (JACQUIN) LAGASCA Y SEGURA	Kriechender Scheiberich	v	v	
	3	*Arnica montana* LINNAEUS	Arnika, Berg-Wohlverleih			v
1419	2	*Botrychium simplex* E. HITCHCOCK	Einfacher Rautenfarn	v	v	
1882	1	*Bromus grossus* DESF. ex DC.	Dicke Trespe	v	v	
1832	1	*Caldesia parnassiifolia* (BASSI) PARLATORE	Herzlöffel	v	v	
1887	3	*Coleanthus subtilis* (TRATTINNICK) SEIDL	Scheidenblütgras	v	v	
1902	3	*Cypripedium calceolus* LINNAEUS	Frauenschuh	v	v	
	3	*Galanthus nivalis* LINNAEUS	Schneeglöckchen			v
	3	*Gentiana lutea* LINNAEUS	Gelber Enzian			v
1805	2	*Jurinea cyanoides* (LINNAEUS) REICHENBACH	Sand-Silberscharte	*	v	
1903	2	*Liparis loeselii* (LINNAEUS) L. C. RICHARD	Sumpf-Glanzkraut	v	v	
1831	2	*Luronium natans* (LINNAEUS) RAFINESQUE-SCHMALTZ	Schwimmendes Froschkraut	v	v	
	3	*Lycopodiella* inundata (LINNEUS) HOLUB	Moorbärlapp			v
	2	*Lycopodium alpinum* LINNAEUS	Alpen-Flachbärlapp			v
		Lycopodium annotinum LINNAEUS	Sprossender Bärlapp			v
	3	*Lycopodium clavatum* LINNAEUS	Keulen-Bärlapp			v
	2	*Lycopodium complanatum* LINNAEUS	Echter Flachbärlapp			v
	2	*Lycopodium issleri* (ROUY) DOMIN	Isslers Flachbärlapp			v
	2	*Lycopodium tristachyum* PURSH	Zypressen-Flachbärlapp			v
	2	*Lycopodium zeilleri* (ROUY) GREUTER & BURDET	Zeillers Flachbärlapp			v
1428	0	*Marsilea quadrifolia* LINNAEUS	Kleefarn	v	v	
1670	1	*Myosotis rehsteineri* WARTMANN	Bodensee-Vergißmeinnicht	v	v	
1833	1	*Najas flexilis* (WILLDENOW) ROSTKOVIUS & W. L. E. SCHMIDT	Biegsames Nixkraut	v	v	
1601	1	*Oenanthe conioides* LANGE	Schierlings-Wasserfenchel	*	v	
1477	1	*Pulsatilla patens* (LINNAEUS) MILLER	Finger-Küchenschelle	v	v	
1528	1	*Saxifraga hirculus* LINNAEUS	Moor-Steinbrech	v	v	
	2	*Spiranthes aestivalis* (POIRET) L. C. RICHARD	Sommer-Schraubenstendel		v	
		Stipa bavarica -> Stipa pulcherrima ssp. bavarica				

Tab. 21: Fortsetzung

Code	RL	Wissenschaftlicher Name	Deutscher Name	Anhänge		
				II	IV	V
1881	1	*Stipa pulcherrima ssp. bavarica* (MARTIN. & H. SCHOLZ) CONERT [*S. bavarica*]	Bayerisches Federgras	*	v	
1437	1	*Thesium ebracteatum* HAYNE	Vorblattloses Leinblatt	v	v	
Flechten (Section Cladina der Gattung *Cladonia*) - Rentierflechten						
	3	*Cladonia arbuscula* FLOTOW				v
		Cladonia arbuscula ssp. arbuscula (WALLR.) FLOTOW und *spp. squarrosa* (WALL.) RUOSS				v
		Cladonia arbuscula ssp. mitis (SANDST.) RUOSS				v
	3	*Cladonia ciliata* STIRTON				v
	3	*Cladonia portentosa* (DUFOUR) COEM.				v
	2	*Cladonia rangiferina* (L.) WEBER ex WIGG.				v
	1	*Cladonia stellaris* (OPIZ) POUZAR & VEZDA				v
		Cladonia stygia (FR.) RUOSS				v
Moose						
1385	0	*Bruchia vogesiaca* SCHWÄGR.	Vogesen-Bruchmoos	v		
1386	2	*Buxbaumia viridis* (LAM. & DC.) BRID. ex MOUG. & NESTL	Grünes Koboldmoos	v		
1383	0	*Dichelyma capillaceum* (DIELES.) MYRIN em. BRUCH & SCHIMP.	Haar-Klauenmoos	v		
1381	3	*Dicranum viride* (SULL. & LESQ.) LINDB.	Grünes Besenmoos	v		
1380	2	*Distichophyllum carinatum* DIX. & NICH.	Gekieltes Zweiblattmoos	v		
		Drepanocladus -> *Hamatocaulis*				
1393	2	*Hamatocaulis* [*Drepanocladus*] *vernicosus* (MITT.) HEDENÄS	Firnisglänzendes Sichelmoos	v		
	V	*Leucobryum glaucum* (HEDW.) ANGSTR. ex FR.	Weißmoos			v
1379	3	*Mannia triandra* (SCOP.) GROLLE		v		
1389	0	*Meesia longiseta* HEDW.	Langstieliges Schwanenhalsmoos	v		
1396	2	*Notothylas orbicularis* (SCHWEIN.) SULL.	Kugel-Hornmoos	v		
1394	R	*Scapania massalongi* (MÜLL. FRIB.) MÜLL. FRIB.	Massalongs Spatenmoos	v		
		Sphagnum spp. (alle Arten)	Torfmoose			v
	2	*Sphagnum affine* RENAULT & CARDOT				v
	V	*Sphagnum angustifolium* (C. JENS. ex RUSS.) C. JENS.				v
	2	*Sphagnum austinii* SULL. ex. AUSTIN				v
	2	*Sphagnum balticum* (RUSS.) RUSS .ex C. JENS.				v

Tab. 21: Fortsetzung

Code	RL	Wissenschaftlicher Name	Deutscher Name	Anhänge		
				II	IV	V
	V	*Sphagnum capillifolium* (EHRH.) HEDW.				v
	3	*Sphagnum centrale* C. JENS. ex ARNELL & C. JENSEN				v
	3	*Sphagnum compactum* DC. ex LAM. & DC.				v
	3	*Sphagnum contortum* K. F. Schultz				v
	3	*Sphagnum cuspidatum* EHRH. ex HOFFM.				v
	V	*Sphagnum denticulatum* BRID.				v
	V	*Sphagnum denticulatum var. indundatum* (RUSS.) KARTT.				v
	*	*Sphagnum fallax* (KLINGGR.) KLINGGR.				v
	*	*Sphagnum fimbriatum* WILS. ex WILS. & HOOK. f.				v
	V	*Sphagnum flexuosum* DOZY & MOLK.				v
	2	*Sphagnum fuscum* (SCHIMP.) KLINGGR.				v
	V	*Sphagnum girgensohnii* RUSS.				v
	2	*Sphagnum lindbergii* SCHIMP. ex LINDB.				v
	3	*Sphagnum magellanicum* BRID.				v
	2	*Sphagnum majus* (RUSS.) C. JENS.				v
	2	*Sphagnum molle* SULL.				v
	2	*Sphagnum obtusum* WARNST.				v
	*	*Sphagnum palustre* L.				v
	3	*Sphagnum papillosum* LINDB.				v
	2	*Sphagnum platyphyllum* (BRAITHW.) SULL. ex WARNST.				v
	2	*Sphagnum pulchrum* (BRAITHW.) WARNST.				v
	3	*Sphagnum quinquefarium* (BRAITHW.) Warnst.				v
	V	*Sphagnum riparium* ANGSTR.				v
	*	*Sphagnum rubellum* WILS.				v
	V	*Sphagnum russowii* WARNST.				v
	V	*Sphagnum squarrosum* CROME				v
	0	*Sphagnum strictum* SULL.				v
	3	*Sphagnum subnitens* RUSS. & WARNST. ex WARNST.				v
	3	*Sphagnum subsecundum* NEES ex STURM				v
	3	*Sphagnum tenellum* (BRID.) BORY				v
	3	*Sphagnum teres* (SCHIMP.) ANGSTR. ex HARTM.				v
	2	*Sphagnum warnstorfii* RUSS.				v

Tab. 21: Fortsetzung

Code	RL	Wissenschaftlicher Name	Deutscher Name	Anhänge		
				II	IV	V
Säugetiere (Mammalia)						
1308	1	*Barbastella barbastellus* (SCHREB., 1774)	Mopsfledermaus	v	v	
1352	0	*Canis lupus* L., 1758	Wolf	*	v	v
	R	*Capra ibex* L., 1758	Alpensteinbock			v
1337	3	*Castor fiber* L., 1758	Biber	v	v	
1335	0	*Citellus [Spermophilus] citellus* L., 1766	Ziesel	v		
	2	*Cricetus cricetus* (L., 1758)	Feldhamster		v	
	2	*Eptesicus nilssoni* (KEYS. & BLAS., 1839)	Nordfledermaus		v	
	V	*Eptesicus serotinus* (SCHREB., 1774)	Breitflügelfledermaus		v	
1361	1	*Felis [Lynx] lynx* L., 1758	Luchs	v	v	
	2	*Felis silvestris* SCHREB., 1777	Wildkatze		v	
1364	2	*Halichoerus grypus* (FABR., 1791)	Kegelrobbe	v		v
	0	*Hypsugu [Pipistrellus] savii* (BONAP., 1837)	Alpenfledermaus		v	
		Lagenorhynchus acutus (GRAY, 1828)	Weißseitendelphin		v	
		Lagenorhynchus albirostris GRAY, 1846	Weißschnauzendelphin		v	
	R	*Lepus timidus* L., 1758	Alpen-Schneehase			v
1355	1	*Lutra lutra* (L., 1758)	Fischotter	v	v	
		Lynx lynx -> Felis lynx				
	V	*Martes martes* (L., 1758)	Baummarder			v
1340	1	*Microtus oeconomus ssp. arenicola* (PALL.)	Nordische Wühlmaus, Sumpfmaus	*		
1310	0	*Miniopterus schreibersi* (KUHL, 1819)	Langflügelfledermaus	v	v	
	V	*Muscardinus avellanarius* (L., 1758)	Haselmaus		v	
1356	0	*Mustela lutreola* (L., 1761)	Europäischer Nerz	v	v	
	V	*Mustela [Putorius] putorius* L., 1758	Iltis,Waldiltis			v
1323	3	*Myotis bechsteini* (KUHL, 1818)	Bechsteinfledermaus	v	v	
	2	*Myotis brandtii* (EVERSM., 1845)	Große Bartfledermaus		v	
1318	G	*Myotis dasycneme* (BOIE, 1825)	Teichfledermaus	v	v	
		Myotis daubentoni (KUHL, 1819)	Wasserfledermaus		v	
1321	1	*Myotis emarginatus* (GEOFF., 1806)	Wimperfledermaus	v	v	
1324	3	*Myotis myotis* (BORKH., 1797)	Großes Mausohr	v	v	
	3	*Myotis mystacinus* (KUHL, 1819)	Kleine Bartfledermaus		v	
	3	*Myotis nattereri* (KUHL, 1818)	Fransenfledermaus		v	
	G	*Nyctalus leisleri* (KUHL, 1818)	Kleiner Abendsegler		v	

Tab. 21: Fortsetzung

Code	RL	Wissenschaftlicher Name	Deutscher Name	Anhänge		
				II	IV	V
	3	*Nyctalus noctula* (SCHREB., 1774)	Abendsegler		v	
		Orcinus orca (L., 1758)	Schwertwal		v	
		Ovis ammon ssp. musimon -> Ovis gmelini ssp. musimon				
1373		*Ovis [ammon]* gmelini *ssp. musimon* L. (PALLAS, 1811)	Mufflon	v	v	
1365	3	*Phoca vitulina* L., 1758	Seehund	v		v
1351	2	*Phocoena phocoena* (L., 1758)	Schweinswal	v	v	
	G	*Pipistrellus nathusii* (KEYS. & BLAS., 1839)	Rauhhautfledermaus		v	
		Pipistrellus pipistrellus (SCHREB., 1774)	Zwergfledermaus		v	
		Pipistrellus savii -> Hypsugo savii				
	V	*Plecotus auritus* (L., 1758)	Braunes Langohr		v	
	2	*Plecotus austriacus* (FISCH., 1829)	Graues Langohr		v	
		Putorius putorius -> Mustela putorius				
1304	1	*Rhinolophus ferrumequinum* (SCHREB., 1774)	Große Hufeisennase	v	v	
1303	1	*Rhinolophus hipposideros* (BECHST., 1800)	Kleine Hufeisennase	v	v	
		Rupicapra rupicapra (L., 1758)	Gemse			v
	2	*Sicista betulina* (PALL., 1779)	Birkenmaus		v	
		Spermophilus citellus -> Citellus citellus				
1349	0	*Tursiops truncatus* (MONT., 1821)	Großer Tümmler	v		
1354	0	*Ursus arctos* L., 1758	Braunbär	*	v	
	G	*Vespertilio murinus* L., 1758	Zweifarbfledermaus		v	
Amphibien, Reptilien						
	3	*Alytes obstetricans* (LAUR., 1768)	Geburtshelferkröte		v	
1188	1	*Bombina bombina* (L., 1761)	Rotbauchunke	v	v	
1193	2	*Bombina variegata* (L., 1758)	Gelbbauchunke, Bergunke	v	v	
	3	*Bufo calamita* LAUR., 1768	Kreuzkröte		v	
	2	*Bufo viridis* LAUR., 1768	Wechselkröte		v	
	2	*Coronella austriaca* (LAUR., 1768)	Schlingnatter		v	
	1	*Elaphe longissima* (LAUR., 1768)	Äskulapnatter		v	
1220	1	*Emys orbicularis* (L., 1758)	Europäische Sumpfschildkröte	v	v	
	2	*Hyla arborea* (L., 1758)	Laubfrosch		v	
	3	*Lacerta agilis* L., 1758	Zauneidechse		v	
		Lacerta muralis -> Podarcis muralis				

Tab. 21: Fortsetzung

Code	RL	Wissenschaftlicher Name	Deutscher Name	Anhänge		
				II	IV	V
	1	*Lacerta viridis* (LAUR., 1768) s.l. inkl. *Lacerta bilineata* DAUDIN, 1802	Smaragdeidechse, Westl. Smaragdeidechse		v	
	1	*Natrix tessellata* (LAUR., 1768)	Würfelnatter		v	
	2	*Pelobates fuscus* (LAUR., 1768)	Knoblauchkröte		v	
	2	*Podarcis [Lacerta] muralis* (LAUR., 1768)	Mauereidechse		v	
	2	*Rana arvalis* NILSSON, 1842	Moorfrosch		v	
	3	*Rana dalmatina* BONAPARTE, 1840	Springfrosch		v	
	3	*Rana kl. esculenta* (L., 1758)	Wasser-, Teichfrosch			v
	G	*Rana lessonae* CAMERANO, 1882	Kleiner Wasserfrosch		v	
	3	*Rana ridibunda* PALLAS, 1814	Seefrosch			v
	V	*Rana temporaria* L., 1758	Gras-, Taufrosch			v
	R	*Salamandra atra* LAUR., 1768	Alpensalamander		v	
1167	1	*Triturus carnifex* (LAUR., 1768)	Alpen-Kammolch	v		
1166	3	*Triturus cristatus* (LAUR., 1768)	Kammolch	v	v	
Fische, Rundmäuler						
	0	*Acipenser ruthenus* L., 1758	Sterlet			v
1101	0	*Acipenser sturio* L., 1758	Stör	*	v	
1102	1	*Alosa alosa* (L., 1758)	Maifisch	v		v
1103	2	*Alosa fallax* (LACEPEDE, 1803)	Finte	v		v
1130	3	*Aspius aspius* (L., 1758)	Rapfen	v		
	2	*Barbus barbus* (L., 1758)	Barbe			v
1141	R	*Chalcalburnus chalcoides mento* (AGASSIZ, 1832)	Mairenke	v		
1149	2	*Cobitis taenia* L., 1758	Steinbeißer	v		
	3	*Coregonidae spp.*	Renkenartige			v
		Coregonus acronicus RAPP, 1845	Kilch			v
	3	*Coregonus albula* L., 1758	Kleine Maräne			v
	3	*Coregonus lavaretus* (L., 1758)	Blaufelchen, Große Schwebrenke, Schnäpel			v
	3	*Coregonus lavaretus balticus*	Ostseeschnäpel			v
1113	0	*Coregonus oxyrhinchus* (L., 1758)	Nordsee-Schnäpel	*	v	
	3	*Coregonus nasus-Formenkreis* (PALLAS, 1776)	Sandfelchen, Große Maräne		v	
	3	*Coregonus pidschian* (GMELIN, 1788)	Kleine Bodenrenke, Kilch			v
1163	2	*Cottus gobio* L., 1758	Groppe	v		
1124	2	*Gobio albipinnatus* LUKASCH, 1933	Weißflossiger Gründling	v		
1122	1	*Gobio uranoscopus* (AGASSIZ, 1828)	Steingreßling	v		

Nachtrag: *Eudontomyzon mariae* BERG, Donau-Neunauge, Anhang II, RL: R; die Art ist taxonomisch nicht abschließend geklärt.

Tab. 21: Fortsetzung

Code	RL	Wissenschaftlicher Name	Deutscher Name	Anhänge		
				II	IV	V
1157	2	*Gymnocephalus schraetzer* (L., 1758)	Schraetzer	v		v
1105	1	*Hucho hucho* (L., 1758)	Huchen	v		v
1099	2	*Lampetra fluviatilis* (L., 1758)	Flußneunauge	v		v
1096	2	*Lampetra planeri* (BLOCH, 1784)	Bachneunauge	v		
1131	1	*Leuciscus souffia agassizi* RISSO, 1826	Strömer	v		
1145	2	*Misgurnus fossilis* (L., 1758)	Schlammpeitzger	v		
1095	2	*Petromyzon marinus* L., 1758	Meerneunauge	v		
1134	2	*Rhodeus sericeus amarus* BLOCH, 1782	Bitterling	v		
1139	1	*Rutilus frisii meidingeri* (HECKEL, 1852)	Perlfisch	v		
1114	2	*Rutilus pigus virgo* (HECKEL, 1852)	Frauennerfling, Frauenfisch	v		
1106	1	*Salmo salar* L., 1758 (nur im Süßwasser)	Lachs	v		v
	3	*Thymallus thymallus* (L., 1758)	Äsche			v
1160	1	*Zingel streber* SIEBOLD, 1863	Streber	v		
1159	1	*Zingel zingel* (L., 1758)	Zingel	v		v
Käfer (Coleoptera)						
1085	0	*Buprestis splendens* FABR., 1774	Goldstreifiger Prachtkäfer	v	v	
1914	1	*Carabus menetriesi* HUMMEL, 1827 *ssp. pacholei* SOKOLAR (Novellierung!)	Menetries' Laufkäfer, Hochmoor-Laufkäfer	*		
1088	1	*Cerambyx cerdo* L., 1758	Heldbock	v	v	
1086	1	*Cucujus cinnaberinus* (SCOP., 1774)	Scharlachkäfer	v	v	
1081	1	*Dytiscus latissimus* L., 1758	Breitrand	v	v	
1082	1	*Graphoderus bilineatus* (DEGEER, 1774)	Schmalbindiger Breitflügel-Tauchkäfer	v	v	
1079	1	*Limoniscus violaceus* (MÜLLER, 1821)	Veilchenblauer Wurzelhalsschnellkäfer	v		
1083	2	*Lucanus cervus* (L., 1758)	Hirschkäfer	v		
1084	2	*Osmoderma eremita* (SCOP., 1763)	Eremit, Juchtenkäfer	*	v	
1087	2	*Rosalia alpina* (L., 1758)	Alpenbock	*	v	
Libellen (Odonata)						
	1	*Aeshna viridis* EVERSMANN, 1836	Grüne Mosaikjungfer		v	
		Coenagrion freyi -> *Coenagrion hylas*				
1045	0	*Coenagrion hylas* (TRYBOM., 1889)	Sibirische Azurjungfer	v		
1044	1	*Coenagrion mercuriale* (CHARP., 1840)	Helm-Azurjungfer	v		
		Gomphus flavipes -> *Stylurus flavipes*				
	1	*Leucorrhinia albifrons* (BURMEISTER, 1839)	Östliche Moosjungfer		v	

Tab. 21: Fortsetzung

Code	RL	Wissenschaftlicher Name	Deutscher Name	Anhänge		
				II	IV	V
	1	*Leucorrhinia caudalis* (CHARP., 1840)	Zierliche Moosjungfer		v	
1042	2	*Leucorrhinia pectoralis* (CHARP., 1825)	Große Moosjungfer	v	v	
1037	2	*Ophiogomphus cecilia* (FOURCROIX, 1785)	Grüne Keiljungfer	v	v	
		Ophiogomphus serpentina -> Ophiogomphus cecilia				
1041	0	*Oxygastra curtisi* DALE, 1834	Gekielte Smaragdlibelle	v	v	
	G	*Stylurus [Gomphus] flavipes* (CHARP., 1825)	Asiatische Keiljungfer		v	
	2	*Sympecma annulata [braueri]* (SELYS, 1887)	Sibirische Winterlibelle		v	
		Sympecma braueri BIANCHI, 1904 -> *Sympecma annulata*				
		Sympecma paedisca ssp. annulata -> Sympecma annulata				
Schmetterlinge (Lepidoptera)						
		Callimorpha quadripunctaria ->Euplagia quadripunctaria				
	1	*Coenonympha hero* (L., 1761)	Wald-Wiesenvögelchen		v	
1071	0	*Coenonympha oedippus* (FABR., 1787)	Moor-Wiesenvögelchen	v	v	
1074	1	*Eriogaster catax* (L., 1758)	Heckenwollafter	v		
1065	2	*Euphydryas aurinia* (ROTTEMBURG, 1775)	Skabiosen-Scheckenfalter	v		
1052	1	*Euphydryas [Hypodryas] maturna* (L., 1758)	Kleiner Maivogel	v	v	
1078	V	*Euplagia [Callimorpha] quadripunctaria* (PODA, 1761)	Spanische Flagge	*		
		Hypodryas maturna -> Euphydryas maturna				
	1	*Lopinga achine* (SCOPOLI, 1763)	Gelbringfalter		v	
1060	2	*Lycaena dispar* (HAWORTH, 1802)	Großer Feuerfalter	v	v	
	2	*Maculinea arion* (L., 1758)	Schwarzfleckiger Feuerfalter		v	
1061	3	*Maculinea nausithous* (BERGSTR., 1779)	Schwarzblauer Bläuling	v	v	
1059	2	*Maculinea teleius* (BERGST., 1779)	Großer Moorbläuling	v	v	
	1	*Parnassius apollo* (L., 1758)	Apollofalter		v	
	1	*Parnassius mnemosyne* (L., 1758)	Schwarzer Apollofalter		v	
	V	*Proserpinus proserpina* (PALLAS, 1772)	Nachtkerzenschwärmer		v	
Weichtiere (Mollusca)						
	4	*Helix pomatia* (L., 1778)	Weinbergschnecke			v
1029	1	*Margaritifera margaritifera* (L., 1758)	Flußperlmuschel	v		v
1032	1	*Unio crassus* PHILIPSSON, 1788	Gemeine Flußmuschel	v	v	
1014	3	*Vertigo angustior* JEFFREYS, 1830	Schmale Windelschnecke	v		
1015	0	*Vertigo genesii* (GREDLER, 1856)	Blanke Windelschnecke	v		
1013	1	*Vertigo geyeri* LINDHOLM, 1925	Vierzähnige Windelschnecke	v		

Tab. 21: Fortsetzung

Code	RL	Wissenschaftlicher Name	Deutscher Name	Anhänge		
				II	IV	V
1016	2	*Vertigo moulinsiana* (DUPUY, 1849)	Bauchige Windelschnecke	v		
Übrige Tiergruppen						
	1	*Astacus astacus* L., 1758	Edelkrebs			v
1092		*Austropotamobius pallipes* (LEREBOULLET, 1858)	Dohlenkrebs	v		v
	2	*Austropotamobius torrentium* (SCHRANK)	Steinkrebs			v
		Hirudo medicinalis (L., 1758)	Medizinischer Egel			v

6 Vorschläge zur Novellierung der FFH-Richtlinie

Die FFH-Richtlinie und der Aufbau des Schutzgebietssystems Natura 2000 „stecken noch in den Kinderschuhen" und eine grundlegende Novellierung des Textes der Richtlinie oder der Anhänge ist deshalb zum jetzigen Zeitpunkt noch nicht angebracht. Dennoch lassen sich bereits eine Reihe von Problemen bei der Umsetzung der Vogelschutzrichtlinie und der FFH-Richtlinie recht klar umreißen und erste Lösungsansätze aufzeigen. Im folgenden sollen daher einige Vorschläge zum Novellierungsbedarf gemacht werden, wohl wissend, daß seitens der Länder in Deutschland und seitens der anderen Mitgliedsstaaten darüber hinaus noch weitere Punkte zu ergänzen wären.

Selbst die EU-Kommission steht vor der Schwierigkeit, einerseits die Umsetzung der bestehenden Richtlinie durchzusetzen und nicht durch Novellierungsverfahren zu behindern, andererseits bei jeder Neuaufnahme von Mitgliedsstaaten in die EU, zuletzt Österreich, Finnland und Schweden, die Richtlinien entsprechend anzupassen. So mußte z.B. die Boreale Biogeographische Region neu aufgenommen werden und zahlreiche Ergänzungen in den Anhängen der Vogelschutz- und der FFH-Richtlinie erfolgen. Dabei wurden nur solche Arten und Lebensraumtypen neu aufgenommen, die lediglich in den neuen Mitgliedsstaaten vorkommen, um Nachkartierungen oder Nachmeldungen während der ersten Umsetzungsphase in den bestehenden 12 Mitgliedsstaaten zu vermeiden.

Andererseits ist in kleinem Rahmen ein Novellierungsverfahren im Gange, welches einerseits Schreibfehler korrigieren, andererseits aber auch die Titel und Kodierungen der Lebensraumtypen im Anhang I der FFH-Richtlinie an die im offiziellen Interpretation Manual festgelegte Terminologie anpassen soll. Der letzte Stand zum Novellierungsverfahren ist im Nachtragskapitel 11 dokumentiert.

Eine substantielle Novellierung mit Neuaufnahme von Arten und Lebensraumtypen oder gar Verfahrensänderungen der Richtlinie ist sinnvollerweise erst nach Abschluß der Auswahl gemeinschaftlicher Gebiete aus den nationalen Meldelisten der Mitgliedsstaaten durchführbar.

Im folgenden sollen zunächst einige allgemeine Empfehlungen gegeben werden, ehe auf die Novellierung der Anhänge der FFH-Richtlinie etwas ausführlicher eingegangen wird.

6.1 Allgemeine Empfehlungen zur Novellierung und Verbesserung der Umsetzung der FFH-Richtlinie

- Vereinheitlichung des Schutzgebietssystems Natura 2000 durch vollständige Integration der Vogelschutzrichtlinie in die FFH-Richtlinie:

  Da beide Richtlinien letztendlich zum gleichen Schutzgebietssystem Natura 2000 beitragen und alle Gebiete nach Ausweisung denselben Schutzbestimmungen unterliegen, ist nicht einsichtig, warum nicht eine einheitliche Regelung für alle Arten und Lebensraumtypen ausreichend ist. Die Vogelschutzrichtlinie sollte daher ganz aufgehoben werden, wobei die spezifischen Erfordernisse des Vogelschutzes neu in die FFH-Richtlinie mit aufgenommen werden müßten. Die Vogelarten könnten dann zwanglos in die Anhänge II (Lebensraumschutz der Arten), IV (strenger Artenschutz) und V (Managementerfordernis) der FFH-Richtlinie integriert werden. Für wandernde Arten ist gegebenenfalls eine entsprechende Anpassung des Schutzes in der FFH-Richtlinie erforderlich, aber auch unter den Fischen und Invertebraten sind ja bereits einige wandernde Tierarten in der FFH-Richtlinie enthalten.

  Die parallele Gültigkeit und Anwendung von zwei Richtlinien für die Ausweisung von Schutzgebieten führt u.a. zu Interpretationsschwierigkeiten in bezug auf die Behandlung der gemeldeten Vogelschutzrichtliniengebiete bei Anwendung der Schutzvorschriften der FFH-Richtlinie. So gibt es keine „prioritären“ Arten in den Anhängen der Vogelschutzrichtlinie, beim Ausfüllen der Datenbögen bestehen unterschiedliche Verbindlichkeiten für einzelne Datenfelder, und die Frage nach der Berücksichtigung der Arten und Lebensraumtypen der FFH-Richtlinie bei Verträglichkeitsprüfungen von Eingriffen in Vogelschutzrichtliniengebiete ist nicht immer eindeutig zu beantworten.

- Vereinfachung des Meldeverfahrens:
  Das Meldeverfahren der FFH-Richtlinie wird mit einem umfangreichen, 14seitigen Datenbogen durchgeführt. Damit wird eine auf EU-Ebene sicherlich erforderliche Standardisierung erreicht, andererseits aber auch eine Reihe von für den Schutz der Gebiete auf übergeordneter Ebene entbehrlichen Daten abgefragt. Dazu gehören z.B. Dia- und Luftbilddokumentation, Besitzverhältnisse oder administrative Daten. Die wesentlichen Inhalte der Schutzbegründung lassen sich knapper und prägnanter darstellen und erheben.
- Einführung von einheitlichen Kriterien für die Gebietsabgrenzung:
  Die Gebietsabgrenzung obliegt den Mitgliedsstaaten im Rahmen der Erstellung der Vorschlagslisten für die Gebiete gemeinschaftlicher Bedeutung. Dabei gibt es weder in der Richtlinie selbst noch in Form von Dokumenten des Habitatausschusses Festlegungen über die Art der Gebietsabgrenzung. Die Praxis hat gezeigt, daß hier erhebliche Unterschiede in den Mitgliedsstaaten auftreten, die die Beurteilung und Gebietsbeschreibung stark beeinflussen können. So gibt es Gebietsabgrenzungen, die praktisch nur das Vorkommen der Lebensraumtypen des Anhangs I bzw. der Populationen der Arten des Anhangs II selbst einschließen, andererseits Abgrenzungen, die in großem Umfang Pufferzonen z.B. Wassereinzugsgebiete für Moore oder Fließgewässer mit einschließen. Die in der Gebietsbeschreibung einzugebenden prozentualen Anteile der Lebensraumtypen können dementsprechend stark variieren. Konkrete Anweisungen für eine Abgrenzung der Gebiete unter funktionalen Gesichtspunkten fehlen in der Richtlinie. Ein weiterer Punkt ist die Frage „zusammengesetzter Gebiete“, d.h. die Zusammenfassung mehrerer räumlich getrennter Teilgebiete zu einem Gebiet im Sinne der FFH-Richtlinie in einem einzigen Datenerfassungsbogen. Im Extremfall sind sogar (Teil-)„Gebiete“ gemeldet worden, die räumlich innerhalb anderer größerer gemeldeter Gebiete liegen. Die Heterogenität der Gebietsabgrenzungen erschwert eine objektive Bewertung und Auswahl der Gebiete gemeinschaftlicher Bedeutung.
- Klare Festlegung der Entwicklungsziele:
  Der Datenbogen läßt zwar prinzipiell Textaussagen und die Angabe von Pflege- und Nutzungsarten zu, aber eine klare Zielformulierung für das Gebietsmanagement ist nicht vorgesehen. Solange man ausschließlich vom statischen Denken des klassischen Gebietsschutzes ausgeht, welches nur die Erhaltung der bestehenden Situation in den Vordergrund stellt, ist dies nicht weiter relevant. Die FFH-Richtlinie fordert aber auch die Entwicklung von Lebensraumtypen (qualitativ und quantitativ), die mindestens dann erforderlich wird, wenn qualitativ hochwertige Vorkommen bzw. Ausbildungen ganz fehlen oder schon stark dezimiert sind. Hier kann sich auch innerhalb der zu schützenden Lebensraumtypen des Anhangs I ein Zielkonflikt ergeben, z.B. zwischen Erhaltung von *Calluna*-Heiden mit hohem Pflegeaufwand für extensive Schafhutung oder der Entwicklung bodensaurer Eichen-Birkenwälder auf gleicher Grundfläche (vgl. auch SSYMANK 1997). Hier sind übergeordnete Ziele auf der Basis von regionalen Landschaftsleitbildern auf das Schutzgebiet bezogen im Einklang mit den Vorgaben der FFH-Richtlinie zu konkretisieren und verbindlich festzulegen. Dies ist insbesondere auch mit Bezug auf die alle 6 Jahre durchzuführende Kontrolle des „Erhaltungszustandes“ im Rahmen der Berichtspflichten (Art. 17)

erforderlich. So können je nach Entwicklungsziel intermediär Stadien auftreten, die eine „Reduktion" der Fläche der Anhang I-Lebensraumtypen bedeuten und die dann zu Unrecht als „Verschlechterung" des Erhaltungszustandes interpretiert werden könnten.

6.2 Novellierungen der Anhänge der FFH-Richtlinie

Eine zentrale Bedeutung für die Ausgestaltung des Schutzgebietssystems haben die Anhänge der FFH-Richtlinie und der Vogelschutzrichtlinie. Seit der EuGH mit dem sogenannten Lappel Bank-Urteil (EUROPÄISCHER GERICHTSHOF 1996) für die Vogelschutzrichtlinie klargestellt hat, daß die Auswahl der Gebiete allein den naturschutzfachlichen Kriterien der Richtlinie genügen muß und keine Handlungsspielräume für politische, soziale oder wirtschaftliche Abwägungen läßt, sind Art und Umfang der Anhänge in besonderem Maße von Bedeutung.

Anhang I

Der Anhang I der Lebensraumtypen ist vor Unterzeichnung der FFH-Richtlinie über einen langen Zeitraum mit den Mitgliedsstaaten verhandelt worden. Währenddessen ist das zugrundeliegende CORINE biotopes-System überarbeitet worden, so daß einerseits ein aktuelles Bezugssystem für die Lebensraumtypen fehlte, andererseits zahlreiche Einschränkungen gemacht worden sind. Mit einem in vielen Sitzungen der Wissenschaftlichen Arbeitsgruppe (SWG) des Habitatausschusses erarbeiteten Interpretationshandbuch (EUROPEAN COMMISSION 1995c) hat man versucht, hier Abhilfe zu schaffen.

Die „Lebensraumtypen" des Anhangs I umfassen verschiedene typologische Ebenen wie z.B. pflanzensoziologische Einheiten (Syntaxa, z.B. die Schlickgrasbestände (Spartinion)), Biotoptypen, Biotopkomplexe bis hin zu Landschaftsteilen (z.B. Ästuare, Steilküsten). Diese Unausgewogenheit der Gliederung führt zu Überschneidungen bei der Abgrenzung und Kartierung der Lebensraumtypen in der Praxis.

Eine Trennung in Biotoptypen und komplexere Einheiten, d.h. Biotopkomplexe (Definitionen vgl. SSYMANK et al. 1993) und eventuell Landschaftskomplexe, wie sie sich auch bereits bei internationalen Roten Listen der Biotope für den Wattenmeerbereich bewährt hat (SSYMANK & DANKERS 1996), ist für eine Neugliederung des Anhangs I ebenfalls sinnvoll.

Als Grundvoraussetzung für eine Novellierung des Anhangs I sollte eine vollständige, hierarchisch gegliederte und inhaltlich klar definierte Liste aller Biotoptypen in der EU, im Hinblick auf die Neuaufnahme assoziierter Mitgliedsstaaten auch darüber hinausgehend, dienen. Ein erster Schritt ist mit dem Ansatz der Entwicklung einer „Paläarktischen Klassifizierung der Lebensräume" als grundlegende Neugliederung der im CORINE-Projekt und unter PHARE angesammelten Erfahrungen (Physis-Datenbank, DEVILLIERS & DEVILLIERS-TERSCHUREN 1996) unter einer Art „Nomenklaturgremium" von Experten wie es derzeit unter der Leitung des Thematischen Zentrums für Natur in Paris geplant ist, bereits getan. Hier sind auch die zahlreichen Erfahrungen und Projekte einzubeziehen, wie z.B. das BioMar-Projekt mit einer wissenschaftlich gut begründeten Gliederung der marinen Biotoptypen.

<u>Eindeutigkeit der Begriffe</u>

Dies betrifft vor allem die Bezeichnungen für die Biogeographischen Regionen, die in unterschiedlicher Bedeutung verwendet wurden.

So wird „alpin" verwendet 1. als Höhenstufe, 2. als charakteristisch für Hochgebirgsregionen (d.h. kann im Einzelfall auch geographisch anderswo auftreten) und 3. für die kartenmäßig verbindlich abgegrenzte „Biogeographische Region" im Sinne der FFH-Richtlinie. Lebensraumtypen, die im Anhang I als von europäischer Bedeutung für den Schutz herausgestellt werden, sollten in ihrer Gültigkeit möglichst nicht räumlich (geographisch) eingeschränkt werden, insbesondere nicht in der Form, wie es in Einzelfällen durch Benutzung lokaler Namen oder mit dem Zusatz eines Mitgliedsstaats in Klammern erfolgt ist (Bsp. „Turloughs (Irland)").

Neuaufnahme von Lebensraumtypen

Hier ist zunächst die Korrektur fehlender bereits EU-weit stark gefährdeter Lebensraumtypen erforderlich, soweit diese den allgemeinen Kriterien für die Aufnahme in den Anhang I genügen. Ferner wird eine Fortschreibung des Anhangs in Anpassung an eine veränderte Situation der Gefährdung in regelmäßigen Abständen erforderlich sein.

Die Frage nach der „Vollständigkeit" des Anhangs I im Hinblick auf die europaweit bedrohten oder stark gefährdeten Lebensraumtypen ist nur schwer zu beantworten. Von den Mitgliedsstaaten existieren zwar bereits umfangreiche „Wunschlisten" für eine Aufnahme in die Anhänge, aber eine europaweite mehr oder minder objektive Datengrundlage für verläßliche Einschätzungen aller Lebensraumtypen existiert derzeit nicht. Eine Rote Liste der Biotoptypen, wie sie in Deutschland auf Bundesebene (RIECKEN et al. 1994) und zunehmend auch bei den Ländern besteht, ist in anderen Mitgliedsstaaten erst in der Planung oder wird „nur" auf die Vegetation bezogen und als Rote Liste der Pflanzengesellschaften bearbeitet.

Eine erste Übersicht über aus deutscher Sicht fehlende bzw. dringend überarbeitungsbedürftige Lebensraumtypen im Anhang I gibt die folgende Liste:

A. Biotopkomplexe

1. naturnahe Biotopkomplexe und Landschaftskomplexe
   - naturnahe oder natürliche Fließgewässeroberläufe
   - naturnahe oder natürliche Fließgewässermittel- und unterläufe
   - extensive Feuchtgrünland- und Niedermoorkomplexe
   - Großseggenried- und Röhrichtkomplexe (naturnahe Verlandungszonationen)
   - Bruch- und Sumpfwaldkomplexe
   - naturnahe Durchströmungsmoorkomplexe (Nordostdeutsches Tiefland)
2. Komplexe extensiver Kulturlandschaften
   - Heckenkomplexe (Wallheckenlandschaften, Heckensysteme auf Lesesteinhaufen, Grenzhecken)
   - Streuobstbestände
   - Hohlwegsysteme z.B. Lößhohlwege
   - kleingewässerreiche extensive Kulturlandschaften (z.B. mit Söllen)
   - kulturhistorisch bedeutsame Waldformen (Hute-, Weide- und Niederwälder)

B. Biotope

- Quellen
- Seegraswiesen (Zosteretea marinae) insgesamt
- trockenwarme Gebüsche (Berberidion)
- nährstoffreiche extensive Naßwiesen (Calthion)
- Großseggenriede
- Röhrichte
- Eichenmischwälder trockenwarmer Silikathänge
- Erlenbruchwälder

Eine systematische fachliche Prüfung und Ergänzung dieser o.g. Entwurfsliste ist zu einem späteren Zeitpunkt erforderlich. Macht man eine vergleichende Analyse, inwieweit die gefährdeten Biotoptypen der Roten Liste in Deutschland durch die Lebensraumtypen der FFH-Richtlinie abgedeckt sind, so ergibt sich das in Abb. 119 dargestellte Ergebnis:

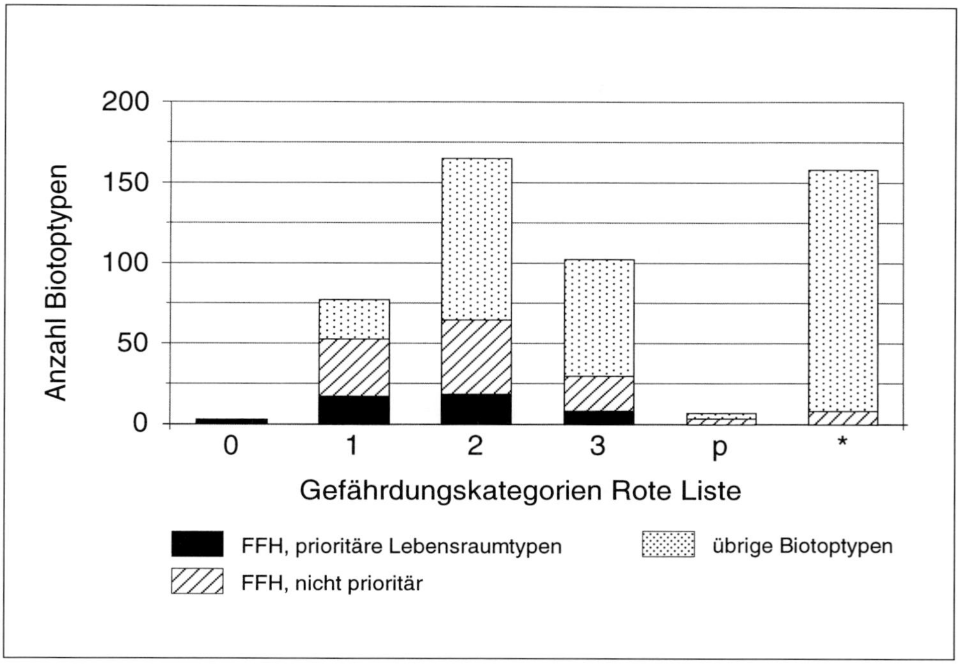

Abb. 119: Gefährdete Biotoptypen und ihr Schutz durch die FFH-Richtlinie.
Berücksichtigt wurden die Biotoptypen nach RIECKEN et al. (1994) ohne die rein technischen Biotoptypen. Die Zwischenkategorien der Rote Liste-Einstufungen sind jeweils dem höheren Gefährdungsgrad zugerechnet (Bsp. Kategorie 1–2 ist mit 1 zusammengefaßt).

Danach sind rund zwei Drittel der „von vollständiger Vernichtung bedrohten" Biotoptypen (Kategorie 1) durch die FFH-Richtlinie abgedeckt, bei den „stark gefährdeten" (Kategorie 2) sind es noch knapp die Hälfte. Ein hoher Anteil der bedrohten Biotoptypen, die nicht durch die FFH-Richtlinie abgedeckt sind, ist bereits durch den Typenschutz des § 20 c des BNatSchG in Deutschland geschützt (29 Biotoptypen der Kategorie 1, respektive 40 der Kategorie 2). Als mögliche Kandidaten für eine Novellierung des Anhangs I sollte mindestens die Kategorie 1, teilweise auch die Kategorie 2 und die Kategorie R abgeprüft werden.

Bei einer detaillierten Betrachtung der vom Aussterben bedrohten Biotoptypen, die nicht EU-weit geschützt sind, (vgl. Tab. 22 Kap. 6.2), werden die Lücken des Lebensraumschutzes für den mitteleuropäischen Raum (i.w. die kontinentale Region) am deutlichsten: Quellen und Fließgewässer, verschiedene Rohbodenstandorte und der saure Flügel der Niedermoore und des trockenen extensiven Grünlands (silikatische Trocken- und Halbtrockenrasen). Teilweise ist dies sicher eine Folge der primär vegetationskundlich ausgerichteten Bezugsbasis CORINE biotopes bei der Erstellung des Anhangs I.

Tab. 22: Vom Aussterben bedrohte Biotoptypen in Deutschland, die nicht durch die FFH-Richtlinie geschützt sind (Rote Liste Kategorie 1 und 1–2).

Code	§20c	Reg.	RL	Biotoptyp
Quellen, Fließ- und Stillgewässer				
2202	!	K	1	Grundquellen (Limnokrenen)
220201	!	K	1-2	kalkarme Grundquelle
220202	!	K	1-2	kalkreiche Grundquelle
2203	!	B	1-2	Sturzquellen (Rheokrenen)
220301	!	B	1-2	kalkarme Sturzquelle
23010201	!	K	1-2	naturnahes kalkarmes Epi-/Metarhithral
23010401	!	K	1-2	naturnahes kalkarmes Hyporhithral
23020201	!	S	1	naturnahes Metapotamal
230203	!	N	1	naturnahes Hypopotamal
230402		S	1-2	durchströmter Altarm
240202		N	1	oligotrophe Seen des Tief- und Hügellandes (Maränenseen)
Rohbodenbiotope				
6301	!	B	1	Schotterfläche an Gewässern [bei alpinen Fließgewässern teilweise erfaßt]
3207		B-S	1-2	Lehm- und Lößwände
320701		B-S	1	Lößwand
1007	!	K	1	Wanderdüne
silikatische Trocken- und Halbtrockenrasen				
340104	!	N	1-2	subkontinentaler Trockenrasen auf silikatischem Untergrund
34020201	!	S	1-2	submediterraner Halbtrockenrasen auf silikatischem Boden, gemäht
340204	!	S	1-2	subkontinentale Halbtrockenrasen auf silikatischem Boden
34020401	!	S	1	subkontinentaler Halbtrockenrasen auf silikatischem Boden, gemäht
34020402	!	S	1-2	subkontinentaler Halbtrockenrasen auf silikatischem Boden, beweidet (inkl. Mähweide)
3404	!	S	1-2	Sandtrockenrasen [teilweise erfaßt]
Moore und Feuchtgrünland				
350101	!	K	1	oligo- bis mesotrophe, kalkarme Niedermoore
35010101	!	K	1	oligo- bis mesotrophes, kalkarmes Niedermoor der planaren bis submontanen Stufe

Tab. 22: Fortsetzung

Wälder				
430201	!	K	1-2	Birken- und Birken-Erlenbruchwald nährstoffärmerer Standorte
430708		K	1-2	montane Tannen-/Fichten-Buchenwälder (nicht explizit genannt)*
43070801		K	1-2	montaner Buchen-Tannenwald (nicht explizit genannt)*
43070802		K	1-2	montaner Tannen-Fichten-Buchenwald (nicht explizit genannt)*
430806	!	K	1-2	Seggen-Winterlindenwald

Legende: Code: Codierung nach RIECKEN et al. 1994 (Rote Liste der Biotoptypen Deutschlands)
§ 20 c: Typenschutz nach § 20 c Bundesnaturschutzgesetz
Reg: Regenerierbarkeit nach RIECKEN et al. 1994 mit N = nicht regenerierbar, K = kaum regenerierbar, S = schwer regenerierbar, B = bedingt regenerierbar;
RL: Gefährdungseinstufung nach der Roten Liste Deutschlands
* „nicht explizit genannt": Im Anhang I als Teilmenge in anderen Lebensraumtypen mit erfaßt, aber nur über das Interpretation Manual erschließbar.

Anhang II

Neuaufnahme von Arten

Der Anhang II mit Arten, deren Lebensräume geschützt werden sollen, ist im Vergleich zum Artenreichtum einzelner Gruppen, aber auch im Hinblick auf ihre Bedeutung als Indikatorarten für besondere Qualitäten der Lebensräume, sehr unausgewogen (vgl. Abb. 2, S. 15). Dies betrifft sicher in besonderem Maße die Invertebraten, bei denen die Listen des Anhangs II zwar den Versuch erkennen lassen, einzelne Indikatorgruppen z.B. bei den Käfern für Totholzreichtum aufzunehmen, andererseits aber häufige, weit verbreitete Arten wie *Callimorpha quadripunctaria* aufgenommen wurden.

- Endemiten in der mediterranen und makaronesischen Region sind stark berücksichtigt worden, während sie in der kontinentalen und atlantischen Region in Relation zu ihrem Vorkommen kaum berücksichtigt wurden. So hat z.B. Bayern vorgeschlagen, *Armeria pupurea* mit dem europaweit einzigen Vorkommen im Benninger Ried neu aufzunehmen. Allein bei den höheren Pflanzen kommen 88 endemische Sippen innerhalb der politischen Grenzen Deutschlands vor und weitere 49 Sippen, die in einem geographisch eng begrenzten Raum vorkommen, an dem Deutschland Anteil hat (vg. Listen KORNECK et al. (1996)).
- Flechten und Pilze sind bisher in den Anhängen nicht aufgenommen worden, obwohl gerade die Flechten wichtige Indikatorarten für atmogene Belastungen sind. Auch das Ansinnen der neuen Mitgliedsstaaten Schweden und Finnland, verschiedene Flechtenarten aufzunehmen, wurde seitens der Kommission auf ein späteres Novellierungsverfahren verwiesen. Die Neuaufnahme dieser Artengruppen ist besonders wichtig, u.a. weil sie in Nordeuropa in vielen Lebensraumtypen dominant auftreten und auch artenmäßig zahlreicher sind als die höheren Pflanzen.

7 Zusammenfassung und Perspektiven der Weiterentwicklung europäischer Schutzgebietssysteme

7.1 Zusammenfassung

Mit der Fauna-Flora-Habitat-Richtlinie ist der Grundstein für ein kohärentes Schutzgebietssystem des Naturschutzes in der Europäischen Union unter dem Namen Natura 2000 gelegt worden. Unter Einschluß der bisher in Deutschland wenig beachteten Gebiete der Vogelschutzrichtlinie soll hier ein ökologisches Netz von Schutzgebieten entstehen, welches in Mitteleuropa den Lebensraumschutz in den Vordergrund stellt und im Artenschutz populationsbezogene Betrachtungsweisen verfolgt. Ein hohes Ziel – in Anbetracht des geringen Erfolgs des ersten EG-weiten Pilotprojektes CORINE – mit gesetzlicher Verbindlichkeit und knappen Fristen für die Umsetzung. Da sich aber Maßnahmen der EU-Politik, insbesondere der Agrar-Politik zunehmend stärker auch bis in den „letzten Winkel" der Mitgliedsstaaten landschaftsverändernd auswirken, ist es sicher höchste Zeit, auch im Naturschutz einheitliche europäische Zielsetzungen zu definieren und verbindlich festzulegen.

Das Auswahlverfahren von FFH-Gebieten folgt rein naturschutzfachlich festgelegten Kriterien in einem zweistufigen Bewertungsverfahren auf der Grundlage von 6 Biogeographischen Regionen. Auch der Schutz selbst orientiert sich streng an den Lebensräumen und Arten, die in umfangreichen Anhängen der Richtlinien aufgelistet sind.

Eine Vereinheitlichung des rechtlichen Schutzstatus von Gebieten gemeinschaftlicher Bedeutung in der Europäischen Union ist durch einen konsequent objektbezogenen Schutz und durch Regelungen zum Verfahren bei Eingriffen u.a. durch eine Verträglichkeitsprüfung festgelegt worden. Damit ist auch ein Schutz vor Einwirkungen von außen auf die gemeldeten Schutzgebiete verbunden.

Naturschutzfachliche Interpretationsprobleme bei der Umsetzung sind einerseits durch verbindliche, über den Habitatausschuß verabschiedete Dokumente weitgehend minimiert worden, andererseits durch gezielte Erarbeitung von Fachdokumenten in den Koordinationsstellen der Mitgliedsstaaten ausgeräumt worden. Auch für Deutschland ist mit diesem Buch ein entsprechendes Umsetzungsdokument entstanden, welches die EU-weiten Angaben z.B. zu den Lebensraumtypen präzisiert, auf deutsche Verhältnisse anpaßt und hier den Grundstein für die nationale Bewertung nach Art. 4 legt. Die ausführlichen Charakterisierungen, Vegetationsangaben und Verbreitungskarten machen die FFH-Richtlinie „handhabbar" für die Fachöffentlichkeit und die mit der Umsetzung betrauten Naturschutzbehörden.

Die Meldung der FFH-Gebiete erfolgt auf der Grundlage verbindlich festgelegter Meldebögen (Standard-Datenbögen), die einerseits eine Standardisierung der Daten als Bewertungsgrundlage EU-weit ermöglichen sollen, andererseits einen relativ hohen Aufwand in der Gebietsmeldung nach sich ziehen. Standard-Datenbögen und Dateneingabeprogramme sowie die Anforderungen an die Qualität der Dateneingabe und Gebietsabgrenzung spielen eine große Rolle und bedürfen einer sorgfältigen Beachtung der Vorgehensweise, z.B. auch um rechtlich relevante Fehleinschätzungen zu vermeiden.

Für die Umsetzung oder Festsetzung des Schutzgebietssystems selbst bedarf es bei einigen Mitgliedsstaaten noch erheblicher Anstrengungen, Defizite der Meldungen nach der Vogelschutzrichtlinie und der FFH-Richtlinie auszugleichen. Dies gilt sicher nicht nur für Anzahl und Fläche der gemeldeten Gebiete in Relation zur Ausstattung der jeweiligen Regionen, sondern vor allem auch für die Repräsentanz der Meldung und ihren tatsächlichen Beitrag zu einem europäischen kohärenten Schutzgebietssystem. Trotz einiger Anfangsschwierigkeiten hat Natura 2000 schon jetzt einen beachtlichen Umfang erreicht, mit 1 740 Besonderen

Schutzgebieten nach der Vogelschutzrichtlinie (Fläche ca. 115 197 km²) und 5 771 Meldungen von FFH-Gebieten (Fläche 220 138 km²), die derzeit die gemeinschaftliche Bewertung durchlaufen (Angaben nach Natura 2000 Infoblatt, Stand 13. 1. 1998).

7.2 Ausblick und Perspektiven europäischer Schutzgebietssysteme

Jedes neue Instrument braucht eine gewisse Zeit für die Einführung und praktische Umsetzung – so auch die FFH-Richtlinie mit ihren Chancen und Schwächen. So wird es wesentlich vom Engagement der Mitgliedsstaaten und von einer klaren Linie in der Umsetzung seitens der Kommission abhängen, inwieweit die FFH-Richtlinie auf Dauer von Erfolg gekrönt sein wird.

Das rechtliche Instrumentarium ist mächtig, die Gebietsausweisung unterliegt allein naturschutzfachlichen Kriterien und eine regelmäßige Erfolgskontrolle ist als Wirkungskontrolle am Schutzobjekt in regelmäßigen Zeitabständen (alle 6 Jahre) vorgeschrieben. Durch die Form der Bewertung auf der Basis von Biogeographischen Regionen entstehen zusätzlich gegenseitige Abhängigkeiten der Mitgliedsstaaten, die eine Umsetzung beschleunigen können. Mit dem Europäischen Zentrum für Naturschutz in Paris gibt es eine fachliche Instanz, die die Bewertung auf gemeinschaftlicher Ebene durchführt. Somit sind wesentliche Grundvoraussetzungen erfüllt, um ein stabiles und umfassendes Schutzgebietssystem aufzubauen. Die mangelnden finanziellen Ressourcen in LIFE erschweren zwar die Umsetzung, andererseits existieren mit Natura 2000 erstmals europäische Schutzgebiete, die auch für andere Regelungen, wie etwa die Agrarstrukturfonds (VO 2078/92, DER RAT DER EUROPÄISCHEN GEMEINSCHAFTEN 1992c bzw. Agenda 2000) und europäische Verkehrswegeplanungen künftig zu berücksichtigen sind. Die Erweiterung der EU um Österreich, Finnland und Schweden sowie die aktiven Verhandlungen zur Aufnahme weiterer bereits assoziierter Staaten ermöglichen eine Vereinheitlichung der internationalen Naturschutzpolitik innerhalb der Europäischen Union. So können andere Konventionen des Naturschutzes von der Europäischen Union insgesamt einheitlich umgesetzt werden, wie z.B. die Konvention zur Erhaltung der Biologischen Vielfalt (DER RAT DER EUROPÄISCHEN GEMEINSCHAFTEN 1993).

Auch die Zusammenarbeit mit dem Europarat ist in bezug auf die FFH-Richtlinie sehr eng geworden: Zum einen wird der Europarat als regelmäßiger Beobachter zu den Sitzungen der Wissenschaftlichen Arbeitsgruppe und zum Habitatausschuß eingeladen, zum anderen ist der Europarat selbst eine wesentliche Triebfeder des Lebensraumschutzes in Europa und schon 1989 sind im Rahmen der Berner Konvention in einer außerordentlichen Ausschußsitzung die Grundlagen für einen umfassenderen Lebensraumschutz gelegt worden (Resolution 1/1989). Diese sind durch operative Empfehlungen schnell ergänzt worden (Recommendation 14 und 15/1989) und haben zu einer Empfehlung des Aufbaus eines Systems von europaweiten Schutzgebieten als „**A**reas of **S**pecial **C**onservation **I**nterest (ASCI)“ geführt (Recommendation 16/1989). Durch die zwischenzeitliche Verabschiedung der FFH-Richtlinie bei der Europäischen Kommission verzögerte sich die Umsetzung zunächst, gleichzeitig wurde aber die enge Verbindung zur Politik der EU erkannt und in der Resolution 3 (1996) dieses Schutzgebietssystem unter dem Namen Emerald bekräftigt. Es gilt für die 31 europäischen Vertragsstaaten und weiteren 14 Beobachterstaaten des Europarats und ist eine sinnvolle Ergänzung der FFH-Richtlinie für die Staaten außerhalb der Europäischen Union. Die FFH-Richtlinie selbst versteht sich als eine Umsetzung der Berner Konvention für die EU-Mitgliedsstaaten. So sind die Arten und Lebensräume der Recommendation 14 des Europarats zur Berner Konvention die Äquivalente zu den Anhängen I und II der FFH-Richtlinie. Schließlich listet die Resolution Nr. 4/1996 die Lebensraumtypen Europas auf, mit einer besonderen Kennzeichnung derjenigen Typen, die als gefährdet gelten und besondere Schutzmaßnahmen erfordern (COUNCIL OF EUROPE, Standing Commitee of the Convention of the Conservation of European Wildlife and natural habitats 1989a, b, c, d, 1991, 1996a, b).

Eine Vereinheitlichung der europäischen Naturschutzbestrebungen ist aber nicht nur beim Europarat und der Europäischen Kommission festzustellen, sondern die Umsetzung der FFH-Richtlinie hat auch in gewisser Weise zu einer Vereinheitlichung der Verbandsarbeit im Naturschutz geführt. So sind z.B. als europäische Dachorganisationen seitens der EU-Kommission für die Umsetzung der beiden Richtlinien jeweils ein Verband als Beobachter und Koordinator z.B. auch an Sitzungen der Wissenschaftlichen Arbeitsgruppen zugelassen. Für die FFH-Richtlinie ist dies das „European Habitats Forum", für die Vogelschutzrichtlinie „Bird Life International".

Insgesamt kann man auf eine fruchtbare gegenseitige Zusammenarbeit zwischen Europarat und Europäischer Union im europäischen Naturschutz einerseits und auf die Entwicklung der Schutzgebietssysteme in den einzelnen Mitgliedsstaaten andererseits gespannt sein, auch wenn sie mit vielen Mühen und manchem anfänglichen Widerstand einhergehen.

Die Richtlinien selbst sind noch weitgehend in der Tradition eines konservierenden Naturschutzes entstanden. Dennoch sind alle wesentlichen Elemente, die ein dynamischer Ansatz im Arten- und Biotopschutz erfordert, in den Grundzügen in der FFH-Richtlinie verankert: der „Erhaltungszustand" bezieht ausdrücklich Entwicklungsaspekte mit ein, Pflege- und Entwicklungsziele können für die Gebiete angegeben werden etc. Wesentlich wird die konsequente Umsetzung dynamischer Aspekte im Gebietsmanagement selbst und eine weitere „Ausformulierung" des Entwicklungsgebots auch im Zuge der 6jährigen Berichtspflichten sein. So mißt die FFH-Richtlinie den „Erhaltungszustand" am Schutzobjekt, was aber nicht bedeuten muß, daß eng umgrenzte Lebenraumvorkommen lagegetreu konserviert werden müssen, zumal die Art der Pflege- und Erhaltungsmaßnahmen völlig offen ist. Vielmehr entspricht eine funktionsökologisch begründete Gebietsabgrenzung, die in der Regel mehrere Lebensraumtypen und Arten pro Gebiet umfassen wird, eher den Anforderungen der Richtlinie und ermöglicht dann auch moderne Managementkonzeptionen, mit z.B. rotierenden Pflegemaßnahmen oder der Erhaltung verschiedener Entwicklungsstadien eines Lebensraumtyps in einem dynamischen Mosaik. Durch die Einbeziehung von Aussenwirkungen besteht auch rechtlich die Möglichkeit, bei unvorhersehbaren negativen Fremdeinwirkungen einen wirkungsvollen Schutz durchzusetzen und direkten Einfluß auf angrenzende Nutzungen zu nehmen, eine Tatsache, die v.a. bei sehr kleinen Gebieten ohne bestehende Pufferzonen von hoher Bedeutung ist, die aber in der Praxis unter den derzeitigen Rahmenbedingungen nur schwer durchzusetzen sein wird. Hier ist die bisher recht stringente Haltung der EU-Kommission und des Europäischen Gerichtshofs bei der Anwendung der FFH-Richtlinie sehr zu begrüßen.

Das vorliegende Handbuch zur Umsetzung der EU-Richtlinien im Naturschutz ist als kleiner Baustein zu einem besseren Verständnis der Naturschutzpolitik auf europäischer Ebene gedacht und soll allen Lesern den Zugang zu den oft nur schwer erhältlichen Dokumenten erleichtern. Gerade für Behörden des Naturschutzes, für alle in der Landschaftsplanung und in der Raumordnung Tätigen und für den naturschutzinteressierten Laien ist hier ein Kompendium vorgelegt worden, welches in der Naturschutz- und Planungspraxis vielseitig einsetzbar ist und künftig die Einrichtung des europäischen Schutzgebietssystems Natura 2000 verbessern soll.

8 Literatur

Das Literaturverzeichnis ist in die folgenden vier Teile aufgegliedert worden, um eine Übersicht über die wichtigsten offiziellen Dokumente zu ermöglichen:

- 8.1 Richtlinien und amtliche Dokumente der Europäischen Union
- 8.2 Urteile des Europäischen Gerichtshofs und Stellungnahmen der Kommission, einschließlich rechtlicher Kommentare und Interpretationen
- 8.3 Resolutionen und Empfehlungen des Europarates
- 8.4 Übrige Literatur (zoologische und botanische Fachliteratur, allgemeine Literturangaben usw.)

8.1 Richtlinien und amtliche Dokumente der Europäischen Union

COMMISSION OF THE EUROPEAN COMMUNITIES (Ed.) (1991): CORINE biotopes manual – A method to identify and describe consistently sites of major importance for nature conservation. Data specifications – Volume 3. – Luxembourg. 300 p.

DER RAT DER EUROPÄISCHEN GEMEINSCHAFTEN (1979): Richtlinie **79/409/EWG** des Rates vom 2. April 1979 über die Erhaltung der wildlebenden Vogelarten. – Amtsblatt der Europäischen Gemeinschaften, Reihe L 103: 1-6.

DER RAT DER EUROPÄISCHEN GEMEINSCHAFTEN 1981): Richtlinie des Rates vom 19. Oktober 1981 zur Anpassung, aufgrund des Beitritts Griechenlands, der Richtlinie 79/409/EWG über die Erhaltung der wildlebenden Vogelarten **(81/854/EWG)**. – Amtsblatt der Europäischen Gemeinschaften, Reihe L 319: 3-15.

DER RAT DER EUROPÄISCHEN GEMEINSCHAFTEN 1986): Richtlinie des Rates vom 8. April 1986 zur aufgrund des Beitritts Spaniens und Portugals erforderlichen Anpassung der Richtlinie 79/409/EWG über die Erhaltung der wildlebenden Vogelarten **(86/122/EWG)**. – Amtsblatt der Europäischen Gemeinschaften, Reihe L 100: 22-25.

DER RAT DER EUROPÄISCHEN GEMEINSCHAFTEN 1990): Richtlinie des Rates vom 7. Juni 1990 über den freien Zugang zu Informationen über die Umwelt **(90/31/EWG)**. – Amtsblatt der Europäischen Gemeinschaften, Reihe L 158: 56-58.

DER RAT DER EUROPÄISCHEN GEMEINSCHAFTEN 1992a): Richtlinie **92/43/EWG** des Rates vom 21. Mai 1992 zur Erhaltung der natürlichen Lebensräume sowie der wildlebenden Tiere und Pflanzen. – Amtsblatt der Europäischen Gemeinschaften, Reihe L 206: 7-50.

DER RAT DER EUROPÄISCHEN GEMEINSCHAFTEN 1992b): Verordnung **(EWG) Nr. 1973/92** des Rates vom 21. Mai 1992 zur Schaffung eines Finanzierungsinstruments für die Umwelt (LIFE). – Amtsblatt der Europäischen Gemeinschaften, Reihe L 206: 1-6.

DER RAT DER EUROPÄISCHEN GEMEINSCHAFTEN 1992c): Verordnung **(EWG) Nr. 2078/02** des Rates vom 30. Juni 1992 für umweltgerechte und den natürlichen Lebensraum schützende landwirtschaftliche Produktionsverfahren. – Amtsblatt der Europäischen Gemeinschaften, Reihe L 215: 85-90.

DER RAT DER EUROPÄISCHEN GEMEINSCHAFTEN 1993): Richtlinie **93/626/EWG** des Rates vom 25. Oktober 1993 über den Abschluß des Übereinkommens über die Biologische Vielfalt. – Amtsblatt der Europäischen Gemeinschaften, Reihe L 309: 1-20.

DER RAT DER EUROPÄISCHEN GEMEINSCHAFTEN 1996): Verordnung **(EWG) Nr. 1404/96** des Rates vom 15. Juli 1996 zur Änderung der Verordnung (EWG) Nr. 1973/92 zur Schaffung eines Finanzierungsinstruments für die Umwelt (LIFE). – Amtsblatt der Europäischen Gemeinschaften, Reihe L 181: 1-5.

DER RAT DER EUROPÄISCHEN UNION (1997): Richtlinie **97/62/EG** des Rates vom 27. Oktober 1997 zur Anpassung der Richtlinie 92/43/EWG zur Erhaltung der natürlichen Lebensräume sowie der wildlebenden Tiere und Pflanzen an den technischen und wissenschaftlichen Fortschritt. – Amtsblatt der Europäischen Gemeinschaften, Reihe L 305: 42-65.

DIE EUROPÄISCHEN GEMEINSCHAFTEN (1990): Richtlinie des Rates vom 4. Dezember 1990 über die in Deutschland geltenden Übergangsmaßnahmen für bestimmte Gemeinschaftsvorschriften über den Umweltschutz **(90/656/EWG)**. – Amtsblatt der Europäischen Gemeinschaften, Reihe L 353: 59-64.

DIE KOMMISSION DER EUROPÄISCHEN GEMEINSCHAFTEN (1985): Richtlinie der Kommission vom 25. Juli 1985 zur Änderung von Anhang I der Richtlinie 79/409/EWG über die Erhaltung der wildlebenden Vogelarten **(85/411/EWG)**. – Amtsblatt der Europäischen Gemeinschaften, Reihe L 233: 33-41.

DIE KOMMISSION DER EUROPÄISCHEN GEMEINSCHAFTEN 1991): Richtlinie der Kommission vom 6. März 1991 zur Änderung der Richtlinie 79/409/EWG des Rates über die Erhaltung der wildlebenden Vogelarten **(91/244/EWG)**. – Amtsblatt der Europäischen Gemeinschaften, Reihe L 115: 41-53.

EUROPÄISCHE GEMEINSCHAFT (1994): Richtlinie **94/24/EG** des Rates vom 8. Juni 1994 zur Änderung von Anhang II der Richtlinie 79/409/EWG über die Erhaltung der wildlebenden Vogelarten. – Amtsblatt der Europäischen Gemeinschaften, Reihe L 164: 9-14.

EUROPÄISCHE GEMEINSCHAFT 1997): Richtlinie **97/49/EG** der Kommission vom 29. Juli 1997 zur Änderung der Richtlinie 79/409/EWG des Rates über die Erhaltung der wildlebenden Vogelarten. – Amtsblatt der Europäischen Gemeinschaften, Reihe L 223: 9-17.

EUROPEAN COMMISSION (1994): Natura 2000, Special Protection Areas. August 1994. Areas classified under article 4 of Directive 79/409/EEC on the conservation of wild birds. – Brussels. 75 p.

EUROPEAN COMMISSION, DG XI (Ed.) (1995a): Map of six Biogeographic Regions.- Doc. Ornis/Habitats 95/4. – Brussels.

EUROPEAN COMMISSION, DG XI (Ed.) (1995b): NATURA 2000 Network. Council Directive 79/409/EEC on the conservation of wild birds and Council Directive 92/43/EEC on the conservation of natural habitats and of wild fauna and flora – Standard Data Form. EUR 15 Version. Final Version of 27 May 1994 updated to include amendments in Accession Act of Austria, Finland & Sweden & March 1995 vers. of Eurostat NUTS Regions. – Brussels.

EUROPEAN COMMISSION, DG XI (Ed.) (1995c): Interpretation Manual of European Union Habitats. Annes I of Council Directive 92/43/EEC on the conservation of natural habitats and of wild fauna and flora. – Version 12, April 1995. Doc. Habitats 95/2. – Brussels.

EUROPEAN COMMISSION, DG XI (Ed.) (1995d): Distribution of habitats and species by biogeographic region. Version EUR 15, Draft 2, 15.12.1995, Doc. Habitats 95/8. – Brussels.

EUROPEAN COMMISSION, DG XI (Ed.) (1996a): Life-Nature. 1996 Information Brochure (incl. 4 Annexes). – Brussels. 29 p.

EUROPEAN COMMISSION, DG XI (Ed.) (1996b): Interpretation Manual of European Union Habitats. Version EUR 15. Draft. – Brussels. 156 p.

EUROPEAN COMMISSION, DG XI (Ed.) (1997): Special Protection Areas EUR 15/03.97 (dreisprachig). – Selbstverlag, Brüssel. 67 S.

KOMMISSION DER EUROPÄISCHEN GEMEINSCHAFTEN, DG XI (1994): NATURA 2000 Netz. Rats-Direktive 79/409/EWG zur Erhaltung von Wildvögeln und Rats-Direktive 92/43/EWG zur Erhaltung natürlicher Gebiete und wilder Fauna und Flora. Standard-Datenbogen – Endversion 27. Mai 1994, incl. Beilage Eurostat Regions (NUTS) March 1992. – Selbstverlag, Brüssel. 14+24 S.

THE COUNCIL OF THE EUROPEAN COMMUNITIES (1992): Council directive 92/43/EEC of 21. May 1992 on the conservation of natural habitats and of wild fauna and flora. – Official Journal of the European Communities. Series L. 206: 7-49.

8.2 Relevante Urteile und Stellungnahmen der Kommission

BECKER, B. (1996): Fundstellen- und Inhaltsverzeichnis Umweltschutzrecht der Europäischen Union (EU) einschließlich der Rechtssprechung des Europäischen Gerichtshofes (EUGH). Stand 1. April 1996. – R. S. Schulz Verlag, 337 S.

CZYBULKA, D. (1996): Rechtspflichten des Bundes und der Länder zur Ausweisung und Erhaltung von Schutzgebieten nach nationalem, europäischem und internationalem Recht. – In: DE'FABIO, U., MARBURGER, P., SCHRÖDER, M.: Jahrbuch des Umwelt- und Technikrechts 1996. (Schriftenreihe des Institus für Umwelt- und Technikrecht der Universität Trier 36) – R. v. Decker Verlag, Heidelberg. 235-268.

EPINEY, A. (1997): Vogel- und Habitatschutz in der EU. – Umwelt- u. Planungsrecht (8): 303-309.

ERBGUTH W. (1997): Der Transrapid: Planungsverfahren und Umweltverträglichkeitsprüfung. – Neue Zeitschrift für Verwaltungsrecht (2): 116-122.

ERBGUTH, W., & STOLLMANN, F. (1997): Die Bindung der Verwaltung an die FFH-Richtlinie. – Deutsches Verwaltungsblatt (7): 453-458.

EUROPÄISCHER GERICHTSHOF (1988): EWGV Art. 169; EG-Vogelschutzrichtlinie Art. 5; BNatSchG 22 Abs. 2 und 3. EuGH, Urteil vom 17.9.1987 -412/85-. – Natur und Recht (1): 53-54.

EUROPÄISCHER GERICHTSHOF (1993): EWGV Art. 169, 171; BNatSchG 22 Abs. 2. EuGH, Urteil vom 23.3.1993 -Rs C-345/92. – Natur und Recht (10): 505-506.

EUROPÄISCHER GERICHTSHOF (1994): Vogelschutz – Santona. Urteil des EUGH vom 2. August 1993 – C-355/90 – mit Anmerkungen von Gerd Winter. – Zeitschrift für Umweltrecht 5(6): 305-310.

EUROPÄISCHER GERICHTSHOF (1996): Vogelschutz – Lappelbank. Urteil des EUGH vom 11. Juli 1996 - C-44/95 – mit Anmerkungen von Gerd Winter. – Zeitschrift für Umweltrecht 7(5): 251-255.

EUROPÄISCHES UMWELTBÜRO (Hrsg.) (1993): Ihr Recht nach der Gesetzgebung der Europäischen Union. – Selbstverlag, Brüssel. 32 S.

FISAHN, A. (1996a): Europarechtliche Vorgaben für den Donauausbau durch FFH- und Vogelschutzrichtlinie. – In: LANDESVERBAND FÜR VOGELSCHUTZ IN BAYERN E. V. UND VERBAND FÜR ARTEN- UND BIOTOPSCHUTZ (Hrsg.): Ist der Donauausbau verfassungswidrig: 53-66. Deggendorf.

FISAHN, A. (1996b): Internationale Anforderungen an den deutschen Naturschutz – Die Konvention über die biologische Vielfalt und die Flora-Fauna-Habitat-Richtlinie der EU. – Zeitschrift für Umweltrecht 7(1): 3-11.

FISAHN, A. & CREMER, W. (1997): Ausweisungspflicht und Schutzregime nach Fauna-Flora-Habitat- und der Vogelschutzrichtlinie. – Natur und Recht (6): 268-276.

FREYTAG, C. & IVEN, K. (1995): Gemeinschaftsrechtliche Vorgaben für den nationalen Habitatschutz. – Natur und Recht 17(3): 109-117.

GELLERMANN, M. (1996): Rechtsfragen des europäischen Habitatschutzes. – Natur und Recht 18(11/12): 548-558.

IVEN, K. (1996): Schutz natürlicher Lebensräume und Gmeinschaftsrecht. – Natur und Recht 18(8): 373-380.

KOMMISSION DER EUROPÄISCHEN GEMEINSCHAFTEN (Hrsg.) (1996): Stellungnahme der Kommission vom 18. Dezember 1995 zur Querung des Peenetals (Deutschland) durch die geplante Autobahn A 20 gemäß Artikel 6 Absatz 4 der Richtlinie 92/43/EWG des Rates zur Erhaltung der natürlichen Lebensräume sowie der wildlebenden Tiere und Pflanzen. – Amtsblatt der Europäischen Gemeinschaften, Reihe L 6: 14-18.

LANDESVERBAND FÜR VOGELSCHUTZ IN BAYERN E. V. UND VERBAND FÜR ARTEN- UND BIOTOPSCHUTZ (Hrsg.) (1996): Ist der Donauausbau verfassungswidrig? – Selbstverlag, Deggendorf. 66 S.

LOUIS, H. W. (1997): Die Vogelschutz-Richtlinie. – Umwelt- u. Planungsrecht (8): 301-303

ROSSNAGEL, A. (1997): Lernfähiges Europarecht – am Beispiel des europäischen Umweltrechts. – Neue Zeitschr. Verwaltungsrecht (2): 122-127.

SCHMITZ, S. (1996): Habitatschutz für Vögel? Zur unmittelbaren Wirkung der FFH-Richtlinie der EU. – Zeitschrift für Umweltrecht 7(1): 12-17.

UMWELTBUNDESAMT (Hrsg.) (1997): Rechtssprechung zum Umweltschutz. Entscheidungen deutscher Gerichte und des Europäischen Gerichtshofes seit 1990. – Erich Schmidt Verlag, (Loseblattsammlung)

8.3 Resolutionen und Empfehlungen des Europarates

COUNCIL OF EUROPE, STANDING COMMITTEE OF THE CONVENTION OF THE CONSERVATION OF EUROPEAN WILDLIFE AND NATURAL HABITATS (1989a): Resolution No 1 (1989) of the Standing Commitee on the provisions relating to the conservation of habitats. – Strasbourg.

COUNCIL OF EUROPE, STANDING COMMITTEE OF THE CONVENTION OF THE CONSERVATION OF EUROPEAN WILDLIFE AND NATURAL HABITATS (1989b): Recommendation No 14 (1989) of the Standing Committee on species habitat conservation and on the conservation of endangered natural habitats. – Strasbourg.

COUNCIL OF EUROPE, STANDING COMMITTEE OF THE CONVENTION OF THE CONSERVATION OF EUROPEAN WILDLIFE AND NATURAL HABITATS (1989c): Recommendation No 15 (1989) of the Standing Committee on the conservation of endangerad natural habitats. – Strasbourg.

COUNCIL OF EUROPE, STANDING COMMITTEE OF THE CONVENTION OF THE CONSERVATION OF EUROPEAN WILDLIFE AND NATURAL HABITATS (1989d): Recommendation No 16 (1989) of the Standing Committee on areas of special conservation interest. – Strasbourg.

COUNCIL OF EUROPE, STANDING COMMITTEE OF THE CONVENTION OF THE CONSERVATION OF EUROPEAN WILDLIFE AND NATURAL HABITATS (1991): Recommendation No 25 (1991) of the Standing Committee on the conservation of natural areas outside protected areas proper. – Strasbourg.

COUNCIL OF EUROPE, STANDING COMMITTEE OF THE CONVENTION OF THE CONSERVATION OF EUROPEAN WILDLIFE AND NATURAL HABITATS (1996a): Resolution No 3 (1996) of the Standing Committee conserning the setting up of a pan-European Ecological Network (EMERALD-Network). – Strasbourg.

COUNCIL OF EUROPE, STANDING COMMITTEE OF THE CONVENTION OF THE CONSERVATION OF EUROPEAN WILDLIFE AND NATURAL HABITATS (1996b): Resolution No 4 (1996) of the Standing Committee listing endangerad natural habitats requiring specific conservation measures. – Strasbourg.

8.4 Übrige Literatur

AMANN, G. (1980): Kerfe des Waldes. 8. Aufl. – Neumann-Neudamm, Melsungen. 284 S.

ANONYMUS (1996): Im Brennpunkt: Schutz von Natura 2000 Gebieten. – Natura 2000 2: 2-3.

ASKEW, R. R. (1988): The Dragonflies of Europe. – Harley Books, Colchester. 291 p.

BAUER, H.-G. & BERTHOLD, P. (1996): Die Vogelwelt Mitteleuropas. – Bestand und Gefährdung. – Aula-Limpert-Quelle & Meyer, Wiesbaden. 724 S.

BAYERISCHES LANDESAMT FÜR WASSERWIRTSCHAFT (Hrsg.) (1996): Ökologische Typisierung der aquatischen Makrofauna. – Selbstverlag, München. 548 S.

BELLMANN, H. (1987): Libellen: beobachten, bestimmen. – Neumann-Neudamm, Melsungen, Berlin, Basel, Wien. 268 S.

BELLMANN, H. (1993): Heuschrecken beobachten, bestimmen. 2. Aufl. – Naturbuch Verlag, Augsburg. 349 S.

BELOW, H., POPPENDIECK, H.-H. & HOBOHM, C. (1996): Verbreitung und Vergesellschaftung von Oenanthe conioides (NOLTE) Lange im Tidegebiet der Elbe. – Tüxenia. N.S. 16: 299-310.

BENKERT, D., FUKAREK, F. & KORSCH, H. (Hrsg.) (1996): Verbreitungsatlas der Farn- und Blütenpflanzen Ostdeutschlands. – Gustav Fischer Verlag, Jena. 615 S.

BENSE, U. (1995): Bockkäfer. – Markgraf Verlag, Weikersheim. 512 S.

BEZZEL, E. (1985): Kompendium der Vögel Mitteleuropas. Band 1: Nonpasseriformes. – Aula-Limpert-Quelle & Meyer, Wiesbaden. 800 S.

BEZZEL, E. (1993): Kompendium der Vögel Mitteleuropas. Band 2: Passeres. – Aula-Limpert-Quelle & Meyer, Wiesbaden. 772 S.

BILL, H.-C., SPAHN, P., REICH, M. & PLACHTER, H. (1997): Bestandsveränderungen und Besiedlungsdynamik der Deutschen Tamariske, Myricaria germanica (L.) Desv., an der Oberen Isar (Bayern). – Zeitschrift für Ökologie und Naturschutz 6 (3): 137-150.

BINOT, M., BLESS, R., BOYE, P., GRUTTKE, H. & PRETSCHER, P. (1998): Rote Liste gefährdeter Tiere Deutschlands. – Schr.-R. f. Landschaftspflege u. Naturschutz. 55. Landwirtschaftsverlag Hiltrup. 434 S.

BITZ, A. & FISCHER, K. (1995): Zur Bedeutung der FFH-Richtlinie und Vogelschutzrichtlinie für den Arten- und Biotopschutz. – Aktuell (Gesellschaft für Naturschutz und Ornithologie Rheinland-Pfalz) 3. Selbstverlag, Nassau (Lahn). 18 S.

BLAB, J. (1993): Grundlagen des Biotopschutzes für Tiere. 4. Aufl. – Schriftenreihe für Landschaftspflege und Naturschutz 24. Kilda Verlag, Greven. 479 S.

BLAB, J., NOWAK, E., TRAUTMANN, W. & SUKOPP, H. (Hrsg.) (1984): Rote Liste der gefährdeten Tiere und Pflanzen in der Bundesrepublik Deutschland. – Naturschutz aktuell 1. Kilda, Greven. 270 S.

BLESS, R. (1997): Möglichkeiten und Grenzen der Zustandserfassung und Bewertung bei Populationen von Fischarten der FFH-Richtlinie. – Natur u. Landschaft 72 (11): 496-498.

BOTANISCHE VEREINIGUNG FÜR NATURSCHUTZ IN HESSEN E. V., BUND FÜR UMWELT U. NATURSCHUTZ DEUTSCHLAND LANDESVERBAND HESSEN E. V., HESSISCHE GESELLSCHAFT F. ORNITHOLOGIE UND NATURSCHUTZ E. V. UND NATURSCHUTZBUND DEUTSCHLAND LANDESVERBAND HESSEN E. V. (Hrsg.) (1997): Das Europäische Schutzgebietssystem „natura 2000“. Gebietsvorschläge – Schützenswerte Ökosysteme im Bundesland Hessen. – Mskr., (Selbstverlag). 195 S.

BOILLOT, F., VIGNOULT, M.-P. & BENITO, J. M. DE (1997): Process for assessing national lists of proposed sites of community interest (pSCI) at biogeographical level. – Natur u. Landschaft 72 (11): 474-476.

BROWN, A. E., BURN, A. J., HOPKINS, J. J. & WAY, S. F. (Ed.) (1997): The Habitats Directive: selection of Special Areas of Conservation in the UK (Joint Nature Conservation Committee Report No. 270). – Peterborough. 295 p.

BROWN, A. & ROWELL, T. A. (1997): Integrating monitoring with management planning for nature conservation; some principles. – Natur u. Landschaft 72 (11): 502-506.

BUNDESAMT FÜR NATURSCHUTZ (Hrsg.) (1996): Rote Liste gefährdeter Pflanzen Deutschlands. – Schr.-R. f. Vegetationskde. 28. Landwirtschaftsverlag, Hiltrup. 744 S.

BUNDESAMT FÜR NATURSCHUTZ (Hrsg.) (1997): Nationaler Datenerfassungsbogen. Erläuterungen zum deutschen Erfassungsprogramm für NATURA 2000 Gebiete. Stand Juni 1997. Bearbeitet von A. Ssymank, U. Hauke & I. Hartmann. – , Bonn. 47 S.

BUNDESREGIERUNG (Hrsg.) (1998): Zweites Gesetz zur Änderung des Bundesnaturschutzgesetzes vom 30. April 1998. – Bundesgesetzblatt Jg. 1998 Teil I Nr. 25. – 823-832.

CARTER, D. J. & HARGREAVES, B. (1987): Raupen und Schmetterlinge Europas und ihre Futterpflanzen. – Paul Parey, Hamburg Berlin. 292 S.

DAVIS, T. J. (1996): Das Handbuch der Ramsar-Konvention. Ein Leitfaden zum Übereinkommen über Feuchtgebiete, insbesondere als Lebensraum für Wasser- und Watvögel, von internationaler Bedeutung. – Selbstverlag, Bonn. 216 S.

DEVILLIERS, P. & DEVILLIERS-TERSCHUREN, J. (1996): A classification of Palaearctic habitats. – Council of Europe Publishing, Strasbourg. 194 p.

DORNBUSCH, G., DORNBUSCH, M. & DORNBUSCH, P. (1996): Internationale Vogelschutzgebiete im Land Sachsen-Anhalt. – Naturschutz im Land Sachsen-Anhalt 33 (Sonderheft): 1-72.

DRACHENFELS, O. V. (1996): Rote Liste der gefährdeten Biotoptypen in Niedersachsen. – Naturschutz und Landschaftspflege in Niedersachsen 34: 148.

DRACHENFELS, O. V., MEY, H. & MIOTK, P. (1984): Naturschutzatlas Niedersachsen. Erfassung der für den Naturschutz wertvollen Bereiche – Ergebnisse der ersten landesweiten Kartierung (Stand 1984). – Naturschutz und Landschaftspflege in Niedersachsen 13: 267.

EBERT, G. (Hrsg.) (1991): Die Schmetterlinge Baden-Württembergs. Band II: Tagfalter II. – Eugen Ulmer, Stuttgart. 535 S.

EBERT, G. (Hrsg.) (1993): Die Schmetterlinge Baden-Württembergs. Band 1: Tagfalter I. – Eugen Ulmer, Stuttgart. 552 S.

EBERT, G. (Hrsg.) (1994a): Die Schmetterlinge Baden-Württembergs. Band 3: Nachtfalter I. Bd. 3. – Ulmer Verlag, Stuttgart. 518 S.

EBERT, G. (Hrsg.) (1994b): Die Schmetterlinge Baden-Württembergs. Band 4: Nachtfalter II. Bd. 4. – Ulmer Verlag, Stuttgart. 535 S.

EBERT, G. (Hrsg.) (1997a): Die Schmetterlinge Baden-Württembergs. Band 5: Nachtfalter III. – Eugen Ulmer, Stuttgart. 575 S.

EBERT, G. (Hrsg.) (1997b): Die Schmetterlinge Baden-Württembergs. Band 6: Nachtfalter IV. – Eugen Ulmer, Stuttgart. 622 S.

ERNST, W. (1965): Ökologisch-Soziologische Untersuchungen der Schwermetall-Pflanzengesellschaften Mitteleuropas unter Einschluß der Alpen. – Abh. a. d. Landesmus. f. Naturkde. z. Münster 27(1): 1-54.

EUROPÄISCHE KOMMISSION, GD XI (Hrsg.) (1996): Natura 2000. – Selbstverlag, Brüssel. 8 S.

EUROPÄISCHE KOMMISSION, GD XI (Hrsg.) (1998): Natura 2000. – Selbstverlag, Brüssel. 8 S.

EUROPÄISCHE UMWELTAGENTUR (Hrsg.) (1997): EUA – Jahresbericht 1996. – Selbstverlag, Luxemburg. 49 S.

FINCK, P., HAUKE, U. & SCHRÖDER, E. (1993): Zur Problematik der Formulierung regionaler Landschafts-Leitbilder aus naturschutzfachlicher Sicht. – Natur u. Landschaft 68(12): 603-607.

FINCK, P., HAUKE, U., SCHRÖDER, E., FORST, R. & WOITHE, G. (1997): Naturschutzfachliche Landschafts-Leitbilder. Rahmenvorstellungen für das Nordwestdeutsche Tiefland aus bundesweiter Sicht. – Schriftenreihe für Landschaftspflege und Naturschutz 50(1). Landwirtschaftsverlag [u.a.], Bonn-Bad Godesberg. 265 S.

FLADE, M. (1994): Die Brutvogelgemeinschaften Mittel- und Norddeutschlands. – IHW-Verlag, Eching. 878 S.

FRANKE, T. & BAYER, S. (1995): Lebensraumtyp Teiche.- Landschaftspflegekonzept Bayern, Band II.7. – München. 190 S.

FREUDE, H., HARDE, K. W. & LOHSE, G. A. (Hrsg.) (1964): Die Käfer Mitteleuropas. Band 4: Staphylinidae I (Micropeplinae bis Tachyporinae). – Goecke & Evers, Krefeld. 264 S.

FREUDE, H., HARDE, K. W. & LOHSE, G. A. (Hrsg.) (1966): Die Käfer Mitteleuropas. Band 9: Cerambycidae, Chrysomelidae. – Goecke & Evers, Krefeld. 299 S.

FREUDE, H., HARDE, K. W. & LOHSE, G. A. (Hrsg.) (1974): Die Käfer Mitteleuropas. Band 5: Staphylinidae II (Hypocyphtinae und Aleocharinae), Pselaphidae. – Goecke & Evers, Krefeld. 381 S.

FREUDE, H., HARDE, K. W. & LOHSE, G. A. (Hrsg.) (1981): Die Käfer Mitteleuropas. Band 10: Bruchidae, Anthribidae, Scolytidae, Platypodidae, Curculonidae. – Goecke & Evers, Krefeld. 310 S.

GRAUVOGEL, M., SCHWAB, U., BRÄU, M. & GEISSNER, W. (1994): Lebensraumtyp Stehende Kleingewässer.- Landschaftspflegekonzept Bayern, Band II.8. – München. 233 S.

GRIMMETT, R. F. A. & JONES, T. A. (1989): Important Bird Areas in Europe. – International Council for Bird Preservation Technical Publication 9. Selbstverlag, Cambridge. 888 p.

GÜNTHER, R. (Hrsg.) (1996): Die Amphibien und Reptilien Deutschlands. – Gustav Fischer Verlag, Jena. 825 S.

HAEUPLER, H., SCHÖNFELDER, P. (Hrsg.) (1989): Atlas der Farn- und Blütenpflanzen der Bundesrepublik Deutschland. 2. Aufl. – Ulmer Verlag, Stuttgart. 768 S.

HAMON, J. (1997): La directive européene pour la conservation des habitats naturels dite „Directive Habitats“ et sa mise oevre en France. – Bulletin de l'Association des Naturalistes de la Vallee et du Massif de Fontainebleau 73(1): 4-18.

HARENGRED, M. & SUDFELDT, C. (1993): „Statement of Concern“ der deutschen Naturschutzverbände zur 5. RAMSAR-Vertragsstaaten-Konferenz, 9.-16.6.1993, Kushiro, Japan. – Berichte zum Vogelschutz 31: 23-34.

HÄNGGI, A., STÖCKLI, E. & NENTWIG, W. (1995): Lebensräume mitteleuropäischer Spinnen. – Charakterisierung der Lebensräume der häufigsten Spinnenarten Mitteleuropas und der mit diesen vergesellschafteten Arten. – Centre suisse de cartographie de la faune, Neuchatel. 459 S.

HECKENROTH, H., LASKE, V. et al. (1997): Atlas der Brutvögel Niedersachsens 1981-1995 und des Landes Bremen. – Naturschutz und Landschaftspflege in Niedersachsen 37: 332.

HEIE, O. E. (ED.) (1980): The Aphidoidea (Hemiptera) of Fennoscandia and Denmark. I. General Part. The Families Mindaridae, Hormaphididae, Thelaxidae, Anoeciidae, and Pemphigidae. – Fauna Entomologica Scandinavica 9: 236.

HEIE, O. E. (1982): The Aphidoidea (Hemiptera) of Fennoscandia and Denmark. II. The family Drepanosiphidae. – Fauna Entomologica Scandinavica 11: 176.

HEIE, O. E. (Ed.) (1986): The Aphidoidea (Hemiptera) of Fennoscandia and Denmark. III. Family Aphididae: subfamily Pterocommatinae & tribe Aphidini of subfamily Aphidinae. – Fauna Entomologica Scandinavica 17: 314.

HEIE, O. E. (1992): The Aphidoidea (Hemiptera) of Fennoscandia and Denmark. IV. Family Aphididae: Part 1 of tribe Macrosiphini of subfamily Aphidinae. – Fauna Entomologica Scandinavica 25: 189.

HEIE, O. E. (Ed.) (1994): The Aphidoidea (Hemiptera) of Fennoscandia and Denmark. V. Family Aphididae: Part 2 of tribe Macrosiphini of subfamily Aphidinae. – Fauna Entomologica Scandinavica 28: 242.

HEIE, O. E. (Ed.) (1995): The Aphidoidea (Hemiptera) of Fennoscandia and Denmark. VI. Family Aphididae: Part 3 of tribe Macrosiphini of subfamily Aphidinae, and subfamily Lachnidae. – Fauna Entomologica Scandinavica 31: 217.

HEIMER, S. & NENTWIG, W. (1991): Spinnen Mitteleuropas. – Verlag Paul Parey, Berlin und Hamburg. 543 S.

HELSDINGEN, P. J. & VAN WILLEMSE, L. (1995): Background Information on Invertebrates of the Habitats Directive. Draft. – Leiden.

HELSDINGEN, P. J. VAN, WILLEMSE, L. & SPEIGHT, M. C. D. (Ed.) (1996a): Background information on invertebrates of the Habitats Directive and the Bern Convention. Part I – Crustacea, Coleoptera and Lepidoptera. – Council of Europe Publishing, Strasbourg. 217 p.

HELSDINGEN, P. J. VAN, WILLEMSE, L. & SPEIGHT, M. C. D. (Ed.) (1996b): Background information on invertebrates of the Habitat Directive and the Bern Convention Part III – Mollusca and Echinodermata. – Council of Europe Publishing, Strasbourg. 399-529 p.

HELSDINGEN, P. J. VAN, WILLEMSE, L. & SPEIGHT, M. C. D. (Ed.) (1996c): Background information on invertebrates of the Habitats Directive and the Bern Convention Part II – Mantodea, Odonata. Orthoptera and Arachnida. – Council of Europe Publishing, Strasbourg. 218-398 p.

HEYDEMANN, B. & MÜLLER-KARCH, J. (1980): Biologischer Atlas Schleswig-Holstein. – Karl Wachholz Verlag, Neumünster. 263 S.

HISCOCK, K. (Ed.) (1995): Classification of benthic marine biotopes of the north-east Atlantic. Proceedings of a BioMar-Life workshop held in Cambridge. 16-18 November 1994. – Joint Nature Conservation Committee, Peterborough. 105 p.

HOCK, W., KINKLER, H., LECHNER, R., NIPPEL, F., PÄHLER, R., RETZLAFF, H., SCHULENBURG, H. VON DER, SCHULZE, W., SCHUMACHER, H., VORBRÜGGEN, W., WASNER, U., WEIDNER, A. & WITTLAND, W. (1997): Praxishandbuch Schmetterlingsschutz. – Selbstverlag, Recklinghausen. 286 S.

HÖLL, N. & BREUNIG, T. (Hrsg.) (1995): Biotopkartierung Baden-Württemberg. Ergebnisse der landesweiten Erhebung. – Beih. z. d. Veröff. f. Naturschutz u. Landschaftspflege Bad.-Württ. 81. Institut für Ökologie und Naturschutz, Baden-Württemberg, Karlsruhe. 544 S.

HÖLZEL, N., FISCHER, A. & SEIBERT, P. (1996): Erico-Pinetea (H 6). Alpisch-Dinarische Karbonat-Kiefernwälder. – Synopsis der Pflanzengesellschaften Deutschlands 1: 49 S.

INSTITUT FÜR ANGEWANDTE GEODÄSIE (Hrsg.) (1979): Karte der Bundesrepublik Deutschland 1 : 1 000 000 – Landschaften (Namen und Abgrenzungen). – Selbstverlag, Frankfurt/Main. 1 S.

INTERNATIONAL COUNCIL FOR BIRD PRESERVATION: Important Bird Areas in the European Community. – Cambridge. 45 p.

KARNER, E., MAUERHOFER, V. & RANNER, A. (1996): Handlungsbedarf für Österreich zur Erfüllung der EU-Vogelschutzrichtlinie. – Wien. 167 S.

KARSHOLT, O. & RAZOWSKI, J. (Ed.) (1996): The Lepidoptera of Europe. A Distributional Checklist. – Apollo Books, Stenstrup. 380 p.

KINZELBACH, R. K. (1997): The Sturgeon (Acipenser sturio L. 1758) in Europe. – Zeitschrift für Ökologie und Naturschutz 6(3): 129-135.

KNAPPE, J., GEISSLER, U., GUTOWSKI, A. & FRIEDRICH, G. (1996): Rote Liste der limnischen Braunalgen (Fucophyceae) und Rotalgen (Rhodophyceae) Deutschlands. – In: BUNDESAMT FÜR NATURSCHUTZ (Hrsg.): Rote Liste gefährdeter Pflanzen Deutschlands. Schr.-R. f. Vegetationskde. 28: 609-623. – Landwirtschaftsverlag, Hiltrup.

KORNECK, D. (1974): Xerothermvegetation in Rheinland-Pfalz und Nachbargebieten. – Schr.-R. f. Vegetationskde. 7. Landwirtschaftsverlag, Hiltrup. 196 S.

KORNECK, D., SCHNITTLER, M. & VOLLMER, I. (1996): Rote Liste der Farn- und Blütenpflanzen (Pteridophyta et Spermatophyta) Deutschlands. – In: BUNDESAMT FÜR NATURSCHUTZ (Hrsg.): Rote Liste gefährdeter Pflanzen Deutschlands. Bd. 28: 21-187. Landwirtschaftsverlag, Hiltrup.

KÖHLER, F. (1996): Käferfauna in Naturwaldzellen und Wirtschaftswald. – Schriftenreihe der Landesanstalt für Ökologie, Bodenordnung und Forsten/Landesamt für Agrarordnung Nordrhein-Westfalen 6. Selbstverlag, Recklinghausen. 283 S.

LANGEVELD, M. (1991): Important Bird Areas in the European Community. A Shadow List of Special Protected Areas. (IBA report 4 ICBP). – Cambridge.

LÄNDERARBEITSGEMEINSCHAFT FÜR NATURSCHUTZ, LANDSCHAFTSPFLEGE UND ERHOLUNG (Hrsg.) (1991): Lübecker Grundsätze des Naturschutzes (Grundsatzpapier), verabschiedet von der 57. LANA-Vollversammlung am 6.12.1991 in Lübeck. – Lübeck. 93 S.

LOHSE, G. A. & LUCHT, W. H. (1989): Die Käfer Mitteleuropas. Band 12: 1. Supplementband mit Katalogteil. – Goecke & Evers, Krefeld. 346 S.

LOZAN, J. L., KAUSCH, H. et al. (Hrsg.) (1996): Warnsignale aus Flüssen und Ästuaren. – Verlag Paul Parey, Berlin. 389 S.

LUDWIG, G., DÜLL, R., PHILLIPI, G., AHRENS, M., CASPARI, S., KOPERSKI, M., LÜTT, S., SCHULZ, F. & SCHWAB, G. (1996): Rote Liste der Moose (Anthocerophyta et Bryophyta) Deutschlands. – In: BUNDESAMT FÜR NATURSCHUTZ (Hrsg.): Rote Liste gefährdeter Pflanzen Deutschlands. Schr.-R. f. Vegetationskde. 28: 189-306. – Landwirtschaftsverlag, Hiltrup.

MAITLAND, P. S. (1995): Freshwater Fish of Annex II and IV of the EC Habitats Directive (92/43/EEC). Final Report to the EC. – Mscr., Stirling. 181 p.

MARGGI, W. A. (1992a): Faunistik der Sandlaufkäfer und Laufkäfer der Schweiz (Cicindilidae & Carabidae) Coleoptera. Teil I: Text. – Centre suisse de cartographie de la faune, Neuchatel. 477 S.

MARGGI, W. A. (1992b): Faunistik der Sandlaufkäfer und Laufkäfer der Schweiz (Cicindilidae & Carabidae) Coleoptera. Teil II: Verbreitungskarten. – Centre suisse de cartographie de la faune, Neuchatel. 243 S.

MARKGRAF, C. et al. (1997): Fauna-Flora-Habitat- und Vogelschutz-Richtlinie. – Bund Naturschutz Bayern e. V. Info-Dienst 145. Selbstverlag, München. 25 S.

MAYR, C. (1991): Europäische Vogelschutzgebiete (IBA) in der Bundesrepublik Deutschland – Entwicklung seit 1990. – Berichte der Deutschen Sektion des Internationalen Rates für Vogelschutz 30: 35-53.

MAYR, C. (1993): Vierzehn Jahre EG-Vogelschutzrichtlinie. Bilanz ihrer Umsetzung in der Bundesrepublik Deutschland. – Berichte zum Vogelschutz 31: 13-22.

MEYNEN, E. & SCHMITHÜSEN, J. (Hrsg.) (1953-1962): Handbuch der naturräumlichen Gliederung Deutschlands. – Selbstverlag, Remagen. 1339 S.

MOSS, D. & WYATT, B. K. (1994): The Corine Biotopes Project: a database for conservation of nature and wildlife in the European Community. – Applied Geography 14: 327-349.

MUCINA, L., GRABHERR, G. & ELLMAUER, T. (Hrsg.) (1993): Die Pflanzengesellschaften Österreichs. In 3 Teilen. Teil I: Anthropogene Vegetation. Teil II: Natürliche waldfreie Vegetation. Teil III: Wälder und Gebüsche. – Gustav Fischer Verlag, Jena. 1454 S.

NATUR UND LANDSCHAFT (1997): Berichtspflichten für Natura 2000 (Sammelheft). – Natur und Landschaft 11 (72. Jhg.).

NATURSCHUTZBUND DEUTSCHLAND (Hrsg.) (1991): Die Europäischen Vogelschutzgebiete (IBA) in den fünf neuen Bundesländern. – Bonn. 27 S.

NATURSCHUTZBUND DEUTSCHLAND (Hrsg.) (1996): Vorschlagsliste für Schutzgebiete von gemeinschaftlicher Bedeutung gemäß Fauna-Flora-Habitat-Richtlinie der Europäischen Union (SAC's). – Bonn. 54 S.

NONNEN, J., GOLLUB, G., HERLITZE, C., JÄHNIG, R. & KOEPPEL, H.-W. (1994): Das CORINE-Biotop-Projekt in Deutschland. – Natur u. Landschaft 69(3): 87-94.

NORDHEIM, H. VON, ANDERSEN, O. N. & THISSEN, J. (Ed.) (1996): Red Lists of Biotopes, Flora and Fauna of the Trilateral Wadden Sea Area, 1995. – Helgoländer Meeresuntersuch. 50: 136 p.

NOWAK, E., BLAB, J. & BLESS, R. (Hrsg.) (1994): Rote Liste der gefährdeten Wirbeltiere in Deutschland. – Schriftenreihe für Landschaftspflege und Naturschutz 42. Landwirtschaftsverlag [u.a.], Bonn-Bad Godesberg. 190 S.

OBERDORFER, E. (Hrsg.) (1992): Süddeutsche Pflanzengesellschaften. Teil IV: Wälder und Gebüsche. Band A: Textband. Band B: Tabellenband. 2. Aufl. – Gustav Fischer Verlag, Jena. 862 S.

OSSIANNILSSON, F. (1978): Fauna Entomologica Scandinavica. Vol. 7 The Auchenorrhyncha (Homoptera) of Fennoscandia and Denmark. Part 1: Introduction, infraorder Fulgoromorpha. – Scandinavian Science Press, Klampenborg. 222 p.

OSSIANNILSSON, F. (1981): Fauna Entomologica Scandinavica. Vol. 7 The Auchenorrhyncha (Homoptera) if Fennoscandia and Denmark. Part 2: The Families Cicadidae, Cercopidae, Membracidae, and Cicadellidae (excl. Deltocephalinae). – Scandinavian Science Press, Klampenborg. 593 p.

OSSIANNILSSON, F. (1983): Fauna Entomologica Scandinavica. Vol. 7: The Auchenorrhyncha (Homoptera) of Fennoscandia and Denmark. Part 3: The family Cicadellidae: Deltocephalinae, Catalogue, Literature and Index. – Scandinavian Science Press, Copenhagen. 978 p.

PEPPLER, C. (1992): Die Borstgrasrasen (Nardetalia) Westdeutschlands. – Cramer, J., Berlin. 402 S.

PLACHTER, H. (1991): Naturschutz. – Gustav Fischer Verlag, Jena und Stuttgart. 463 S.

POETHKE, H.-J. (1997): Möglichkeiten und Grenzen der Erfassung und Bewertung der Größe und des Zustandes von Populationen. – Natur u. Landschaft 72 (11): 492-495.

POPPE, G. T. & GOTO, Y. (1991): European Seashells. Vol. I: Polyplacophora, Caudofoveata, Solenogastra, Gastropoda. – Verlag Christa Hemmen, Wiesbaden. 352 p.

POPPE, G. T. & GOTO, Y. (1993): European Seashells. Vol. II: Scaphopoda, Bivalvia, Cephalopoda. – Verlag Christa Hemmen, Wiesbaden. 221 p.

POTT, R. (1992): Die Pflanzengesellschaften Deutschlands. – Eugen Ulmer, Stuttgart. 427 S.

POTT, R. (1995): Farbatlas Nordseeküste und Nordseeinseln. – Eugen Ulmer, Stuttgart. 288 S.

PREISING, E., VAHLE, H.-C., BRANDES, D., HOFMEISTER, H. & TÜXEN, J. (1990): Die Pflanzengesellschaften Niedersachsens – Bestandsentwicklung, Gefährdung und Schutzprobleme. Wasser- und Sumpfpflanzengesellschaften des Süßwassers. – Naturschutz und Landschaftspflege in Niedersachsen 20(7/8). [Selbstverlag], Hannover. 47-161.

PREISING, E., VAHLE, H.-C., BRANDES, D., HOFMEISTER, H., TÜXEN, J. & WEBER, H. E. (1990): Die Pflanzengesellschaften Niedersachsens – Bestandsentwicklung, Gefährdung und Schutzprobleme. Salzpflanzengesellschaften der Meeresküste und des Binnenlandes. – Naturschutz und Landschaftspflege in Niedersachsen 20(7/8). [Selbstverlag], Hannover. 1-44.

QUINGER, B. & MEYER, N. (1995): Lebensraumtyp Sandrasen. – Landschaftspflegekonzept Bayern, Band II.4. – München. 253 S.

QUINGER, B., SCHWAB, U., RINGLER, A., BRÄU, M., STROHWASSER, R. & WEBER, J. (1995): Lebensraumtyp Streuwiesen.- Landschaftspflegekonzept Bayern, Band II.9. – München. 396 S.

REICHERT, H., RUTHSATZ, B., WEISHAAR, M. et al. (1996): Entwurf zu einem Verbundsystem von noch naturnahen Lebensräumen als Grundlage für die Umsetzung der FFH-Richtlinie im Regierungsbezirk Trier. – Dendrocopos 23: 4-14.

REMANE, R. & WACHMANN, E. (1993): Zikaden kennenlernen, beobachten. – Naturbuch Verlag, Augsburg. 288 S.

RHEINWALD, G. (1990): Europäische Vogelschutzgebiete (IBA) in Deutschland. – Berichte der Deutschen Sektion des Internationalen Rates für Vogelschutz 29: 19-42.

RIECKEN, U. & BLAB, J. (1989): Biotope der Tiere in Mitteleuropa. – Naturschutz aktuell 7. Kilda, Greven. 123 S.

RIECKEN, U., RIES, U. & SSYMANK, A. (1994): Rote Liste der gefährdeten Biotoptypen der Bundesrepublik Deutschland. – Schriftenreihe für Landschaftspflege und Naturschutz 41. Kilda Verlag, Greven. 184 S.

RIECKEN, U. & SSYMANK, A. (1996): Die Bedeutung aktueller Biotopschutzinstrumente (Rote Liste Biotoptypen und FFH-Richtlinie) für die Eingriffsregelung. – Laufener Seminarbeiträge (2): 149-159.

RINGLER, A., REHDING, G. & BRÄU, M. (1994): Lebensraumtyp Bäche und Bachufer.- Landschaftspflegekonzept Bayern, Band II.19. – München. 340 S.

ROSCHER, S. (1997): Der Einsatz von Geographischen Informationssystemen (GIS) im Rahmen der FFH-Berichtspflicht. – Natur u. Landschaft 72 (11): 486-491.

RÜCKRIEM, C. (1997): Umsetzung der Berichtspflicht in der Kontinentalen Region im Rahmen des Life-Projekts „Beurteilung des Erhaltungszustandes natürlicher Lebensräume gemäß FFH-Richtlinie". – Natur u. Landschaft 72 (11): 481-485.

RÜCKRIEM, C. & SSYMANK, A. (1997): Erfassung und Bewertung des Erhaltungszustandes schutzwürdiger Lebensraumtypen und Arten in Natura-2000-Gebieten. – Natur u. Landschaft 72 (11): 467-473.

SCHIEMENZ, H. (1970): Verzeichnis (check-list) der im Gebiet der Deutschen Demokratischen Republik bisher festgestellten Zikaden (Homoptera, Auchenorrhyncha).- Beiträge Entomologie 20 (5/6): 481-502.

SCHMID, I. (1997): Zum Stand der Meldung von Gebieten nach der Flora-Fauna-Habitat-Richtlinie in Bayern. – Schriftenreihe. Bayerisches Landesamt für Umweltschutz 143: 202-205.

SCHMIDT, D. et al. (1996): Rote Liste der Armleuchteralgen (Charophyceae) Deutschlands. – In: BUNDESAMT FÜR NATURSCHUTZ (Hrsg.): Rote Liste gefährdeter Pflanzen Deutschlands. Schr.-R. f. Vegetationskde. 28: 547-576. – Landwirtschaftsverlag, Hiltrup.

SCHORIES, D., HÄRDLE, W., KAMINSKI, E., KELL, V., KÜHNER, E. & PANKOW, H. (1996): Rote Liste und Florenliste der marinen Makroalgen (Chlorophyceae, Rhodophyceae et Fucophyceae) Deutschlands. – In: BUNDESAMT FÜR NATURSCHUTZ (Hrsg.): Rote Liste gefährdeter Pflanzen Deutschlands. Schr.-R. f. Vegetationskde. 28: 577-607. – Landwirtschaftsverlag, Hiltrup.

SCHÖLER, A., KNOPP, B. & MAYR, C. (1996): Vorschlagsliste für Schutzgebiete von gemeinschaftlicher Bedeutung gemäß Flora-Fauna-Habitat-Richtlinie der Europäischen Union (SAC's) (Stand 9. Dezember 1996). – Selbstverlag, Bonn. 54 S.

SCHÖNFELDER, P., BRESINSKY, A., GARNWEIDNER, E., KRACH, J. E., LINHARD, H., MERGENTHALER, O., NEZADAL, W., WIRTH, V. et al. (1990): Verbreitungsatlas der Farn- und Blütenpflanzen Bayerns. – Eugen Ulmer, Stuttgart. 752 S.

SCHUHMANN, H., BÄHRMANN, R. & STARK, A. (Hrsg.) (1998 – im Druck): Check-Liste der Dipteren Deutschlands. – Studia Dipterologica. Supplement 2: o.S.

SCHUMACHER, W. (Hrsg.) (1995): Atlas der Farn- und Blütenpflanzen des Rheinlandes. – Selbstverlag, Bonn. 355 S.

SCHWAB, U. (1994): Lebensraumtyp Gräben.- Landschaftspflegekonzept Bayern, Band II.10. – München. 135 S.

SEBALD, O., SEYBOLD, S. & PHILIPPI, G. (Hrsg.) (1992a): Die Farn- und Blütenpflanzen Baden-Württembergs. Band 4: Spezieller Teil (Spermatophyta, Unterklasse Rosidae) Haloragaceae bis Apiaceae. – Ulmer, Stuttgart. 362 S.

SEBALD, O., SEYBOLD, S. & PHILIPPI, G. (1992b): Die Farn- und Blütenpflanzen Baden-Württembergs. Band 3: Spezieller Teil (Spermatophyta, Unterklasse Rosidae) Droseraceae bis Fabaceae. – Eugen Ulmer, Stuttgart. 481 S.

SEBALD, O., SEYBOLD, S. & PHILIPPI, G. (Hrsg.) (1993a): Die Farn- und Blütenpflanzen Baden-Württembergs. Band 1: Allgemeiner Teil, Spezieller Teil (Pteridophyta, Spermatophyta) Lycopodiaceae bis Plumbaginaceae. 2. Aufl. – Ulmer, Stuttgart. 624 S.

SEBALD, O., SEYBOLD, S. & PHILIPPI, G. (Hrsg.) (1993b): Die Farn- und Blütenpflanzen Baden-Württembergs. Band 2: Spezieller Teil (Spermatophyta, Unterklasse Dilleniidae) Hypericaceae bis Primulaceae. 2. Aufl. – Ulmer, Stuttgart. 451 S.

SEBALD, O., SEYBOLD, S., PHILIPPI, G. & WÖRZ, A. (Hrsg.) (1996a): Die Farn- und Blütenpflanzen Baden-Württembergs. Band 6: Spezieller Teil (Spermatophyta, Unterklasse Asteridae) Valerianaceae bis Asteraceae. – Ulmer, Stuttgart. 577 S.

SEBALD, O., SEYBOLD, S., PHILIPPI, G. & WÖRZ, A. (Hrsg.) (1996b): Die Farn- und Blütenpflanzen Baden-Württembergs. Band 5: Spezieller Teil (Spermatophyta, Unterklasse Asteridae) Buddlejaceae bis Caprifoliaceae. – Ulmer, Stuttgart. 539 S.

SPEIGHT, M. C. D. (1989): Saproxylic invertebrates and their conservation, – Nature and Environment Series 42: 1-79, Council of Europe, Strasbourg.

SSYMANK, A. (1994): Neue Anforderungen im europäischen Naturschutz. Das Schutzgebietssystem Natura 2000 und die FFH-Richtlinie der EU. – Natur u. Landschaft 69(9): 395-406.

SSYMANK, A. (1995): Lebensraumschutz in der EU – Die FFH-Richtlinie und ihre Konsequenzen für den Flächenschutz und für Biotopverbundplanungen. – LÖBF-Mitteilungen 20(4): 71-77.

SSYMANK, A. (1997a): Schutzgebiete für die Natur – Aufgaben, Ziele, Funktionen und Realität. – In: Erdmann, K.-H., Spandau, L. (Hrsg.): Naturschutz in Deutschland: 11-38. Ulmer, Stuttgart.

SSYMANK, A. (1997b): Anforderungen an die Datenqualität für die Bewertung des Erhaltungszustandes gemäß den Berichtspflichten der FFH-Richtlinie. – Natur u. Landschaft 72 (11): 477-480.

SSYMANK, A. & DANKERS, N. (1996): Red List of Biotopes and Biotope Complexes of the Wadden Sea Area. – In: Nordheim, H. von, Andersen, O. N., Thissen, J. (Ed.): Red Lists of Biotopes, Flora and Fauna of the Trilateral Wadden Sea Area, 1995. Helgoländer Meeresuntersuchungen 50: 10-37.

SSYMANK, A., RIECKEN, U. & RIES, U. (1993): Das Problem des Bezugssystems für eine Rote Liste Biotope – Standard- Biotoptypenverzeichnis, Betrachtungsebenen, Differenzierungsgrad und Berücksichtigung regionaler Gegebenheiten. – Schriftenreihe für Landschaftspflege und Naturschutz 38: 47-58.

STATISTISCHES BUNDESAMT (Hrsg.) (1994): Statistisches Jahrbuch für die Bundesrepublik Deutschland.- Metzler-Pöschel, Stuttgart. 792 S.

STICHEL, W. (1962a): Illustrierte Bestimmungstabellen der Wanzen. Band 1 und Generalindex. – Berlin-Hermsdorf. 168+110 S.

STICHEL, W. (1962b): Illustrierte Bestimmungstabellen der Wanzen. Band 2. – Berlin-Hermsdorf. 169-907.

STICHEL, W. (1962c): Illustrierte Bestimmungstabellen der Wanzen. Band 3. – Berlin-Hermsdorf. 428 S.

STICHEL, W. (1962d): Illustrierte Bestimmungstabellen der Wanzen. Band 4. – Berlin-Hermsdorf. 838 S.

STRESEMANN, E. (Hrsg.) (1976): Exkursionsfauna. Für die Gebiete der DDR und der BRD. Band 2/2. Wirbellose. Insekten – 3. Aufl. – Volk und Wissen, Berlin. 476 S.

STRESEMANN, E. (Hrsg.) (1980): Exkursionsfauna für die Gebiete der DDR und der BRD. Band 3. Wirbeltiere. 7. Aufl. – Volk und Wissen, Berlin. 370 S.

STRESEMANN, E. (Hrsg.) (1981): Exkursionsfauna für die Gebiete der DDR und der BRD. Band 2/1 Wirbellose. Insekten – 5. Aufl. – Volk und Wissen, Berlin. 504 S.

STRESEMANN, E. (Hrsg.) (1986): Exkursionsfauna für die Gebiete der DDR und der BRD. Wirbellose I. 7. Aufl. – Volk und Wissen, Berlin. 494 S.

STROBEL, C. & HÖLZEL, N. (1994): Lebensraumtyp Feuchtwiesen.- Landschaftspflegekonzept Bayern, Band II.6. – München. 204 S.

TRAUTNER, J. & MÜLLER-MOTZFELD, G. (1995): Faunistisch-ökologischer Bearbeitungsstand, Gefährdung und Checkliste der Laufkäfer. Eine Übersicht über die deutschen Bundesländer (mit Beilage „Checkliste der Laufkäfer Deutschlands"). – Naturschutz und Landschaftsplanung 27(3): 96-105.

TRAXLER, A. (1997): Einsatz von vegetationsökologischem Monitoring für die Erfüllung der Berichtspflicht gemäß FFH-Richtlinie. – Natur u. Landschaft 72 (11): 499-501.

USHER, M. B. & ERZ, W. (Hrsg.) (1994): Erfassen und Bewerten im Naturschutz. – Aula-Limpert-Quelle & Meyer, Wiesbaden. 340 S.

VAHLE, H.-C. (1990): Grundlagen zum Schutz der Vegetation oligotropher Stillgewässer in Nordwestdeutschland. – Naturschutz und Landschaftspflege in Niedersachsen 22. [Selbstverlag], Hannover. 157 S.

VERBÜCHELN, G., HINTERLANG, D., PARDEY, A., POTT, R., RAABE, U., WEYER, K. VAN DE et al. (1995): Rote Liste der Pflanzengesellschaften in Nordrhein-Westfalen. – Schriftenreihe der Landesanstalt für Ökologie, Bodenordnung und Forsten/Landesamt für Agrarordnung Nordrhein-Westfalen 5. [Selbstverlag], Recklinghausen. 318 S.

WACHMANN, E. (1989): Wanzen beobachten – kennenlernen. – Neumann-Neudamm, Melsungen. 274 S.

WALENTWOSKI, H., RAAB, B. & ZAHLHEIMER, W. A. (1990): Vorläufige Rote Liste der in Bayern nachgewiesenen oder zu erwartenden Pflanzengesellschaften. I. Naturnahe Wälder und Gebüsche. – Berichte der Bayerischen Botanischen Gesellschaft zur Erforschung der Heimischen Flora. Beiheft 5: 62 S.

WALENTWOSKI, H., RAAB, B. & ZAHLHEIMER, W. A. (1991a): Vorläufige Rote Liste der in Bayern nachgewiesenen oder zu erwartenden Pflanzengesellschaften. II. Wirtschaftswiesen und Unkrautgesellschaften. – Berichte der Bayerischen Botanischen Gesellschaft zur Erforschung der Heimischen Flora. Beiheft 6(1): 85 S.

WALENTWOSKI, H., RAAB, B. & ZAHLHEIMER, W. A. (1991b): Vorläufige Rote Liste der in Bayern nachgewiesenen oder zu erwartenden Pflanzengesellschaften. III. Außeralpine Felsvegetation, Trockenrasen, Borstgrasrasen und Heidekraut-Gestrüppe, wärmebedürftige Saumgesellschaften. – Berichte der Bayerischen Botanischen Gesellschaft zur Erforschung der Heimischen Flora. Beiheft 6(2): 63 S.

WALENTWOSKI, H., RAAB, B. & ZAHLHEIMER, W. A. (1992): Vorläufige Rote Liste der in Bayern nachgewiesenen oder zu erwartenden Pflanzengesellschaften. IV. Wasser-, Verlandungs- und Moorgesellschaften, Vegetation oberhalb der alpinen Waldgrenze und alpigene Schwemmlingsfluren. – Berichte der Bayerischen Botanischen Gesellschaft zur Erforschung der Heimischen Flora. Beiheft 7. Bayerische Botanische Gesellschaft zur Erforschung der heimischen Flora, München. 170 S.

WALICZKY, Z. (1994): Important Bird Areas in the European Union. An Interim List of Sites qualifying as Special Protected Areas under the Directive 79/409/EEC.

WASCHER, D. (1993): Die Bedeutung des CORINE-Biotop-Projektes und der geplanten Europäischen Umweltagentur für den Naturschutz in der Europäischen Gemeinschaft. – Natur u. Landschaft 68(3): 108-115.

WEIDEMANN, H.-J. (1986): Tagfalter: Entwicklung – Lebensweise. Band I. – Neumann-Neudamm, Melsungen. 282 S.

WEIDEMANN, H.-J. (1988): Tagfalter: Entwicklung – Lebensweise. Band 2. Biologie – Ökologie – Biotopschutz. – Neumann-Neudamm, Melsungen. 372 S.

WESTRICH, P. (1990a): Die Wildbienen Baden-Württembergs. Allgemeiner Teil: Lebensräume, Verhalten, Ökologie und Schutz. 2. Aufl. – Eugen Ulmer, Stuttgart. 431 S.

WESTRICH, P. (1990b): Die Wildbienen Baden-Württembergs. Spezieller Teil. Die Gattungen und Arten. 2. Aufl. – Eugen Ulmer, Stuttgart. 972 S.

WESTRICH, P. & DATHE, H. H. (1997): Die Bienenarten Deutschlands (Hymneoptera, Apidae). Ein aktualisiertes Verzeichnis mit kritischen Anmerkungen. – Mitteilungen Entomologischer Verein Stuttgart 1869 e. V. 32: 1-56.

WIRTH, V. (1995): Die Flechten Baden-Württembergs. 1. und 2. Band. 2. Aufl. – Ulmer, Stuttgart. 1006 S.

WIRTH, V., SCHÖLLER, H., SCHOLZ, P., ERNST, G., FEUERER, T., GNÜCHTEL, A., HAUCK, M., JACOBSEN, P., JOHN, V. & LITTERSKI, B. (1996): Rote Liste der Flechten (Lichenes) der Bundesrepublik Deutschland. – In: BUNDESAMT FÜR NATURSCHUTZ (Hrsg.): Rote Liste gefährdeter Pflanzen Deutschlands. Schr.-R. f. Vegetationskde. 28: 307-368. – Landwirtschaftsverlag, Hiltrup.

WITT, K., BAUER, H.-G., BERTHOLD, P., BOYE, P., HÜPPOP, O. & KNIEF, W. (1996): Rote Liste der Brutvögel Deutschlands. – Berichte zum Vogelschutz 34: 11-35.

WISSKIRCHEN, R. (1995a): Korrekturen und Nachträge zur Standardliste der Farn- und Blütenpflanzen der Bundesrepublik Deutschland (vorl. Fassung). – Flor. Rundbr. 29(2): 212 S.

WISSKIRCHEN, R. (1995b): Verbreitung und Ökologie von Flußufer-Pioniergesellschaften (Chenopodion rubri) im mittleren und westlichen Europa. – Dissertationes botanicae 236. Cramer, Berlin. 375 S.

WORLD WILDLIFE FOUND (Ed.) (1997): Spotlight on Natura 2000. – Brüssel. 8 p.

ZENTRALE FÜR WASSERVOGELFORSCHUNG UND FEUCHTGEBIETSSCHUTZ DEUTSCHLAND – DACHVERBAND DEUTSCHER AVIFAUNISTEN (DDA) – (1993): Die Feuchtgebiete Internationaler Bedeutung in der Bundesrepublik Deutschland. – Selbstverlag, Münster, Potsdam, Wesel. 211 S.

ZENTRALSTELLE FÜR DIE FLORISTISCHE KARTIERUNG DER BUNDESREPUBLIK DEUTSCHLAND (NORD) (Hrsg.) (1993): Standardliste der Farn- und Blütenpflanzen der Bundesrepublik Deutschland (vorläufige Fassung). – Floristische Rundbriefe Beiheft 3: 478 S.

9 Glossar und Abkürzungen

Im folgenden werden wesentliche Begriffe und Abkürzungen, die im Zusammenhang mit der Umsetzung des europäischen Schutzgebietssystems Natura 2000 in diesem Buch genannt werden, mit einer kurzen Definition bzw. Erläuterungen und Querverweisen auf die entsprechenden Textteile aufgeführt.

Die Lebensraumtypen sind über die Übersichtsliste in Kap. 4.2 und die fortlaufende Kodierung im Kap. 4.3 leicht zu finden, neue Bezeichnungen nach der Richtlinie 97/62/EG (DER RAT DER EUROPÄISCHEN UNION 1997) über das Nachtragskapitel 11.

Die Arten aller Anhänge sind in Kapitel 5 nach Gruppen alphabetisch sortiert aufgeführt. Auf ein vollständiges Artenregister aller in Kap. 4 genannten Tier- oder Pflanzenarten mußte aus Platzgründen verzichtet werden.

Abs. Absatz, bei Gesetztestexten Untergliederung von Artikeln.
Art. Artikel: bei Gesetzestexten oberster Gliederungspunkt.
ASCI: (engl. **A**reas of **S**pecial **C**onservation **I**nterest) Gebiete von besonderem Schutzinteresse im Rahmen der → Berner Konvention des → Europarates (Resolution 16/1989, vgl. Kap. 7.2).
Berichtspflicht(en): Zusammenfassende Darstellung des Stands der Umsetzung oder der erteilten Ausnahmen und der durchgeführten Maßnahmen zur Kontrolle des Schutzgebietssystems Natura 2000. In der FFH-Richtlinie bestehen 2jährige Berichtspflichten zum Artenschutz und 6jährige umfassende Berichtspflichten zur Durchführung (Art. 17, vgl. Kap. 2.6).
Berner Konvention: Konvention des → Europarates zum Schutz der wildlebenden Tiere und Pflanzen (vgl. Kap. 7.2).
Besondere Schutzgebiete: → BSG.
BfN: **B**undesamt **f**ür **N**aturschutz (bis 1993 BFANL, **B**undes**f**orschungs**an**stalt für **N**aturschutz und **L**andschaftsökologie); Nationale naturschutzfachliche Koordinationsstelle für die Umsetzung der FFH-Richtlinie, Durchführung der nationalen Bewertung nach Art. 4 der FFH-Richtlinie.
BFANL: → BfN.
BGB: **B**ürgerliches **G**esetz**b**uch.
BGBl: **B**undes**g**esetz**bl**att.
Biogenetische Reservate: Repräsentatives Schutzgebietssystem des → Europarates (Resolutionen (76)17 und (79)9 des Europarates), von dem in Deutschland bisher kaum Gebrauch gemacht wurde.
Biogeographische Regionen: Bewertungsrahmen für die Auswahl der Gebiete von gemeinschaftlicher Bedeutung nach der FFH-Richtlinie; derzeit 6 Regionen: kontinental (mitteleuropäisch), atlantisch, mediterran, alpin (Hochgebirgsregionen), makaronesisch (Kanaren, Azoren, Madeira) und boreal.
BioMar: Von der Europäischen Union unter → Life gefördertes Projekt zur Klassifizierung und zum Schutz der marinen und Küstenlebensräume; Die Ergebnisse des Projekts schließen Lücken im → CORINE biotopes-System und sollen in die → paläarktische Lebensraumklassifizierung eingehen.
Biotop: „Lebensraum einer Lebensgemeinschaft (Biozönose, i.S. einer regelmäßig wiederkehrenden Artengemeinschaft) von bestimmter Mindestgröße und einheitlicher (quasi homogener), gegen die Umgebung abgrenzbarer Beschaffenheit. [...] Ein Biotop ist ein im Gelände meist vegetationstypologisch oder landschaftsökologisch gegenüber der Umgebung abgrenzbarer, wiedererkennbarer Raumausschnitt [...]" (SSYMANK et al. 1993).

Biotoptyp: „[...] (A)bstrahierter Typus aus der Gesamtheit gleichartiger → Biotope" (SSYMANK et al. 1993). Für die Bearbeitung der FFH-Richtlinie in Deutschland wird das Biotoptypenverzeichnis der Roten Liste Biotope (RIECKEN et al. 1994) zugrundegelegt. Beispiele: Weißdüne, mesotropher Flachsee, Blaugras-Buchenwald, Grauerlen-Auenwald.

Biotopkomplex: „Charakteristische, häufig wiederkehrende Kombination von Biotoptypen in festem räumlichen Gefüge. Dazu gehören Abfolgen von Biotopen entlang eines ökologischen Faktorengradienten (natürlich oder anthropogen) ebenso wie Mosaike von Biotopen, die oft regionale Besonderheiten (u.a. historische, geologisch-pedogenetische Situationen) widerspiegeln" (SSYMANK et al. 1993). Beispiele: Durchströmungsmoorkomplex, Ried- und Röhrichtkomplexe.

Birdlife International: Dachorganisation der Vogelschutzverbände, die von der Kommission zu bestimmten Expertentreffen, z.B. den Bewertungsseminaren für die → Biogeographischen Regionen oder zur → wissenschaflichen Arbeitsgruppe des → Ornis-Ausschusses zur Umsetzung der Vogelschutzrichtlinie (79/409/EWG) geladen wird.

BJG: Bundes**j**agd**g**esetz.

BMU: Bundes**m**inisterium für **U**mwelt, Naturschutz und Reaktorsicherheit; Politische Verantwortung und rechtliche Umsetzung der FFH-Richtlinie auf Bundesebene.

BMV: Bundes**m**inisterium für **V**erkehr.

BNatSchG: Bundes**nat**ur**sch**utz**g**esetz als Rahmengesetz des Bundes für die konkrete Ausgestaltung des Naturschutzes im Länderrecht.

BSG: Besondere **S**chutz**g**ebiete für das Natura 2000 Schutzgebietssystem, die

1. die Besonderen Schutzgebiete (engl. SPA, Special Protection Areas): nach Art. 4 (1) der Vogelschutzrichtlinie (79/409/EWG) zum Schutz der wildlebenden Vogelarten und ihrer Lebensräume und
2. die Besonderen Schutzgebiete (engl. SAC, Special Area of Conservation) nach Art. 4 Abs. 4 der FFH-Richtlinie (92/43/EWG) beinhalten.

CORINE: → CORINE-Projekt.

CORINE biotopes: EU-weites Gebietskataster für den Arten- und Biotopschutz (vgl. Kap. 4.1.1).

CORINE landcover: Flächennutzungskartierung (Landnutzungstypenkartierung im Maßstab 1 : 100 000) (vgl. Kap. 4.1.1) unter Leitung des Europäischen Thematischen Zentrums Landcover (→ ETC).

CORINE-Projekt: (engl. **C**ommunity-wide **Co**o**r**dination of **In**formation on the **E**nvironment) europaweites Pilotprojekt (gegründet 1985), dessen Ziel der Aufbau eines europäischen umfassenden Informationssystems für Daten des Umwelt- und Naturschutzes ist. Zu den beiden wichtigsten Teilprojekten zählen → CORINE landcover und → CORINE biotopes (vgl. Kap. 4.1.1).

Datenbogen: → Standard-Datenbogen.

Disjunkte (Teilareale): Zersplitterte Gesamtverbreitung einer Art oder eines Biotoptyps mit mehreren räumlich getrennten Teilarealen, die soweit voneinander entfernt liegen, daß eine Durchmischung der Genpools der dort lebenden Populationen unmöglich ist. Disjunktionen treten z.B. häufig bei Glazial- oder Kaltzeitrelikten als arktisch-alpines Verbreitungsmuster auf.

DG XI: Generaldirektion XI (Umwelt, Reaktorsicherheit und Bürgerschutz), Abteilung Naturschutz der → Europäischen Kommission.

DS/IRV: Deutsche **S**ektion des **I**nternationalen **R**ats für **V**ogelschutz (Verband).

EG: → EU.
Eionet: (engl. European **E**nvironment **I**nformation and **O**bservation **Net**work) Europäisches Umweltinformations- und Umweltbeobachtungsnetz gemäß Verordnung (EWG) Nr. 1240/90 des Rates. Das Eionet umfaßt 8 Europäische Thematische Zentren (→ ETC), 65 ETC-Partner und 512 Hauptbestandteile (MCE main component elements), einschließlich 131 sogenannter nationaler Referenzzentren (NRC national reference center).
Emerald: (engl. für Smaragd, „Edelsteine des Naturschutzes") Bezeichnung des Schutzgebietssystems des → Europarates (Resolution 3/1996) im Rahmen der → Berner Konvention (vgl. Kap. 7.2).
Endemisch, Endemiten: Arten, die nur in einem geographisch eng umgrenzten Gebiet vorkommen, z.B. auf einer Insel oder ausschließlich in den Alpen. In der Richtlinie meist im Sinne von Arten verwendet, deren Vorkommen auf einen Mitgliedsstaat beschränkt sind und die auch außerhalb der EU nicht vorkommen.
Erhaltung: Der Begriff umfaßt nach der FFH-Richtlinie Maßnahmen des konservierenden Schutzes und der Wiederherstellung oder Renaturierung für Lebensräume und Arten einschließlich der eventuellen Wiederansiedlung ausgestorbener Tier- und Pflanzenarten.
ETC: (engl. **E**uropean **T**opic **C**enters) Europäische Thematische Zentren unter Leitung der Europäischen Umweltagentur (→ EUA), die am Aufbau des europäischen Umweltinformationssystems → Eionet beteiligt sind. Es gibt derzeit die folgenden acht ETC's:
- ETC/A (air quality) Luftqualität
- ETC/IW (inland waters) Binnengewässer
- ETC/AEM (atmospheric emissions) Luftemissionen
- ETC/MC (marine and coastal environment) Meeres- und Küstenumwelt
- ETC/LC (landcover) „Bodenbedeckung", Landnutzung
- ETC/NC (nature conservation) Naturschutz → ETC/NC
- ETC/S (soil) Bodenschutz
- ETC/CDS (catalogue of data sources) Datenquellenkatalog

ETC/NC: (engl. **E**uropean **T**opic **C**enter for **N**ature **C**onservation, frz. Centre Thématique européen pour la Conservation de la Nature) Europäisches Thematisches Zentrum für Naturschutz unter Leitung der Europäischen Umweltagentur (→ EUA) mit Sitz in Paris. Das ETC/NC führt in Zusammenarbeit mit der Kommission die Bewertung gemeinschaftlicher Bedeutung der nationalen Vorschlagslisten (→ pSCI's) nach der FFH-Richtlinie durch.
EU: **E**uropäische **U**nion (früher EG bzw. EWG, **E**uropäische (**W**irtschafts)**G**emeinschaft); Seit 1958 bestanden drei Gemeinschaften: Die Europäische Wirtschaftsgemeinschaft, die Europäische Gemeinschaft für Atomenergie (EURATOM) und die Europäische Gemeinschaft für Kohle und Stahl. Diese wurden 1965 in einem Vertrag als Europäische Gemeinschaften zusammengefaßt. Wesentliche Gremien sind der → Rat der Europäischen Gemeinschaften, die → Europäische Kommission, das → Europäische Parlament und der → Europäische Gerichtshof. Zur Zeit bestehend aus 15 Mitgliedsstaaten: Finnland, Schweden, Dänemark, Großbritannien, Irland, Belgien, Luxemburg, Niederlande, Frankreich, Deutschland, Österreich, Spanien, Portugal, Italien und Griechenland.
EUA: **E**uropäische **U**mwelt**a**gentur; Gegründet mit Verordnung Nr. 1210/40 (EWG) des Rates, in Kraft getreten am 30. 10. 1993, mit Sitz in Kopenhagen (61 Mitarbeiter). Hauptaufgabe ist die Sammlung und Bereitstellung von themen- und fachspezifischen Informationen zur Entwicklung und Durchführung von Umweltmaßnahmen in der Europäischen Union und den seit 1995 der EUA beigetretenen Mitgliedsstaaten Island, Liechtenstein und Norwegen. Zur EUA gehören: ein Verwaltungsrat (Vertreter der Mitgliedsstaaten, zwei Kom-

msissionsvertreter, zwei Vertreter des → Europäischen Parlaments) sowie ein wissenschaftlicher Beirat mit neun Mitgliedern. Der EUA unterstehen zur Umsetzung in den verschiedenen umweltrelewanten Themenfeldern sogenannte Europäische Thematische Zentren → ETC. Die EUA steuert den Aufbau des Umweltinformationssystems → Eionet.

EuGH: Europäischer **G**erichts**h**of mit Sitz in Luxemburg, bestehend aus 13 ernannten Richtern und sechs Generalanwälten. Zusätzlich dienen Kammern aus drei bis fünf Richtern und ein Gericht Erster Instanz zur Entlastung. Hauptaufgaben: Wahrnehmung des Rechtsschutzes bei Klagen der Kommission gegen Mitgliedsstaaten, Staatenklagen untereinander, Nichtigkeitsklagen gegen Rat oder Kommission und Untätigkeitsklagen.

EUNIS: European **N**ature **I**nformation **S**ystem; Europäisches Informationssystem zum Naturschutz (im Aufbau) unter Leitung des Europäischen Thematischen Zentrums für Naturschutz (→ ETC/NC) und der Europäischen Umweltagentur (→ EUA).

EUR 15-Version: Version der Dokumente zur Umsetzung von FFH- und Vogelschutzrichtlinie nach Beitritt von Österreich, Finnland und Schweden (15 Mitgliedsstaaten).

Europäische Kommission (KOM): Durchführungsorgan (Exekutive) der Europäischen Gemeinschaften mit Sitz in Brüssel, zusätzlich mit dem alleinigen Initiativrecht für die EG-Gesetzgebung ausgestattet. Besteht aus sog. Kommissaren mit jeweils zugeordneten Kabinetten und einem Kommissionspräsidenten. Zu seinen Verwaltungsorganen gehören u.a. das Generalsekretariat, der juristische Dienst und 23 Generaldirektionen, darunter z.B. die GD VI Landwirtschaft, die GD XI Umwelt- und Katastrophenschutz, nukleare Sicherheit, die GD XII Forschung und die GD XIV Fischerei. Hauptaufgaben der Kommission: Überwachung der Mitgliedsstaaten, Verwaltung, Sanktionsrecht, Ausarbeitung von Ratsvorschlägen, Legislative zur Durchführung von Rats-Akten, Stellungnahmen, Aushandlung von Abkommen und Vertretung der EU vor Gerichten.

Europäischer Gerichtshof: → EuGH.

Europäisches Parlament: „Versammlung"; Parlament mit derzeit über 10 politischen Fraktionen, bestehend aus einem Präsidium und einem Plenum mit über 500 europäischen Abgeordneten; Sitz in Straßburg. Hauptaufgaben: Mitwirkung bei der EU-Legislative, Haushaltsfestlegungen, Anfragen an Rat und Kommission (Kontrollrechte).

Europarat: Organisation europäischer Staaten auf völkerrechtlicher Grundlage mit Sitz in Straßburg. Am 5. 5. 1949 zunächst von 10 Staaten gegründet. Der Europarat besteht aus den Organen Ministerkomitee (Treffen der Außenminister), Parlamentarische Versammlung (aus Delegierten der nationalen Parlamente) und dem Generalsekretariat in Brüssel zur Führung der Geschäfte. Ziel des Europarats ist eine engere Zusammenarbeit der Mitglieder auf allen Gebieten ausgenommen der Verteidigung. Ihm gehören zur Zeit 39 Staaten an.

European Habitats Forum: Europäischer Dachverband der Naturschutzorganisationen, der bei der Umsetzung der FFH-Richtlinie mitwirkt und zu bestimmten Sitzungen der Europäischen Union zugelassen ist (vgl. auch → Birdlife International).

Eurostat-Nuts-Regionen: Verwaltungsregionen für Statistiken in der Europäischen Union. Hierarchisch gegliedertes, EDV-kodiertes System, welches in Deutschland (Code DE) nach Bundesländern, Regierungsbezirken und Landkreisen gegliedert ist.

EWG: → EU.

FFH-Richtlinie: Fauna-**F**lora-**H**abitat-Richtlinie (Richtlinie 92/43/EWG) (vgl. Kap. 2.1.1), Richtlinientext vgl. Kap. 10.1.

FIB: Feuchtgebiete **I**nternationaler **B**edeutung (auch Ramsar-Gebiete genannt); Gebiete die für die → Ramsar-Konvention zum Schutz von Feuchtgebieten angemeldet sind.

Gebiet von gemeinschaftlicher Bedeutung: → GGB.

Generaldirektion: Verwaltungsorgan der → Europäischen Kommission.
Gemeinschaftliche Bewertung: Verfahren zur Auswahl der → Gebiete von gemeinschaftlicher Bedeutung nach Anhang III, Phase 2 der FFH-Richtlinie. Das Auswahlverfahren führt zur Etablierung des europäischen Schutzgebietssystems Natura 2000.
GGB: **G**ebiete von **g**emeinschaftlicher **B**edeutung (engl. SCI, **S**ite of **C**ommunity **I**nterest); Für die → nationalen Gebietslisten (→ pSCI) nach der FFH-Richtlinie führt die Kommission ein Bewertungsverfahren durch, welches innerhalb von maximal 3 Jahren die Gebiete von gemeinschaftlicher Bedeutung festlegt (Artikel 4, Anhang III, Phase 2).
GIS: **G**eographisches **I**nformations**s**ystem; Datenverarbeitungsprogramme für Karten- und Bilddaten im Vektor- und Rasterformat.
GNOR: **G**esellschaft für **N**aturschutz und **O**rnithologie **R**heinland-Pfalz.
Habitatausschuß: Ausschuß, der zur Durchführung der Umsetzung der FFH-Richtlinie eingesetzt ist (Artikel 20, 21) und die Kommission unterstützt. Mitglieder für Deutschland: Je ein Vertreter des BMU und ein Repräsentant der Bundesländer.
Habitat-Klassen: (engl. habitat classes); Einteilung von Lebensräumen, basierend auf Formations- oder Landnutzungstypen, die einer groben Beschreibung von Natura 2000-Gebieten dient (Allgemeiner Gebietscharakter im Standard-Datenbogen).
IBA: **I**mportant **B**ird **A**rea; Fachliche Gebietsvorschläge der Vogelschutzverbände (→ Bird Life International), die für die Meldung als Vogelschutzrichliniengebiete gemäß Art. 4 geeignet sind.
ICBP: (engl. **I**nternational **C**ouncil for **B**ird **P**reservation); Internationaler Rat für Vogelschutz, inzwischen → Bird Life International.
ILN: **I**nstitut für **L**andschaftsforschung und **N**aturschutz; Ehemalige wissenschaftliche, dem Bundesamt für Naturschutz (→ BfN) vergleichbare Institution in der DDR.
ITE: **I**nstitute of **T**errestrial **E**cology (Monks Wook, UK); gehört zu den unter Connect zusammengeschlossenen europäischen Forschungsinstitutionen im Natur- und Umweltschutz; hier wird u.a. die → Physis-Datenbank zur → paläarktischen Lebensraumklassifizierung geführt.
IUCN: „**I**nternational **U**nion for **C**onservation of **N**ature and Natural Resources; weltweit arbeitende Naturschutzorganisation mit mehr als 500 Mitgliedern in über 100 Ländern. Diese Organisation mit Sitz in Genf (gegründet 1948) hat die Förderung, Harmonisierung und Koordination des Naturschutzes auf internationaler Ebene zum Ziel und arbeitet eng mit verschiedenen Organisationen der Vereinten Nationen zusammen.
IVV: **I**nternationale **V**ereinigung für **V**egetationskunde e.V.
IWRB: (engl. **I**nternational **W**aterbird and Wetland**r**esearch **B**ureau) Internationales Wasservogel- und Feuchtgebietsforschungsbüro.
KOM (Kommission): → Europäische **Kom**mission
Lebensraum: (Lebensraumtypen gemeinschaftlicher Bedeutung nach der FFH- Richtlinie); Biotoptypen oder Biotopkomplexe, die nach Anhang I der FFH-Richtlinie im Schutzgebietssystem Natura 2000 geschützt werden müssen.
LIFE: Fördertitel des Natur- und Umweltschutzes der Europäischen Union (vgl. Kap. 2.7). Im Naturschutz ist hier eine finanzielle Unterstützung der Umsetzung der FFH-Richtlinie und der Vogelschutzrichtlinie vorrangige Aufgabe.
LIFE-Ausschuß: Ausschuß, der über die Vergabe von Fördermitteln (→ LIFE) der Europäischen Union im Natur- und Umweltschutz entscheidet.
LSG: **L**andschafts**s**chutz**g**ebiet; Schutzgebietskategorie nach § 15 BNatSchG.
Mitgliedsstaaten: Im Kontext des vorliegenden Buches sind i.d.R. die 15 Mitgliedsstaaten der Europäischen Union (→ EU) gemeint.

Monitoring, Überwachungsgebot: Verpflichtung zu einer allgemeinen Überwachung des Erhaltungszustandes der Arten des Anhangs II, IV und V und der Lebensraumtypen des Anhangs I der FFH-Richtlinie (vgl. Kap. 2.6).
MTNW: Mittleres **Ti**den**n**iedrig**w**asser.
MTHW: Mittleres **T**iden**h**och**w**asser.
NABU: Naturschutz**bu**nd Deutschland e.V.; Verein zum Schutz der Natur, ursprünglich hervorgegangen aus den Deutschen Bund für Vogelschutz (DBV).
Nationale Bewertung: Erste Bewertungsphase der → nationalen Gebietslisten gemäß Art. 4 nach den Kriterien des Anhangs III der FFH-Richtlinie. Die Bewertung wird von den Mitgliedsstaaten, in Deutschland vom Bundesamt für Naturschutz (→ BfN) durchgeführt (vgl. Kap. 2.3).
Nationale Gebietsliste: Bis Juni 1995 mußten Gebietsvorschläge der Mitgliedsstaaten (engl. pSCI, proposed Sites of Community Interest) in nationalen Listen für die FFH-Richtlinie an die Kommission gesandt werden (Artikel 4, Anhang III, Phase 1).
Natura 2000: Schutzgebietssystem der Europäischen Union, umfaßt die Gebiete nach der FFH-Richtlinie und der Vogelschutzrichtlinie (vgl. Kap. 2 und Kap. 3).
Naturräumliche Haupteinheiten: Einheiten der auf MEYNEN & SCHMIDTHÜSEN (1953–1962) basierenden, vom Bundesamt für Naturschutz zusammengestellten und vereinfachten naturräumlichen Gliederung, die der nationalen Bewertung für die FFH-Richtlinie zugrundeliegen (vgl. Kap. 2.3.2, Abb. 4).
Natürlicher Lebensraum: → Lebensraum.
NGO: (engl. **N**on-**G**overnmental **O**rganisation) Nicht-Regierungsorganisation, meist als Sammelbezeichnung für die Naturschutzverbände gebraucht.
NRO: → NGO.
NSG: Natur**s**chutz**g**ebiet; Schutzgebietskategorie nach § 13 BNatSchG.
NTP: Na**t**ional**p**ark; Schutzkategorie nach § 14 BNatSchG zum Schutz großflächig naturnaher Ökosysteme und Landschaften, gleichzeitig internationale Schutzkategorie der → IUCN.
Ornis-Ausschuß: Ausschuß (aus Vertretern der Mitgliedsstaaten), der die → Europäische Kommission bei der Umsetzung der Vogelschutzrichtlinie unterstützt.
Paläarktische Lebensraumklassifizierung: (paläarktische Habitatklassifizierung); Katalog und hierarchisches Gliederungssystem der Biotoptypen der Paläarktis (vgl. Kap. 4.1).
Physis-Datenbank: Vom → ITE geführte Datenbank zur → paläarktischen Lebensraumklassifizierung.
PHARE-Programm: (urspr. **P**oland and **H**ungary: **A**ssistance for the **R**estruction of the **E**conomy); eine Initiative der → EU zur Unterstützung der wirtschaftlichen Umgestaltung und Stärkung der Demokratie in den Reformstaaten Mittel- und Osteuropas (MOEL) mittels der Gewährung nicht rückzahlbarer Zuschüsse (u.a. im Umweltbereich). Ein Ziel von PHARE ist die Vorbereitung der Empfängerländer (momentan 13 mittel- und osteuropäische Länder) auf einen EU-Beitritt.
Prioritäre Arten/Lebensräume: Arten bzw. natürliche → Lebensraumtypen, deren Erhaltung im Gebiet der Europäischen Union eine besondere Bedeutung zukommt: Kennzeichnung in den Anhängen I bzw. II der FFH-Richtlinie mit Sternchen (*). Konsequenzen: Unmittelbare Anerkennung entsprechender Gebiete der → nationalen Gebietslisten, bessere finanzielle Unterstützungsmöglichkeiten durch → LIFE, strengere Vorschriften für Ausnahmeregelungen; bei Eingriffen ist in bestimmten Fällen eine Stellungnahme der Kommission erforderlich.

pSCI: (engl. **p**roposed **S**ites of **C**ommunity **I**nterest) → nationale Gebietsliste.
Ramsar-Gebiete: → FIB
Ramsar-Konvention: 1971 in Ramsar/Iran in Form eines Vertrages der Teilnehmerstaaten getroffenes Übereinkommen über Feuchtgebiete Internationaler Bedeutung (FIB). Die Ramsar-Gebiete erfüllen die Kriterien der Vogelschutzrichtlinie und sollten daher als Gebiete gemäß Art. 4 der Vogelschutzrichtlinie benannt werden.
Rat der Europäischen Gemeinschaften: Politisches Zentralorgan der Europäischen Gemeinschaften bzw. Europäischen Union, von der die wesentlichen Gesetzgebungsakte ausgehen. Besteht aus Ministern der Regierungen der Mitgliedsstaaten unter Vorsitz einer alle 6 Monate wechselnden Präsidentschaft. Hauptaufgaben: EU-Legislative und völkerrechtliche Abkommen.
Richtlinie: Gesetzestext der Europäischen Union.
SAC: (engl. **S**pecial **A**rea of **C**onservation); Bezeichnung für Schutzgebiete der FFH-Richtlinie → Besonderes Schutzgebiet.
Santona-Urteil: Urteil zur Vogelschutzrichtlinie im Falle der Marismas de Santona gegen Spanien (vgl. Kap. 2.4.2).
Schattenliste: (hier:) Kandidatenliste oder Liste fachlich geeigneter Gebiete für eine Meldung als FFH- oder Vogelschutzrichtliniengebiet.
SCI: (engl. **S**ite of **C**ommunity **I**nterest) → GGB.
SFF3 bzw. SFF4-Formulare: Früher für die Meldung von Gebieten nach der Vogelschutzrichtlinie (79/409/EWG) verwendete Formulare. Heute ersetzt durch den Natura 2000 → Standard-Datenbogen, der einheitlich für Neumeldungen nach FFH- und Vogelschutzrichtlinie zu verwenden ist.
Sicherungspflicht: Verpflichtung zur Sicherung der für Natura 2000 vorgeschlagenen Gebiete vor ihrer formalen Schutzgebietsausweisung (Art. 6, FFH-Richtlinie).
SPA: (engl. **S**pecial **P**rotected **A**rea) → Vogelschutzgebiet.
Standard-Datenbogen: Natura 2000-Meldebogen; standardisiertes für die Meldung von Gebieten nach FFH-Richtlinie und nach Vogelschutzrichtlinie zu verwendendes Formular, welches über den → Habitatausschuß als offizielles Dokument verabschiedet ist (vgl. Kap. 10.4).
SWG: (engl. **S**cientific **W**orking **G**roup) → Wissenschaftliche Arbeitsgruppe.
Syntaxa: In der Pflanzensoziologie bzw. Vegetationskunde verwendeter Begriff für Vegetationseinheiten aller Hierarchieebenen (Assoziation, Verband, Ordnung, Klasse usw.).
Thematisches Zentrum: → ETC.
UAbs.: **U**nter**abs**atz in Gesetzestexten.
UVP: **U**mwelt**v**erträglich**k**eitsprüfung.
UVS: **U**mwelt**v**erträglichkeits**s**tudie.
Verträglichkeitsprüfung: Nach FFH-Richtlinie (Art.6) festgelegte Prüfung von Plänen und Projekten in bezug auf ihre Auswirkungen auf die Schutzobjekte (Lebensraumtypen des Anhangs I und Arten des Anhangs II) der FFH-Richtlinie (vgl. Kap. 2.4.2).
Vogelschutzgebiet: (engl. **S**pecial **P**rotected **A**rea, SPA); Nach Richtlinie 79/409/EWG als Schutzgebiet für Vogelarten des Anhangs I in der jeweils gültigen Fassung gemäß Art. 4 (1) ausgewiesene Gebiete (vgl. Kap. 2.1.2).
Vorrangflächen: Naturschutzvorrangflächen von bundesweiter Bedeutung (national bedeutsame Flächen für den Naturschutz); die aus Bundessicht besonders schutzwürdigen größeren zusammenhängenden Gebiete, die einen wesentlichen Beitrag zu Erhalt und Entwicklung der biologischen Vielfalt (auf der Ebene der Arten, der Biotoptypen, der Biotop- und Landschaftskomplexe) leisten.

VSchRL: Vogel**sch**utz**r**icht**l**inie (79/409/EWG) vgl. Kap. 2.1.2.
Wissenschaftliche Arbeitsgruppe: (→ SWG); Fachausschuß bzw. Expertengruppe zur Klärung wissenschaftlicher Fragen für den → Habitatausschuß im Rahmen der Umsetzung der FFH-Richtlinie.

10 Anhang

10.1 Text der Fauna-Flora-Habitat-Richtlinie (92/43/EWG) ohne Anhänge

Im folgenden ist der amtliche Richtlinientext der FFH-Richtlinie wiedergegeben, so wie er in der Ausgabe in deutscher Sprache des Amtsblatts der Europäischen Gemeinschaften (L 206, 35. Jahrgang) vom 22. Juli 1992 veröffentlicht ist. Für die Anhänge ist auf einen Abdruck verzichtet worden, da die jeweiligen Kapitel des Buches Auszugslisten aller in Deutschland vorkommenden Arten (Kap. 5.2) bzw. Lebensraumtypen (Kap.4.2) enthalten. Für die Kriterien des Anhangs III wird auf Kap. 10.2 verwiesen.

Zur schnelleren Übersicht sind den Artikelüberschriften stichwortartige Inhaltsbeschreibungen in eckigen Klammern beigefügt, die nicht zum amtlichen Originaltext gehören, sondern erläuternden Charakter haben.

II

(Nicht veröffentlichungsbedürftige Rechtsakte)

RAT

RICHTLINIE 92/43/EWG DES RATES
vom 21. Mai 1992

zur Erhaltung der natürlichen Lebensräume sowie der
wildlebenden Tiere und Pflanzen

DER RAT DER EUROPÄISCHEN GEMEINSCHAFTEN

gestützt auf den Vertrag zur Gründung der Europäischen Wirtschaftsgemeinschaft, insbesondere auf Artikel 130s,

auf Vorschlag der Kommission[1],

nach Stellungnahme des Europäischen Parlaments[2],

nach Stellungnahme des Wirtschafts- und Sozialausschusses[3],

in Erwägung nachstehender Gründe:

Wie in Artikel 130r des Vertrages festgestellt wird, sind Erhaltung, Schutz und Verbesserung der Qualität der Umwelt wesentliches Ziel der Gemeinschaft und von allgemeinem Interesse; hierzu zählt auch der Schutz der natürlichen Lebensräume sowie der wildlebenden Tiere und Pflanzen.

Das Aktionsprogramm der Europäischen Gemeinschaften für den Umweltschutz (1987-1992)[4]) enthält Bestimmungen hinsichtlich der Erhaltung der Natur und der natürlichen Ressourcen.

---

[1]) ABl. Nr. C 247 vom 21.9.1988, S. 3 und ABl. Nr. C195 vom 3.8.1990, S. 1
[2]) ABl. Nr. C 75 vom 20.3.1991, S. 12
[3]) ABl. Nr. C 31 vom 6.2.1991, S. 25
[4]) ABl. Nr. C 328 vom 7.12.1987, S.1

Hauptziel dieser Richtlinie ist es, die Erhaltung der biologischen Vielfalt zu fördern, wobei jedoch die wirtschaftlichen, sozialen, kulturellen und regionalen Anforderungen berücksichtigt werden sollen. Diese Richtlinie leistet somit einen Beitrag zu dem allgemeinen Ziel einer nachhaltigen Entwicklung. Die Erhaltung der biologischen Vielfalt kann in bestimmten Fällen die Fortführung oder auch die Förderung bestimmter Tätigkeiten des Menschen erfordern.

Der Zustand der natürlichen Lebensräume im europäischen Gebiet der Mitgliedstaaten verschlechtert sich unaufhörlich. Die verschiedenen Arten wildlebender Tiere und Pflanzen sind in zunehmender Zahl ernstlich bedroht. Die bedrohten Lebensräume und Arten sind Teil des Naturerbes der Gemeinschaft, und die Bedrohung, der sie ausgesetzt sind, ist oft grenzübergreifend; daher sind zu ihrer Erhaltung Maßnahmen auf Gemeinschaftsebene erforderlich.

Bestimmte natürliche Lebensraumtypen und bestimmte Arten sind angesichts der Bedrohung, der sie ausgesetzt sind, als prioritär einzustufen, damit Maßnahmen zu ihrer Erhaltung zügig durchgeführt werden können.

Zur Wiederherstellung oder Wahrung eines günstigen Erhaltungszustandes der natürlichen Lebensräume und der Arten von gemeinschaftlichem Interesse sind besondere Schutzgebiete auszuweisen, um nach einem genau festgelegten Zeitplan ein zusammenhängendes europäisches ökologisches Netz zu schaffen.

Alle ausgewiesenen Gebiete sind in das zusammenhängende europäische ökologische Netz einzugliedern, und zwar einschließlich der nach der Richtlinie 79/409/EWG des Rates vom 2. April 1979 über die Erhaltung der wildlebenden Vogelarten [5]) derzeit oder künftig als besondere Schutzgebiete ausgewiesenen Gebiete.

In jedem ausgewiesenen Gebiet sind entsprechend den einschlägigen Erhaltungszielen die erforderlichen Maßnahmen durchzuführen.

Die Gebiete, die als besondere Schutzgebiete ausgewiesen werden könnten, werden von den Mitgliedstaaten vorgeschlagen; außerdem ist jedoch ein Verfahren vorzusehen, wonach in Ausnahmefällen auch ohne Vorschlag eines Mitgliedstaats die Ausweisung eines Gebiets möglich ist, wenn die Gemeinschaft dies für die Erhaltung eines prioritären natürlichen Lebensraumtyps oder für das Überleben einer prioritären Art für unbedingt erforderlich hält.

Pläne und Projekte, die sich auf die mit der Ausweisung eines Gebiets verfolgten Erhaltungsziele wesentlich auswirken könnten, sind einer angemessenen Prüfung zu unterziehen.

Es wird anerkannt, daß die Einleitung von Maßnahmen zugunsten der Erhaltung prioritärer natürlicher Lebensräume und prioritärer Arten von gemeinschaftlichem Interesse eine gemeinsame Verantwortung aller Mitgliedstaaten ist. Dies kann jedoch zu einer übermäßigen finanziellen Belastung mancher Mitgliedstaaten führen, da zum einen derartige Lebensräume und Arten in der Gemeinschaft ungleich verteilt sind und zum anderen im besonderen Fall der Erhaltung der Natur das Verursacherprinzip nur in begrenztem Umfang Anwendung finden kann.

Es besteht deshalb Einvernehmen darüber, daß in diesem Ausnahmefall eine finanzielle Beteiligung der Gemeinschaft im Rahmen der Mittel vorgesehen werden muß, die aufgrund der Beschlüsse der Gemeinschaft bereitgestellt werden.

---

[5]) ABl. Nr. L 103 vom 25.4.1979, S.1, Richtlinie zuletzt geändert durch die Richtlinie 91/244/EWG (ABl. Nr. L 115 vom 8.5.1991, S.41).

Im Rahmen der Landnutzungs- und Entwicklungspolitik ist die Pflege von Landschaftselementen, die von ausschlaggebender Bedeutung für wildlebende Tiere und Pflanzen sind, zu fördern.

Es sind Vorkehrungen zu treffen, durch die sich eine Überwachung des Erhaltungszustandes der in dieser Richtlinie genannten natürlichen Lebensräume und Arten sicherstellen läßt.

Ergänzend zur Richtlinie 79/409/EWG ist ein allgemeines Schutzsystem für bestimmte Tier- und Pflanzenarten vorzusehen. Für bestimmte Arten sind Regulierungsmaßnahmen vorzusehen, wenn dies aufgrund ihres Erhaltungszustands gerechtfertigt ist; hierzu zählt auch das Verbot bestimmter Fang- und Tötungsmethoden, wobei unter gewissen Voraussetzungen Abweichungen zulässig sein müssen.

Zur Überwachung der Umsetzung dieser Richtlinie erstellt die Kommission in regelmäßigen Zeitabständen einen zusammenfassenden Bericht, der insbesondere auf den Informationen beruht, die ihr die Mitgliedstaaten über die Durchführung der aufgrund dieser Richtlinie erlassenen einzelstaatlichen Vorschriften übermitteln.

Für die Durchführung dieser Richtlinie ist ein Ausbau der wissenschaftlichen und technischen Erkenntnisse unerläßlich; daher gilt es, die hierzu erforderliche Forschung und wissenschaftliche Arbeit zu fördern.

Aufgrund des technischen und wissenschaftlichen Fortschritts muß eine Anpassung der Anhänge möglich sein. Es ist ein Verfahren für die Anpassung der Anhänge durch den Rat vorzusehen.

Zur Unterstützung der Kommission bei der Durchführung dieser Richtlinie und insbesondere bei den Beschlüssen über die gemeinschaftliche Mitfinanzierung ist ein Regelungsausschuß einzusetzen.

Es sind ergänzende Maßnahmen zur Regelung der Wiederansiedlung bestimmter heimischer Tier- und Pflanzenarten sowie der eventuellen Ansiedlung nicht heimischer Arten vorzusehen.

Für die wirksame Durchführung dieser Richtlinie sind Aufklärungsmaßnahmen und eine allgemeine Unterrichtung über die Ziele der Richtlinie unerläßlich –

HAT FOLGENDE RICHTLINIE ERLASSEN:

Begriffsbestimmungen

Artikel 1

Im Sinne dieser Richtlinie bedeutet:

a) *„Erhaltung":* alle Maßnahmen, die erforderlich sind, um die natürlichen Lebensräume und die Populationen wildlebender Tier- und Pflanzenarten in einem günstigen Erhaltungszustand im Sinne des Buchstabens e) oder i) zu erhalten oder diesen wiederherzustellen.

b) *„Natürlicher Lebensraum":* durch geographische, abiotische und biotische Merkmale gekennzeichnete völlig natürliche oder naturnahe terrestrische oder aquatische Gebiete.

c) *„Natürliche Lebensräume von gemeinschaftlichem Interesse“:* diejenigen Lebensräume, die in dem in Artikel 2 erwähnten Gebiet

   i) im Bereich ihres natürlichen Vorkommens vom Verschwinden bedroht sind
   oder

   ii) infolge ihres Rückgangs oder aufgrund ihres an sich schon begrenzten Vorkommens ein geringes natürliches Verbreitungsgebiet haben
   oder

   iii) typische Merkmale einer oder mehrerer der folgenden fünf biogeographischen Regionen aufweisen: alpine, atlantische, kontinentale, makaronesische und mediterrane. [inzwischen 6 Regionen mit der borealen Region].

   Diese Lebensraumtypen sind in Anhang I aufgeführt bzw. können dort aufgeführt werden.

d) *„Prioritäre natürliche Lebensraumtypen“:* die in dem in Artikel 2 genannten Gebiet vom Verschwinden bedrohten natürlichen Lebensraumtypen, für deren Erhaltung der Gemeinschaft aufgrund der natürlichen Ausdehnung dieser Lebensraumtypen im Verhältnis zu dem in Artikel 2 genannten Gebiet besondere Verantwortung zukommt; diese prioritären natürlichen Lebensraumtypen sind in Anhang I mit einem Sternchen (*) gekennzeichnet;

e) *„Erhaltungszustand eines natürlichen Lebensraums“:* die Gesamtheit der Einwirkungen, die den betreffenden Lebensraum und die darin vorkommenden charakteristischen Arten beeinflussen und die sich langfristig auf seine natürliche Verbreitung, seine Struktur und seine Funktionen sowie das Überleben seiner charakteristischen Arten in dem in Artikel 2 genannten Gebiet auswirken können.

   Der „Erhaltungszustand“ eines natürlichen Lebensraums wird als „günstig“ erachtet, wenn
   - sein natürliches Verbreitungsgebiet sowie die Flächen, die er in diesem Gebiet einnimmt, beständig sind oder sich ausdehnen und
   - die für seinen langfristigen Fortbestand notwendige Struktur und spezifischen Funktionen bestehen und in absehbarer Zukunft wahrscheinlich weiterbestehen werden
     und
   - der Erhaltungszustand der für ihn charakteristischen Arten im Sinne des Buchstabens i) günstig ist.

f) *„Habitat einer Art“:* durch spezifische, abiotische und biotische Faktoren bestimmter Lebensraum, in dem diese Art in einem der Stadien ihres Lebenskreislaufs vorkommt.

g) *„Arten von gemeinschaftlichem Interesse“:* Arten, die in dem in Artikel 2 bezeichneten Gebiet

   i) bedroht sind, außer denjenigen, deren natürliche Verbreitung sich nur auf Randzonen des vorgenannten Gebietes erstreckt und die weder bedroht noch im Gebiet der westlichen Paläarktis potentiell bedroht sind, oder

   ii) potentiell bedroht sind, d.h., deren baldiger Übergang in die Kategorie der bedrohten Arten als wahrscheinlich betrachtet wird, falls die ursächlichen Faktoren der Bedrohung fortdauern, oder

   iii) selten sind, d.h., deren Populationen klein und, wenn nicht unmittelbar, so doch mittelbar bedroht oder potentiell bedroht sind. Diese Arten kommen entweder in begrenzten geographischen Regionen oder in einem größeren Gebiet vereinzelt vor, oder

iv) endemisch sind und infolge der besonderen Merkmale ihres Habitats und/oder der potentiellen Auswirkungen ihrer Nutzung auf ihren Erhaltungszustand besondere Beachtung erfordern.

Diese Arten sind in Anhang II und/oder Anhang IV oder Anhang V aufgeführt bzw. können dort aufgeführt werden.

h) *„Prioritäre Arten“:* die unter Buchstabe g) Ziffer i) genannten Arten, für deren Erhaltung der Gemeinschaft aufgrund ihrer natürlichen Ausdehnung im Verhältnis zu dem in Artikel 2 genannten Gebiet besondere Verantwortung zukommt; diese prioritären Arten sind in Anhang II mit einem Sternchen (*) gekennzeichnet.

i) *„Erhaltungszustand einer Art“:* die Gesamtheit der Einflüsse, die sich langfristig auf die Verbreitung und die Größe der Populationen der betreffenden Arten in dem in Artikel 2 bezeichneten Gebiet auswirken können.

Der Erhaltungszustand wird als „günstig“ betrachtet, wenn

– aufgrund der Daten über die Populationsdynamik der Art anzunehmen ist, daß diese Art ein lebensfähiges Element des natürlichen Lebensraumes, dem sie angehört, bildet und langfristig weiterhin bilden wird, und
– das natürliche Verbreitungsgebiet dieser Art weder abnimmt noch in absehbarer Zeit vermutlich abnehmen wird und
– ein genügend großer Lebensraum vorhanden ist und wahrscheinlich weiterhin vorhanden sein wird, um langfristig ein Überleben der Populationen dieser Art zu sichern.

j) *„Gebiet“:* ein geographisch definierter Bereich mit klar abgegrenzter Fläche.

k) *„Gebiet von gemeinschaftlicher Bedeutung“:* Gebiet, das in der oder den biogeographischen Region(en), zu welchen es gehört, in signifikantem Maße dazu beiträgt, einen natürlichen Lebensraumtyp des Anhangs I oder eine Art des Anhangs II in einem günstigen Erhaltungszustand zu bewahren oder einen solchen wiederherzustellen und auch in signifikantem Maße zur Kohärenz des in Artikel 3 genannten Netzes „Natura 2000“ und/oder in signifikantem Maße zur biologischen Vielfalt in der biogeographischen Region beitragen kann.

Bei Tierarten, die große Lebensräume beanspruchen, entsprechen die Gebiete von gemeinschaftlichem Interesse den Orten im natürlichen Verbreitungsgebiet dieser Arten, welche die für ihr Leben und ihre Fortpflanzung ausschlaggebenden physischen und biologischen Elemente aufweisen.

l) *„Besonderes Schutzgebiet“:* ein von den Mitgliedstaaten durch eine Rechts- oder Verwaltungsvorschrift und/oder eine vertragliche Vereinbahrung als ein von gemeinschaftlicher Bedeutung ausgewiesenes Gebiet, in dem die Maßnahmen, die zur Wahrung oder Wiederherstellung eines günstigen Erhaltungszustandes der natürlichen Lebensräume und/oder Populationen der Arten, für die das Gebiet bestimmt ist, erforderlich sind, durchgeführt werden.

m) *„Exemplar“:* jedes Tier oder jede Pflanze – lebend oder tot – der in Anhang IV und Anhang V aufgeführten Arten, jedes Teil oder jedes aus dem Tier oder der Pflanze gewonnene Produkt sowie jede andere Ware, die aufgrund eines Begleitdokuments, der Verpackung, eines Zeichens, eines Etiketts oder eines anderen Sachverhalts als Teil oder Derivat von Tieren oder Pflanzen der erwähnten Arten identifiziert werden kann.

n) *„Ausschuß“:* der aufgrund des Artikels 20 eingesetzte Ausschuß.

Artikel 2

[Ziele der Richtlinie]

(1) Diese Richtlinie hat zum Ziel, zur Sicherung der Artenvielfalt durch die Erhaltung der natürlichen Lebensräume sowie der wildlebenden Tiere und Pflanzen im europäischen Gebiet der Mitgliedstaaten, für das der Vertrag Geltung hat, beizutragen.
(2) Die aufgrund dieser Richtlinie getroffenen Maßnahmen zielen darauf ab, einen günstigen Erhaltungszustand der natürlichen Lebensräume und wildlebenden Tier- und Pflanzenarten von gemeinschaftlichem Interesse zu bewahren oder wiederherzustellen.
(3) Die aufgrund dieser Richtlinie getroffenen Maßnahmen tragen den Anforderungen von Wirtschaft, Gesellschaft und Kultur sowie den regionalen und örtlichen Besonderheiten Rechnung.

Erhaltung der natürlichen Lebensräume und der Habitate der Arten

Artikel 3

[Netzwerk Natura 2000]

(1) Es wird ein kohärentes europäisches ökologisches Netz besonderer Schutzgebiete mit der Bezeichnung „Natura 2000" errichtet. Dieses Netz besteht aus Gebieten, die die natürlichen Lebensraumtypen des Anhangs I sowie die Habitate der Arten des Anhangs II umfassen, und muß den Fortbestand oder gegebenenfalls die Wiederherstellung eines günstigen Erhaltungszustandes dieser natürlichen Lebensraumtypen und Habitate der Arten in ihrem natürlichen Verbreitungsgebiet gewährleisten.
Das Netz „Natura 2000" umfaßt auch die von den Mitgliedstaaten aufgrund der Richtlinie 79/409/EWG ausgewiesenen besonderen Schutzgebiete.
(2) Jeder Staat trägt im Verhältnis der in seinem Hoheitsgebiet vorhandenen in Absatz 1 genannten natürlichen Lebensraumtypen und Habitate der Arten zur Errichtung von Natura 2000 bei. Zu diesem Zweck weist er nach den Bestimmungen des Artikels 4 Gebiete als besondere Schutzgebiete aus, wobei er den in Absatz 1 genannten Zielen Rechnung trägt.
(3) Die Mitgliedstaaten werden sich, wo sie dies für erforderlich halten, bemühen, die ökologische Kohärenz von Natura 2000 durch die Erhaltung und gegebenenfalls die Schaffung der in Artikel 10 genannten Landschaftselemente, die von ausschlaggebender Bedeutung für wildlebende Tiere und Pflanzen sind, zu verbessern.

Artikel 4

[Verfahren der Gebietsmeldung]

(1) Anhand der in Anhang III (Phase 1) festgelegten Kriterien und einschlägiger wissenschaftlicher Informationen legt jeder Mitgliedstaat eine Liste von Gebieten vor, in

der die in diesen Gebieten vorkommenden natürlichen Lebensraumtypen des Anhangs I und einheimischen Arten des Anhangs II aufgeführt sind. Bei Tierarten, die große Lebensräume beanspruchen, entsprechen diese Gebiete den Orten im natürlichen Verbreitungsgebiet dieser Arten, welche die für ihr Leben und ihre Fortpflanzung ausschlaggebenden physischen und biologischen Elemente aufweisen. Für im Wasser lebende Tierarten, die große Lebensräume beanspruchen, werden solche Gebiete nur vorgeschlagen, wenn sich ein Raum klar abgrenzen läßt, der die für das Leben und die Fortpflanzung dieser Arten ausschlaggebenden physischen und biologischen Elemente aufweist. Die Mitgliedstaaten schlagen gegebenenfalls die Anpassung dieser Liste im Lichte der Ergebnisse der in Artikel 11 genannten Überwachung vor.

Binnen drei Jahren nach der Bekanntgabe dieser Richtlinie wird der Kommission diese Liste gleichzeitig mit den Informationen über die einzelnen Gebiete zugeleitet. Diese Informationen umfassen eine kartographische Darstellung des Gebietes, seine Bezeichnung, seine geographische Lage, seine Größe sowie die Daten, die sich aus der Anwendung der in Anhang III (Phase 1) genannten Kriterien ergeben, und werden anhand eines von der Kommission nach dem Verfahren des Artikels 21 ausgearbeiteten Formulars übermittelt.

(2) Auf der Grundlage der in Anhang III (Phase 2) festgelegten Kriterien und im Rahmen der fünf in Artikel 1 Buchstabe c) Ziffer iii) erwähnten biogeographischen Regionen sowie des in Artikel 2 Absatz 1 genannten Gesamtgebietes erstellt die Kommission jeweils im Einvernehmen mit den Mitgliedstaaten den Entwurf einer Liste der Gebiete von gemeinschaftlicher Bedeutung, in der die Gebiete mit einem oder mehreren prioritären natürlichen Lebensraumtyp(en) oder einer oder mehreren prioritären Art(en) ausgewiesen sind.

Die Mitgliedstaaten, bei denen Gebiete mit einem oder mehreren prioritären natürlichen Lebensraumtyp(en) und einer oder mehreren prioritären Art(en) flächenmäßig mehr als 5 v. H. des Hoheitsgebiets ausmachen, können im Einvernehmen mit der Kommission beantragen, daß die in Anhang III (Phase 2) angeführten Kriterien bei der Auswahl aller in ihrem Hoheitsgebiet liegenden Gebiete von gemeinschaftlicher Bedeutung flexibler angewandt werden.

Die Liste der Gebiete, die als Gebiete von gemeinschaftlicher Bedeutung ausgewählt wurden und in der die Gebiete mit einem oder mehreren prioritären natürlichen Lebensraumtyp(en) oder einer oder mehreren prioritären Art(en) ausgewiesen sind, wird von der Kommission nach dem Verfahren des Artikels 21 festgelegt.

(3) Die in Absatz 2 erwähnte Liste wird binnen sechs Jahren nach Bekanntgabe dieser Richtlinie erstellt.

(4) Ist ein Gebiet aufgrund des in Absatz 2 genannten Verfahrens als Gebiet von gemeinschaftlicher Bedeutung bezeichnet worden, so weist der betreffende Mitgliedstaat dieses Gebiet so schnell wie möglich – spätestens aber binnen sechs Jahren – als besonderes Schutzgebiet aus und legt dabei die Prioritäten nach Maßgabe der Wichtigkeit dieser Gebiete für die Wahrung oder die Wiederherstellung eines günstigen Erhaltungszustandes eines natürlichen Lebensraumtyps des Anhangs I oder einer Art des Anhangs II und für die Kohärenz des Netzes Natura 2000 sowie danach fest, inwieweit diese Gebiete von Schädigung oder Zerstörung bedroht sind.

(5) Sobald ein Gebiet in die Liste des Absatzes 2 Unterabsatz 3 aufgenommen ist, unterliegt es den Bestimmungen des Artikels 6 Absätze 2, 3 und 4.

Artikel 5

[Vorschlagsrecht der Kommission, Konzertierungsverfahren]

(1) In Ausnahmefällen, in denen die Kommission feststellt, daß ein Gebiet mit einem prioritären natürlichen Lebensraumtyp oder einer prioritären Art in einer nationalen Liste nach Artikel 4 Absatz 1 nicht aufgeführt ist, das ihres Erachtens aufgrund von zuverlässigen einschlägigen wissenschaftlichen Daten für den Fortbestand dieses prioritären natürlichen Lebensraumtyps oder das Überleben dieser prioritären Art unerläßlich ist, wird ein bilaterales Konzertierungsverfahren zwischen diesem Mitgliedstaat und der Kommission zum Vergleich der auf beiden Seiten verwendeten wissenschaftlichen Daten eingeleitet.
(2) Herrschen nach einem Konzertierungszeitraum von höchstens sechs Monaten weiterhin Meinungsverschiedenheiten, so übermittelt die Kommission dem Rat einen Vorschlag über die Auswahl des Gebietes als Gebiet von gemeinschaftlicher Bedeutung.
(3) Der Rat beschließt einstimmig innerhalb von drei Monaten ab dem Zeitpunkt, zu dem er mit diesem Vorschlag befaßt worden ist.
(4) Während der Konzertierungsphase und bis zur Beschlußfassung des Rates unterliegt das betreffende Gebiet den Bestimmungen des Artikels 6 Absatz 2.

Artikel 6

[Schutzstatus, Verträglichkeitsprüfung]

(1) Für die besonderen Schutzgebiete legen die Mitgliedstaaten die nötigen Erhaltungsmaßnahmen fest, die gegebenenfalls geeignete, eigens für die Gebiete aufgestellte oder in andere Entwicklungspläne integrierte Bewirtschaftungspläne und geeignete Maßnahmen rechtlicher, administrativer oder vertraglicher Art umfassen, die den ökologischen Erfordernissen der natürlichen Lebensraumtypen nach Anhang I und der Arten nach Anhang II entsprechen, die in diesen Gebieten vorkommen.
(2) Die Mitgliedstaaten treffen die geeigneten Maßnahmen, um in den besonderen Schutzgebieten die Verschlechterung der natürlichen Lebensräume und der Habitate der Arten sowie Störungen von Arten, für die die Gebiete ausgewiesen worden sind, zu vermeiden, sofern solche Störungen sich im Hinblick auf die Ziele dieser Richtlinie erheblich auswirken könnten.
(3) Pläne oder Projekte, die nicht unmittelbar mit der Verwaltung des Gebietes in Verbindung stehen oder hierfür nicht notwendig sind, die ein solches Gebiet jedoch einzeln oder in Zusammenwirkung mit anderen Plänen und Projekten erheblich beeinträchtigen könnten, erfordern eine Prüfung auf Verträglichkeit mit den für dieses Gebiet festgelegten Erhaltungszielen. Unter Berücksichtigung der Ergebnisse der Verträglichkeitsprüfung und vorbehaltlich des Absatzes 4 stimmen die zuständigen einzelstaatlichen Behörden dem Plan bzw. Projekt nur zu, wenn sie festgestellt haben, daß das Gebiet als solches nicht beeinträchtigt wird, und nachdem sie gegebenenfalls die Öffentlichkeit angehört haben.

(4) Ist trotz negativer Ergebnisse der Verträglichkeitsprüfung aus zwingenden Gründen des überwiegenden öffentlichen Interesses einschließlich solcher sozialer oder wirtschaftlicher Art ein Plan oder Projekt durchzuführen und ist eine Alternativlösung nicht vorhanden, so ergreift der Mitgliedstaat alle notwendigen Ausgleichsmaßnahmen, um sicherzustellen, daß die globale Kohärenz von Natura 2000 geschützt ist. Der Mitgliedstaat unterrichtet die Kommission über die von ihm ergriffenen Ausgleichsmaßnahmen.

Ist das betreffende Gebiet ein Gebiet, das einen prioritären natürlichen Lebenraumtyp und/oder eine prioritäre Art einschließt, so können nur Erwägungen in Zusammenhang mit der Gesundheit des Menschen und der öffentlichen Sicherheit oder in Zusammenhang mit maßgeblichen günstigen Auswirkungen für die Umwelt oder, nach Stellungnahme der Kommission; andere zwingende Gründe des überwiegenden öffentlichen Interesses geltend gemacht werden.

Artikel 7

[Integration der Vogelschutzgebiete]

Was die nach Artikel 4 Absatz 1 der Richtlinie 79/409/EWG zu besonderen Schutzgebieten erklärten oder nach Artikel 4 Absatz 2 derselben Richtlinie als solche anerkannten Gebiete anbelangt, so treten die Verpflichtungen nach Artikel 6 Absätze 2, 3 und 4 der vorliegenden Richtlinie ab dem Datum für die Anwendung der vorliegenden Richtlinie bzw. danach ab dem Datum, zu dem das betreffende Gebiet von einem Mitgliedstaat entsprechend der Richtlinie 79/409/EWG zum besonderen Schutzgebiet erklärt oder als solches anerkannt wird, an die Stelle der Pflichten, die sich aus Artikel 4 Absatz 4 Satz 1 der Richtlinie 79/409/EWG ergeben.

Artikel 8

[Finanzielle Regelungen]

(1) Die Mitgliedstaaten übermitteln der Kommission zusammen mit ihren Vorschlägen für Gebiete, die als besondere Schutzgebiete mit prioritären natürlichen Lebensraumtypen und/oder prioritären Arten ausgewiesen werden können, gegebenenfalls ihre Schätzungen bezüglich der finanziellen Beteiligung der Gemeinschaft, die ihres Erachtens für die Erfüllung ihrer Verpflichtungen nach Artikel 6 Absatz 1 erforderlich ist.

(2) Die Kommission erarbeitet im Benehmen mit jedem betroffenen Mitgliedstaat für die Gebiete von gemeinschaftlichem Interesse, für die eine finanzielle Beteiligung beantragt wird, die Maßnahmen, die für die Wahrung oder Wiederherstellung eines günstigen Erhaltungszustands der prioritären natürlichen Lebensraumtypen und der prioritären Arten in den betreffenden Gebieten wesentlich sind, und ermittelt die Gesamtkosten dieser Maßnahmen.

(3) Die Kommission ermittelt im Benehmen mit den betreffenden Mitgliedstaaten die

für die Durchführung der Maßnahmen nach Absatz 2 erforderliche Finanzierung einschließlich der finanziellen Beteiligung der Gemeinschaft; dabei berücksichtigt sie unter anderem die Konzentration der prioritären natürlichen Lebensraumtypen und/oder prioritären Arten im Hoheitsgebiet des Mitgliedstaats und die Belastung jedes Mitgliedstaats durch die erforderlichen Maßnahmen.
(4) Entsprechend der Schätzung nach den Absätzen 2 und 3 legt die Kommission unter Berücksichtigung der nach den einschlägigen Gemeinschaftsinstrumenten verfügbaren Finanzmittel gemäß dem Verfahren des Artikels 21 einen prioritären Aktionsrahmen von Maßnahmen fest, die eine finanzielle Beteiligung umfassen und zu treffen sind, wenn das Gebiet gemäß Artikel 4 Absatz 4 ausgewiesen worden ist.
(5) Maßnahmen, die mangels ausreichender Mittel in dem vorgenannten Aktionsrahmen nicht berücksichtigt worden sind bzw. in diesen Aktionsrahmen aufgenommen wurden, für die die erforderliche finanzielle Beteiligung jedoch nicht oder nur teilweise vorgesehen wurde, werden nach dem Verfahren des Artikels 21 im Rahmen der alle zwei Jahre erfolgenden Überprüfung des Aktionsrahmens erneut geprüft und können bis dahin von den Mitgliedstaaten zurückgestellt werden. Bei dieser Überprüfung wird gegebenenfalls der neuen Situation in dem betreffenden Gebiet Rechnung getragen.
(6) In Gebieten, in denen von einer finanziellen Beteiligung abhängige Maßnahmen zurückgestellt werden, sehen die Mitgliedstaaten von neuen Maßnahmen ab, die zu einer Verschlechterung des Zustands dieser Gebiete führen können.

Artikel 9

[Natura 2000-Beurteilung, Gebietsaufhebung]

Die Kommission beurteilt im Rahmen des Verfahrens nach Artikel 21 in regelmäßigen Zeitabständen den Beitrag von Natura 2000 zur Verwirklichung der in den Artikel 2 und 3 genannten Ziele. In diesem Zusammenhang kann die Aufhebung der Klassifizierung als besonderes Schutzgebiet in den Fällen erwogen werden, in denen die gemäß Artikel 11 beobachtete natürliche Entwicklung dies rechtfertigt.

Artikel 10

[Förderung von Landschaftselementen]

Die Mitgliedstaaten werden sich dort, wo sie dies im Rahmen ihrer Landnutzungs- und Entwicklungspolitik, insbesondere zur Verbesserung der ökologischen Kohärenz von Natura 2000, für erforderlich halten, bemühen, die Pflege von Landschaftselementen, die von ausschlaggebender Bedeutung für wildlebende Tiere und Pflanzen sind, zu fördern.

Hierbei handelt es sich um Landschaftselemente, die aufgrund ihrer linearen, fortlaufenden Struktur (z. B. Flüsse mit ihren Ufern oder herkömmlichen Feldrainen) oder ihrer Vernetzungsfunktion (z. B. Teiche oder Gehölze) für die Wanderung, die geographische Verbreitung und den genetischen Austausch wildlebender Arten wesentlich sind.

Artikel 11

[Überwachungsgebot]

Die Mitgliedstaaten überwachen den Erhaltungszustand der in Artikel 2 genannten Arten und Lebensräume, wobei sie die prioritären natürlichen Lebensraumtypen und die prioritären Arten besonders berücksichtigen.

Artenschutz

Artikel 12

[Artenschutz Tiere, Anhang IV]

(1) Die Mitgliedstaaten treffen die notwendigen Maßnahmen, um ein strenges Schutzsystem für die in Anhang IV Buchstabe a) genannten Tierarten in deren natürlichen Verbreitungsgebieten einzuführen; dieses verbietet:
- a) alle absichtlichen Formen des Fangs oder der Tötung von aus der Natur entnommenen Exemplaren dieser Arten;
- b) jede absichtliche Störung dieser Arten, insbesondere während der Fortpflanzungs-, Aufzucht-, Überwinterungs- und Wanderungszeiten;
- c) jede absichtliche Zerstörung oder Entnahme von Eiern aus der Natur;
- d) jede Beschädigung oder Vernichtung der Fortpflanzungs- oder Ruhestätten.

(2) Für diese Arten verbieten die Mitgliedstaaten Besitz, Transport, Handel oder Austausch und Angebot zum Verkauf oder Austausch von aus der Natur entnommenen Exemplaren; vor Beginn der Anwendbarkeit dieser Richtlinie rechtmäßig entnommene Exemplare sind hiervon ausgenommen.
(3) Die Verbote nach Absatz 1 Buchstaben a) und b) sowie nach Absatz 2 gelten für alle Lebensstadien der Tiere im Sinne dieses Artikels.
(4) Die Mitgliedstaaten führen ein System zur fortlaufenden Überwachung des unbeabsichtigten Fangs oder Tötens der in Anhang IV Buchstabe a) genannten Tierarten ein. Anhand der gesammelten Informationen leiten die Mitgliedstaaten diejenigen weiteren Untersuchungs- oder Erhaltungsmaßnahmen ein, die erforderlich sind, um sicherzustellen, daß der unbeabsichtigte Fang oder das unbeabsichtigte Töten keine signifikanten negativen Auswirkungen auf die betreffenden Arten haben.

Artikel 13

[Artenschutz Pflanzen, Anhang IV]

(1) Die Mitgliedstaaten ergreifen die erforderlichen Maßnahmen, um ein striktes Schutzsystem für die in Anhang IV Buchstabe b) angegebenen Pflanzenarten aufzubauen, das folgendes verbietet:

a) absichtliches Pflücken, Sammeln, Abschneiden, Ausgraben oder Vernichten von Exemplaren solcher Pflanzen in deren Verbreitungsräumen in der Natur;
b) Besitz, Transport, Handel oder Austausch und Angebot zum Verkauf oder Austausch von aus der Natur entnommenen Exemplaren solcher Pflanzen; vor Beginn der Anwendbarkeit dieser Richtlinie rechtmäßig entnommene Exemplare sind hiervon ausgenommen.

(2) Die Verbote nach Absatz 1 Buchstaben a) und b) gelten für alle Lebensstadien der Pflanzen im Sinne dieses Artikels.

Artikel 14

[Maßnahmen des Artenschutzes]

(1) Die Mitgliedstaaten treffen, sofern sie es aufgrund der Überwachung gemäß Artikel 11 für erforderlich halten, die notwendigen Maßnahmen, damit die Entnahme aus der Natur von Exemplaren der wildlebenden Tier- und Pflanzenarten des Anhangs V sowie deren Nutzung mit der Aufrechterhaltung eines günstigen Erhaltungszustands vereinbar sind.

(2) Werden derartige Maßnahmen für erforderlich gehalten, so müssen sie die Fortsetzung der Überwachung gemäß Artikel 11 beinhalten. Außerdem können sie insbesondere folgendes umfassen:

- Vorschriften bezüglich des Zugangs zu bestimmten Bereichen;
- das zeitlich oder örtlich begrenzte Verbot der Entnahme von Exemplaren aus der Natur und der Nutzung bestimmter Populationen;
- die Regelung der Entnahmeperioden und/oder -formen;
- die Einhaltung von dem Erhaltungsbedarf derartiger Populationen Rechnung tragenden waidmännischen oder fischereilichen Regeln bei der Entnahme von Exemplaren;
- die Einführung eines Systems von Genehmigungen für die Entnahme oder von Quoten;
- die Regelung von Kauf, Verkauf, Feilhalten, Besitz oder Transport zwecks Verkauf der Exemplare;
- das Züchten in Gefangenschaft von Tierarten sowie die künstliche Vermehrung von Pflanzenarten unter streng kontrollierten Bedingungen, um die Entnahme von Exemplaren aus der Natur zu verringern;
- die Beurteilung der Auswirkungen der ergriffenen Maßnahmen.

Artikel 15

[Fang-/ Transportverbote]

In bezug auf den Fang oder das Töten der in Anhang V Buchstabe a) genannten wildlebenden Tierarten sowie in den Fällen, in denen Ausnahmen gemäß Artikel 16 für die Entnahme, den Fang oder die Tötung der in Anhang IV Buchstabe a) genannten Arten gemacht werden, verbieten die Mitgliedstaaten den Gebrauch aller nichtselektiven Geräte, durch die das örtliche Verschwinden von Populationen dieser Tierarten hervorgerufen werden könnte oder sie schwer gestört werden könnten, insbesondere

a) den Gebrauch der in Anhang VI Buchstabe a) genannten Fang- und Tötungsgeräte;
b) jede Form des Fangs oder Tötens mittels der in Anhang VI Buchstabe b) genannten Transportmittel.

Artikel 16

[Ausnahmeregelungen zum Artenschutz]

(1) Sofern es keine anderweitige zufriedenstellende Lösung gibt und unter der Bedingung, daß die Populationen der betroffenen Art in ihrem natürlichen Verbreitungsgebiet trotz der Ausnahmeregelung ohne Beeinträchtigung in einem günstigen Erhaltungszustand verweilen, können die Mitgliedstaaten von den Bestimmungen der Artikel 12, 13 und 14 sowie des Artikels 15 Buchstaben a) bis b) im folgenden Sinne abweichen:

a) zum Schutz der wildlebenden Tiere und Pflanzen und zur Erhaltung der natürlichen Lebensräume;
b) zur Verhütung ernster Schäden insbesondere an Kulturen und in der Tierhaltung sowie an Wäldern, Fischgründen und Gewässern sowie an sonstigen Formen von Eigentum;
c) im Interesse der Volksgesundheit und der öffentlichen Sicherheit oder aus anderen zwingenden Gründen des überwiegenden öffentlichen Interesses, einschließlich solcher sozialer oder wirtschaftlicher Art oder positiver Folgen für die Umwelt;
d) zu Zwecken der Forschung und des Unterrichts, der Bestandsauffüllung und Wiederansiedlung und der für diese Zwecke erforderlichen Aufzucht, einschließlich der künstlichen Vermehrung von Pflanzen;
e) um unter strenger Kontrolle, selektiv und in beschränktem Ausmaß die Entnahme oder Haltung einer begrenzten und von den zuständigen einzelstaatlichen Behörden spezifizierten Anzahl von Exemplaren bestimmter Tier- und Pflanzenarten des Anhangs IV zu erlauben.

(2) Die Mitgliedstaaten legen der Kommission alle zwei Jahre einen mit dem vom Ausschuß festgelegten Modell übereinstimmenden Bericht über die nach Absatz 1 genehmigten Ausnahmen vor. Die Kommission nimmt zu diesen Ausnahmen binnen zwölf Monaten nach Erhalt des Berichts Stellung und unterrichtet darüber den Ausschuß.

(3) In den Berichten ist Folgendes anzugeben:

a) die Arten, für die die Ausnahmeregelung gilt, und der Grund der Ausnahme, ein-schließlich der Art der Risiken sowie gegebenenfalls der verworfenen Alternativlösungen und der benutzten wissenschaftlichen Daten;
b) die für Fang oder Tötung von Tieren zugelassenen Mittel, Einrichtungen oder Methoden und die Gründe für ihren Gebrauch;
c) die zeitlichen und örtlichen Umstände der Ausnahmegenehmigungen;
d) die Behörde, die befugt ist, zu erklären, daß die erforderlichen Voraussetzungen erfüllt sind, bzw. zu kontrollieren, ob sie erfüllt sind, und die beschließen kann, welche Mittel, Einrichtungen und Methoden innerhalb welcher Grenzen und von welchen Stellen verwendet werden dürfen sowie welche Personen mit der Durchführung betraut werden;
e) die angewandten Kontrollmaßnahmen und die erzielten Ergebnisse.

Information

Artikel 17

[Durchführungsbericht]

(1) Alle sechs Jahre nach Ablauf der in Artikel 23 vorgesehenen Frist erstellen die Mitgliedstaaten einen Bericht über die Durchführung der im Rahmen dieser Richtlinie durchgeführten Maßnahmen. Dieser Bericht enthält insbesondere Informationen über die in Artikel 6 Absatz 1 genannten Erhaltungsmaßnahmen sowie die Bewertung der Auswirkungen dieser Maßnahmen auf den Erhaltungszustand der Lebensraumtypen des Anhangs I und der Arten des Anhangs II sowie die wichtigsten Ergebnisse der in Artikel 11 genannten Überwachung. Dieser Bericht, dessen Form mit dem vom Ausschuß aufgestellten Modell übereinstimmt, wird der Kommission übermittelt und der Öffentlichkeit zugänglich gemacht.
(2) Die Kommission arbeitet auf der Grundlage der in Absatz 1 erwähnten Berichte einen zusammenfassenden Bericht aus. Dieser Bericht enthält eine zweckdienliche Bewertung der erzielten Fortschritte, insbesondere des Beitrags von Natura 2000 zur Verwirklichung der in Artikel 3 aufgeführten Ziele. Der Teil des Berichtsentwurfs, der die von einem Mitgliedstaat übermittelten Informationen betrifft, wird den Behörden des betreffenden Mitgliedstaats zur Überprüfung unterbreitet. Die endgültige Fassung des Berichts wird zunächst dem Ausschuß unterbreitet und wird spätestens zwei Jahre nach Vorlage der Berichte gemäß Absatz 1 sowie des Kommissionsberichts veröffentlicht und den Mitgliedstaaten, dem Europäischen Parlament, dem Rat und dem Wirtschafts- und Sozialausschuß zugeleitet.
(3) Die Mitgliedstaaten können die nach dieser Richtlinie ausgewiesenen Gebiete durch vom Ausschuß eigens hierzu erarbeitete Gemeinschaftsschilder kennzeichnen.

Forschung

Artikel 18

(1) Die Mitgliedstaaten und die Kommission fördern die erforderliche Forschung und die notwendigen wissenschaftlichen Arbeiten im Hinblick auf die Ziele nach Artikel 2 und die Verpflichtung nach Artikel 11. Sie tauschen Informationen aus im Hinblick auf eine gute Koordinierung der Forschung auf den Ebenen der Mitgliedstaaten und der Gemeinschaft.
(2) Besondere Aufmerksamkeit wird den wissenschaftlichen Arbeiten gewidmet, die zur Durchführung der Artikel 4 und 10 erforderlich sind; die grenzüberschreitende Zusammenarbeit zwischen Mitgliedstaaten auf dem Gebiet der Forschung wird gefördert.

Verfahren zur Änderung der Anhänge

Artikel 19

Die Änderungen, die zur Anpassung der Anhänge I, II, III, V und VI an den technischen und wissenschaftlichen Fortschritt erforderlich sind, werden vom Rat auf Vorschlag der Kommission mit qualifizierter Mehrheit beschlossen.

Die Änderungen, die zur Anpassung des Anhangs IV an den technischen und wissenschaftlichen Fortschritt erforderlich sind, werden vom Rat auf Vorschlag der Kommission einstimmig beschlossen.

Ausschuß

Artikel 20

Die Kommission wird von einem Ausschuß unterstützt, der sich aus Vertretern der Mitgliedstaaten zusammensetzt und in dem ein Vertreter der Kommission den Vorsitz führt.

Artikel 21

(1) Der Vertreter der Kommission unterbreitet dem Ausschuß einen Entwurf der zu treffenden Maßnahmen. Der Ausschuß gibt seine Stellungnahme zu diesem Entwurf innerhalb einer Frist ab, die der Vorsitzende unter Berücksichtigung der Dringlichkeit der betreffenden Frage festsetzen kann. Die Stellungnahme wird mit der Mehrheit abgegeben, die in Artikel 148 Absatz 2 des Vertrages für die Annahme der vom Rat auf Vorschlag der Kommission zu fassenden Beschlüsse vorgesehen ist. Bei der Abstimmung im Ausschuß werden die Stimmen der Vertreter der Mitgliedstaaten gemäß dem vorgenannten Artikel gewogen. Der Vorsitzende nimmt an der Abstimmung nicht teil.

(2) Die Kommission erläßt die beabsichtigten Maßnahmen, wenn sie mit der Stellungnahme des Ausschusses übereinstimmen.

Stimmen die beabsichtigten Maßnahmen mit der Stellungnahme des Ausschusses nicht überein oder liegt keine Stellungnahme vor, so unterbreitet die Kommission dem Rat unverzüglich einen Vorschlag für die zu treffenden Maßnahmen. Der Rat beschließt mit qualifizierter Mehrheit.

Hat der Rat nach Ablauf einer Frist von drei Monaten seit Befassen des Rates keinen Beschluß gefaßt, so werden die vorgeschlagenen Maßnahmen von der Kommission erlassen.

Ergänzende Bestimmungen

Artikel 22

[Wiederansiedelung u.a.]

Bei der Ausführung der Bestimmungen dieser Richtlinie gehen die Mitgliedstaaten wie folgt vor:

a) Sie prüfen die Zweckdienlichkeit einer Wiederansiedlung von in ihrem Hoheitsgebiet heimischen Arten des Anhangs IV, wenn diese Maßnahme zu deren Erhaltung beitragen könnte, vorausgesetzt, eine Untersuchung hat unter Berücksichtigung unter anderem der Erfahrungen der anderen Mitgliedstaaten oder anderer Betroffener ergeben, daß eine solche Wiederansiedlung wirksam zur Wiederherstellung eines günstigen Erhaltungszustandes der betreffenden Arten beiträgt, und die Wiederansiedlung erfolgt erst nach entsprechender Konsultierung der betroffenen Bevölkerungskreise;

b) sie sorgen dafür, daß die absichtliche Ansiedlung in der Natur einer in ihrem Hoheitsgebiet nicht heimischen Art so geregelt wird, daß weder die natürlichen Lebensräume in ihrem natürlichen Verbreitungsgebiet noch die einheimischen wildlebenden Tier- und Pflanzenarten geschädigt werden; falls sie es für notwendig erachten, verbieten sie eine solche Ansiedlung. Die Ergebnisse der Bewertungsstudien werden dem Ausschuß zur Unterrichtung mitgeteilt;

c) sie fördern erzieherische Maßnahmen und die allgemeine Information in bezug auf die Notwendigkeit des Schutzes der wildlebenden Tier- und Pflanzenarten und der Erhaltung ihrer Habitate sowie natürlichen Lebensräume.

Schlußbestimmungen

Artikel 23

(1) Die Mitgliedstaaten erlassen die erforderlichen Rechts- und Verwaltungsvorschriften, um dieser Richtlinie binnen zwei Jahren nach ihrer Bekanntgabe nachzukommen. Sie setzen die Kommission unverzüglich davon in Kenntnis.

(2) Wenn die Mitgliedstaaten Vorschriften nach Absatz 1 erlassen, nehmen sie in den Vorschriften selbst oder durch einen Hinweis bei der amtlichen Veröffentlichung auf diese Richtlinie Bezug. Die Mitgliedstaaten regeln die Einzelheiten der Bezugnahme.
(3) Die Mitgliedstaaten teilen der Kommission den Wortlaut der wichtigsten innerstaatlichen Rechtsvorschriften mit, die sie auf dem unter diese Richtlinie fallenden Gebiet erlassen.

Artikel 24

Diese Richtlinie ist an die Mitgliedstaaten gerichtet.

Geschehen zu Brüssel am 21. Mai 1992

Im Namen des Rates

Der Präsident

Arlindo MARQUES CUNHA

10.2 Kriterien der Gebietsauswahl (Anhang III der FFH-Richtlinie) und verbotene Fang- und Transportmethoden (Anhang VI)

Auszug aus dem Amtsblatt der Europäischen Gemeinschaften Nr. L 206: 37 vom 22. 7. 92. Anmerkungen in eckigen Klammern dienen der schnelleren Übersicht und gehören nicht zum amtlichen Originaltext.

ANHANG III

KRITERIEN ZUR AUSWAHL DER GEBIETE, DIE ALS GEBIETE VON GEMEINSCHAFTLICHER BEDEUTUNG BESTIMMT UND ALS BESONDERE SCHUTZGEBIETE AUSGEWIESEN WERDEN KÖNNTEN

[Nationale Bewertung]

PHASE 1: Für jeden natürlichen Lebensraumtyp des Anhangs I und jede Art des Anhangs II (einschließlich der prioritären natürlichen Lebensraumtypen und der prioritären Arten) auf nationaler Ebene vorzunehmende Beurteilung der relativen Bedeutung der Gebiete

A. *Kriterien zur Beurteilung der Bedeutung des Gebietes für einen natürlichen Lebensraumtyp des Anhangs I*

a) Repräsentativitätsgrad des in diesem Gebiet vorkommenden natürlichen Lebensraumtyps.

b) Vom natürlichen Lebensraumtyp eingenommene Fläche im Vergleich zur Gesamtfläche des betreffenden Lebensraumtyps im gesamten Hoheitsgebiet des Staates.

c) Erhaltungsgrad der Struktur und der Funktionen des betreffenden natürlichen Lebensraumtyps und Wiederherstellungsmöglichkeit.

d) Gesamtbeurteilung des Wertes des Gebietes für die Erhaltung des betreffenden natürlichen Lebensraumtyps.

B. *Kriterien zur Beurteilung der Bedeutung des Gebiets für eine gegebene Art des Anhangs II*

a) Populationsgröße und -dichte der betreffenden Art in diesem Gebiet im Vergleich zu den Populationen im ganzen Land.

b) Erhaltungsgrad der für die betreffende Art wichtigen Habitatselemente und Wiederherstellungsmöglichkeit.

c) Isolierungsgrad der in diesem Gebiet vorkommenden Population im Vergleich zum natürlichen Verbreitungsgebiet der jeweiligen Art.

d) Gesamtbeurteilung des Wertes des Gebietes für die Erhaltung der betreffenden Art.

C. Anhand dieser Kriterien stufen die Mitgliedstaaten die Gebiete, die sie mit der nationalen Liste vorschlagen, als Gebiete ein, die aufgrund ihres relativen Werts für die Erhaltung jedes/jeder der in Anhang I bzw. II genannten natürlichen Lebensraumtypen bzw. Arten als Gebiete von gemeinschaftlicher Bedeutung bestimmt werden könnten.

D. In dieser Liste werden die Gebiete aufgeführt, die die prioritären natürlichen Lebensraumtypen und Arten beherbergen, die von den Mitgliedstaaten anhand der Kriterien der Abschnitte A und B ausgewählt wurden.

[gemeinschaftliche Bewertung (EU-Ebene)]

PHASE 2: Beurteilung der gemeinschaftlichen Bedeutung der in den nationalen Listen enthaltenen Gebiete

1. Alle von den Mitgliedstaaten in Phase 1 ermittelten Gebiete, die prioritäre natürliche Lebensraumtypen bzw. Arten beherbergen, werden als Gebiete von gemeinschaftlicher Bedeutung betrachtet.
2. Bei der Beurteilung der Bedeutung der anderen in die Listen der Mitgliedstaaten aufgenommenen Gebiete für die Gemeinschaft, d.h. ihres Beitrags zur Wahrung oder Wiederherstellung eines günstigen Erhaltungszustands eines natürlichen Lebensraums des Anhangs I oder einer Art des Anhangs II bzw. ihres Beitrags zur Kohärenz von Natura 2000, werden folgende Kriterien angewandt:
   a) relativer Wert des Gebietes auf nationaler Ebene;
   b) geographische Lage des Gebietes in bezug auf die Zugwege von Arten des Anhangs II sowie etwaige Zugehörigkeit zu einem zusammenhängenden Ökosystem beiderseits einer oder mehrerer Grenzen innerhalb der Gemeinschaft;
   c) Gesamtfläche des Gebietes;
   d) Zahl der in diesem Gebiet vorkommenden natürlichen Lebensraumtypen des Anhangs I und der Arten des Anhangs II;
   e) ökologischer Gesamtwert des Gebietes für die betroffenen biogeographische(n) Region(en) und/oder für das gesamte Hoheitsgebiet nach Artikel 2, sowohl aufgrund der Eigenart oder Einzigartigkeit seiner Komponenten als auch aufgrund von deren Zusammenwirken.

ANHANG VI

VERBOTENE METHODEN UND MITTEL DES FANGS, DER TÖTUNG UND BEFÖRDERUNG

a) Nicht-selektive Mittel

SÄUGETIERE
- Als Lockmittel verwendete geblendete oder verstümmelte lebende Tiere
- Tonbandgeräte
- Elektrische und elektronische Vorrichtungen, die töten oder betäuben können
- Künstliche Lichtquellen
- Spiegel oder sonstige Vorrichtungen zum Blenden
- Vorrichtungen zum Beleuchten von Zielen
- Visiervorrichtungen für das Schießen bei Nacht mit elektronischem Bildverstärker oder
- Bildumwandler
- Sprengstoffe
- Netze, die grundsätzlich oder nach ihren Anwendungen nicht selektiv sind
- Armbrüste
- Gift und vergiftete oder betäubte Köder
- Begasen oder Ausräuchern
- Halbautomatische oder automatische Waffen, deren Magazin mehr als zwei Patronen aufnehmen kann

FISCHE
- Gift
- Sprengstoffe

b) Transportmittel

- Flugzeuge
- Fahrende Kraftfahrzeuge

10.3 Text der Vogelschutz-Richtlinie (79/409/EWG)

Im Folgenden ist der amtliche Richtlinientext der Vogelschutz-Richtlinie wiedergegeben, so wie er in der Ausgabe in deutscher Sprache des Amtsblatts der Europäischen Gemeinschaften (L 103, 22. Jahrgang) vom 25. April 1979 veröffentlicht ist. Für die Anhänge ist auf einen Abdruck verzichtet worden, da im Kapitel 5.2 alle in Deutschland vorkommenden Vogelarten tabellarisch mit ihrer Zugehörigkeit zu den Anhängen aufgelistet sind.

Anmerkungen in eckigen Klammern dienen der schnelleren Übersicht und gehören nicht zum amtlichen Originaltext.

II

(Nicht veröffentlichungsbedürftige Rechtsakte)

RAT

RICHTLINIE DES RATES
vom 2. April 1979 über die Erhaltung der wildlebenden Vogelarten
(79/409/EWG)

DER RAT DER EUROPÄISCHEN GEMEINSCHAFTEN –

gestützt auf den Vertrag zur Gründung der Europäischen Wirtschaftsgemeinschaft, insbesondere auf Artikel 235,

auf Vorschlag der Kommission[1]),

nach Stellungnahme des Europäischen Parlaments[2]),

nach Stellungnahme des Wirtschafts- und Sozialausschusses[3])

in Erwägung nachstehender Gründe:

Die Erklärung des Rates vom 22. November 1973 über ein Aktionsprogramm der Europäischen Gemeinschaften für den Umweltschutz ([4]) sieht Sonderaktionen für den Vogelschutz vor; diese Aktionen werden ergänzt durch die Entschließung des Rates der Europäischen Gemeinschaften und der im Rat vereinigten Vertreter der Regierungen der Mitgliedstaaten vom 17. Mai 1977 zur Fortschreibung und Durchführung der Umweltpolitik und des Aktionsprogramms der Europäischen Gemeinschaften für den Umweltschutz[5]).

Bei vielen im europäischen Gebiet der Mitgliedstaaten wildlebenden Vogelarten ist ein Rückgang der Bestände festzustellen, der in bestimmten Fällen sehr rasch vonstatten geht. Dieser Rückgang bildet eine ernsthafte Gefahr für die Erhaltung der natürlichen Umwelt, da durch diese Entwicklung insbesondere das biologische Gleichgewicht bedroht wird.

---

[1]) Abl. Nr. C 24 vom 1.2.1977, S.3; Abl. Nr. C 201 vom 23.8.1977, S.2.
[2]) Abl. Nr. C 163 vom 11.7.1977, S. 28.
[3]) Abl. Nr. C 152 vom 29.6.1977, S. 3.
[4]) Abl. Nr. C 112 vom 20.12.1973, S. 40.
[5]) Abl. Nr. C 139 vom 13.6.1977, S. 1.

Bei den im europäischen Gebiet der Mitgliedstaaten wildlebenden Vogelarten handelt es sich zum großen Teil um Zugvogelarten; diese Arten stellen ein gemeinsames Erbe dar; daher ist der wirksame Schutz dieser Vogelarten ein typisch grenzübergreifendes Umweltproblem, das gemeinsame Verantwortlichkeiten mit sich bringt.

In Grönland sind die Existenzbedingungen für Vögel grundsätzlich verschieden von denen in den anderen Gegenden im europäischen Gebiet der Mitgliedstaaten; dies beruht auf den allgemeinen Gegebenheiten wie insbesondere dem Klima, der geringen Bevölkerungsdichte sowie auf der außergewöhnlichen Ausdehnung und geographischen Lage dieser Insel.

Aus diesem Grund kann diese Richtlinie auf Grönland keine Anwendung finden.

Die Erhaltung der im europäischen Gebiet der Mitgliedstaaten wildlebenden Vogelarten ist für die Verwirklichung der Gemeinschaftsziele auf den Gebieten der Verbesserung der Lebensbedingungen, einer harmonischen Entwicklung der Wirtschaftstätigkeit in der gesamten Gemeinschaft und einer ständigen und ausgewogenen Expansion im Rahmen des Gemeinsamen Marktes erforderlich; die in diesem Bereich erforderlichen besonderen Befugnisse sind jedoch nicht im Vertrag vorgesehen.

Die zu treffenden Maßnahmen müssen sich auf die verschiedenen auf die Vogelbestände einwirkenden Faktoren erstrecken, und zwar auf die nachteiligen Folgen der menschlichen Tätigkeiten wie insbesondere Zerstörung und Verschmutzung der Lebensräume der Vögel, Fang und Ausrottung der Vögel durch den Menschen sowie den durch diese Praktiken bewirkten Handel; der Umfang dieser Maßnahmen muß daher im Rahmen einer Vogelschutzpolitik der Situation der einzelnen Vogelarten angepaßt werden.

Bei der Erhaltung der Vogelarten geht es um den langfristigen Schutz und die Bewirtschaftung der natürlichen Ressourcen als Bestandteil des gemeinsamen Erbes der europäischen Völker; sie gestattet die Regulierung dieser Ressourcen und regelt deren Nutzung auf der Grundlage von Maßnahmen, die für die Aufrechterhaltung und Anpassung des natürlichen Gleichgewichts der Arten innerhalb vertretbarer Grenzen erforderlich sind.

Schutz, Pflege oder Wiederherstellung einer ausreichenden Vielfalt und einer ausreichenden Flächengröße der Lebensräume ist für die Erhaltung aller Vogelarten unentbehrlich; für einige Vogelarten müssen besondere Maßnahmen zur Erhaltung ihres Lebensraumes getroffen werden, um Fortbestand und Fortpflanzung dieser Arten in ihrem Verbreitungsgebiet zu gewährleisten; diese Maßnahmen müssen auch die Zugvogelarten berücksichtigen und im Hinblick auf die Schaffung eines zusammenhängenden Netzes koordiniert werden.

Damit sich kommerzielle Interessen nicht negativ auf den Umfang der Entnahme auswirken können, muß die Vermarktung allgemein verboten werden und jedwede Ausnahmeregelung ausschließlich auf diejenigen Vogelarten beschränkt werden, deren biologischer Status dies zuläßt; hierbei ist den besonderen Gegebenheiten in den verschiedenen Gegenden Rechnung zu tragen.

Einige Arten können aufgrund ihrer großen Bestände, ihrer geographischen Verbreitung und ihrer Vermehrungsfähigkeit in der gesamten Gemeinschaft Gegenstand einer jagdlichen Nutzung sein; dies stellt eine zulässige Nutzung dar, sofern bestimmte Grenzen gesetzt und eingehalten werden und diese Nutzung mit der Erhaltung der Bestände dieser Arten auf ausreichendem Niveau vereinbar ist.

Die Mittel, Einrichtungen und Methoden für den massiven oder wahllosen Fang oder das massive oder wahllose Töten sowie die Verfolgung aus bestimmten Beförderungsmitteln heraus sind wegen der übermäßigen Bestandsminderung, die dadurch bei den betreffenden Vogelarten eintritt oder eintreten kann, zu untersagen.

Wegen der Bedeutung, die bestimmte besondere Situationen haben können, ist die Möglichkeit einer Abweichung von der Richtlinie unter bestimmten Bedingungen in Verbindung mit einer Überwachung durch die Kommission vorzusehen.

Die Erhaltung der Vögel, vor allem der Zugvögel, stellt noch immer Probleme, an deren Lösung wissenschaftlich gearbeitet werden muß. Aufgrund dieser Arbeiten wird es ferner möglich sein, die Wirksamkeit der getroffenen Maßnahmen zu bewerten.

Es ist im Benehmen mit der Kommission dafür Sorge zu tragen, daß durch das etwaige Ansiedeln von normalerweise nicht wildlebenden Vogelarten in dem europäischen Gebiet der Mitgliedstaaten nicht die örtliche Flora und Fauna beeinträchtigt werden.

Die Kommission erstellt alle drei Jahre einen zusammenfassenden Bericht auf der Grundlage der ihr von den Mitgliedstaaten übermittelten Informationen über die Anwendung der gemäß dieser Richtlinie erlassenen einzelstaatlichen Vorschriften und leitet diesen den Mitgliedstaaten zu.

Der technische und wissenschaftliche Fortschritt macht eine rasche Anpassung bestimmter Anhänge erforderlich. Um die Durchführung der hierfür notwendigen Maßnahmen zu erleichtern, ist ein Verfahren vorzusehen, mit dem eine enge Zusammenarbeit zwischen den Mitgliedstaaten und der Kommission in einem Ausschuß für Anpassung an den wissenschaftlichen und technischen Fortschritt eingeführt wird. –

HAT FOLGENDE RICHTLINIE ERLASSEN:

Artikel 1

[Schutzziel, Geltungsbereich]

(1) Diese Richtlinie betrifft die Erhaltung sämtlicher wildlebenden Vogelarten, die im europäischen Gebiet der Mitgliedstaaten, auf welches der Vertrag Anwendung findet, heimisch sind. Sie hat den Schutz, die Bewirtschaftung und die Regulierung dieser Arten zum Ziel und regelt die Nutzung dieser Arten.

(2) Sie gilt für Vögel, ihre Eier, Nester und Lebensräume.

(3) Diese Richtlinie findet keine Anwendung auf Grönland.

Artikel 2

[Bestandsschutz]

Die Mitgliedstaaten treffen die erforderlichen Maßnahmen, um die Bestände aller unter Artikel 1 fallenden Vogelarten auf einem Stand zu halten oder auf einen Stand zu bringen, der insbesondere den ökologischen, wissenschaftlichen und kulturellen Erfordernissen entspricht, wobei den wirtschaftlichen und freizeitbedingten Erfordernissen Rechnung getragen wird.

Artikel 3

[Maßnahmen zur Erhaltung /Wiederherstellung der Lebensräume]

(1) Die Mitgliedstaaten treffen unter Berücksichtigung der in Artikel 2 genannten Erfordernisse die erforderlichen Maßnahmen, um für alle unter Artikel 1 fallenden Vogelarten eine ausreichende Vielfalt und eine ausreichende Flächengröße der Lebensräume zu erhalten oder wieder herzustellen.
(2) Zur Erhaltung und Wiederherstellung der Lebensstätten und Lebensräume gehören insbesondere folgende Maßnahmen:

a) Einrichtung von Schutzgebieten,
b) Pflege und ökologisch richtige Gestaltung der Lebensräume in und außerhalb von Schutzgebieten,
c) Wiederherstellung zerstörter Lebensstätten,
d) Neuschaffung von Lebensstätten.

Artikel 4

[Schutzgebietsausweisung]

(1) Auf die in Anhang I aufgeführten Arten sind besondere Schutzmaßnahmen hinsichtlich ihrer Lebensräume anzuwenden, um ihr Überleben und ihre Vermehrung in ihrem Verbreitungsgebiet sicherzustellen.
In diesem Zusammenhang ist folgendes zu berücksichtigen:

a) vom Aussterben bedrohte Arten,
b) gegen bestimmte Veränderungen ihrer Lebensräume empfindliche Arten,
c) Arten, die wegen ihres geringen Bestands oder ihrer beschränkten örtlichen Verbreitung als selten gelten,
d) andere Arten, die aufgrund des spezifischen Charakters ihres Lebensraums einer besonderen Aufmerksamkeit bedürfen.

Bei den Bewertungen werden Tendenzen und Schwankungen der Bestände der Vogelarten berücksichtigt.
Die Mitgliedstaaten erklären insbesondere die für die Erhaltung dieser Arten zahlen- und flächenmäßig geeignetsten Gebiete zu Schutzgebieten, wobei die Erfordernisse des

Schutzes dieser Arten in dem geographischen Meeres- und Landgebiet, in dem diese Richtlinie Anwendung findet, zu berücksichtigen sind.

(2) Die Mitgliedstaaten treffen unter Berücksichtigung der Schutzerfordernisse in dem geographischen Meeres- und Landgebiet, in dem diese Richtlinie Anwendung findet, entsprechende Maßnahmen für die nicht in Anhang I aufgeführten, regelmäßig auftretenden Zugvogelarten hinsichtlich ihrer Vermehrungs-, Mauser- und Überwinterungsgebiete sowie der Rastplätze in ihren Wanderungsgebieten. Zu diesem Zweck messen die Mitgliedstaaten dem Schutz der Feuchtgebiete und ganz besonders der international bedeutsamen Feuchtgebiete besondere Bedeutung bei.

(3) Die Mitgliedstaaten übermitteln der Kommission alle sachdienlichen Informationen, so daß diese geeignete Initiativen im Hinblick auf die erforderliche Koordinierung ergreifen kann, damit die in Absatz 1 und die in Absatz 2 genannten Gebiete ein zusammenhängendes Netz darstellen, das den Erfordernissen des Schutzes der Arten in dem geographischen Meeres- und Landgebiet, in dem diese Richtlinie Anwendung findet, Rechnung trägt.

(4) Die Mitgliedstaaten treffen geeignete Maßnahmen, um die Verschmutzung oder Beeinträchtigung der Lebensräume sowie die Belästigung der Vögel, sofern sich diese auf die Zielsetzungen dieses Artikels erheblich auswirken, in den Absätzen 1 und 2 genannten Schutzgebieten zu vermeiden. Die Mitgliedstaaten bemühen sich ferner, auch außerhalb dieser Schutzgebiete die Verschmutzung oder Beeinträchtigung der Lebensräume zu vermeiden.

Artikel 5

[Direkte Artenschutzregelungen]

Unbeschadet der Artikel 7 und 9 treffen die Mitgliedstaaten die erforderlichen Maßnahmen zur Schaffung einer allgemeinen Regelung zum Schutz aller unter Artikel 1 fallenden Vogelarten, insbesondere das Verbot

a) des absichtlichen Tötens oder Fangens, ungeachtet der angewandten Methode;
b) der absichtlichen Zerstörung oder Beschädigung von Nestern und Eiern und der Entfernung von Nestern;
c) des Sammelns der Eier in der Natur und des Besitzes dieser Eier, auch in leerem Zustand;
d) ihres absichtlichen Störens, insbesondere während der Brut-und Aufzuchtzeit, sofern sich diese Störung auf die Zielsetzung dieser Richtlinie erheblich auswirkt;
e) des Haltens von Vögeln der Arten, die nicht bejagt oder gefangen werden dürfen.

Artikel 6

[Handelsverbote]

(1) Unbeschadet der Absätze 2 und 3 untersagen die Mitgliedstaaten für alle unter Artikel 1 fallenden Vogelarten den Verkauf von lebenden und toten Vögeln und von deren

ohne weiteres erkennbaren Teilen oder aus diesen Tieren gewonnenen Erzeugnissen sowie deren Beförderung und Halten für den Verkauf und das Anbieten zum Verkauf.

(2) Die Tätigkeiten nach Absatz 1 sind für die in Anhang III Teil 1 genannten Arten nicht untersagt, sofern die Vögel rechtmäßig getötet oder gefangen oder sonst rechtmäßig erworben worden sind.

(3) Die Mitgliedstaaten können in ihrem Gebiet die Tätigkeiten nach Absatz 1 bei den in Anhang III Teil 2 aufgeführten Vogelarten genehmigen und dabei Beschränkungen vorsehen, sofern die Vögel rechtmäßig getötet oder gefangen oder sonst rechtmäßig erworben worden sind.

Die Mitgliedstaaten, die eine solche Genehmigung erteilen wollen, konsultieren vorher die Kommission, mit der sie prüfen, ob durch eine Vermarktung von Vögeln der betreffenden Art aller Voraussicht nach die Populationsgröße, die geographische Verbreitung oder die Vermehrungsfähigkeit dieser Arten in der gesamten Gemeinschaft gefährdet würde oder gefährdet werden könnte. Ergibt diese Prüfung, daß die beabsichtigte Genehmigung nach Ansicht der Kommission zu einer der obengenannten Gefährdungen führt oder führen kann, so richtet die Kommission an den Mitgliedstaat eine begründete Empfehlung, mit der einer Vermarktung der betreffenden Art widersprochen wird. Besteht eine solche Gefährdung nach Auffassung der Kommission nicht, so teilt sie dies dem Mitgliedstaat mit.

Die Empfehlung der Kommission wird im *Amtsblatt der Europäischen Gemeinschaften* veröffentlicht.

Der Mitgliedstaat, der eine Genehmigung nach diesem Absatz erteilt, prüft in regelmäßigen Zeitabständen, ob die Voraussetzungen für die Erteilung dieser Genehmigung noch vorliegen.

(4) Hinsichtlich der in Anhang III Teil 3 aufgeführten Arten führt die Kommission Untersuchungen über ihren biologischen Status und die Auswirkungen der Vermarktung darauf durch.

Sie unterbreitet spätestens 4 Monate vor dem Ende der in Artikel 18 Absatz 1 genannten Frist dem in Artikel 16 genannten Ausschuß einen Bericht und macht Vorschläge im Hinblick auf die Aufnahme dieser Arten in Anhang III Teil 2.

Bis zu diesem Beschluß können die Mitgliedstaaten vorbehaltlich des Absatzes 3 auf diese Arten die bestehenden innerstaatlichen Rechtsvorschriften anwenden.

Artikel 7

[Jagdbare Arten]

(1) Die in Anhang II aufgeführten Arten dürfen aufgrund ihrer Populationsgröße, ihrer geographischen Verbreitung und ihrer Vermehrungsfähigkeit in der gesamten Gemeinschaft im Rahmen der einzelstaatlichen Rechtsvorschriften bejagt werden. Die Mitgliedstaaten sorgen dafür, daß die Jagd auf diese Vogelarten die Anstrengungen, die in ihrem Verbreitungsgebiet zu ihrer Erhaltung unternommen werden, nicht zunichte macht.

(2) Die in Anhang II Teil 1 aufgeführten Arten dürfen in dem geographischen Meeres- und Landgebiet, in dem diese Richtlinie Anwendung findet, bejagt werden.
(3) Die in Anhang II Teil 2 aufgeführten Arten dürfen nur in den Mitgliedstaaten, bei denen sie angegeben sind, bejagt werden.
(4) Die Mitgliedstaaten vergewissern sich, daß bei der Jagdausübung – gegebenenfalls unter Einschluß der Falknerei –, wie sie sich aus der Anwendung der geltenden einzelstaatlichen Vorschriften ergibt, die Grundsätze für eine vernünftige Nutzung und eine ökologisch ausgewogene Regulierung der Bestände der betreffenden Vogelarten, insbesondere der Zugvogelarten, eingehalten werden und daß diese Jagdausübung hinsichtlich der Bestände dieser Arten mit den Bestimmungen aufgrund von Artikel 2 vereinbar ist. Sie sorgen insbesondere dafür, daß die Arten, auf die die Jagdvorschriften Anwendung finden, nicht während der Nistzeit oder während der einzelnen Phasen der Brut-und Aufzuchtzeit bejagt werden. Wenn es sich um Zugvögel handelt, sorgen sie insbesondere dafür, daß die Arten, für die die einzelstaatlichen Jagdvorschriften gelten, nicht während der Brut- und Aufzuchtzeit oder während ihres Rückzugs zu den Nistplätzen bejagt werden. Die Mitgliedstaaten übermitteln der Kommission alle zweckdienlichen Angaben über die praktische Anwendung der Jagdgesetzgebung.

Artikel 8

[Verbot bestimmter Fangmethoden]

(1) Was die Jagd, den Fang oder die Tötung von Vögeln im Rahmen dieser Richtlinie betrifft, so untersagen die Mitgliedstaaten sämtliche Mittel, Einrichtungen oder Methoden, mit denen Vögel in Mengen oder wahllos gefangen oder getötet werden oder die gebietsweise das Verschwinden einer Vogelart nach sich ziehen können, insbesondere die in Anhang IV Buchstabe a) aufgeführten Mittel, Einrichtungen und Methoden.
(2) Ferner untersagen die Mitgliedstaaten jegliche Verfolgung aus den in Anhang IV Buchstabe b) aufgeführten Beförderungsmitteln heraus und unter den dort genannten Bedingungen.

Artikel 9

[Ausnahmeregelungen]

(1) Die Mitgliedstaaten können, sofern es keine andere zufriedenstellende Lösung gibt, aus den nachstehenden Gründen von den Artikeln 5, 6, 7 und 8 abweichen:
- a) – im Interesse der Volksgesundheit und der öffentlichen Sicherheit,
  - – im Interesse der Sicherheit der Luftfahrt,
  - – zur Abwendung erheblicher Schäden an Kulturen, Viehbeständen, Wäldern, Fischereigebieten und Gewässern,
  - – zum Schutz der Pflanzen- und Tierwelt;
- b) zu Forschungs- und Unterrichtszwecken, zur Aufstockung der Bestände, zur Wiederansiedlung und zur Aufzucht im Zusammenhang mit diesen Maßnahmen;

c) um unter streng überwachten Bedingungen selektiv den Fang, die Haltung oder jede andre vernünftige Nutzung bestimmter Vogelarten in geringen Mengen zu ermöglichen.

(2) In den abweichenden Bestimmungen ist anzugeben,
- für welche Vogelarten die Abweichungen gelten,
- die zugelassenen Fang- oder Tötungsmittel, -einrichtungen und -methoden,
- die Art der Risiken und die zeitlichen und örtlichen Umstände, unter denen diese Abweichungen getroffen werden können,
- die Stelle, die befugt ist zu erklären, daß die erforderlichen Voraussetzungen gegeben sind, und zu beschließen, welche Mittel, Einrichtungen und Methoden in welchem Rahmen von wem angewandt werden können,
- welche Kontrollen vorzunehmen sind.

(3) Die Mitgliedstaaten übermitteln der Kommission jährlich einen Bericht über die Anwendung dieses Artikels.

(4) Die Kommission achtet anhand der ihr vorliegenden Informationen, insbesondere der Informationen, die ihr nach Absatz 3 mitgeteilt werden, ständig darauf, daß die Auswirkungen dieser Abweichungen mit dieser Richtlinie vereinbar sind. Sie trifft entsprechende Maßnahmen.

Artikel 10

[Forschung]

(1) Die Mitgliedstaaten fördern die zum Schutz, zur Regulierung und zur Nutzung der Bestände aller unter Artikel 1 fallenden Vogelarten notwendigen Forschungen und Arbeiten.

(2) Den Forschungen und Arbeiten betreffend die in Anhang V aufgeführten Themen wird besondere Aufmerksamkeit gewidmet. Die Mitgliedstaaten übermitteln der Kommission alle notwendigen Informationen, damit sie entsprechende Maßnahmen im Hinblick auf die Koordinierung der in diesem Artikel genannten Forschungen und Arbeiten ergreifen kann.

Artikel 11

[Wiederansiedlung]

Die Mitgliedstaaten sorgen dafür, daß sich die etwaige Ansiedlung wildlebender Vogelarten, die im europäischen Hoheitsgebiet der Mitgliedstaaten nicht heimisch sind, nicht nachteilig auf die örtliche Tier- und Pflanzenwelt auswirkt. Sie konsultieren dazu die Kommission.

Artikel 12

[Durchführungsberichte]

(1) Die Mitgliedstaaten übermitteln der Kommission alle drei Jahre nach dem Ende der in Artikel 18 Absatz 1 genannten Frist einen Bericht über die Anwendung der aufgrund dieser Richtlinie erlassenen einzelstaatlichen Vorschriften.
(2) Die Kommission erstellt alle drei Jahre anhand der in Absatz 1 genannten Informationen einen zusammenfassenden Bericht. Der Teil des Entwurfs für diesen Bericht, der die von einem Mitgliedstaat übermittelten Informationen betrifft, wird den Behörden dieses Mitgliedstaats zur Überprüfung vorgelegt. Die endgültige Fassung des Berichtes wird den Mitgliedstaaten mitgeteilt.

Artikel 13

[Verschlechterungsverbot]

Die Anwendung der aufgrund dieser Richtlinie getroffenen Maßnahmen darf in bezug auf die Erhaltung aller unter Artikel 1 fallenden Vogelarten nicht zu einer Verschlechterung der derzeitigen Lage führen.

Artikel 14

[Zulässigkeit strengerer Bestimmungen]

Die Mitgliedstaaten können strengere Schutzmaßnahmen ergreifen, als sie in dieser Richtlinie vorgesehen sind.

Artikel 15

[Änderungsverfahren]

Die Änderungen, die erforderlich sind, um die Anhänge I und V an den technischen und wissenschaftlichen Fortschritt anzupassen, sowie die in Artikel 6 Absatz 4 zweiter Unterabsatz bezeichneten Änderungen werden nach dem Verfahren des Artikels 17 beschlossen.

Artikel 16

[Ausschuß]

(1) Zum Zweck der in Artikel 15 bezeichneten Änderungen wird ein Ausschuß zur Anpassung dieser Richtlinie an den wissenschaftlichen und technischen Fortschritt, nachstehend „Ausschuß" genannt, eingesetzt, der aus Vertretern der Mitgliedstaaten besteht und in dem ein Vertreter der Kommission den Vorsitz führt.
(2) Der Ausschuß gibt sich eine Geschäftsordnung.

Artikel 17
[Ausschußverfahren]

(1) Wird auf das in diesem Artikel festgelegte Verfahren Bezug genommen, so befaßt der Vorsitzende den Ausschuß von sich aus oder auf Antrag des Vertreters eines Mitgliedstaats.
(2) Der Vertreter der Kommission unterbreitet dem Ausschuß einen Entwurf der zu treffenden Maßnahmen. Der Ausschuß nimmt zu diesem Entwurf innerhalb einer Frist Stellung, die der Vorsitzende je nach Dringlichkeit der betreffenden Frage festsetzen kann. Die Stellungnahme kommt mit einer Mehrheit von 41 Stimmen zustande, wobei die Stimmen der Mitgliedstaaten nach Artikel 148 Absatz 2 des Vertrages gewogen werden. Der Vorsitzende nimmt an der Abstimmung nicht teil.
(3) a) Die Kommission beschließt die geplanten Maßnahmen sofern sie der Stellungnahme des Ausschusses entsprechen.
b) Entsprechen die geplanten Maßnahmen nicht der Stellungnahme des Ausschusses oder ist keine Stellungnahme ergangen, so legt die Kommission dem Rat unverzüglich einen Vorschlag für die zu treffenden Maßnahmen vor. Der Rat beschließt mit qualifizierter Mehrheit.
c) Hat der Rat binnen drei Monaten nach Vorlage des Vorschlags keinen Beschluß gefaßt, so werden die vorgeschlagenen Maßnahmen von der Kommission beschlossen.

Artikel 18

[Fristen für die Umsetzung]

(1) Die Mitgliedstaaten setzen die erforderlichen Rechts- und Verwaltungsvorschriften in Kraft, um dieser Richtlinie innerhalb von zwei Jahren nach ihrer Bekanntgabe nachzukommen. Sie setzen die Kommission hiervon unverzüglich in Kenntnis.

(2) Die Mitgliedstaaten übermitteln der Kommission den Wortlaut der wichtigsten innerstaatlichen Rechtsvorschriften, die sie auf dem unter diese Richtlinie fallenden Gebiet erlassen.

Artikel 19

Diese Richtlinie ist an die Mitgliedstaaten gerichtet.

Geschehen zu Luxemburg am 2. April 1979.

Im Namen des Rates

Der Präsident

J. FRANCOIS-PONCET

10.4 Datenerfassungsbogen und Eingabesoftware

In Ergänzung zum Kap. 2.5 mit einer allgemeinen Darstellung der Eingabesoftware der Europäischen Union und des in Deutschland eingeführten Eingabeprogramms des Bundesamts für Naturschutz ist im Folgenden das eigentliche Meldeformular vollständig abgedruckt. Seitens der Europäischen Kommission gibt es umfangreiche Anhänge mit Kodierungen, die jedoch bei Benutzung der nationalen Eingabesoftware nicht erforderlich sind (vgl. Programmdokumentation BUNDESAMT FÜR NATURSCHUTZ 1997).

Kommission der Europäischen Gemeinschaften

DG XI-B2

NATURA 2000 NETZ

RATS-DIREKTIVE 79/409/EWG
zur Erhaltung von Wildvögeln

und

RATS-DIREKTIVE 92/43/EWG
zur Erhaltung natürlicher Gebiete und wilder Fauna und Flora

STANDARD DATENBOGEN

EUR 15 Version

Endversion vom 27 Mai 1994 ergänzt durch den Beitritt von Österreich, Finnland und Schweden (OJL1, 1.1.95. p.135-137) und März 1995 Version der Eurostat Nuts-Regionen.

NATURA 2000

STANDARD DATENBOGEN

FÜR BESONDERE SCHUTZGEBIETE (BSG)
UND
GEBIETE,DIE ALS GEBIETE VON GEMEINSCHAFTLICHER
BEDEUTUNG IN FRAGE KOMMEN (GGB)

1. GEBIETSKENNZEICHNUNG

1.1. TYP ***1.2. KENNZIFFER*** ***1.3. AUSFÜLLDATUM*** ***1.4. FORTSCHREIBUNG***

D	E							

Y Y Y Y M M   Y Y Y Y M M

1.5. BEZIEHUNG ZU ANDEREN NATURA 2000 GEBIETEN:

NATURA 2000 KENNZIFFER   NATURA 2000 KENNZIFFER

1.6. ANGABEN GEMACHT VON:

1.7. GEBIETSNAME:

1.8. DATEN DER GEBIETSBENENNUNG UND -AUSWEISUNG

VORGESCHLAGEN ALS GEBIET, DAS ALS GGB IN FRAGE KOMMT:

Y Y Y Y M M

ALS GGB BESTÄTIGT:

Y Y Y Y M M

AUSWEISUNG ALS BSG NACH RICHTLINIE 79/409/EWG:

Y Y Y Y M M

AUSWEISUNG ALS BSG NACH RICHTLINIE 92/43/EWG (später auszufüllen):

Y Y Y Y M M

1. LAGE DES GEBIETS

2.1. LAGE DES GEBIETSMITTELPUNKTS

LÄNGE

+

BREITE

2.2. FLÄCHE(ha):

2.3. ERSTRECKUNG(Km):

2.4. HÖHE über NN (m):

MIN

MAX

MITTEL

2.5. VERWALTUNGSGEBIET:

NUTS KENNZIFFER	NAME DES VERWALTUNGSGEBIETS	ANTEIL (%)
	MEERESGEBIET AUSSERHALB EINES NUTS VERWALTUNGSGEBIETES	

2.6. BIOGEOGRAPHISCHE REGION:

alpin atlantisch boreal kontinental makaronesisch mediterran

3. ÖKOLOGISCHE ANGABEN

3.1. Im Gebiet vorhandene Lebensräume und ihre Beurteilung:

ANHANG I - LEBENSRÄUME:

KENNZIFFER	ANTEIL %	REPRÄSENTATIVITÄT		RELATIVE FLÄCHE	ERHALTUNGS-ZUSTAND	GESAMT-BEURTEILUNG
		A B C	D	A B C	A B C	A B C
		A B C	D	A B C	A B C	A B C
		A B C	D	A B C	A B C	A B C
		A B C	D	A B C	A B C	A B C
		A B C	D	A B C	A B C	A B C
		A B C	D	A B C	A B C	A B C
		A B C	D	A B C	A B C	A B C
		A B C	D	A B C	A B C	A B C
		A B C	D	A B C	A B C	A B C
		A B C	D	A B C	A B C	A B C
		A B C	D	A B C	A B C	A B C
		A B C	D	A B C	A B C	A B C
		A B C	D	A B C	A B C	A B C
		A B C	D	A B C	A B C	A B C
		A B C	D	A B C	A B C	A B C
		A B C	D	A B C	A B C	A B C
		A B C	D	A B C	A B C	A B C
		A B C	D	A B C	A B C	A B C
		A B C	D	A B C	A B C	A B C
		A B C	D	A B C	A B C	A B C
		A B C	D	A B C	A B C	A B C
		A B C	D	A B C	A B C	A B C
		A B C	D	A B C	A B C	A B C
		A B C	D	A B C	A B C	A B C
		A B C	D	A B C	A B C	A B C
		A B C	D	A B C	A B C	A B C
		A B C	D	A B C	A B C	A B C
		A B C	D	A B C	A B C	A B C
		A B C	D	A B C	A B C	A B C
		A B C	D	A B C	A B C	A B C
		A B C	D	A B C	A B C	A B C
		A B C	D	A B C	A B C	A B C
		A B C	D	A B C	A B C	A B C
		A B C	D	A B C	A B C	A B C

***3.2 ARTEN** ,auf die sich Artikel 4 der Richtlinie 79/409/EWG bezieht*
und
die im Anhang II der Richtlinie 92/43/EWG aufgeführt sind,
und
Gebietsbeurteilung für sie:

3.2.a. VÖGEL, die im Anhang I der Richtlinie 79/409/EWG aufgeführt sind

KENNZIFFER	NAME	POPULATION NICHT-ZIEHEND	ZIEHEND brütend	 über-winternd	 auf dem Durchzug	GEBIETSBEURTEILUNG Population		 Erhaltung	 Isolierung	 Gesamt
						A B C	D	A B C	A B C	A B C
						A B C	D	A B C	A B C	A B C
						A B C	D	A B C	A B C	A B C
						A B C	D	A B C	A B C	A B C
						A B C	D	A B C	A B C	A B C
						A B C	D	A B C	A B C	A B C
						A B C	D	A B C	A B C	A B C
						A B C	D	A B C	A B C	A B C
						A B C	D	A B C	A B C	A B C
						A B C	D	A B C	A B C	A B C
						A B C	D	A B C	A B C	A B C
						A B C	D	A B C	A B C	A B C
						A B C	D	A B C	A B C	A B C
						A B C	D	A B C	A B C	A B C
						A B C	D	A B C	A B C	A B C
						A B C	D	A B C	A B C	A B C
						A B C	D	A B C	A B C	A B C

3.2.b. Regelmäßig vorkommene Zugvögel, die nicht im Anhang I der Richtlinie 79/409/EWG aufgeführt sind

KENNZIFFER	NAME	POPULATION NICHT-ZIEHEND	ZIEHEND brütend	 über-winternd	 auf dem Durchzug	GEBIETSBEURTEILUNG Population		 Erhaltung	 Isolierung	 Gesamt
						A B C	D	A B C	A B C	A B C
						A B C	D	A B C	A B C	A B C
						A B C	D	A B C	A B C	A B C
						A B C	D	A B C	A B C	A B C
						A B C	D	A B C	A B C	A B C
						A B C	D	A B C	A B C	A B C
						A B C	D	A B C	A B C	A B C
						A B C	D	A B C	A B C	A B C
						A B C	D	A B C	A B C	A B C
						A B C	D	A B C	A B C	A B C
						A B C	D	A B C	A B C	A B C
						A B C	D	A B C	A B C	A B C
						A B C	D	A B C	A B C	A B C
						A B C	D	A B C	A B C	A B C
						A B C	D	A B C	A B C	A B C
						A B C	D	A B C	A B C	A B C

3.2.c. SÄUGETIERE, die im Anhang II der Richtlinie 92/43/EWG aufgeführt sind

KENNZIFFER	NAME	POPULATION				GEBIETSBEURTEILUNG				
		NICHT-ZIEHEND	ZIEHEND			Population		Erhaltung	Isolierung	Gesamt
			brütend	über-winternd	auf dem Durchzug					
						A B C	D	A B C	A B C	A B C
						A B C	D	A B C	A B C	A B C
						A B C	D	A B C	A B C	A B C
						A B C	D	A B C	A B C	A B C
						A B C	D	A B C	A B C	A B C
						A B C	D	A B C	A B C	A B C
						A B C	D	A B C	A B C	A B C
						A B C	D	A B C	A B C	A B C
						A B C	D	A B C	A B C	A B C
						A B C	D	A B C	A B C	A B C
						A B C	D	A B C	A B C	A B C
						A B C	D	A B C	A B C	A B C
						A B C	D	A B C	A B C	A B C
						A B C	D	A B C	A B C	A B C
						A B C	D	A B C	A B C	A B C
						A B C	D	A B C	A B C	A B C
						A B C	D	A B C	A B C	A B C

3.2.d. AMPHIBIEN UND REPTILIEN, die im Anhang II der Richtlinie 92/43/EWG aufgeführt sind

KENNZIFFER	NAME	POPULATION				GEBIETSBEURTEILUNG				
		NICHT-ZIEHEND	ZIEHEND			Population		Erhaltung	Isolierung	Gesamt
			brütend	über-winternd	auf dem Durchzug					
						A B C	D	A B C	A B C	A B C
						A B C	D	A B C	A B C	A B C
						A B C	D	A B C	A B C	A B C
						A B C	D	A B C	A B C	A B C
						A B C	D	A B C	A B C	A B C
						A B C	D	A B C	A B C	A B C
						A B C	D	A B C	A B C	A B C
						A B C	D	A B C	A B C	A B C
						A B C	D	A B C	A B C	A B C
						A B C	D	A B C	A B C	A B C
						A B C	D	A B C	A B C	A B C
						A B C	D	A B C	A B C	A B C
						A B C	D	A B C	A B C	A B C
						A B C	D	A B C	A B C	A B C
						A B C	D	A B C	A B C	A B C
						A B C	D	A B C	A B C	A B C

3.2.e. *FISCHE, die im Anhang II der Richtlinie 92/43/EWG aufgeführt sind*

KENNZIFFER	NAME	POPULATION				GEBIETSBEURTEILUNG				
		NICHT-ZIEHEND	ZIEHEND			Population		Erhaltung	Isolierung	Gesamt
			brütend	über-winternd	auf dem Durchzug					
						A B C	D	A B C	A B C	A B C
						A B C	D	A B C	A B C	A B C
						A B C	D	A B C	A B C	A B C
						A B C	D	A B C	A B C	A B C
						A B C	D	A B C	A B C	A B C
						A B C	D	A B C	A B C	A B C
						A B C	D	A B C	A B C	A B C
						A B C	D	A B C	A B C	A B C
						A B C	D	A B C	A B C	A B C
						A B C	D	A B C	A B C	A B C
						A B C	D	A B C	A B C	A B C
						A B C	D	A B C	A B C	A B C
						A B C	D	A B C	A B C	A B C
						A B C	D	A B C	A B C	A B C
						A B C	D	A B C	A B C	A B C
						A B C	D	A B C	A B C	A B C
						A B C	D	A B C	A B C	A B C

3.2.f. *Wirbellose die im Anhang II der Richtlinie 92/43/EWG aufgeführt sind*

KENNZIFFER	NAME	POPULATION				GEBIETSBEURTEILUNG				
		NICHT-ZIEHEND	ZIEHEND			Population		Erhaltung	Isolierung	Gesamt
			brütend	über-winternd	auf dem Durchzug					
						A B C	D	A B C	A B C	A B C
						A B C	D	A B C	A B C	A B C
						A B C	D	A B C	A B C	A B C
						A B C	D	A B C	A B C	A B C
						A B C	D	A B C	A B C	A B C
						A B C	D	A B C	A B C	A B C
						A B C	D	A B C	A B C	A B C
						A B C	D	A B C	A B C	A B C
						A B C	D	A B C	A B C	A B C
						A B C	D	A B C	A B C	A B C
						A B C	D	A B C	A B C	A B C
						A B C	D	A B C	A B C	A B C
						A B C	D	A B C	A B C	A B C
						A B C	D	A B C	A B C	A B C
						A B C	D	A B C	A B C	A B C
						A B C	D	A B C	A B C	A B C

3.2.g. PFLANZEN, die im Anhang II der Richtlinie 92/43/EWG aufgeführt sind

KENNZIFFER	NAME	POPULATION	GEBIETSBEURTEILUNG				
			Population		Erhaltung	Isolierung	Gesamt
			A B C	D	A B C	A B C	A B C
			A B C	D	A B C	A B C	A B C
			A B C	D	A B C	A B C	A B C
			A B C	D	A B C	A B C	A B C
			A B C	D	A B C	A B C	A B C
			A B C	D	A B C	A B C	A B C
			A B C	D	A B C	A B C	A B C
			A B C	D	A B C	A B C	A B C
			A B C	D	A B C	A B C	A B C
			A B C	D	A B C	A B C	A B C
			A B C	D	A B C	A B C	A B C
			A B C	D	A B C	A B C	A B C
			A B C	D	A B C	A B C	A B C
			A B C	D	A B C	A B C	A B C
			A B C	D	A B C	A B C	A B C
			A B C	D	A B C	A B C	A B C
			A B C	D	A B C	A B C	A B C
			A B C	D	A B C	A B C	A B C
			A B C	D	A B C	A B C	A B C
			A B C	D	A B C	A B C	A B C
			A B C	D	A B C	A B C	A B C
			A B C	D	A B C	A B C	A B C
			A B C	D	A B C	A B C	A B C
			A B C	D	A B C	A B C	A B C
			A B C	D	A B C	A B C	A B C
			A B C	D	A B C	A B C	A B C
			A B C	D	A B C	A B C	A B C
			A B C	D	A B C	A B C	A B C
			A B C	D	A B C	A B C	A B C
			A B C	D	A B C	A B C	A B C
			A B C	D	A B C	A B C	A B C
			A B C	D	A B C	A B C	A B C
			A B C	D	A B C	A B C	A B C
			A B C	D	A B C	A B C	A B C
			A B C	D	A B C	A B C	A B C
			A B C	D	A B C	A B C	A B C
			A B C	D	A B C	A B C	A B C
			A B C	D	A B C	A B C	A B C
			A B C	D	A B C	A B C	A B C
			A B C	D	A B C	A B C	A B C
			A B C	D	A B C	A B C	A B C
			A B C	D	A B C	A B C	A B C

3.3. ANDERE BEDEUTENDE FAUNA- UND FLORAARTEN

GRUPPE							WISSENSCHAFTLICHER NAME	POPULATION	BEGRÜNDUNG			
V	S	A	R	F	W	P						
									A	B	C	D
									A	B	C	D
									A	B	C	D
									A	B	C	D
									A	B	C	D
									A	B	C	D
									A	B	C	D
									A	B	C	D
									A	B	C	D
									A	B	C	D
									A	B	C	D
									A	B	C	D
									A	B	C	D
									A	B	C	D
									A	B	C	D
									A	B	C	D
									A	B	C	D
									A	B	C	D
									A	B	C	D
									A	B	C	D
									A	B	C	D
									A	B	C	D
									A	B	C	D
									A	B	C	D
									A	B	C	D
									A	B	C	D
									A	B	C	D
									A	B	C	D
									A	B	C	D
									A	B	C	D
									A	B	C	D
									A	B	C	D
									A	B	C	D
									A	B	C	D
									A	B	C	D
									A	B	C	D

(V = Vögel, S = Säugetiere, A = Amphibien, R = Reptilien, F = Fische, W = Wirbellose, P = Pflanzen)

4. GEBIETSBESCHREIBUNG

4.1. ALLGEMEINER GEBIETSCHARAKTER:

Lebensraumklassen	Anteil (%)
Meeresgebiete und -arme	
Flüsse mit Gezeiten, Ästuarien, vegitationsfreie Schlick- und Sandflächen, Lagunen(einschl. Salinenbecken)	
Salzsümpfe,-wiesen und -steppen	
Küstendünen, Sandstrände, Machair	
Shingle, Felsküsten, Inselchen	
Binnengewässer (stehend und fließend)	
Moore, Sümpfe, Uferbewuchs	
Heide, Gestrüpp, Macchia, Garrigue, Phrygana	
Trockenrasen, Steppen	
Feucht- und Halbfeuchtrasen	
Alpen- und subalpine Wiesen	
extensiver Getreideanbau (einschl. Wechselanbau mit regelmäßiger Brache)	
Reisfelder	
verbessertes Grasland	
anderes Ackerland	
Laubwald	
Nadelwald	
Immergrüner Laubwald	
Mischwald	
Kunstforsten (z.B. Pappelstände oder exotische Gehölze)	
Nicht-Waldgebiete mit hölzernen Pflanzen (Obst- und Ölhaine, Weinberge und -felder, Deshesa)	
Binnenlandfelsen, Geröll- und Schutthalden, Sandflächen, ständiger Schnee und Eis	
Sonstiges(einschl. Städte, Dörfer, Straßen, Deponien, Gruben, Industriegebiete)	
INSGESAMT	100 (%)

Andere Gebietsmerkmale:

4.2. GÜTE UND BEDEUTUNG:

4.3. VERLETZLICHKEIT:

4.4. *GEBIETSAUSWEISUNG:* *(Bemerkungen zu den nachstehenden quantitativen Angaben)*

4.5. *BESITZVERHÄLTNISSE:*

Privat:	%
Kommunen:	%
Land:	%
Bund:	%
Sonstige:	%

4.6. *NACHWEISE:*

4.7. *GESCHICHTE:*

Datum	geändertes Feld	Beschreibung

5. SCHUTZSTATUS DES GEBIETES UND ZUSAMMENHANG MIT CORINE BIOTOPEN:

5.1. AUSWEISUNGEN ALS SCHUTZGEBIET:

KENNZIFFER	ANTEIL(%)	KENNZIFFER	ANTEIL(%)	KENNZIFFER	ANTEIL(%)

5.2. ZUSAMMENHANG DES BESCHRIEBENEN GEBIETES MIT ANDEREN GEBIETEN

auf nationaler/regionaler Ebene ausgewiesen:

TYPENKENNZIFFER	GEBIETSNAME	ÜBERDECKUNG ART	ÜBERDECKUNG ANTEIL(%)

auf internationaler Ebene ausgewiesen:

TYP		GEBIETSNAME	ÜBERDECKUNG ART	ÜBERDECKUNG ANTEIL(%)
RAMSARÜBEREINKOMMEN:	1			
	2			
	3			
	4			
BIOGENETISCHES RESERVAT:	1			
	2			
	3			
GEBIET MIT EUROPADIPLOM:	-			
BIOSPHÄRENRESERVAT:	-			
BARCELONAÜBEREINKOMMEN:	-			
WORLD HERITAGE SITE:	-			
SONSTIGER TYP:	-			

5.3.ZUSAMMENHANG DES BESCHRIEBENEN GEBIETES MIT CORINE BIOTOPE GEBIETEN:

CORINE GEBIETSKENNZIFFER	ÜBERDECKUNG ART	ÜBERDECKUNG ANTEIL(%)	CORINE GEBIETSKENNZIFFER	ÜBERDECKUNG ART	ÜBERDECKUNG ANTEIL(%)

6. EINFLÜSSE UND NUTZUNGEN IM GEBIET UND IN DESSEN UMGEBUNG

6.1. EINFLÜSSE UND NUTZUNGEN SOWIE DAVON BETROFFENE FLÄCHE

EINFLÜSSE UND NUTZUNGEN IM GEBIET

KENNZIFFER	INTENSITÄT	%DES GEBIETS	EINFLUSS	KENNZIFFER	INTENSITÄT	%DES GEBIETS	EINFLUSS
	A B C		+ 0 -		A B C		+ 0 -
	A B C		+ 0 -		A B C		+ 0 -
	A B C		+ 0 -		A B C		+ 0 -
	A B C		+ 0 -		A B C		+ 0 -
	A B C		+ 0 -		A B C		+ 0 -
	A B C		+ 0 -		A B C		+ 0 -

EINFLÜSSE UND NUTZUNGEN AUSSERHALB DES GEBIETS

KENNZIFFER	INTENSITÄT	EINFLUSS	KENNZIFFER	INTENSITÄT	EINFLUSS
	A B C	+ 0 -		A B C	+ 0 -
	A B C	+ 0 -		A B C	+ 0 -
	A B C	+ 0 -		A B C	+ 0 -
	A B C	+ 0 -		A B C	+ 0 -
	A B C	+ 0 -		A B C	+ 0 -
	A B C	+ 0 -		A B C	+ 0 -

6.2. MANAGEMENT DES GEBIETS

FÜR DIE VERWALTUNG UND PFLEGE ZUSTÄNDIG:

GEBIETSPFLEGE UND MASSGEBLICHE PLÄNE:

7. KARTE DES GEBIETS

. *Physische Karte*

BLATTNUMMER

MAßSTAB

PROJEKTION

ANGABEN ZUR VERFÜGBARKEIT DER GEBIETSGRENZEN IN RECHNERGESTÜTZTER FORM

. ***Karte der unter 5, aufgeführten Gebietsausweisungen:***
(auf Kartengrundlage, die dieselben Merkmale wie die physische Karte hat)

. **Luftbild(er) beigefügt:** ☐ JA ☐ NEIN

NUMMER	GEBIET	AUSSCHNITT/THEMA	COPYRIGHT	DATUM

8. DIAPOSITIVE

NUMMER	ORT	GEGENSTAND	COPYRIGHT	DATUM

Kurze Erläuterungen zum Datenbogen

Um einen genaueren Einblick über die von der Europäischen Kommission geforderten Daten zu erhalten, sind die Eingabefelder in der Reihenfolge des Meldeformulars kurz kommentiert, soweit der Inhalt der Datenfelder nicht aus der Bezeichnung des Datenfeldes hervorgeht.

Aus den Erläuterungen zum Datenbogen (deutsche Fassung EUR 12, KOMMISSION DER EUROPÄISCHEN GEMEINSCHAFTEN 1994; die neue EUR 15 Fassung liegt bisher nur in englisch vor, EUROPEAN COMMISSION 1996a) seien vorab zwei wichtige Passagen zitiert:

„Es wird erwartet, daß sämtliche Informationen vorgelegt werden, die für die Ausweisung bzw. Einstufung eines Standortes" (Übersetzungsfehler: eines Gebietes) „relevant sind. Hierzu gehören insbesondere Informationen, durch die die Auswahl des betreffenden Standortes begründet werden kann und die es ermöglichen, den Beitrag des Standortes zur Wirksamkeit und Kohärenz des NATURA 2000-Netzes zu bewerten. Dennoch sollten für Standorte, die definitiv in das NATURA 2000-Netz aufgenommen werden, alle Datenfelder ausgefüllt werden, da die Felder des Datenbogens bereits auf solche Informationen beschränkt wurden, die sowohl auf nationaler als auch auf gemeinschaftlicher Ebene voraussichtlich eine wichtige Rolle für Schutz und Kontrolle eines Standortes bilden."

„Neben der Erfassung der Lebensräume jedes Standortes" (= Gebietes) „geben die Mitgliedsstaaten gemäß Anhang III der „Habitatrichtlinie" auch die Gesamtfläche jedes Lebensraumtyps in ihrem Land an; ferner wird für eine Analyse gemäß Anhang III der Richtlinie neben den Populationsdaten jedes Standortes auch der geschätzte Gesamtbestand der Populationen des Hoheitsgebiets benötigt. Diese Angaben werden, wie die Informationen über Vogelpopulationen, in getrennten Dateien erfaßt. ...."

Seite 1

1.1 und 1.5: Der Typ (1.1) erfaßt die räumliche Lagebeziehung zu gemeldeten Gebieten der Vogelschutzrichtlinie. Angrenzende, eingeschlossene oder teilweise eingeschlossene Gebiete müssen mit Kennziffer unter 1.5 eingetragen werden.

1.2: Die Kennziffer des Gebiets besteht aus „DE" für Deutschland, der TK 1 : 25 000-Nummer und einer fortlaufenden Numerierung und wird bundeseinheitlich vergeben.

1.8: Meldedaten: Hier wird zunächst nur das Datum der Erstmeldung der nationalen Gebietsvorschläge unter „vorgeschlagen als Gebiet, das als GGB in Frage kommt" eingetragen.

Seite 2

2.1: Der Gebietsmittelpunkt sollte nach erfolgter Digitalisierung i.d.R. als Flächenschwerpunkt in geographischen Koordinaten eingetragen werden.

2.2 und 2.3: Als Alternative zur Flächenangabe kommt bei schmalen linearen Gebieten, z.B. Küstenlebensräumen und Fließgewässern, die Angabe der Längserstreckung in km in Betracht.

2.5: Verwaltungsgebiet: Kodierungen, Namen und Flächenanteile der Verwaltungsregionen nach dem Eurostat-Nuts System. In Deutschland sind hier die Landkreise kodiert.

Seite 3

Eintrag aller im Gebiet vorhandenen Lebensräume des Anhangs I mit Flächenanteilen. Die nationalen Bewertungen sind einzeln für jeden Lebensraumtyp gemäß den Kriterien des Anhangs III einzutragen. Die einzige Ausnahme sind sogenannte „nicht signifikante" Vorkommen, das heißt für das Schutzziel des Gebiets nicht relevante fragmentarische oder sehr kleinflächige Restvorkommen eines Lebensraumtyps. In diesen Fällen wird unter Repräsentativität ein „D" eingetragen und die weitere Einzelbewertung entfällt.

Die Bewertungsstufen bedeuten:

Repräsentativität:
- A: hervorragende Repräsentativität
- B: gute Repräsentativität
- C: signifikante Repräsentativität
- D: nicht signifikant

Relative Fläche: Vom Lebensraumtyp im gemeldeten Gebiet eingenommene Fläche im Bezug zur Gesamtfläche des Lebensraumtyps im Mitgliedsstaat
- A: > 15 %
- B: 2–15 %
- C: < 2 %

Erhaltungszustand: Mit den Unterkriterien Struktur, Funktionen und Wiederherstellungsmöglichkeit (Details siehe offizielle Erläuterungen)
- A: hervorragender Erhaltungszustand
- B: guter Erhaltungszustand
- C: durchschnittlicher oder beschränkter Erhaltungszustand

Die Gesamtbeurteilung faßt die Einzelbewertungen zusammen und kann weitere Wertkriterien berücksichtigen.

Seite 5–8

Arten des Anhangs I der Vogelschutzrichtlinie und Arten des Anhangs II der FFH-Richtlinie:

Bei diesen Arten werden Populationsangaben erwartet, wobei zusätzlich nach dem Status z.B. bei den Vögeln nach „nicht ziehend" bzw. für ziehende Vögel nach „brütend", „überwinternd" und „auf dem Durchzug" unterschieden wird.

In absteigender Priorität ist je nach vorliegenden Daten die Eingabe von genauen Populationsgrößen, von Größenklassen oder die qualitative Einschätzung in „häufig", „selten" und „sehr selten" möglich.

Die Bewertung erfolgt analog den Lebensräumen mit den Kriterien:

Population: Anteil der Population der Art im Gebiet in Relation zur Gesamtpopulation
- A: >15 %
- B: 2–15 %

C: < 2 %
D: nicht signifikant

Erhaltung:
A: hervorragende Erhaltung
B: gute Erhaltung
C: durchschnittlicher oder beschränkter Erhaltungszustand

„Isolierung": Lage der Population in Bezug auf das Hauptverbreitungsgebiet
A: Population (beinahe) isoliert
B: Population nicht isoliert, aber am Rande des Verbreitungsgebiets
C: Population nicht isoliert, innerhalb des erweiterten Verbreitungsgebiets
(Übersetzungsfehler: innerhalb des Hauptareals)

Gesamtwert:
A: hervorragender Wert
B: guter Wert
C: signifikanter Wert

Seite 9

Eingabe aller weiteren Tier- und Pflanzenarten, insbesondere die Arten der Anhänge IV und V der FFH-Richtlinie, Arten weiterer internationaler Konventionen (z.B. Berner Konvention), stark gefährdete Arten der Roten Listen etc..

Der Grund für die Nennung muß angegeben werden:
A: nationale Rote Liste
B: endemische Arten
C: internationale Übereinkommen
D: sonstige Gründe
Unter sonstige Gründe sind z.B. Zielarten für das Gebietsmanagement, Qualitätsindikatoren oder regionale bzw. naturraumtypische Besonderheiten aufzuführen.

Seite 10

Hier ist die Kurzbeschreibung des Gebietes in Form von sogenannten „Lebensraumklassen" (4.1) und als kurzer Text „Andere Gebietsmerkmale", sowie eine kurze Begründung der Schutzwürdigkeit bzw. Wertigkeit des Gebietes (4.2 Güte und Bedeutung) einzutragen.

4.3: Hauptgefährdungen, soweit sie nicht auf Seite 13 eingetragen werden können, sind hier unter „Verletzlichkeit" in knapper Form darzustellen.

Seite 11

4.4: Gebietsausweisung: Schutzstatusangaben oder vertragliche Sicherungen, soweit sie nicht durch die Eintragungen auf Seite 12 bereits abgedeckt sind.

4.6: Nachweise: Quellendokumentation z.B. verwendete Literaturquellen für das Ausfüllen des Datenbogens, Biotopkartierungsbögen etc..
4.7: Geschichte: Alle späteren Änderungen des Datenbogens oder Gebietserweiterungen etc. werden von der Kommission hier eingetragen.

Seite 12

5.: Schutzstatus:
Hier werden alle Schutzkategorien und Prädikate eingetragen, die das gemeldete Gebiet betreffen. Dabei wird als „Art" der Beziehung zwischen angrenzend, deckungsgleich, eingeschlossen, umfassend und teilweiser Überschneidung unterschieden. Unter 5.3. müssen auch die bisherigen Meldungen unter CORINE-biotopes mit ihren Kennnummern angegeben werden.

Seite 13

6.1: Einflüsse und Nutzungen: Hier sind alle wesentlichen Faktoren der Gebietspflege, bestehender Nutzungen und eventueller Gefährdungen einzutragen (umfangreiche standardisierte Kodierungsliste). Dabei ist jeweils die Intensität des Einflusses (A: starker, B: durchschnittlicher und C: geringer Einfluß) und die Art des Einflusses (+ positiv, 0 neutral und - negativ bzw. gefährdend) qualitativ anzugeben. Es wird zwischen Einflüssen im gemeldeten Gebiet und von außerhalb des Gebiets unterschieden, wobei für erstere auch anzugeben ist, wieviel Prozent der Fläche des gemeldeten Gebiets betroffen ist.
6.2: Hier wird die zuständige Behörde bzw. der Betreuer des Gebietes eingetragen und die Pflege- und Entwicklungspläne für das gemeldete Gebiet, soweit diese vorliegen.

Seite 14

7: Angaben zu den für die Gebietsabgrenzung verwendeten Karten, in Deutschland also Angabe der Blattnummern der TK 1:25.000. Ferner können – soweit vorhanden – Luftbilder oder Diapositive eingegeben werden. Dies wird eventuell im Rahmen der Kontrolle des Erhaltungszustandes für die Berichtspflichten von Interesse sein, der Aufbau eines zentralen Bildarchivs bei der Europäischen Kommission ist jedenfalls nicht geplant.

10.5 Liste der anerkannten Vogelschutzrichtliniengebiete

Im Folgenden sind die anerkannten Vogelschutzrichtliniengebiete gemäß Art. 4 der Richtlinie 79/409/EWG mit Stand Januar 1997 aufgelistet.

Erläuterungen:

Natura 2000-Nr.: Künftig nach Natura 2000 Datenbogen zu verwendender Gebietscode, vorangestellt wird vor alle Nummern zusätzlich „DE“ als ISO-Code für Deutschland.

SPA-Nr.: Nummer laut offizieller Gebietsliste der Vogelschutzrichtlinie der EU-Kommission, Fassung Aug. 1994; bei Baden-Württemberg steht ein * für Gebiete mit besonderer Bedeutung für den Naturschutz (vgl. Kap. 3).
Bei Hessen steht ** für nachträglich aufgetrennte Teilgebiete.

Name: Gebietsbezeichnung laut Meldebogen.

Größe: Flächengröße laut Meldeliste mit Ergänzungen der Nachmeldungen; (): noch nicht mit Gebietsabgrenzung gemeldete Flächen von Brandenburg.

Natura 2000-Nr.	SPA-Nr.	Name	Größe [ha]
Baden-Württemberg			
8121-401	365	Aachtobel	72,00
7018-401	165*	Aalkistensee	49,50
6725-401	105	Ahorn-Lindenwald auf Markung Hessenau-Leofels	7,23
7617-401	281	Albeck	11,60
8024-401	338	Allgaier Riedle	3,00
8314-401	266	Alter Weiher	3,83
7021-401	151*	Altneckar	37,20
6915-401	207*	Altrhein Maxau	35,00
8412-401	214*	Altrhein Wyhlen	21,50
6816-401	161*	Altrhein - Königsee	11,45
8023-401	329*	Altshauser Weiher	49,15
7812-401	231	Amolterer Heide	10,54
6323-401	118	Apfelberg	22,50
8012-401	303*	Arlesheimersee	23,00
7525-401	327*	Arnegger Ried	20,30
8216-401	299	Auäcker	13,10
8324-401	376	Auweiher	7,32
7912-401	272	Badberg	65,00
7519-401	331	Baggersee Queck [= NSG Oberes Steinach + NSG Burglehen und weitere Teilgebiete]	36,00
6826-401	080	Baierlesstein	3,30
8013-401	286	Bannwald Faulbach	20,00
7712-401	254	Bannwald Hechtsgraben	8,00
8113-401	288	Bannwald Hirschfelsen	20,00
7913-401	289	Bannwald Konventwald	17,00
8113-402	287	Bannwald Napf	108,00
7225-401	090	Bargauer Horn	25,21
7018-402	202	Bauschlotter Schlosspark	5,80
8112-401	244*	Belchengipfel und Umgebung	582,00
8315-401	260	Berghaus	1,49
8016-401	271	Betzenbühl	2,00
8216-402	276	Beugenhölzle	3,83
8123-401	352	Bibersee	4,90
8014-401	284	Bisten	144,22
7911-401	302	Bitzenberg	2,80

Natura 2000-Nr.	SPA-Nr.	Name	Größe [ha]
7821-401	356	Blauen	14,40
8224-401	355	Blauensee	29,70
7724-401	389	Blauer Steinbruch	5,19
7815-401	256	Blindensee	28,07
8123-402	353	Blinder See	7,82
6922-401	153	Bodenbachschlucht	8,62
8220-401	217*	Bodenseeufer (Untersee, 7 Gemeinden)	790,00
8219-401	314*	Bodenseeufer Radolfzell [Gemark. Markelfingen]	15,70
8219-402	298	Bohlinger Aachried	22,00
8223-401	359	Bohlweiher	22,10
7713-401	295	Brai	6,70
7015-401	171*	Bremengrund	71,50
8118-401	306	Bruckried	17,50
8214-401	274	Bruggmatt	2,14
8024-402	337	Brunnenholzried	75,00
8214-402	246	Brunnmättlemoos	8,05
7712-402	469*	Brut- und Rastgebiet Elzwiesen-Rheinhausen	500,00
7218-401	183	Büchelberg	48,48
8219-403	225	Buchenseen [Güttinger Seen]	11,51
7911-402	250	Büchsenberg	11,85
8411-401	227	Buchswald bei Grenzach	93,63
7423-401	114	Dachswiesle	2,72
8016-402	237	Deggenreuschen-Rauschachen	125,77
7127-401	102	Dellenhäule	24,13
6919-401	203	Diefenbacher Mettenberg	3,00
8224-402	367	Dietenberger Weiher	3,34
7719-401	382	Dobelwiesen	18,58
8023-402	349	Dolpenried	57,40
7527-402	362	Donauried [NSG Langenauer Ried]	14,25
8123-403	316	Dornacher Ried mit Häcklerried, Häcklerweiher und Buchsee	151,44
6423-401	142	Dörre Wieslein	2,46
7918-401	280	Dürbheimer Moos	17,96
8219-404	226	Durchenbergried	2,89
6424-401	138	Edelberg	4,20

Natura 2000-Nr.	SPA-Nr.	Name	Größe [ha]
8224-403	332	Edensbacher Mösle	4,40
8315-402	258	Eibenkopf	0,78
7221-401	095	Eichenhain	33,67
7422-401	103	Eichhalde	85,00
7420-401	333	Eisenbach-Hain	8,30
6823-401	092	Entlesboden	7,18
8323-401	321*	Eriskircher Ried	221,00
7423-402	146	Erkenbergwasen	15,70
6526-401	121	Erlenbruchwald beim Lichteler Landturm	0,84
8114-401	243	Erlenbruckmoor	9,06
7117-401	184	Essigberg	34,00
7021-402	086	Favoritepark	72,00
7015-402	163	Federbachniederung	34,60
7823-402	320*	Federsee	1.400,50
8113-403	218*	Feldberg	3.231,00
8224-404	354	Felder See	10,85
6921-401	093	Felsengärten	2,73
7118-401	195	Felsenmeer	5,40
6618-401	185	Felsenmeer, Russenstein, Naturpark Michelsbrunnen	9,85
8214-403	245	Fohrenmoos	3,40
8224-405	335	Füremoos	4,77
8124-401	368	Girasmoos	9,60
7515-401	186	Glaswaldsee	124,35
7128-401	112	Goldberg	32,45
7415-401	285	Gottschlägtal-Karlsruher Grat	154,00
7419-401	101	Grafenberg	8,20
8219-405	292	Graues Ried	12,40
6818-401	188	Greifenberg	13,03
7521-401	336	Greuthau	192,00
7322-401	084*	Grienwiesen	11,50
7625-401	328	Gronne	34,00
7416-401	189	Große Tannen	13,30
7019-401	204	Großglattbacher Riedberg	34,00
7914-401	252	Günterfelsen und Umgebung	0,68
7024-401	104	Hägeles- und Brunnenklinge auf Markung Ebersburg	5,42

Natura 2000-Nr.	SPA-Nr.	Name	Größe [ha]
8025-401	324	Haidgauer Quelltöpfe, Haidgauer Ried, Alberser Ried	426,50
7020-401	083	Hammelrain/Oberer Wannenberg	18,75
6624-401	148	Hang am Rengerstal	3,27
8324-402	373	Hangquellmoor Bachholz	0,30
8325-401	371	Hangquellmoor Epplings	1,37
7023-401	122	Harbacher Quellsumpf	0,56
8218-401	308	Hardtseen	8,00
8219-407	310	Hausener Aachried	50,00
7324-401	109	Hausener Wand	77,55
7423-403	125	Heide am Hillenwang	19,00
7424-401	099	Heide auf dem Oberen Leimberg	8,80
6620-401	175	Henschelberg	8,14
8324-403	370	Hermannsberger Weiher	17,30
7919-401	277	Hintelestal	50,00
8014-402	238	Hinterzartener Moor	82,00
7419-402	380	Hirschauer Berg	22,20
7811-401	297	Hochberg (Lk Emmendingen)	0,70
7720-401	383	Hochberg (Lk Zollernalbkrs.)	7,03
8220-402	363	Hödinger Tobel	27,71
7619-401	379	Hohegert	2,30
8218-402	239	Hohenstoffeln	52,59
8218-403	270	Hohentwiel	108,09
7713-402	233	Hoher Geisberg	37,00
7315-401	194	Hoher Ochsenkopf	41,06
7216-401	193*	Hohlohsee	35,81
8117-401	219	Hondinger Zisiberg	0,42
8012-402	264	Honigbuck	7,52
8214-404	224	Horbacher Moor	10,81
8017-401	261	Hörnekapf	3,57
8219-408	216*	Hornspitze auf der Höri [Untersee]	25,56
7225-402	098	Hülbe am Märtelesberg	0,20
7719-402	346	Hundsrücken	2,32
6323-402	126	Hunsenberg	7,60
8214-405	222	Ibacher Moor	14,99
7719-403	344	Irrenberg	16,73

Natura 2000-Nr.	SPA-Nr.	Name	Größe [ha]
7819-401	278	Irrendorfer Hardt	103,00
7123-401	128	Jägerhölzle	1,82
8012-403	220	Jennetal	0,70
7712-403	312*	Johanniterwald	57,00
6917-401	197	Kaiserberg	7,70
7720-402	384	Känzele	3,60
7221-402	139	Kappelberg	2,00
8112-402	291	Kastelberg	10,00
6617-401	179*	Ketscher Rheininsel	114,30
6920-401	096	Kirchheimer Wasen	5,90
7118-402	196	Klebwald	21,60
7214-401	200	Korbmatten Baden-Baden	27,60
8324-404	375	Kreuzweiher	47,40
7719-404	385	Kugelwäldle	12,87
6824-401	097	Kupfermoor	3,69
8316-401	240	Küssaberg	6,25
6323-403	137	Langenfeld	36,20
7719-405	386	Längenloch	5,50
7513-401	253*	Langwald	34,37
6422-401	166*	Lappen	11,00
8022-401	390	Laubbachmühle	3,00
7720-403	388	Lauen	6,08
6920-402	106	Lauffener Neckarschlinge	60,67
6223-401	117	Leidenrain	30,89
7720-404	387	Leimen	25,33
7811-402	283	Limberg (Lk Emmendingen)	28,90
6425-401	124	Lindach	16,28
6323-404	147	Lindenberg	8,70
8216-403	249	Lindenberg (Lk Waldshut)	16,52
7924-401	323*	Lindenweiher	47,00
8219-409	300	Litzelsee	51,00
7325-401	141	Magentäle	54,00
7623-401	394	Mahlweiher	7,69
6620-402	168	Margaretenschlucht	5,00
8223-402	350	Mariataler Wäldle	10,80

Natura 2000-Nr.	SPA-Nr.	Name	Größe [ha]
8024-403	381	Mauchenmühle	11,62
6424-402	133	Mehlberg	3,00
8219-410	210*	Mindelsee	301,12
8319-401	275	Moor am Oberbühlhof	1,81
8220-403	221	Mooswiese	20,49
7115-401	170	Muggensturmer Bruch [=NSG Federbachbruch zwischen Muggensturm und Malsch]	25,00
7422-402	334	Nägelesfelsen	12,40
8220-404	307	Nägelried	4,50
7724-402	395	Nauhauser [NSG Müsse o. NSG Schand o. NSG Pfaffenwert o. NSG Gedüngtes Ried?]	7,80
7021-403	110*	Neckarhalde	33,85
6620-403	205	Neckarhochufer	5,90
7912-402	313	Neuershausener Mooswald	48,00
7422-403	143	Neuffener Heide	16,87
6823-402	100	Obere Weide	1,90
7121-401	113	Öffinger Scillawald	11,85
7521-402	378	Ohnastetter Bühl	6,28
7812-402	290	Ohrberg	9,60
6621-401	174	Orchideenwiese Neckarburken	6,43
8415-401	265	Orchideenwiese	1,58
8416-401	259	Orchideenwiese Küssnach	0,91
8016-403	255	Palmenbuck	0,20
6624-402	149	Pflanzenstandorte Brühl und Rautel	2,88
7122-401	111	Pflanzenstandorte am Sommerrain auf Markung Allmersbach im Tal	0,12
8022-402	342*	Pfrunger-Burgweiler Ried	779,33
7021-404	079*	Pleidelsheimer Wiesental	6,77
8415-402	257	Pulsatilla-Standort Dangstetten	0,59
8224-406	391	Quellmoor Englisreute	2,88
8224-407	392	Quellmoor Mooswiese [Teilgebiet von Quellmoor Englisreute]	2,43
8224-408	393	Quellmoor Tobelwiesen [Teilgebiet von Quellmoor Englisreute]	0,68
7524-401	360*	Rabensteig	28,00
8219-411	305*	Radolfzeller Aachried [Untersee]	227,00

Natura 2000-Nr.	SPA-Nr.	Name	Größe [ha]
8018-401	251	Waldgebiet Ramberg-Rehletal	66,79
7423-404	107	Randecker Maar	60,88
7225-403	127	Rauhe Wiese	5,00
8324-405	377	Regnitzer Weiher	3,20
6725-402	088*	Reiherhalde bei Morstein	7,18
6724-401	123*	Reiherhalde bei Bächlingen	80,00
6516-401	178	Reissinsel und Kuckucksinsel	92,00
6620-404	173	Reliktföhrenwald auf dem Heppenstein	14,21
6825-401	085	Reussenberg	182,60
7811-403	267	Rheinhalde Burkheim	1,98
8111-401	304*	Rheinwald Neuenburg	34,00
7923-401	340	Riedschachen	11,08
6918-401	199	Ritterbruch	4,57
8124-402	318	Rohrsee	101,25
7225-404	158*	Rosenstein	28,00
6918-402	162	Rossweiher	12,14
7123-402	130	Roter Burren	4,70
7015-403	192	Rottlichwald	12,00
7220-401	087	Rotwildpark bei Stuttgart, Teil des Schwarzwildparkes und Pfaffenwaldes	830,50
8311-401	223	Rümminger Moos	12,33
6816-402	169*	Russheimer Altrhein-Elisabethenwörth	532,00
7425-401	361	Salenberg	28,67
8314-402	269	Samlischbuck	0,34
6617-402	180	Sandhausener Düne, Pflege Schönau-Galgenbuckel	21,40
7822-401	357	Sauloch	2,70
7512-401	215	Sauscholle	57,60
7812-403	294	Scheibenbuck-Bluttenbuck	7,40
8114-402	228	Scheibenlechtenmoos	3,49
8224-409	351	Scheibensee	5,64
8123-404	325*	Schenkenwald (Oberer und Unterer Schenkenwald)	68,00
6821-401	116	Schilfsandsteinbruch beim Jägerhaus mit Umgebung	4,30
6720-401	132	Schlierbach	23,50
7415-402	208*	Schliffkopf	1.347,00
8215-401	235	Schlüchtsee	3,60
7123-403	134	Schmalenberg	32,40

Natura 2000-Nr.	SPA-Nr.	Name	Größe [ha]
7624-401	330*	Schmiechener See	50,63
7911-403	293	Schneckenberg	6,30
8314-403	248	Schneeglöckchenstandort Buch	4,12
8015-401	213	Schollacher Moor	3,00
7421-401	120	Schönrain	7,14
7423-405	094	Schopflocher Moor	43,13
8118-402	242	Schoren	63,50
8123-405	319	Schreckensee	99,79
6520-401	172	Schwanne-Wald	12,49
7917-401	232	Schwenninger Moos	87,55
8221-401	326*	Seefelder Aachmündung [Obersee]	25,00
7015-404	164	Seitel	5,10
7119-401	182	Silberberg	4,90
7218-402	201	Simmozheimer Wald	13,01
6919-402	144	Sommerberg	15,90
8220-405	364	Spetzgarter Tobel	12,36
6624-403	154	St. Wendel zum Stein	12,10
6323-405	119	Stammberg	31,10
8319-402	241	Stehlwiesen	9,50
7023-402	131	Steinhäusle	20,93
8116-401	230	Steppenheide Hardt	5,18
7423-406	145	Sterneck	5,40
7919-402	279	Stiegelesfels	28,00
6926-401	140	Streuwiese bei der Ohrsägmühle	1,17
7225-405	155	Streuwiese bei Rötenbach	5,64
7024-403	150	Streuwiesen an der Schwarzen Rot	2,10
7024-402	129	Streuwiesen im Gauchhauser Tal	3,96
7722-401	348	Tannenhalde	33,20
7916-401	301	Tannhörnle	24,00
8021-401	366	Taubenried	47,29
7612-401	311*	Taubergiessen	1.601,00
8324-406	372	Teufelssee	0,90
8214-406	247	Tiefenhäuser Moos	4,70
8117-402	262	Tiefenried	6,34
7127-402	115	Tierstein mit Hangwald und Egerquelle	2,90

Natura 2000-Nr.	SPA-Nr.	Name	Größe [ha]
6519-401	167	Todtenbronnen	43,63
6617-403	160	Torfloch im Mörsch	11,04
8311-402	282	Totengrien	2,76
7519-402	317	Trichter-Ehehalde	2,71
6424-403	152	Trockenhang im Lötal	3,30
8122-401	374	Überwachsener See	2,49
7924-402	341	Ummendorfer Ried	23,87
7719-406	322	Untereck	32,58
6521-401	206	Unteres Heimental	40,30
8017-402	212*	Unterhölzer Wald	143,00
8115-401	234	Ursee	10,29
7521-403	343	Ursulahochberg	8,97
8113-404	236	Utzenfluh	84,00
6823-403	091	Viehweide auf Markung Michelbach	18,25
8219-406	209*	Vogelfreistätte Halbinsel Mettnau am Bodensee [Untersee]	72,28
6722-401	081	Vogelhalde Sindringen-Ohrnberg	190,00
8012-404	268	Vogelsang	2,37
6222-401	082	Vogelschutzgebiet beim Tremhof	46,50
7226-401	089	Volkmarsberg	68,07
8123-406	358	Vorsee-Wegenried	46,40
7217-401	187	Waldmoor-Torfstich	11,10
7220-402	108	Waldwiese im Mahdental	1,89
8323-402	339	Wasenmoos [Tettnang]	26,70
8223-403	369	Wasenmoos bei Grünkraut	25,62
7226-402	135	Weiherwiesen	27,85
6917-402	181	Weingartener Moor	28,00
8119-401	309	Weitenried	205,00
6518-402	177	Wendenkopf	53,75
7322-402	157*	Wernauer Baggerseen	20,40
7123-404	156	Wieslaufschlucht und Edenbachschlucht	42,00
7415-403	190*	Wilder See-Hornisgrinde	766,00
7923-402	347	Wildes Ried	22,60
7216-402	191*	Wildseemoor	191,00
8220-406	263	Winterried	4,40
8220-408	211*	Wollmatinger Ried-Untersee-Gnadensee	757,00

Natura 2000-Nr.	SPA-Nr.	Name	Größe [ha]
6323-406	136	Wormental	9,70
6418-401	176	Wüstnächstenbach und Haferbuckel	5,70
8115-402	229	Wutach-Gauchachtal [heute: Wutachschlucht]	579,00
8117-403	296*	Wutachflühen	374,00
7218-403	198	Zavelsteiner Krokuswiesen	53,00
7619-402	345	Zellerhornwiese	4,40
7914-402	273	Zweribach	94,33
6520-402	159	Zwerrenberg	68,00
Bayern			
7040-401	450D	Gmünder Au	184,00
7527-401	414	Schwäbisches Donaumoos [NSG Leipheimer Moos, NSG Gundelfinger Moos]	409,00
7040-402	451D	Pfatterer Au	359,00
7040-403	452D	Stöcklwörth	68,70
7744-401	410	Unterer Inn (NSG Salzachmündung und NSG Unterer Inn)	1.279,00
7537-401	409	Vogelfreistätte Mittlere Isarstauseen	570,00
7939-401	396	Vogelfreistätte Innstausee bei Attel und Freiham	562,00
6331-401	412	Vogelfreistätte Weihergebiet bei Moorhof	128,00
Brandenburg			
2948-401	440	Schorfheide-Chorin	(42.700,00)
3453-401	442	Deichvorland Oderbruch	(3.916,00)
3444-401	447	Döberitzer Heide	(4.717,00)
2746-401	449	Uckermärkische Seenlandschaft	(54.667,00)
3450-401	443	Märkische Schweiz	(17.862,00)
2951-401	441	Untere Oder	(12.017,00)
3036-401	438	Unteres Elbtal	(52.895,00)
3339-402	444	Niederung der Unteren Havel	(11.040,00)
4152-401	448	Peitzer und Bärenbrücker Teiche	(1.556,00)
3642-401	446	Rietzer See	(1.134,00)
2843-401	439	Stechlin	(7.928,00)
3341-401	445	Unteres Rhin Luch/Dreetzer See, Havelländisches Luch u. Belziger Landschaftswiesen	(13.989,00)
Bremen			
2818-401	453D	Blockland	3.171,00
2819-402	059	Borgfelder Wümmewiesen (vgl. Wümmeniederung bei Niedersachsen)	677,00

Natura 2000-Nr.	SPA-Nr.	Name	Größe [ha]
2919-401	454D	Hemelinger Marsch	368,00
2819-403	455D	Hollerland	293,00
2918-401	456D	Niedervieland	1.257,00
2918-402	457D	Ochtumniederung	116,00
2817-401	458D	Werderland	935,00
2919-402	459D	Wümmeniederung	378,00
2819-401	016	Wümmeniederung zwischen Fischerhude und Lesum, von Lilienthal bis Lesum (Doppelmeldung: das Gebiet ist fast flächengleich mit dem Blockland 2818-401)	3.000,00
Hamburg			
2526-401	003	Die Reit	45,00
2226-401	004	Duvenstedter Brook	780,00
2326-401	005	Hainesch/Iland	75,00
2017-401	007	Insel Neuwerk/Kleiner Vogelsand	380,00
2016-402	008	Scharhörn	200,00
2226-402	006	Wohldorfer Wald	135,00
Hessen			
6116-401	070	Kühkopf-Knoblochsaue	2.369,00
6316-401	071	Lampertheimer Altrhein	525,00
5914-401**	072a	Mariannenaue (Rhein zwischen Eltville und Bingen)	196,00
5519-401	477	Mittlere Horloffaue	184,00
5522-401	472	Ober-Mooser-Teich	57,00
5522-402	473	Reichloser Teich	39,00
5026-401	471	Rhäden bei Obersuhl und Bosserode	112,00
5525-401	470	Rotes Moor	315,00
5522-403	474	Rothenbachteich	25,00
6013-401**	072b	Rüdesheimer Aue (Rhein zwischen Eltville und Bingen)	29,00
4820-401	475	Stausee von Affoldern	165,00
4620-401	476	Vorsperre-Twistetalsperre	24,00
Mecklenburg-Vorpommern			
2234-401	422	Dambecker Seen	204,00
2348-401	428	Galenbecker und Putzarer See	1.375,00
2050-401	430	Gothensee und Thurbruch, Inseln Böhmke und Werder	918,00
1747-401	429	Greifswalder Bodden	85.000,00

Natura 2000-Nr.	SPA-Nr.	Name	Größe [ha]
2450-401	431	Großer Koblentzer See	397,00
2034-401	421	Küstenlandschaft Wismarbucht	19.900,00
2535-401	423	Lewitz	10.400,00
1942-401	425	Mecklenburgische Schweiz, Recknitz- und Trebeltal	56.390,00
2543-401	426	Müritz-Nationalpark	31.000,00
1543-401	427	Nationalpark Vorpommersche Boddenlandschaft	80.500,00
2732-402	420	Naturpark Elbetal/Mecklenburgisches Elbetal (durch Grenzverschiebung [Amt Neuhaus] in Mecklenburg-Vorpommern ca. 36.400 ha)	57.400,00
2339-401	424	Naturpark Nossentiner-/Schwinzer Heide	32.050,00
2231-401	419	Naturpark Schaalsee	16.191,00
2045-401	512	Peenetal vom Kummerower See bis Schadefähre	27.800,00
2251-401	432	Riether Werder, Gottesheide, Ahlbecker Seegrund	3.985,80
Niedersachsen			
3014-401	039	Ahlhorner Fischteiche	265,00
3222-401	017	Allerniederung von Ahlden bis Rethem	1.280,00
3323-401	024	Allerniederung von Buchholz bis Eickeloh	1.050,00
3223-401	027	Allerniederung bei Hodenhagen	470,00
3324-401	028	Allerniederung von Winsen bis Buchholz	460,00
3121-401	020	Altwasser bei Daverden und Etelsen	140,00
3530-401	053	Barnbruch (-wiesen)	243,00
2719-401	019	Bekniederung	630,00
3418-401	045	Diepholzer Moorniederung	15.900,00
3431-401	057	Drömling	6.200,00
3415-401	044	Dümmer	3.800,00
2732-401	011	Elbaue zwischen Schnackenburg und Lauenburg	7.500,00
2809-401	037	Ems-Außendeichsflächen bei Papenburg	550,00
2710-401	041	Ems-Außendeichsflächen und Sände von Leer bis Terborg	490,00
2609-401	036	Ems-Außendeichsflächen und Sände von Terborg bis Emden	580,00
3326-401	023	Entenfang Boye	170,00
2510-401	035	Fehntjer Tief	1.500,00
3708-401	042	Gildehauser Venn	340,00
2418-401	030	Großer Sellstedter See	160,00
2719-402	013	Hammeniederung mit NSG Breites Wasser	3.550,00
3928-401	056	Heisumer Teich	22,00

Natura 2000-Nr.	SPA-Nr.	Name	Größe [ha]
2816-401	038	Hunteniederung unterhalb Oldenburg	1.500,00
2620-401	025	Huvenhoopssee und Heideseen	135,00
4225-401	052	Leineniederung von Northeim bis Salzderhelden	700,00
3728-401	058	Lengeder Teiche	138,00
2732-403	420	Naturpark Elbtal (Teil Niedersachsen, Amt Neuhaus)	ca. 25.300,00
2121-401	010	Niederelbe zwischen Stade und Otterndorf	10.500,00
2719-403	026	Obere Hammeniederung	1.500,00
4028-401	051	Okertal bei Vienenburg	28,00
3324-402	022	Ostenholzer Moor-Meissendorfer Teiche	3.200,00
2627-401	029	Osterwiesen	76,00
2509-401	034	Ostfriesische Meere	5.600,00
3928-402	055	Othfresener Klärteiche	25,00
2617-401	012	Rechter Nebenarm der Weser bei Brake	470,00
3729-401	048	Riddagshausen-Weddeler Teichgebiet	650,00
3928-403	054	Salzgittersee	150,00
4426-401	049	Seeburger See	119,00
3522-401	046	Steinhuder Meer	5.800,00
2216-401	043	Strohauser Plate	240,00
3327-401	021	Teiche bei Eschede	210,00
3212-401	040	Thülsfelder Stausee	462,00
2718-401	014	Untere Hammeniederung	1.020,00
2526-402	018	Untere Seeveniederung	422,00
3528-401	050	Viehmoor-Leiferder Teiche	320,00
2115-401	009	Wattenmeer, Nieders.: Elbe-Weser-Dreieck	32.500,00
2415-401	031	Wattenmeer, Nieders.: Jadebusen und westliche Wesermündung	50.000,00
2409-401	032	Wattenmeer, Nieders.: Ostfriesisches Wattenmeer mit Dollart, a) Ostfriesisches Wattenmeer	95.000,00
2609-402	033	Wattenmeer, Nieders.: Ostfriesisches Wattenmeer mit Dollart, b) Dollart	5.000,00
3420-401	047	Weserstaustufe Landesbergen	380,00
2820-401	015	Wümmeniederung zwischen Fischerhude und Lesum, von Fischerhude bis Lilienthal (enthält ca. 2.100 ha auf niedersächsischem Gebiet und ca. 1.200 ha in Bremen, darunter 677 ha Borgfelder Wümmewiesen)	3.300,00

Natura 2000-Nr.	SPA-Nr.	Name	Größe [ha]
Nordrhein-Westfalen			
4203-401	060	Feuchtgebiet Unterer Niederrhein (Größenangabe vorläufig)	27.237,00
4603-401	061	Krickenbecker Seen	1.046,00
4514-401	069	Möhnesee	1.227,00
3807-401	064	Moore und Heiden des Westmünsterlandes	1.269,00
3811-401	063	Rieselfelder Münster	233,00
3519-401	067	Weserstaustufe Schlüsselburg	1.653,00
Rheinland-Pfalz			
6216-401	075	Gimbsheimer Altrhein/Nordbogen	112,00
6016-401	078	Kisselwörth und Sändchen	76,00
5314-401	073	Krombachtalsperre	47,50
6015-401	077	Laubenheimer-Bodenheimer Ried	71,00
6716-401	076	Mechtersheimer Tongruben	34,00
5511-401	074	Urmitzer Werth	80,00
Sachsen			
5445-401	450	Erzgebirgskamm bei Satzung	3.100,00
5347-401	451	Erzgebirgskamm bei Deutscheinsiedel	1.200,00
4941-401	465	Eschefelder Teiche	220,00
5249-401	466	Fürstenau	3.600,00
5146-401	461	Großteich Großhartmannsdorf	160,00
5051-401	467	Nationalpark Sächsische Schweiz	9.300,00
4652-401	468	Oberlausitzer Heide- und Teichgebiet	28.884,00
4442-401	464	Presseler Heidewald- und Moorgebiet	5.000,00
4444-401	462	Teichgebiete und Elbaue bei Torgau	6.000,00
5541-401	463	Westerzgebirge	4.800,00
Sachsen-Anhalt			
2935-401	457	Aland-Elbe-Niederung	3.250,00
3532-401	458	Drömling	5.800,00
4134-401	456	Hakel	1.300,00
4531-401	455	Helmestausee Berga-Kelbra/Sachsen-Anhalt	ca. 850,00
3132-401	459	Landgraben-Dumme-Niederung	2.110,00
3334-401	460	Milde-Niederung/Altmark	1.500,00
4037-401	452	Steckby-Lödderitzer Forst	3.850,00
3339-401	454	Untere Havel (Sachsen-Anhalt) und Schollener See	2.850,00
3938-401	453	Zerbster Land	5.700,00

Natura 2000-Nr.	SPA-Nr.	Name	Größe [ha]
Schleswig-Holstein			
2030-403	502	Aalbek-Niederung	349,00
1828-401	493	Ascheberger Warder im Großen Plöner See	9,00
1527-401	488	Bottsand	91,00
2031-402	503	Dassower See, Inseln Buchhorst und Graswerder	800,00
1621-401	507	Delver Koog	191,00
1719-401	481	Dithmarscher Eidervorland mit Watt	620,00
2323-401	506	Eschschallen im Seestermüher Vorland	306,00
1225-401	484	Geltinger Birk	773,00
1118-401	002	Gotteskoogsee-Gebiet	ca. 824,00
1631-401	497	Graswarder-Heiligenhafen	229,00
1719-402	480	Grüne Insel mit Eiderwatt	1.000,00
1433-401	500	Grüner Brink	134,00
1727-401	510	Halbinsel und die Bucht am Lanker See	22,00
2323-402	505	Haseldorfer Binnenelbe mit Elbvorland	2.056,00
1629-401	495	Kleiner Binnensee und angrenzende Salzwiesen	106,00
1919-401	483	Kronenloch/Speicherkoog Dithmarschen	532,00
1629-402	496	Kronswarder und südöstlicher Teil des Großen Binnensees	151,00
1532-401	498	Krummsteert-Sulsdorfer Wiek/Fehmarn	298,00
1813-401	478	Lummenfelsen der Insel Helgoland	1,11
1830-401	501	Neustädter Binnenwasser	330,00
1628-401	490	Nordteil des Selenter Sees und Umgebung	706,00
2330-401	509	Oldenburger See und Umgebung	123,00
1115-401	479	Rantumbecken/Sylt	576,00
1423-401	486	Reesholm/Schlei	120,00
1017-401	001	Rickelsbüller Koog	534,00
1728-401	492	Rixdorfer Teich und Umgebung	112,00
2330-402	508	Salemer Moor, Schwarze Kuhle, Plötscher See, Garrensee und Ruschensee	438,00
2030-401	504	Schellbruch	146,00
1326-401	487	Schwansener See	215,00
1629-403	494	Sehlendorfer Binnensee und Umgebung	230,00
1528-401	489	Strandseelandschaft bei Schmoel	50,00
1728-402	491	Vogelfreistätte Lebrader Teich	146,00
1326-402	485	Vogelfreistätte Oehe-Schleimünde	362,00

Natura 2000-Nr.	SPA-Nr.	Name	Größe [ha]
1532-402	499	Wallnau/Fehmarn	297,00
1630-401	511	Wesseker See	246,00
1819-401	482	Wöhrdener Loch/Speicherkoog Dithmarschen	395,00
Thüringen			
5433-401	514	Assberg-Hasenleite	580,00
5331-401	434	Biosphärenreservat Vessertal	17.000,00
4532-402	455	Helmestausee Berga-Kelbra/Thüringen	ca. 510,00
4831-401	433	Herbstlebener Teiche	50,00
5333-401	513	Meuraer Heide	375,00
5336-401	437	Plothener Teiche	2.350,00
5333-402	436	Schwarzatal	1.800,00
5234-401	435	Uhlstädter Heide	1.082,00
5432-401	515	Wurzelbergfarmde	232,57
Flächensumme aller notifizierten Vogelschutzgebiete, Stand Januar1997			>891.105,00

10.6 Liste der Meldungen Deutschlands für die FFH-Richtlinie

Die folgende Tabelle enthält die nationalen Gebietsmeldungen nach Art. 4 der FFH-Richtlinie (92/43/EWG) mit Stand März 1997:

Erläuterungen:

Natura 2000-Nr.: Gebietscode nach Natura 2000 Datenbogen, vorangestellt wird vor alle Nummern zusätzlich „DE“ als ISO-Code für Deutschland.

Name: Gebietsname laut offizieller Meldeliste bzw. Natura 2000 Standard-Datenbogen.

Größe: Gebietsgröße in ha laut Standard-Datenbogen.

Natura 2000-Nr.	Name	Größe [ha]
Schleswig-Holstein (Gebietsliste beim Bund vorliegend, noch nicht an die EU-Kommission gemeldet)		
Insgesamt sind 93 Gebiete durch das Land gemeldet, die ca. 2 % der Landesfläche entsprechen; inkl. ca. 293.109 ha Wasserfläche. Alle Gebiete sind als Schutzgebiete gesichert, einschl. des Nationalparks Schleswig-Holsteinisches Wattenmeer. Landfläche: 32.249 ha		
Bayern		
Insgesamt sind 79 Gebiete durch das Land gemeldet, die 1,7 % der Landesfläche entsprechen. Die bisherige Meldung umfaßt ausschließlich bestehende Schutzgebiete: 151 NSG`s, die beiden Nationalparke und 1 Naturdenkmal. Gesamtfläche: ca. 120.000 ha		
7236-301	Abensberger Binnendünen	27
6833-301	Albtrauf	69
5629-303	Altenburg	307
5920-301	Alzenauer Sande	96
8330-301	Ammergebirge	18.496
8032-301	Ammersee-Südufer	499
7932-301	Ampermoos und Herrschinger Moos	634
7726-301	Auwald an der Iller	186
8430-301	Bannwaldsee	560
8027-301	Benninger Ried	22
5426-307	Biosphärenreservat Rhön: Kern- und Pflegezone soweit ausgew. NSG	6.535
8034-302	Bodenseevergißmeinnicht am Starnberger See	3
6233-301	Buchen-Eibenwald bei Gößweinstein	32
5635-301	Buchenhänge im Rainersgrund und Dornbachtal	62
6128-301	Buchenwälder des Nordsteigerwalds	94
8533-301	Buckelwiesen bei Mittenwald	63
6638-301	Charlottenhofer Weihergebiet	833
8140-301	Chiemseemoore	2.747
6135-301	Craimoosweiher	19
6735-301	Deusmauer Moor	73
7040-301	Donauauen bei Wörth	703
7329-301	Donauauwald und Hangwälder	252
7446-301	Donauleiten Passau bis Obernzell	139
6030-301	Ebelsberg	30
8040-301	Eggstätt-Hemhofer Seenplatte	1.000

Natura 2000-Nr.	Name	Größe [ha]
8132-301	Eibenwald bei Paterzell	88
8235-301	Ellbach-Kirchseemoor	802
6027-302	Elmuß	45
5937-302	Fichtelseemoor	139
7232-301	Finkenstein	6
7735-301	Garchinger Heide und Echinger Lohe	51
8239-301	Geigelstein	3.135
8228-301	Hochmoore im Kemptener Wald	304
8626-301	Hoher Ifen	2.430
6627-301	Hutungen der Frankenhöhe	82
7145-301	Ilztal	219
7341-301	Isartal zwischen Dingolfing und Landau	148
8433-301	Karwendel mit Isar	19.317
6540-301	Kulzer Moos	81
7032-301	Laubenbuch	20
5632-301	Laubwälder und Magerrasen im Lauter-und Farnbachtal	274
7431-301	Lechauen und -heiden nördlich Augsburg	256
7330-301	Mertinger Hölle	142
7144-301	Moore im Vorderen Bayerischen Wald	214
8331-301	Moore um die Wies	385
6338-301	Moorwald im Manteler Forst	109
8332-301	Murnauer Moos	2.355
8342-301	Nationalpark Berchtesgaden	20.790
6946-301	Naturwälder, Schachten, Moore und Seen im Inneren Bayerischen Wald	14.308
6740-301	Neubäuer Weiher	34
5638-301	Nordostbayerische Bachtäler mit Perlmuschel	6
8133-301	Osterseen	1.086
8241-301	Östliche Chiemgauer Alpen	9.500
5628-301	Poppenholz	212
8034-301	Pupplinger Au	1.663
6127-301	Sandgrasheiden bei Volkach	5
7136-302	Sandharlander Heide	11
6432-301	Sandheiden im Mittelfränkischen Becken	1.147
8331-302	Scheibum	40
8032-302	Seeholz	97

Natura 2000-Nr.	Name	Größe [ha]
7137-301	Sippenauer Moor	8
6027-301	Sulzheimer Gipshügel und Grettstädter Wiesen	91
5634-301	Täler im Frankenwald	270
6341-301	Torflohe	173
5924-301	Trockengebiete bei Karlstadt	211
6938-301	Trockenhänge bei Regensburg	125
6838-301	Trockenhänge bei Kallmünz	52
5826-301	Trockenhänge der Fränkischen Saale	277
7036-301	Trockenhänge im Unteren Altmühltal	500
7034-301	Trockenhänge im mittleren Altmühltal	166
6234-301	Trockenhänge um Pottenstein	50
7938-301	Vogelfreistätte Innstausee bei Attel und Freiham	562
7437-301	Vogelfreistätte Mittlere Isarstauseen	570
6330-301	Vogelfreistätte Weihergebiet bei Mohrhof	129
6327-301	Vorderer Steigerwald	450
6033-301	Wacholderhänge im Kleinziegenfelder-u. Kainachtal	39
7136-301	Weltenburger Enge	560
6040-301	Wondrebaue	216
5937-301	Zeitelmoos	78
Sachsen-Anhalt (Gebietsliste beim Bund vorliegend, ohne Datenbögen, noch nicht an die EU- Kommission gemeldet)		
Insgesamt wurden 88 Gebiete durch das Land gemeldet, die 3,2 % der Landesfläche einnehmen. Die meisten Gebiete sind als NSG´s geschützt. Gesamtfläche: 66.000 ha		
4140-302	Saarenbruch	176

10.7 IBA-Schattenliste der noch nicht für die Vogelschutzrichtlinie gemeldeten Gebiete

Als eine fachliche Schattenliste der Verbände sind im Folgenden diejenigen IBA-Vorschläge zusammengestellt, die (noch) nicht als Vogelschutzgebiete gemäß Art. 4 (1) der Richtlinie 79/409/EWG gemeldet sind.

Erläuterungen:

IBA-Nr.: Nummer gemäß ICBP (1991), RHEINWALD (1990), und GRIMMETT & JONES (1989); Die Nummern sind für West- und Ostdeutschland jeweils fortlaufend vergeben worden; die Nummern der Gebiete in den neuen Bundesländern sind zur Kennzeichnung mit einem Minuszeichen versehen.

Es bedeuten: * die gekennzeichneten Gebiete in Brandenburg sind namentlich als Vogelschutzrichtliniengebiet (SPA) gemeldet worden. Flächenabgrenzungen fehlen bislang, bzw. Karten sind noch nicht nach Brüssel gemeldet worden; ** in Niedersachsen wurden die meisten IBA-Gebiete als SPA gemeldet. Allerdings sind in fast allen Fällen die Gebiete nicht deckungsgleich (SPA-Flächen sind bis auf wenige Ausnahmen kleiner als das entsprechende IBA-Gebiet); *** bei einigen Gebieten in Schleswig-Holstein wird statt einer Flächengröße die Länge eines Küsten- bzw. Uferstreifens in km angegeben.

IBA Nr.	Name	Größe [ha]
Baden-Württemberg		
68	Insultheimer Hof: Ludwig-See und Im Schacher (laut ICBP (1991) 530 ha)	1.000,00
108	Mittleres Vorland der Schwäbischen Alb	15.000,00
81	Obersee: Konstanzer Bucht	400,00
82	Obersee: Schachener Bucht	200,00
76	Öpfinger Donau-Stausee	47,00
71	Rhein: Auenheim/Kehl bis Greffern	2.500,00
70	Rhein: Greffern bis Murgmündung (enthält NSG Rastatter Rheinaue, 845 ha, kein SPA)	3000,00
75	Rhein: Haltingen bis Neuenburg	10.000,00
74	Rhein: Neuenburg bis Breisach (Rheinwald bei Neuenburg als SPA 304 gemeldet, 34 ha)	5.000,00
72	Rhein: Nonnenweiher bis Goldscheuer	4.000,00
73	Rhein: Weisweil bis Nonnenweiher (enthält in Teilen NSG Taubergießen, 1601 ha, SPA 311)	5.000,00
77	Untersee-Ende: Öhningen-Stein am Rhein (Teilgebiet von NSG Bodenseeufer, 790 ha, in Teilen SPA 217)	400,00
78	Untersee: Hornspitze (enthält SPA 216; 25,56 ha))	200,00
79	Untersee: Radolfzeller Aach-Mündung, Mettnau mit Markelfinger Winkel (in Teilen SPA 305; 227 ha)	550,00
69	Wagbachniederung	210,00
Bayern		
87	Aisch-Regnitz-Grund	68.000,00
91	Altmühl-Tal: Ornbau bis Gunzenhausen	1.500,00
105	Ammergauer Berge	27.600,00
102	Ammersee	6.520,00
90	Charlottenhofer Weihergebiet	900,00
104	Chiemsee	9.300,00
95	Donau-Auen und Donau-Ried zwischen Höchstädt und Donauwörth	9.500,00
97	Donau-Tal: Regensburg bis Vilshofen	15.600,00
94	Donauauen und Donaumoos (gemeldet als SPA sind NSG Leipheimer Moos und NSG Gundelfinger Moos, 409 ha)	12.500,00
99	Isar-Tal: Gottfrieding-Plattling einschließlich Isar-Mündungsbereich	8.000,00
101	Ismaninger Speichersee mit Fischteichen	955,00

IBA Nr.	Name	Größe [ha]
106	Karwendel und Karwendelvorgebirge	20.000,00
84	Lange Rhön	2.657,00
96	Lech-Donau-Winkel	239,00
86	Main-Tal bei Schweinfurt	1.000,00
88	Main-Tal bei Volkach	1.800,00
85	Main-Tal: Eltmann bis Haßfurt	560,00
107	Nationalpark Berchtesgaden	20.800,00
93	Nationalpark Bayerischer Wald (inkl. Rachel und Rachelsee)	13.000,00
92	Rötelsee-Weihergebiet einschließlich Regenaue	500,00
103	Starnberger See	6.500,00
98	Unterer Inn zwischen Haiming und Neuhaus	5.000,00
89	Vogelschutzgebiet Alt- und Neusee	40,00
Brandenburg*		
-24	Altfriedländer Teiche* (Teilgebiet vom Naturpark Märkische Schweiz)	700,00
-27	Belziger Landschaftswiesen	4.817,00
-17	Biosphärenreservat Schorfheide-Chorin*	125.800,00
-28	Biosphärenreservat Spreewald	47.600,00
-21	Deichvorland im Oderbruch*	3.990,00
-23	Döberitzer Heide*	4.700,00
-20	Kremmener Luch	1.080,00
-18	Nationalpark Untere Oder*	12.000,00
-26	Notte-Niederung	1.197,00
-29	Peitzer und Bärenbrücker Teiche*	1.207,00
-25	Rietzer See*	1.000,00
-16	Stechlin*	9.570,00
-22	Trappenschongebiete im Rhin-Havel-Luch*	6.922,00
-19	Untere Havel*	8.907,00
Hamburg		
32	Mühlenberger Loch	675,00
30	Neuwerker und Scharhörner Watt (Insel Vogelsand, 380 ha, und Scharhörn, 200 ha, sind als SPA gemeldet)	8.193,00
Niedersachsen**		
37	Tinner und Staverner Dose	3.200,00
Nordrhein-Westfalen		
61	Bastau-Niederung	3.000,00

IBA Nr.	Name	Größe [ha]
110	Medebacher Bucht	22.000,00
56	Niederrhein: Wesel/Xanten bis Emmerich/Hüthum	50.000,00
60	Schwalm-Nette-Platte: Grenzwald	6.500,00
109	Wahner Heide	5.000,00
62	Weserbergland-Eggegebirge	110.000,00
55	Zwillbrocker Venn und Vredener Wiesen	2.400,00
Rheinland-Pfalz		
67	Hördter Rheinaue (2400 ha nach ICBP (1991))	1.000,00
63	Rhein zwischen Eltville und Bingen (Teilgebiet in Hessen ist als SPA gemeldet)	250,00
Sachsen-Anhalt		
-38	Saale-Elster-Aue	3.800,00
-34	Untere Mittelelbe von Derben bis Schönhausen	4.650,00
Schleswig-Holstein* **		
22	Brodtener Ufer	8 km
3	Flensburger Innen- und Außenförde	62 km
13	Großer und Kleiner Binnensee (Kronswarder und süd-östlicher Teil des Großen Binnensees, 151 ha, und Kleiner Binnensee, 106 ha, ist gemeldet)	630,00
10	Großer Plöner See (Insel Ascheberger Warder ist als SPA gemeldet, 9 ha)	3.038,00
12	Hohwachter Bucht	38 km
28	Kührenener Teich und Lanker See (Halbinsel und Bucht am Lanker See ist als SPA gemeldet, 22 ha)	470,00
7	Küste der Probstei: Laboe-Hubertsberg	25 km
9	Lebrader-, Lammershagener-, Rixdorfer-, Gödfeld-, Oberwisch-, Rathjensdorfer-, Rummelteich (nur Lebrader T. ist als SPA gemeldet, 57 ha)	373,00
26	Naturpark Aukrug	38.700,00
27	Naturpark Lauenburgische Seen	45.200,00
21	Neustädter Bucht: Pelzerhaken-Niendorf	22 km
17	Ost- und Südostküste Fehmarns: Putgarden-Burgtiefe	20 km
18	Ostbucht des Fehmarnsundes: Burger Binnensee-Grossenbroder Binnenhafen	27 km
20	Ostküste Oldenburgs: Grossenbroder Kai-Pelzerhaken	38 km
24	Pinneberger Elbmarschen	4.200,00
19	Sagasbank	3.000,00

IBA Nr.	Name	Größe [ha]
4	Schlei (Reesholm/Schlei ist als SPA gemeldet, 1200ha)	135 km
8	Selenter See (Nordteil ist als SPA gemeldet, 706 ha)	2.141,00
25	Sorgeniederung (beinhaltet NSG Tetenhusener Moor, 205 ha)	10.000,00
6	Stoller Grund, Galbelsflach und Mittelgrund	2.200,00
15	Strandseen und Fischteiche im Südwesten Fehmarns	360,00
5	Südufer der Eckernförder Bucht	26 km
23	Traveförde und Dassower See	1.200,00
11	Warder See	429,00
2	Wattenmeer, Schleswig-Holsteinisches, und angrenzende Gebiete (im Meldevorgang)	305.000,00
14	Westbucht des Fehmarnsunds	540,00
16	West- und Nordküste Fehmarns: Krummsteert- Puttgarden (Krummsteert/Sulsdorfer Wiek ist als SPA gemeldet, 298 ha)	27 km

10.8 Referenzliste zu den Vegetationsangaben (Syntaxa)

Für die Angaben zur Vegetation bei der Beschreibung der Lebensraumtypen des Anhangs I in Kapitel 4 wurde ein vorläufige vollständige Referenzliste für Deutschland zugrundegelegt, die die Orientierung bei der Angabe übergeordneter Syntaxa ermöglichen soll.

Der vorangestellte EDV-Code setzt sich aus

2 Stellen für die Klasse	(große Schrift, fett)
2 Stellen für die Ordnung	(mittlere Schrift, fett)
3 Stellen für den Verband	(kleine Schrift, fett)
3 Stellen für die Assoziation	
2 Stellen für die Subassoziation	(in diesem Listenauszug nicht aufgeführt)

zusammen.

Ranglose Gesellschaften wurden soweit möglich in das hierachische System integriert. Bei Doppelnennung wurde der nächst höhere Rang in den Namen integriert, z.B. Urtica dioica-(Galio-Urticetea)-Gesellschaft. Ruderale Gehölzgesellschaften wurden hier provisorisch zu den Galio-Urticetea gestellt, Forstgesellschaften zu den Querco-Fagetea. Fragezeichen bedeuten, daß kein gültiger Name gefunden wurde.

Syntaxonomische Übersichten sind derzeit z.B. bei J. Rodwell, Lancaster University als Konspektus der europäischen Verbände für die European Vegetation Survey (EVS)-Gruppe der IVV (Internationale Vereinigung für Vegetationskunde) in Bearbeitung. In Deutschland arbeitet die Reinhold-Tüxen Gesellschaft e.V. an einer „Synopsis der Pflanzengesellschaften Deutschlands“ von der allerdings bisher erst ein Heft vorliegt.

Bearbeiter: Eckhard Schröder & Axel Ssymank

010000000000	**Lemnetea minoris KOCH & TX. ex OBERD. 57**
010100000000	**Lemnetalia minoris KOCH & TX. ex OBERD. 57**
010100100000	**Lemnion trisulcae DEN HARTOG & SEGAL 64 em. TX. & SCHWABE ex TX. 74**
010100100100	Lemnetum trisulcae DEN HARTOG & SEGAL 64 em. TX. & SCHWABE ex TX. 74
010100100200	Riccietum fluitantis SLAVNIC 56 em. TX. 74
010100100300	Ricciocarpetum natantis SEGAL 63 em. TX. 74
010100100400	Riccietum rhenanae KNAPP & STOFFERS 62
010100200000	**Lemnion gibbae TX. & SCHWABE ex TX. 74**
010100200100	Spirodeletum polyrrhizae W. KOCH 54 em. TX. & SCHWABE ex TX. 74
010100200200	Lemnetum gibbae MIYAWAKI & J. TX.60
010100200300	Lemna minor-Gesellschaft
010100200400	Lemna turionifera-Gesellschaft
010100200500	Azollo filiculoidis-Lemnetum minusculae FELZINES & LOISEAU 1991 nom. inv.
010100300000	**Lemno minoris-Salvinion natantis Slavnic 56 em Schwabe-Braun & Tx. 81**
010100300100	Spirodelo polyrrhizae-Salvinietum natantis (SLAVNIC 56) em. MÜLLER & GÖRS 60 nom. inv.
010100300200	Azolla filiculoides-Gesellschaft
020000000000	**Charetea fragilis FUKAREK ex KRAUSCH 64**
020100000000	**Nitelletalia flexilis KRAUSE 69**
020100100000	**Nitellion flexilis (CORILLION 57) DAMBSKA 66**
020100100100	Nitelletum capillaris CORILLON 57
020100100200	Nitelletum gracilis CORILLON 57
020100100300	Nitelletum translucentis CORILLON 57
020100100400	Nitelletum flexilis CORILLON 57

020100100500	Charetum braunii CORILLON 57
020100200000	**Nitellion syncarpo-tenuissimae KRAUSE 69**
020100200100	Nitello-Vaucherietum dichotomae KRAUSCH 64
020100200200	Nitelletum syncarpo-tenuissimae KRAUSE 69
020100200300	Tolypelletum proliferae KRAUSE 69
020200000000	**Charetalia hispidae SAUER 57 ex KRAUSCH 64**
020200100000	**Charion asperae KRAUSE 69**
020200100100	Charetum asperae CORILLON 57
020200100200	Charo-Tolypelletum glomeratae CORILLON 57
020200100300	Charetum hispidae CORILLON 57
020200100400	Nitellopsidetum obtusae SAUER ex DAMBSKA 61
020200100500	Charetum strigosae MELZER 76
020200100600	Charetum intermediae MELZER 76
020200100700	Charetum tomentosae CORILLON 57
020200200000	**Charion vulgaris KRAUSE 81**
020200200100	Charetum vulgaris CORILLON 57
020200200200	Charo-Tolypelletum intricatae CORILLON 57
020200300000	**Charion canescentis KRAUSCH 64**
020200300100	Charetum canescentis CORILLON 57
020200300200	Charetum balticae KORNAS 59
020200300300	Chara tomentosa-Gesellschaft
020200300400	Chara jubata-Gesellschaft
030000000000	**Zosteretea marinae PIGN. 53**
030100000000	**Zosteretalia marinae BEGUINOT 41 em. TX. & OBERD. 58**
030100100000	**Zosterion marinae CHRISTIANSEN 34**
030100100100	Zosteretum marinae BORGESEN ex VAN GOOR 21
030100100200	Zosteretum noltii HARMSEN 36
040000000000	**Ruppietea maritimae J. TX. 60**
040100000000	**Ruppietalia maritimae J. TX. 60**
040100100000	**Ruppion maritimae BR.-BL. 60**
040100100100	Ruppietum maritimae IVERSEN 34
040100100200	Eleocharietum parvulae LIBBERT 40
050000000000	**Potamogetonetea pectinati TX. & PRSG. 42 corr. OBERD. 79**
050100000000	**Potamogetonetalia pectinati W. KOCH 26 corr. OBERD. 79**
050100000100	Ceratophyllum submersum-Gesellschaft
050100000200	Ceratophyllum demersum-Gesellschaft
050100100000	**Potamogetonion pectinati W. KOCH 26 em. OBERD. 57**
050100100100	Potamogetonetum lucentis HUECK 31
050100100200	Potamogetonetum graminei (W. KOCH 26) PASSARGE 64 em. GÖRS 77
050100100300	Potamogetonetum trichoides J. & R. TX. in R. TX. 65
050100100400	Potamogetonetum praelongi SAUER 37
050100100500	Potamogetonetum colorati ALLORGE 22
050100100600	Najadetum intermediae (W. KOCH 26) LANG 73
050100100700	Potamogetonetum filiformis W. KOCH 28
050100100800	Zannichellietum palustris LANG 67
050100100900	Potamogeton alpinus-Gesaellschaft
050100101000	Potamogeton acutifolius-Gesellschaft
050100101100	Potamogeton compressus-Gesellschaft
050100101200	Potamogeton obtusifolius-Gesellschaft
050100101300	Potamogeton pusillus-Gesellschaft

050100101400	Potamogeton berchtoldii-Gesellschaft
050100101500	Potamogeton crispus-Gesellschaft
050100101600	Elodea canadensis-Gesellschaft
050100101700	Elodea nuttallii-Gesellschaft
050100101900	Potamogeton pectinatus-Gesellschaft
050100102000	Zanichellietum polycarpae MARKGR. 81
050100102100	Potamogeton perfoliatus-Gesellschaft
050100102200	Hippuris vulgaris-Gesellschaft
050100200000	**Zanichellion pedicellatae SCHAMINÉE et al. 90**
050100200100	Zanichellietum pedicellatae NORDHAGEN 54
050100200200	Najadetum marinae FUKAREK 61
050100200300	Ranunculetum baudotii BR.-BL. 52
050100300000	**Nymphaeion albae OBERD. 57**
050100300100	Myriophyllo-Nupharetum luteae (W. KOCH 26) HUECK 31
050100300200	Nymphaeetum albo-minoris VOLLM. 47 em. OBERD. 57
050100300300	Nupharetum pumilae OBERD. 57
050100300400	Nymphaeetum albo-candidae (HEJNY 50) PASSARGE 57
050100300500	Nymphoidetum peltatae (ALLORGE 22) BELLOT 51
050100300600	Trapetum natantis (KARPATI 63) TH. MÜLLER & GÖRS 60
050100300700	Ranunculetum circinati SAUER 37
050100300800	Potamogeton natans-Gesellschaft
050100300900	Polygonum amphibium-Gesellschaft
050100301000	Myriophyllum spicatum-Gesellschaft
050100301100	Potamogeton polygonifolius-Gesellschaft
050100301200	Sparganio-Elodetum canadensis WEBER-OLDECOP 77
050100400000	**Hydrocharition morsus-ranae RÜBEL 33**
050100400100	Stratiotetum aloidis (RÜBEL 20) NOWINSKI 30
050100400200	Utricularietum australis TH. MÜLLER & GÖRS 60
050100400300	Utricularietum vulgaris (SOO 28) PASSARGE 61
050100400400	Aldrovanda vesiculosa-Gesellschaft
050100400500	Hydrocharis morsus-ranae-Gesellschaft
050100500000	**Ranunculion aquatilis PASSARGE 64**
050100500100	Hottonietum palustris TX. 37
050100500200	Ranunculetum aquatilis SAUER 45
050100500300	Ranunculetum peltati (SEGAL 67) WEBER-OLDECOP 69
050100500400	Ranunculetum hederacei (TX. & DIEM. 36) LIBBERT 40
050100600000	**Ranunculion fluitantis NEUH. 59**
050100600100	Ranunculetum fluitantis (ALLORGE 22) W. KOCH 26
050100600200	Sparganio-Potamogetonetum interrupti (HILBIG 71) WEBER 76
050100600300	Ranunculo trichophylli-Sietum submersi TH. MÜLLER 62
050100600400	Groenlandietum densae BOLOS 57
050100600500	Callitricho hamulatae-Myriophylletum alterniflori (STEUSLOFF 39) WEBER-OLDECOP 67
050100600600	Veronico beccabungae-Callitrichetum stagnalis (OBERD. 57) TH. MÜLLER 62
050100600700	Callitricho-Ranunculetum penicillati DETHIOUX & NOIRFALISE 85
050100600800	Callitrichetum obtusangulae SEIBERT 62
050100600900	Sagittaria sagittifolia-Gesellschaft
050100601000	Callitriche platycarpa-Gesellschaft
060000000000	**Utricularietea intermedio-minoris DEN HARTOG & SEGAL 64 em. PIETSCH 65**

060100000000	**Utricularietalia intermedio-minoris Pietsch 65**
060100100000	**Sphagno-Utricularion Th. Müller & Görs 60**
060100100100	Sphagno-Utricularietum minoris Fijalkowski 60
060100100200	Sphagno-Utricularietum ochroleucae (Schum. 37) Oberd. 57
060100100300	Sphagnetum cuspidato-obesi Tx. & v. Hübschmann 58
060100100400	Sphagno-Sparganietum angustifolii Tx. 37
060100200000	**Scorpidio-Utricularion Pietsch 65**
060100200100	Utricularietum intermediae Segal 65
060100200200	Sparganietum minimi Schaaf 25
070000000000	**Littorelletea uniflorae Br.-Bl. & Tx. 43**
070100000000	**Littorelletalia uniflorae W. Koch 26**
070100100000	**Littorellion uniflorae W. Koch 26**
070100100100	Isoeto-Lobelietum dortmannae Tx. 37
070100100200	Isoetum echinosporae W. Koch 26
070100200000	**Hydrocotylo-Baldellion Tx. & Dierssen 72**
070100200100	Pilularietum globuliferae Tx. ex Th. Müller & Görs 60
070100200200	Eleocharitetum multicaulis Allorge 22 em. Tx. 37
070100200300	Ranunculetum ololeuci Weber 88
070100200400	Scirpetum fluitantis Allorge 22
070100200500	Apium inundatum-Gesellschaft
070100200600	Littorella uniflora-Gesellschaft
070100200700	Juncus bulbosus-Gesellschaft
070100200800	Veronica scutellata-Gesellschaft
070100300000	**Samolo-Baldellion Schaminée & Westhoff 90**
070100300100	Samolo-Littorelletum uniflorae Westhoff 43
070100400000	**Eleocharition acicularis Pietsch 67**
070100400100	Littorello-Eleocharitetum acicularis Jouanne 25
070100500000	**Deschampsion litoralis Oberd. & Dierssen 75**
070100500100	Deschampsietum rhenanae Oberd. 57
080000000000	**Thlaspietea rotundifolii Br.-Bl. 48**
080100000000	**Androsacetalia alpinae Br.-Bl. 26**
080100100000	**Androsacion alpinae Br.-Bl. 26**
080100100100	Oxyrietum digynae (Lüdi 21) Br.-Bl. 26
080100100200	Cryptogrammetum crispae Jenny-Lips 30
080100100300	Androsacetum alpinae Br.-Bl. 18
080200000000	**Drabetalia hoppeanae Zollitsch 66**
080200100000	**Drabion hoppeanae Zollitsch 66**
080200100100	Trisetetum spicati Oberd. 59
080200100200	Campanulo cenisiae-Saxifragetum oppositifoliae Zollitsch 66
080200100300	Saxifraga oppositifolia ssp. rudolphiana-Gesellschaft
080200100400	Saxifraga biflora-Gesellschaft
080300000000	**Thlaspietalia rotundifolii Br.-Bl. 26**
080300100000	**Thlaspion rotundifolii Br.-Bl. 26 em. Zollitsch 66**
080300100100	Thlaspietum rotundifolii Br.-Bl. 26
080300100200	Leontodontetum montani Jenny-Lips 30
080300100300	Crepidetum terglouensis Oberd. 50
080300100400	Doronicum grandiflorum-Arabis alpina-Gesellschaft
080300200000	**Petasition paradoxi Zollitsch 66**
080300200100	Petasitetum paradoxi Beger 22
080300200200	Moehringio-Gymnocarpietum robertiani (Jenny-Lips 30) Lippert 66

080300200300	Anthyllido-Leontodontetum hyoseroides ZOLLER 51
080300200400	Cystopteridetum montanae (HOEPFLINGER 57) RICHARD 72
080300200500	Polystichetum lonchitis (OBERD. 57) BEGUIN 72
080300200600	Valeriano montanae-Dryopteridetum villarii AICHINGER 33
080300200700	Athamantho-Trisetetum distichophylli LIPPERT 66
080400000000	**Epilobietalia fleischeri MOOR 58**
080400100000	**Epilobion fleischeri BR.-BL. 38**
080400100100	Myricario-Chondrilletum chondrilloidis BR.-BL. 38
080400100200	Epilobio dodonaei-Scrophularietum caninae W. KOCH & BR.-BL. 48
080400100300	Calamagrostidetum pseudophragmitis KOPECKY 68
080400100400	Epilobietum fleischeri BR.-BL. 23
080500000000	**Stipetalia calamagrostis OBERD. & SEIBERT in OBERD. 77**
080500100000	**Stipion calamagrostis JENNY-LIPS ex BR.-BL. et al. 52**
080500100100	Stipetum calamagrostis BR.-BL. 18
080500100200	Gymnocarpietum robertiani (KAISER 26) TX. 37
080500100300	Rumicetum scutati FABER 36 em. KUHN 37
080500100400	Galeopsietum angustifoliae BÜKER 42
080500100500	Vincetoxietum hirundinariae KAISER 26
080600000000	**Galeopsietalia segetum OBERD. & SEIBERT in OBERD. 77**
080600100000	**Galeopsion segetum OBERD. 57**
080600100100	Epilobio lanceolati-Galeopsietum segetum (BÜKER 42) OBERD. 57
080600100200	Annarrhinum belledifolium-Gesellschaft
090000000000	**Asplenietea trichomanis (BR.-BL. in MEIER & BR.-BL. 34) OBERD. in OBERD. 77**
090100000000	**Potentilletalia caulescentis BR.-BL. 26**
090100100000	**Potentillion caulescentis BR.-BL. 26**
090100100100	Androsacetum helveticae LÜDI ex BR.-BL. 26
090100100200	Potentilletum clusianae HÖPFLINGER 57
090100100300	Hieracio humilis-Potentilletum caulescentis BR.-BL. in MEIER & BR.-BL. 34
090100100400	Cardaminopsietum petraeae THORN 58
090100100500	Caricetum mucronatae (HOLZNER & HÜBL 77) SMETTAN 81
090100100600	Asplenietum trichomano-rutae-murariae TX. 37
090100100700	Minuartietum rupestris TREPP. 78
090100200000	**Cystopteridion fragilis RICHARD 72**
090100200100	Asplenio viridis-Cystopteridetum fragilis (KUHN 39) OBERD. 49
090100200200	Heliospermo-Cystopteridetum alpinae RICHARD 72
090100200300	Asplenio-Caricetum brachystachyos RICHARD 72 nom. inv.
090200000000	**Androsacetalia vandellii BR.-BL. in MEIER & BR.-BL. 34**
090200100000	**Androsacion vandellii BR.-BL. 26**
090200100100	Woodsio ilvensis-Asplenietum septentrionalis TX. 37
090200100200	Biscutello-Asplenietum septentrionalis KORNECK 74
090200100300	Asplenietum septentrionali-adianti-nigri OBERD. 38
090200100400	Saxifraga sponhemica-Gesellschaft
090200100500	Sileno rupestris-Asplenietum septentrionalis OBERD. 57
090200200000	**Asarinion procumbentis BR.-BL. in MEIER & BR.-BL. 34**
090200200100	Crocynio-Asplenietum billotii G. SCHULZE & KORNECK 71
090200300000	**Asplenion serpentini BR.-BL. & TX. 43**
090200300100	Asplenietum serpentini (KNAPP 42) GAUCKLER 54
090300000000	**Parietarietalia judaicae RIVAS-MARTINEZ 60**
090300100000	**Centrantho-Parietarion RIVAS-MARTINEZ 60**

090300100100	Parietarietum judaicae (ARENES 28) OBERD. 77
090300100200	Cymbalarietum muralis GÖRS 66
090300100300	Cheiranthus cheiri-Gesellschaft
090300100400	Corydalis lutea-Gesellschaft
090300100500	Sedum album-Gesellschaft
090300100600	Sedum dasyphyllum-Gesellschaft
100000000000	**Bidentetea tripartitae LOHM. & PRSG. in TX. 50**
100100000000	**Bidentetalia tripartitae BR.-BL. & TX. 43**
100100100000	**Bidention tripartitae NORDHAGEN 40**
100100100100	Polygono hydropiperis-Bidentetum tripartiti LOHM. in TX. 50
100100100200	Ranunculetum scelerati TX. 50 ex PASSARGE 59
100100100300	Senecionetum tubicaulis (BURRICHTER 70) POTT 92
100100100400	Rumicetum maritimi SISSINGH in WESTHOFF et al. 46 em PASSARGE 59
100100100500	Alopecuretum aequalis (SOO 27) BURRICHTER 60
100100100600	Rumicetum palustris (TIMAR 50) W. FISCHER 78
100100100700	Bidentetum cernui KOBENDZA 48
100100100800	Polygonum mite-Gesellschaft
100100200000	**Chenopodion rubri J. TX. in POLI & J. TX. 60 corr. KOPECKY 69**
100100200100	Xanthio albini-Chenopodietum rubri LOHM. & WALTHER 50
100100200200	Chenopodietum glauco-rubri LOHM. in OBERD. 57
100100200300	Bidenti-Brassicetum nigrae ALLORGE 22
100100200400	Polygono brittingeri-Chenopodietum rubri LOHM. 50
100100200500	Chenopodio polyspermi-Corrigioletum littoralis (MALCUIT 29) HÜLBUSCH & TX. in TX. 79
100100200600	Atriplex hastata-Gesellschaft
100100200700	Chenopodium ficifolium-Gesellschaft
110000000000	**Isoeto-Nanojuncetea bufonii BR.-BL. & TX. 43**
110100000000	**Cyperetalia fusci KLIKA 35 corr. MÜLL.-STOLL & PIETSCH ap. LOHM. et al. 62**
110100100000	**Elatino-Eleocharition ovatae PIETSCH & MÜLL.-STOLL 68**
110100100100	Eleocharito ovatae-Caricetum bohemicae KLIKA 35
110100100200	Cypero fusci-Limoselletum aquaticae (OBERD. 57) KORNECK 60
110100100300	Elatino alsinastri-Juncetum tenageiae LIBBERT 32
110100100400	Juncus bufonius-Gesellschaft
110100100500	Peplis portula-Gesellschaft
110100100700	Veronica anagalloidis-Lythrum hyssopifolia-Gesellschaft
110100200000	**Radiolion linoidis DIERSSEN 72**
110100200100	Stellario uliginosae-Isolepidetum setacei (KOCH 26) LIBBERT 32
110100200200	Centunculo-Anthocerotetum punctati W. KOCH ex LIBBERT 32
110100200300	Cicendietum filiformis ALLORGE 22
110100200400	Erythraeo-Blackstonietum perfoliatae OBERD. 57
110100200500	Ranunculo-Radioletum linoidis LIBBERT 31
110100200600	Spergulario-Illecebretum verticillati (DIEM. et al. 40) SISS. 57
110100300000	**Nanocyperion flavescentis (KOCH 26) PIETSCH 73**
110100300100	Cyperetum flavescentis KOCH 26 ex AICHINGER 33
110100300200	Gentianello uliginosi-Centaurietum littoralis BR.-BL. & DE LEEUW 36
110100300300	Samolo-Cyperetum fusci MÜLL.-STOLL & PIETSCH 85
120000000000	**Stellarietea mediae (BR.-BL. 21) TX., LOHM. & PRSG. 50**
120100000000	**Sperguletalia arvensis HÜPPE & HOFFM. 90**
120100100000	**Aperion spica-venti TX. in OBERD. 49**

120100100100	Teesdalio-Arnoseridetum minimae (MALCUIT 29) TX. 37
120100100200	Papaveretum argemone (LIBBERT 32) KRUSEM. & VLIEGER 39
120100100300	Aphano-Matricarietum chamomillae TX. 37 em. PASSARGE 57
120100100400	Holco mollis-Galeopsietum tetrahit HILBIG 67
120100100500	Vicia tetrasperma-Gesellschaft
120100200000	**Digitario-Setarion SISS. 46 em. HÜPPE & HOFM. 90**
120100200100	Setario-Galinsogetum parviflorae TX. 50 em. TH. MÜLLER & OBERD. 83
120100200200	Digitarietum ischaemi TX. & PRSG. (42) 50 in TX. 50
120100200300	Spergulo-Echinochloetum crus-galli (KRUSEM. & VLIEGER 39) TX. 50
120100200400	Spergulo-Chrysanthemetum segetum (BR.-BL. & DE LEEUW 36) TX. 37
120100200500	Lycopsietum arvensis RAABE ex PASSARGE 64 em. TH. MÜLLER & OBERD. in OBERD. 83
120100200600	Setario-Stachyetum arvensis OBERD. 57
120100300000	**Polygono-Chenopodion polyspermi W. KOCH 26 em. HÜPPE & HOFFM. 90**
120100300100	Galeopsietum speciosae KRUSEM. & VLIEGER 39 em. PASSARGE 59
120100300200	Oxalidi fontanae-Chenopodietum polyspermi (BR.-BL. 21) SISS. (42) 50
120200000000	**Papaveretalia rhoedalis HÜPPE & HOFFM. 90**
120200100000	**Fumario-Euphorbion TH. MÜLLER in GÖRS 66**
120200100100	Soncho-Veronicetum agrestis BR.-BL. 48 em. TH. MÜLLER & OBERD. in OBERD. 83
120200100200	Thlaspio-Fumarietum officinalis GÖRS in OBERD. et al. 67 ex PASSARGE & JURKO 75
120200100300	Thlaspio-Veronicetum politae GÖRS 66
120200100400	Mercurialetum annuae KRUSEM. & VLIEGER 39 em. TH. MÜLLER in OBERD. 83
120200100500	Geranio-Allietum vinealis TX. 50
120200200000	**Caucalidion platycarpi TX. 50**
120200200100	Papaveri-Melandrietum noctiflori WASSCH. 41
120200200200	Kickxietum spuriae KRUSEM. & VLIEGER 39
120200200300	Caucalido-Adonidetum flammeae TX. 50
120200200400	Sedo-Neslietum paniculatae OBERD. 57
120200200500	Apero-Lathyretum aphacae TX. & V. ROCHOW 51 nom. inv. OBERD. 83
120200200600	Adonido-Iberidetum amarae (ALLORGE 22) TX. 50
120300000000	**Lolio remotae-Linetalia J. & R. TX. in LOHM. et al. 62**
120300100000	**Lolio remotae-Linion TX. 50**
120300100100	Lolio remotae-Linetum BR.-BL. 49
120400000000	**Sisymbrietalia J. TX. in LOHM. et al. 62**
120400100000	**Sisymbrion TX. et al. in TX. 50**
120400100100	Urtico urentis-Malvetum neglectae (AICHINGER 33) LOHM. 50
120400100200	Conyzo-Lactucetum serriolae LOHM. in OBERD. 57
120400100300	Agropyro-Descurainietum sophiae BRANDES 83
120400100400	Sisymbrietum altissimi BORNKAMP 74
120400100500	Sisymbrietum loeselii (KREH 35) GUTTE 72
120400100600	Bromo-Erigeretum canadensis (KNAPP 61) GUTTE 65
120400100700	Hordeetum murini LIBBERT 32
120400100800	Chenopodietum vulvariae GUTTE & PYSEK 76
120400100900	Chenopodietum stricti OBERD. 57
120400101000	Atriplicetum nitentis KNAPP 45
120400101100	Sisymbrio-Atriplicetum oblongifoliae OBERD. 57
120400101200	Sisymbrio austriaci-Asperuginetum procumbentis REBHOLZ 31
120400101300	Chenopodietum muralis BR.-BL. & MAIRE 24
120400101400	Bromus sterilis-Gesellschaft

120400101500	Atriplex patula-Gesellschaft
120400101600	Sisymbrium wolgense-Gesellschaft
120400101700	Linaria vulgaris-Bromus tectorum-Gesellschaft
120400102000	Panicum capillare-Gesellschaft
120400102100	Kochia densiflora-Gesellschaft
120400102200	Senecio vernalis-Gesellschaft
120400102300	Senecio inaequidens-Gesellschaft
120400200000	**Salsolion ruthenicae PHIL. 71**
120400200100	Setario-Plantaginetum indicae (PHIL. 71) PASSARGE 88
120400200200	Bromo-Corispermetum leptopteri SISS. 50
120400200300	Chaenorrhino-Chenopodietum botryos SUKOPP 72
120400200400	Salsola kali ssp. ruthenica-Gesellschaft
120400200500	Corispermum marschallii-Gesellschaft
130000000000	**Phragmitetea australis TX. & PRSG. 42**
130100000000	**Phragmitetalia australis W. KOCH 26**
130100100000	**Phragmition australis W. KOCH 26**
130100100100	Scirpo-Phragmitetum W. KOCH 26
130100100200	Glycerietum maximae HUECK 31
130100100300	Glycerio-Sparganietum neglecti BR.-BL. 25 em. PHIL. 73
130100100400	Sparganietum erecti (ROLL 38) PHIL. 73
130100100500	Oenantho aquaticae-Rorippetum amphibiae (SOO 27) LOHM. 50
130100100600	Acoretum calami (SCHULZ 41) KNAPP & STOFFERS 62
130100100700	Butometum umbellati KONCZAK 68
130100100800	Hippuridetum vulgaris PASSARGE 55
130100100900	Sagittario-Sparganietum emersi TX. 53
130100101000	Eleocharis palustris-Gesellschaft
130100101100	Equisetum fluviatile-Gesellschaft
130100101200	Scirpetum lacustris CHOVARD 25
130100101300	Typhetum angustifoliae (SOO 27) PIGN. 53
130100101400	Typhetum latifoliae (SOO 27) LANG 73
130100200000	**Bolboschoenion maritimi DAHL & HADAC 41**
130100200100	Bolboschoenetum maritimi VAN LANGENDONCK 31
130100200200	Scirpetum triquetri-maritimi ZONNEVELD 60
130100200300	Phalarido-Bolboschoenetum maritimi ZONNEVELD 60
130100200400	Scirpus tabernaemontanus-Gesellschaft
130100300000	**(Magno)Caricion elatae W. KOCH 26**
130100300100	Caricetum elatae W. KOCH 26
130100300200	Caricetum paniculatae WANGERIN 16 ap. V. ROCHOW 51
130100300300	Caricetum rostratae RÜBEL 12
130100300400	Caricetum vesicariae BR.-BL. & DENIS 26
130100300500	Caricetum gracilis ALMQUIST 29
130100300600	Caricetum ripariae (SOO 28) KNAPP & STOFFERS 62
130100300700	Cicuto-Caricetum pseudocyperi BOER & SISSINGH ap. BOER 42
130100300800	Carici-Menyanthetum trifoliatae SOO 55
130100300900	Cladietum marisci ALLORGE 22
130100301000	Caricetum distichae JONAS 32
130100301100	Caricetum vulpinae NOW. 27
130100301200	Peucedano-Calamagrostietum canescentis WEBER 78
130100301300	Lysimachio thyrsiflorae-Caricetum aquatilis NEUMANN 57
130100301400	Caricetum appropinquatae SOO 38

130100301500	Calletum palustris (OSVALD 23) VANDEN BERGHEN 52
130100301600	Caricetum oenensis SEIBERT 62
130100301700	Caricetum buekii HEJNY & KOPECKY 65
130100301800	Caricetum cespitosae STEFFEN 31
130100301900	Caricetum acutiformis KOBENDZA 30
130100302000	Iris pseudacorus-Gesellschaft
130200000000	**Nasturtio-Glycerietalia PIGN. 53**
130200100000	**Glycerio-Sparganion BR.-BL. & SISS. 42**
130200100100	Sparganio-Glycerietum fluitantis BR.-BL. 25
130200100200	Nasturtietum officinalis SEIBERT 62
130200100300	Glycerietum plicatae (KULCZYNSKI 28) OBERD. 54
130200100400	Nasturtietum microphylli PHILIPPI 77
130200100500	Catabrosetum aquaticae RÜBEL 12
130200100600	Leersietum oryzoides (EGGLER 33) PASSARGE 57
130200100700	Apietum nodiflorae BR.-BL. 53
130200100800	Glycerietum nemoralis-plicatae KOP.72
130200100900	Veronica beccabunga-Mimulus guttatus-Gesellschaft
130200101000	Berula erecta-Gesellschaft
130200101100	Veronica beccabunga-Gesellschaft
130200200000	**Phalaridion arundinaceae KOPECKY 61**
130200200100	Phalaridetum arundinaceae LIBBERT 31
130200200200	Rorippo-Phalaridetum arundinaceae KOPECKY 61
140000000000	**Montio-Cardaminetea BR.-BL. & TX. 43**
140100000000	**Montio-Cardaminetalia PAWLOWSKI 28**
140100100000	**Cardamino-Montion BR.-BL. 26**
140100100100	Philonotido fontanae-Montietum rivularis BÜKER & TX. ap. BÜKER 42
140100100200	Bryo schleicheri-Montietum rivularis BR.-BL. 25
140100100300	Stellario alsines-Montietum rivularis HINTERLANG 92
140100100400	Cardamine amara-Gesellschaft
140100200000	**Philonotidion seriatae HINTERLANG 92**
140100200100	Scapanietum paludosae K. MÜLLER 38
140100200200	Cratoneuro-Philonotidetum seriatae GEISSLER 76
140100200300	Scapanietum uliginosae (SJÖRS 46) DAHL 57
140100200400	Mniobryetum wahlenbergii-ludwigii GEISSLER 76
140100300000	**Cratoneurion commutati W. KOCH 28**
140100300100	Pinguiculo-Cratoneuretum filicinum (WALTHER 42) OBERD. 57
140100300200	Eucladietum verticillati ALLORGE 22
140100300300	Cochleario pyrenaicae-Cratoneuretum commutati (OBERD. 57) TH. MÜLLER 61
140100300400	Cratoneuro-Arabidetum jaquinii W. KOCH 28
140100300500	Cardamino-Cratoneuretum commutati KORNAS & MEDWECKA-KORNAS 67
140100300600	Catoscopietum nigriti BRAUN 68
140200000000	**Cardamino-Chrysosplenietalia HINTERLANG 92**
140200100000	**Caricion remotae KÄSTNER 41**
140200100100	Chrysosplenietum oppositifolii OBERD. & PHILIPPI 77 in OBERD. 77
140200100200	Caricetum remotae (KÄSTNER 41) SCHWICKERATH 44
140200100300	Cardamine flexuosa-Gesellschaft
150000000000	**Scheuchzerio-Caricetea nigrae (NORDHAGEN 36) TX. 37**
150100000000	**Scheuchzerietalia palustris NORDHAGEN 36**
150100100000	**Rhynchosporion albae W. KOCH 26**
150100100100	Caricetum limosae PAUL 10 em. OSVALD 23

150100100200	Rhynchosporetum albae OSVALD 23 em. W. KOCH 26
150100100300	Sphagnum cuspidatum-Eriophorum angustifolium-Gesellschaft
150100100400	Sphagnum fallax-Eriophorum angustifolium-Gesellschaft
150100100500	Eriophorum vaginatum-Gesellschaft
150100200000	**Caricion lasiocarpae VAN DEN BERGHEN ap. LEBRUN et al. 49**
150100200100	Caricetum lasiocarpae OSVALD 23 em. W. KOCH 26
150100200200	Caricetum diandrae OSVALD 23 em. JONAS 32
150100200300	Drepanoclado-Caricetum chordorrhizae OSVALD 25
150100200400	Caricetum heleonastae (PAUL & LUTZ 41) OBERD. 57
150200000000	**Caricetalia nigrae (W. KOCH 26) NORDHAGEN 36 em. BR.-BL. 49**
150200100000	**Caricion nigrae W. KOCH 26 em. KLIKA 34**
150200100100	Eriophoretum scheuchzeri RÜBEL 12
150200100200	Caricetum nigrae BR.-BL. 15
150200100400	Caricetum trinervi-nigrae WESTHOFF 47
150200100500	Carici canescentis-Agrostietum caninae TX. 37
150200100600	Pediculario palustris-Juncetum filiformis PRSG. 52
150200100700	Bartsio-Caricetum fuscae BARTSCH 40
150200100800	Willemetio-Caricetum fuscae BARTSCH 40
150200100900	Juncus acutiflorus-Gesellschaft
150200101000	Juncus effusus-Gesellschaft
150200101100	Amblystegio stellati-Caricetum dioicae OSVALD 25 em. STEINER 92
150300000000	**Caricetalia davallianae BR.-BL. 49**
150300100000	**Caricion davallianae KLIKA 34**
150300100100	Orchido-Schoenetum nigricantis (ALLORGE 22) W. KOCH 26
150300100200	Junco baltici-Schoenetum nigricantis WESTHOFF 47
150300100300	Parnassio-Juncetum atricapilli WESTHOFF (47) 69
150300100400	Primulo-Schoenetum ferruginei DU RIETZ 25
150300100500	Caricetum davallianae DUTOIT 24 em. GÖRS 63
150300100600	Trichophoretum alpini (BERTSCH 28) BRAUN 69
150300100700	Caricetum frigidae RÜBEL 12
150300100800	Eleocharitetum quinqueflorae LÜDI 26
150300100900	Juncetum subnodulosi W. KOCH 26
150300101000	Campylio-Caricetum dioicae OSVALD 23 em. DIERSSEN 82
150300101100	Parnassio-Caricetum pulicaris OBERD. 57 em. PHILIPPI 63
150300101200	Carex scandinavica-Gesellschaft
150300101300	Astero bellidiastri-Saxifragetum mutatae US. & WIGG. 61
150300101400	Carex lepidocarpa-Gesellschaft
150300200000	**Caricion maritimae BR.-BL. ap. VOLK 39**
150300200100	Astero bellidiastro-Kobresietum simpliciusculae (BR.-BL. ap. NADIG 42) DIERSSEN 82
150300200200	Caricetum maritimae BR.-BL. 18
150300200300	Juncetum alpino-articulatae (OBERD. 57) PHILIPPI 60
150300200400	Equiseto-Typhetum minimae BR.-BL. ap. VOLK 49
160000000000	**Oxycocco-Sphagnetea BR.-BL. 43**
160100000000	**Sphagnetalia magellanici (PAWL. 28) KÄSTNER & FLÖSSNER 33**
160100100000	**Sphagnion magellanici KÄSTNER & FLÖSSNER 33**
160100100100	Ledo-Sphagnetum magellanici SUKOPP 59
160200000000	**Erico-Sphagnetalia papillosi SCHWICKERATH 40 em. BR.-BL. 49**
160200100000	**Oxycocco-Ericion tetralicis (NORDHAGEN 36) TX. em. MOORE 68**
160200100100	Erico-Sphagnetum magellanici (OSVALD 23) MOORE 68

160200100200	Eriophoro-Trichophoretum cespitosi (RUDOLF et al. 28) RÜBEL 33 em. DIERSSEN 75
160200200000	**Ericion tetralicis SCHWICKERATH 33**
160200200100	Ericetum tetralicis (ALLORGE 22) JONAS 32
160200200200	Empetro-Ericetum tetralicis (TX. 37) WESTHOFF & DE SMIDT 75
160200200300	Sphagno compacti-Trichophoretum germanici (OBERD. 38) BARTSCH 40 em. DIERSSEN 75
160200200400	Eriophorum vaginatum-Sphagnum fallax-Gesellschaft
160200200500	Vaccinium uliginosum-Gesellschaft
170000000000	**Thero-Salicornietea PIGNATTI 53 em. TX. in TX. & OBERD. 58**
170100000000	**Thero-Salicornietalia PIGNATTI 53 em. TX. 54 in TX. & OBERD. 58**
170100100000	**Thero-Salicornion strictae BR.-BL. 33 em. TX. 50**
170100100100	Salicornietum strictae CHRISTIANSEN 55 ex TX. 74
170100100200	Suaedetum macrocarpae GEHU, RIVAS MART. & TX. 72
170100200000	**Salicornion ramosissimae TX. 74**
170100200100	Puccinellio maritimae-Salicornietum ramosissimae TX. 74
170100200200	Suaedetum flexilis TX. 72
170100200300	Puccinellio distantis-Salicornietum ramosissimae TX. 74
170200000000	**Thero-Suaedetalia BR.-BL. & DE BOLOS 57**
170200100000	**Thero-Suaedion BR.-BL. 31**
170200100100	Salicornietum decumbentis SCHWABE & TX. 74
170200100200	Suaedetum prostratae GEHU 75
170200100300	Suaedo-Bassietum hirsutae BR.-BL. 33
180000000000	**Spartinetea maritimae TX. 61**
180100000000	**Spartinetalia maritimae CONRAD 35**
180100100000	**Spartinion maritimae CONRAD 52**
180100100100	Spartinetum anglicae CORILLON 53
190000000000	**Saginetea maritimae WESTHOFF, VAN LEEUWEN & ADRIANI 62**
190100000000	**Saginetalia maritimae WESTHOFF, VAN LEEUWEN & ADRIANI 62**
190100100000	**Saginion maritimae WESTHOFF, VAN LEEUWEN & ADRIANI** 62
190100100100	Sagino maritimae-Cochlearietum danicae TX. & GILLNER 67
200000000000	**Cakiletea maritimae TX. & PRSG. 50**
200100000000	**Cakiletalia maritimae TX. ap. OBERD. (49) 50**
200100100000	**Atriplicion littoralis NORDHAGEN 40**
200100100100	Atriplicetum littoralis LIBBERT 40
200100100200	Atriplicetum glabriusculae-calothecae FRÖDE 58
200100100300	Cakiletum maritimae NORDHAGEN 40
200100100400	Beta maritima-Gesellschaft
200100100500	Crambetum maritimae EKL. 32
200100100600	Atriplex longipes-Gesellschaft
200100100700	Atriplex prostrata-Gesellschaft
200100100800	Polygono raii-Atriplicetum glabriusculae TX. 50
210000000000	**Ammophiletea arenariae BR.-BL. & TX. 43**
210100000000	**Ammophiletalia arenariae BR.-BL. 33**
210100100000	**Agropyro-Honkenyon peploidis TX. ap. BR.-BL. & TX. 52**
210100100100	Elymo-Agropyretum juncei BR.-BL. & DE LEEUW 36 em. TX. 57
210100100200	Potentillo-Elymetum arenariae TX. 66
210100200000	**Ammophilion arenariae BR.-BL. 33 em. TX. 55**
210100200100	Elymo-Ammophiletum arenariae BR.-BL. & DE LEEUW 36
220000000000	**Asteretea tripolii WESTHOFF & BEEFTINK ap. BEEFTINK 65**
220100000000	**Glauco-Puccinellietalia BEEFTINK & WESTHOFF 62**

220100100000	**Puccinellion maritimae CHRISTIANSEN 27**
220100100100	Puccinellietum maritimae CHRISTIANSEN 27
220100100200	Halimionetum portulacoidis KUHNHOLTZ-LORDAT 27
220100100300	Puccinellio-Asteretum tripolii nom. inv. VAN LANGENDONCK 31
220100200000	**Puccinellio-Spergularion BEEFTINK 65**
220100200100	Spergulario-Puccinellietum distantis FEEKERS 43
220100200200	Puccinellietum retroflexae (ALMQUIST 29) BEEFTINK 65
220100300000	**Armerion maritimae BR.-BL. & DE LEEUW 36**
220100300100	Plantagini-Limonietum nom. cons. CHRISTIANSEN 27
220100300200	Juncetum gerardii NORDHAGEN 23
220100300300	Artemisietum maritimae BR.-BL. & DE LEEUW. 36
220100300400	Blysmetum rufi GILLNER 60
220100300500	Junco-Caricetum extensae BR.-BL. & DE LEEUW 36
220100300600	Ononido-Caricetum distantis TX. 55
220100300700	Oenantho-Juncetum maritimi FRÖDE 58
220100300800	Atriplici-Agropyretum pungentis BEEFTINK & WESTHOFF 62
220100300900	Eleocharitetum uniglumis ALMQUIST 29
220100301000	Agropyron repens ssp.maritimum-Gesellschaft
220100301100	Juncus maritimus-Apium graveolens-Gesellschaft
220100301200	Festuca rubra ssp. litoralis-Gesellschaft
230000000000	**Crithmo-Limonietea vulgaris BR.-BL. 47**
230100000000	**Crithmo-Limonietalia BR.-BL. 42**
230100100000	**Crithmo-Armerion maritimae GEHU 64**
230100100100	Brassicetum oleraceae GEHU 62
240000000000	**Polygono-Poetea annuae RIVAS-MARTINEZ 75**
240100000000	**Polygono arenastri-Poetalia annuae TX. in GÉHU et al. 72 corr. RIVAS-MARTINEZ et al. 91**
240100100000	**Saginion procumbentis TX. & OHBA in GÉHU et al. 72**
240100100100	Sagino-Bryetum argentei DIEMONT, SISSINGH & WESTHOFF 40
240100100200	Lepidium ruderale-Bryum argenteum -Gesellschaft
240100200000	**Matricario matricarioidis-Polygonion arenastri RIVAS-MARTINEZ 75 corr. RIVAS-MARTINEZ et al. 91**
240100200100	Polygono arenastri-Matricarietum discoideae BR.-BL. 30 em. LOHMEYER 75
240100200200	Poo-Coronopetum squamati (OBERD. 57) GUTTE 66
240100200300	Myosuretum minimi (DIEMONT et al. 40) TX. 50
240100200400	Rumici acetosello-Spergularietum rubrae HÜLBUSCH 73
240100200500	Herniarietum glabrae (HOHENESTER 60) HEJNY & JEHLIK 75
240100200600	Alchemillo-Poetum supinae AICHINGER 33
240100200700	Cerastio-Ranunculetum sardoi OBERD. 57
240100200800	Polygonum calcatum-Gesellschaft
240100200900	Poa annua-Gesellschaft
240100300000	**Eragrostion minoris TX. in SLAVNIC 44**
240100300100	Eragrostio-Polygonetum avicularis OBERD. 52
250000000000	**Molinio-Arrhenatheretea TX. 37**
250100000000	**Trifolio fragiferae-Agrostietalia stoloniferae (OBERD. ap. OBERD. et al. 67) TX. 70**
250100100000	**Potentillion anserinae TX. 47**
250100100100	Potentillo-Festucetum arundinaceae (TX. 37) NORDHAGEN 40
250100100200	Rorippo-Agrostidetum stoloniferae (MOOR 58) OBERD. & TH. MÜLLER 61
250100100300	Ranunculo repentis-Alopecuretum geniculati TX. 37

250100100400	Poo-Cerastietum dubii LIBBERT 39
250100100500	Blysmo-Juncetum compressi LIBBERT 32
250100100600	Cotula coronopifolia-Gesellschaft
250100100700	Mentho longifoliae-Juncetum inflexi LOHM. 53
250100100800	Potentillo-Menthetum suaveolentis OBERD. 52
250100100900	Potentillo-Deschampsietum mediae OBERD. 57
250100101000	Poo irrigatae-Agropyretum repentis TX. 57
250100101100	Poo trivialis-Rumicetum obtusifolii (TX. 47) HÜLBUSCH 69
250100101200	Agrostis stolonifera-Potentilla anserina-Gesellschaft
250100101300	Potentilla reptans-Gesellschaft
250100101400	Ranunculus repens-Gesellschaft
250100101500	Agropyro-Rorippetum austriacae (TIMAR 47) TX. 50
250100101600	Agrostis stolonifera-Trifolium fragiferum-Gesellschaft
250200000000	**Plantaginetalia majoris TX. & PRSG. 50**
250200100000	**Lolio-Plantaginion TX. 47**
250200100100	Lolio-Plantaginetum (LINKOLA 21) BEGER em. SISSINGH 69
250200100200	Prunella vulgaris-Plantago major-Gesellschaft
250200100300	Juncetum tenuis (DIEMONT, SISSINGH & WESTHOFF 40) SCHWICK. 44
250200100400	Cichorietum intybi (TX.41) SISS. 69
250200100500	Lolium perenne-Gesellschaft
250300000000	**Arrhenatheretalia PAWL. 28**
250300100000	**Arrhenatherion W. KOCH 26**
250300100100	Dauco-Arrhenatheretum elatioris BR.-BL. 15
250300100200	Alchemillo-Arrhenatheretum elatioris SOUGNEZ & LIMB. 63
250300100300	Chrysanthemo-Rumicetum thyrsiflori WALTHER ap. R. TX. 55 ex WALTHER 77
250300100400	Alopecuretum pratensis REGEL 1925
250300100500	Anthriscus sylvestris-(Arrhenatherion)-Gesellschaft
250300100600	Anthrisco-Agrostidetum giganteae JAHNS 54
250300100700	Lolium multiflorum-Gesellschaft
250300100800	Arrhenatherum elatius-Gesellschaft
250300100900	Agropyron repens-Agrostis capillaris(-Arrhenatherion)-Gesellschaft
250300101000	Picris hieracioides-Brachypodium pinnatum(-Arrhenatherion)-Gesellschaft
250300101100	Tanacetum vulgaris-Arrhenatherum elatius-Gesellschaft
250300200000	**Polygono-Trisetion BR.-BL. & R. TX. ex MARSCHALL 47 nom. inv.**
250300200100	Geranio sylvatici-Trisetetum flavescentis KNAPP ex OBERD. 57
250300200200	Centaureo-Meetum athamantici nom. cons. R. TX. 37
250300200400	Astrantio-Trisetetum flavescentis KNAPP 52
250300300000	**Cynosurion cristati R. TX. 47**
250300300100	Lolio-Cynosuretum BR.-BL. & DE LEEUW 36 nom. inv.
250300300200	Festuco commutatae-Cynosuretum R. TX. 40 ap. BÜKER 42
250300300300	Festuco commutatae-Crepidetum capillaris HÜLBUSCH & KIENAST ex KIENAST 78
250300300400	Trifolio repentis-Veronicetum filiformis N. MÜLLER 88
250300400000	**Poion alpinae OBERD. 50**
250300400100	Crepido-Festucetum commutatae LÜDI 48
250300400200	Trifolio thalii-Festucetum violaceae BR.-BL. in BR.-BL. & JENNY 26
250400000000	**Molinietalia coeruleae W. KOCH 26**
250400100000	**Calthion R. TX. 37**
250400100100	Angelico-Cirsietum oleracei R. TX. 37
250400100200	Cirsietum rivularis NOWINSKI 28
250400100300	Valeriano-Cirsietum oleracei KUHN 37 nom. inv.

250400100400	Polygono-Cirsietum heterophylli BAL.-TUL. 75
250400100500	Senecioni aquatici-Brometum racemosi TX. & PRSG. 51
250400100600	Chaerophyllo hirsuti-Ranunculetum aconitifolii OBERD. 52
250400100700	Crepido-Juncetum acutiflori (BR.-BL. 15) OBERD. 57
250400100800	Sanguisorbo-Silaetum pratensis (KLAPP 51) VOLLR.65
250400100900	Scirpetum sylvatici MALOCH 35 em SCHWICK. 44
250400101000	Juncus filiformis-Gesellschaft
250400101100	Epilobio-Juncetum effusi (WALTHER 50) PASSARGE 64
250400101200	Chaerophyllum hirsutum-Gesellschaft
250400101300	Deschampsia cespitosa-Gesellschaft
250400101400	Cirsietum cani TX. & PRSG. 51 ex KLAPP 65
250400101500	Polygonum bistorta-Gesellschaft
250400200000	**Molinion coeruleae W. KOCH 26**
250400200100	Junco-Molinietum coeruleae PRSG. ap. R. TX. & PRSG. 53
250400200200	Selino-Molinietum coeruleae KUHN 37
250400200300	Cirsio dissecti-Molinietum coeruleae SISS. & DE VRIES 42
250400200400	Allio suaveolentis-Molinietum coeruleae GÖRS (in OBERD. 79 n.n.)
250400200500	Cirsio tuberosi-Molinietum arundinaceae OBERD. & PHILIPPI ex GÖRS 74
250400200600	Oenantho lachenalii-Molinietum coeruleae PHIL. 60
250400200700	Galio borealis-Molinietum coeruleae W. KOCH 26 em. PHILIPPI 60
250400200800	Holcus lanatus-Gesellschaft
250400200900	Gentiano asclepiadae-Molinietum coeruleae OBERD. 57 em. OBERD. et al. 67
250400201000	Gentiano pneumonanthes-Molinietum litoralis Ilijanic ex KUYPER et al. 78
250400300000	**Cnidion dubii BALATOVA-TULACKOVA 66**
250400300100	Cnidio venosi-Violetum persicifoliae SEGAL 66
250400300200	Lathyro palustris-Gratioletum BAL.-TUL. 66
250400300300	Cnidio dubii-Violetum pumilae (KORNECK 62) BAL.-TUL. 69
250400300400	Allium angulosum-Gesellschaft
250400400000	**Filipendulion SEGAL 66**
250400400100	Valeriano-Filipenduletum ulmariae SISSINGH in WESTHOFF et al. 46
250400400200	Veronico longifoliae-Euphorbietum palustris KORNECK 63
250400400300	Filipendulo-Geranietum palustris W. KOCH 26
250400400400	Veronico longifoliae-Scutellarietum hastifoliae WALTHER 55
250400400500	Filipendula ulmaria-Gesellschaft
250400400600	Thalictrum flavum-Gesellschaft
250400400700	Lysimachia vulgaris-Lythrum salicaria-Gesellschaft
260000000000	**Sedo-Scleranthetea BR.-BL. 55 em. TH. MÜLLER 61**
260100000000	**Corynephoretalia canescentis KLIKA 34**
260100100000	**Corynephorion canescentis KLIKA 31**
260100100100	Spergulo vernalis-Corynephoretum canescentis TX. (28) LIBBERT 33
260100100200	Violo caninae-Corynephoretum canescentis WESTH. in WESTH. et al. 46
260100100300	Agrostietum coarctatae KOBENDZA 30
260100100400	Campylopus introflexus-Gesellschaft
260100100500	Carex arenaria-Gesellschaft
260100100600	Agrostis tenuis-Gesellschaft
260100200000	**Thero-Airion TX. 51**
260100200100	Airetum praecocis (SCHWICK. 44) KRAUSCH 67
260100200200	Airo caryophylleae-Festucetum ovinae TX. 55
260100200300	Filagini-Vulpietum OBERD. 38
260100200400	Narduretum lachenalii KORNECK 75

260100300000	**Koelerion arenariae R. TX. 37 corr. GUTERMANN & MUCINA 93**
260100300100	Tortulo-Phleetum arenarii BR.-BL. et DE LEEUW 36
260100300200	Agrostio-Poetum humilis R. TX. & PRSG. 51
260100300300	Festuco-Galietum veri BR.-BL. et DE LEEUW 36
260100300400	Tuberaria guttata-Gesellschaft
260100300500	Bromo-Phleetum arenarii KORN. 74
260100300600	Silene conica-Cerastium semidecandrum-Gesellschaft
260200000000	**Festuco-Sedetalia TX. 51 em. KRAUSCH 62**
260200100000	**Koelerion glaucae VOLK 31**
260200100100	Jurineo cyanoidis-Koelerietum glaucae VOLK 31
260200100200	Festuco psammophilae-Koelerietum glaucae KLIKA 31
260200200000	**Armerion elongatae KRAUSCH 59**
260200200100	Diantho deltoides-Armerietum elongatae KRAUSCH 59
260200200200	Armerio elongatae-Festucetum trachyphyllae (LIBBERT 33) KNAPP 48 ex HOHENESTER 60
260200200300	Diantho arenarii-Festucetum ovinae R. TX. 51
260300000000	**Sedo-Scleranthetalia BR.-BL. 55**
260300100000	**Alysso alyssoidis-Sedion albi OBERD. et MÜLLER in MÜLLER 61**
260300100100	Cerastietum pumili OBERD. et MÜLLER in MÜLLER 61
260300100200	Saxifrago tridactylitis-Poetum compressae (KREH 45) GEHU et LERIQ 57
260300100300	Alysso alyssoidis-Sedetum albi OBERD. et MÜLLER in MÜLLER 61
260300100400	Sempervivetum soboloferi KORNECK 75
260300100500	Poo badensis-Allietum montani GAUCKLER 57
260300100600	Sempervivum tectorum-Gesellschaft
260300100700	Sedum spurium-Gesellschaft
260300100800	Sedo-Poetum badensis MAHN 65
260300200000	**Sedo-Scleranthion BR.-BL. (49) 55**
260300200100	Sclerantho-Sempervivetum arachnoidei BR.-BL. (49) 55
260300200200	Sileno rupestris-Sedetum annui OBERD. 57
260300300000	**Sedo albi-Veronicion dillenii (OBERD. 57) KORNECK 74**
260300300100	Allio montani-Veronicetum vernae OBERD. 57 em. KORNECK 75
260300300200	Gageo saxatilis-Veronicetum dillenii (OBERD. 57) KORNECK 74
260300400000	**Seslerio-Festucion pallentis KLIKA 31 em. KORNECK 74**
260300400100	Diantho gratianopolitani-Festucetum pallentis GAUCKLER 38
260300400200	Teucrio botryos-Melicetum ciliatae (KAISER 26) VOLK 37
260300400300	Artemisio lednicensis-Melicetum ciliatae KORNECK 74
260300400400	Asteretum alpini STÖK. 62
260300400500	Sedo-Festucetum pallentis MARST. 69
260300400600	Allio stricti-Festucetum pannonicae KNAPP 71
270000000000	**Festuco-Brometea BR.-BL. et TX. 43**
270100000000	**Festucetalia valesiacae BR.-BL. et TX. 43**
270100100000	**Festucion valesiacae KLIKA 31**
270100100100	Allio sphaerocephali-Stipetum capillatae (KNAPP 44) KORNECK 74
270100100200	Genisto pilosae-Stipetum stenophyllae KORNECK 74
270100100300	Festuco valesiacae-Stipetum capillatae MAHN 59
270100100400	Potentillo-Stipetum capillatae LIBBERT 33
270100200000	**Cirsio pannonici-Brachypodion pinnati HADAC et KLIKA 44**
270100200100	Adonido-Brachypodietum pinnati (LIBBERT 33) KRAUSCH 61
270200000000	**Brometalia erecti BR.-BL. 36**
270200100000	**Bromion erecti BR.-BL. & MOOR 36**

270200100100	Gentiano-Koelerietum pyramidata KNAPP 42 ex BORNKAMM 60
270200100200	Mesobrometum erecti BR.-BL. ap. SCHERRER 25
270200100300	Gentiano vernae-Brometum erecti KUHN 37
270200100400	Viscario-Avenetum pratensis OBERD. 49
270200200000	**Seslerio-Mesobromion OBERD. 57**
270200200100	Polygalo amarae-Seslerietum variae WINTERHOFF 62
270200200200	Carlino acaulis-Caricetum sempervirentis LUTZ 47
270200300000	**Koelerio-Phleion phleoidis KORNECK 74**
270200300100	Pulsatillo pratensis-Phleetum phleoidis PASSARGE 59
270200300200	Genisto sagittalis-Phleetum phleoidis BR.-BL. 38
270200300300	Sileno otitis-Koelerietum gracilis KORNECK 74
270200400000	**Xerobromion erecti BR.-BL. et MOOR 38 em. MORAVEC in HOLUB et al. 67**
270200400100	Xerobrometum erecti BR.-BL. 15 em. 31
270200400200	Trinio-Caricetum humilis VOLK in BR.-BL. et MOOR 38
270200400300	Pulsatillo-Caricetum humilis GAUCKLER 38
270200500000	**Seslerio-Xerobromion OBERD. 57**
270200500100	Teucrio-Seslerietum VOLK 37
270200500200	Bromo-Seslerietum (KUHN 37) OBERD. 57
280000000000	**Violetea calaminariae BR.-BL. & TX. 43**
280100000000	**Violetalia calaminariae BR.-BL. & TX. 43**
280100100000	**Thlaspion calaminariae ERNST 65**
280100100100	Violetum calaminariae SCHWICKERATH 31
280100100200	Violetum guestfalicae ERNST 65 corr. NAUENBURG 87
280100100300	Minuartio-Thlaspietum alpestris (KOCH 32) SHIMWELL 68
280100200000	**Armerion halleri ERNST 65**
280100200100	Armerietum halleri ERNST 65
280100200200	Armerietum bottendorfensis SCHUBERT 52
280100200300	Armerietum hornburgensis SCHUBERT 74
280100200400	Holco-Cardaminopsietum halleri HÜLBUSCH 80
290000000000	**Seslerietea variae OBERD. 78**
290100000000	**Seslerietalia variae BR.-BL. 26**
290100100000	**Seslerion variae BR.-BL. in BR.-BL. et JENNY 26**
290100100100	Caricetum firmae BR.-BL. 26
290100100200	Seslerio-Caricetum sempervirentis BEG. 22 em. BR.-BL. 26
290100100300	Laserpitio-Seslerietum variae MOOR 57
290100100400	Valeriana tripteris-Sesleria varia-Gesellschaft
290100200000	**Caricion ferruguineae BR.-BL. 31**
290100200100	Caricetum ferrugineae LÜDI 21
290100200200	Laserpitio-Calamagrostietum variae (KUHN 37) MÜLLER 61
290100200300	Agrostietum agrostiflorae BR.-BL. 49
300000000000	**Carici rupestris-Kobresietea bellardii OHBA 74**
300100000000	**Elynetalia OBERD. 57**
300100100000	**Oxytropido-Elynion BR.-BL. 49**
300100100100	Elynetum myosuroidis BR.-BL. 13
300100100200	Caricetum rupestris PIGNATTI & PIGNATTI 85
300100100300	Elyno-Caricetum rosae ERSCHBAMER 92
300100100400	Agrostis alpina-Gesellschaft
310000000000	**Caricetea curvulae BR.-BL. 48**
310100000000	**Caricetalia curvulae BR.-BL. in BR.-BL. et JENNY 26**
310100100000	**Caricion curvulae BR.-BL. in BR.-BL. & JENNY 26**

310100100100	Caricetum curvulae RÜBEL 11
310100100200	Sesleria disticha-Gesellschaft
310100200000	**Juncion trifidi KRAJINA 33**
310100200100	Juncetum trifidi SZAFER et al. 23 em. KRAJINA 33
320000000000	**Artemisietea vulgaris LOHMEYER, PRSG. & TX. in TX. 50**
320000000100	Heracleum mantegazzianum-Gesellschaft
320100000000	**Onopordetalia acanthii BR.-BL. & TX. 43 ex KLIKA & HADAC 44**
320100000100	Calamagrostis epigejos-(Onopordetalia)-Gesellschaft
320100000200	Equisetum arvense -(Onopordetalia)-Gesellschaft
320100000300	Erigeron annuus-(Onopordetalia)-Gesellschaft
320100000400	Poa compressa-(Onopordetalia)-Gesellschaft
320100000500	Solidago canadensis-(Onopordetalia)-Gesellschaft
320100000600	Solidago gigantea-(Onopordetalia)-Gesellschaft
320100000700	Rudbeckia hirta-Gesellschaft
320100100000	**Onopordion acanthii BR.-BL. et al. 36**
320100100100	Onopordetum acanthii BR.-BL. et al. 36
320100100200	Cirsietum eriophori OBERD. ex MÜLLER 66
320100100300	Potentillo-Artemisietum absinthii FALINSKI 65
320100100400	Carduus acanthoides-Gesellschaft
320100100500	Cynoglossum officinale-Gesellschaft
320100100600	Anchusa officinalis-Gesellschaft
320100100700	Glaucium flavum-Gesellschaft
320100200000	**Dauco-Melilotion GÖRS 66**
320100200100	Tanaceto-Artemisietum vulgaris SISSINGH 50
320100200200	Echio-Melilotetum TX. 47
320100200300	Resedo-Carduetum nutantis SISS. 50
320100200400	Berteroetum incanae SISSINGH & TIEDEMANN in SISSINGH 50
320100200500	Dauco-Picridetum hieracioidis GÖRS 66
320100300000	**Arction lappae TX. 37**
320100300100	Arctio-Artemisietum vulgaris OBERD.et al. ex SEYBOLD & MÜLLER 72
320100300200	Lamio albi-Conietum maculati OBERD. 57
320100300300	Leonuro cardiacae-Ballotetum nigrae SLAVN. 51
320100300400	Lamio albi-Ballotetum albae LOHM. 70
320100300500	Urtico urentis-Chenopodietum boni-henrici TX. 37
320100300600	Cirsium arvense-Cirsium vulgare-Gesellschaft
320100300700	Arctium-Dipsacus fullonum-Gesellschaft
320200000000	**Agropyretalia repentis OBERD., MÜLLER & GÖRS in OBERD. et al. 67**
320200100000	**Convolvulo-Agropyrion GÖRS 66**
320200100100	Convolvulo arvensis-Agropyretum repentis FELF. 43
320200100200	Poo compressae-Tussilaginetum TX. 31
320200100300	Diplotaxi tenuifoliae-Agropyretum repentis PHILIPPI in MÜLLER & GÖRS 69
320200100400	Cardario drabae-Agropyretum repentis MÜLLER & GÖRS 69
320200100500	Falcario vulgaris-Agropyretum repentis MÜLLER & GÖRS 69
320200100600	Saponario-Petasitetum spuriae PASS. 64
320200100700	Poo compressae-Anthemidetum tinctoriae MÜLLER & GÖRS (69) in OBERD. 70
320200100800	Asparago-Chondrilletum junceae PASSARGE 78
320200100900	Melico transsilvanicae-Agropyretum repentis MÜLLER in GÖRS 66
320200101000	Convolvulo-Brometum inermis ELIAS 79
330000000000	**Galio-Urticetea PASSARGE ex KOPECKY 69**

330000000100	Rubus caesius-Gesellschaft
330000000200	Urtica dioica-(Galio-Urticetea)-Gesellschaft
330100000000	**Glechometalia hederaceae TX. in BRUN-HOOL & TX. 75**
330100000100	Ailanthus altissima-Gesellschaft
330100000200	Buddleja davidii-Gesellschaft
330100000300	Acer negundo-Gesellschaft
330100000400	Lycium barbarum-Gesellschaft
330100000500	Sambucus nigra-(Glechometalia)-Gesellschaft
330100000600	Rubus armeniacus-Gesellschaft
330100000700	Symphoricarpus rivularis-Gesellschaft
330100000800	Rosa rugosa-Gesellschaft
330100000900	Juglans regia-Gesellschaft
330100001000	Syringa vulgaris-Gesellschaft
330100001100	Polygonum aubertii-Gesellschaft
330100001200	Spiraea x billardii-Gesellschaft
330100001300	Laburnum anagyroides-Gesellschaft
330100001400	Mahonia aquifolium-Gesellschaft
330100001500	Lycium chinense-Gesellschaft
330100100000	**Aegopodion podagrariae TX. 67**
330100100100	Urtico-Aegopodietum podagrariae TX. in GÖRS 68
330100100200	Chaerophylletum bulbosi TX. 37
330100100300	Chaerophylletum aurei OBERD. 57
330100100400	Chaerophylletum aromatici NEUHÄUSLOVA-NOVOTNA et al. 69
330100100500	Chaerophyllo-Petasitetum officinalis KAISER 26
330100100600	Aegopodio-Anthriscetum nitidae KOPECKY 74 nom. inv.
330100100700	Urtico-Cruciatetum laevipes DIERSCHKE 73
330100100800	Galeopsis speciosa-Gesellschaft
330100100900	Anthriscus sylvestris-(Aegopodion)-Gesellschaft
330100101000	Phalarido-Petasitetum hybridi SCHWICK.33
330100101100	Galeopsis pubescens-Gesellschaft
330100101200	Urtico-Parietarietum officinalis KLOTZ 85
330100200000	**Galio-Alliarion (OBERD. 57) LOHMEYER & OBERD. in OBERD. et al. 67**
330100200100	Dipsacetum pilosi TX. in OBERD. 57
330100200200	Alliario-Chaerophylletum temuli LOHM. 49
330100200400	Chaerophyllo-Geranietum lucidi OBERD. 57
330100200500	Alliario-Cynoglossetum germanici GEHU, RICHARD & TX. 72
330100200600	Heracleo-Sambucetum ebuli BRANDES 85
330100200700	Euphorbietum strictae (OBERD. et al. 67) MÜLLER in OBERD. 83
330100200800	Alliaria petiolata-Gesellschaft
330100200900	Impatiens parviflora-Gesellschaft
330100201000	Chelidonium majus-Gesellschaft
330100201100	Torilidetum japonicae LOHM. ex GÖRS & MÜLLER 69
330100201200	Epilobio montani-Geranietum robertiani LOHM. ex GÖRS & MÜLLER 69
330100201300	Circaeetum lutetianae KAISER 26
330200000000	**Convolvuletalia sepium TX. 50**
330200100000	**Senecionion fluviatilis TX. 50**
330200100100	Convolvulo-Archangelicetum littoralis PASSARGE 64
330200100200	Senecionetum fluviatilis (ZAHLHEIMER 79) MÜLLER in OBERD. 83
330200100300	Cuscuto europaeae-Convolvuletum sepium TX. 47
330200100400	Convolvulo-Epilobietum hirsuti HILB., NIEM. & HEINR. 72 nom. inv.

330200100500	Convolvulo-Eupatorietum cannabini GÖRS 74 nom. inv.
330200100600	Artemisia verlotiorum-Gesellschaft
330200100700	Aster lanceolatus-Gesellschaft
330200100800	Helianthus tuberosus-Gesellschaft
330200100900	Impatiens glandulifera-Gesellschaft
330200101000	Solidago canadensis-(Senecionion fluviatilis)-Gesellschaft
330200101100	Solidago gigantea-(Senecionion fluviatilis)-Gesellschaft
330200101200	Humulus lupulus-Gesellschaft
330200101300	Astert novi-belgii-Gesellschaft
330200101400	Aster salignus-Gesellschaft
330200101500	Polygonum cuspidatum-Gesellschaft
330200101600	Polygonum sachalinense-Gesellschaft
330200101700	Erigeron annuus-(Senecionion fluviatilis)-Gesellschaft
330200101800	Rudbeckia laciniata-Gesellschaft
330200101900	Angelico-Sonchetum palustris TX. 37 n. inv.
340000000000	**Trifolio-Geranietea sanguinei MÜLLER 61**
340100000000	**Origanetalia vulgaris MÜLLER 61**
340100100000	**Geranion sanguinei TX. in MÜLLER 61**
340100100100	Geranio-Anemonetum sylvestris MÜLLER 62
340100100200	Peucedanetum cervariae KAISER 26
340100100300	Geranio-Dictamnetum WENDELBERGER ex MÜLLER 62 nom. inv.
340100100400	Geranio-Trifolietum alpestris MÜLLER 62
340100100500	Bupleuro longifolii-Laserpitietum latifolii MÜLLER in OBERD. 78
340100100600	Campanulo bononiensis-Vicietum tenuifoliae KRAUSCH in MÜLLER 62
340100100700	Rosetum gallicae KAISER 26
340100100800	Trifolio-Melampyretum cristati ROYER & RAMEAU 79
340100100900	Coronillo-Peucedanetum alsatici ROYER et al. 79
340100101000	Calamintho-Laseretum trilobi KNAPP 76 n. inv.
340100101100	Vincetoxicum hirundinaria-Gesellschaft
340100101200	Peucedanum alsaticum-Gesellschaft
340100101300	Peucedanum oreoselinum-Gesellschaft
340100200000	**Trifolion medii MÜLLER 62**
340100200100	Trifolio medii-Agrimonietum eupatoriae MÜLLER 62
340100200200	Vicietum sylvaticae OBERD. & MÜLLER in MÜLLER 62
340100200300	Teucrio scorodoniae-Centaureetum nemoralis MÜLLER 62
340100200400	Agrimonio-Vicietum cassubicae PASS. 67 nom. inv.
340100200500	Trifolio medii-Melampyretum nemorosi DIERSCHKE 73
340100200600	Knautietum dipsacifoliae OBERD. in MÜLLER 78 corr. OBERD. & MÜLLER 90
340100200700	Valeriana wallrothii-Gesellschaft
340200000000	**Melampyro-Holcetalia PASSARGE 79**
340200100000	**Melampyrion pratensis PASSARGE 79**
340200100100	Trifolii medii-Vicietum orobi RIVAS-MARTINEZ et MAYOR in MAYOR 65
340200100200	Teucrio scorodoniae-Campanuletum baumgartenii (HAILER 68) KNAPP 76
340200100300	Teucrio scorodoniae-Polygonatetum odorati KORNECK 74
340200100400	Lathyro montani-Melampyretum pratensis PASSARGE 67
340200100500	Teucrium scorodonia-Gesellschaft
340200100600	Melampyrum pratense-Gesellschaft
340200100700	Hieracium laevigatum-Gesellschaft
340200100800	Hypericum maculatum-Holcis mollis-Gesellschaft
350000000000	**Epilobietea angustifolii TX. & PRSG. in TX. 50**

350000000100	Betula pendula-(Epilobietea)-Gesellschaft
350000000200	Pteridium aquilinum-(Epilobietea)-Gesellschaft
350100000000	**Atropetalia VLIEGER 37**
350100100000	**Carici piluliferae-Epilobion angustifolii TX. 50**
350100100100	Epilobio-Digitalietum purpureae SCHWICK. 44
350100100200	Senecioni sylvatici-Epilobietum angustifolii TX. 37
350100100300	Epilobio-Corydaletum claviculatae HÜLB. & TX. 68
350100100400	Digitali ambiguae-Calamagrostietum arundinaceae SILLINGER 33
350100100500	Calamagrostis epigejos-(Carici-Epilobion)-Gesellschaft
350100100600	Avenella flexuosa-(Carici-Epilobion)-Gesellschaft
350100200000	**Atropion belladonnae BR.-BL. ex AICHINGER 33**
350100200100	Epilobio-Atropetum belladonnae TX. 31 em. 50
350100200200	Atropo-Digitalietum luteae OBERD. 57
350100200300	Arctietum nemorosi TX. 50
350100200400	Eupatorietum cannabini TX. 37
350100300000	**Sambuco-Salicion capreae TX. & NEUMANN in TX. 50**
350100300100	Senecionetum fuchsii KAISER 26
350100300200	Rubetum idaei GAMS 27
350100300300	Sambucetum racemosae OBERD. 73
350100300400	Lonicero-Salicetum capreae (KULCZ. 27) TX. 50
350100300500	Sambucetum nigrae OBERD. (67) 73
350100300600	Piceo-Sorbetum aucupariae AICHINGER ex OBERD. 73
350100400000	**Lonicero-Rubion sylvatici TX. & NEUMANN in TX. 50**
350100400100	Rubetum grati TX. et NEUM. 50 ex WEBER 76
350100400200	Rubo plicati-Sarothamnetum WEBER 87
350100400300	Rubetum silvatici WEBER in PRSG. 90
350100400400	Rubetum pedemontani WEBER in PRSG. 90
350100400500	Rubetum sciocharitis WEBER in PRSG. 90
350100400600	Rubus plicatus-Frangula alnus-Gesellschaft
360000000000	**Betulo-Adenostyletea BR.-BL. & TX. 43**
360100000000	**Adenostyletalia BR.-BL. 31**
360100100000	**Adenostylion alliariae BR.-BL. 26**
360100100100	Cicerbitetum alpinae BOLLETO 21
360100200000	**Alnion viridis AICHINGER 33**
360100200100	Alnetum viridis BR.-BL. 18
360100200200	Allio victorialis-Fagetum SMETTAN ex KARNER & MUCINA 93
360100200300	Salici appendiculatae-Aceretum pseudoplatani OBERD. 57 nom. inv.
360100200400	Saxifrago rotundifoliae-Salicetum appendiculatae MUCINA in KARNER & MUCINA 93
360100200500	Salicetum waldsteinianae BEGER 22
360200000000	**Calamagrostietalia villosae PAWL. et al. 28**
360200100000	**Calamagrostion villosae PAWL. et al. 28**
360200100100	Calamagrostietum villosae SCHMID 23
360200100200	Athyrietum alpestris SCHMID 23
360200200000	**Calamagrostion arundinaceae OBERD. 50**
360200200100	Centaureo montanae-Calamagrostietum arundinaceae J. & M. BARTSCH 40
360300000000	**Rumicetalia alpini MUCINA in KARNER & MUCINA 93**
360300100000	**Rumicion alpini RÜBEL ex KLIKA in KLIKA & HADAC 44**
360300100100	Rumicetum alpini BEGER 22
360300100200	Peucedano ostruthii-Cirsietum spinosissimi G. & J. BR.-BL. 31
360300100300	Poo supinae-Chenopodietum boni-henrici (BR.-BL. 49) KOPECKY in HEJNY et al. 79

360300100400	Senecionetum alpini BOLLETER 21
360300100500	Urtica dioica-(Rumicion alpini)-Gesellschaft
360300100600	Mentha longifolia-(Rumicion alpini)-Gesellschaft
370000000000	**Nardo-Callunetea PRSG. 49**
370100000000	**Nardetalia OBERD. ex PRSG. 49**
370100100000	**Nardo-Juncion squarrosi (OBERD. 57) PASS. 64**
370100100100	Juncetum squarrosi NORDH. 22
370100100200	Carex panicea-Nardus stricta-Gesellschaft
370100100300	Gentiano pneumonanthes-Nardetum (PRSG. 50) WESTH. 69 nom.inv.
370100200000	**Violion caninae SCHWICK. 44**
370100200100	Polygalo-Nardetum (PRSG. 53) OBERD. 57
370100200200	Festuco-Genistetum sagittalis ISSLER 27
370100200300	Aveno-Genistetum sagittalis OBERD. 57
370100200400	Polygono vivipari-Genistetum sagittalis (KUHN 37) MÜLLER 78
370100200500	Gymnadenio-Nardetum MORAVEC 65
370100200600	Nardus stricta-Festuca capillata-Gesellschaft
370100300000	**Nardion strictae BR.-BL. in BR..-BL. & JENNY 26**
370100300100	Siversio-Nardetum strictae LÜDI 48
370100300200	Lycopodio alpini-Nardetum PRSG. 53
370100300300	Pulsatillo-Nardetum TX. 37
370200000000	**Vaccinio-Genistetalia SCHUBERT 60**
370200100000	**Genistion pilosae DUVIGN. 42**
370200100100	Genisto anglicae-Callunetum vulgaris SCHWICK. 33 em. TX. 37
370200100200	Vaccinio myrtilli-Callunetum BÜK. 42
370200100300	Genisto germanicae-Callunetum OBERD. 57 nom. inv.
370200100400	Cytiso supini-Antennarietum PRSG. 53
370200100500	Avenella flexuosa-(Genistion pilosae-)Gesellschaft
370200200000	**Empetrion nigri BÖCHER 43**
370200200100	Hieracio-Empetretrum LIBBERT 40
370200200200	Salici repentis-Empetretum FUKAREK 61
370200200300	Polypodio-Empetretum WESTH. in DEN HARTOG 51
370200200400	Pyrolo-Salicetum arenariae WESTH. in BARENDREGT 82
380000000000	**Salicetea herbaceae BR.-BL. 48**
380100000000	**Salicetalia herbaceae BR.-BL. in BR.-BL. & JENNY 26**
380100100000	**Salicion herbaceae BR.-BL. in BR.-BL. & JENNY 26**
380100100100	Salicetum herbaceae RÜBEL 11
380100100200	Cardamino-Anthelietum juratzkanae ENGLISCH 93
380100100300	Polytrichetum sexangularis FREY 22
380100100400	Polytricho juniperini-Soldanelletum pusillae (LIPPERT 66) ENGLISCH 93
380100100500	Luzuletum spadiceae RÜBEL 11
380100100600	Poo-Cerastietum cerastoidis (SÖYRINKI 54) OBERD. 57
380100100700	Nardo-Gnaphalietum supini (J. & M. BARTSCH 40) K. MÜLLER 48
380100100800	Luzuletum desvauxii ISSLER 36
380200000000	**Arabidetalia caeruleae RÜBEL ex BR.-BL. 48**
380200100000	**Arabidion caeruleae BR.-BL. in BR.-BL. & JENNY 26**
380200100100	Arabidetum caeruleae BR.-BL. 18
380200100200	Arabido-Rumicetum nivalis (JENNY-LIPS 30) OBERD. 57 nom. inv.
380200100300	Salicetum retuso-reticulatae BR.-BL. in BR.-BL. & JENNY 26
380200100400	Homogyno discoloris-Salicetum retusae AICHINGER 33
380200100500	Potentillo dubiae-Homogynetum discoloris AICHINGER 33

390000000000	**Loiseleurio-Vaccinietea EGGLER 52**
390100000000	**Rhododendro-Vaccinietalia BR.-BL in BR.-BL. & JENNY 26**
390100100000	**Loiseleurio-Vaccinion BR.-BL. in BR.-BL. & JENNY 26**
390100100100	Cetrario-Loiseleurietum BR.-BL. et al. 39
390100100200	Empetro hermaphroditi-Vaccinietum uliginosi BR.-BL. in BR.-BL. & JENNY 26
390100200000	**Rhododendro-Vaccinion J. BR.-BL. ex G. & J. BR.-BL. 31**
390100200100	Rhododendretum ferruginei RÜBEL 11
390100300000	**Juniperion nanae BR.-BL. et al. 39**
390100300100	Junipero-Arctostaphyletum BR.-BL. ex HAFFTER in BR.-BL. et al. 39
390200000000	**Rhododendro hirsuti-Ericetalia carneae GRABHERR, GREIMLER & MUCINA 93**
390200100000	**Ericion carneae RÜBEL ex GRABHERR & MUCINA 93**
390200100100	Ericetum carneae RÜBEL 11
390200100200	Rhododendretum hirsuti LÜDI 21
400000000000	**Salicetea purpureae MOOR 58**
400100000000	**Salicetalia purpureae MOOR 58**
400100100000	**Salicion albae SÓO 30**
400100100100	Salicetum triandrae (MALCUIT 29) NOIRFALISE in LEBRUN et al. 55
400100100200	Salicetum albae ISSLER 26
400100100300	Salicetum fragilis PASSARGE 57
400100100400	Salix purpurea-Gesellschaft
400100200000	**Salicion elaeagni AICHINGER 33**
400100200100	Salici-Myricarietum MOOR 58
400100200200	Salicetum elaeagni MOOR 58
410000000000	**Rhamno-Prunetea Rivas GODAY et CARBONELL 61**
410100000000	**Prunetalia spinosae TX. 52**
410100000100	Prunus spinosa-Gesellschaft
410100000200	Cornus sanguinea-Gesellschaft
410100000300	Prunus domestica-Gesellschaft
410100000400	Humulus lupulus-Gesellschaft
410100000500	Clematis vitalba-Gesellschaft
410100000600	Sambucus nigra-Gesellschaft
410100100000	**Berberidion BR.-BL. 50**
410100100100	Ligustro-Prunetum R. TX. 52
410100100200	Cotoneastro-Amelanchieretum R. TX. 52
410100100300	Hippophao-Berberidetum MOOR 58
410100100400	Roso-Juniperetum R. TX. 64
410100100500	Roso-Ulmetum campestris SCHUBERT et MAHN 59
410100100600	Rosa pimpinellifolia-(Berberidion-)Gesellschaft
410100100700	Prunus cerasus ssp. acida-Gesellschaft
410100100800	Buxus sempervirens-Gesellschaft
410100200000	**Prunion fruticosae R. TX. 52**
410100200100	Prunetum fruticosae DZIUBALTOWSKI 26
410100200200	Prunetum mahaleb NEVOLE 31 ex MÜLLER 86
410100300000	**Carpino-Prunion (R. TX. 52) WEBER 74**
410100300100	Carpino-Prunetum R. TX. 52
410100300200	Corylo-Rosetum vosagiacae OBERD. 57
410100300300	Rosetum arvensis WILLMANNS 80
410100300400	Dicrano-Juniperetum BARKMANN 68 ap. WESTHOFF & DEN HELD 69
410100300500	Salici-Viburnetum opuli MOOR 58

410100300600	Rhamno-Cornetum sanguinei PASS. 62
410100400000	**Salicion arenariae R. TX. 52**
410100400100	Roso pimpinellifoliae-Salicetum arenariae R. TX. 52
410100400200	Salici arenariae-Hippophaetum rhamnoides BR.-BL. & DE LEEUW 36
410200000000	**Pruno-Rubetalia (R. TX. 52) WEBER 74**
410200100000	**Pruno-Rubion radulae WEBER 84**
410200100100	Pruno-Rubetum sprengeli WEBER 67
410200100200	Pruno-Rubetum bifrontis WEBER ex REIF 85
410200100300	Pruno-Rubetum elegantispinosi WEBER 74
410200100400	Pruno-Rubetum vestiti WEBER 67 em. 81
410200100500	Pruno-Rubetum radulae WEBER 67
410200100600	Pruno-Rubetum praecocis WEBER 86
410200100700	Sarothamnus scoparius-Gesellschaft
420000000000	**Alnetea glutinosae BR.-BL. et TX. 43**
420100000000	**Alnetalia glutinosae R. TX. 37**
420100100000	**Alnion glutinosae MALCUIT 29**
420100100100	Carici elongatae-Alnetum KOCH 26
420100100200	Carici laevigatae-Alnetum SCHWICKERATH 38
420100100300	Hottonio-Alnetum (HUECK 29) FUKAREK 61
420100100400	Sphagnum-Alnus glutinosa-Gesellschaft
420200000000	**Salicetalia auritae DOING 62**
420200100000	**Salicion cinereae MÜLLER & GÖRS 58**
420200100100	Betulo humilis-Salicetum repentis OBERD. 64
420200100200	Salicetum pentandro-cinereae (PASSARGE 61) OBERD. 64
420200100300	Myricetum galis JONAS 32
420200100400	Salicetum auritae JONAS 35
420200100500	Salicetum cinereae ZOLYOMI 31
430000000000	**Pulsatillo-Pinetea OBERD. in OBERD. et al. 67**
430100000000	**Pulsatillo-Pinetalia OBERD. in OBERD. et al. 67**
430100100000	**Cytiso ruthenico-Pinion KRAUSCH 62**
430100100100	Peucedano-Pinetum MATUSZKIEWICZ 62
430100200000	**Ononido-Pinion BR.-BL. 50**
430100200100	Salici eleagni-Pinetum OBERD. 57
430100200200	Ononido rotundifoliae-Pinetum BR.-BL. et al. 46
430100200300	Junipero sabinae-Laricetum (WAGNER 79) MAYER 84
440000000000	**Erico-Pinetea HORVAT 59**
440100000000	**Erico-Pinetalia HORVAT 59**
440100100000	**Erico-Pinion BR.-BL. in BR.-BL. et al. 39**
440100100100	Erico-Pinetum sylvestris BR.-BL. in BR.-BL. et al. 39
440100100200	Dorycnio-Pinetum sylvestris OBERD. 57
440100100300	Molinio litoralis-Pinetum sylvestris SCHMID ex ETTER 47
440100100400	Calamagrostio variae-Pinetum sylvestris OBERD. 57
440100100500	Coronillo vaginalis-Pinetum sylvestris RICH. 72
440100100600	Cytiso nigricantis-Pinetum sylvestris BR.-BL. 32
440100100700	Cephalanthero-Pinetum sylvestris ELLENBERG & KLÖTZLI 72
440100100800	Carici humilis-Pinetum sylvestris BR.-BL. in BR.-BL. et al. 39
440100100900	Euphorbio saxatilis-Pinetum nigrae WENDELBERGER EX ZIMMERMANN 72
440100200000	**Erico-Pinion mugo LEIBUNDGUT 48**
440100200100	Rhodothamno-Rhododendretum hirsuti (AICHINGER 33) BR.-BL. & SISSINGH in BR.-BL. et al. 39

440100200200	Erico carneae-Pinetum prostratae ZÖTTL 51
440100200300	Vaccinio myrtilli-Pinetum montanae MORTON 27
440100200400	Erico carneae-Pinetum uncinatae BR.-BL. in BR.-BL. et al. 39
440100200500	Pinetum cembrae BOJKO 31
440100200600	Laricetum deciduae BOJKO 31
450000000000	**Vaccinio-Piceetea BR.-BL. in BR.-BL. et al. 39**
450100000000	**Piceetalia excelsae PAWLOWSKI in PAWLOWSKI et al. 28**
450100100000	**Piceion excelsae PAWLOWSKI in PAWLOWSKI et al. 28**
450100100100	Bazzanio-Piceetum (SCHMIDT et GAISBERG 36) BR.-BL. et SISSINGH in BR.-BL. et al. 39
450100100200	Larici-Piceetum (BR.-BL. et al. 54) ELLENBERG & KLÖTZLI 72
450100100300	Larici-Pinetum cembrae ELLENBERG 63
450100100400	Soldanello montanae-Piceetum VOLK in BR.-BL. et al. 39
450100100500	Luzulo nemorosae-Piceetum (SCHMID et GAISBERG 36) BR.-BL. et SISSINGH in BR.-BL. et al. 39
450100100600	Rhododendro ferruginei-Pinetum prostratae ZÖTTL. 51
450100200000	**Dicrano-Pinion (LIBBERT 32) MATUSZKIEWICZ 62**
450100200100	Leucobryo-Pinetum sylvestris MATUSZKIEWICZ 62
450100200200	Cladonio-Pinetum sylvestris KOBENDZA 30
450100200300	Vaccinio vitis-idaeae-Pinetum sylvestris MAYER & HOFMANN 69
450100300000	**Betulion pubescentis LOHMEYER & R. TX. in R. TX. ex OBERD. 57**
450100300100	Vaccinio uliginosi-Betuletum pubescentis LIBBERT 32
450100300200	Vaccinio uliginosi-Pinetum sylvestris KLEIST 29
450100300300	Ledo-Pinetum sylvestris (HUECK 29) R. TX. 55
450100300400	Betuletum carpaticae LOHMEYER & BOHN 62
450100300500	Vaccinio uliginosae-Pinetum rotundatae OBERD. 34
450100300600	Sphagno girgensohnii-Piceetum KUOCH 54
450200000000	**Athyrio-Piceetalia HADAC 62**
450200100000	**Chrysanthemo rotundifolii-Piceion (KRAJINA 33) BREZINA & HADAC in HADAC 62**
450200100100	Adenostylo glabrae-Piceetum WRABER ex ZUKRIGL 73
450200100200	Adenostylo alliariae-Abietetum KUOCH 54
450200200000	**Abieti-Piceion (BR.-BL. in BR.-BL. et al. 39) SÓO 64**
450200200100	Galio rotundifolii-Piceetum J. BARTSCH & M. BARTSCH 40
450200200200	Veronico latifoliae-Piceetum ELLENBERG & KLÖTZLI 72
450200200300	Adenostylo glabrae-Abietetum MAYER & HOFMANN 69
450200200400	Calamagrostio variae-Piceetum SCHWEINGRUBER 72
450200200500	Carici albae-Piceetum MAYER et al. 67
450200200600	Asplenio-Piceetum KUOCH 54
450200200700	Equiseto sylvatici-Abietetum MOOr 52
450200200800	Luzulo-Abietetum OBERD. 57
450200200900	Calamagrostio villosae-Fagetum MIK. 72
460000000000	**Querco-Fagetea BR.-BL. et VLIEGER IN VLIEGER 37**
460000000100	Robinia pseudacacia-Gesellschaft
460000000200	Larix decidua-Gesellschaft
460000000300	Picea abies-Gesellschaft
460000000400	Pinus sylvestris-Gesellschaft
460000000500	Pinus nigra-Gesellschaft
460000000600	Populus canadensis-Gesellschaft
460000000700	Quercus rubra-Gesellschaft

460000000800	Populus trichocarpa-Gesellschaft
460000000900	Larix kaempferi-Gesellschaft
460000001000	Pinus ponderosa-Gesellschaft
460000001100	Alnus incana-Gesellschaft
460000001200	Pseudotsuga menziesii-Gesellschaft
460000001300	Abies alba-Gesellschaft
460000001400	Prunus serotina-Gesellschaft
460000001500	Pinus strobus-Gesellschaft
460000001600	Picea sitchensis-Gesellschaft
460000001700	Tilia-Acer-Gesellschaft
460000001800	Amelanchier lamarckii-Gesellschaft
460100000000	**Quercetalia robori-petraeae R. TX. 31**
460100100000	**Quercion robori-petraeae BR.-BL. 32**
460100100100	Betulo-Quercetum roboris (GAUME 24) TX. 37
460100100200	Fago-Quercetum petraeae TX. 55
460100100300	Luzulo-Quercetum petraeae HILITZER 32 em. NEUH. & NEUH.-NOV. 67
460100100400	Vaccinio vitis-idaeae-Quercetum petraeae OBERD. 57 em. NEUH. & NEUH.-NOV. 67
460100100500	Hieracio glaucini-Quercetum petraeae LOHM. 78
460100200000	**Luzulo-Fagion LOHMEYER et R. TX. in R. TX. 54**
460100200100	Luzulo albidae-Fagetum MEUSEL 37
460100200200	Luzulo pilosae-Fagetum MATUSZKIEWICZ 73
460200000000	**Quercetalia pubescentis KLIKA 33**
460200100000	**Quercion pubescentis-sessiliflorae BR.-BL. 32**
460200100100	Buxo-Quercetum pubescentis BR.-BL. 31 in BR.-BL. et al. 52
460200100200	Quercetum pubescenti-petraeae IMCHENETZKY 26 n. inv. HEINIS 33
460200100300	Aceri monspessulani-Quercetum petraeae OBERD. 57
460200200000	**Potentillo albae-Quercion petraeae (ZOL. & JAK. 57) JAK. 67**
460200200100	Potentillo albae-Quercetum petraeae LIB. 33 nom. inv. OBERD. 57
460200200200	Cytiso nigricantis-Quercetum roboris OBERD. 57
460300000000	**Fagetalia sylvaticae PAWL. in PAWL. et al. 28**
460300100000	**Fagion sylvaticae LUQUET 26**
460300100100	Galio odorati-Fagetum SOUGNEZ & THILL 59
460300100200	Hordelymo-Fagetum KUHN 37 em. DIERSCHKE 89
460300100300	Carici-Fagetum MOOR 52
460300100400	Aceri-Fagetum BARTSCH & BARTSCH 40
460300100500	Cardamino trifoliae-Fagetum OBERD. & MÜLLER 84
460300100600	Dentario heptaphyllidi-Fagetum (MOOR 52) MÜLLER 66
460300100700	Lonicero alpigenae-Fagetum OBERD. & MÜLLER 84
460300100800	Dentario enneaphylli-Fagetum OBERD. ex MATUSZKIEWICZ & MATUSZKIEWICZ 60
460300100900	Aposerido-Fagetum OBERD. ex OBERD. et al. 67
460300200000	**Carpinion betuli ISSLER 31**
460300200100	Stellario holosteae-Carpinetum betuli OBERD. 57
460300200200	Galio sylvatici-Carpinetum OBERD. 57
460300200300	Tilio-Carpinetum TRACZYK 62
460300200400	Melampyro nemorosi-Carpinetum PASSARGE 57
460300200500	Carici pilosae-Carpinetum NEUHÄUSL & NEUHÄUSLOVA-NOVOTNA 64
460300200600	Primulo veris-Carpinetum NEUHÄUSL & NEUHÄUSLOVA-NOVOTNA 64
460300200700	Carici albae-Tilietum cordatae MÜLLER & GÖRS 58
460300300000	**Alno-Ulmion BR.-BL. & TX. 43**
460300300100	Stellario nemorum-Alnetum glutinosae LOHMEYER 57

460300300200	Alnetum incanae LÜDI 21
460300300300	Carici remotae-Fraxinetum KOCH ex FABER 36
460300300400	Pruno-Fraxinetum OBERD. 53
460300300500	Ribo sylvestris-Fraxinetum LEMEE 37 corr. PASSARGE 58
460300300600	Querco-Ulmetum minoris ISSLER 24
460300400000	**Tilio platyphylli-Acerion pseudoplatani KLIKA 55**
460300400100	Corydali cavae-Aceretum pseudoplatani MOOR 38
460300400200	Carici pendulae-Aceretum pseudoplatani OBERD. 57
460300400300	Scolopendrio-Fraxinetum SCHWICKERATH 38
460300400400	Lunario-Aceretum pseudoplatani RICHARD ex SCHLÜTER in GRÜNEBERG & SCHLÜTER 57
460300400500	Arunco-Aceretum pseudoplatani MOOR 52
460300400600	Ulmo glabrae-Aceretum pseudoplatani BEGER 22
460300400700	Asperulo taurinae-Aceretum ELLENBERG & KLÖTZLI 72
460300400800	Aceri-Carpinetum KLIKA 41
460300400900	Poo nemoralis-Tilietum cordatae FIRBAS & SIGMOND 28
460300401000	Cynancho-Tilietum platyphyllis WINTERHOFF 63
460300401100	Asperulo taurinae-Tilietum platyphyllis TREPP 47
460300401200	Corylus avellana -(Tilio-Acerion)- Gesellschaft
900000000000	**Dictyoto dichotomae-Laurencietea pinnatifidae JULVE 92**
900100000000	**Fucetalia vesiculosi JULVE 92**
900100100000	? [nicht beschrieben]
900100100100	Fucetum spiralis DEN HARTOG 59
900100100200	Ascophylletum nodosi DEN HARTOG 59
900100100300	Monostromo grevillei-Dumontietum incrassatae DEN HARTOG 59
900100100400	Fucetum serrati DEN HARTOG 59
900100100500	Bifurcario rotundae-Himanthalietum elongatae JULVE 92 prov.
900100100600	Corallinetum squamatae JULVE 92 prov
900200000000	**Laminarietalia hyperboreae JULVE 92**
900200100000	**Laminarion saccharinae JULVE 92**
900200100100	Laminarietum digitato-saccharinae DEN HARTOG 59
910000000000	**Ulvetea lactucae JULVE 92**
910100000000	**Ulvetalia lactucae MOLINIER 58**
910100100000	**Ulvion rigidae MOLINIER & VIGNES 71**
910100100100	Enteromorphetum compressae BOUDOURESQUE 71
910100100200	Codietum fragilis (MOLINIER & VIGNES 71) VIGNES 88
910100100300	Ulvetum rigidae BERNER 31 em. BOUDOURESQUE & al. 77
910100100400	Enteromorphetum prolifero-intestinalis DEN HARTOG 59
910100100500	Enteromorpho compressae-Porphyretum umbilicalis DEN HARTOG 59
910100100600	Cladophoro glomeratae-Polysiphonetum urceolatae DEN HARTOG 59
910100200000	**Ulothricio subflaccidae-Bangion atropurpureae*fuscopurpureae DEN HARTOG 59**
910100200100	Prasioletum stipitatae DEN HARTOG 59
910100200200	Bangio atropurpureae*fuscopurpureae-Ulothricetum subflaccidae FELDMANN 38
910100200300	Blidingietum minimae VAN DEN HOEK 58
920000000000	**Peyssonnelio dubyi-Lithophylletea incrustantis JULVE 92**
920100000000	? [nicht beschrieben]
920100100000	? [nicht beschrieben]
920100100100	Hildenbrandtietum rubri FELDMANN 37
920100100200	Ralfsio verrucosae-Lithothamnietum lenormandi JULVE 92

10.9 Nachweis der Tabellen und Abbildungen

Tabellen

Abbildungen

10.10 Ansprechpartner und wichtige Adressen

EU-Kommission, Generaldirektion XI (Naturschutz):
European Commission
DG XI.B2
Rue de la Loi 200
B-1049 Brüssel

Thematisches Zentrum Natur (ETC/NC):
European Topic Centre for Nature Conservation
c/o Muséum National d'Histoire Naturelle
57, rue Cuvier
F-75005 Paris

Deutschland:

Politische Verantwortung für die Koordinierung der Umsetzung der FFH-Richtlinie und nationale rechtliche Umsetzung:
Bundesministerium für Umwelt,
Naturschutz und Reaktorsicherheit
Postfach 120629
53048 Bonn

Fachliche Koordinierung:
Bundesamt für Naturschutz
I.2 (Abteilung Biotopschutz und Landschaftsökologie)
Konstantinstraße 110
53179 Bonn

Bezugsquelle für Richtlinientexte:

Bundesanzeiger Verlag
Breite Str. 78-80
Postfach 10 05 34
50667 Köln
Tel. (49-2 21) 20 29-0
Fax (49-2 21) 2 02 92 78
E-mail: vertrieb@bundesanzeiger.de
URL: http://www.bundesanzeiger.de

Deutsche Eionet-Anlaufstelle:
Karl Tietmann
Umweltbundesamt (UBA)
Postfach 33 00 22
14191 Berlin

Die Zuständigkeit für die Gebietsauswahl, -ausweisung, sowie die weitere Umsetzung liegt bei den Bundesländern:

Umweltministerien der Länder:

Ministerium für Umwelt und Verkehr
Baden Württemberg
Kernerplatz 9
70182 Stuttgart

Bayerisches Staatsministerium für
Landesentwicklung und Umweltfragen
Postfach 81 01 40
81925 München

Senatsverwaltung für Stadtentwicklung,
Umweltschutz und Technologie
Am Köllnischen Park 3
10179 Berlin

Ministerium für Umwelt,
Naturschutz und Raumordnung
Postfach 60 11 61
14411 Potsdam

Senator für Frauen, Gesundheit,
Jugend, Soziales und Umweltschutz
der Freien Hansestadt Bremen
Hanseatenhof 5
28195 Bremen

Umweltbehörde
der Freien und Hansestadt Hamburg
Billstraße 84
20539 Hamburg

Hessisches Ministerium des Innern,
Landwirtschaft, Forsten und Naturschutz
Friedrich-Ebert-Allee 12
65185 Wiesbaden

Ministerium für Bau, Landesentwicklung
und Umwelt des Landes
Mecklenburg-Vorpommern
19048 Schwerin

Niedersächsisches Umweltministerium
Postfach 41 07
30041 Hannover

Ministerium für Umwelt, Raumordnung
und Landwirtschaft des Landes
Nordrhein-Westfalen
40190 Düsseldorf

Ministerium für Umwelt und Forsten
Postfach 31 60
55021 Mainz

Ministerium für Umwelt,
Energie und Verkehr
Postfach 10 24 61
66024 Saarbrücken

Sächsisches Staatsministerium für
Umwelt und Landesentwicklung
Postfach 12 01 21
1002 Dresden

Ministerium für Raumordnung,
Landwirtschaft und Umwelt
des Landes Sachsen-Anhalt
Postfach 34 80
39043 Magdeburg

Ministerium für Umwelt, Natur und
Forsten des Landes Schleswig-Holstein
Grenzstraße 1–5
24149 Kiel

Ministerium für Landwirtschaft,
Naturschutz und Umwelt
Postfach 10 03
99021 Erfurt

Landesämter und -anstalten für Naturschutz:

Senatsverwaltung für Stadtentwicklung,
Umweltschutz und Technologie
Brückenstr. 6
10179 Berlin

Landesamt für Umweltschutz und Gewerbeaufsicht Rheinland-Pfalz
Amtsgerichtsplatz 1
55276 Oppenheim

Landesanstalt für Ökologie, Bodenordnung
und Forsten/Landesamt f. Agrarordnung NRW
Leibnitzstr. 10
45659 Recklinghausen

Landesamt für Natur und Umwelt des Landes Schleswig-Holstein
Hamburger Chaussee 25
24220 Flintbek

Landesumweltamt Brandenburg
Abt. Naturschutz
Templiner Str. 21–25
14467 Potsdam

Sächsisches Landesamt für Umwelt und Geologie
Abt. Natur- und Landschaftsschutz
Zur Wetterwarte 11
01109 Dresden

Umweltbehörde der Freien Hansestadt Hamburg, Naturschutzamt
Steindamm 2
20099 Hamburg

Niedersächsisches Landesamt für Ökologie Abt. 2 - Naturschutz
Scharnhorststr. 1
30175 Hannover

Senator für Umwelt und Stadtentwicklung Abt. 3
Hanseatenhof 5
28195 Bremen

Landesamt für Umweltschutz
Abt. Natur- und Landschaftsökologie
Don-Bosco-Str. 1
66119 Saarbrücken

Landesanstalt für Umweltschutz Baden-Württemberg
Abt. 2 Grundsatz, Ökologie
Griesbachstr. 1
76185 Karlsruhe

Bayerisches Landesamt für Umweltschutz
Abt. Naturhaushalt/Landschaftspflege
Infanteriestr. 11
80797 München

Thüringer Landesanstalt für Umwelt
Abt. Naturschutz und Landschaftspflege
Prüssingstr. 25
07745 Jena

Landesamt für Umweltschutz
Sachsen- Anhalt
Abt. 6 - Naturschutz
Reideburger Str. 47–49
06116 Halle (Saale)

Landesamt für Umwelt und Natur Mecklenburg-Vorpommern
Abt. Naturschutz
Wampener Str.
17498 Neuenkirchen

11 Nachträge – aktueller Stand von Natura 2000 in Deutschland

Noch während der Drucklegung des vorliegenden Buches sind kleine, aber doch erhebliche Fortschritte bei der Umsetzung der Vogelschutz- und der FFH-Richtlinie erzielt worden.

Vogelschutzgebiete

Die von der EU-Kommission herausgegebene aktuelle Liste der Vogelschutzrichtliniengebiete (EUROPEAN COMMISSION, GD XI 1997, EUR 15/03.97)[1] ist auf Grund von Nachmeldungen bereits wieder für Deutschland unvollständig. Einige Bundesländer nehmen die Meldung von Gebieten nach der FFH-Richtlinie auch zum Anlaß, ihre Vogelschutzrichtliniengebiete zu überprüfen und zu ergänzen.

So sind von der Bundesregierung aus Schleswig-Holstein weitere 36 Gebiete gemäß Art. 4 der Vogelschutzrichtlinie gemeldet worden (gleichzeitig Meldungen nach Art. 4 der FFH-Richtlinie). Es handelt sich dabei um insgesamt 297 718 ha (davon ca. 14 700 ha Landfläche). Damit ist neben zahlreichen Naturschutzgebieten auch der Nationalpark Schleswig-Holsteinisches Wattenmeer (mit den drei 150 m breiten Randstreifen NSG „Wattenmeer nördlich des Hindenburgdammes", NSG „Nordfriesisches Wattenmeer" und NSG „Hamburger Hallig) inzwischen Vogelschutzgebiet.

Für Brandenburg sind die bisher noch fehlenden Gebietsabgrenzungen und Größenangaben für 10 Vogelschutzgebiete nachgemeldet worden.

FFH-Richtlinie

In Anbetracht der im Juni 1998 für die Atlantische und im September 1998 für die Kontinentale Region geplanten ersten Bewertungstreffen auf europäischer Ebene zur Prüfung der Gebietsmeldungen für die jeweilige Region ist es höchste Zeit für einen substantiellen Beitrag Deutschlands.

Von Schleswig Holstein sind inzwischen 93 Gebiete mit einer Gesamtfläche von ca. 318 000 ha (davon ca. 32 200 ha Landfläche) gemeldet. Dies entspricht ca. 2 % der Landesfläche. Von Sachsen-Anhalt sind 86 Gebiete mit ca. 3,2 % der Landesfläche gemeldet.

Mit einigen weiteren Einzelmeldungen aus dem Hainich und der Rhön (16 Gebiete aus Thüringen, 8 Gebiete aus Hessen), die für Förderanträge aus LIFE erforderlich waren, liegen damit für Deutschland offiziell 278 Gebietsmeldungen in Brüssel vor (Stand 4. 3. 1998).

Darüber hinaus liegen für Hamburg 3 Gebietsvorschläge, für Rheinland Pfalz 81 und für das Saarland 13 Gebiete in Bonn vor. Baden-Württemberg hat eine landesintern abgestimmte Liste von 158 Gebieten zur Vorprüfung an das Bundesumweltministerium übermittelt. Berlin hat 10 Gebiete mit unvollständigen Angaben nach Bonn übermittelt. Die anderen Bundesländer haben i.d.R. Gebietslisten mit Datenbögen und Karten zur Meldung vorbereitet, warten aber mit der Abgabe ihrer Meldungen auf die Umsetzung der FFH-Richtlinie in nationales Recht.

Für die Alpine Biogeographische Region hat am 20/21. 10. 1997 in Salzburg das erste Bewertungstreffen für die Auswahl der Gebiete gemeinschaftlicher Bedeutung mit der EU-Kommision stattgefunden. Für Deutschland konnten die 7 gemeldeten Gebiete der Alpinen Region aus Bayern (siehe Tab. 23) noch nicht auf EU-Ebene bewertet werden, da die vollständig ausgefüllten Standard-Datenbögen (inkl. nationaler Bewertung) nicht rechtzeitig vor dem Treffen bei der EU-Kommission vorlagen.

[1] Leider ist hier noch eine neue Numerierung eingeführt worden, die mit derjenigen in den früheren Listen nicht übereinstimmt.

Tab. 23: Liste der deutschen Gebiete (pSCIs) in der Alpinen Region.

Name	Fläche (ha)
Nationalpark Berchtesgarden	20.804
Karwendel mit Isar	19.317
Östliche Chiemgauer Alpen	9.500
Geigelstein	3.135
Ammergebirge	18.496
Buckelwiesen bei Mittenwald	63
Hoher Ifen	2.430
Gesamt	73.745 (ca. 18 % von D alpin oder 1 % der deutschen Landesfläche)

Für alle Mitgliedsstaaten ist eine Referenzliste verbindlich festgelegt worden, die alle vorkommenden Arten (Anhang II) und Lebensraumtypen (Anhang I) in der Alpinen Region auflistet. Sie wurde im November 1997 durch den Habitatausschuß bestätigt und dient nun der Abprüfung, ob auch tatsächlich alle darin genannten Arten und Lebensraumtypen in den von den Mitgliedsstaaten vorgeschlagenen Gebieten (pSCI) ausreichend berücksichtigt worden sind (vgl. Tab. 24 und 25).

Tab. 24: Referenzliste der Lebensraumtypen für die Alpine Biogeographische Region – Auszug für Deutschland (* = prioritärer Lebensraum).

Code		Name des Lebensraumtyps
3130		Mesotrophe Gewässer des mitteleuropäischen und perialpinen Raumes mit Zwergbinsen-Fluren oder Vegetation zeitweilig trockenfallender Ufer (Nanocyperetalia)
3140		Oligo- bis mesotrophe kalkhaltige Gewässer mit benthischen Armleuchteralgenbeständen (Characeae)
3150		Natürliche eutrophe Seen mit einer Vegetation vom Typ Magnopotamion oder Hydrocharition
3160		Dystrophe Seen
3220		Alpine Flüsse und ihre krautige Ufervegetation
3230		Alpine Flüsse und ihre Ufervegetation mit *Myricaria germanica*
3240 3260		Alpine Flüsse und ihre Ufergehölze mit *Salix eleagnos* Unterwasservegetation in Fließgewässern der Submontanstufe und der Ebene
4060		Alpine und subalpine Heidegebiete
4070	*	Buschvegetation mit *Pinus mugo* und *Rhododendron hirsutum* (Mugo-Rhododendretum hirsuti)

Tab. 24: Fortsetzung

Code		Name des Lebensraumtyps
6150		Boreo-alpines Grasland auf Silikatsubstraten
6170		Alpine Kalkrasen
6210	(*)	Trespen-Schwingel Kalk-Trockenrasen (Festuco-Brometalia)(* Bestände mit bemerkenswerten Orchideen)
6230	*	Borstgrasrasen, artenreich, montan (und submontan auf dem europäischen Festland) (Eu-Nardion)
6410		Pfeifengraswiesen auf kalkreichem Boden und Lehmboden (Eu-Molinion)
6430		Feuchte Hochstaudenfluren
6510		Magere Flachland-Mähwiesen (*Alopecurus pratensis* und *Sanguisorba officinalis*)
6520		Berg-Mähwiesen (Typen britischer Ausprägung mit *Geranium sylvaticum*)
7110	*	Naturnahe lebende Hochmoore
7120		Geschädigte Hochmoore (die möglicherweise noch auf natürlichem Wege regenerierbar sind)
7140		Übergangs- und Schwingrasenmoore
7150		Senken mit Torfmoorsubstraten (Rhynchosporion)
7210	*	Kalkreiche Sümpfe mit *Cladium mariscus* und *Carex davalliana*
7220	*	Kalktuff-Quellen (Cratoneurion)
7230		Kalkreiche Niedermoore
7240		Alpine Pionierformationen des Caricion bicoloris atrofuscae
8110		Alpine Silikatschutthalden
8120		Alpine Kalk- und Schieferschutthalden
8160	*	Kalkhaltige Schutthalden in Mitteleuropa
8210		Felsen und ihre Felsspaltenvegetation, kalkhaltige Untertypen
8220		Felsen und ihre Felsspaltenvegetation, kieselhaltige Untertypen
8310		Nicht touristisch erschlossene Höhlen
8340		Gletscher
9110		Hainsimsen-Buchenwald (Luzulo-Fagetum)
9130		Waldmeister-Buchenwald (Asperulo-Fagetum)
9140		Subalpiner Buchenwald mit Ahorn und Bergampfer

Tab. 24: Fortsetzung

Code		Name des Lebensraumtyps
9150		Orchideen-Buchenwald (Cephalanthero-Fagion)
9180	*	Schlucht- und Hangmischwälder (Tilio-Acerion)
91D0	*	Moorwälder
91E0	*	Erlen- und Eschenwälder an Fließgewässern (Alnion glutinoso-incanae) [inkl. Weichholzauen]
91F0		Eichen-/Ulmen-, Eschen-Mischwälder am Ufer großer Flüsse (Hartholzauenwälder)
9410		Bodensaure Fichtenwälder (Vaccinio-Piceetea)
9420		Alpiner Lärchen-Arvenwald
9430	(*)	Bergkiefern- (oder Spirken-) Wälder (* auf Gips- oder Kalksubstrat)

Tab. 25: Referenzliste der Arten (Anhang II) für die Alpine Bigeographische Region – Auszug für Deutschland (* = prioritäre Art). *Carabus menetriesi pacholei* ist eine durch Novellierung des Anhangs II neu hinzukommende Art, die lt. Literaturangaben im alpinen Bereich vorhanden ist[1] aber auf der in Salzburg festgelegten Referenzliste noch nicht aufgenommen ist.

Code		Wissenschaftlicher Name	Deutscher Name
Höhere Pflanzen			
1614		*Apium repens* (JACQUIN) LAGASCA Y SEGURA	Kriechender Scheiberich
1902		*Cypripedium calceolus* LINNAEUS	Frauenschuh
1903		*Liparis loeselii* (LINNAEUS) L. C. RICHARD	Sumpf-Glanzkraut
Moose			
1381		*Dicranum viride* (SULL. & LESQ.) LINB.	Grünes Besenmoos
1380		*Distichophyllum carinatum* DIX. & NICH.	Gekieltes Zweiblattmoos
1394		*Scapania massalongi* (MÜLL. FRIB.) MÜLL. FRIB.	Massalongs-Spatenmoos
Säugetiere (Mammalia)			
1308		*Barbastella barbastellus* (SCHREB., 1774)	Mopsfledermaus
1361		*Felis [Lynx] lynx* L., 1758	Luchs
1321		*Myotis emarginatus* (GEOFF., 1806)	Wimperfledermaus
1324		*Myotis myotis* (BORKH., 1797)	Großes Mausohr
1303		*Rhinolophus hipposideros* (BECHST., 1800)	Kleine Hufeisennase

Tab. 25: Fortsetzung

Code		Wissenschaftlicher Name	Deutscher Name
Amphibien, Reptilien			
1193		*Bombina variegata* (L., 1758)	Gelbbauchunke, Bergunke
1167		*Triturus carnifex* (LAUR., 1768)	Alpen-Kammolch
1166		*Triturus cristatus* (LAUR., 1768)	Kammolch
Fische, Rundmäuler			
1163		*Cottus gobio* L., 1758	Groppe
1105		*Hucho hucho* (L., 1758)	Huchen
Käfer (Coleoptera)			
1914	*	*Carabus menetriesi* HUMMEL, 1827 *ssp. pacholei* SOKOLAR (Novellierung!)	Menetries' Laufkäfer Hochmoor-Laufkäfer
1087	*	*Rosalia alpina* (L., 1758)	Alpenbock
Libellen (Odonata)			
1044		*Coenagrion mercuriale* (CHARP., 1840)	Helm-Azurjungfer
Schmetterlinge (Lepidoptera)			
1078	*	*Callimorpha* [*Euplagia*] *quadripunctaria* PODA, 1761	Spanische Flagge
1065		*Euphydryas aurinia* (ROTTEMBURG, 1775)	Skabiosen-Scheckenfalter
1061		*Maculinea nausithous* (BERGSTR., 1779)	Schwarzblauer Bläuling
1059		*Maculinea teleius* (BERGST., 1779)	Großer Moorbläuling
Weichtiere (Mollusca)			
1014		*Vertigo angustior* JEFFREYS, 1830	Schmale Windelschnecke

[1] Quelle: LOHSE & LUCHT (1989): Die Käfer Mitteleuropas. Bd. 12: S. 24.

Novellierungsverfahren

Mit dem Beitritt von Finnland, Österreich und Schweden zur Europäischen Union sind die Anhänge I und II geändert worden (Amtsbl. Nr. L1 vom 1.1.1995, S. 135).

Darüber hinaus ist gemäß Art. 19 Abs. 1 der FFH-Richtlinie ein Änderungsverfahren der Anhänge durchgeführt worden, mit dem Ziel

1. eine Neuformulierung und Präzisierung v.a. der im Zuge der Beitrittsverhandlungen neu aufgenommenen Lebensraumtypen des Anhangs I zu erreichen,
2. den Austausch der Bezeichnungen der Lebensraumtypen durch die Bezeichnungen des „Interpretation Manuals“ Ausgabe EUR 15 vom April 1996 und Austausch der alten CORINE 1989-Codes gegen die neuen Natura 2000-Codes vorzunehmen,

3. einer Neuformulierung borealer Lebensraumtypen nach den Vorschlägen der wissenschaftlichen Arbeitsgruppe des Habitatausschusses,
4. der Streichung aller Subtypen im Anhang I. Die Subtypen sind für die Meldung nicht rechtsverbindlich, werden aber für die Bewertung der Repräsentativität benötigt,
5. der Streichung des Zusatzes Irland beim Lebensraumtyp Turloughs, da diese auch außerhalb von Irland in mehreren Mitgliedsstaaten vorkommen,
6. eine Anpassung des Anhangs II an den Stand der wissenschaftlichen Nomenklatur durchzuführen,
7. Korrekturen von Schreibfehlern etc. aufzunehmen.

Das gesamte Novellierungsverfahren hatte ausdrücklich keine Erweiterung der Anhänge I und II durch Neuaufnahme von Lebensraumtypen oder Arten für die bisherigen 12 Mitgliedsstaaten zum Ziel, sondern eine Ergänzung v.a. für die Boreale Region. Die Mitgliedsstaaten sollten die Novellierung bis 31.12.1997 in Kraft setzen (Richtlinie 97/62/EWG, Art. 2; DER RAT DER EUROPÄISCHEN UNION 1997).

Die Kodierungen zur Erfassung bzw. Gebietsmeldung sind gleich geblieben, lediglich der Titel (Name) der Lebensraumtypen hat sich teilweise geändert, ohne daß die Inhalte verändert wurden. Subtypen sind im Richtlinientext nicht mehr aufgeführt, werden aber im Interpretation Manual aufgelistet.

Im folgenden ist der Richtlinientext der Novellierung wiedergegeben (DER RAT DER EUROPÄISCHEN UNION 1997). Kommentare stehen in eckigen Klammern und gehören nicht zum Richtlinientext.

RICHTLINIE 97/62/EG DES RATES
vom 27. Oktober 1997

zur Anpassung der Richtlinie 92/43/EWG zur Erhaltung der natürlichen Lebensräume sowie der wildlebenden Tiere und Pflanzen an den technischen und wissenschaftlichen Fortschritt

DER RAT DER EUROPÄISCHEN UNION -

gestützt auf den Vertrag zur Gründung der Europäischen Gemeinschaft,

gestützt auf die Richtlinie 92/43/EWG(2), insbesondere auf Artikel 19 Unterabsatz 1,

auf Vorschlag der Kommission,

in Erwägung nachstehender Gründe:

Die Anhänge I und II der Richtlinie 92/43/EWG sind zur Aktualisierung bestimmter Typen natürlicher Lebensräume und bestimmter Arten entsprechend dem technischen und wissenschaftlichen Fortschritt anzupassen.

---

2 Abl L 206 von 22. 7. 1992, S. 7. Richtlinie geändert durch die Beitrittsakte von 1994.

Das Handbuch der Lebensräume der Europäischen Union (Fassung EUR 15 vom April 1996) enthält die neuen NATURA 2000-Codes, die jeden Typ eines natürlichen Lebensraums eindeutig bestimmen. In Anhang I der Richtlinie 92/43/EWG ist der CORINE-Code durch den NATURA 2000-Code zu ersetzen -

HAT FOLGENDE RICHTLINIE ERLASSEN:

Artikel 1

Die Anhänge I und II der Richtlinie 92/43/EWG werden durch den Wortlaut des Anhangs dieser Richtlinie ersetzt.

Artikel 2

Die Mitgliedstaaten setzen die Rechts- und Verwaltungsvorschriften, die erforderlich sind, um dieser Richtlinie nachzukommen, vor dem 31. Dezember 1997 in Kraft. Sie setzen die Kommission unverzüglich davon in Kenntnis.

Wenn die Mitgliedstaaten Vorschriften nach Absatz 1 erlassen, nehmen sie in den Vorschriften selbst oder durch einen Hinweis bei der amtlichen Veröffentlichung auf diese Richtlinie Bezug. Die Mitgliedstaaten regeln die Einzelheiten dieser Bezugnahme.

Artikel 3

Diese Richtlinie tritt am zwanzigsten Tag nach dem Zeitpunkt ihrer Veröffentlichung im *Amtsblatt der Europäischen Gemeinschaften* in Kraft.

Artikel 4

Diese Richtlinie ist an die Mitgliedstaaten gerichtet.

Geschehen zu Luxemburg, am 27. Oktober 1997.

Im Namen des Rates
Der Präsident
R. GOEBBELS

Anhang

Anhang I

NATÜRLICHE LEBENSRÄUME VON GEMEINSCHAFTLICHEM INTERESSE, FÜR DEREN ERHALTUNG BESONDERE SCHUTZGEBIETE AUSGEWIESEN WERDEN MÜSSEN

Auslegung

Eine Orientierungshilfe für die Interpretation der Typen natürlicher Lebensräume wird im „Interpretationshandbuch der Lebensräume der Europäischen Union" (Interpretation Manual of European Union Habitats, Version EUR15, angenommen durch den Habitat-Ausschuß am 25. April 1996, Europäische Kommission DG XI) gegeben, welches durch den nach Artikel 20 eingerichteten Ausschuß („Habitat-Ausschuß") befürwortet und durch die Europäische Kommission veröffentlicht wurde.

Der Code entspricht dem Code von NATURA 2000.

Das Zeichen „* " bedeutet: prioritäre Lebensraumtypen.

[Auszug der in Deutschland vorkommenden Lebensraumtypen]

1. Lebensräume in Küstenbereichen und halophytische Vegetation
11. Meeresgewässer und Gezeitenzonen

1110		Sandbänke mit nur schwacher ständiger Überspülung durch Meerwasser
1130		Ästuarien
1140		Vegetationsfreies Schlick-, Sand- und Mischwatt
1150	*	Lagunen des Küstenraumes (Strandseen)
1160		Flache große Meeresarme und -buchten (Flachwasserzonen und Seegraswiesen)
1170		Riffe

12. Felsenküsten und Kiesstrände

1210		Einjährige Spülsäume
1220		Mehrjährige Vegetation der Kiesstrände
1230		Atlantik-Felsküsten und Ostsee-Fels- und Steil-Küsten mit Vegetation

13. Atlantische Salzsümpfe und -wiesen sowie Salzsümpfe und -wiesen im Binnenland

1310		Pioniervegetation mit *Salicornia* und anderen einjährigen Arten auf Schlamm und Sand (Quellerwatt)
1320		Schlickgrasbestände (Spartinion maritimae)
1330		Atlantische Salzwiesen (Glauco-Puccinellietalia maritimae)
1340	*	Salzwiesen im Binnenland

2. Dünen an Meeresküsten und im Binnenland

21. Dünen an den Küsten des Atlantiks sowie der Nord- und der Ostsee

2110		Primärdünen
2120		Weißdünen mit Strandhafer *Ammophila arenaria*
2130	*	Festliegende Küstendünen mit krautiger Vegetation (Graudünen)
2140	*	Entkalkte Dünen mit *Empetrum nigrum*
2150	*	Festliegende entkalkte Dünen der atlantischen Zone (Calluno-Ulicetea)
2160		Dünen mit *Hippophaë rhamnoides*
2170		Dünen mit *Salix repens ssp. argentea* (Salicion arenariae)
2180		Bewaldete Dünen der atlantischen, kontinentalen und borealen Region
2190		Feuchte Dünentäler

23. Dünen im Binnenland (alt und entkalkt)

2310		Trockene Sandheiden mit *Calluna* und *Genista* [Dünen im Binnenland]
2320		Trockene Sandheiden mit *Calluna* und *Empetrum nigrum* [Dünen im Binnenland]
2330		Dünen mit offenen Grasflächen mit *Corynephorus* und *Agrostis* [Dünen im Binnenland]

3. Süßwasserlebensräume

31. Stehende Gewässer

3110		Oligotrophe, sehr schwach mineralische Gewässer der Sandebenen (Littorelletalia uniflorae)
3130		Oligo- bis mesotrophe stehende Gewässer mit Vegetation der Littorelletea uniflorae und/oder der Isoëto-Nanojuncetea
3140		Oligo- bis mesotrophe kalkhaltige Gewässer mit benthischer Vegetation aus Armleuchteralgen
3150		Natürliche eutrophe Seen mit einer Vegetation des Magnopotamions oder Hydrocharitions
3160		Dystrophe Seen und Teiche
3180	*	Turloughs

32. Fließgewässer – Abschnitte von Wasserläufen mit natürlicher bzw. naturnaher Dynamik (kleine, mittlere und große Fließgewässer), deren Wasserqualität keine nennenswerte Beeinträchtigung aufweist

3220		Alpine Flüsse mit krautiger Ufervegetation
3230		Alpine Flüsse mit Ufergehölzen von *Myricaria germanica*
3240		Alpine Flüsse mit Ufergehölzen von *Salix eleagnos*
3260		Flüsse der planaren bis montanen Stufe mit Vegetation des Ranunculion fluitantis und des Callitricho-Batrachion
3270		Flüsse mit Schlammbänken mit Vegetation des Chenopodion rubri p.p. und des Bidention p.p.

4. Gemäßigte Heide- und Buschvegetation

4010		Feuchte Heiden des nordatlantischen Raums mit *Erica tetralix*
4030		Trockene europäische Heiden

4060		Alpine und boreale Heiden
4070	*	Buschvegetation mit *Pinus mugo* und *Rhododendron hirsutum* (Mugo-Rhododendretum hirsuti)

5. Hartlaubgebüsche (Matorrals)

51. Gebüsche des submediterranen und gemäßigten Raumes

5110		Stabile xerothermophile Formationen von *Buxus sempervirens* an Felsabhängen (Berberidion p.p.)
5130		Formationen von *Juniperus communis* auf Kalkheiden und -rasen

6. Natürliches und naturnahes Grasland

61. Natürliches Grasland

6110	*	Lückige basophile oder Kalk-Pionierrasen (Alysso-Sedion albi)
6120	*	Trockene, kalkreiche Sandrasen
6130		Schwermetallrasen (Violetalia calaminariae)
6150		Boreo-alpines Grasland auf Silikatsubstraten
6170		Alpine und subalpine Kalkrasen

62. Naturnahes trockenes Grasland und Verbuschungsstadien

6210		Naturnahe Kalk-Trockenrasen und deren Verbuschungsstadien (Festuco-Brometalia) (* besondere Bestände mit bemerkenswerten Orchideen)
6230	*	Artenreiche montane Borstgrasrasen (und submontan auf dem europäischen Festland) auf Silikatböden
6240	*	Subpannonische Steppen-Trockenrasen [Festucetalia vallesiacae]

64. Naturnahes feuchtes Grasland mit hohen Gräsern

6410		Pfeifengraswiesen auf kalkreichem Boden, torfigen und tonig-schluffigen Böden (Molinion caeruleae)
6430		Feuchte Hochstaudenfluren der planaren und montanen bis alpinen Stufe
6440		Brenndolden-Auenwiesen (Cnidion dubii)

65. Mesophiles Grasland

6510		Magere Flachland-Mähwiesen (*Alopecurus pratensis*, *Sanguisorba officinalis*)
6520		Berg-Mähwiesen

7. Hoch- und Niedermoore

71. Saure Moore mit *Sphagnum*

7110	*	Lebende Hochmoore
7120		Noch renaturierungsfähige degradierte Hochmoore
7140		Übergangs- und Schwingrasenmoore
7150		Torfmoor-Schlenken (Rhynchosporion)

72. Kalkreiche Niedermoore

7210	*	Kalkreiche Sümpfe mit *Cladium mariscus* und Arten des Caricion davallianae
7220	*	Kalktuffquellen (Cratoneurion)

7230		Kalkreiche Niedermoore
7240	*	Alpine Pionierformationen des Caricion bicoloris-atrofuscae

8. Felsige Lebensräume und Höhlen

81. Geröll- und Schutthalden

8110		Silikatschutthalden der montanen bis nivalen Stufe (Androsacetalia alpinae und Galeopsietalia ladani)
8120		Kalk- und Kalkschieferschutthalden der montanen bis alpinen Stufe (Thlaspietea rotundifolii)
8150		Kieselhaltige Schutthalden der Berglagen Mitteleuropas
8160	*	Kalkhaltige Schutthalden der collinen bis montanen Stufe Mitteleuropas

82. Steinige Felsabhänge mit Felsspaltenvegetation

8210		Kalkfelsen mit Felsspaltenvegetation
8220		Silikatfelsen mit Felsspaltenvegetation
8230		Silikatfelsen mit Pioniervegetation des Sedo-Scleranthion oder des Sedo albi-Veronicion dillenii

83. Andere felsige Lebensräume

8310		Nicht touristisch erschlossene Höhlen
8330		Völlig oder teilweise unter Wasser liegende Meereshöhlen
8340		Permanente Gletscher

9. Wälder

91. Wälder des gemäßigten Europas

9110		Hainsimsen-Buchenwald (Luzulo-Fagetum)
9120		Atlantischer, saurer Buchenwald mit Unterholz aus Stechpalme und gelegentlich Eibe (Quercion robori-peteraeae oder Ilici-Fagenion)
9130		Waldmeister-Buchenwald (Asperulo-Fagetum)
9140		Mitteleuropäischer subalpiner Buchenwald mit Ahorn und *Rumex arifolius*
9150		Mitteleuropäischer Orchideen-Kalk-Buchenwald (Cephalanthero-Fagion)
9160		Subatlantischer oder mitteleuropäischer Stieleichenwald oder Eichen-Hainbuchenwald (Carpinion betuli) [Stellario-Carpinetum]
9170		Labkraut-Eichen-Hainbuchenwald Galio-Carpinetum
9180	*	Schlucht- und Hangmischwälder Tilio-Acerion
9190		Alte bodensaure Eichenwälder auf Sandebenen mit *Quercus robur*
91D0	*	Moorwälder
91E0	*	Auenwälder mit *Alnus glutinosa* und *Fraxinus excelsio*r (Alno-Padion, Alnion incanae, Salicion albae)
91F0		Hartholzauenwälder mit *Quercus robur*, *Ulmus laevis*, *Ulmus minor*, *Fraxinus excelsior* oder *Fraxinus angustifolia* (Ulmenion minoris)
91G0	*	Pannonische Wälder mit *Quercus petraea* und *Carpinus betulus* [Tilio-Carpinetum]

94. Gemäßigte Berg- und Nadelwälder

9410		Montane bis alpine bodensaure Fichtenwälder (Vaccinio-Piceetea)
9420		Alpiner Lärchen- und/oder Arvenwald

9430 Montaner und subalpiner *Pinus uncinata*-Wald (* auf Gips- oder Kalksubstrat) [inkl. Schneeheide-Kiefernwald]

Für Deutschland ergeben sich inhaltlich damit kaum Veränderungen:

1. „Turloughs" kommen als prioritärer Lebensraumtyp als temporäre Karstgewässer auch in Deutschland vor. Bekannte Beispiele sind der Eichener See im Südwesten Baden-Württembergs und Karstgewässer im Hainholz. Der Lebensraumtyp wurde in Deutschland bereits vor der Novellierung berücksichtigt.
2. Die trockenen Heiden (4030, vormals 31.2) wurden in der deutschen Ausgabe des Amtsblatts bei Veröffentlichung der FFH-Richtlinie fälschlicherweise als „prioritär" gekennzeichnet. Dieser Fehler ist damit offiziell korrigiert.
3. Der Lebensraumtyp 6240 „Subpannonische Steppen-Trockenrasen" kommt in Deutschland vor und ist bisher als Subtyp unter dem Lebensraumtyp 6210 erfaßt worden. Er beinhaltet die in Deutschland als subkontinentale Steppenrasen (Festucetalia vallesiacae) bekannten Trockenrasen.

Neu aufgenommene Lebensraumtypen, die in Deutschland nicht vorkommen, sind im wesentlichen boreale Typen wie z.B.:

1630	*	Küstenwiesen des borealen Baltikums
6280	*	Nordische Alvar-Trockenrasen und flache präkambrische Kalkfelsen
7310	*	Aapa-Moore
7320	*	Palsa-Moore
9010	*	Westliche Taiga

und einige pannonische Typen wie z.B.:

1530	*	Pannonische Salzsteppen und Salzwiesen
6240	*	Subpannonische Steppen-Trockenrasen
91H0	*	Pannonische Flaumeichenwälder

Für Anhang II sind ebenfalls im wesentlichen boreale Arten aufgenommen worden, die hier nicht alle aufgezählt werden sollen (31 Tierarten, v. a. Käfer u. Schmetterlinge und 52 Pflanzenarten). Der Biber (*Castor fiber*) und der Braunbär (*Ursus arctos*) sind in Finnland und Schweden nicht als gefährdet eingestuft worden, und die entsprechenden Populationen sind von Anhang II ausgenommen.

Die Art *Triturus cristatus* ist aufgespalten worden in 4 Taxa: *Triturus carnifex, Triturus cristatus s. str., Triturus dobrogicus, Triturus karelinii*. Davon kommen in Deutschland nur *Triturus critstatus* s.str. und in einem kleinen alpinen Randareal im Berchtesgadener Raum der Alpenkammmolch (*Triturus carnifex*) vor.

Bei den Wirbellosen ist die prioritäre Art *Carabus menetriesi pacholei*, die auch in Deutschland vorkommt, neu aufgenommen worden (Kap. 5.2).

Mit dem Zweiten Gesetz zur Änderung des Bundesnaturschutzgesetzes vom 30. April 1998 (BUNDESREGIERUNG 1998) ist die FFH-Richtlinie formal in nationales Recht umgesetzt worden.

Index der Lebensraumtypen des Anhangs I der FFH-Richtlinie

Die erste Seitenzahl gibt jeweils den Textbeginn der Beschreibung wieder, die zweite Seitenzahl (kursiv) verweist auf das entsprechende Foto des Lebensraumtyps. Querverweise aus den Kartierungshinweisen sind hier nicht berücksichtigt.

The European Network Natura 2000
Handbook of the German Federal Agency for Nature Conservation for the Implementation of the Habitats Directive (92/43/EWG) and the Bird Directive (79/409/EWG)

by A. SSYMANK, U. HAUKE, C. RÜCKRIEM & E. SCHRÖDER with assistance by D. MESSER

The Habitats Directive of the European Union is a major step towards a common european nature conservation strategy. Including existing Bird-Directive sites (SPA's), a european ecological network of nature conservation sites is being set up, called NATURA 2000. In extensive annexes of the Habitats Directive both natural habitats and endangered species of fauna and flora to be included in the NATURA 2000 network are listed. With more than 85 distinct listed habitat types occurring in Germany a major focus is given to the protection of habitats.

By the Habitats Directive, many aspects of modern nature conservation are regulated on a common european level for the first time, like standardized procedures for impact assessments in the case of possible negative influences on existing Natura 2000 Sites or obligations for site management control and regular reports.

For this ambitious European network, the selection of sites is based on scientific evidence and evaluation procedures only. The criteria for the evaluation steps are laid down in Annex 3 of the Habitats Directive. Site proposals (pSCI, proposed Sites of Community Interest) are put forward by the member states after having been evaluated on national level. In a second step an evalution on Community level is carried out, based on 6 biogeographic regions (boreal, atlantic, continental, mediterranean, alpine and macaronesian). Based on this evaluation the European Commission will establish a list of Sites of Community Interest (SCI) which have to be protected as Special Areas of Conservation (SAC) by the Member States. Germany has to cope with additional problems in harmonizing the site proposal to achieve a national list of pSCI's, due to its federal organization and the almost complete autonomy of the 16 Länder in nature conservation. The Federal Agency of Nature Conservation (BfN) at Bonn serves as a scientific advisory body to the Federal Ministry for the Environment, Nature Conservation and Nucelar Safety (BMU) and thus is responsible for the scientific coordination of the implementation of the Habitats Directive by the Länder as well as for the national evaluation.

Most of the working documents and the first finalized documents by the Habitats Committee (the official organ to support the implementation) exist in english or french language only, german versions do not exist or often follow later. The official "Interpretation Manual of European Union Habitats" gives descriptions of all habitat types in Annex I, but most of the descriptions are rather broad and not well adapted to the specific situations in the different member states. Therefore one major aim of this book is to provide specific definitions for the habitat types occuring in Germany. These habitat descriptions are given in a standardized manner and include a general description and information on abiotic features, characteristic plant and animal species, subtypes, mapping advice, hints on the regional variability, embedding in landscape or biotope complexes, succession, management and main factors of threat. Furthermore a direct link is given to the german list of biotope types including the red data book of biotopes. For each habitat type a list of related vegetation units is given as well as a distribution map on the basis of 69 natural regions in Germany indicating main distribution areas (dark grey) and a coarse evaluation of existing habitat quality (+/-). The

presence in other EU member states is indicated, and most habitat types are presented with a typical photograph.
For all species of the Annexes occuring in Germany their scientific and common names are listed, and threat categories of the German Federal Red Data Books are given.

This book is intended to support the implementation process of the Habitats Directive in Germany and may be helpful in other central european countries as well. It provides the necessary information for practical nature conservation work in the context of NATURA 2000 for nature conservation authorities, institutional and private work or any environmental planning. General introductions to both Habitats and Bird Directive are given as well as more detailed informations on all different aspects of Natura 2000, reviewing also the status of Bird Directive Sites (SPA's) in Germany. Appendices include a glossary, plant syntaxa lists and legal texts; an update of the Annexes of the Habitats Directive (97/62/EC) and recent changes in the implementation have been added in an additional chapter. The detailed decriptions of habitat types will constitute the scientific basis for the national evaluation unter article 4 of the Habitats Directive.

By providing this handbook, we hope to facilitate the implementation of Natura 2000 in Germany, to encourage a broader interest in european nature conservation in Germany and finally to contribute to a common approach of Natura 2000 both within Germany and in the framework of the European Union.

Lieferbare* Veröffentlichungen des Bundesamtes für Naturschutz

*Das kostenlose **Gesamtverzeichnis** kann beim Landwirtschaftsverlag bzw. beim BfN angefordert werden.

Schriftenreihe für Landschaftspflege und Naturschutz

Heft 1: Der Landschaftsplan – Inhalt, Methodik, Anwendungsbereiche.
Hochwasserbedingte Landschaftsschäden im Einzugsgebiet der Altenau und ihrer Nebenbäche.
1966. 190 S. ISBN 3-7843-2001-5

Heft 2: I. Aktuelle Rechtsfragen des Naturschutzes. II. Gutachten über das Naturschutzgebiet „Lister Dünen mit Halbinsel Ellenbogen auf Sylt".
1967. 114 S. ISBN 3-7843-2002-3

Heft 3: Beiträge zur Neuordnung des ländlichen Raumes. Wettbewerb „Unser Dorf soll schöner werden" – ein Instrument zur Neuordnung des ländlichen Raumes. Erholung – ein wachsender Anspruch an eine sich wandelnde Landschaft.
1968. 196 S. ISBN 3-7843-2003-1

Heft 5: Landschaftsplan und Naturparke.
1970. 211 S. ISBN 3-7843-2005-8

Heft 6: Naturschutz und Erziehung; Landschaftsplanung – Bauleitplanung; Naturschutzgebiete und ihre Probleme. Seminare im Europäischen Naturschutzjahr 1970.
1971. 279 S. ISBN 3-7843-2006-6

Heft 7: Aktuelle Probleme des Schutzes von Pflanzen- und Tierarten.
1972. 143 S. ISBN 3-7843-2007-4

Heft 8: Internationale Arbeit in Naturschutz und Landschaftspflege.
Öffentlichkeitsarbeit für Naturschutz und Landschaftspflege.
1973. 178 S. ISBN 3-7843-2008-2

Heft 13: Untersuchungen zu Nationalparken in der Bundesrepublik Deutschland:
1. Henke, H.: Untersuchung der vorhandenen und potentiellen Nationalparke in der Bundesrepublik Deutschland im Hinblick auf das internationale Nationalparkkonzept.
2. Gutachtliche Stellungnahme der Bundesforschungsanstalt für Naturschutz und Landschaftsökologie zu einem umfassenden Naturschutz, insbesondere zur Einrichtung eines Nationalparks, im Nordfriesischen Wattenmeer.

1976. 180 S. ISBN 3-7843-2013-9

Heft 17: Zvolský, Z.: Erarbeitung von Empfehlungen für die Aufstellung von Landschaftsplanungen im Rahmen der allgemeinen Landeskultur und Agrarplanung.
1978. 262 S. ISBN 3-7843-2017-1

Heft 18: Blab, J.: Biologie, Ökologie und Schutz von Amphibien. 3., erweiterte und neubearbeitete Auflage.
1986. 150 S. ISBN 3-88949-128-6

Heft 20: Wirkungsanalyse der Landschaftsplanung.
1. Krause, C. L.: Methodische Ansätze zur Wirkungsanalyse im Rahmen der Landschaftsplanung.
2. Krause, C. L. und Henke, H.: Beispielhafte Untersuchung von Wirkungszusammenhängen im Rahmen der Landschaftsplanung.

1980. 300 S. ISBN 3-7843-2020-1

Heft 21: Koeppel, H.-W., und Arnold, F.: Landschafts-Informationssystem.
1981. 192 S. ISBN 3-7843-2021-X

Heft 23: Nowak, E. und Zsivanovits, K.-P.: Wiedereinbürgerung gefährdeter Tierarten. Wissenschaftliche Grundlagen, Erfahrungen und Bewertung.
1982. 153 S. ISBN 3-7843-2023-6

Heft 24: Blab, J.: Grundlagen des Biotopschutzes für Tiere. Ein Leitfaden zum praktischen Schutz der Lebensräume unserer Tiere. 4., erweiterte und neubearbeitete Auflage.
1993. 479 S. ISBN 3-88949-115-4

Heft 26: Bless, R.: Zur Regeneration von Bächen der Agrarlandschaft, eine ichthyologische Fallstudie, 1985. 80 S. ISBN 3-7843-2026-0

Heft 27: Mader, H.-J., Klüppel, R. und Overmeyer, H.: Experimente zum Biotopverbundsystem – tierökologische Untersuchungen an einer Anpflanzung.
1986. 136 S. ISBN 3-7843-2027-9

Heft 29: Blab, J. und Nowak, E. (Hrsg.): Zehn Jahre Rote Liste gefährdeter Tierarten in der Bundesrepublik Deutschland. Situation, Erhaltungszustand, neuere Entwicklungen.
1989. 312 S. ISBN 3-88949-157-X

Heft 30: Blab, J., Terhardt, A. und Zsivanovits, K.-P.: Tierwelt in der Zivilisationslandschaft.
1. Raumeinbindung und Biotopnutzung bei Säugetieren und Vögeln im Drachenfelser Ländchen.
1989. 223 S. ISBN 3-88949-158-8

Heft 31: Faber, T. F.: Die Luftbildauswertung, eine Methode zur ökologischen Analyse von Strukturveränderungen bei Fließgewässern.
1989. 119 S. ISBN 3-7843-2029-5

Heft 32: Riecken, U. (Hrsg.): Möglichkeiten und Grenzen der Bioindikation durch Tierarten und Tiergruppen im Rahmen raumrelevanter Planungen.
1990. 228 S. ISBN 3-7843-2071-6

Heft 33: Schulte, W. u.a.: Zur Biologie städtischer Böden. Beispielraum: Bonn-Bad Godesberg.
1990. 184 S. ISBN 3-88949-168-5

Heft 34: Blab, J., Brüggemann, P. und Sauer, H.: Tierwelt in der Zivilisationslandschaft. 2. Raumeinbindung und Biotopnutzung bei Reptilien und Amphibien im Drachenfelser Ländchen.
1991. 94 S. ISBN 3-88949-175-8

Heft 35: Bless, R.: Einsichten in die Ökologie der Elritze – *Phoxinus phoxinus (L.),* praktische Grundlagen zum Schutz einer gefährdeten Fischart.
1992. 57 S. ISBN 3-7843-2030-9

Heft 37: Gießübel, J.: Erfassung und Bewertung von Fließgewässern durch Luftbildauswertung.
1993. 77 S. ISBN 3-7843-2033-3

Heft 38: Blab, J. und Riecken, U.: Grundlagen und Probleme einer Roten Liste der gefährdeten Biotoptypen Deutschlands. Referate und Ergebnisse des gleichnamigen Symposiums der Bundesforschungsanstalt für Naturschutz und Landschaftsökologie vom 28.–30. Oktober 1991.
1993. 339 S. ISBN 3-88949-192-8

Heft 39: Haarmann, K. und Pretscher, P.: Zustand und Zukunft der Naturschutzgebiete in Deutschland – Die Situation im Süden und Ausblicke auf andere Landesteile.
1993. 266 S. ISBN 3-7843-2032-5

Heft 40: Blab, J., Schröder, E. und Völkl, W. (Hrsg.): Effizienzkontrollen im Naturschutz. Referate und Ergebnisse des gleichnamigen Symposiums vom 19.–21. Oktober 1992.
1994. 300 S. ISBN 3-88949-193-6

Heft 41: Riecken, U., Ries, U. und Ssymank, A.: Rote Liste der gefährdeten Biotoptypen der Bundesrepublik Deutschland.
1994. 184 S. ISBN 3-88949-194-4

Heft 42: Nowak, E., Blab, J. und Bless, R.: Rote Liste der gefährdeten Wirbeltiere in Deutschland.
1994. 190 S. ISBN 3-88949-195-2

Heft 43: Riecken, U. und Schröder, E. (Bearb.): Biologische Daten für die Planung. Auswertung, Aufbereitung und Flächenbewertung.
1995. 427 S. ISBN 3-7843-2078-5

Heft 44: Nordheim, H. von und Merck, T. (Bearb.): Rote Liste der Biotoptypen, Tier- und Pflanzenarten des deutschen Wattenmeer- und Nordseebereichs.
1995. 139 S. ISBN 3-89624-101-X

Heft 45: Arbeitsgemeinschaft Naturschutz der Landesämter, Landesanstalten und Landesumweltämter, Arbeitskreis CIR-Bildflug (Bearb.): Systematik der Biotoptypen- und Nutzungstypenkartierung (Kartieranleitung).
1995. 154 S. ISBN 3-89624-100-1

Heft 46: Boye, P., Kugelschafter, K., Meinig, H. & Pelz, H.-J. (Bearb.): Säugetiere in der Landschaftsplanung. Standardmethoden und Mindestanforderungen für säugetierkundliche Beiträge zu Umwelt- und Naturschutzplanungen.
1996. 186 S. ISBN 3-89624-102-8

Heft 47: Nordheim, H. von, Norden Andersen, O. und Thissen, J. (Bearb.): Red Lists of Biotopes, Flora and Fauna of the Trilateral Wadden Sea Area, 1995
1996. 136 S. ISBN 3-89624-103-6

Heft 48: Merck, T. und Nordheim, H. von (Bearb.): Rote Listen und Artenlisten der Tiere und Pflanzen des deutschen Meeres- und Küstenbereichs der Ostsee.
1996. 108 S. ISBN 3-89624-104-4

Heft 49: Klein, M. (Bearb.): Naturschutz und Erstaufforstung, Referate und Ergebnisse der gleichnamigen Fachtagung vom 6.-7. November 1995.
1997. 171 S. ISBN 3-89624-107-9

Heft 50/1: Finck, P., Haucke, U., Schröder, E., Forst, R. und Woithe, G.: Naturschutzfachliche Landschafts-Leitbilder. Rahmenvorstellungen für das Nordwestdeutsche Tiefland aus bundesweiter Sicht.
1997. 266 S. ISBN 3-89624-106-0

Heft 51: Mitlacher, G.: Ramsar-Bericht Deutschland.
1997. 190 S. ISBN 3-89624-108-7

Heft 52: Boedecker, D. und Nordheim, H. von (Bearb.): Naturschutz und Küstenschutz an der deutschen Ostseeküste. Ergebnisse einer Vilmer Expertentagung zum Erhalt der natürlichen Küstenmorphodynamik.
1997. 116 S. ISBN 3-89624-105-2

Heft 53: Ssymank, A., Haucke, U., Schröder, E., Rückriem, C. und Schröder, E., unter Mitarbeit von Messer, D.: Das europäische Schutzgebietssystem NATURA 2000: BfN-Handbuch zur Umsetzung der Fauna-Flora-Habitat-Richtlinie und der Vogelschutzrichtlinie.
2. Aufl. 2000. 565 S. ISBN 3-89624-113-3

Heft 54: Klein, M., Riecken, U. und Schröder, E. (Bearb.): Alternative Konzepte des Naturschutzes für extensiv genutzte Kulturlandschaften. Referate und Ergebnisse der gleichnamigen Fachtagung auf der Insel Vilm vom 10. – 12. Oktober 1996.
2. Aufl. 1999. 310 S. ISBN 3-89624-109-5

Heft 55: Bundesamt für Naturschutz (Hrsg.): Rote Liste gefährdeter Tiere Deutschlands.
1998. 434 S. ISBN 3-89624-110-9

Heft 56: Finck, P., Klein, M., Riecken, U. und Schröder, E. (Bearb.): Schutz und Förderung dynamischer Prozesse in der Landschaft. Referate und Ergebnisse der gleichnamigen Fachtagung auf der Insel Vilm vom 26.–28. August 1997.
1998. 424 S. ISBN 3-89624-111-7

Heft 57: Schopp-Guth, A.: Renaturierung von Moorlandschaften. Naturschutzfachliche Anforderungen aus bundesweiter Sicht unter besonderer Berücksichtigung der Grundwassermoore.
1999. 220 S. ISBN 3-89624-112-5

Heft 58: Dröschmeister, R. und Gruttke, H. (Bearb.): Die Bedeutung ökologischer Langzeitforschung für Naturschutz. Referate und Ergebnisse des gleichnamigen Symposiums auf der Insel Vilm vom 26.–30. Mai 1997.
1998. 436 S. ISBN 3-89624-114-1

Heft 59: Raths, U. & Riecken, U.: Laufkäfer (Col.: Carabidae) im Drachenfelser Ländchen. Raumeinbindung und Biotopnutzung sowie Aspekte zur Methodenoptimierung und Landschaftsentwicklung. Tierwelt in der Zivilisationslandschaft. Teil III.
1999. 156 S. ISBN 3-89624-115-X

Heft 60: Haupt, H.; Lutz, K.; Boye, P. (Bearb.): Internationale Impulse für den Schutz von Wasservögeln in Deutschland. Ziele und Anforderungen des afrikanisch-eurasischen Wasservogelabkommens (AEWA) aus nationaler Sicht. Vorträge und Diskussionen zur Fachtagung des Bundesumweltministeriums und des Bundesamtes für Naturschutz „Konzepte und Maßnahmen zur Erhaltung gefährdeter Wasservogelarten in Mitteleuropa: Beiträge zur Aktionsplan des afrikanisch-eurasischen Wasservogelabkommens (AEWA)“ vom 22.–25. September 1998 in der Internationalen Naturschutzakademie Insel Vilm.
2000. 306 S. ISBN 3-7843-3602-7

Heft 61: Riecken, U.: Raumeinbindung und Habitatnutzung epigäischer Arthropoden unter den Bedingungen der Kulturlandschaft. Tierwelt in der Zivilisationslandschaft. Teil IV.
2000. 214 S. ISBN 3-7843-3600-0

Heft 62: Bischoff, C. und Dröschmeister, R.: European Monitoring for Nature Conservation. Proceedings of the International Symposium 'Monitoring for Nature Conservation at a European Level', Isle of Vilm, Germany, 1–5 March 1999.
2000. 230 S. ISBN 3-7843-3601-9

Heft 65: Binot-Hafke, M., Gruttke, H., Ludwig, G. & Riecken, U. (Bearb.): Bundesweite Rote Listen – Bilanzen, Konsequenzen, Perspektiven. Referate und Ergebnisse des gleichlautenden Fachsymposiums in Bonn vom 22.–23. März 1999.
2000. 255 S. ISBN 3-7843-3604-3

Schriftenreihe für Vegetationskunde

Heft 14: Krause, A. und Schröder, L.: Vegetationskarte der Bundesrepublik Deutschland 1 : 200 000 – Potentielle natürliche Vegetation – Blatt CC 3118 Hamburg-West. 2., unveränd. Aufl.
1994. 138 S. ISBN 3-7843-2064-3

Heft 15: Bohn, U.: Vegetationskarte der Bundesrepublik Deutschland 1 : 200 000 – Potentielle natürliche Vegetation – Blatt CC 5518 Fulda. 2., erw. Aufl.
1996. 364 S. ISBN 3-7843-2076-7

Heft 20: Krause, A.: Rasenansaaten und ihre Fortentwicklung an Autobahnen – Beobachtungen zwischen 1970 und 1988.
1989. 125 S. ISBN 3-7843-2069-4

Heft 22: Fink, Hans G. u.a.: Synopse der Roten Listen Gefäßpflanzen. Übersicht der Roten Listen und Florenlisten für Farn- und Blütenpflanzen der Bundesländer, der Bundesrepublik Deutschland (vor dem 3. Oktober 1990) sowie der ehemaligen DDR.
1992. 262 S. ISBN 3-7843-2075-9

Heft 23: Bundesforschungsanstalt für Naturschutz und Landschaftsökologie (Hrsg.): Rote Listen gefährdeter Pflanzen in der Bundesrepublik Deutschland. Referate und Ergebnisse eines Arbeitstreffens in der Internationalen Naturschutzakademie, Insel Vilm, vom 25.–28. 11. 1991.
1992. 245 S. ISBN 3-7843-2074-0

Heft 24: Hügin, G. und Henrichfreise, A.: Naturschutzbewertung der badischen Oberrheinaue – Vegetation und Wasserhaushalt des rheinnahen Waldes.
1992. 48 S. ISBN 3-7843-2072-4

Heft 25: Lohmeyer, W. und Sukopp, H.: Agriophyten in der Vegetation Mitteleuropas.
1992. 185 S. ISBN 3-7843-2073-2

Heft 26: Schneider, C., Sukopp, U. und Sukopp, H.: Biologisch-ökologische Grundlagen des Schutzes gefährdeter Segetalpflanzen.
1994. 356 S. ISBN 3-7843-2077-5

Heft 27: Kowarik, I., Starfinger, U. und Trepl, L. (Bearb.): Dynamik und Konstanz. Festschrift für Herbert Sukopp.
1995. 490 S. ISBN 3-89624-000-5

Heft 28: Bundesamt für Naturschutz (Hrsg.): Rote Liste gefährdeter Pflanzen Deutschlands.
1996. 744 S. ISBN 3-89624-001-3
Tabellenteil auch in Diskettenversion erhältlich

Heft 29: Bundesamt für Naturschutz (Hrsg.): Ursachen des Artenrückgangs von Wildpflanzen und Möglichkeiten zur Erhaltung der Artenvielfalt. Referate und Ergebnisse des gleichlautenden Symposiums am 14. und 15. Juli 1997 in Bonn und Auswertung der Roten Listen der Farn- und Blütenpflanzen Deutschlands.
1998. 444 S. ISBN 3-89624-002-1

Heft 30: Korsch, H.: Chorologisch-ökologische Auswertungen der Daten der Floristischen Kartierung Deutschlands. Teil II des Abschlußberichtes des Projektes Datenbank Gefäßpflanzen.
1999. 200 S. ISBN 3-7843-3500-4

Heft 32: Klingenstein, F., Wingender, R. (Bearb.): Erfassung und Schutz der genetischen Vielfalt von Wildpflanzenpopulationen in Deutschland. Referate und Ergebnisse des gleichlautenden Expertengesprächs vom 19.–22. Oktober 1998 im Bundesamt für Naturschutz, Internationale Naturschutzakademie, Insel Vilm.
2000. 176 S. ISBN 3-7843-3502-0

Auslieferung Schriftenreihen:
BfN-Schriftenvertrieb im Landwirtschaftsverlag GmbH, 48084 Münster
Telefon 0 25 01 / 8 01-3 00 · Telefax 0 25 01 / 8 01-3 51

Angewandte Landschaftsökologie

Heft 4: Bundesamt für Naturschutz (Hrsg.): Klimaänderungen und Naturschutz.
1995. 236 S. ISBN 3-89624-300-4

Heft 5: Schiller, J. und Könze, M. (Bearb.): Verzeichnis der Landschaftspläne und Landschaftsrahmenpläne in der Bundesrepublik Deutschland. Landschaftsplanverzeichnis 1993. 11. Fortschreibung. Gesamtausgabe.
1995. 426 S. ISBN 3-89624-301-2

Heft 6: Thomas, A., Mrotzek, R. und Schmidt, W.: Biomonitoring in naturnahen Buchenwäldern.
1995. 140 S. ISBN 3-89624-302-4

Heft 7: Institut für Bahntechnik GmbH, Berlin: Auswirkungen eines neuen Bahnsystems auf Natur und Landschaft. Untersuchungen zur Bauphase der Magnetschwebebahn Transrapid.
1996. 226 S. ISBN 3-89624-305-5

Heft 8: Krause, C. L. und Klöppel, D.: Landschaftsbild in der Eingriffsregelung. Hinweise zur Berücksichtigung von Landschaftsbildelementen.
1996. 196 S. ISBN 3-89624-303-9

Heft 9: Ad-hoc-AG Geotopschutz/Ad-hoc Geotope Conservation Working Group: Arbeitsanleitung Geotopschutz in Deutschland. Geotope Conservation in Germany. (dt./engl.)
1996. 114 S. ISBN 3-89624-306-3

Heft 10: Föderation der Natur- und Nationalparke Europas, Sektion Deutschland e.V. (FÖNAD): Studie über bestehende und potentielle Nationalparke in Deutschland.
1997. 376 S. ISBN 3-89624-307-1

Heft 11: Oppermann, B., Luz, F. und Kaule, G.: Der „Runde Tisch" als Mittel zur Umsetzung der Landschaftsplanung. Chancen und Grenzen der Anwendung eines kooperativen Planungsmodells mit der Landwirtschaft.
1997. 104 S. ISBN 3-89624-308-X

Heft 12: Borggräfe, K. und Kölsch, O.: Naturschutz in der Kulturlandschaft: Das Erprobungs- und Entwicklungsvorhaben „Revitalisierung in der Ise-Niederung".
1997. 122 S. ISBN 3-89624-309-8

Heft 13: Arens, R. und Neff, R.: Versuche zur Erhaltung von Extensivgrünland. Aus dem wissenschaftlichen Begleitprogramm zum E+E-Vorhaben des BfN „Renaturierung des NSG Rotes Meer/Hohe Rhön"
1997. 176 S. ISBN 3-89624-311-X

Heft 14: Forst, M., Hierlmeier, R., Kiebel, A. und Ruthsatz, B.: Hoch- und Zwischenmoore in Trockenmaaren der Vulkaneifel.
1997. 482 S. ISBN 3-89624-310-1

Heft 15: Rosenthal, G. u.a.: Feuchtgrünland in Norddeutschland. Ökologie, Zustand, Schutzkonzepte.
1998. Textband: 318 S., Kartenband: 31 Karten + 2 Abb.
(Text- und Kartenband nur gemeinsam erhältlich) ISBN 3-89624-314-4

Heft 16: Wollny-Goerke, K.: Das Informations- und Umweltbildungskonzept der Seehundstation Friedrichskoog.
1998. 122 S. ISBN 3-89624-312-8

Heft 17: Gruehn, D. und Kenneweg, H.: Berücksichtigung der Belange von Naturschutz und Landschaftspflege in der Flächennutzungsplanung.
1998. 492 S. ISBN 3-89624-313-6

Heft 18: Hagius, A. und Scherfose, V. (Bearb.): Pflege- und Entwicklungsplanung in Naturschutzgroßprojekten des Bundes.
1999. 188 S. ISBN 3-89624-316-0

Heft 19: Schemel, H.-J. u. a.: Naturerfahrungsräume. Ein humanökologischer Ansatz für naturnahe Erholung in Stadt und Land.
1998. 374 S. ISBN 3-89624-315-2

Heft 20: Burggraaff, P. und Kleefeld, K.-D.: Historische Kulturlandschaft und Kulturlandschaftselemente.
1998. 320 S. ISBN 3-89624-318-7

Heft 21: Reck, H. u. a.: Die Entwicklung neuer Lebensräume auf landwirtschaftlich genutzten Flächen.
1999. 146 S. ISBN 3-89624-321-7

Heft 22: Rückriem, C. und Roscher, S.: Empfehlungen zur Umsetzung der Berichtspflicht gemäß Artikel 17 der Fauna-Flora-Habitat-Richtlinie.
1999. 456 S. ISBN 3-89624-322-5

Heft 23: Bundesamt für Naturschutz (Hrsg.): Fortschritte für Naturschutz und Landschaftspflege an Wasserläufen.
1998. 206 S. ISBN 3-89624-317-9

Heft 24: Schweppe-Kraft, B.: Monetäre Bewertung von Biotopen. (Dissertat./TU Berlin).
1998. 314 S. ISBN 3-89624-319-5

Heft 25: Degenhardt, S. u. a.: Zahlungsbereitschaft für Naturschutzprogramme.
1998. 200 S. ISBN 3-89624-320-9

Heft 26: Planungsgruppe Ökologie und Umwelt & W. Erbguth: Möglichkeiten der Umsetzung der Eingriffsregelung in der Bauleitplanung. Zusammenwirken von Landschaftsplanung, naturschutzrechtlicher Eingriffsregelung und Bauleitplanung.
1999. 238 S. ISBN 3-89624-323-3

Heft 27: Abresch, J.-P., Gassner, E. und v. Korff, J.: Naturschutz und Braunkohlesanierung.
2000. 428 S. ISBN 3-7843-3702-3

Heft 28: Bosch & Partner GmbH u. a.: Beurteilungskriterien für die Auswirkungen des Bundeswasserstraßenausbaus auf Natur und Landschaft.
1999. 80 S. ISBN 3-7843-3700-7

Heft 29: Bundesamt für Naturschutz (Hrsg.): Weiterentwicklung der Landschaftsrahmenplanung und ihre Integration in die Regionalplanung.
2000. Textband 314 S., Begleitbroschüre 74 S.
(Text- und Begleitbroschüre nur gemeinsam erhältlich) ISBN 3-7843-3701-5

Heft 30: Bornholdt, G., Braun, H., Kress, J. C.: Erfolgskontrollen im abgeschlossenen Naturschutzgroßprojekt „Hohe Rhön/Lange Rhön“.
2000. 262 S. ISBN 3-7843-3704-X

Heft 31: Bosch & Partner GmbH und Wolf, R.: Wiederherstellungsmöglichkeiten von Bodenfunktionen im Rahmen der Eingriffsregelung.
2000. 206 S. ISBN 3-7843-3708-2

Heft 32: Pfadenhauer, J. u. a.: Sicherung und Entwicklung der Heiden im Norden von München.
2000. 310 S. ISBN 3-7843-3703-1

Heft 33: Statistisches Bundesamt und Bundesamt für Naturschutz (Hrsg.): Konzepte und Methoden der Ökologischen Flächenstichprobe – Ebene II: Monitoring von Pflanzen und Tieren.
2000. 260 S. und 1 Falttafel ISBN 3-7843-3705-8

Sonstige Veröffentlichungen

Landschaftsbild – Eingriff – Ausgleich. Handhabung der naturschutzrechtlichen Eingriffsregelung für den Bereich Landschaftsbild.
1991. 244 S. ISBN 3-7843-2511-4

Landschaftsplanung als Entwicklungschance für umweltverträgliche Flächennutzungsplanung. Landschaftsplanung, Bauleitplanung, Umweltplanung, Verkehrsprojekte in Ost und West.
1994. 257 S. ISBN 3-7843-2681-1

Lange, D.: Untersuchungen zum Heilpflanzenhandel in Deutschland. Ein Beitrag zum internationalen Artenschutz.
1996. 146 S. + Anhang ISBN 3-89624-604-6

Lange, D. and Schippmann, U.: Trade Survey of Medicinal Plants in Germany. A Contribution to International Plant Species Conservation.
1997. 146 S. + Anhang ISBN 3-89624-607-0

Kasparek, M., Gröger, A. and Schippmann, U.: Directory for Medicinal Plants Conservation. Networks, Organizations, Projects, Information Sources.
1996. 156 S. ISBN 3-89624-606-2

Bundesamt für Naturschutz (Hrsg.): Erhaltung der biologischen Vielfalt. Wissenschaftliche Analyse deutscher Beiträge.
1997. 352 S. ISBN 3-89624-610-0

Koptyug, V. A. and Uppenbrink, M. (Eds.): Sustainable Development of the Lake Baikal Region. A Model Territory for the World. (Nato ASI Series. Partnership Sub-Series 2: Environment, 6)
Springer Verlag 1996. 372 S. ISBN 3-540-60560-6

Bundesamt für Naturschutz (Hrsg.): Biodiversität und Tourismus. Konflikte und Lösungsansätze an den Küsten der Weltmeere.
Springer Verlag 1997. 339 S. ISBN 3-540-62393-0
englische Ausgabe: Biodiversity and Tourism. ISBN 3-540-62395-7

Cunningham, M., Cunningham, A. B. and Schippmann, U.: Trade in Prunus africana and the Implementation of CITES.
1997. 52 S. ISBN 3-89624-608-9

Carter, S. and Eggli, U.: The CITES Checklist of Succulent Euphorbia Taxa (Euphorbiaceae).
1997. 90 S. ISBN 3-89624-609-7

Steinmetz, M., Pütsch, M. und Bisschopinck, T.: Untersuchungen zur Transportmortalität beim Import von Vögeln und Reptilien nach Deutschland. Mit einer Studie zu den Prä-Export-Bedingungen in Tansania.
1998. 130 S. ISBN 3-89624-611-9

Steinmetz, M., Pütsch, M. and Bisschopinck, T.: Transport Mortality during the Import of Wild Caught Birds and Reptiles to Germany. (Including a Study on Pre-Export-Conditions in the United Republic of Tanzania).
1998. ISBN 3-89624-613-5

Jelden, D., Sprotte, I. und Gruschwitz, M. (Bearb.): Nachhaltige Nutzung. Referate und Ergebnisse des gemeinsamen Symposiums des Bundesamtes für Naturschutz (BfN) und des Bundesverbandes für fachgerechten Natur- und Artenschutz (BNA) in der Internationalen Naturschutzakademie Insel Vilm vom 22.–24. Oktober 1997.
1998. 142 S. ISBN 3-89624-612-7

Bundesamt für Naturschutz (Hrsg.): Fledermäuse und Fledermausschutz in Deutschland/Bats and Bat Conservation in Germany (dt./engl.).
1999. 112 S. ISBN 3-89624-614-3

Bundesamt für Naturschutz (Hrsg.): Botanische Gärten und Biodiversität. Erhaltung Biologischer Vielfalt durch Botanische Gärten und die Rolle des Übereinkommens über die Biologische Vielfalt (Rio de Janeiro, 1992).
1999. 84 S. ISBN 3-89624-615-1

Federal Agency for Nature Conservation (ed.): Botanic gardens and Biodiversity.
2000. 82 S. ISBN 3-7843-3810-0

Brendle, U.: Musterlösungen im Naturschutz – Politische Bausteine für erfolgreiches Handeln.
1999. 262 S. ISBN 3-7843-3800-3

Bundesamt für Naturschutz (Hrsg.): Daten zur Natur 1999.
266 S. ISBN 3-7843-3801-1

Bennert, H. W.: Die seltenen und gefährdeten Farnpflanzen Deutschlands.
1999. 382 S. ISBN 3-7843-3802-x

Bundesamt für Naturschutz (Hrsg.): Naturschutzbilanzen.
1999. 158 S. ISBN 3-7843-3803-8

Bundesamt für Naturschutz (Hrsg.): Aaskrähe, Elster und Eichelhäher in Deutschland.
1999. 252 S. ISBN 3-7843-3804-6

von Andrian-Werburg, F., Jordan, R., Küttner, A., Niemann, N. B., Schiller, J., Tobias, K., Winkelbrandt, A. (Bearb.): Planzeichen für die örtliche Landschaftsplanung.
2000. 26 S. ISBN 3-7843-3805-4

Rauer, G., von den Driesch, M., Ibisch, P. L., Lobin, W. und Barthlott, W.: Beitrag der deutschen Botanischen Gärten zur Erhaltung der Biologischen Vielfalt und Genetischer Ressourcen. Bestandsaufnahme und Entwicklungskonzept.
2000. 246 S. ISBN 3-7843-3806-2

Auslieferung Schriftenreihen:
BfN-Schriftenvertrieb im Landwirtschaftsverlag GmbH
48084 Münster · Telefon 0 25 01 / 8 01-3 00 · Telefax 0 25 01 / 8 01-3 51

Natur und Landschaft, Zeitschrift für Naturschutz, Landschaftspflege und Umweltschutz
Verlag: Kohlhammer GmbH, 70549 Stuttgart, Tel. 07 11 / 78 63-3 03, Fax: 07 11 / 78 63-4 30.
Erscheinungsweise: monatlich.
Bestellungen nimmt der Verlag entgegen und übersendet auf Anforderung Probehefte.

Dokumentation Natur und Landschaft, Der Literaturinformationsdienst für Naturschutz und Landschaftspflege
Verlag: Kohlhammer GmbH, 70549 Stuttgart, Tel. 07 11 / 78 63-3 03, Fax: 07 11 / 78 63-4 30.
Erscheinungsweise: vierteljährlich.
Bestellungen nimmt der Verlag entgegen und übersendet auf Anforderung Probehefte

Bibliographien Sonderhefte der Dokumentation Natur und Landschaft
Erscheinungsweise: unregelmäßig

Nr.		Anzahl der Titel
So.-H. 1: (1982)	Wiederansiedlung gefährdeter Tier- und Pflanzenarten (= Bibliographien Nr. 39 u. 40)	523
So.-H. 2: (1983)	Rekultivierung und Folgenutzung von Entnahmestellen (Kies-, Sandentnahmen, Steinbrüche, Baggerseen) (= Bibliographie Nr. 41)	490
So.-H. 4: (1983)	Zur Tier- und Pflanzenwelt an Verkehrswegen (= Bibliographien Nr. 43 bis 45)	315
So.-H. 5: (1984)	Naturschutz und Landschaftspflege: Main-Donau-Wasserstraße; Einsatz der EDV; Öffentlichkeitsarbeit (= Bibliographien Nr. 46 bis 48)	468
So.-H. 6: (1985)	Sport und Naturschutz; Waldreservate – Waldnaturschutzgebiete (= Bibliographien Nr. 49 u. 50)	547
So.-H. 7: (1986)	Untersuchungen zu Naturschutz und Landschaftspflege im besiedelten Bereich (= Bibliographie Nr. 51)	1294
So.-H. 8: (1987)	Untersuchungen zu Naturschutz und Landschaftspflege im besiedelten Bereich. Literaturnachträge bis 1986 (= Bibliographie Nr. 52)	467
So.-H. 9: (1988)	Hecken und Feldgehölze. Ihre Funktionen im Natur- und Landschaftshaushalt (= Bibliographie Nr. 53)	624
So.-H. 10: (1988)	Untersuchungen zu Naturschutz und Landschaftspflege im besiedelten Bereich. Literaturnachträge bis 1987 (= Bibliographie Nr. 54)	551
So.-H. 11: (1988)	Abgrabung (Bodenentnahme, Tagebau, Gewinnung oberflächennaher mineralischer Rohstoffe) und Landschaft (= Bibliographie Nr. 55)	2660
So.-H. 12: (1989)	Naturnaher Ausbau, Unterhaltung und Biotoppflege von Fließgewässern (= Bibliographie Nr. 56)	912
So.-H. 13: (1990)	Natur- und Umweltschutz in der Sowjetunion (= Bibliographien Nr. 57 u. 58)	560
So.-H. 14: (1990)	Untersuchungen zu Naturschutz und Landschaftspflege im besiedelten Bereich. Literaturnachträge bis 1990 (= Bibliographie Nr. 59)	1048
So.-H. 15: (1990)	Naturschutz in der DDR. Eine Auswahlbibliographie 1977–1990 (= Bibliographie Nr. 60)	2050
So.-H. 16: (1991)	Spontane Vegetation an Straßen, Bahnlinien und in Hafenanlagen (= Bibliographien Nr. 61 u. 62)	312

Nr.		Anzahl der Titel
So.-H. 17: (1998)	Naturwaldreservate. 2., überarbeitete und erweiterte Auflage (= Bibliographie Nr. 78)	2069
So.-H. 18: (1992)	Sport und Naturschutz (= Bibliographie Nr. 64)	938
So.-H. 19: (1992)	Historische Kulturlandschaften (= Bibliographie Nr. 65)	481
So.-H. 20: (1993)	Untersuchungen zu Naturschutz und Landschaftspflege im besiedelten Bereich. Literaturnachträge 1990 bis 1992 (= Bibliographie Nr. 66)	1182
So.-H. 21: (1996)	Baikalsee. Eine Literaturdokumentation zur Umweltsituation am Baikalsee. 2., überarbeitete und erweiterte Auflage (= Bibliographie Nr. 73)	209
So.-H. 22: (1995)	Arktische Gebiete. Eine Literaturdokumentation zur Umweltsituation des russischen Arktis-Anteils (= Bibliographie Nr. 68)	213
So.-H. 23: (1995)	Streuobst. Bindeglied zwischen Naturschutz und Landwirtschaft (= Bibliographie Nr. 69)	1544
So.-H. 24: (1995)	Naturschutzgebiet Lüneburger Heide. (= Bibliographie Nr. 70)	1077
So.-H. 25: (1995)	Naturschutz und Landschaftspflege im besiedelten Bereich. Literaturnachträge 1992 bis 1995. (= Bibliographie Nr. 71)	908
So.-H. 26: (1997)	Biosphärenreservate (= Bibliographie Nr. 72)	938
So.-H. 27: (1997)	Naturschutz und Windkraft (= Bibliographie Nr. 74)	240
	Lärmwirkungen auf Tiere (= Bibliographie Nr. 75)	618
So.-H. 28: (1997)	Das Wattenmeer - Ein gefährdeter Lebensraum (= Bibliographie Nr. 76)	2686
So.-H. 29: (1997)	Insekten im Naturhaushalt (= Bibliographie Nr. 77)	1854
So.-H. 30: (1999)	Naturschutzgebiete und Großschutzgebiete im Land Sachsen-Anhalt (= Bibliographie Nr. 79)	2577
	Bibliographie zur Herpetofauna des Landes Sachsen-Anhalt. 2. Fassung (= Bibliographie Nr. 80)	490

Vertrieb: Verlag Kohlhammer GmbH
70549 Stuttgart, Tel.: 07 11/78 63-3 03, Fax: 07 11/78 63-4 30.
Abonnenten der Dokumentation Natur und Landschaft erhalten auf die Sonderhefte 25 % Rabatt.

MAB-Mitteilungen

28. Lieth, H. et al.: Problems with future land-use changes in rural areas. Working meeting for the organization of an UNESCO theme study November 2–5, 1987, in Osnabrück. September 1988

29. Lewis, R.A.; Paulus, M.; Horras, C. und Klein, B.: Auswahl und Empfehlung von Ökologischen Umweltbeobachtungsgebieten in der Bundesrepublik Deutschland. Mai 1989

30. Weigmann, G. (Hrsg.): Report on MAB-Workshop „International scientific workshop on soils and soil zoology in urban ecosystems as a basis for management and use of green open spaces“ in Berlin, September 15–19, 1986. Oktober 1989

32. Brettschneider, G.: Vermittlung ökologischen Wissens im Rahmen des MAB-Programms. Erarbeitung eines spezifischen Programmbeitrages für das UNESCO-Programm „Man and the Biosphere“ (MAB). April 1990

33. Goerke, W.; Nauber, J. und Erdmann, K.-H. (Hrsg.): Tagung der MAB-Nationalkomitees der Bundesrepublik Deutschland und der Deutschen Demokratischen Republik am 28. und 29. Mai 1990 in Bonn. September 1990

34. Ashdown, M. und Schaller, J.: Geographische Informationssysteme und ihre Anwendung in MAB-Projekten, Ökosystemforschung und Umweltbeobachtung / Geographic Information Systems and their Application in MAB Projects, Ecosystem Research and Environmental Monitoring. November 1990; 2. Auflage 1993

35. Kerner, H.F.; Spandau, L. und Köppel, J.G.: Methoden zur angewandten Ökosystemforschung – Werkstattbericht – MAB-6-Projekt „Ökosystemforschung Berchtesgaden“, Band 1 und 2. September 1991

36. Erdmann, K.-H. und Nauber, J. (Hrsg.): Beiträge zur Ökosystemforschung und Umwelterziehung. 1992

37. Erdmann, K.-H. und Nauber, J. (Hrsg.): Beiträge zur Ökosystemforschung und Umwelterziehung II. 1993

38. Erdmann, K.-H. und Nauber, J. (Hrsg.): Beiträge zur Ökosystemforschung und Umwelterziehung III. 1996

39. Deutsches MAB-Nationalkomitee (Hrsg.): Entwicklungskonzept Bayerischer Wald, Sumava (Böhmerwald), Mühlviertel. 1994

40. German MAB National Committee (Ed.): Development concept Bavarian Forest, Sumava (Bohemian Forest), Mühlviertel. 1994

41. Kruse-Graumann, L. in cooperation with v. Dewitz, F.; Nauber, J. and Trimpin, A. (Eds.): Proceedings of the EUROMAB Workshop, 23 - 25 January 1995, Königswinter „Societal Dimensions of Biosphere Reserves - Biosphere Reserves for People.“ 1995

42. Kruse-Graumann, L.; Hartmuth, G. und Erdmann, K.-H. (Hrsg.) Ziele, Möglichkeiten und Probleme eines gesellschaftlichen Monitorings. 1998

43. Erdmann, K.-H.: Untersuchungen zur Bodenerosion im südlichen Nordrhein-Westfalen. 1998

44. Krieger, C.: Der Nationalpark Vorpommersche Boddenlandschaft und seine gesellschaftliche Akzeptanz. 1998

45. Erdmann, K.-H.; Bork, H.-R. und Grunewald, K. (Hrsg.): Geographie und Naturschutz. Beiträge zu einer naturverträglichen Entwicklung. 1998

Sonderausgaben des Deutschen Nationalkomitees für das UNESCO-Programm MAB

Goodland, R.; Daly, H.; El Serafy, S. und von Droste, B. (Hrsg.): Nach dem Brundtland-Bericht: Umweltverträgliche wirtschaftliche Entwicklung.
1992

Erdmann, K.-H. und Nauber, J.: Der deutsche Beitrag zum UNESCO-Programm „Der Mensch und die Biosphäre" (MAB) im Zeitraum Juli 1990 bis Juni 1992.
1993

Solbrig, O. T.: Biodiversität. Wissenschaftliche Fragen und Vorschläge für die internationale Forschung.
1994

Erdmann, K.-H. und Nauber, J.: Der deutsche Beitrag zum UNESCO-Programm „Der Mensch und die Biosphäre" (MAB) im Zeitraum Juli 1992 bis Juni 1994.
1995

Standing Working Group of the Biosphere Reserves in Germany (Ed.): Guidelines for protection, maintenance and development of the biosphere reserves in Germany.
1995

UNESCO (Hrsg.): Biosphärenreservate. Die Sevilla-Strategie und die Internationalen Leitlinien für das Weltnetz.
1996

Deutsches Nationalkomitee für das UNESCO-Programm „Der Mensch und die Biosphäre" (MAB) (Hrsg.): Kriterien für Anerkennung und Überprüfung von Biosphärenreservaten der UNESCO in Deutschland
1996

German National Committee for the UNESCO Programme „Man and the Biosphere" (MAB) (Ed.): Criteria for designation and evaluation of UNESCO biosphere reserves in Germany
1996

Die MAB-Veröffentlichungen sind zu beziehen über die MAB-Geschäftsstelle:
Bundesamt für Naturschutz, FG Internationales/MAB, Konstantinstr. 110, D-53179 Bonn
Tel.: 02 28 / 84 91-0, Fax: 02 28 / 84 91-2 00

Veröffentlichungen im Rahmen des MAB-Programms

Erdmann, K.-H. (Hrsg.): Perspektiven menschlichen Handelns: Umwelt und Ethik.
Springer-Verlag, Berlin-Heidelberg 1992 (2. Auflage 1993)

Erdmann, K.-H. und Kastenholz, H.G. (Hrsg.): Umwelt- und Naturschutz am Ende des 20. Jahrhunderts. Probleme, Aufgaben und Lösungen.
Springer-Verlag, Berlin-Heidelberg 1995

Ständige Arbeitsgruppe der Biosphärenreservate in Deutschland (Hrsg.): Biosphärenreservate in Deutschland. Leitlinien für Schutz, Pflege und Entwicklung.
Springer-Verlag, Berlin-Heidelberg 1995

Kastenholz, H.G.; Erdmann, K.-H. und Wolff, M. (Hrsg.): Nachhaltige Entwicklung. Zukunftschancen für Mensch und Umwelt.
Springer-Verlag, Berlin-Heidelberg 1996

Erdmann, K.-H. (Hrsg.): Internationaler Naturschutz.
Springer-Verlag, Berlin-Heidelberg 1997

Erdmann, K.-H. und Spandau, L. (Hrsg.): Naturschutz in Deutschland.
Eugen Ulmer Verlag, Stuttgart 1997

zu beziehen über den Buchhandel

Preisliste

Aus postalischen Gründen werden die Preise der Veröffentlichungen gesondert aufgeführt.

Im Landwirtschaftsverlag sind erschienen:

Schriftenreihe für Landschaftspflege und Naturschutz

Heft 1 = DM 12,–
Heft 2 = DM 5,–
Heft 3 = DM 12,50
Heft 5 = DM 7,50
Heft 6 = DM 10,–
Heft 7 = DM 6,–
Heft 8 = DM 7,50
Heft 13 = DM 20,–
Heft 17 = DM 27,–
Heft 18 = DM 29,80
Heft 20 = DM 32,–
Heft 21 = DM 24,–
Heft 23 = DM 19,–
Heft 24 = DM 69,80
Heft 26 = DM 13,–
Heft 27 = DM 18,–
Heft 29 = DM 39,80
Heft 30 = DM 29,80
Heft 31 = DM 15,–
Heft 32 = DM 29,–
Heft 33 = DM 29,80
Heft 34 = DM 24,80
Heft 35 = DM 12,50
Heft 37 = DM 26,80
Heft 38 = DM 29,80
Heft 39 = DM 29,80
Heft 40 = DM 29,80
Heft 41 = DM 29,80
Heft 42 = DM 29,80
Heft 43 = DM 39,–
Heft 44 = DM 29,80
Heft 45 = DM 27,80
Heft 46 = DM 29,80
Heft 47 = DM 10,–
Heft 48 = DM 19,80
Heft 49 = DM 29,80
Heft 50/1 = DM 39,80
Heft 51 = DM 29,80
Heft 52 = DM 24,80
Heft 53 = DM 59,80
Heft 54 = DM 39,80
Heft 55 = DM 39,80
Heft 56 = DM 39,80
Heft 57 = DM 39,80
Heft 58 = DM 39,80
Heft 59 = DM 29,80
Heft 60 = DM 39,80
Heft 61 = DM 39,80
Heft 62 = DM 39,80
Heft 65 = DM 39,80

Schriftenreihe für Vegetationskunde:

Heft 14 = DM 26,–
Heft 15 = DM 39,80
Heft 20 = DM 25,–
Heft 22 = DM 29,–
Heft 23 = DM 29,–
Heft 24 = DM 10,–
Heft 25 = DM 25,–
Heft 26 = DM 49,60
Heft 27 = DM 49,80
Heft 28
(Buch) = DM 39,80
(Diskette) = DM 49,–
(Buch+Diskette) = DM 66,–
Heft 29 = DM 39,80
Heft 30 = DM 29,80
Heft 32 = DM 29,80

Angewandte Landschaftsökologie

Heft 4 = DM 23,80
Heft 5 = DM 19,90
Heft 6 = DM 22,–
Heft 7 = DM 19,80
Heft 8 = DM 21,80
Heft 9 = DM 19,80
Heft 10 = DM 34,–
Heft 11 = DM 19,80
Heft 12 = DM 19,80
Heft 13 = DM 29,80
Heft 14 = DM 39,80
Heft 15 = DM 49,80
Heft 16 = DM 19,80
Heft 17 = DM 39,80
Heft 18 = DM 23,80
Heft 19 = DM 34,–
Heft 20 = DM 34,–
Heft 21 = DM 23,80
Heft 22 = DM 39,80
Heft 23 = DM 23,80
Heft 24 = DM 29,80
Heft 25 = DM 23,80
Heft 26 = DM 23,80
Heft 27 = DM 39,80
Heft 28 = DM 23,80
Heft 29 = DM 36,80
Heft 30 = DM 29,80
Heft 31 = DM 24,80
Heft 32 = DM 34,–
Heft 33 = DM 29,80

Sonstige Veröffentlichungen:

Landschaftsbild – Eingriff – Ausgleich	DM 36,–
Landschaftsplanung als Entwicklungschance für umweltverträgliche Flächennutzungsplanung	DM 28,–
Directory for Medicinal Plants Conservation	DM 19,80
Untersuchungen zum Heilpflanzenhandel in Deutschland	DM 19,80
Trade Survey of Medicinal Plants in Germany	DM 19,80
Sustainable Development of the Lake Baikal Region	DM 248,–
Biodiversität und Tourismus. Konflikte und Lösungsansätze an den Küsten der Weltmeere	DM 98,–
Biodiversity and Tourism	DM 98,–
Trade in Prunus Africana and the Implementation of CITES	DM 19,80
The CITES Checklist of Succulent Euphorbia Taxa	DM 19,80
Erhaltung der biologischen Vielfalt	DM 39,90
Untersuchungen zur Transportmortalität	DM 19,80
Nachhaltige Nutzung	DM 24,85
Transport Mortality	DM 19,80
Fledermäuse und Fledermausschutz in Deutschland/ Bats and Bat Conservation in Germany	DM 19,80
Botanische Gärten und Biodiversität	DM 19,80
Botanic Gardens and Biodiversity	DM 19,80
Musterlösungen im Naturschutz	DM 29,80
Daten zur Natur 1999	DM 19,80
Die seltenen und gefährdeten Farnpflanzen Deutschlands	DM 79,80
Naturschutzbilanzen	DM 19,80
Aaskrähe, Elster und Eichelhäher in Deutschland	DM 24,80
Planzeichen für die örtliche Landschaftsplanung	DM 19,80
Beitrag der deutschen Botanischen Gärten zur Erhaltung der Biologischen Vielfalt und genetischer Ressourcen	DM 24,80

Im Kohlhammer Verlag erscheinen:

Natur und Landschaft

Bezugspreis: DM 118,– jährlich (zzgl. Versandkosten DM 10,20). Für Studenten 33 % Rabatt.
Einzelheft: DM 12,50 (zzgl. Versandkosten).

Dokumentation Natur und Landschaft

Bezugspreis: DM 86,– jährlich (zzgl. Versandkosten je DM 5,–).
Für Studenten: DM 61,– jährlich (zzgl. Versandkosten je DM 5,–).

Bibliographien, Sonderhefte der Dokumentation Natur und Landschaft:

So.-Heft 1 = DM 10,–	So.-Heft 12 = DM 14,80	So.-Heft 22 = DM 15,–
So.-Heft 2 = DM 10,–	So.-Heft 13 = DM 12,80	So.-Heft 23 = DM 32,–
So.-Heft 4 = DM 10,–	So.-Heft 14 = DM 17,80	So.-Heft 24 = DM 22,–
So.-Heft 5 = DM 10,–	So.-Heft 15 = DM 25,–	So.-Heft 25 = DM 32,–
So.-Heft 6 = DM 10,–	So.-Heft 16 = DM 12,80	So.-Heft 26 = DM 26,–
So.-Heft 7 = DM 19,80	So.-Heft 17 = DM 34,–	So.-Heft 27 = DM 22,–
So.-Heft 8 = DM 12,80	So.-Heft 18 = DM 19,80	So.-Heft 28 = DM 36,–
So.-Heft 9 = DM 12,80	So.-Heft 19 = DM 19,80	So.-Heft 29 = DM 35,–
So.-Heft 10 = DM 12,80	So.-Heft 20 = DM 19,80	So.-Heft 30 = DM 34,–
So.-Heft 11 = DM 25,–	So.-Heft 21 = DM 14,50	